PROCEEDINGS OF THE
FIRST INTERNATIONAL SYMPOSIUM ON

BASIC ENVIRONMENTAL PROBLEMS OF

MAN IN SPACE

PARIS, 29 OCTOBER — 2 NOVEMBER 1962

ORGANIZED BY THE
INTERNATIONAL ASTRONAUTICAL FEDERATION AND THE
INTERNATIONAL ACADEMY OF ASTRONAUTICS
WITH THE SUPPORT AND COOPERATION OF UNESCO, THE
INTERNATIONAL ATOMIC ENERGY AGENCY AND THE
WORLD HEALTH ORGANIZATION

EDITED BY

HILDING BJURSTEDT, M. D.
PROFESSOR, KAROLINSKA INSTITUTET
STOCKHOLM

WITH 112 FIGURES

1965
SPRINGER-VERLAG
NEW YORK

ISBN 978-3-7091-5562-2 ISBN 978-3-7091-5560-8 (eBook)
DOI 10.1007/978-3-7091-5560-8

Softcover reprint of the hardcover 1st edition 1965

Library of Congress Catalog Card Number 65—21971

Titel-Nr. 8960

Preface

This volume contains the communications and discussions of the First International Symposium on Basic Environmental Problems of Man in Space, which was held 29 October — 2 November 1962 at Unesco House, Paris, under the joint sponsorship of the International Astronautical Federation (IAF) and the International Academy of Astronautics (IAA) with the cooperation and support of Unesco, the International Atomic Energy Agency (IAEA) and the World Health Organization (WHO).

At this Symposium 31 communications were presented, 8 of which were from the USSR, 8 from the USA, and 15 from other countries, all by special invitation. The presentations, which included three general review papers, were made in ten half-day working sessions by a distinguished international group. The proceedings were not restricted to the acute professional aspects of man in space. In fact, the majority of the vast store of material contained in this volume deals with the more scientific aspects, i. e. with problems of the future, which are contributed mainly by conventional areas of physiology and psychophysiology, including the technical research activities pertaining to the acquisition, analysis and control of biomedical data.

The 31 papers appear in this volume in the order they were read at the Symposium. The working languages were English, Russian and French. Abstracts were supplied in all three languages by courtesy of Unesco. Papers given in the Russian language appear in full also in English whenever a translation was supplied by the authors. The discussions following the papers were recorded on tape. In addition, each discussant was asked to write down his main points on a "question and answer" form. The discussion included in this volume are edited versions of this tape-recorded and textual material. For reasons of space it was found necessary to abbreviate the discussions considerably and to present them in the English language only. The reduction of the material may have diminished some of the spontaneity of the remarks but it has doubtless added to their conciseness: no pains have been spared to preserve their original sense.

On behalf of the Sponsors of the Symposium and its Organizing Committee, I gratefully acknowledge the wholehearted cooperation of the Springer-Verlag in the production of this volume. As editor, I would also like to recognize with gratitude the skillful assistance provided by Miss Hélène van Gelder, Secretariat of the IAF and IAA, in the many details of planning and executing the Symposium. To Miss Irène Unander-Scharin I express my thanks for the diligent and unfailing assistance in the laborious task of transcribing tape-recorded and textual material.

Stockholm, March 1965

H. Bjurstedt

Contents

Opening Remarks. By **H. Bjurstedt, R. Maheu, E. A. Brun,** and **Th. von Kármán** .. 1

Вклад СССР в изучение космического пространства, **Н. М. Сисакян** 7

English Translation: Contribution of the U. S. S. R. to the Exploration of Outer Space. By **N. M. Sissakian** 22

Discussion 33
White — Sissakian — Walawski — Mayo — Rose — Halvorsen.

The Selection of Astronauts Including Dynamic Testing. By **W. R. Lovelace II, U. C. Luft, A. H. Schwichtenberg, T. O. Nevison, R. Proper, E. M. Roth,** and **G. S. Woodson.** (With 3 Figures) 35

Discussion 63
Sissakian — Lovelace — Akulinichev — Ström.

Neurophysiological Aspects of Manned Extraterrestrial Space Flight. By **W. K. Stewart** 65

Discussion 75
Akulinichev — Stewart — Luft.

Физические условия космического полета и их биологическая характеристика, **Ю. М. Волынкин** и **П. П. Саксонов** 77

English Translation: Physical Conditions of Space Flight and Their Biological Characteristics. By **Y. M. Volynkin** and **P. P. Saksonov** 92

Discussion 103
Graul — Gurjian — White — Kellogg.

Tolerance to the Combined Effects of Cold and of Abnormal Atmosphere. By **R. K. Andjus.** (With 10 Figures) 105

Discussion 131
Flickinger — Andjus — Chernigovsky — Luft — Mayo — Pace.

Thermal Homoiostasis Under Hypoxia in Man. By **T. P. K. Lim** and **U. C. Luft.** (With 9 Figures) 132

Discussion 145
Pace — Luft — Andjus.

The Future of Environmental Biology and the Contribution of Space Research. By **O. E. Reynolds.** (With 3 Figures) 146

Discussion 152
Sissakian — Reynolds.

Heat Loss in Space. By **D. McK. Kerslake.** (With 7 Figures) 153

Discussion 159
Kellogg — McK. Kerslake — Akulinichev.

Physiological Problems of Weightlessness and Basic Research. By **O. H. Gauer.** (With 3 Figures) 160

Discussion 168
Pace — Gauer — Howard — Genin.

Avoiding Physical Atrophy in Protracted Weightlessness. By **E. A. Müller.** (With 7 Figures) 169

Discussion 178
MUREN — MÜLLER.

Observations on Heart Rates and Cardiodynamics During Prolonged Weightlessness Simulated by Immersion Method. By **J. Walawski** and **Z. Kaleta.** (With 4 Figures) 179

Discussion 185
ANDJUS — WALAWSKI — AKULINICHEV — GAUER.

The Influence of the Dynamic Environment on Man in Space Flight. By **E. P. Hiatt.** (With 8 Figures) 186

Discussion 200
WHITE — HIATT — BJURSTEDT — KAEHLER.

Aspects de la mécanique ventilatoire au cours des accélérations transverses. Par **Ch. Jacquemin** et **P. Varene.** (Avec 5 Figures) 201

Discussion 217
LUFT — JACQUEMIN — VON DIRINGSHOFEN.

Биологические и физиологические исследования при полетах на ракетах и искусственных спутниках земли, **О. Г. Газенко, В. Н. Черниговский** и **В. И. Яздовский.** (3 Рис.) 218

English Translation: Biological and Physiological Investigations in Rockets and Artificial Earth Satellites. By **O. G. Gazenko, V. N. Chernigovsky,** and **V. I. Yazdovsky.** (With 3 Figures) 230

Discussion 238
ROSE — CHERNIGOVSKY — LEMAIRE — LINDBERG — KAEHLER — TOBIAS — MAYO — WHITE — PACE — HELVEY.

Радиобиологические проблемы космических полетов, **Г. М. Франк, П. П. Саксонов, В. В. Антипов** и **Н. Н. Добров** 240

English Translation: Radiobiological Problems of Space Flights. By **G. M. Frank, P. P. Saksonov, V. V. Antipov,** and **N. N. Dobrov** 254

Discussion 265
EUGSTER — FRANK — STEWART — LANGHAM — GRAUL.

Biological Hazards of Radiation Applicable to Man in Space. By **G. J. Neary** and **E. V. Hulse** 267

Discussion 283
GRAUL — NEARY — LANGHAM — ROSE — FLICKINGER.

Некоторые принципы формирования искусственной среды обитания в кабинах космических кораблей, **А. М. Генин, О. Г. Газенко** и **Н. П. Сергеев.** (1 Рис.) 285

English Translation: Some Principles of the Formation of Artificial Environments in Manned Space Ships. By **A. M. Genin, O. G. Gazenko,** and **N. P. Sergeyev.** (With 1 Figure) 295

Discussion 301
HELVEY — SERGEYEV — PACE.

Quelques détails généraux des réactions stressantes. Par **M. Morávek** 302

Discussion 307
SISSAKIAN — MORÁVEK — DEFAYOLLE — ANGIBOUST.

Evaluation of Stress by Quantitative Hormone Studies. By **U. S. v. Euler.** (With 4 Figures) 308

Discussion 324
FLICKINGER — VON EULER — SISSAKIAN — KLEIN — TOBIAS — DESMEDT — GRANDPIERRE — FLORKIN — GAUER — WHITE.

Predicting the Susceptibility to Vestibular Sickness Under Conditions of Weightlessness. By **A. Graybiel** 327

Discussion 344
SISSAKIAN — GRAYBIEL.

Réactions électriques cérébrales à de courtes périodes de non gravité. Par **R. Grandpierre, R. Angiboust, R. Brice, B. Cailler, G. Chatelier** et **J. Rozier.** (Avec 4 Figures) 345

Discussion 351
SISSAKIAN — ANGIBOUST — WHITE — VON BECKH — VON EULER — REYNOLDS.

Проблема взаимодействия анализаторов применительно к условиям космического полета, **М. Д. Емельянов, А. Г. Кузнецов, Е. М. Юганов** и **А. А. Гюрджиан** 352

English Translation: Problems Concerning the Interplay of Physiological Sensing Mechanisms (Analysers) During Space Flight. By **M. D. Yemelyanov, A. G. Kuznetsov, E. M. Yuganov,** and **A. A. Gurjian** 359

Discussion 365
GRAYBIEL — GURJIAN — LOVELACE — ROSE.

Проблемы инженерной психологии применительно к условиям космического полета, **И. Т. Акулиничев** и **В. Г. Денисов** 366

Discussion 376
KONECCI — AKULINICHEV — KELLOGG — STEWART — KAEHLER.

Accuracy of Orientation in Space Under Increased Acceleration in the Absence of Visual Reference Frame. By **H. Kolder** and **G. Schubert.** (With 8 Figures) .. 378

Discussion 394
ROSE — KOLDER — KAEHLER.

Methods for Somatic Classification of Pilots According to Status of Functional Muscular, Circulatory and Respiratory Capacities, and Possibilities of Further Development During Training. By **G. Ström** 395

Discussion 404
GRAYBIEL — STRÖM — LUFT.

Monitoring and Prediction of Nervous Functions in Space. By **W. R. Adey** and **D. D. Flickinger.** (With 8 Figures) 406

Discussion 424
AKULINICHEV — FLICKINGER — BROIDA.

Методы и средства медицинских и биологических исследований в условиях космического полета, **И. Т. Акулиничев, Р. М. Баевский** и **О. Г. Газенко.** (6 Рис.) 425

English Translation: Means and Methods of Bio-Medical Experiments in Space Flight. By **I. T. Akulinichev, R. M. Bayevski,** and **O. G. Gazenko.** (With 6 Figures) 440

Discussion 450
MAYO — AKULINICHEV — GAUER — GRANDPIERRE — STEWART — BROIDA — PACE — KAEHLER — TOBIAS.

Biomedical Data Collection for Space Programs. By **S. C. White** 452

Discussion 460
AKULINICHEV — WHITE — FLICKINGER — VON EULER — KELLOGG.

Some Problems of Physiological Monitoring. By **P. Howard** 463

Discussion 471
BROIDA — HOWARD — AKULINICHEV — CHERNIGOVSKY.

Man or Automaton in Space? By **K. Steinbuch.** (With 9 Figures) 473

Discussion 491
AKULINICHEV — STEINBUCH — MAYO — ROSE — LACHIN — VON DIRINGSHOFEN — BROIDA.

Data Sensors and Information Acquisition. By **A. M. Mayo, C. L. Buddecke,** and **G. R. Tenery.** (With 10 Figures) 493

OPENING REMARKS

Hilding Bjurstedt, President of the Symposium :

The idea of this International Symposium on Basic Environmental Problems of Man in Space came about two years ago from Professor von Kármán, President of the International Academy of Astronautics, and Dr. Malina, permanent representative of the International Astronautical Federation to Unesco. They soon talked other people into their plans, and a feeling diffused far and wide that such a symposium would serve to stimulate educational and scientific activity and progress, to encourage international cooperation in this particular problem area and to further advancement of research in the basic aspects of the many problems at hand. It was then learned with great satisfaction that Unesco became attracted by the objectives of the symposium, which are in harmony with the principal features of this organisation's program in the natural sciences. Within the proposed budget allocations to various projects for 1961/62 Unesco decided to assist the International Astronautical Federation in preparing a Study Group to determine the desirability and feasibility of holding a symposium on the problems of man in space.

The objectives of the present symposium, as based upon the recommendations made by the Study Group during a meeting at Unesco at the end of November last year, are to discuss problems belonging to three different subjects, namely ecophysiology, psychophysiology, and the acquisition, analysis and control of physiological and psychological data. The preparations for the symposium have required a great expenditure of time, money and effort on the part of many people, to whom we express our gratitude. Speaking on behalf of the Organizing Committee, I would like to pay special tribute to that major part of the total effort that has been expended by the 31 speakers in the preparation of their papers. From the tremendous volume of first-class experimental work that is to be presented during the next five days, it is obvious that the space age is enlisting the best efforts of scientists from all countries and disciplines. I am certain that the audience will greatly appreciate the opportunity to attend this distinguished gathering of experts. It is a pleasure for me personally to see so many old friends here and a good many new ones.

I would be inclined to regard this symposium as the first truly international conference of basic biological problems connected with flight in the inner space envelope of the earth. The main target of those scientists who have come from the U. S. S. R. and the United States to participate in the conference is unquestionably the moon. Now that orbital flights are almost commonplace, the first manned landing on the moon will be the next cosmic break-through to capture the imagination of the world. Let us hope that this symposium will serve as a stepping-stone in our combined efforts to expand man's knowledge and to promote international cooperation and scientific exchange in the fascinating and urgent problem areas of man's exploration of space and of his existence in space.

I think we all should be grateful that Unesco has made this symposium possible by kindly putting its facilities at disposal for our conferences during the next five days. Speaking again on behalf of the Organizing Committee, I would therefore, in addressing you Monsieur Maheu, Director General of Unesco, like to express our sincere appreciation to your organization for contributing so generously. I would also like to convey our sincere thanks for the cooperation and support given by the International Atomic Energy Agency and by the World Health Organization.

René Maheu, Directeur général de l'Organisation des Nations Unies pour l'éducation, la science et la culture :

Je suis heureux de vous souhaiter la bienvenue à la Maison de l'Unesco. Et si mes premiers mots, Monsieur le Président, sont pour vous remercier des paroles aimables que vous venez de m'adresser à l'intention de l'Organisation, je voudrais dire aussi que c'est avec un sentiment de grande satisfaction que j'accueille, pour ma part, ce symposium qui rassemble tant d'éminents savants autour d'un thème dont l'énoncé à lui seul évoque, par delà des millénaires de rêves, des siècles de progrès et des années de recherches, l'une des plus grandes conquêtes de la science, qui repousse plus loin que jamais l'horizon de l'inaccessible.

Ce que je veux également retenir de cette réunion, autant que l'immense commencement de la nouvelle époque qu'elle consacre, c'est sa nature et son caractère éminemment internationaux. Ce sont en effet deux des plus grandes organisations non gouvernementales compétentes, la Fédération internationale d'astrologie et l'Académie internationale d'astronautique, qui l'ont organisée avec l'aide de l'Unesco et la participation de deux autres organisations intergouvernementales du système des Nations Unies : l'Organisation mondiale de la santé et l'Agence internationale de l'énergie atomique. Nous devons nous en féliciter-et, pour ma part, j'y attache une grande signification-mais nous en féliciter comme d'un état de choses qui, loin d'être une coincidence, est le résultat d'un heureux concours de circonstances exceptionnelles qu'il convient de considérer comme la norme de notre civilisation. Car on ne saurait imaginer que la recherche spatiale puisse se développer sans une large collaboration technique entre les savants des pays qui y participent. De même il est hors de doute que chaque tentative faite dans ce domaine, chaque succès remporté et chaque application pratique qui peut en découler, intéressent nécessairement l'ensemble de l'humanité. L'exemple de Telstar vient tout naturellement à l'esprit et l'on sait avec quelle émotion le monde entier a salué le lancement des premiers satellites puis, plus récemment, le départ et le retour des premiers cosmonautes soviétiques et américains.

Mais il est un autre point que je voudrais souligner au nom d'une institution intergouvernementale qui a pour mission de développer les échanges et les confrontations d'idées, de stimuler le progrès intellectuel et la recherche, de consolider les conditions nécessaires au progrès de la connaissance. Plus que jamais, peut-être, les circonstances offrent aux organisations du système des Nations Unies, depuis qu'elles existent, la possibilité et les moyens de se proposer comme des facteurs d'entente, de collaboration et d'échange entre les nations et de contribuer ainsi à l'essor d'une civilisation universelle. Or l'un des terrains, et probablement le terrain, le plus favorable pour une coopération intellectuelle internationale est, sans conteste, le terrain de la science.

Que la science, par sa nature autant que par ses conséquences, s'étende aujourd'hui aux dimensions de l'humanité, vous, Messieurs, qui en apportez tous les jours la preuve, le savez mieux que quiconque. Mais ce qu'il faut dire et redire à ceux qui ne sont pas des savants, c'est que la vérité scientifique échappe au conflit des idéologies et que la recherche, sous peine de se nuire à elle-même, appelle un effort concerté de pensée, d'organisation, de réalisation, de diffusion enfin, qui ne peut être accompli que par le moyen d'institutions internationales. C'est par l'universalité et l'objectivité de vos travaux, bien plus que par les effets de vos inventions, par eux-mêmes ambigus et trop souvent utilisés à des fins discutables, que vous êtes les grands rassembleurs de la fraternité humaine.

Pour ma part, c'est dans cet esprit que je considère la réunion d'aujourd'hui comme un acte international au sens le plus haut et le plus plein du terme. Aussi est-ce de tout coeur que je forme, dans cette maison du dialogue et de la compréhension mutuelle, les voeux les plus sincères pour le succès de vos travaux.

E. A. Brun, Président de la Fédération Internationale d'Astronautique :

La Fédération Internationale d'Astronautique tient tout d'abord à remercier l'Unesco, l'Agence Internationale de l'Energie Atomique et l'Organisation Mondiale de la Santé, de leur aide et de leur coopération pour l'établissement de ce symposium qu'elle a organisé en liaison avec l'Académie Internationale d'Astronautique.

Cette participation, à nos travaux, d'Organisations internationales, qui ont déja tant à faire pour leur propre compte, montre l'importance qu'ont prises dans le monde d'aujourd'hui, les études concernant l'Espace. C'est que les réalisations spatiales récentes, en plus de l'intérêt considérable qu'elles ont suscité, ont stimulé, d'une manière inespérée, la Recherche scientifique et ont conduit à l'amélioration des techniques dans de très nombreux domaines.

En particulier, en Biologie, discipline qui fait l'objet de ce symposium, l'Astronautique a provoqué l'étude du comportement de l'être humain dans des conditions qui n avaient jamais été réalisées auparavant et, de ce fait, a facilité l'étude comparée de l'action physio-pathologique des facteurs d'ambiance sur des individus d'origines et de complexions différentes. En même temps, en Biologie comme dans les autres domaines, l'effort a porté sur l'amélioration des conditions de l'expérimentation, et, en particulier, sur la miniaturisation des appareils, dont certains éléments sensibles ont maintenant une dimension comparable à celle de la cellule animale.

L'existence de ce symposium témoigne de l'importance qu'attribue la Fédération aux études biologiques. On a souvent discuté sur l'intérêt scientifique de l'envoi de l'homme dans l'espace, puisque des instruments placés à bord de missiles non habités peuvent nous faire parvenir, même de très loin, des informations sur la structure et les propriétés du cosmos. Cette discussion est maintenant dépassée. Les astronautes existent, et ils existeront en nombre de plus en plus grand.

Il est alors bien évident que l'on ne peut placer un homme dans un astronef sans avoir la certitude, ou la quasi-certitude, que sa mission s'accomplira sans danger et que son retour sur la Terre s'effectuera. Les premières évasions dans l'Espace se sont heureusement fort bien passées, elles nous ont assez bien renseignés sur les facteurs de troubles que sont le mouvement du véhicule pendant les différentes phases du vol, qu'il s'agisse d'accélérations et ou de décélerations, l'absence de pesanteur, les vibrations, le bruit etc. Mais nos informations ne sont souvent que qualitatives et, pour les voyages plus longs, il faut envisager des mesures fines permettant une analyse précise des troubles ressentis.

De même, nous ne pourrons envoyer un homme au-delá de mille kilomètres de la Terre avant de connaître l'étendue, la composition et l'intensité du rayonnement des particules piégées par le champ magnétique terrestre et avant d'assurer une protection efficace contre ce rayonnement, quand il sera connu. Ceci montre combien doit être étroite la collaboration entre les biologistes d'une part, les physiciens et les techniciens d'autre part. Aussi souhaitons-nous que, indépendamment de réunions telles que celles-ci, les médecins et les physiciens continuent à se rencontrer annuellement dans les congrès de la Fédérations.

Je voudrais, pour terminer, rappeler encore que ce symposium, est organisé à la fois par la Fédération Internationale d'Astronautique et par l'Académie Internationale d'Astronautique. Nous pensons en effet, aussi bien à la Fédération qu'à l'Académie, que les Organisations internationales ont intérêt à grouper leurs manifestations, de manière à en diminuer le nombre. C'est dans cet esprit que se situera ici-même, en septembre prochain et à l'occasion du XIVe Congrès International d'Astronautique, une journée sur la Physique de l'Espace, journée à laquelle le Cospar est égalment invité à participer.

Mesdames, Messieurs, permettez-moi de souhaiter que vos travaux soient fructueux et que les facteurs d'ambiance ne les perturbent pas trop.

Th. von Kármán, President of the International Academy of Astronautics:

I came here without a written speech because I did not know whether to prepare it in English or French. After listening to these beautiful French speeches, I decided that I should use the international language of bad English, which I have used for 40 or 45 years.

I would like to say that our new organisation, which we call the International Academy of Astronautics, is now two years old and that during our first meeting in Stockholm in 1960 we already planned to organize a Symposium on fundamental questions of biology, especially physiology and psychology of manned space flight. Why ? The academy has three sections. One section for the Basic Sciences, the second for the Engineering Sciences and the third we call Life Sciences. In the Life Sciences Section are the experts in biology and psychology and also law. I do not know whether our friends in the medical profession recognize law as a science, but we had to put the lawyers in somewhere, and as they have something to do with life, we have put them in this section. Actually we have only a few lawyers, for they have established their own International Institute of Space Law.

Now, I do not know whether the Academy has already contributed to the Space Sciences, for it is very difficult to say in these sciences what really constitutes progress. I am very careful when I meet one of my friends not to say "What progress have you made scientifically ?", but instead say "What changes have you made in your science recently ?" This does not commit me to accepting his reply as demonstrating progress or only a new scientific point of view.

We are very grateful that we received so much support for the organization of this Symposium. First, we are very fortunate to have Dr. Bjurstedt as Chairman of the Organizing Committee, which did the real work of preparation. Committees can be very difficult. You know the definition of a camel: "The camel is a race horse designed by a committee". Now our committee was really an exception, and under the ingenious presidency of Dr. Bjurstedt worked out a program which, as far as I can see, really covers the essential points.

We were most fortunate to obtain the support of Unesco, and not only spiritually, but also from a material point of view. We are very grateful to the leaders of Unesco, especially to Professor Kovda for his interest. We are most appreciative of the support and cooperation extended to us for this occasion by the International Atomic Energy Agency and the World Health Organization.

I wish to express our thanks to the Delegation from the Soviet Union, from its Academy of Sciences, because although Soviet scientists are not yet members of the Academy, they have cooperated in the organization of this symposium with very great enthusiasm.

I want to thank personally my colleagues in our Academy, our two Deputy-Directors, Frank J. Malina and Ulf S. von Euler. Dr. Malina, most ably assisted by Miss Hélène van Gelder, worked closely with Dr. Bjurstedt in organizing this meeting.

My speech will close the opening remarks, and this afternoon we will listen to the experts. Shall we say experts ? I like the French word "savant" better, because "être un savant" is a nice profession. I do not know if it is nice to be an expert. A very good friend of mine, who is the first honorary member of our Academy, Niels Bohr, told me "You know an expert is a person who has made all possible mistakes in a certain narrow domain. It is necessary that he has made <u>all</u> the mistakes, because if there is one mistake he has not made, it is possible that next year he will make this mistake".

With all my cordial greetings to experts, to those who want to be experts, and to the great savants who are here, I wish you a nice party, We hope that our Symposium will clear many doubts important for the flight of man in space and for international cooperation in the space sciences.

ВКЛАД СССР В ИЗУЧЕНИЕ КОСМИЧЕСКОГО ПРОСТРАНСТВА

Н.М.Сисакян
Президиум, Академия Наук СССР, Москва, СССР

Аннотации

1. Главным итогом развития науки и техники последнего времени является проникновение человека в космическое пространство. Решение этой исключительно сложной и комплексной по своему характеру проблемы определилось успешным развитием как технических, так и биологических наук.

2. История исследований в области астронавтики подчеркивает выдающееся значение трудов К.Э. Циолковского для ракетоплавания и космической биологии.

3. Последнее десятилетие отмечено формированием новой области естествознания – космической биологии, имеющей определенные задачи, предмет и метод исследования. В число основных проблем космической биологии входят: изучение влияния экстремальных факторов космического пространства на живые организмы Земли; исследование и разработка биологических основ обеспечения космических полетов и жизни на планетах; изучение условий и форм жизни вне Земли.

4. Биологические исследования должны строиться с возможно более полным учетом физических особенностей своеобразной среды космического пространства. Прогресс физических исследований в космосе является важной предпосылкой и стимулом для успешного развития биологических исследований.

5. Намечается периодизация научных исследований в области космической биологии по основным этапам, предшествовавшим осуществлению первых полетов человека. Дается их краткая характеристика и основные результаты, достигнутые на каждом этапе.

6. Проблема безопасности космических полетов является наиболее актуальной задачей медико-биологических исследований. Характеризуются пять основных направлений медико-биологических исследований, имеющих цель обеспечение безопасности полетов космонавтов.

7. Современное состояние космической биологии иллюстрируется на примере исследований, проведенных в Советском Союзе. Подчеркивается, что советские исследования в области космической биологии явились крупным вкладом в изучение и освоение человеком космического пространства.

Contribution of the U.S.S.R. to the Exploration of Outer Space. 1. The most important result of scientific and technical development in recent years has been the projection of man into space. The solution of this exceptionally difficult and inherently complex problem depended on the successful development of technology and the biological sciences.

2. The work of K. E. Tsiolkovsky on rocket flight is of outstanding significance in the history of astronautical research and space biology.

3. The last ten years have seen the gradual creation of a new branch of natural science with its own clearly defined aims, subject matter and research methods. That new branch is space biology and its fundamental problems are as follows: to study the effect of the extreme conditions of outer space on living térrestrial organisms; to discover and formulate the fundamental biological principles governing space flight and life on the planets; to study conditions and forms of life outside the earth.

4. In conducting biological research the greatest possible attention must be paid to the distinctive physical peculiarities of the environment in outer space. Progress in physical research in space is an important prerequisite for, and at the same time a stimulus to the successful development of biological investigation.

5. The course of scientific research into space biology can be divided into a number of basic stages preceding the successful execution of the first manned flights. The various stages and the main results they yielded are briefly described.

6. The safety of space flight is the most pressing task facing biomedical research. The five main lines along which bio-medical research is conducted in order to ensure the cosmonauts' safety during flight are described.

7. The present state of space biology is illustrated from the investigations conducted in the Soviet Union. Emphasis is laid on the great contribution that Soviet research in space biology has made to man's exploration and mastery of outer space.

<u>Contribution de l'Union Soviétique à l'exploration de l'espace.</u> 1. La pénétration de l'homme dans l'espace cosmique est le résultat essentiel de l'évolution de la science et de la technique des dernières années. La solution de ce problème extrêmement complexe fut déterminée par le développement fructueux de la technique et par l'évolution des sciences biologiques.

2. L'histoire des recherches dans le domaine de l'astronautique souligne l'importance exceptionnelle des travaux sur les vols en fusée et sur la biologie cosmique de K. E. Tsiolkovski.

3. La dernière décennie est marquée par la formation d'une nouvelle branche des sciences naturelles - la biologie cosmique ayant des buts, un objet et une méthode de recherche bien définis. Parmi les problèmes fondamentaux de la biologie cosmique on peut considérer : l'étude de l'influence des conditions extrêmes de l'espace cosmique sur les organismes vivants de la terre; l'étude et l'élaboration des bases biologiques pour la sécurité des vols cosmiques et de la vie sur les planètes; l'étude des conditions et des formes de vie hors de la terre.

4. Les recherches biologiques doivent être effectuées en tenant compte le plus possible des particularités physiques du milieu propre que consti-

tue l'espace cosmique. Le progrès des recherches physiques dans le cosmos s'avère le stimulant et la condition importante pour l'évolution fructueuse des recherches biologiques.

5. On signale que la recherche scientifique dans le domaine de la biologie cosmique peut être divisée en plusieurs grandes étapes ayant précédé la réalisation des premiers vols de l'homme. On donne brièvement les caractéristiques et les résultats atteints à chaque étape.

6. Le problème de la sécurité des vols spatiaux est la tâche la plus importante des recherches médico-biologiques actuelles. On donne les caractéristiques des cinq tendances principales ayant pour but la garantie de la sécurité des cosmonautes.

7. On illustre la situation actuelle de la biologie cosmique par des recherches faites en Union Soviétique et on souligne le fait que les recherches soviétiques dans ce domaine représentent une contribution énorme à l'étude et à la conquête de l'espace cosmique par l'homme.

Исторические события, так же как и неповторимые произведения искусства, трудно оценить на близком расстоянии. Для того, чтобы понять всю их глубину, сущность и значение, так же как и чарующую красоту бессмертных творений великих мастеров, нужен разбег времени. Сегодня еще трудно в полной мере оценить значение и перспективы, которые открывает изучение космоса для прогресса цивилизации.

Что даст завоевание космоса человечеству, его будущим цивилизациям?

Все проблемы астронавтики, перспективы ее развития увлекательны и поистине необъятны. Но мне близки биологические науки и я постараюсь привлечь ваше внимание к проблемам, в основном относящимся к новой области знания – космической биологии.

Вселенная. Короткое слово, полное огромного смысла и значения. Бесконечное множество миров, связанных едиными законами развития и движения. Земля – дитя и часть Вселенной. Материя в своем постепенном развитии идет различными путями – жизнь, возникшая на нашей планете, явилась одной из форм ее движения. В доисторические времена появился человек, трудом и разумом которого со временем не только преобразился лик Земли, но и само человеческое общество.

Много веков назад родилась смелая красивая, но трагическая легенда. Икар, сын Дедала, поднялся в воздух на крыльях, скрепленных воском. Стремясь к свободе, к Солнцу, Икар неосторожно приблизился к нему, воск растаял, крылья распались, Икар погиб.

В средние века гениальный Леонардо да Винчи набрасывает реальный проект летательного аппарата.

В эпоху промышленной революции в воздушный океан поднялись первые аэростаты; в начале нынешнего века – самолеты, а теперь – ракеты и космические аппараты. Ракетные корабли открыли человеку дорогу в Космос.

350 лет тому назад великий Галилео Галилей направил свой телескоп на звездное небо и впервые "приблизил" Вселенную к человеку. Но потребовались многие десятки и даже сотни лет, чтобы расширились и обогатились наши знания о небесных телах и космическом пространстве.

И все же возможность научных исследований, проводимых с поверхности Земли, ограничена.

Новым, поистине революционным шагом в изучении необъятных просторов Вселенной явилось создание летательных аппаратов, способных поднять научные приборы за пределы атмосферы Земли.

Начало этому было положено в СССР.

Со времени запуска первого искусственного спутника Земли, открывшего новые пути исследования космического пространства, прошло немногим более пяти лет. За это время советские ученые провели многочисленные исследования космического пространства и верхних слоев атмосферы Земли. Огромные успехи были достигнуты учеными и конструкторами Советского Союза в создании кораблей-спутников, предназначенных для длительных полетов человека в космическое пространство.

Исследования космического пространства проводятся советскими учеными в следующих направлениях: динамика полета космических аппаратов, методы наблюдения космических аппаратов, физика верхних слоев атмосферы, коротковолновое излучение Солнца, космические лучи и радиационные пояса, магнетизм Земли и планет, межпланетная среда, экспериментальная астрономия, космическая медицина и биология, методика проведения научных исследований в космосе.

Двигаясь по различным орбитам в космическом пространстве, десятки автоматических научных станций разных стран уже несколько лет подряд передают на Землю научную информацию. Много нового узнали мы за последние годы о свойствах и составе электрически заряженных частиц, интенсивности магнитного поля, поясах радиации, окружающих Землю, и других физических факторах мирового пространства.

Сведения по физике космоса были совершенно необходимы для обеспечения безопасного полета человека, для дальнейшего углубленного изучения мирового пространства.

Трудно переоценить возможности, открывающиеся перед учеными в связи с исследованиями, проводимыми на борту космического корабля. Об этом ярко свидетельствуют впечатления и наблюдения первых космонавтов. Трудно в полной мере оценить всю необъятность перспектив, открывающихся перед человечеством в освоении мирового пространства.

Когда мы обращаемся к истории ракетной техники, нас поражает одно обстоятельство. Ракета, представляющая собой единственный из освоенных нами способов проникновения человека в космос, была известна задолго до появления какого-либо другого механического средства передвижения. Однако ее практическое использование стало доступным лишь в самое последнее время.

Трудно сказать, где и кому впервые пришла мысль использовать ракеты для полета человека.

История сохранила предание о том, что некогда в Китае был совершен смелый эксперимент – человек попытался взлететь на ракете. Между тем, достоверно известно, что в 1806 году успешный запуск ракеты осуществил пороховых дел мастер Клод Ружьери... Недалеко от Парижа, на ракетных устройствах, снабженных парашютом, он сумел поднять в воздух мелких животных – крыс и мышей. Совершенствуя ракеты, Ружьери в 1830 году предполагал на большой комбинированной ракете "поднять в небо барана". Нашелся доброволец-юноша, который предложил себя в качестве пассажира, однако этот опыт был отклонен как опасный.

Кто из нас не увлекался замечательными фантастическими романами Жюля Верна? Сто лет назад этот гениальный писатель, эрудит и ученый далеко опередил свое время и с удивительным предвидением описал картину межпланетного полета. Блестящая фантазия переплеталась с подлинной наукой, возбуждая творческую мысль ряда поколений.

Неслучайно основоположник современной научной космонавтики К.Э. Циолковский с благодарностью вспоминал Жюля Верна, который произвел на него неизгладимое впечатление и увлек его в область межзвездных исканий.

Естественно, что успешно дело пошло лишь тогда, когда благодаря К.Э.Циолковскому, А.Ф.Цандеру, Г.Оберту, Р.Годдарду, Эно Пельтри и другими были заложены научные основы ракетостроения и ракетоплавания.

Особое место в астронавтике занимают труды К.Э.Циолковского. Его научные интересы охватывали: теорию ракетного движения, аэродинамику, проблемы обеспечения жизнедеятельности человека в полете, энергетику и многое другое. Ему принадлежат некоторые основополагающие идеи в области космической биологии. Так им предложено для обеспечения жизнедеятельности космонавтов моделирование земных условий в кабинах ракет. Он предлагал использовать в полетах зеленые растения с целью создания кругооборота необходимых для жизни веществ: воды, кислорода, угольной кислоты.

Впервые им была высказана идея и предложены конкретные способы для создания искусственной тяжести, намечены пути к защите космонавтов от повреждающего влияния повышенной гравитации. Идеи этого замечательного человека успешно развиваются советскими, американскими и другими современными исследователями космоса.

Я позволю себе остановиться на некоторых общих высказываниях Циолковского.

Несмотря на все превратности судьбы, ему был присущ исключительный оптимизм, глубокая вера в возможность межзвездных полетов. Поистине пророчески звучат его слова, сказанные в начале века: "Человечество не останется вечно на Земле, но в погоне за светом и пространством сначала робко проникнет за пределы атмосферы, а затем завоюет себе все околосолнечное пространство".

Он утверждал – придет время и наступит эпоха внеатмосферной деятельности человечества. Примечательно, что еще в 1908 году К.Э.Циолковский высказал мысль, что после создания искусственного спутника Земли, способного возвращаться на Землю, на очередь встанет решение биологических проблем, связанных с обеспечением нормальной жизнедеятельности экипажа космических кораблей. Затем, полагал он, на постоянные орбиты вблизи Земли будут выведены многочисленные ракетные "поселения" – космические станции, поддерживающие непрерывную связь с нашей планетой. Все это он считал предпосылкой для развития "внеатмосферной деятельности человека", которая, по его мысли, должна складываться из нескольких периодов:

1. Перемещение в пределах солнечной системы.

2. Расселение людей во всем пространстве солнечной системы.

3. Грандиозное развитие промышленности, науки, культуры у граждан "солнечного братства".

4."Население солнечной системы, – пишет К.Э. Циолковский, делается в сто тысяч миллионов раз больше теперешнего земного. Достигается предел, после которого неизбежно расселение по всему Млечному пути".

Как величественны и смелы перспективы, нарисованные творцом астронавтики, многие из научных предвидений которого уже сбылись в наши дни. Можно ли теперь, в наше время, сомневаться в том, что мировое пространство, скрытые в нем огромные возможности и ресурсы будут принадлежать человечеству?

Однако, до недавнего времени уровень развития техники не позволял даже приблизиться к реализации этих смелых идей. Но вот в Советском Союзе был создан летательный аппарат, который был запущен 4 октября 1957 года и, впервые в истории нашей планеты преодолев земное тяготение, стал искусственным спутником Земли.

Затем последовали: искусственный спутник Земли, обитаемый спутник, "лунник", корабли-спутники, способные возвращаться на Землю, и, наконец, 12 апреля 1961 года – первый полет человека в Космос. За ним второй и триумфальные дни августа 1962 г. – групповой полет советских космонавтов. Эти захватывающие, грандиозные и изумительные по своему темпу успехи Советской науки и техники не могут не вселять чувство гордости и удовлетворения в каждого из нас. Они позволяют с полным основанием говорить о весьма существенном вкладе советской науки в развитие космонавтики.

Но я, как биолог, естественно, обращаюсь к близкой мне области, к науке о жизни, к тому, что дали и могут дать достижения космонавтики для перспективы внеатмосферной жизни человека, и, что с моей точки зрения не менее важно, – для еще более широкого изучения сущности жизни, основных законов ее эволюции во Вселенной.

В этой связи мне хотелось бы коротко напомнить историю становления космической биологии и отметить основные этапы ее развития в нашей стране. Мне представляется пять таких этапов.

Первый этап охватывал предварительные лабораторные исследования и определения основных проблем космической биологии, то есть период до 1951 года. К этому времени достижения прикладной физиологии, авиационной медицины, радиобиологии и других смежных наук создали достаточные теоретические предпосылки и позволили приступить к подготовке первых биологических экспериментов на ракетах. Особенно следует подчеркнуть роль авиационной медицины, которая в значительной степени способствовала быстрому формированию космической медицины.

Основным практическим итогом этого этапа явилась разработка медицинских требований к герметической кабине, системам жизнеобеспечения, к средствам спасения и другим видам оборудования, а также научной аппаратуре, которые затем были использованы в летных экспериментах.

Второй этап включал проведение биологических экспериментов при полетах животных на ракетах в верхние слои атмосферы на высоту до 450 - 470 км.

Опыты проводились на собаках, кроликах, крысах и мышах (часть животных наркотизировалась). Цель экспериментов заключалась в изучении биологического действия основных факторов полета на состояние различных функций и поведения животных, в выяснении эффективности систем, обеспечивающих условия жизнедеятельности в полете и, наконец, в разработке надежных и приемлемых с медицинской точки зрения способов возвращения животных и аппаратуры на Землю.

В соответствии с разработанной методикой животные проходили предполетную тренировку, а также тщательное физиологическое и клиниковетеринарное обследование до и после полета. Характер эксперимента требовал разработки новых методических приемов для регистрации основных физиологических функций в полете. Была разработана и изготовлена специальная аппаратура, которая в полете регистрировала электрокардиограмму, дыхание, артериальное давление, в части опытов осуществлялась регистрация тонуса глазных мышц , состояние условных пищевых рефлексов и некоторые другие физиологические параметры. Одновременно фиксировались гигиенические показатели среды герметической кабины (давление, температура, влажность) и перегрузки в трех плоскостях.

Эксперименты в полете были проведены на восемнадцати собаках, некоторые из них летали по 2, 3 и даже 4 раза.

Животные удовлетворительно переносили условия полета и каких-либо неблагоприятных сдвигов физиологических функций как во время полета, так и после у них не отмечалось.

В результате этих опытов были получены данные, характеризующие состояние мышечного тонуса и координацию движений в условиях невесомости.

Однако, кратковременность полета ограничивала возможности исследования влияния на организм всего комплекса факторов.

Новые возможности для исследований открылись выведением на орбиту искусственных спутников Земли.

Третий этап – подготовка и проведение биологического опыта на втором искусственном спутнике Земли (с собакой Лайкой). Группа из двенадцати подопытных собак прошла специальную систему отбора и тренировки. Для получения физиологической информации была создана малогабаритная и экономичная электронная аппаратура, позволившая осуществить телеметрическую запись основных показателей сердечно-сосудистой системы, дыхания и двигательной активности животного.

Серьезной задачей явилась разработка систем жизнеобеспечения животного применительно к условиям длительного полета. Впервые сконструированные и многократно испытанные в лабораторных экспериментах системы регенерации, терморегулирования, питания, ассенизации и другие подверглись серьезному испытанию в полете на искусственных спутниках Земли. Были получены данные, позволяющие усовершенствовать конструкцию некоторых систем жизнеобеспечения.

Основным итогом эксперимента с Лайкой явилось доказательство возможности существования высокоорганизованного животного в орбитальном полете.

Была показана также возможность получения с помощью радиотелеметрических средств необходимой информации о состоянии основных физиологических функций животного на всех этапах полета и о гигиенических параметрах среды герметической кабины спутника.

Четвертый этап составила серия биологических экспериментов на втором, третьем, четвертом и пятом кораблях-спутниках, осуществленная в 1960-61 годах. Эти эксперименты позволили накопить большое количество важнейших данных, характеризующих влияние на различные, по уровню их развития, организмы комплекса факторов космического полета.

Было установлено, что животные благополучно переносят условия, сопровождающие выведение корабля на орбиту и переход к состоянию невесомости, а также периоды торможения и спуска корабля с орбиты.

В орбитальном полете основные показатели физиологического состояния животных (частота сердечных сокращений, дыхание, кровяное давление) оказались близкими к исходным значениям, зарегистрированным перед стартом, что свидетельствовало о хорошей приспособляемости организма животных к этим условиям. Полученная с борта корабля информация свидетельствовала о надежной работе систем жизненного обеспечения.

На протяжении всего суточного полета второго космического корабля-спутника в его кабине сохранялось нормальное атмосферное давление при содержании кислорода от 21 до 24%, влажности до 60% и температуре от 17 до 20 градусов выше нуля, что соответствовало заданным величинам.

Такого рода условия были признаны достаточно благоприятными и для будущего полета человека.

Наконец, возможность получения информации с борта корабля о работе оборудования, а также телевизионное наблюдение гигиенических параметров среды, физиологического состояния и поведения животных подтвердили надежность телеметрических устройств для передачи на Землю необходимых научных сведений.

Значение полетов космических кораблей-спутников не исчерпывается богатством полученной информации в ходе полета. Возвращение объектов на Землю позволило получить принципиально новый материал, дающий представление о более или менее отдаленных последствиях космического полета для живых существ. Понятно, что эта сторона вопроса и его положительное решение имели большое значение для подготовки и осуществления полета человека:

Здесь прежде всего важны результаты исследований влияния космического излучения. Индикаторами этого воздействия служили насекомые, культуры тканей человека и животных, сухие и проросшие семена растений, бактерии и грибки, а также кроветворные органы, в частности костный мозг лабораторных животных (мыши, крысы).

Таким образом до полета человека были проведены исследования более чем на 15 видах животных и растительных организмов. Был применен широкий эволюционный принцип в отборе животных, который сочетался с подбором живых организмов с целью биологической индикации влияния различных факторов полета и в первую очередь, ионизирующего излучения.

Накопленные к этому времени научные данные и успешное выполнение программы биологических экспериментов на космических кораблях-спутниках позволили прийти к обоснованному выводу о возможности кратковременного полета человека по орбите, приближающейся к круговой и расположенной заведомо ниже околоземных радиационных поясов.

Космическая биология и медицина таким образом дали "визу" для первого полета человека в космос. Визу, которая была скреплена строгими научными фактами и обоснованиями.

Пятый этап начался подготовкой космонавтов к полету.

Космонавты комплектовались из числа летчиков-добровольцев. Группа кандидатов в космонавты приступила к выполнению программы обучения и тренировкам.

Программа была весьма обширной и предусматривала изучение ракетной техники, астрономии, геофизики, космической медицины, радиотехники, прикладной географии и ряда других дисциплин. Ведь при полете в космос могло потребоваться многое.

Комплекс специальных тренировок включал полеты на самолетах в условиях невесомости, длительное пребывание в сурдокамерах, тренировку на центрифуге и в макете кабины корабля, прыжки с парашютом и т.д. Все это способствовало выработке навыков, необходимых для успешного осуществления полета.

В результате была отобрана группа лиц, полностью подготовленных к полету, из числа которых для первого полета был выбран Юрий Гагарин, положивший своим историческим полетом начало практическому освоению человеком космического пространства.

Как известно, корабль Гагарина совершил один виток вокруг Земли. Придавая большое значение фактору времени, продолжительность следующего полета была увеличена до суток. Эту задачу так же блестяще выполнил космонавт Герман Титов.

Следующим был групповой полет космонавтов Андриана Николаева и Павла Поповича, который продолжался в течение трех суток. При этом Андрианом Николаевым, начавшим полет на сутки раньше, была достигнута продолжительность пребывания в космическом пространстве равная 95-ти часам. Важно отметить, что во время полета ни у Николаева, ни у Поповича не отмечалось каких-либо нарушений, хотя программа этого полета была более сложной, чем предыдущие. Программы биологических измерений на кораблях "Восток-3" и "Восток-4" в сравнении с кораблями "Восток" и "Восток-2" были также значительно расширены. Был установлен специальный контроль за состоянием центральной нервной системы и вестибулярного аппарата. В полете у каждого из космонавтов регистрировались: электрокардиограмма, электроэнцефалограмма, кожно-гальванические рефлексы, электроокулограмма, пневмограмма.

Была разработана специальная бортовая медицинская радиоэлектронная аппаратура, отличающаяся малым весом и небольшими габаритами, высокой экономичностью и надежностью. Передача информации на Землю осуществлялась с помощью нескольких радиотелеметрических систем непрерывного и периодического действия. Для оценки работоспособности и физического состояния космонавтов применялись специальные приборы, а также изучались данные радиосвязи, телеметрии и телевидения.

Беспримерный в истории человечества многодневный групповой космический полет, так же как и предыдущие полеты советских космонавтов, прошел с блестящим успехом. Все системы космических кораблей функционировали нормально, гигиенические параметры в кабинах поддерживались на заданном уровне. Космонавты вели вполне "земной" образ жизни: ели, пили, спали, осуществляли связь с Землей и друг с другом, вели научные исследования и наблюдения. Спуск также прошел нормально. Ни в этих, ни в предыдущих полетах каких-либо отрицательных последствий не отмечено.

В процессе этих полетов были получены весьма важные и принципиально новые данные о реакциях организма человека на условия космического полета. Теперь имеются сведения не только о характере функциональных сдвигов на различные факторы полета, но и о значении реакций эмоционального направления. Весьма важно подчеркнуть, что полеты подтвердили сохранение работоспособности человека в столь необычных условиях.

Мне особенно хотелось бы отметить огромное значение, которое придавалось проблеме безопасности при осуществлении космических полетов.

Принцип безопасности был ведущим, пронизывающим все области подготовительной работы. Ведь на "карту" была поставлена не только "идея полета человека", но и его жизнь.

Полеты космонавтов были проведены по маршрутам, проверенным при запуске космических кораблей с животными на борту. Биологические объекты в этом случае явились как бы своеобразными индикаторами возможной опасности. Исследование животных во время полета и после возвращения на Землю позволило сделать заключение о достаточной безопасности выбранных маршрутов.

Была разработана и строго осуществлена широкая программа подготовки космонавтов к полету. В ходе подготовки космонавты детально знакомились с воздействием различных факторов полета, овладевали навыками пользования средствами жизнеобеспечения и спасения, осваивали все виды оборудования корабля и личное снаряжение.

Во время полета проводился непрерывный медицинский контроль за состоянием здоровья космонавтов и имелась возможность в случае необходимости осуществить посадку корабля.

Были разработаны и предварительно испытаны средства спасения, многие из которых для надежности дублировались.

И, наконец, были приняты меры, обеспечивающие своевременный прогноз радиационной обстановки и использование защитных средств на случай непредвиденного усиления радиационного фона.

Научные результаты полета космических кораблей "Восток" сформулированы в следующих выводах:

Орбитальный полет продолжительностью до четырех суток, выведение и спуск космического корабля не вызывают физиологических отклонений, которые могли быть охарактеризованы как вредные и опасные для здоровья космонавта.

Отмеченные физиологические сдвиги были связаны с воздействием комплекса факторов и нервно-эмоциональным напряжением. Они имели, в основном, характер приспособительных реакций. Аналогичные, но менее выраженные реакции, наблюдались у космонавтов во время тренировок на центрифуге и других стендах. В суточном орбитальном полете Германа Титова отмечены явления "укачивания", требующие дальнейшего анализа.

На всех участках полета космонавты сохраняли работоспособность.

Таким образом, как летные эксперименты с животными, так, в особенности, и первые полеты в Космос человека позволили прийти к важному заключению о том, что общее направление научных исследований по освоению космического пространства было правильным.

Теперь мы имеем все основания приступать к решению следующих, более сложных задач, относящихся к основным проблемам космической биологии.

Позвольте остановиться на краткой характеристике этих проблем. К ним относятся:

Изучение влияния длительных полетов в космос на человека и различные живые организмы, выявление условий и факторов, которые могут отрицательно сказываться на обитателях корабля, разработка соответствующих способов и средств защиты.

Медицинское обеспечение более продолжительных космических полетов, подразумевающее совместную с инженерами научную разработку систем жизнеобеспечения, управления кораблем, создание соответствующих устройств, контролирующих гигиенические параметры кабины и физиологические показатели состояния членов экипажа. В эту группу входят также определенные проблемы здравоохранения, профилактической и клинической медицины.

Разработка адекватных медицинских критериев для отбора членов экипажа космических кораблей, наиболее эффективных методов их подготовки и специальных видов тренировок с целью повышения выносливости к воздействию необычных факторов.

Изучение биологических основ обеспечения длительных космических полетов с целью разработки систем, поддерживающих жизненные условия для экипажа путем моделирования естественных материально-энергетических связей человеческого организма с земной природой, осуществленной в форме круговорота веществ с использованием солнечной энергии.

Изучение условий жизнедеятельности и форм внеземной жизни, а также разработка проблем, связанных с предупреждением бесконтрольного заноса живой материи в космос и возможных представителей внеземной жизни на нашу планету.

Факторы космического полета с биологической точки зрения можно разделить на три группы:

1. Факторы, связанные с динамикой полета: перегрузки, вибрация, шум и невесомость.

2. Факторы, характеризующие космическое пространство как своеобразную среду обитания (ультрафиолетовое, инфракрасное, видимая часть радиации, ионизирующее излучение, барометрическое давление, своеобразие теплового режима и т.д.).

3. Факторы, связанные с длительной жизнью организма в искусственных условиях герметической кабины космического корабля (изоляция, ограничение пространства, особенности питания, суточной периодики, микроклимата и т.д.).

Шум и вибрация, создаваемые двигателями, должны быть в зоне, хорошо переносимой человеком.

Теоретический анализ и результаты экспериментальных исследований дают основание думать, что ни шум, ни вибрации не ограничат наши возможности в овладении ракетными средствами сообщения.

Достижение аппаратом первой космической скорости сопровождается нарастанием ускорений, во время которых космонавты испытывают действие перегрузок, в несколько раз превышающих силу земного тяготения.

Опыт, которым мы располагаем, показывает, что ускорения, связанные с выходом корабля на орбиту, а также с возвращением на Землю, могут быть вполне переносимы. При этом важно соблюдение определенных и теперь хорошо нам известных условий. К ним относятся: наиболее рациональное положение человека, при котором ускорение действует в поперечном направлении, определенный режим нарастания ускорений; форма и конструкция кресла; система фиксации и т.д.

Одним из наименее исследованных факторов космических полетов является невесомость. Это – новая область исследований и наши сведения относительно влияния невесомости ограничены тем, что все попытки имитировать ее на Земле крайне затруднены и практически не увенчались успехом.

По существу, до настоящего времени единственным и наилучшим методом воспроизведения и изучения этого необычного для земных организмов состояния является полет на искуственных спутниках Земли.

Биологические эксперименты во время орбитальных полетов внесли некоторую ясность в вопрос о влиянии длительной невесомости на живые организмы. Так, в опытах на собаках было показано, что в первое время пребывания животных в невесомости отмечается отчетливая тенденция к нормализации основных физиологических показателей после отклонения их, возникшего в период выведения корабля на орбиту. Полеты советских космонавтов показали, что пребывание в состоянии невесомости не вызывает сколь-либо существенных изменений работоспособности человека. Можно, однако, предположить, что имеются индивидуальные различия в переносимости этого состояния. Рассматривая перспективы длительных космических полетов, не следует пренебрегать изучением проблемы создания искусственной тяжести, как наиболее эффективного способа устранения возможного неблагоприятного действия невесомости.

В этом плане внимания заслуживают сравнительно недавно проведенные советскими учеными исследования, где был осуществлен поиск величины гравитации, необходимой для восстановления у животных в условиях невесомости нормальной позы и ориентировки в пространстве. Результаты этих экспериментальных исследований показали, что при создании на центробежной машине гравитации в 0,3 g, т.е. в 3 раза меньшей, чем земная, у подопытных животных – белых крыс – исчезают расстройства биомеханики, возникающие в условиях невесомости.

Характеризуя мировое пространство как среду обитания, прежде всего следует отметить господствующее там крайне низкое барометрическое давление. Проблема влияния пониженного барометрического давления на организм животного и человека систематически изучается уже около ста лет.

Было установлено, что острое кислородное голодание представляет большую опасность для жизни организмов в условиях сильного разрежения. На высотах эквивалентных по кислородному режиму космическому пространству (15,200 м и выше) тяжелое гипоксическое состояние возникает уже через 15-20 сек. В частности, потеря сознания у человека наступает на пятнадцатой-шестнадцатой секунде пребывания его на такой высоте.

Помимо острого кислородного голодания пониженное барометрическое давление оказывает повреждающее влияние на организм в связи с возникновением в тканях процессов газообразования и кипения. Явление кипения (возникновение высотной тканевой эмфиземы) отмечается у теплокровных животных при понижении барометрического давления до 47 мм рт.ст. и ниже.

Разработанная советскими конструкторами и использованная в полетах на космических кораблях "Восток" герметическая кабина, в которой поддерживалось нормальное барометрическое давление, явилась надежной защитой живых организмов от повреждающего влияния разреженной атмосферы.

Добавлю, что космонавты в полете имели высотные скафандры, которые в случае разгерметизации кабины должны были надежно защитить их от неблагоприятного влияния пониженного барометрического давления.

Проблема газовой среды и барометрического давления может показаться хорошо изученной, практически исчерпанной. Мне хотелось бы заметить, что это лишь внешнее впечатление.

И здесь еще немало интересных и практически важных проблем.

Так, еще нельзя считать полностью решенным вопрос о рациональных величинах барометрического давления в герметических кабинах межпланетных кораблей, нет достаточной ясности того, каким должен быть по своему химическому составу "воздух" кабины. Целесообразно ли при решении этих вопросов строго копировать земные условия или же возможно в зависимости от характера полета создавать искусственную среду, отличную от земной? Таким образом, проблема целесообразности, которую многие годы обсуждают биологи, вновь встает перед исследователями и приобретает уже не только теоретическое но и конкретное практическое значение.

Рассматривая иные факторы космического пространства, я хотел бы упомянуть о проблеме ионизирующего излучения, о радиационной безопасности полетов.

Сегодня это – одна из первостепенных проблем космической биологии. Мыслимы два основных пути в изучении биологического влияния космической радиации: лабораторные исследования действия отдельных компонентов этого излучения и эксперименты в реальных условиях полета.

Естественно, второй путь более эффективен, ибо он отвечает на вопрос о размерах опасности ионизирующего излучения в космосе.

Хочу подчеркнуть, что биологи нуждаются в сотрудничестве с физиками. Без этого немыслим прогресс наших знаний, решение практических задач безопасности полетов космонавтов.

Теперь не только писатели-фантасты, но и представители многих областей естествознания ждут от космической биологии решения самой загадочной проблемы – как широко распространена жизнь во Вселенной, каковы ее формы и особенности.

Существует, по крайней мере, два пути решения вопроса о наличии живой материи во Вселенной. Во-первых, изучение возможности жизнедеятельности различных земных организмов в лабораторных условиях, имитирующих условия космоса и небесных тел. Современная техника позволяет воспроизвести эти условия, и основные трудности, пожалуй, заключаются в недостаточности наших знаний о природе планет.

Одновременно необходимо интенсифицировать наши усилия и по второму направлению – поискам органической материи, субстратов и организмов вне Земли как сходных с теми, какие существуют на Земле, так и отличающихся от них.

Правда, попытки решить вопрос о существовании жизни, например, на Марсе, при помощи наблюдений с Земли, постоянно встречали большие трудности. Кроме того, на пути исследований стоят две атмосферы: наша, земная, и марсианская. Мы можем рссчитывать на несравненно больший успех, используя приборы, установленные не на Земле, а на космических станциях и ракетах.

Астрономам, однако, немало удалось сделать и в наземных обсерваториях. При помощи точных приборов они обнаружили в темных областях Марса (так называемых морях) спектры поглощения, которые считаются весьма характерными для органических соединений биологического происхождения.

Если к этому добавить, что в метеоритах найдены углеводороды, а также некоторые органические соединения, близкие таковым у земных организмов, то станет очевидным, как много еще можно и нужно сделать в этом направлении, используя "наземные средства". Первостепенной в настоящее время является задача обнаружения и исследования микроорганизмов, спор, элементарного органического вещества в космическом пространстве.

Успехи космонавтики теперь позволяют не только ставить, но и попытаться экспериментально решить вопрос о достоверности теории трансспермии Сванте Аррениуса.

Можно думать, что условия космического пространства не обязательно повлекут за собой гибель простейших представителей органического мира Земли. В связи с развитием космических полетов немаловажное значение приобретает проблема предотвращения бесконтрольного заноса земных форм жизни с нашей планеты. С практической точки зрения это связано с разработкой эффективных и надежных средств стерилизации аппаратуры и всего оборудования ракет.

Для биологов исключительно заманчива перспектива сопоставления обнаруживаемых в мировом пространстве форм жизни с земными. Это позволит выяснить характер и пути возникновения и эволюции живой материи во Вселенной, подтвердить общие законы развития материи.

В заключение я хотел бы остановиться на одной из самых сложных задач космической биологии. Она представляется мне вообще наиболее грандиозной задачей современного естествознания. Речь идет о создании замкнутого цикла превращения материи в кабине космического корабля – моделирование существующего в природе круговорота веществ.

В силу традиции и исторически закрепленной случайности мы извлекаем из природы далеко не самые полезные и ценные вещи, хотя и пытаемся построить свой быт и питание на более рациональной основе.

Большие успехи, достигнутые пищевой биохимией и технологией, показывают возможность и плодотворность научного подхода к таким, казалось бы, консервативным проблемам. Не следует предаваться иллюзиям и рассчитывать на быстрый успех. Однако, мы должны помнить, что возможность успешного осуществления длительных межпланетных полетов немыслима без создания искусственных животно-растительных сообществ, включающих человека и удовлетворяющих его материально-энергетические потребности.

Решение этих фундаментальных проблем естествознания, разумеется, будет иметь исключительное значение и для расцвета жизни на Земле, повышения благосостояния народов.

Поистине необъятны просторы Вселенной, а для нас сейчас необъятен круг стоящих перед наукой задач.

Эти задачи ждут своего решения.

Результатом будет раскрытие тайн природы, усиление власти человека над ней, прогресс цивилизации, счастье будущих поколений.

CONTRIBUTION OF THE U.S.S.R. TO THE EXPLORATION OF OUTER SPACE

N. M. Sissakian
Praesidium, U.S.S.R. Academy of Sciences, Moscow, U.S.S.R.

It is not easy to give a true evaluation of historic events or of immortal works of art from a close distance. A deeper understanding of their essence and importance as well as of the enchanting beauty of immortal masterpieces requires a spell of time to pass. It is rather difficult to grasp the full significance and great vistas opened by space research for the progress of human civilization.

What will the mastering of space give to the human race, to future human civilizations ?

All problems of astronautics and the prospects of its development are thrilling and immense indeed. My field is biological sciences and I shall try to draw your attention to problems confronting a new branch of science, i.e. space biology.

Universe ! A short word full of enormous meaning and significance. An infinite multitude of worlds governed by uniform laws of development and movement. Our Earth - child and part of the Universe. The continuous development of matter proceeds along different pathways; life that has appeared on our planet is one form of its development. In prehistoric times there appeared a human being whose labour and intellect transformed in the course of time not only the face of the Earth but human society itself.

Many centuries ago a bold and fascinating but tragic legend was born. Icarus, the son of Daedalus, rose into the air with the aid of wax-fastened wings. Striving for liberty, Icarus carelessly got too near the sun , the wax melted away, the wings fell to pieces and Icarus perished.

In Medieval times Leonardo da Vinci, a man of true genius, outlined a realistic project for a flying machine.

During the period of industrial revolution first balloons rose into the aerial ocean; the beginning of the current century was marked with planes, and today rockets and space vehicles go into the sky. Rocket ships have opened the path to space for man.

350 years ago the great Galileo Galilei aimed his telescope at the starry sky and this brought the Universe closer to man. But many dozens and even hundreds of years were needed before our knowledge of heavenly bodies and outer space was widened and enriched.

Nevertheless possibilities of scientific research performed from the Earth's surface are limited.

A new, truly revolutionary stage in the investigation of the boundless expanses of the Universe for real was the creation of flying vehicles capable of carrying scientific instrumentation beyond the Earth's atmosphere.

This was initiated in the U.S.S.R.

Some five years have passed since the launching of the first Earth satellite. An event that opened new vistas for the study of cosmic space.

During this period Soviet scientists have carried out numerous studies of outer space and the upper layers of the Earth's atmosphere. Soviet scientists and designers have achieved tremendous success in creating ship-satellites for prolonged man-in-space flights.

Soviet scientists have been carrying out space research in the following fields : flight dynamics of space vehicles, methods for observing space vehicles, physics of the upper layers of the atmosphere, solar short-wave radiation, cosmic rays and radiation belts, magnetic fields of the Earth and other planets, interplanetary medium, experimental astronomy, space medicine and biological methods of scientific research in space.

Moving along various orbits in outer space dozens of automatic scientific stations belonging to different countries have been sending scientific information to the Earth for several years. During the last few years we have learned many new things about the properties and composition of electrically charged particles, the intensity of magnetic fields, radiation belts surrounding the Earth, and other physical factors of cosmic space.

Information concerning the physics of space was absolutely necessary to provide safe manned flight and for further detailed research of space.

It is difficult to overestimate the possibilities opening up before scientists in connection with research carried out on board a space-ship. This is convincingly confirmed by personal impressions and observations made by the first astronauts.

When turning to the history of rocket engineering we are struck by the following fact. The rocket which is so far the only means making possible the penetration of a human being into outer space was known long before other means of mechanical transportation appeared. However its practical use has become possible only quite recently.

It cannot be said with certainty where and who it was that the idea first struck of using rockets for a manned flight.

History has retained a legend saying that a daring experiment was once performed in China - a man made an attempt to fly in a rocket. But it is authentic that in 1806 a rocket was successfully launched by a French pyrotechnist Claude Ruggieri. It occurred not far from Paris. Using rocket devices provided with a parachute he was able to raise aloft small animals, such as rats and mice. Having improved his rockets Ruggieri in 1830 suggested "to lift a ram into the sky" by means of a staged rocket. A young volunteer offered his services as a passenger, but the authorities turned down the experiment as too dangerous.

Who of us was not carried away by the fantastic novels of Jules Verne? A century ago this talented writer, erudite and scholar, left the science of his time far behind and with amazing foresight described an interplanetary flight. This brilliant fantasy was intermeshed with true scientific evidence which was to excite the creative spirit of many generations.

It is not by chance that the founder of modern scientific astronautics, Konstantin E. Tsiolkovsky, thought with gratitude of Jules Verne since the writer had produced an ineffaceable impression upon him and lured him into the field of interstellar searches.

Naturally, success could be achieved only when the scientific basis of rocketry was laid by the works of K. Tsiolkovsky, A. F. Zander, G. Oberth, R. Goddard, R. Esnault-Pelterie and other scientists.

A particular place in astronautics belongs to Tsiolkovsky's works. His scientific interests embraced many fields, e.g. the theory of rocket movement, aerodynamics, problems of maintenance of human life during a flight, energy study, etc. He is the author of some fundamental principles in space biology. He put forward the idea of imitating terrestrial conditions in rocket cabins in order to secure the vitality of astronauts. He suggested the use of green plants during flights in order to create a turnover of vitally important substances : water, oxygen, carbon dioxide.

He was the first to express the idea and suggest concrete ways of creating artificial gravity, and outlined means of protecting astronauts from the damaging influence of increased gravity. Ideas of this wonderful person are being successfully developed by Soviet, American and other contemporary space investigators.

I would like to dwell upon certain general conceptions of Tsiolkovsky.

In spite of ups and downs of his fortune he was very optimistic and deeply believed in the possibility of interstellar flights. His words uttered at the turn of the century sound prophetically : "Mankind will not always stay on the Earth, but striving for light and space it will at first timidly go beyond the atmosphere and then conquer all interplanetary space".

He asserted the time would come and human beings would carry on their activities beyond the atmosphere. It should be noted that as early as 1908 Tsiolkovsky put forward the idea that having designed an Earth satellite capable of returning to the planet scientists will confront biological problems connected with securing normal activities of a space-ship crew. After that he believed that numerous rocket "manned stations", i. e. space stations maintaining continuous communication with our planet, would be launched in permanent orbits near the Earth. He considered these stages as a necessary preparation for "human activities beyond the atmosphere", the latter including several periods as follows :

1. transportation within the limits of the solar system;
2. dispersal of people throughout the solar system;
3. unprecedented, enormous development of industry, science and culture among the citizens of "the solar brotherhood";
4. Tsiolkovsky writes : "The population of the solar system increases 100.000 million times as compared to that of the present Earth. Thus a limit will be reached when the settlement of the whole galaxy becomes inevitable."

How great and daring are the prospects depicted by the founder of astronautics whose many scientific forecasts have now been realized. How can we nowadays doubt that interplanetary space and its immense riches and resources will belong to mankind.

Nevertheless, until very recently technical developments did not allow us even to approach the realization of these venturesome ideas. Finally a flying vehicle was created in the Soviet Union. On October 4, 1957 it was launched and having overcome the force of gravity for the first time in the history of our planet it became an artificial satellite of the Earth.

Then followed : the first Earth's satellite - an inhabited satellite - "lunik" - spaceships capable of returning to the Earth, and at last April 12, 1961 - the first man-in-space-flight. Then it was followed by the second one and by days full of triumph this August when a group flight was performed by Soviet astronauts. These achievements of Soviet science and technology, unparalleled, great and astonishing in tempo, cannot but engender a feeling of pride and satisfaction in all of us. They permit us to speak about the significant contribution of the Soviet science to the development of astronautics.

However, being a biologist I will turn to the field that lies in my scope, to the science of life. I shall touch upon the contribution that achievements in astronautics have made and can make to the realization of extra-terrestrial human life and what is no less important, to further deeper study of the essence of life and the basic of its evolution in the Universe.

In this connection I would like to recall briefly the history of space biology and to point out the basic stages in its development in our country. Five such stages occur to me.

The first stage included preliminary investigations in laboratories and determination of fundamental problems in space biology; it was the period up to 1951. By then achievements in applied physiology, aviation medicine, radiobiology and other related sciences had established sufficient theoretical premises to permit preparations for the first biological experiments on rockets. The role of aviation medicine should be emphasized in particular since it considerably promoted the development of space medicine.

The principal practical result of this stage was the development of medical requirements for a hermetically sealed cabin, for life-support systems, for rescue and other equipment as well as for scientific instrumentation which were later used in flight experiments.

The second stage included the conduct of biological experiments during animal flights in rockets up to the height of 450 - 470 km.

The experiments were carried out on dogs, rabbits, rats and mice (some animals were anaesthesized). The purpose of the experiments was to study the biological effect of the main factors of the flight upon the state of various functions and behaviour of the animals as well as to elucidate the effectiveness of systems for securing normal conditions for vital activities, and finally to develop reliable and medically acceptable ways of returning both animals and vehicles to the Earth.

In accordance with a procedure which was developed animals were trained before flights and they underwent thorough physiological, clinical and veterinary examinations before and after the flight. The character of the experiments required new techniques of recording the main physiological functions during flight. Special instrumentation was designed and produced to record ECG, respiration, and arterial blood pressure; in some tests the tonicity of ocular muscles, the state of conditioned alimentary reflexes and other biological parameters were recorded. At the same time hygienic indices of the medium in the hermetically sealed cabin (pressure, temperature, humidity) as well as accelerations along three planes were established.

Flight experiments were conducted on 18 dogs; some of them made 2,

3 and even 4 flights.

The animals endured flight conditions quite satisfactorily;no unfavourable changes in their physiological functions were observed during or after the flight.

The experiments gave information characterizing the state of muscular tonicity and movement coordination under weightless conditions.

However, the short duration of the flight restricted the possibilities of studying the influence of the whole complex of flight factors on an organism.

New possibilities for research were opened with the launching of artificial Earth satellites.

The third stage was the preparation and conduct of biological experiments on board the second Earth's satellite (with the dog Laika). A group of twelve experimental dogs underwent a special system of selection and training. In order to obtain physiological information special electronic instrumentation of small size and low electrical energy consumption was designed; the instrumentation permitted telemetric recording of the main indices of the cardiovascular system, respiration and motor activity of the animal.

The development of a life-support system necessary for a prolonged flight of an animal was a difficult task. Systems of air regeneration, temperature regulation, feeding, sanitation etc. were first designed and given multiple testing in laboratory experiments. They were then tested extensively during satellite flights. Information was obtained enabling us to perfect several life support systems.

The principal conclusion drawn from Laika experiment was the proof that a highly developed living being could survive during an orbital flight.

It also showed the possibility of obtaining by radiotelemetry the necessary information concerning main physiological functions of an animal during every flight phase and hygienic parameters of the medium in the satellite cabin.

The fourth stage embraced a number of biological experiments performed on board the spaceship - satellites 2, 3, 4 and 5 that were carried out in 1960 - 1961. These experiments supplied us with ample, very important data about the action of a complex of factors of space flight on living beings at various levels of evolutionary development.

It was established that animals could satisfactorily endure the conditions accompanying the launching into orbit and weightlessness-transition period as well as periods of braking and descent from orbit.

During orbital flight the main indices of the animal physiological state (rate of cardiac muscle contractions, respiration, blood pressure) appeared to be close to the original ones registered before the start. There was evidence of good adaptability of an animal organism to such conditions. The information received from the ship confirmed the reliability of the life-support systems.

During the entire day-long flight of the second spaceship-satellite normal atmospheric pressure was maintained in its cabin;thus the oxygen content was maintained at 21 - 24 %, the humidity at up to 60 % and temperature at 17 - 20° C which was in agreement with the predetermined values.

Conditions of this kind were accepted as sufficiently favourable for future manned flight as well.

Finally, the reliability of the telemetric devices was proven by the possibility of obtaining information from on board the ship about the functioning of the equipment, and by teleobservations of the hygienic parameters of the medium, of the physiological state, and of the behaviour of animals.

The importance of satellite flights is not exhausted by the ample scientific information obtained during flight. The return of the objects to the Earth supplied basically new material giving an idea of more or less remote effects of a cosmic flight upon living beings. It is clear that this aspect of the problem and its positive solution were of great importance for the preparation and conduct of a manned flight.

First and foremost here were the results of the study of cosmic radiation action. Serving as indicators of this action were insects, cultures of human and animal tissues, dry and germinated plant seeds, bacteria and fungi, as well as hemopoietic organs, particularly bone marrow of laboratory animals (mice and rats).

Thus, before a manned flight investigations were carried out on more than fifteen types of animals and plants. Scientific data accumulated by that time and the successful realization of the programme of biological experiments on board spaceship-satellites allowed a well-grounded conclusion that a short-term manned flight along a near-circular orbit located well below the inner radiation belts was possible.

Therefore space medicine and biology gave "a visa" for the first man-in-space flight. It was a visa sanctioned by strict scientific data and fundamentals.

The fifth stage started with the preparation of astronauts for the flight.

Astronauts were selected from among volunteering pilots. A group of candidates started to fulfil a programme of learning and training.

The programme was rather vast and included a study of rocket technique, astronomy, geophysics, space medicine, radiotechnique, applied geography and several other subjects. Space flight might demand a good deal of one.

A complex of special training involved airplane flights with weightlessness, a prolonged stay in surdochambers, centrifuge runs, training in a spaceship model, parachute jumps, etc. All these helped to develop habits necessary for a successful flight.

As a result a group of persons completely ready for the flight was selected. From them Yuri Gagarin was chosen to make the first flight. His historic flight laid the groundwork for the practical mastering of outer space by man.

As known, Gagarin's ship made only one revolution around the Earth. Attaching a great importance to the time factor, the duration of the subsequent flight was increased to a whole day. The task was equally brilliantly fulfilled by astronaut Herman Titov.

Then came a group flight performed by astronauts Andriyan Nikolayev and Pavel Popovich which took three days. The duration of the stay in outer space by Andriyan Nikolayev who was the first to start reached 95 hours. It should be noted that during the flight no difficulties were observed either with Andriyan Nikolayev or Pavel Popovich though their programme was more complicated than the previous ones. The scope of biological measurements onboard the ships "Vostok-3" and "Vostok-4" as compared to those of "Vostok-1" and "Vostok-2" was considerably enlarged. During the flight the following indices were registered on every astronaut : electrocardiogram, electroencephalogram, skin-galvanic reflexes, electrooculogram, pneumogram.

Special onboard medical radioelectronic instruments were developed characterized by a low weight and small size, high reliability and low energy consumption. The information was communicated to the Earth by means of several radiotelemetric systems of continuous and periodic action. The performance capacity and physical state of astronauts were evaluated with the aid of special devices as well as through a study of data sent by radiocommunication, telemetry and television.

The multi-day group flight, unprecedented in human history, was as brilliantly successful as the previous flights by Soviet astronauts. All the systems functioned normally, hygienic parameters in cabins were maintained at the assigned level. The astronauts led quite an "earth-like" way of life; they ate, drank, slept, maintained communication with the Earth and each other, conducted scientific researches and observations. Also their recovery was normal. No negative after-effect was noted either after this or the preceding flights.

In the course of the flights very important and basically new evidence about the responses of a human organism to the conditions of space flight was obtained. Now data are available concerning not only the character of functional shifts upon various flight factors but also on the importance of emotional strain reactions. It should be stressed that the flights confirmed the possibility of maintaining man's capability to perform effectively under such unusual conditions.

I would like to emphasize the importance attached to the safety problem in carrying out space flights. We proceeded from the idea that there were no unessential details in such an undertaking. Every small thing should be taken into account, given a deep consideration, and many times checked. The principle of safety was the leading one, it underlay all the aspects of the preparatory work. It seems quite understandable since not only the idea of a manned flight but the human life itself was at stake.

The astronauts made their flights along the orbits that had been checked by means of launching space-ships with animals on board. Biological objects in this case were used as unique indicators of possible danger. Examination of the animals during the flight and after their recovery permitted us to conclude that the orbits chosen were sufficiently safe.

The comprehensive programme of astronaut training was worked out and strictly adhered to. In the course of preparations the astronauts got closely acquainted with the influence of various flight factors, developed habits of using life-support and rescue systems, and mastered all aspects of the ship's and their own equipment.

During the flight the state of the astronauts' health was under a steady medical check and the ship could have been landed in case of emergency. Certain rescue means were elaborated and tested in advance, many of them being doubled for the sake of reliability.

And finally some precautions were taken in order to assure a timely forecast of the radiation state and the use of protection measures in case of an unforeseen increase of the radiation background.

Scientific results of the successful flights of spaceships "Vostok" led to the following conclusions :

An orbital flight lasting up to 4 days and the launching and recovery of a spaceship do not cause physiological disturbances which may be considered as harmful and dangerous for the health of astronauts.

The physiological changes observed were connected with the influence of a whole complex of factors and nervous and emotional strain. They had in main the character of adaptive responses. Similar but not so pronounced responses were observed during centrifuge runs and training with the use of other devices. During the day flight made by Titov a phenomenon of cosmic "sea-sickness" was noticed which needs a further analysis.

At every flight phase the astronauts retained their good performance capabilities.

Thus, flight experiments with animals and especially the first manned space flights confirmed the correct general line of scientific study for the conquest of space.

At present we have laid the groundwork to enter on the solution of other even more complex tasks relating to fundamental problems of space biology.

Allow me to dwell upon a short description of these problems. They are as follows :

The investigation of the influence of a long-term space flight upon man and other various living organisms, the discovery of conditions and factors that may unfavourably affect the inhabitants of a ship, and the development of corresponding means of protection.

Medical provision for prolonged space flights involving cooperation with engineers to develop life support systems, ship controls, and corresponding devices for checking hygienic parameters in the cabin and the physiological state of the crew. This group of questions also includes certain problems of health maintenance and preventive and clinical medicine.

The establishing of adequate medical criteria for proper selection of the crew and most effective methods of preparing them, as well as the development of special kinds of training aimed at the improvement of their endurance to the effect of unusual factors.

The study of biological fundamentals to provide for prolonged space flights. The aim here is to develop life-support systems for the crew modeled on the natural material and energy relationships between the human organism and its terrestrial environment, achieved by biological cycles of matter using solar energy of the terrestrial nature.

The study of life conditions and extraterrestrial life forms; also the solving of problems connected with precautions against uncontrolled contamination of space with living matter and the reserve, the contamination of our planet with possible representatives of extraterrestrial life.

The factors of a space flight can be divided into three groups from the biological point of view :

1. Factors connected with flight dynamics : acceleration, vibration, noise, and weightlessness.

2. Factors characterizing outer space as a peculiar habitat (ultraviolet, infrared and visible radiation, ionizing radiation, barometric pressure, peculiarities of temperature control, etc.).

3. Factors related to a prolonged stay of an organism under the artificial conditions of a hermetically sealed cabin of a spaceship (isolation, limited room, peculiarities in feeding and diurnal cycle, microclimate, etc.).

Theoretical analysis and experimental results suggest that neither noise, nor vibration will limit our possibilities for using rocket transport.

The achievement of escape velocity is accompanied by increasing acceleration during which astronauts undergo overloads several times the normal force of gravity.

Our experience shows that acceleration accompanying the boost period and deceleration related to the return to the Earth are quite endurable. It is important here to observe certain conditions which are now well-known. They are : a most rational positioning of the man so that acceleration acts transversely; a profile of increase of acceleration; the form and design of the support couch; the system of strapping-in, etc.

One of the less investigated factors of a space flight is weightlessness. This is a new field of investigation, and our information concerning the influence of weightlessness is limited by the fact that all attempts to imitate it on Earth are extremely difficult and in practice have not been successful.

Up to now the only and best method of reproducing and studying this condition so unusual for terrestrial organisms, is a flight on artificial satellites.

Biological experiments carried out during orbital flights cleared up to some extent the question of the influence of long term weightlessness upon living organisms. Thus, experiments on dogs showed that at the beginning of weightlessness a distinct tendency was observed to normalize main physiological indices after a shift caused by the launching period. Flights made by Soviet astronauts indicated that weightlessness did not affect the efficiency of the pilot whatsoever. It can, however, be assumed that there are individual differences in the ability to endure this state. Viewing the prospects of prolonged space flights the study of the problem of creating artificial gravity should not be disregarded since it may be the most effective way of excluding possibly unpleasant effects of weightlessness.

In this connection recent studies performed by Soviet scientists serve to elucidate the degree of artificial gravity necessary under weightless conditions to restore animals to a normal posture and ability to orient themselves in space. The results of the investigation showed that by creating a force of 0.3 g in a centrifuge, i.e. 3 times lower than normal gravity, disturbances in biomechanics occurring in the weightless state disappeared in the animals under study, in this case white rats.

The most noteworthy characteristic of outer space as a habitat is its extremely low barometric pressure. The problem of the influence of low barometric pressure upon human and animal organisms has been studied systematically for about a century.

It was established that acute oxygen starvation under conditions of high rarefaction is very dangerous for living organisms. At altitudes that are equivalent in oxygen conditions to outer space (15.200 m and higher) an acute hypoxia develops in 15 - 20 seconds. Specifically, a man loses consciousness at the 15 - 16th second of his stay at such an altitude.

In addition to acute oxygen starvation, low barometric pressure produces a damaging effect upon a human organism through vaporizing and boiling processes in the tissues. The phenomenon of boiling (the appearance of emphyzema in the tissues) is observed in warmblooded animals, when barometric pressure is reduced to 47 mm of mercury and lower.

Soviet designers developed and used in the "Vostok" spaceships a hermetically sealed cabin where normal barometric pressure was maintained, which reliably protected living organisms from the damaging influence of rarefied atmosphere.

I should add that astronauts wore special full pressure suits, which in case of decompression in the cabin were meant to protect them from the unfavourable effects of reduced pressure.

The problem of gas medium and barometric pressure might seem to be well studied and to all practical purposes solved. But I should like to mention that this is only a superficial impression.

There are still many interesting and important practical problems.

For instance, we cannot consider as completely settled the question of the rational level of barometric pressure in a sealed cabin of an interplanetary spaceship. Neither is the question of the chemical composition of the cabin "air" sufficiently clear. Is it practical to copy strictly terrestrial conditions or is it possible to create an artificial medium differing from the terrestrial one depending on the nature of the flight? Thus, the question of practicality, which has been discussed by biologists for many years, is again confronting the research workers and has acquired not only theoretical but practical significance.

Considering other factors of outer space I would like to touch on ionizing radiation and radiation countermeasures in space flight.

Today this is one of the most important problems of space biology. There are two basic ways to study the biological effects of cosmic radiation : laboratory experiments on the effect of individual components of radiation, and experiments under real flight conditions.

The second way is naturally more efficient since it can give an answer to the question of the extent of danger of ionizing radiation in outer space.

I wish to emphasize that biologists are in need of close cooperation with physicists. Without it no progress in our knowledge can be achieved, and the practical tasks of safe space flight cannot be solved.

Nowadays not only science fiction writers but specialists in many fields of natural sciences expect that space biology will solve the most mysterious of problems - how widely is life spread throughout the Universe, and what are its forms and peculiarities.

The question of the existence of living matter in the Universe can be settled in at least two ways : First, the study of the survival potential of various terrestrial organisms under laboratory conditions imitating the conditions of outer space and extraterrestrial bodies. Modern technology is capable of reproducing these conditions and probably the main obstacle is our lack of knowledge concerning the planets' environment.

At the same time it is necessary to intensify our efforts along a second path, i.e. the search for extraterrestrial organic matter, substrates and organisms both similar to and different from the terrestrial ones.

It is true that attempts to settle the question of the existence of life on Mars for example by means of observations from the Earth has always met with difficulties. Two atmospheres are in the way of explorers : that of Earth and that of Mars. We can count on incomparably better results through the use of instruments mounted not on Earth but in space stations and rockets.

Nevertheless astronomers have accomplished a good deal from Earth observatories. With the aid of precise instruments they discovered in the dark regions of Mars (the so-called seas) absorption spectra that are considered characteristic of organic compounds of biological origin.

In meteorites carbohydrates and some organic compounds similar to those of terrestrial organisms were found. Thus it becomes obvious how much we can and must do in this respect using "terrestrial means". It is of primary importance today to discover and study microorganisms, spores, and elementary organic substance in outer space.

Achievements in astronautics make it possible not only to postulate but to attempt experimental proof of Svante Arrhenius' theory of panspermia.

It is possible to suggest the that conditions of outer space will not inevitably kill the simplest representatives of the Earth's organic world. In connection with the development of space travel, the problem of preventing uncontrolled transportation of terrestrial life forms acquires a definite significance. From a practical standpoint this means the development of effective and reliable means of sterilizing the instrumentation and equipment of rockets.

The possibility of comparing the terrestrial forms of life with those found in outer space is very attractive to biologists. This will make it possible to explain the character of living matter and the ways in which it is born and evolves in the Universe, and to confirm the general laws of the development of matter.

In conclusion I would like to dwell upon one of the most complicated tasks of space biology. I believe it is the most magnificent task of contemporary natural science. I mean the creation of a closed cycle for transforming matter in a spaceship cabin - a replica of the transformation of matter that exists in nature.

Through tradition and chance we take from nature those things which are far from being the most useful and valuable though we do try to develop our mode of life and feeding habits on a more rational basis.

The great successes achieved by food biochemistry and technology show that the scientific approach to such seemingly conservative problems is possible and fruitful. We should not be deluded and expect quick success. However we have to bear in mind that prolonged interplanetary flights can be successfully realized only on the basis of an artificial plant-animal community, biocoenoses, man being included, that meet human requirements in substance and energy.

The solution of these fundamental problems of natural sciences will also be of great importance for the prosperity and welfare of mankind on Earth.

The expanses of the Universe are boundless indeed, as boundless as the number of questions confronting modern science.

These tasks are awaiting their solution.

The result will be the discovery of the secrets of nature, the strengthening of human control over it, the progress of civilization, and the happiness of future generations.

Discussion

White : I would like to query Professor Sissakian concerning three points. First, since you raised the question of further studies being necessary on the total pressure and the gas composition in the cabin, I would like to ask if you are studying other pressures and compositions for the cabin atmosphere, or if you are satisfied with using a "normal" atmospheric pressure and composition in the cabin. Second, I would like to know if your cosmonauts maintained their appetite, that is a desire to eat. With regard to the problem of weightlessness, I would like to ask you whether you have found water merging techniques and other types of simulated weightlessness adequate or valid.

Sissakian: With regard to cabin atmosphere and other conditions in the cabin we have so far set out from the conditions obtaining in our terrestrial life. Thus, the total pressure in the cabin has up to now always been the same as at sea level. We are aware, that perhaps other ecological conditions might offer advantages. This is a very important and far-reaching theoretical problem with practical implications for the exploration of space.

As to your second question, cosmonauts Nicolayev and Popovich had an excellent appetite, which shows that the desire to eat is maintained and that food was not taken just because a given schedule had been prescribed. This is important, since one might otherwise be lead to suspect that certain functions responsible for the desire to eat might have been blocked.

With regard to your third question, I mentioned in my presentation that attempts to reproduce weightlessness in our terrestrial milieu have not been successful, and here I refer to weightlessness of very long duration. Moreover, no one can maintain that there will be only one type of weightlessness.

Walawski : Is detailed information available on your cosmonauts' subjective experiences during weightlessness ?

Sissakian : A detailed description of Titov's flight was published in "Pravda", on October 8, 1961. The results of the flights of Gagarin and Titov, as well as their methods of training have been described in Man's First Space Flights" which have been published by the USSR Academy of Sciences. A detailed account of cosmonauts Nicolayev's and Popovich's "group flight" may be found in "Pravda" of October 22, 1962.

Mayo : You mentioned that much additional work was being done as to the effects of space environment, particularly weightlessness on lower forms of life. Have your own experiments to date indicated any changes of profound nature which have not been generally discussed ?

Sissakian : During the experiments on biological objects in the space ships no serious changes were observed which could in any way endanger human organism in space. Those minor changes which were recorded by means of genetic and histological methods are of scientific significance in that they assist us to select the most sensitive and adequate methods of investigation, and in that they focus our attention on problems requiring further study (e.g. effects of many factors acting in combination).

Rose : In what way was emergency protection against radiation provided ? You also mentioned effective and reliable means of sterilization of spacecraft. Were the internal instrument packages of unmanned space craft sterilized, or was this sterilization limited to the outside shroud ?

Sissakian : As to your last question great care was devoted to the sterilization of all instruments carried in our rockets to the moon. We are aware that the sterilization problems are of great importance, especially in connection with future manned landings on the Moon, Mars or Venus, and subsequent return flights to the earth. These problems require a great deal of research, and our scientists are currently at work to find appropriate means of protection against contamination.

With regard to your first question, the trajectories for our space ships were chosen so as to keep radiation within tolerable limits for the living organism. Specific figures as to the doses received will be given in two USSR presentations on the day after to-morrow. The greatest danger is, of course, caused by solar flares. Accordingly, special precautions were taken to bring the ships safely back under cover, in case of a dangerous increase in the level of radiation.

White : Have your cosmonauts been required to pass solid waste (defecation) to date ? If not, how did you control this ?

Sissakian : Both urine and faeces were collected in a special device and hermetically isolated. The faeces were deodorized and desinfected after landing, the contents were measured and analyzed.

Halvorsen : In the event of total loss of cabin pressurization, how long is the maximal exposure for recovery of the cosmonaut ?

Sissakian: In the event of a pressure drop, the pressure suit is closed immediately and hermetically so as to provide the cosmonaut with the necessary gas pressure.

THE SELECTION OF ASTRONAUTS INCLUDING DYNAMIC TESTING

W. Randolph Lovelace II, M.D., M.S.[1], Ulrich C. Luft, M.D.[2], Albert H. Schwichtenberg, M.D.[3], Thomas O. Nevison, M.D.[4], Robert Proper, M.D.[5], Emanuel M. Roth, M.D.[6], and G. Stanley Woodson[7]
Lovelace Foundation, Albuquerque, New Mexico, U.S.A.

(With 3 Figures)

Abstract

The present status of a continuing thirteen year problem of comprehensive special examination and evaluation procedures for the determination of the physical, mental and social well-being of preselected, highly motivated, and experienced test pilots and astronauts will be reviewed. These subjects repeatedly had proven their ability to withstand the stresses of flight while performing their missions. During these years a group of clinicians and scientists who are biologically, physically and medically oriented have acquired a broad interdisciplinary approach to such examinations.

It is anticipated that highly trained and proven scientists will ultimately become one of the members of a spacecraft crew. Of necessity they will need to participate in a fairly large portion of the astronaut training program. Prior to their examination and selection these men will not have been exposed to the stresses of flight so their reaction to such stresses will be unknown, and thus the selection process will be more difficult. The Gemini program will be most helpful in the final selection, indoctrination, and training of scientists as they can go along on orbital flights with an experienced astronaut.

The success of the total examination program is attested to by the performance and reliability of the X-15 and Mercury crews.

Present methods for obtaining the candidates past history including aviation and space experience, scientific accomplishments, and the family medical history will be given. Following this will be a report on the phys-

1 Director, Lovelace Foundation for Medical Education and Research, Albuquerque, New Mexico, U.S.A. Chairman, Special Committee on Life Sciences, National Aeronautics and Space Administration for Project Mercury.

2 Head, Department of Physiology.

3 Head, Department of Aerospace Medicine and Bioastronautics.

4 Department of Aerospace Medicine and Bioastronautics.

5 Chief Clinical Investigator on Aging.

6 Department of Aerospace Medicine and Bioastronautics.

7 Head, Department of Biomathematics.

ical examination including examinations by medical and surgical specialists who are endeavouring to detect and evaluate even the slightest deviation from normal. Present contemplated laboratory and radiological procedures will be given, including micro-techniques for the determination of blood chemistries and the use of supersensitive intensifiyng screens and television observation for special radiological studies.

Luft's experience on tests to determine the general work capacity, physical condition and cardiopulmonary competence will be presented. Objective estimates of an individual's physical competence are made by measuring the oxygen consumption when performing exercise at a maximal level. Under these circumstances the limiting factors are 1) the quantity of active tissue involved in the production of energy, 2) the quality of cellular metabolism, and 3) the ability of the circulation and respiration to meet metabolic demands for oxygen. The physical condition of the individual depends primarily on the functional factors 2) and 3) and can be determined more precisely if variability attributable to the quantity of active tissue is taken into account. These studies, among other information, revealed that the maximal oxygen intake per unit of lean body mass varies with the potassium content of the latter.

The program for subsequent periodic examinations will be in addition to constant and continuing medical observation and care. Repeat examinations will include an interval history and relevant laboratory, roentgenologic and physical competence tests. Past histories and records will be very valuable sids. Special emphasis will be placed on the progress of any previously discovered minor pathological processes. Those individuals eliminated from the flight program will still be highly valuable members of the operational staff.

After the annual examination program goes on for several years, an attempt will be made to correlate psychological, physiological and anatomical characteristics with chronological age. A critical load can then be imposed on any deteriorating function. The use of electronic computers will facilitate data acquisition, storage, retrieval and study.

It would be most helpful to all concerned to have an International Advisory Council representing the various clinical and scientific disciplines. Such a group would have the responsibility for disseminating existing knowledge and for continually examining the progress and future requirements of all research concerning the examination and selection of astronauts, including the effect of single as well as combined stresses that occur in space with particular respect to performance degradation of the crew.

Sélection des astronautes y compris les essais dynamiques. Le stade actuel d'un programme réalisé au cours de treize années consécutives sera exposé. Ce programme concerne les moyens d'évaluation et les examens compréhensifs et spéciaux en vue de déterminer le bien-être physique, mental et social de pilotes d'essais et astronautes présélectionnés, expérimentés et mûs par un vif élan. Ces sujets avaient fréquemment prouvé leur possibilité de résister aux épreuves imposées par le vol durant leurs missions. Au cours de ces années, un groupe de cliniciens et de savants orientés vers les études biologiques, physiques et médicales ont acquis une conception de l'interdépendance des diverses disciplines comprises dans de tels examens.

On prévoit que des savants hautement entraînés et ayant fait leurs preuves finiront par faire partie de l'équipage d'une vaisseau spatial. Il leur faudra nécessairement participer dans une assez grande mesure au programme d'entraînement des astronautes. Avant leur examen et leur sélection ces hommes n'auront pas été exposés aux efforts de vol, si bien que leur réactions à de tels efforts seront inconnues, et de ce fait le procédé de sélection sera plus difficule. Le programme "Gémini" sera des plus utiles lors de la sélection finale, de l'endoctrinement et de l'entraînement des savants, puisqu'il leur permettra de décrire des vols orbitaux en compagnie d'un astronaute expérimenté.

Le succès de tout le programme d'examen est prouvé par les records et la sûreté des équipages des appareils X-15 et Mercury.

Les méthodes actuelles employées pour connaître le passé des candidats, y compris leur expérience aéronautique et spatiale, leur formation scientifique et leurs antécédents familiaux du point de vue médical seront exposées. Un rapport suivra sur l'examen physique comprenant des examents faits par des savants spécialisés en médecine et en chirurgie qui essaient de déceler et d'évaluer même les plus petits écarts de la normale. Les procédés actuellement envisagés des points de vue laboratoire et radiologique seront donnés, y compris les micro-techniques pour l'analyse chimique sanguine, l'utilisation d'écrans ultra-sensibles et grossissants et l'observation télévisée pour les études radiologiques spéciales.

Les expériences de Luft sur les tests en vue de déterminer la capacité de travail en général, la condition physique et l'état cardio-pulmonaire seront présentées. L'estimation objective de l'état physique d'un exercice sera pratiqué au niveau maximal. Dans ces conditions, les facteurs limitatifs sont 1) la quantité de tissus actifs impliqués dans la production d'énergie, 2) la qualité du métabolisme cellulaire, 3) et les bonnes conditions de circulation et de respiration pouvant satisfaire la demande d'oxygène. La condition physique de l'individu dépend surtout des facteurs fonctionnels 2) et 3), et elle peut être déterminée avec plus de précision si le caractère variable imputable à la quantité de cellules actives est pris en considération. Ces études, parmi d'autres informations, ont révélé que la consommation maximum d'oxygène par unité de masse de tissus varie avec le contenu de potassium de ce dernier.

Le programme pour les examens périodiques ultérieurs s'ajoutera à des observations et soins médicaux constants. Des examens répétés incluront une information sur les tests de laboratoire, de radiologie et de compétence physique. Les donnés concernant le passé des sujets seront d'une très grande utilité. Une attention spéciale sera accordée à l'évolution de tout développement pathologique, même mineur. Les individus éliminés du programme de vol resteront néanmoins des membres très utiles du personnel opérationnel.

Quand l'examen aura été pratiqué durant plusieurs années, on essaiera de faire correspondre les caractéristiques psychologiques, physiologiques et anatomiques avec l'âge chronologique. Une intensité critique pourra alors être imposée à toute fonction perdant de sa valeur. L'utilisation de computers électroniques facilitera l'acquisition, la conservation, le recouvrement et l'étude des éléments acquis.

Il serait des plus utiles pour tous les intéréssés qu'il existât un Conseil Consultatif International représentant les diverses disciplines cliniques et scientifiques. Un tel groupe aurait la responsabilité de diffuser les connaissances acquises et d'examiner réguliérement les progrès et les besoins futurs de toute recherche concernant l'examen et la sélection des astronautes, y compris l'effet des tensions, uniques aussi bien que composées, qui se produisent dans l'espace, en considérant particulièrement la diminution de l'aptitude de l'équipage.

Отбор космонавтов, включая функциональные испытания. Рассматривается современное положение длящейся тринадцатый год программы комплексного специального испытания и оценки процедур определения физического состояния и общественного благосостояния отобранных заранее, весьма энергичных и опытных пилотов-испытателей и астронавтов. Способность переносить соответствующие нагрузки во время полета при выполнении своих заданий была доказана этими лицами неоднократно. В течение этих лет группа врачей и ученых, подготовленных в области биологии, физики и медицины, овладела широким междисциплинарным подходом к такого рода исследованиям.

Предусмотрено, что высоко подготовленные и испытанные ученые в конечном счете станут членами экипажа космического корабля. При необходимости они должны будут участвовать в значительной части программы подготовки астронавтов. До их испытания и отбора эти люди не будут подвергаться нагрузкам полета, так что их реакция на такие нагрузки будет неизвестна и поэтому процесс отбора будет труднее. Программа Джемини окажет наибольшую помощь при окончательном отборе, обучении и подготовке ученых, когда они смогут сопровождать опытного космонавта в полетах по орбите.

Свидетельством успеха всей программы исследований испытателей служат качества и надежность команды X-15 и Меркурия.

Будут введены современные методы получения данных о прежней работе кандидатов, включая авиацию и космический полет, научные достижения и медицинскую историю семьи. Вслед за тем будет подготовлен доклад о физическом обследовании, включая таковое специалистами терапевтами и хирургами, которые стремятся обнаружить и дать оценку даже самым незначительным отклонениям от нормы. Будут применены современные лабораторные и радиологические методы, включая использование микротехники для определения химического состава крови, и сверхчувствительные усиливающие экраны, а также телевизионное наблюдение для специальных радиологических исследований.

Будет использован опыт Луфта по испытаниям с целью определения общей трудоспособности, физического состояния и кардиопульмонарной способности. Объективная оценка физической способности какого-либо лица дается путем измерения поглощения кислорода при выполнении упражнения на максимальном уровне. При этих обстоятельствах лимитирующими факторами являются: 1) большое количество активной ткани, занятой при выработке энергии; 2) качество клеточного метаболизма, и 3) способность кровообращения и дыхания удовлетворить метаболические потребности в кислороде. Физическое состояние человека зависит, прежде всего, от функциональных факторов 2) и 3) и его можно определить точнее, если принять во внимание изменчивость свойственную данному количеству активной ткани. Эти исследования, наряду с другими данными, показали, что максимальное потребление кислорода на единицу массы тела без жира изменяется с содержанием калия в этой массе.

Программа дальнейших периодических исследований послужит дополнением к постоянному медицинскому наблюдению и уходу. Повторные исследования охватят промежуточную историю и соответствующие лабораторные, рентгенологические исследования и испытания на выявление физических способностей. История прошлого и записи будут очень ценным пособием. Особый упор будет сделан на развитие любых, ранее обнаруженных незначительных патологических процессов. Лица, исключенные из программы полетов, будут все исключительно ценными членами оперативного персонала.

После того, как программа ежегодных исследований продлится ряд лет, будет сделана попытка установить связь психологических, физиологических и анатомических особенностей с хронологическим возрастом. На любую ухудшившуюся функцию можно будет затем наложить критическую нагрузку. Применение электронных вычислителей облегчит получение, накопление, исправление и изучение данных.

Всем заинтересованным наибольшую пользу принесло бы создание международного научного консультативного совета, представляющего различные клинические и научные дисциплины. Такой орган был бы ответствен за распространение имеющихся знаний и за постоянное рассмотрение успехов и будущих потребностей всех исследований, касающихся обследования и отбора космонавтов, включая воздействие единичного, а также комплексного стресса в космосе, особенно в отношении снижения работоспособности экипажа.

Introduction

As far as can be ascertained from past examination procedures, there has been no previous occasion when such a highly selected, highly motivated and technically capable group of men as the astronauts, the X-15 test pilots, part of the future X-20 pilots and other Air Force and National Aeronautics and Space Administration test pilots have received such extensive clinical, laboratory, roentgenologic, physiologic, and anthropometric evaluation. Psychological and psychiatric evaluation as well as exposure to environmental stresses were done by the Air Force. With the full support of the National Aeronautics and Space Administration and Air Force Systems Command, the examination of 65 pilots has resulted in the establishment of new and improved criteris for clinical examinations and an interdisciplinary approach by clinicians and scientists who were physically, biologically and medically oriented and accustomed to working together for many years in a single specialized facility (1). The successful flights of astronauts Shepard, Grissom, Glenn, Carpenter, Schirra and Cooper and the multiple flights of the X-15 pilots Crossfield, Walker, White, Peterson, McKay, Rushworth, Armstrong and Thompson confirmed the value of this aerospace medical selection program. The original seven astronauts (1) have been under such an excellent mental and physical training program since 1959 that there is a possibility they could do better now on an identical examination than they did originally. Their flight responses were completely within acceptable physiological ranges. The astronauts retained full command of their sensory, motor, and intellectual faculties during ballistic and orbital missions. Acceleration, weightlessness, confinement and isolation did not prove to be real problems. Sissakian (2) reviewed the problems of biology and space flight in the U.S.S.R. in 1960. Parin and Gazenko (3) reported that Gagarin and Titov's physiological reactions to the action of the flight stress factors were not of a pathological character. Parin and Yazdovsky (4) reported in September 1962, that Nikolayev and Popovitch had no pathological changes during their space flights of 95 and 71 hours respectively and were able to perform their assigned tasks quite well.

During the 1962 meeting of the Society of Experimental Test Pilots in September 1962, Glenn (5) reported that on a basis of the astronauts' space flights to date, man in space was considered to have the following advantages :

Test pilots have a broad background of engineering knowledge and are familiar with stresses such as acceleration and decreased environmental pressure, and are accustomed to performing under stress and improvising as the mission progresses. They are quite accustomed to unusual situations during hazardous flights including the sensing of different body conditions, receiving and transmitting pertinent information, and the use of their hands as in in-flight maintenance. Man is adaptable, observes, analyses, relates and integrates information and has flexibility and an inherent curiosity. He can also discriminate between important and incidental information. Monitoring of systems, including his own complex of biologic systems, and monitoring of the progress of the mission are accomplished. The human component is the primary factor in the operation and control of the spacecraft, including attitude control, rendezvous, docking, and navigation to a predetermined landing area. In the case of failure of one of the automatic systems, man becomes a redundant component to enhance reliability by taking over manually from the automatic controls. Finally, the astronauts have made numerous suggestions for the improvement of the vehicle.

The next major goal is to land on the moon, make scientific observations and return to earth. This goal, in large part, will be possible through the results of world wide basic and applied research mainly in fields relevant to aviation and submarine medicine and in the past few years, aerospace medicine.

Scientist Crew Members

Trained and established scientists from all over the world undoubtedly will play an increasingly important role in the future exploration of space. During the early missions the scientists' participation will be limited to training and briefing of existing astronauts to accomplish scientific tasks but at some point it will be necessary to send qualified scientists themselves into space. Mature, motivated scientist volunteers, broadly experienced in such diverse fields as astronomy, chemistry, geology, physiology and medicine, must first be screened with respect to their professional qualifications. Since these individuals will also participate in any emergency operation of the spacecraft and will be experimental subjects, they will require detailed medical evaluation and must meet essentially the same physical standards as current astronaut candidates. Pilot experience should not be a prerequisite as this would practically eliminate the pool of candidates. On the other hand, the scientist crew member will certainly have to undergo a minimum of one year of indoctrination, simulator training, communications training, and vehicle familiarization. Many of them may want to learn how to fly. Present astronauts have an excellent engineering background and are outstanding observers - undoubtedly some of the future astronauts, in addition to being physical or life scientist candidates may not tolerate the stresses experienced during the training program, and may not possess sufficient talent, skill or dexterity to perform satisfactorily in simulation devices or during earth orbital flights in spacecraft such as the Gemini. For this reason a reasonably large number of scientists should enter the training program. Any disqualified individuals would continue to be extremely useful to the space program. The National Academy of Sciences - National Research Council Space Science Summer Study group participated in by Nevison has a study underway on the above possibilities.

Much later it should become possible to take a scientist into space to help manned earth orbiting space stations and to participate in long range missions strictly on a passenger basis. Here the individual scientist should be selected primarily on the basis of his or her outstanding professional ability and achievements. By this time, too, the stresses of space flight may be understood well enough to permit measurable relaxation of the physical standards, particularly in the case of a passenger. These relaxed standards would be more related to the individual's personal safety, the likelihood of his becoming ill, and the requirements of his task rather than his ability to contribute to the actual operation of the spacecraft. It will also be extremely important to evaluate the passenger's psychological ability to live and work effectively with other crew members. Certainly he will have to undergo considerably indoctrination and be fully familiar with routine and emergency procedures. He must also demonstrate in a simulator his ability to satisfactorily withstand any stress expected during this mission.

Literature Survey

As scientific knowledge becomes increasingly complex and more extensive, one of the major problems in selection and maintenance of astronauts and scientists for future long range space projects is the urgent need for continuous identification and assessment of areas where aerospace medical knowledge is relatively inadequate for specific mission profiles. Such information is required in the assigment of proper direction and priority to research programs for determining unusual physiological requirements, personal equipment needs, and all available alternatives for meeting the projected environmental stresses and to improve communications between basic and applied scientists and clinicians. As Ravdin (6) has said, the ultimate aim of medicine is the application of fundamental research to clinical problems and now the problems of space are included.

The Lovelace Foundation recently embarked on a project for the National Aeronautics and Space Administration for publication of a semi-annual Atlas evaluating the life science efforts in the space program relative to long range projects. To this end the Department of Aerospace Medicine and Bioastronautics is preparing and maintaining an extensive document file of pertinent reports and publications in the fields of space physics and technology and aerospace medicine and biology. This material is being coded for easy retrieval by the latest electronic computer techniques. Additional current information will be obtained by attendance at major national and international professional meetings; personal contacts with scientists at universities, research foundations, NASA and service laboratories, the Atomic Energy Commission, the National Academy of Sciences, the National Research Council, and the aerospace industry. Finally there will be visits to foreign and domestic laboratories with aerospace-related medical research and development programs. With this information on the state of the art and rate of scientific progress, it will be possible to more accurately assess the changing requirements for scientific and operational capabilities of space crews.

Electronic Computers

In a biological system such as man, response to impinging stimuli is limited by the phenomena of saturation, compensation, and homeostasis. As a result, the system's response is highly non-linear, with regions of sensitivity and insensitivity for each variable considered. This may be clearly seen in aging, a multivariate process in which ranges of variation and compensation contract and observables vary with respect to each other in multi-dimensional function space. The interacting complex of the organism and environment is frozen for observational purposes, conveniently disposed of by the imposition of a code, then stored for future reference. In so doing one is generally faced, at a later date, with retrieving and attempting to utilize what is essentially a fixed item of information about a dynamic process.

A medical diagnosis is an excellent example of this procedure. Lusted and Ledley (7) have offered a mathematical description of the diagnostic procedure : Findings-diagnosis-treatment. Woodson and Slee (8) have pointed out that labeling the patient's condition often is parallel with decisions as to management of the case, and that diagnosis and eventual therapy often depend on the effect of the therapy. Physicians are accustomed in their daily practice to calling for a chart to obtain a clearer and more comprehensive picture of the dynamic course of the patient and his condition. The advent of new and advanced electronic computer techniques of information storage and retrieval have forced us to recognize that in order to be able to recall a dynamic activity such as a patient or examinee's course, either :

a) The information must be maximal in content and current and be in storage and capable of ready recall (the chart); or

b) Capable of regeneration by some other means.

Further, if this information is to be applied in any useful way after it has been recalled, there must be available a method of application which is capable of correctly utilizing it in a manner such that maximum results are obtained.

With these thoughts in mind the selection and maintenance aspects of the astronaut program are easily seen to constitute a program embodying the essential aspects of :

a) Observing a biological system in dynamic activity, rather than solely in static passivity. This involves simultaneous recording of numerous concurrent but often interdependent biological parameters, both static and dynamic, during testing such as : Blood chemistries, pulse, respiration, oxygen consumption, blood pressure, electrocardiogram and also real time display of these measurements. Special purpose computers are often required.

b) Describing and recording pertinent parameters of the systems behavior pattern, including rates of change.

c) Retrieving and applying this information in the evaluation and the prediction of the system's capabilities and activities.

This program is designed and functions in such a way as to allow initial assessment of the individual's qualifications for a given mission task, then maintaining the information storage at a level which allows continuous re-evaluation of his status and rate of change. For example, Rome (9) uses an electronic computer in continuing assessment of patients psychological parameters (Minnesota Multiphasic Personality Inventory). The efficiency with which this is accomplished has resulted, in large part, from the early recognition of difficulties inherent in the processing and analysis of biomedical data and the implementation of methods which guaranteed that the recorded information was readily accessible. All the codable information concerning each one of the astronauts was placed on color-coded mark sense cards (10).

It is interesting to speculate on the possibility that in the future the use of special sensors on or in the body with minute radio transmitters may free observers from any recording tasks by having all information from the various body systems read directly into high-speed computers with the achievement of a real-time feed-back of an evaluation of an astronaut's physical and mental activites, responses, and behavior. The recent achievements with Telstar indicate that even color television may be brought into play, thus allowing clinical observers anyplace in the world to exercise their diagnostic acumen in evaluating an astronaut's condition on the earth or in space at distances unheard of before now. Even more important is the fact that the capability to transmit such information implies that it can be stored as a permanent record and used at a later time as desired.

History

A complete family and past history was elicited including the pilot's childhood experiences and aspirations. The Cornell Medical Index Health Questionnaire was used for part of the questions asked. The aviation history included the total number of flying hours and the type of aircraft and missions flown including any military experience. A comprehensive record was made of all aircraft accidents, bail outs, exposure to explosive decompression and the use of pressure suits. Scientific publications and reports are a very important part of the past history.

Physical Examination

All examinations were performed under the direction of Dr. A. H. Schwichtenberg, Head of the Department of Aerospace Medicine, including briefings and scheduling and interpreting the numerous tests. The candidates were examined both during the resting or static state by a physician who is both a physician and flight surgeon and while exerting the maximum physical effort that could be exerted safely. The efficiency of such efforts during dynamic testing was determined.

The results of Carter's and Tillisch's (11) re-evaluation of the medical and physical standards for pilots were taken into account. A search was made especially for such defects as increased carotid sinus sensitivity. The physician recorded his findings on the physical examination mark sense cards. Pertinent comments were written on the back of the cards in ink. The presence of such remarks on the reverse side is indicated by a mark in the upper right-hand corner of each card.

As soon as the initial history and physical examinations were completed, the findings were reviewed with the object of directing special attention to certain organs or systems. There were a number of examinations performed on each candidate by specialists in their respective fields, such as proctosigmoidoscopy by a surgeon. Bronchoscopy was done when indicated.

The following examinations were done in the ophthalmological section: The eyes were refracted using a cycloplegic; visual fields were done on each eye and a gross binocular field study made, using the red lens test. A color photograph was made of the conjunctival and retinal vessels after a careful inspection of the eye and an ophthalmoscopic study. Tonometry was carried out, together with slit lamp studies, depth perception and dynamic and static visual acuity. If the intraocular pressure was more than 20 mm. of mercury tonography was done. Dynamometry was performed with the Bailliart dynamometer obtaining the average of three diastolic pressure readings bilaterally.

The dynamic visual acuity included a determination of the visual acuity in each eye on a moving visual acuity test target within 10 seconds of time. An American Optical Stereo Orthopter was used for which special Snellen Test cards were made The acceptable standard for this test was reading through the 20/40 line within 10 seconds. In general, the United States Air Force eye standards were used with consideration being given to the age and experience of the candidates.

Night vision studies were done as follows: Light adaptation for two minutes against a white screen illuminated by a photoflood light 0.51 meters from the screen, the subject being seated 0.61 meters from the screen. After 1 minute 45 seconds the subject was moved back 2.13 meters from the screen and all lights were extinguished after the 2 minute period. Recovery time was then measured by recording the time necessary for the subject to state correctly the position of the opening of the Landolt C on the Air Force Radium Plaque Night Vision tester. Normal individuals recognize the position of the C opening in 4 to 10 minutes.

The otolaryngological tests consisted of examinations of the ear, nose and throat, including visual inspection, indirect laryngoscopy and nasopharyngoscopy. The audiological testing utilized the IAC Sound Room Model 1204 and the Allison Audiometer Model 21-B. The candidate was seated comfortably in the sound room while the examiner operated the audiometer from a separate control room. Auditory thresholds at 125-250-500-1000-2000-4000 and 8000 cps were measured monaurally. The validity of these findings was then reviewed in part by the establishment of speech reception thresholds. To arrive at the candidate's SRT, test W-1 consisting of 36 spondee words was given. In every case agreement was made between these two measures before further testing was attempted. Discrimination scores for each condidate was based upon Auditory Test W-22 delivered by live voice respectively to each ear. A recording of each candidate's speech was made using the "Grandfather" paragraph prepared by Van Riper (12). As a means of speculating on the possible effects of the candidate's auditory performance in the presence of noise, the complete battery of tests described above was repeated with 80 db of white noise being fed into the sound room.

Tests of labyrinth function were done by the caloric method. The external canals were carefully cleansed of all wax. Then 30 cc. of water at a temperature of 10 degrees Centigrade was directed against the membrane tympani in 30 seconds. The average duration of nystagmus is approximately 100 seconds, plus or minus 20 seconds. The rate of onset of nystagmus and the equality of response bilaterally is also considered in evaluating this function. In the future the technique being evaluated by Graybiel (13) and his associates will be used.

Twenty-one subjects were exposed recently by Kennedy and Graybiel (14) to a laboratory method for producing motion sickness (canal sickness) aboard the Slow Rotation Room. In an effort to determine the predictive ability of this method the subjects were also subjected to aerobatics in an aircraft and to heavy or calm sea states. In addition, nystagmic response to caloric stimulation was observed. It was found that a positive relationship existed between performance on the Slow Rotation Room, caloric irrigation, and airsickness. This relationship also existed during heavy seas and to a lesser extent in moderate seas. Clinical use of these procedures is under consideration.

Examinations by a cardiologist included the use of the tilt table test in conjunction with the Physiology Section. After a control period of five minutes in the supine posture, the subject was tilted to an angle of 65 degrees for 20 minutes with the feet down and then returned to the supine position for a final five minute period. Measurements of heart rate and blood pressure were taken each minute. Most individuals showed an increase in heart rate and minor changes in blood pressure. Poor circulatory reactivity became apparent as greater rise in heart rate with narrowing of the pulse pressure which led to collapse that was immediately reversible on return to the supine posture. The test provided information on the stability of the pressor-reflex mechanisms and the effectiveness of vasomotor control by the autonomic nervous system. The test has also been recommended to detect relative coronary insufficiency from the electrocardiogram. Lack of sleep or adequate rest and recent acute illness influence the results so much that re-examination may be necessary. Evaluation of the value of placing the subject at 65 degrees in the head down position is underway.

Electrocardiogram, using the standard thirteen leads, were made as were the double Master's two step tests. Vectorcardiographs, phonocardiographic and ballistocardiographic studies (Dock Shin Bar) were also made. The machine record cards were used for recording the electrocardiographic findings.

Because of the possibility of decompression with resultant aeroembolism, a test was done to detect the existence of minute openings between the right and left chambers of the heart that are too small to cause symptoms or give clinical signs. The presence of a small atrial septal defect or patent foramen ovale can be detected by the method of Lee and Gimlette (15). A continuous recording was made of the arterial oxygen saturation with an ear oximeter. The patient performed a Valsalva maneuver by blowing against a 40 mm. mercury column for 20 seconds, which produces characteristic pressure changes in the chambers of the heart resulting in a transient right-to-left gradient in the atria immediately after the pressure maneuver. In the presence of a defect between the right and left atria, some venous blood will be transferred to the arterial system and a transient reduction in oxygen saturation is registered on the oximeter placed on the ear lobe. When the result is questionable, a cardiac catheterization is performed.

A complete neurological examination was done including: Testing of the cranial nerve function, the reflexes and coordination, and determination of motor and cerebellar function and position sense along with other sensory tests. A standard electroencephalographic test, using both monopolar and bipolar readings, was performed with the Grass eight-channel instrument. Activation procedure with hyperventilation was used in addition to the routine recording. In-flight electroencephalograms, after the method of Sem-Jacobsen (16), deserve future consideration.

Laboratory Examinations

All candidates had the following laboratory procedures, which along with the radiologic procedures were done in an effort to establish the normal ranges and to make early diagnosis of condition that were not causing symptoms. The normal ranges of values used at the Lovelace Clinic are given in the Appendix.

I. Clinical Pathology : Hematology included hemoglobin, hematocrit, total leukocyte count, differential count, peripheral smear evaluation, and erythrocyte sedimentation rate. Immunohematology comprised the ABO blood group, Rh genotype, and indirect Coombe test for detection of circulating atypical antibodies. Clottology included the partial thromboplastin time which is sensitive to clotting factor deficiences with the exception of factor VII and platelets. Factor VII deficiency was indicated by abnormal prothrombin time;platelets were evaluated on peripheral smears. A prothrombin time was done. Serology consisted of a qualitative VDRL. Routine urinalysis involved color and appearance, specific gravity, pH, a qualitative protein, reducing substance, ketone bodies, presence of reducing substance and diacetic acid as well as the microscopic examination of sediment. Gastric analysis consisted of intubation and determination of free acid, pH, and titration of free acid. Stimulation by 1 ml. of Histalog intramuscularly was given in the absence of free acid in the fasting specimen. Stool specimens were examined for occult blood, ova and parasites, the latter being done by direct smear examination, while Faust and DeRivas concentration methods were employed in the search for cysts and ova. When indicated an iron and hematoxylin stain was made.

II. Microbiology : Throat cultures and definitive identification of all organisms included fluorescent antibody techniques for rapid identification of streptococci. Stool culture for pathogens and definitive identification of all organisms also involved fluorescent antibody techniques for rapid identification of pathogenic E. coli. Virus determinations were done when indicated.

III. Biochemistry : Most clinical biochemical determinations can be performed on the micro or ultramicro scale. It usually is considered to be an ultramicro scale when less than 50 microliters of blood or serum are required for a single determination. The following ultramicro procedures have been utilized : Glucose, cholesterol, total lipids, phospholipids, hemoglobin, pH determination, CO_2 content, pCO_2, blood urea nitrogen, uric acid, sodium ion, potassium ion, chloride ion, creatinine, total bilirubin, free bilirubin, total protein, protein electrophoresis, alkaline phosphatase, phosphorus, and calcium. Procedures for the ultramicro determination of serum glutamic oxalacetic transaminase, serum glutamic pyruvic transaminase, and lactic dehydrogenase, as well as butanol extractable iodine, are now under investigation.

Practical application of ultramicro techniques was made possible by the development of both glass and plastic pipettes that deliver from one to 500 microliters accurately, microtitrators which accurately deliver tenths of a microliter, and spectro-photometers or spectro-colorimeters which are equipped with a cuvette requiring only 100 microliters of solution. A high speed centrifuge decreased the time required for determinations considerably.

Some advantages of micro clinical chemistry techniques are :

1) The quantity of blood required is much less which is advantageous especially with patients from whom blood is difficult to obtain, and when frequent sampling is necessary. Where only one or two determinations are required, venipuncture can be eliminated and the necessary amount of blood obtained from the finger or ear lobe. Macro procedures for glucose, urea nitrogen, total bilirubin, cholesterol, sodium, potassium, and chloride require approximately 10 ml. of blood. The same ultramicro determinations require only 0.2 ml. of whole blood.

2) Less space is required for storage of equipment and reagents.

3) Smaller quantities of reagents are used.

4) Less dishwashing and cleaning are necessary.

One disadvantage is that a more careful technique is required in micro work because a small error in pipetting may produce a large error in the final result.

In the near future, automation of ultramicro techniques will be achieved. Adaptation of the advances made in the automation of macro clinical chemistry to the ultramicro scale should present no insurmountable difficulties.

The following examinations were conducted: General metabolism, liver function, renal function, endocrine function, and enzymes. Included in metabolism were: Fasting blood glucose and two hour post prandial blood sugar, cholesterol, and total serum protein. Liver function included total serum bilirubin and serum alkaline phosphatase. Renal function included serum or plasma urea nitrogen as well as endogenous creatinine clearances. Endocrine function consisted of determining the serum protein bound iodine and urinary steroids - 17-ketosteroids and 17-ketogenic steroids. Enzymes determined were serum glutamic - oxalacetic transaminase, and serum lactic dehydrogenase.

For baseline values for future reference in addition to the determinations listed above, the following may be added: Metabolism - total lipids, serum protein fractination (electrophoresis), and bromsulphalein retention. Renal Function-serum sodium, serum potassium and serum chloride. Pulmonary function-serum carbon dioxide. Endocrine function-urinary catecholamines or vanylmandelic acid, and ACTH response test.

IV. Miscellaneous : Total circulating hemoglobin using Sjöstrand's carbon monoxide method and total blood volume (total circulating hemoglobin divided by the venous hemoglobin concentration) determinations were done.

Langham and his associates (17) at the Los Alamos Scientific Laboratory determined the total body radiation count and the K^{40} in the whole body counter. The total body radiation is determined as a baseline. The total body K^{40} is of importance in the determination of the lean body mass since most of it is in the muscle tissue.

The total body water determination was done by the tritium dilution method as developed by Pinson and Langham (18), et al. at Los Alamos Scientific Laboratory. A tracer dose of 1.0 millicurie of tritiated water (HTO) in 400 ml. of warm water was given early in the morning to the fasting subject. A correction was made for the water given with the tracer dose so that the estimate of total body water was for the fasting state. At half-hour intervals for three and a half hours urine specimens were collected and a final specimen was obtained at approximately four and a half to five hours. The urine specimens were decolorized by filtration through activated charcoal and the tritium activity assessed by a liquid beta-scintillation technique, using a Packard Tri-Carb liquid scintillation spectrometer. Standardization was achieved either by processing a spiked specimen of the subject's urine obtained before the start of the test, or by internal standardization in which a known amount of tritiated water in a very small volume (10 or 25 lambda) was added to each of the prepared counting samples, which were then recounted.

The technique follows closely that described by Langham and his associates (19). The degree of dilution of the ingested HTO, after equilibrium is reached, indicates the total body water volume, which can be expressed as a percentage of the total body mass. The mean total body water was 41.4 kg. and the range 37-44.6 kg.

Most of the values we have obtained on young healthy men have been between 52 per cent and 60 per cent, which is somewhat lower than the values published by Pinson and Langham (18) and the average value of 61.8 per cent obtained by Schloerb and his associates (20) using deuterium oxide, but are in agreement with results obtained recently at Los Alamos.

A summary of the results of the laboratory tests are shown in Table 1.

Roentgenographic Procedures

The roentgenographic studies were chosen on the basis of previous experience with test pilots and executive examinations of comparable age groups and with knowledge of specific abnormalities which needed to be searched for in a group to be exposed to the stresses of the space environment. The examinations included :

1. Dental and paranasal sinuses.
2. Chest films, including PA and lateral studies, in inspiration and a PA film in deep expiration. A careful search was made for bullae and cysts.
3. 35 mm. movies of the heart or PA and oblique single x-ray films of the heart were taken in 1/30-1/40 of a second. These studies were done in a search for coronary calcification.
4. Fluoroscopy and film studies of the gallbladder, esophagus, stomach, duodenum and colon.
5. Lumbosacral spine and sacroiliac joints.
6. Other studies as indicated by findings on the physical and laboratory examinations such as urographic and skeletal. For example, Sones (21) of Cleveland has developed a useful technique for defining the location and extent of suspected or known obstructive lesions in the coronary artery tree through the use of motion pictures. The method is also helpful in dem-

Table 1 Laboratory Tests

Test x Fasting Specimen	Astronauts Selected - 12 (2 Dynasoar)	
	Mean	Range
x Hgb-gm/100 ml	16.6	14.5 - 17.6
x Leucocytes-1000/mm^3	6.9	3.9 - 10
x Sed rate-mm/hr	4.3	1 - 8
x Cholesterol-mg/ml	248	184 - 320
x Na in mEq/l	143	139 - 144
x K in mEq/l	4.5	4.0 - 5.5
x Cl in mEq/l	104.6	99 - 108
x CO_2 in mM/l	26.1	23 - 30
x Sugar-mg/100 ml	99	88 - 108
x PBI-micrograms/100 ml	5.6	3.5 - 6.9
x BSP-% retention (45 min)	3.4	2 - 6.9
17 KGS-mg/24 hrs	17.1	11.1 - 23
17 KS-mg/24 hrs	12.1	9.9 - 17.5
Height-cm	176	168 - 180
Weight-Kg	74.4	60.9 - 81
Body surface area-m^2	1.91	1.70 - 2.06
Lean body mass-Kg	65.1	57.0 - 71.1
Total body potassium-gms	173	150 - 199
Total body water-liters	41.4	37 - 44.6
Blood volume-liters	4.97	4.13 - 6.91
Total circ. hgb-gms	0.791	0.674 - 1.120
Total lung capacity-liters	7.00	6.24 - 8.12
Functional residual capacity-liters	3.34	2.78 - 4.23
Vital capacity-liters	5.60	5.11 - 6.24
Residual volume-Liters	1.40	0.93 - 2.00
Maximum breathing capacity-liters	184	155 - 247
Nitrogen clearance equivalent	11.5	9.2 - 17.5
Final O_2 uptake during exercise-1 min	2.48	1.92 - 2.84

onstrating intercoronary collateral channels in patients with diseased vessels. A special radiopaque catheter with an 8F shaft tapering to 5F external diameter is used for selective opacification of individual arteries. Under fluoroscopic observation the catheter tip is directed into the orifice of each coronary artery. Arterial pulse pressure from the catheter tip is viewed on an oscilliscope so that arterial obstruction by the catheter may be instantly recognized and corrected. Manual injection of 2 to 5 cc. of contrast medium through the catheter assures adequate opacification of the individual vessels. Each artery is photographed in multiple projections with 35 mm. motion-picture camera at the rate of 60 frames per second.

Of utmost concern was the reduction of absorbed radiation to a minimum. All film examinations were performed using high kilovoltage techniques, beam filtration of at least 3 mm. of aluminum, collimators and high speed screens and films. Gonadal shielding was used when indicated. All fluoroscopy was done using image intensification and shutter openings within the 12.5 cm. intensifier field. The 35 mm. movie films were recorded from the image on the phosphor of the image intensifier tube. In the future all fluoroscopy will be done employing image intensification with a 22.5 cm. screen and television viewing which will further reduce x-ray exposure. Simultaneous cine radiograms will be made using a pulser thus allowing films to be exposed in milliseconds. This will result in a marked reduction of x-ray exposure compared to movies now taken without pulsing.

When indicated, tomograms were made with the Massiot Philips Polytome. This radiological technique is employed when conventional films reveal pathology which requires further evaluation. Examples of such pathology are: Masses in the paranasal sinuses, coin lesions of the lung, enlarged hilar shadows, and wedged vertebral bodies.

Positive Clinical Findings

Table 2 lists the positive clinical findings for the 12 astronauts finally selected :

Table 2 Positive Clinical Findings (12 Astronauts)

Ophthalmologic	
Static visual acuity 20/25 or less	2
Otolaryngologic	
Deviated septum with obstruction	2
Vocal cord tumor-later removed	1
Betahemolytic strep carrier	2
Simple mastoid and scarred drums	1
Cardiovascular	
Labile diastolic blood pressure	1

Gastrointestinal	
Hemorrhoids	3
Rectal polyp-removed	1
Bilateral hernia repair-postoperative	1
Constitutional hepatic dysfunction	1
Orthopedic	
Abnormal lumbosacral spine	3
Neurologic	
Borderline electroencephalogram	1
Dermatologic	
Seborrhea	2

Physical Competence Test

An objective measure of the physical competence of an individual can be obtained by measuring the oxygen consumption during maximal physical work. The maximal oxygen consumption depends essentially upon three factors :

1. The quality of energy transformation of the muscle, i. e., the mechanical efficiency of work.
2. The quantity of active tissue engaged in energy production.
3. The ability of respiration and circulation to fulfill the metabolic demands of the active tissue for oxygen.

The third factor is of primary interest in evaluating an individual's response to stress. Since mechanical efficiency is relatively constant for a given form of work, cardiorespiratory competence can be defined more precisely if it is related to the active tissue mass of the individual. This is commonly approximated by relating maximal oxygen consumption to gross body weight, disregarding individual differences in body composition.

In the present study work capacity was measured (U.C.L.) in 65 highly experienced pilots, including the Astronaut candidates, and the results related to several parameters believed to be directly related to the active tissue mass.

1. Lean Body Mass was estimated from body density by hydrostatic weighting whereby the gas volume remaining in the lungs during immersion was obtained by measuring the volume exhaled into a spirometer after maximal inspiration immediately before submerging. This volume was deducted from the individual's total lung capacity as measured by nitrogen dilution technique before or after the weighing. Three consecutive measurements of under-water weight and exhaled volume were performed in a few minutes and the average volume taken. Variations within three measurements of body volume on the same subject were less then 0.2 liters. Lean body mass which represents gross weight less fatty tissue was calculated according to Keys and Brozek (1953, 22).

2. Total Body Water is believed to correlate highly with lean body mass

(Osserman et al. 1950, 23) and constitutes 71 - 73 per cent of the latter. Water content was determined by isotope dilution technique using tritium tracer (Langham et al., 19) immediatley after the density measurements. Errors of the method are estimated at ± 3 per cent.

3. Total Body Potassium is predominantly intracellular and has proved to be closely proportional to the amount of metabolizing tissue, particularly muscle cells. The recent development of human body counters (Anderson et al., 17) has provided a convenient and rapid means of counting the K^{40} isotope which occurs naturally as a constant fraction of total body potassium. Such measurements were performed on our subjects with a 4 Pi liquid scintillation counter at the Los Alamos Scientific Laboratories. One disease where potassium depression is found early is in patients with muscular dystrophy. The precision of measurement is approximately 2 per cent.

4. Total Circulating Hemoglobin was found by von Döbeln (1956, 24) to have a correlation coefficient of $r = 0.85$ with lean body mass in a group of subjects in good physical training. We included this measurement as a promising index of active tissue mass. The carbon monoxide method described by Sjöstrand (25)(1948) was used for the estimation of total hemoglobin and with the hemoglobin concentration of the total blood volume. Reproducibility with this method is 3 - 4 per cent.

Exercise Test: Since the subjects were available for a single test only, the standard procedure of determining aerobic capacity had to be abandoned and the following procedure adopted. Work was performed on v. Döbeln's (26) bicycle ergometer which was pedalled at 50 cycles per minute. During the first three minutes a work load of 300 mkg/min was maintained for initiation. Beginning with the fourth minute, the load was increased each minute 75 mkg/min. Heart rate and blood pressure were measured during the last quarter of each minute and the electrocardiogram recorded. Recently an automatic blood pressure unit almost identical to that used during Project Mercury flights has been used. At regular intervals expired air was collected for measurement of ventilation and gas exchange. The test was terminated at the end of the minute in which a heart rate of 180 or more was reached or the pedalling rhythm was not kept up (Fig. 1).

When related to gross body weight, the oxygen uptake during the final minute of the test gave a mean value of 32.1 ml/kg with a coefficient of variation of 11.8 per cent with relatively even distribution of values (Fig. 2).

As seen from Table 3, the group of subjects was fairly homogeneous in physique with only small variations in height, weight and age. All of them were professional pilots unaccustomed to any extensive physical exertion either in occupation or recreation.

Similarly, measurements (Table 4) of selected constituents of the body were within a relatively small range of variation. Lean body mass constituted, on the average, 86 per cent of total body weight with a coefficient of variation of only 8 per cent. Total body water was 57 per cent of gross body weight and 66 per cent of the lean body mass. The mean value for potassium was 166 gm. representing 2.2 gm. per kilogram body weight. The values obtained for total hemoglobin and blood volume also agree closely with those found by others in adult males.

A statistical analysis was performed at the Sandia Corporation, Sandia Base, Atomic Energy Commission Installation, by the Advanced Systems

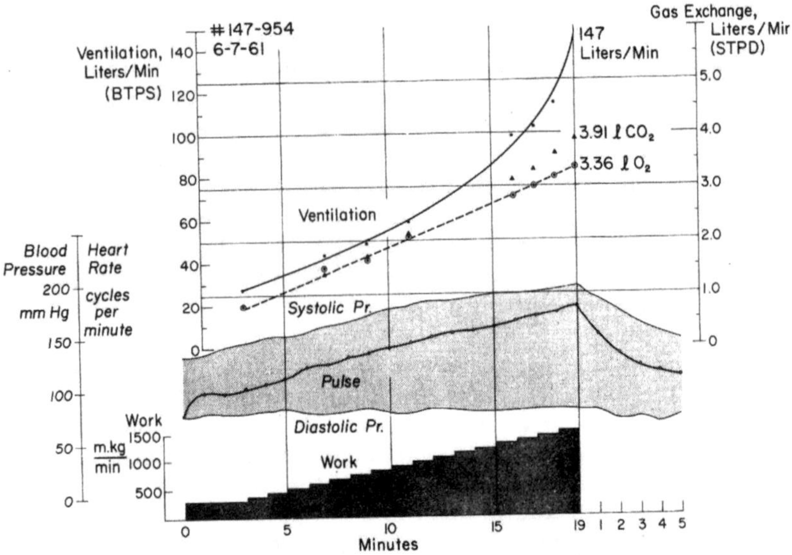

Fig. 1. Physical competence test on bicycle ergometer

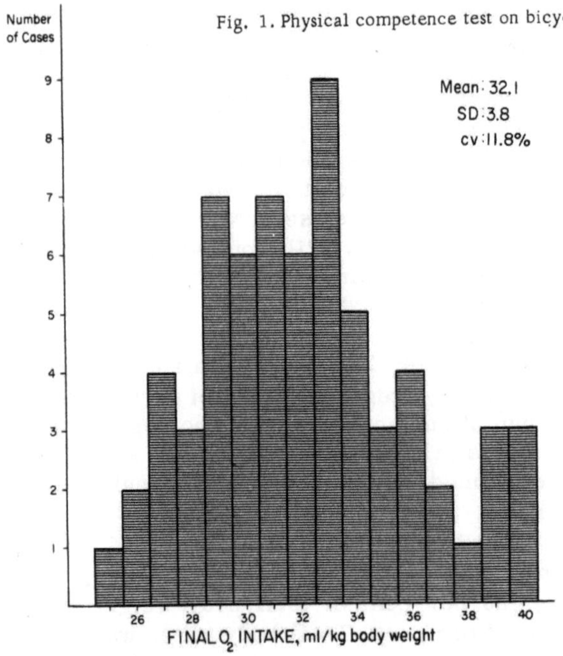

Fig. 2. Distribution of the highest oxygen intake observed during the physical competence test on 65 pilots

Study Group under the direction of Mr. D. R. Cotter, to establish the degree of correlation between the selected parameters of body size and composition with performance as measured by maximal oxygen uptake.

When listed in order of rank as to the correlation coefficient (r) and its statistical significance (p value) the best correlation was found to be with a multiple regression containing eight factors, including lean body mass and potassium. However, the product of lean body mass and potassium alone gave a correlation nearly as good as the multiple regression (Table 5).

As a result of this analysis we decided to use lean body mass and potassium as the most convenient indices of active tissue mass.

The maximal oxygen uptake predicted on this basis is compared with the actual measured values in Fig. 3 : Variations between the measured and predicted values reflect differences in respiratory and cardiovascular competence under stress.

Table 3
Physical Characteristics with Coefficient of Variation for 65 Pilots

65 Male Subjects

	Mean, S. D.	Coeff. var.
Height, cm	177 ± 4.8	3 %
Weight, kg	75 ± 7.7	10 %
Body Surface Area, m^2	1.92 ± .11	6 %
Age	33 ± 3.5	10 %

Table 4
Selected Constituents of the Body in 65 Healthy Males 27-44 Years of Age

	Mean, S. D.	Coeff. var.	Fraction of Body Mass	Fraction of Lean Body Mass
Lean Body Mass (kilograms)	64.6 ± 5.4	8 %	.86	1.000
Body Water (liters)	42.5 ± 4.1	10 %	.57	.657
Potassium (kilograms)	.166 ± .017	10 %	.0022	.0026
Hemoglobin (kilograms)	.775 ± .110	14 %	.010	.0120
Blood Volume (liters)	4.95 ± .72	15 %	.066	.0766

Pulmonary Function Test

Measurements were taken by Luft on 65 pilots of the total lung capacity and its relative subdivisions. The efficiency of ventilation was determined by continuous recording of the dilution of nitrogen while the subject was breathing 100 per cent oxygen. The maximal breathing capacity was measured and the ventilatory response to light exercise. The pro-

Table 5
Correlation of Highest O_2 Intake with Various Constituents of the Body

Item	Coefficient	Significance level
	r	p
1) Multiple Regression including Lean Body Mass and Potassium	.79	
2) Lean Body Mass x Potassium	.72	
3) Total Water x Potassium	.68	
4) Gross Weight x Potassium	.67	
5) Lean Body Mass	.65	< .001
6) Potassium	.64	
7) Lean Body Mass x Total Water	.61	
8) Body Surface Area	.53	
9) Gross Weight	.52	
10) Total Water	.42	
11) Blood Volume	.32	< .01 > .001
12) Total Hemoglobin	.26	> .05

cedures were as follows :

1. Measurements of total lung capacity and subdivisions of lung volume by direct and indirect spirometry. The mean total lung capacity was 6.84 liters and the range 5.36 to 8.19 liters.

2. Timed vital capacity and maximal breathing capacity. The mean vital capacity was 5.47 l. and the range 3.72 to 6.91 l. The mean maximal breathing capacity was 176 l/min and the range 142 to 247 l/min.

3. Nitrogen clearance study with continuous recording of expired nitrogen concentration and respiratory volume to calculate the nitrogen clearance equivalent as a measure of ventilatory efficiency in intrapulmonary mixing and distribution. The nitrogen clearance equivalent mean was 11.1 and the range 9.3 to 13.

4. Standard exercise test consisting of walking at 2 mph for three minutes, with measurement of respiratory gas exchange and ventilation equivalent for oxygen.

The procedures provide information regarding the size of the lungs and the range of respiratory excursions relative to estimated normal values for each individual. It is possible to detect restrictive or obstructive impairment and estimate the efficiency of breathing at rest and during mild exercise.

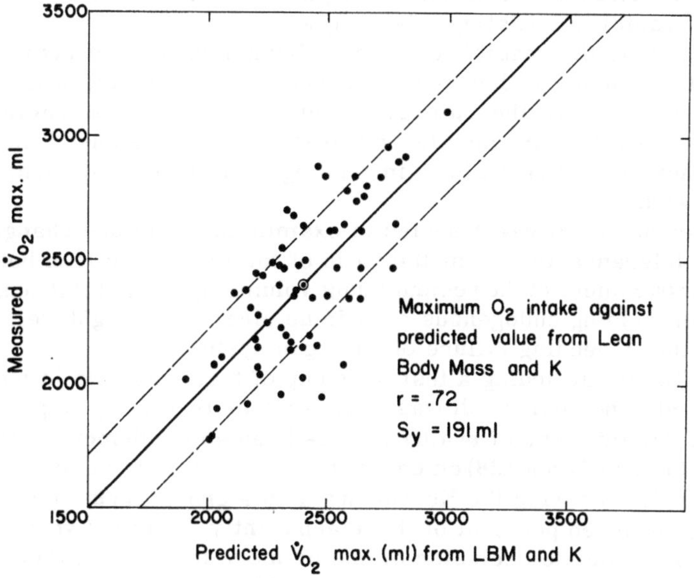

Fig. 3. Highest oxygen intake measured in the physical competence test (ordinate) plotted against values predicted from lean body mass and total potassium (abscissa). By relating measured to predicted values an index of cardiorespiratory competence is obtained

Follow Up Program

Hardin B. Jones defines aging as the progressive and usually irreversible diminution, with the passage of time, of the ability of an organism or one of its parts to perform efficiently or to adapt to changes in its environment. The consequence of all aging processes is manifested as a decreased capacity for functioning and for withstanding stresses, ending in the culminating disability that results in the death of the organism. The decreased capacity for functioning can be quantified in terms of measurable and functionally significant biological characteristics.

The maintenance of the high physical and mental standards so rigidly adhered to with astronaut selectees requires constant effort in order to correlate psychological, physiological and anatomical characteristics with their chronological age. The present unpredictable qualities of pathologic degenerative processes, particularly in the cardiovascular and cortico-neuromuscular systems, make imperative yearly monitoring of these systems on a multidisciplinary basis. It will be difficult to determine the minimum stress that will impair the capacilities of a man who is just beginning to experience deterioration. For each biological characteristic an exacting measuring technique will be employed, and whenever feasible, imposition of a critical load on the function to be evaluated. The Federal Aviation Administration has recently embarked upon a longitudinal study of commercial airline pilots, as has the Lovelace Foundation under the auspices of the U. S. Public Health Service. The results of a twenty year study on railroad employees by Pacaud (27) in France have been very useful in initiating this program.

In addition to the possibility of identifying otherwise unsuspected cardiovascular damage and central nervous system deterioration, the opportunity to evaluate the rate of diminishing physiologic function in relation to an extremely complex program is a unique one. The adaptive mechanisms that man utilizes in dealing with the environment of space requires study.

Considering the present series of examinations, future changes in the exercise tolerance tests, in the ratio of total weight to lean body mass, rapid encroachment of the residual lung volume upon the total lung capacity and diminishing endogenous creatinine clearances might well be prognostic of the impending failure of an organ system.

The difficulty in finding a test or group of tests valuable in monitoring an apparently normal cardiovascular system is readily apparent. The necessity for this type of evaluation has been amply demonstrated by the autopsy studies of Enos (28) on coronary artery disease in soldiers meeting sudden death during the Korean War. In a group whose mean age was 22 years, about ten per cent of these apparently "healthy" young soldiers had almost complete occlusion of one or more major coronary arteries. In a group with a mean age of perhaps 35 years, certainly better than one out of ten selectees would be expected to have pathologic evidence of gross coronary artery disease despite normal blood pressure, heart sounds, Master two step tests, physical effectiveness tests, chest roentgenograms, cholesterol and tilt table responses.

The implications of such data have caused us to search the physiologic and medical literature for procedures which would facilitate a more adequate examination of the cardiovascular system in particular. The more immediate implementation of the tests currently relied upon would seem to lie with the ballistocardiogram. It is apparent that the valuable qualitative information now provided by the Dock Shin Bar ballistocardiograms might well be expanded by utilizing the ballistocardiographic bed. Quantitative data are available as cardiac output in formulae utilizing the displacement ballistocardiograph (Klensch, 29), and the acceleration ballistocardiograph (Nickerson, 30). Such information can be gathered in from ten to fifteen minutes (Parin, 4).

The addition of dynamic methods of determining cardiac output during the exercise tolerance tests also appears to be a fruitful area of investigation. This can be done readily by the alveolar pCO_2 method. Cardiovascular evaluation by means of changing pulse wave velocity rates and peripheral blood flow during exercise can now be measured quantitatively by the electrical impedance plethysmograph. Although the evaluation of the peripheral vascular system by measuring pulse wave velocity and by the plethysmograph has been productive of some interesting data in the past, more modern techniques of data recording coupled with dynamic longitudinal testing may well reveal valuable information in this area.

Cardiac evaluation based on the information provided by precordial movements also appears to show potential value. Apex cardiograms (Benchimol, 31) vibrocardiograms (Agress, 32), and accelerograms (Rosa, 33) may well show early pathologic changes in the relationships of different phases of the cardiac cycle. Inter-relationships between periods of isometric contraction, rapid ejection, total systole and diastole normally appear to be rather fixed. A shortened period of isometric contraction relative to the length of total systole is indicative of myocardial disease. Different phases in the cardiac cycle can be distinguished in the tracings recorded by the methods described above. These methods also lend themselves to both dynamic and longitudinal testing programs.

It is hoped that decrements of cardiac function will be manifested as diminished cardiac output and as distortions of the normal relationships between the phases of systole and diastole. Longitudinal testing on a yearly basis, and dynamic testing during periods of exercise could prove more sensitive indicators of frank cardiovascular disease than have been available to date.

International Programs

In the field of international cooperation, international monitoring stations played a very important part in the success of the Mercury program, including the aerospace medical side. The National Aeronautics and Space Administration has consummated agreements for Project Mercury tracking stations and ground communications at Grand Bahama, Grand Turk, Bermuda, Grand Canary Island, Kano Zanzibar, Australia, Canton Island, and Guaymas, Mexico. Forty-eight traching station personnel from thirteen countries have received training in space research at Goddard Space Flight Center. Scientists from many foreign countries are carrying out postdoctoral research at the Center. There also is a NASA International Fellowship program underway.

An accelerated research program on an international basis is essential to establishing in realistic environmental simulators on the ground and in larger and larger spacecraft and space stations including the effect of single as well as combined stresses that occur in space with respect to the following thresholds of performance degradation in man (34) :

1. Degradation from fine performance.
2. Gross degradation.
3. Gross degradation with reversible tissue damage.
4. Short and long time degradation with irreversible tissue damage.

It would be most helpful to all concerned to have an International Scientific Advisory Council representing the various clinical and scientific disciplines. Such a group would have the responsibility for disseminating existing knowledge and for continually examining the progress and future requirements of all research concerning the examination and selection of astronauts, care of patients with disease or injury while in space, the effect of single as well as combined stresses that occur in space with particular respect to performance degradation of the crew. Re-examination after illness or surgical procedures requires study. Medicine has always spoken a universal language based on compassion and service to humanity and the space program will further this goal.

Appendix

Normal Values

I. Clinical Pathology

A. Hematology

1. Hemoglobin (Cyanmethemoglobin method): 14-17 grams per cent
2. Hematocrit (Microhematocrit method): 42-50 per cent
3. Total leukocyte count (Coulter Electronic Counter): 5,000 - 10,000
4. Erythrocyte sedimentation rate (Wintrobe method): 0 - 9 mm. /hr

B. Clottology

1. Partial thromboplastin time ("Thrombofax" method): under 100 sec
2. Prothrombin time (Quick's "one stage" method): 11 - 15 sec

C. Gastric Analysis

1. Titration of free acid. Average fasting value equals 30 units.

II. Biochemistry

A. Metabolism

1. Glucose
   a) Fasting blood glucose: 80 - 120 mgs. per cent
   b) Two hour post-prandial blood sugar: less than 150 mgs. per cent
2. Cholesterol: 150-300 mgs. per cent (20-40 years of age)
3. Total serum protein: 6 - 7.7 gms. per cent
4. Total lipids (fasting) : 450 - 1000 mgs. per cent
5. Serum protein fractination (electrophoresis). Normal value as percentage of total dye absorbed :
   Albumin 58 - 76 per cent
   Alpha 1 globulin 1.5 - 5.5 per cent
   Alpha 2 globulin 4.3 - 10.4 per cent
   Beta globulin 5.1 - 12.9 per cent
   Gamma globulin 8.6 - 17.8 per cent
6. Bromsulphalein retention: less than 5 per cent retention in 45 min

B. Liver Function

1. Total serum bilirubin: 0.7 - 1.3 mgs. per cent
2. Serum alkaline phosphatase: 1.5 - 5.0 Bodansky Units

C. Renal function
   1. Serum (or plasma) urea nitrogen: 10 - 20 mgs. per cent
   2. Serum sodium: 138 - 148 mEq/L
   3. Serum potassium: 3.2 - 5.6 mEq/L
   4. Serum chloride: 95 - 110 mEq/L

D. Pulmonary function
   1. Serum carbon dioxide: 21 - 28 mm/L

E. Endocrine function
   1. Serum protein bound iodine: 3.5 - 8.0 micrograms per cent
   2. Urinary steroids
      a) 17-ketosteroids: 9 - 22 mg./day
      b) 17-ketogenic steroids (corticosteroids): 8-25 mg./day
   3. Urinary catecholamines: 30 - 250 micrograms/day, or vanylmandelic acid: 0.7 - 6.8 mg./day

F. Enzymes
   1. Serum glutamic - oxalecetic transaminase : up to 40 Units
   2. Serum lactic dehydrogenase: 150 - 350 Units

III. Miscellaneous

A. Total circulating hemoglobin (Sjöstrand's carbon monoxide method), average value : 10.4 g/Kg. of body weight.

B. Total blood volume (total circulating hemoglobin divided by the venous hemoglobin concentration), average value : 66 ml/Kg. of body weight.

References

1. W.R. Lovelace, II, A. H. Schwichtenberg, U.C. Luft, and R. Proper, Selection and Maintenance Program for Astronauts for the National Aeronautics and Space Administration. Aerospace Med. 33, 667 - 684 (1962).
2. N.M. Sissakian, Problems of Biology and Cosmic Flight. Vestnik Akad. Nauk, SSSR, 30, 15-24 (1960).
3. V.V. Parin, and O.G. Gazenko, Soviet Experiments Aimed at Investigating the Influence of the Space Flight Factors on the Organism of Animals and Man. Third International Space Science Program of the Committee on Space Research, pp. 1-23, May 1962.
4. V. V. Parin, and E.I. Yazdovsky, The Main Results of the USSR Biological Researches in Connection of the Space Flights and the Perspectives of Space Physiology and Medicine. Presented at 12th International Congress of the International Union of Physiological Sciences, Sept. 10-17, 1962.
5. J. Glenn, Jr., Speech presented at Annual Symposium and Banquet of the Society of Experimental Test Pilots, Sept. 28-29, 1962.

6. I.Ravdin, Personal Communication.
7. L.B.Lusted, and R.S.Ledley, Mathematical Models in Medical Diagnosis. J.Med.Educ. 35, 214 (1960).
8. G.S.Woodson, and V.N.Slee, Statistics and Medical Writing. J.Mich. State Med.Soc. 60, 222 (1961).
9. H. P. Rome, Symposium on Automation Technics - Rationale. Proc. Mayo Clin. 37, 61-64 (1962).
10. A.H.Schwichtenberg, D.D.Flickinger, and W.R.Lovelace, II, Development and Use of Medical Machine Record Cards in Astronaut Selection. U.S.Armed Forces Med.J. 10, 1324 (1959).
11. E. T. Carter, and J. H. Tillisch, Re-evaluation of the Medical and Physical Standards for Pilots. Aerospace Med. Panel of Advis. Group for Aero. Res. and Develop., pp. 1-34, July 23, 1961.
12. Ch. van Riper, Speech Correction; Principles and Methods, 3rd ed., pp. 178-179. New York : Prentice-Hall, 1954.
13. A.H.Graybiel, Personal Communication.
14. R. S. Kennedy, and A. H. Graybiel, Validity of Tests of Canal Sickness in Predicting Susceptibility of Airsickness and Seasickness. Aerospace Med. 33, 935-938 (1962).
15. G. de j. Lee, and T. M. D. Gimlette, A Simple Test for Interatrial Communication. Brit.Med.J. 1, 1278 (1957).
16. C.W. Sem-Jacobsen, Electroencephalographic Study of Pilot Stresses in Flight. Aerospace Med. 30, 797 (1959).
17. E.C.Anderson, R.L.Schuch, J.D.Perings, and W.H.Langham, The Los Alamos Human Counter. Nucleonics 14, 26 (1956).
18. E.A.Pinson, and W.H.Langham, Physiology and Toxicology in Tritium in Man. J.Appl.Physiol. 10, 108 (1957).
19. W.H.Langham, W. J. Eversole, F.N.Hayes, and T.T.Trujillo, Assay of Tritium Activity in Body Fluids with Use of a Liquid Scintillation System. J.Lab.Clin.Med. 47, 819 (1956).
20. P.R.Schloerb, B.J.Friis-Hansen, I.S.Edelman, A.K.Solomon, and F.D.Moore, The Measurement of Total Body Water in the Human Subject by Deuterium Oxide Dilution; with a Consideration of the Dynamics of Deuterium Distribution. J. Clin. Invest. 29, 1296 (1950).
21. F. M. Sones, Cine-coronary Arteriography. Ohio State Med.J. 58, 1018-1019 (1962).
22. A.Keys, and J.Brozek, Body Fat in Adult Man. Physiol.Rev. 33, 245-325 (1953).
23. E.F.Osserman, G.C.Pitts, W.C.Welham, and A.R.Behnke, In vivo Measurement of Body Fat and Body Water in a Group of Normal Men. J.Appl.Physiol. 2, 633-639 (1950).
24. W.v.Döbeln, Maximal Oxygen Intake, Body Size and Total Hemoglobin in Normal Man. Acta Physiol.Scand. 38, 193 (1956).
25. T.Sjöstrand, A Method for the Determination of the Total Haemoglobin Content of the Body. Acta Physiol.Scand. 16, 211 (1948).
26. W. v. Döbeln, A Simple Bicycle Ergometer. J.Appl.Physiol. 7, 222 (1954).
27. S. Pacaud, and F. Milhaud, Contribution à l'étude de la structure des fonctions psychologiques et à l'étude de leur groupement en

constellations. J. Soc. Statist. Paris 99, 198-237 (1958).
28. W. F. Enos, R. H. Holmes, and J. Beyer, Coronary Disease among United States Soldiers Killed in Action in Korea. JAMA 152, 1090-1093 (1953).
29. H. Klensch, and W. Eger, Ein neues Verfahren der physikalischen Schlagvolumenbestimmung. (Quantitative Ballistographie.) Pflüger's Arch. ges. Physiol. 263, 459 (1956).
30. J. L. Nickerson, and H. J. Curtis, The Design of the Ballistocardiograph. Amer. J. Physiol. 142, 1 (1944).
31. A. Benchimol, E. G. Dimond, and J. C. Carson, The Value of Apexcardiogram as a Reference Tracing in Phonocardiography. Amer. Heart J. 61, 485 - 493 (1961).
32. C. M. Agress, L. G. Fields, S. Wegner, M. Wilburne, M. D. Shickman, and R. M. Muller, The Normal Vibrocardiogram; Physiologic Variations and Relation to Cardiodynamic Events. Amer. J. Cardiol. 8, 22-30 (1961).
33. L. M. Rosa, and A. A. Luisada, Low Frequency Tracings of Precordial Displacement and Acceleration; Technical Comparison of Various Systems. Amer. J. Cardiol. 4, 669-674 (1959).
34. W. R. Lovelace, II, and A. S. Crossfield, Biomedical Aspects of Orbital Flight, in Physics and Medicine in the Atmosphere and Space, by O. O. Benson, Jr., and H. Strughold, pp. 447-463. New York: J. Wiley & Sons, 1960.

Discussion

Sissakian: Dr. Lovelace, among the many examinations that are of importance for selection and training, which do you consider the most decisive? Would it be possible to pick out a few conclusive physiological tests, which you would consider especially important in the selection of cosmonauts ?

Lovelace : I believe I would put first motivation and intelligence, and then I think some of the physical competence tests would be the most important.

Sissakian : Other things being equal, what importance do you attach to the function of the nervous system in the selection and training of astronauts ?

Lovelace : I think it is quite important. All of us here have had experience with test pilots for space flight missions. These men are very stable individuals, and they certainly are different in their reactions to sudden unexpected stress or danger than I believe most of us would be.

Akulinichev : Dr. Lovelace, do you now feel that in the examination of the first group of astronauts some phase was perhaps redundant or neglected ? Were any important additions made during the course of examination of your 65 subjects ?

Lovelace : Perhaps the examination was too extensive on the first series of men. However, our policy is still to do a very comprehensive examination, hoping something will turn up that we can follow along with in later years. In reply to your second question I would say that changes in our recent examinations include those on the physical competence test, radiological studies to cut down on the amount of radiation, and finally the adoption of certain micro-techniques in blood chemistry studies. I think there will be many more blood chemical studies in the future.

Ström : I would like to ask you, whether in your experience the ECG reaction during the tilt-table test really reflects coronary insufficiency. In our experience this is not so. Secondly, have you observed any false negative results with ear oximetry and the Valsalva maneuver ? In the diagnosis of an ASD false negative results occur relatively often even in secundum defects which may give a doubled flow in the pulmonary circuit. Thirdly, which is your experience of the validity of the different tests for motion sickness. Do you find, that a given individual is sensitive to a certain pattern of motions ?

Lovelace : To start with the last question, I think Dr. Graybiel might have an answer perhaps later during the course of this meeting. We have certainly found false negatives in our tests. If we suspected coronary insufficiency, we would adopt the technique used at the Cleveland Clinic for visualization of the coronary arteries.

NEUROPHYSIOLOGICAL ASPECTS OF MANNED EXTRATERRESTRIAL SPACE FLIGHT

Air Commodore W. K. Stewart, C. B. E., A. F. C.
Royal Air Force Consultant in Aviation Physiology
Institute of Aviation Medicine, Royal Air Force
Farnborough, Hants, Great Britain

Abstract

It may well be asked what is the value of studying neuro-physiology in relation to manned space flight, since it has now been amply demonstrated that man is capable of withstanding the environmental stresses of orbital flight and has continued to work and make full use of his mental faculties, whilst in orbit.

Neuro-physiology, however, is one of the disciplines which it has been found necessary to practise, of late, in the solution of some of the problems of flight in the atmosphere and the contributions made in this field by interdisciplinary research, including the study of behaviour by psycho-physiological methods, neuro- or biochemistry, as well as neuro-physiology, have been marked.

A training in neuro-physiological and behavioural techniques may, in certain instances, be the basic factor in investigations of bizarre reactions in normal man, even though the methodology of research, as compared to work on animals, may be limited to some degree in that it is dependent upon advances in electronics and computational analysis.

The scope of the subject cannot, therefore, deal with neuro-physiology as a whole; inter- and intra-neuronal transmission in relation to electrical sources and links, polarisation and ionic fluxes may give background knowledge, but play little part in the technology, as used, except when, for example, artefacts are being evaluated in any particular experiment.

On the other hand, when dealing with complex control systems it is the acknowledged capabilities and limitations of the human which most directly influence, not only their design but their overall reliability, and hence it is worthwhile examining the characteristics of the human operator in the realm of psychological constructs, such as attention and perception.

Where failures of the human controller occur, as in the onset of unawareness, it is now acknowledged that a full understanding cannot be achieved without fundamental work on the neural correlates, such as the coding of sensory impulses, or the control of transmission in relation to motor responses.

An understanding of illusions may not be possible without consideration of the organised relationship of brain stem and cortical activity. Similarly, it is of importance to have understanding of conditioning processes in order to differentiate between the trained and the untrained man in the stability of selected responses.

Whilst these are but a few of the problems of great magnitude, neurophysiology can make definite contributions in specific areas such as the modification of motor responses by sensory inputs from angular accelerations, the study of environmental variations which affect cortical responses such as accelerations, vibration, radiation.

It may then be considered that it is worthwhile formulating techniques for orbital laboratories in order to investigate further the abnormalities which man may evince in space flight over the next 10 to 20 years.

Problèmes neurophysiologiques du vol de l'homme dans l'espace. On peut se demander quelle valeur donner à l'étude de la neurophysiologie en rapport avec le vol de l'homme dans l'espace, puisqu'il a maintenant été amplement prouvé que l'homme est capable de supporter les "stresses" du milieu ambiant durant le vol orbital, et qu'il a continué à fournir un travail et à utiliser entièrement ses facultés mentales pendant qu'il était en orbite.

La neurophysiologie, cependant, est une des branches qu'il s'est avéré nécessaire de travailler, dernièrement, pour trouver la solution de certains des problèmes de vol dans l'atmosphère, et la contribution, en ce domaine, des recherches annexes des autres branches, y compris l'étude du comportement par méthode psycho-physiologique, neuro ou bio-chimie, aussi bien que neuro-physiologie a été notée.

Un entrainement dans les techniques neurophysiologiques, et celles du comportement peut, en certains cas, être le facteur de base pour les recherches des réactions anormales chez l'homme normal, quoique la méthodologie des recherches, comparée avec les recherches faites sur les animaux, puisse être limitée en un certain point du fait qu'elle dépend des progrès de l'électronique et de l'analyse par computers.

L'étendue du sujet ne peut, de ce fait, considérer la neuro-physiologie comme un tout;les transmissions inter- et intra-neurales en relation avec les sources électriques, la polarisation et les flux ioniques peuvent donner une connaissance de fond, mais jouer un rôle minime dans la technologie telle qu'on l'utilise sauf par exemple, lorsque les artefacts sont évalués dans chaque expérience particulière.

D'autre part, lorsque l'on considère les systèmes de contrôle complexes, ce sont les possibilités et les limites reconnues de l'homme qui influencent le plus directement non seulement leurs formes, mais leur régularité totale, et de ce fait, il est valable d'examiner les caractéristiques de l'opérateur humain dans le domaine des facteurs psychologiques, telles que attention et perception.

Lorsque se produit une défaillance du contrôle humain, comme dans un cas soudain d'inconscience, il est maintenant admis qu'une compréhension totale ne peut être atteinte sans un travail fondamental sur les corrélatifs neuraux, tel que la codification des impulsions sensorielles, ou le contrôle de la transmission, en rapport avec les réflexes moteurs.

Une compréhension des illusions ne peut être possible sans considérer les relations entre le tronc cérébral et l'ectivité corticale. De même, il est important de comprendre les procédés de mise en condition afin de faire une différence entre l'homme entrainé ou non pour la stabilité des réflexes sélectionnés.

Bien qu'il n'y ait là que quelques uns des problèmes de grande importance, la neuro-physiologie peut apporter une contribution certaine dans des domaines particuliers tels que: la modification des réflexes moteurs par les excitations sensorielles sous des accélérations angulaires, l'étude des variations de milieu affectant les réflexes corticaux, telles que accélérations, vibrations, radiations.

On peut donc considérer qu'il est souhaitable de développer des techniques pour les laboratoires orbitaux afin d'étudier plus en profondeur les phénomènes anormaux qui peuvent se manifester chez l'homme lors des vols spatiaux dans les 10 ou 20 prochaines années.

Нейрофизиологические проблемы космического полета человека.

Можно задать себе вопрос, какое значение имеет изучение нейрофизиологии в связи с космическими полетами человека, поскольку в настоящее время бесспорно доказано, что человек в состоянии выдержать нагрузки среды при орбитальном полете, продолжая работать и используя полностью свои умственные способности, находясь на орбите.

Однако, нейрофизиология принадлежит к группе дисциплин, применение которых признано необходимым в последнее время при решении некоторых проблем полета в атмосфере, при чем отмечен вклад, внесенный в эту область междисциплинными исследованиями, в том числе изучением поведения при помощи психо-физиологических, нейро- или биохимических, а также нейрофизиологических методов.

Тренировка в области методов нейрофизиологии и бихевиора может оказаться в некоторых случаях основным фактором исследования необычных реакций у нормального человека, несмотря на то, что методология исследования может быть несколько ограниченной по сравнению с опытами на животных, будучи зависимой от прогресса в области электроники и вычислительного анализа.

Данная область не может, поэтому, охватывать нейрофизиологию в целом; между- и внутриневрнонная передача в отношении электрических источников и переприемников, поляризации и ионных потоков, могут дать нам некоторые основные познания, но они не играют большой роли в применяемой технике, исключая случаи оценки артефактов в каком-либо особом опыте.

С другой стороны, при обращении со сложными контрольными системами именно признанные способности и недостатки человека наиболее непосредственно влияют не только на их конструкцию, но и на их общую надежность и, следовательно, есть смысл рассмотреть особенности человека-оператора в области таких психологических процессов как внимание и восприятие.

Там, где имеют место физические слабости человека-контролера, как например при потере сознания, в настоящее время признается, что полного понимания нельзя достигнуть без фундаментальной работы по нервным коррелятам, таким как кодирование сенсорных возбуждений или контроль передачи в отношении двигательных реакций.

Понимание обмана чувств может стать невозможным без рассмотрения организованной связи мозгового ствола с корковой деятельностью. Большое значение имеет также понимание мер по улучшению физического состояния с тем, чтобы можно было отличить тренированного человека от нетренированного на основе стабильности отобранных реакций.

Пока речь идет всего лишь о нескольких крупных проблемах, нейрофизиология может внести определенный вклад в специфические области, такие как модификация двигательных реакций сенсорными вводами со стороны угловых ускорений, исследование изменений среды, влияющих на корковые реакции, таких как ускорение, вибрация, радиация.

Можно затем принять во внимание, что имеет смысл разработать методы для орбитальных лабораторий в целях дальнейшего исследования анормальностей, которые человек может проявить в космическом полете, в течение ближайших 10-20 лет.

Neurophysiology is one of the disciplines of the pre-clinical medical sciences which has developed so tremendously in the last twenty years that to attempt to review its influence on the solutions to problems of man in space is to use the old cliche "crying for the moon", now fortunately no longer in vogue, owing to the technological achievements of the space age, either actual or presumptive.

As a former disciple of Adrian, re-exposed some twenty years later to Hebb and Jasper, but throughout the period conversant with the thinking of Matthews, it may be supposed that it would be in order to chart the general progress of neurophysiology, extracting such data which might aid in the formulation of neurophysiological experiments in space. Despite, however, the excellent experiment of the French School, under Grandpierre, the real object of examing the possible contribution which neurophysiology could make, is not so much to indicate possible experiments in space, but to formulate constructs in which neurophysiological techniques can play a part in matters such as selection or in the elucidation of man's possible failures,

The development of neurophysiology has been partly due to the advances in medical electronics. Activity in single nerve fibres, obtained by painstaking dissection and recorded by capacity-coupled amplifiers and oscillographs, has been replaced by single unit recording from neurones, with micro-electrodes, magnetic tape storage and digital computors performing the analysis.

Whole nerve or root activity has been superseded to a large extent by the studies of evoked potentials with averaging or analogue computational techniques, and it is probably germane to this review that Dawson, in particular, has applied the latter methods to the study of the intact man.

The Wedensky effect has been substituted by Renshaw inhibition and elaborated by Eccles in his studies of hyperpolarisation and these findings can be classed together with the demonstration of the importance of ionic fluxes in conduction in myelinated and unmyelinated fibres, chemical transmission at neuro-muscular junctions and probably also in interneuronal synapses.

Perhaps the most significant event in the past 15 years to aviation or space medicine, has been the elucidation of the function of the reticular ascending system and its influence upon the historical concepts of the organisation of cerebral cortex as expounded by Hughlings Jackson, Sechenov or Pavlov or Sherrington in neurology and physiology, and Spencer, Lashley and Hebb in the realm of psychology.

The relevant physiological and psychological literature is so vast that no attempt will be made even to summarise it, but to say that the system partakes in the coding and control of transmission of sensory data in a way meaningful in the control of aircraft and vehicles. It further partakes in reactions with the paleocortex and limbic system and by this and by its own mechanisms must be notably involved in stress as well as by its connections with the hypothalamus and neuro-endocrine system - there being evidence of its being involved in feed-back loops with the latter.

Further it is intimately involved with the vestibular sense organs and has massive connections with the cerebellum as well as with its descending tracts to the spinal cord so that it is worth remembering that a sensory input, from the labyrinth for example, may produce a more widespread effect than the mere sensation of turning.

One of the actions of the Reticular ascending system is to induce the state of arousal, as manifested either by behavioural changes or by activation of the E. E. G. or by generalised changes in the state of the muscles, and one example of the use of physiological techniques along with psychological constructs can be clearly seen in investigations into the causes of disorientation. The overall aim of this programme was to devise dual techniques so that the general behaviour of a group of individuals, not admittedly prone to disorientation, could be compared with that of a group of individuals with proven clinical histories.

That the permanency of the programme, arising from the complexity of the factors involved, has somewhat obscured the original aim, is not material to the present argument.

The human operator of any vehicle admittedly makes use of his visual, vestibular, aural, touch and kinaesthetic inputs, in the processes of perception, integration and computation in order to orientate his vehicle properly. Most probably a process of comparison is also engaged, in order to effect the motor responses which will correct any perceived error. The movement of the controls will give rise to an aerodynamic or reaction response which will be perceived mainly through changes in the instrument sensors or external scene but also through the vestibular, touch and kinaesthetic senses.

Neglecting those cases of disorientation attributable to a decreased variation in the quality and quantiaty of the sensory input, i. e. isolation, confusion and disorientation in general can be caused by false or inadequate cues of the external scene or the information from instruments, or by false or inadequate vestibular and kinaesthetic cues. Confusion and disorientation can likewise occur when the visual or vestibular cues are correct, but can also occur where some intervening variable or ideational process produces a failure in integration as evident in an incorrect motor response or failure in perception of change - unawareness or inattention.

Hebb's hypothesis of the conceptual nervous system postulates that the general level of performance, when relating any cue index to the level of arousal, may well deteriorate when the arousal level is raised, and there is sufficient experimental evidence in general support of his hypothesis to explore the possibility of measuring the level of arousal in any simulated flight task. It can be further demonstrated that in the spatial disorientation of flight due either to false perception or to conflicting sensations, vicious circles develop which lead to further disorganisation through a form of startle reaction.

Training in flight procedures probably conditions the arousal response through habituation similar to the form demonstrated by Jasper and Doane by electrophysiological studies of the brain stem, but also endocrinologically, through the hypothalamus and neurohypophysis but nevertheless there remains, in any trained population, individuals who, when confronted with a stressful situation show an exaggerated emotional response, one manifestation of which is an appreciable increase in generalised somatic muscular activity and measurement in the muscles, irrelevant to control of the task can give, in some respects, more interesting data than analysis of the EEG. There is evidence that certainly a significant part of any conditioning process is the dropping out of irrelevant connections in the cortex, rather than in the acquisition of new ones, and if the rate of "learning" of any task is dependent, to any considerable extent, upon the degree of random activity or "noise" in the associative cortex or in the rhin-encephalic and basal ganglionic regions, and if this "noise" is reflected in the motor responses, then it may be possible to examine in the intact man some correlates of higher nervous activity.

Benson, Gedye and Jones compared the integrated E.M.G. of such subjects, including those with acute and mild anxiety, with controls, whilst performing a task involving differing degrees of precision either at a high or low muscular effort.

Individuals, with exaggerated emotional responses tend to give an immediate and substantial increase in irrelevant muscle activity, which is generalised, and supraspinal in origin, but the final degree of tension may be related, not merely to the degree of relevant muscle activity required for the task, but the difficulty, the standard required, the subject's assessment of the consequences of failure and other higher mental functions.

If the difficulty of the task be altered, as well as the mean value of the force required for control, the integrated E.M.Gs of the relevant muscle responded as one would have expected, but it is only where the force is relatively low, that the increased sensitivity of error control of a task induces a clearly significant difference in irrelevant muscle activity in normal subjects. However, in the elucidation of the mechanism of irrelevant muscle activity, Benson and Gedye have demonstrated that use can be made of the Hoffmann or "H" reflex, and the myotatic reflex or tendon jerk, since some normal pilots do not evince any irrelevant muscle activity at all.

Such subjects can be divided into at least two classes on the basis of irrelevant activity, as tense or relaxed and there is some distinction between the data gained. In tense subjects, there is no difference between the facilitation of the tendon reflex between the two cases of high and low error control in the task, whilst in relaxed subjects there is greater facilitation with the high sensitivity display and this facilitation tends to increase rather than diminish as it does in the tense subjects.

The results from investigation of the "H" reflex demonstrated that where the facilitation of the tendon reflex diminished with time, the "H" reflex stayed constant in amplitude.

There is some basis then for distinguishing between subjects who control a task with greater general excitation in the central nervous system than others but with the same order of accuracy, and whilst the practical usefulness of such neurophysiological investigations is still uncertain it is felt that at least the measurement of reflex activity may be useful in serving as an indicant of the emotional state of an individual.

A possible conceptual framework would involve the mechanisms controlling specific muscle activity through the α motoneurone pool but principally, with cortical arousal, through the caudal reticular formation and the diffuse γ system to intrafusal muscle fibres.

The full extension of such research would aim at introducing "stress", in order to increase activity in neural circuits or "noise", in ways different to the present research but it has not as yet been possible to induce disorientation, at the will of the experimenter and at the same time compare the activity of the neural correlates of the stress with the subject's ability to maintain his skill.

In considering the reactions of the motor cortex in several species of the anthropoid apes, Sherrington deduced that the momentary condition of any cell-chain is in part a function of the condition, at the same moment, of all the other cell chains with which it is connected and the difficulty of getting long chains of nerve cells to react in a regular way seemed greatly enhanced by the multiplication of the side connections.

Before the ability of any operator of complex vehicular systems can be measured, not merely in terms of skill, but in terms of the probability of failure of skill due to inattention, unawareness, or other lapses in brain mechanisms, the implications of learning or the training involved in achieving his occupational skill should be explored in some detail. Very little in fact seems to be known about how prolonged training alters the perceptual organisation of the brain, and certainly nothing in relation to flying an aircraft.

In order to illustrate the order of difficulty in this problem it is perhaps wise to investigate a more purely perceptual task than is involved in the control of aircraft, namely how the perceptual organisation of radar trackers may have become altered owing to their occupation. The importance of relating this to Sherrington's concept of long chains of neurones being affected by other chains to which they are connected and in which activity is proceeding is that the more acceptable models of the theory of learning all imply the existence of organised activity in assemblies of cells, particularly in the cerebrum.

The fact that during learning and conditioning processes electro-physiological changes are seen in the cortex during the early stages of training but tend not to be once the learning process is complete, is difficult to explain, but perhaps may be related to habituation in other areas such as the brain stem.

The hypothesis of imprinting of activity in groups of cell assemblies and with the general alerting action at the commencement of learning so that definite connections may be more readily established for incoming sensory messages is important in that there is some evidence that continued practice does lead to perceptual reorganisation in both hearing and visual senses.

Hopkin's experiment on radar trackers further illustrates the point. He presented cards on each of which there were 36 dots in the form of a 6 x 6 rectangular matrix and varied by contrast, size and separation, each card being displayed in two positions thus varying the factor of direction also.

Each card was exposed tachistoscopically to each subject for half a second and the subject noted whether the matrix structured into rows (horizontal) or columns (vertical) there being two groups - 12 trained and experienced trackers and 12 controls. The responses of the subjects, as scored, gave such clear - cut results that none of the differences between subjects could be attributed to random fluctuations or guessing.

The controls as a group conformed in behaviour to previous findings in the perceived structure of dots particularly as regards proximity and similarity and as a group were statistically highly significantly different to the group of radar trackers who tended to ignore these factors, on the whole. It cannot be explained at present how supposedly minute perceptual structuring was influenced by some combination of experience, training and other environmental factors, but it can be said that selection does not play a part and further it may be related to other findings such as the difference between individuals who were taught to read print from left to right and vertically, as regards their perceptual organisation.

It may be asked if the hypothesis of pre-set activity in cell assemblies has any correlates in neurophysiological terms. Verzeano, in particular, has studied the pattern of propagation of activity with multiple electrodes and his results show, in both the cortex and thalamus, that activity may appear at one extremity of a line of 4 micro-electrodes and proceed by successive steps towards the other extremity. This suggests a pathway of propagation, which follows along a series of loops whose locus disperses itself through the neuronal network. Adey and his co-workers have employed a digital computor to compare phase angles of slow waves in the hippocampus, and showed a definite pathway of propagation early in training which was reversed in the fully trained animal but there is so much conflicting material that it is doubtful as yet, that neurophysiological techniques can serve to eliminate fully the basis of durable training or memory traces. However it does serve to aid in the understanding of methods of investigation of brain mechanisms which are related to the ability to orientate oneself in space and the problem raised by presumptive incidents in space flight is to try and see how appropriate fundamental work can be anticipated.

Now it is clear that even within such highly selected and trained groups of men, such as astronauts or cosmonauts, there are great individual differences in the ways in which they carry out a task even although they may be equally successful in the end results.

It would be desirable to know how selection, training and experience inter-act in such diverse groups of men, in terms of the physiological and psychological theories which seem relevant, and as outlined above. Just as in Hopkin's experiment, when the question was answered what is the effect of the occupation of watching radar presentations, the immensely more complicated question must be asked as to the effect of flying, as an occupation, on similar brain mechanisms of astronauts.

Gedye has been studying this problem and as a result of his preliminary work has at least evolved some interesting concepts. In considering the action of cell-assemblies in relation to the brain mechanisms of storage and recall it was thought pertinent to commence with some facets of early learning in which the assemblies might be more stable and to see how training and experience might modify the perceptual organisation or associated skills.

This is a pertinent practical problem since the designer of a control system needs to know the ability of the operator to perform a task, his ability to withstand the intrinsic stress of the task situation as well as the ability to withstand the extrinsic stresses, and the biological experimenter requires to pursue fundamental work on the human differences in the ability to learn skills and the ability to carry out such learned skills, whenever or whereever required. It was thought that the largest and most stable group of activities to investigate might be those concerned with the dominance of one side of the brain over the other and its relationship to perceptual abilities and how these might fail in spatial disorientation. This again is by no means impractical since there have been instances of reports of flying difficulties experienced by pilots of uncertain handedness.

So far, Gedye has observed that with increasing training and experience in pilots - progressive selection may also be involved - there is a tendency for the removal of left-handed writers with inconsistent hand preference for unimanual tasks. There also seemed to be a progressive decrease in the numbers of individuals who preferred extremes of eye preferences for monocular tasks and in the number of people who find only moderate difficulty in using either hand for unimanual skills.

It is interesting with regard to space problems that test pilots find it difficult, in a group, to use the non-preferred hand for unimanual skills. Gedye has explored this problem further in investigations on the different groups, selected according to their lateral preferences, on different kinds of tasks. Already, he has some evidence that facility in a laboratory task requiring the individuals to make rapid decisions about the attitude of an aircraft is performed better by those individuals who are relatively ambidextrous but that there were two ways of solving the problem - by means of visual imagery or by an abstract system of rules.

It will be seen, therefore, that in order to understand why an individual may make a certain kind of mistake, a considerable amount of fundamental knowledge of physiology and psychology is necessary, much of it apparently remote from the practical situation.

Other errors, due to the occurrence of illusions may require different forms of investigations in order to explore their mechanism, and to construct adequate hypotheses based on experimental findings. For this purpose illusions may be divided into two main types - those which have as a basis a known action of a sensory end organ, as for example the action of the otolith giving misleading sensations during the linear acceleration of take-off, first investigated by Collar in 1946; secondly, there are illusions which have tended to be explained by the occurrence of eye movements - the autokinetic illusion or the palindromic or waterfall illusion. Byford has been able to produce adequate evidence that in most of such illusions eye movements do not play the determinant role but what, for example, is the explanation of a strong sensation of lateral acceleration following loss of visual fixation of a target which is displaced suddenly across one's visual field ?

It may be that in some of these areas a form of conditioned reflex is involved.

It may be easy to explain an alteration of one's visual imagery, in response to a linear acceleration but it is much more difficult to explain the reverse since the human eye does not appear to have a position sense derived through extra-ocular sources. However, Brindley and Merton repeated an original experiment of Mach's and showed that, with the eyes fixed, a subject who attempted to deviate his eyes actively say an apparent movement of external objects in the direction of the attempted movement. The same phenomenon can be observed if the eye muscles are paralysed by curare.

From the work of Jung and his school on neuronal integration in the visual cortex, it is known that vestibular stimulation modifies the activity of visual neurones by greatly increasing the rate of discharge.

This was thought to be a specific sensory effect in that it may help to regulate the stability of the visual work during head movements but convergence of sensory channels, unrelated in function or antaomically, is known elsewhere in the central nervous system as for example somatic and visceral afferents converging on thalamic neurones and thus giving a reasonable explanation for referred pain.

It is considered then that, for practical as well as fundamental reasons, in investigations in the physiology of space, experiments on the interaction of vestibular and visual systems could be carried out with profitable results, both on animals and man. However, it should be noted that many more general laboratory studies should be planned. For example, Benson has found that since the labyrinth of man exerts its influence on somatic musculature through the γ efferent system rather than by a pathway acting directly upon the motoneurones, the myotatic or tendon reflex response is always significantly greater in the trailing limb following impulsive decelerations and this facilitation is seen irrespective of direction. The monosynaptic or Hoffman reflex did not show this facilitation but the response of the integrated electromyogram seems similar to that of the myotatic reflex.

Functionally labyrinthectomised subjects do not show these responses.

The probable sphere of interest in the use of such techniques in space flight is not only related to the general activity of the central nervous system, but to the effect of weightlessness upon labyrinthine responses, particularly of the semi-circular canals. It is not really known what the effect of weightlessness is upon the otolith but many workers, Adrian and now Galambos, have investigated the rates of firing of gravity sensitive receptors with head movements and it is possible that alteration of activity in the otolithic receptor may affect, for example, the pattern of nystagmus engendered by the semi-circular canal receptors.

Benson and Whiteside and again Benson, have investigated the effect of linear acceleration upon the responses to angular acceleration in man and found that the position of the head affected the rates of exponential decay in a significant manner and as compared generally to a lack of effect at 1 g.

It should always be remembered that when comparing labyrinthine reflexes, there is significant difference between the rates of decay of nystagmus, sensation and the effects upon the muscles.

However, it is considered that sufficient is known to plan biological experiments in space on these physiological systems, either on animals or on man, and the advantage in considering animal experiments is the ontogenetic similarity of the end-organs in mammals, at least from the anatomical aspects.

Insufficient is known as yet upon the effects of certain environmental variables of space, according to the techniques which could be envisaged.

For instance, Nicholson has found that the visually evoked response of cortical potentials is markedly affected by radial acceleration, angular acceleration as well as hypoxia and the well-known work of Adey and his co-workers on the effects of vibration on the E.E.G. has also been found in man.

This review then can only be taken as forming a plea for more work on the basis of physiology and physiological psychology on the intact man and worthwhile experiments in the realm of neurophysiology, on the ground and in space on animals.

It is thus hoped that, as space flight becomes more common and abstruse problems relating to man begin to flower, predictions can be made as to explanations of reasonable validity, if not solutions.

Discussion

Akulinichev : Dr. Stewart, have you used other methods in addition to myography, such as galvanic skin reflexes, and if so, have you observed any parallelisms between these methods ?

Stewart : Yes, I did not go into that, but we have used measurements of this type, such as the psycho-galvanic response or the electrical resistivity of the skin, for instance in experiments on time perception, and we find such measurements quite useful. We have also used EEG recordings. However, these must be associated with the computation of phase shifts and other indices in an automatic fashion.

Luft : Dr. Stewart, you demonstrated that some individuals show a high level of activity in certain muscle groups which are not directly involved in a specific task. My question is : Is this increase in general muscle activity in tense individuals, as shown by the electromyogram, of an order of magnitude that would increase the overall metabolic rate to a measurable degree ? This might be of importance in estimating the oxygen requirements for long space missions.

Stewart : Even in subjects who are, by any clinical psychiatric judgement, in acute anxiety, an increase in oxygen consumption due to irrelevant muscle activity would most probably be insignificant. This is so, because the maximal increase in a large muscle such as the soleus is never greater than 10 per cent of the electrical activity seen in a volontary contraction.

ФИЗИЧЕСКИЕ УСЛОВИЯ КОСМИЧЕСКОГО ПОЛЕТА И ИХ БИОЛОГИЧЕСКАЯ ХАРАКТЕРИСТИКА

Ю.М. Волынкин, П.П.Саксонов
Академия Наук СССР, Москва, СССР

Аннотации

1. Условия полета в космическое пространство изучаются прямыми методами с конца 40-х годов при помощи геофизических ракет и искусственных спутников земли. За этот период получены данные о физическом состоянии газовой среды, температурных условий, некоторые данные по метеоритному веществу, космической радиации и другим видам излучений, получены также сведения, характеризующие условия полетов на ракетных аппаратах.

2. Биологическая характеристика космического пространства должна основываться на возможно более полном и детальном учете всех факторов, которые способны оказать неблагоприятное влияние на живой организм.

При проникновении в космос необходимо учитывать влияния комплекса факторов полета. Эти факторы условно можно разбить на три группы:, первая группа включает в себя крайне низкие степени барометрического давления, измененный газовый состав при отсутствии молекулярного кислорода, ионизирующие излучения (космическая, ультрафиолетовая и корпускулярная радиация), неблагоприятные температурные условия, метеорное вещество и т.д.

Ко второй группе факторов, связанных с полетом на ракетных аппаратах, относятся: шум, вибрация, ускорение и невесомость. Третью группу факторов составляют условия, характеризующие пребывание и жизнь в кабине космического корабля (искусственная атмосфера, ограничение подвижности, особенности питания и др.).

3. В настоящее время особо серьезного внимания заслуживает изучение факторов, характеризующихся длительным и непрерывным действием. К ним прежде всего следует отнести невесомость и космическую радиацию. Изучение действия этих факторов на организм осложняется практической невозможностью имитации их в наземных экспериментах. Это обстоятельство заставляет уделять большое внимание исследованиям при летных экспериментах с животными, они должны носить характер биологической разведки космического пространства.

4. Обширность и сложность задач, стоящих перед космической биологией и медициной, требуют объединенных усилий ученых многих стран для совместного использования космического пространства,

исключительно в мирных целях.

5. В докладе дается общая характеристика основных факторов на примере их биологического действия.

Physical Conditions of Space Flight and Their Biological Characteristics. 1. Since the late forties, flight conditions in outer space have been studied by direct methods, using geophysical rockets and artificial earth satellites. During this time data have been obtained on the physical state of the gaseous environment, temperature conditions, some information on meteorite material, cosmic radiation and other types of radiation; data were also obtained on flight conditions aboard rocket vehicles.

2. Biological investigation of outer space must be based on the fullest and most detailed study of all factors which may have a detrimental effect on the living organism.

In the exploration of space, the influence of a whole complex of flight factors has to be taken into account. Roughly speaking, these factors may be divided into three groups : the first group includes the extremely low barometric pressure, the change in gaseous composition in the absence of molecular oxygen, ionizing radiations (cosmic, ultra-violet and corpuscular radiation), unfavourable temperature conditions, presence of meteoric matieral, and so on. The second group of factors relating to rocket flight include : noise, vibration, acceleration and weightlessness. The third consists of factors governing living conditions in the space capsule (artificial atmosphere, restricted movement, feeding problems, etc.).

3. Particularly serious attention should be paid at the present time to the study of factors the action of which is prolonged and continuous. First among these are weightlessness and cosmic radiation. Investigation of the effect of these factors on the organism is complicated by the practical impossibility of reproducing them under laboratory conditions. This makes it all the more essential to devote great attention to research with animals on experimental flights, which should take the form of biological reconnaissance of outer space.

4. The complexity and scope of the problem that space biology and medicine have to solve require the united efforts of scientists from many countries for the joint use of space for peaceful purposes only.

5. The paper outlines the general characteristics of the main factors as evidenced by their biological effects.

Les conditions d'ambiance du vol spatial et leurs caractéristiques biologiques. 1. On étudie les conditions de vol spatial par les méthodes directes depuis la fin des années 40 à l'aide de fusées géo-physiques et de satellites artificiels. On a obtenu durant cette période des données concernant l'état physique du milieu gazeux, les conditions de température, quelques données au sujet de la nature des météores, des rayons cosmiques et autres radiations;on a obtenu également des renseignements propres aux conditions du vol par fusées.

2. Le caractère biologique de l'espace cosmique doit tenir compte le

plus possible de tous les facteurs susceptibles d'exercer une influence défavorable sur l'organisme vivant.

Lors de la pénétration dans le cosmos, il faut absolument tenir compte de l'influence du complexe des facteurs du vol. On peut conventionnellement diviser ces facteurs en 3 groupes : Le premier groupe comprenant les degrés extrêmement bas de la pression barométrique, le composé gazeux modifié en l'absence d'oxygène moléculaire, les radiations ionisantes (rayons cosmiques ultra-violets et corpusculaires) les conditions défavorables de température, la substance du météore, etc... Au 2ème groupe de facteurs liés au vol par fusée se rapportent : le bruit, les vibrations, l'accélération et l'apesanteur. Le 3ème groupe est formé par les conditions caractérisant le séjour et la vie dans la cabine du vaisseau cosmique; (l'atmosphère artificielle, la limitation de la mobilité, les particularités de l'alimentation, etc...).

3. Actuellement on prête beaucoup d'attention à l'étude des facteurs se caractérisant par une action prolongée et ininterrompue, parmi lesquels il convient de considérer en premier lieu l'apesanteur et les rayons cosmiques. L'étude de l'action de ces facteurs sur l'organisme se complique par l'impossibilité pratique de la reconstituer au niveau terrestre. Ceci oblige à envisager avec le plus grand intérêt les expériences de vol utilisant les animaux devant porter le caractère de l'exploration biologique de l'espace.

4. L'étendue et la complexité de la tâche pour l'étude de la biologie et de la médicine spatiale demandent l'association des efforts de savants de nombreux pays pour une utilisation commune de l'espace, à des fins uniquement pacifiques.

5. Dans l'exposé, on donne les caractères généraux des facteurs fondamentaux en donnant pour exemple leur action biologique.

Первый космический полет советского человека, явившись одним из крупнейших событий в истории цивилизации, открыл эру непосредственного проникновения человечества в космическое пространство.

Полетам человека в космос предшествовала большая и напряженная подготовительная научно-исследовательская и опытно-конструкторская работа. Она производилась как по пути изучения физических условий космического полета, исследования их биологического влияния, так и по пути изыскания эффективных средств защиты живых организмов от повреждающего действия различных факторов космического пространства, а также факторов, связанных с динамикой ракетного полета.

Все известные в настоящее время физические факторы, с действием которых может столкнуться живое существо, в том числе и человек, в условиях космического полета, можно условно разбить на три группы.

1. Факторы, характеризующие космическое пространство как внешнюю среду (крайне низкие степени барометрического давления — практически глубокий вакуум мирового пространства, измененный газовый

состав при отсутствии молекулярного кислорода, ионизирующее излучение – электромагнитная и корпускулярная радиация, метеорное вещество, резкие контрасты температурных условий и др.).

2. Факторы, связанные с динамикой ракетного полета (шум моторов, вибрация, ускорения и невесомость).

3. Факторы характеризующие пребывание и жизнь в кабине космического корабля (искусственная атмосфера, ограничение подвижности, изоляция, особенности питания и др.).

Целью настоящего доклада является рассмотрение физических условий космического полета и анализ накопленных данных о биологическом влиянии этих условий. Кроме того нами сделана попытка рассмотреть некоторые вопросы защиты живых организмов от повреждающего действия отдельных факторов космического полета.

Ввиду того, что в кратком сообщении не представляется возможным подробно охарактеризовать влияние на биологические объекты, в том числе и человека, всех известных условий космического полета, мы наиболее подробно остановимся на характеристике лишь некоторых факторов – разряженной атмосфере, космической радиации и невесомости.

В настоящее время наука располагает относительно полными данными о физических факторах околоземного пространства – ближнего космоса. Эти сведения получены, в основном, прямыми методами с использованиями высотных шаров, геофизических ракет и искусственных спутников земли. Особенно интенсивно эти исследования начали проводится с конца 40-х годов нашего века.

С помощью космических лабораторий сделано уже немало открытий, которые были бы просто невозможны без выхода во Вселенную. Например, не измерив проникающую радиацию непосредственно в космическом пространстве, нельзя было бы обнаружить пояса радиации вокруг нашей планеты. (1,2,3), а также пылевую оболочку земли.

Анализ экспериментов, проведенных на ракетах и спутниках, позволили сделать вывод о том, что Земля окружена не тольководородной оболочкой – геокороной, поясами высокоэнергичных частиц, но и сгущением межпланетной пыли, концентрация которой падает с высотой от 100 до 100 000 км. (4,5,6).

Атмосфера Земли создает человеку и другим живым существам необходимые условия для жизнедеятельности и надежно защищает от ряда вредоносных факторов мирового пространства, например, от космических и ультрафиолетовых лучей. На высоте 36000-40000 м для первичных космических лучей и 42000-45000 м для ультрафиолетовых лучей (длина волны 3000-2100 ангстрем) вышележащий слой атмосферы оказывается уже недостаточным для их поглощения и начинает проявляться повреждающее биологическое действие этих лучей. Свыше 100-120 км над Землей появляется опасность встречи с метеоритами.

По мере удаления от Земли атмосфера становится все более и более разреженной. С нарастанием разрежения атмосфера постепенно не только теряет способность рассеивать свет и проводить звук, поглощать радиацию, но и лишается важных свойств, необходимых для поддержания жизни. Отсутствие молекулярного кислорода, углекислоты, воды, крайне низкое барометрическое давление (на высоте 50 км около 1 мм, а на высоте 200 км – 0,0000029 ммрт.ст.), резкие контрасты температур делают невозможной жизнь для человека и высокоорганизованных животных в космическом пространстве.

Вредоносное влияние разреженной атмосферы на организм животных и человека изучается врачами и биологами на протяжении более 100 лет. Исследования Поля Бера (7), И.И. Сеченова (8,9), Н.Н. Сиротинина (10,11), В.В. Стрельцова (12,13) и др. позволили вскрыть основные механизмы нарушений, возникающих в организме под влиянием разреженной атмосферы. В частности, в работах И.М. Сеченова, В.В.Стрельцова, Н.Н.Сиротинина и др. было установлено, что эти нарушения связаны с развитием кислородного голодания, которое возникает в результате снижения парциального давления кислорода во вдыхаемом разряженном воздухе. В.В.Стрельцовым (12,13,14), И.Р.Петровым (16), Н.Н.Сиротининым (15) и их сотрудниками было показано, что чем выше организовано животное, чем на более высокой ступени эволюционного развития оно стоит, тем хуже оно переносит пребывание в условиях низкого барометрического давления. Другими словами, в этих экспериментах была выявлена высокая чувствительность к недостатку кислорода клеток коры больших полушарий головного мозга.

Человек в связи с наиболее высоким уровнем эволюционного развития особенно чувствителен к кислородному голоданию. Даже небольшие степени разрежения могут нарушить координацию движений, ослабить память и внимание, снизить работоспособность. Увеличение степени разрежения приводит к клоническим судорогам, потере сознания и смерти. Опытами в барокамере установлено, что, например, на высоте 3000 м. испытуемые значительно медленнее решают арифметические задачи, хуже запоминают числа, на высоте 7500 м потеря сознания наступает через 8-10 минут, а на высоте 15000 м через 15 сек.

Идея защиты человека от действия разреженной атмосферы в высотных полетах с помощью герметических кабин принадлежит знаменитому русскому химику Д.И.Менделееву и известному французскому физиологу Полю Беру. Позднее эта идея нашла отражение в трудах К.И.Циолковского, который полагал, что при межпланетных полетах астронавты будут находиться в герметически закрытых помещениях-кабинах, где поддерживается определенная температура и необходимое давление кислорода.

Практическая реализация этих идей началась с 30-х годов нашего столетия, когда стали создаваться в высотной авиации герметические кабины вентиляционного типа. Однако такого типа кабины не могут быть использованы в космических полетах, так как сжатие окружающего разреженного воздуха до физиологически необходимого давления будет технически почти неосуществимо. Таким образом, становится очевидным, что герметичная кабина космических летательных аппаратов должна быть регенерационного типа.

Многие исследователи считают вполне реальной встречу космического корабля с метеоритными телами, могущими вызвать мгновенную разгерметизацию кабины. Вероятность такой встречи с увеличением скорости ракеты более 8-15 км/сек. вырастает и при полете близком по скорости к распространению световой волны становится почти неминуемой.

При нарушении герметичности кабины космонавты за доли секунды могут подвергнуться взрывной декомпрессии от нормального атмосферного давления или части этого давления до полного вакуума, гипоксии и действию других факторов.

В современной отечественной и зарубежной литературе имеется значительное количество работ, посвященных изучению влияния взрывной декомпрессии на организм животных и человека (17,18).

В результате исследований было установлено, что во время взрывной декомпрессии в организме происходит мгновенное расширение воздуха и газов, содержащихся в воздухоносных тканях и органах (легкие, желудочно-кишечный тракт, полости среднего уха, придаточные пазухи носа). При падении давления ниже 40 мм рт.ст. возникает закипание тканевых жидкостей и выход из них газов.

Действие на организм перепада определяется его величиной (разница между исходным и конечным давлением), скоростью изменения давления и кратностью перепада (отношение исходного давления к конечному). Следует отметить, что наибольшим повреждением при декомпрессии подвергаются легкие. В опытах на животных было показано, что в зависимости от величины и скорости перепада в легких возникают кровоизлияния, ателектазы, эмфизема отдельных участков легкого, разрывы легочной ткани и висцеральной плевры. Вследствие разрыва легких создаются условия для проникновения воздуха в плевральную полость, средостение и подкожную клетчатку. Разрывы легочных сосудов могут привести к аэроэмболии. Угроза для повреждения легочной ткани возникает при внезапном повышении давления воздуха в легких более 80 мм рт.ст. особенно в фазу вдоха и во время закрытия голосовой щели.

Изменения со стороны желудочно-кишечного тракта проявляются в виде кровоизлияний в слизистую и разрывов желудка, кишечника. Значительно реже встречаются разрывы барабанных перепонок, кровоизлияния в полостях среднего уха и придаточных пазухах носа.

Воздействие взрывной декомпрессии сопровождается также рядом функциональных изменений со стороны центральной нервной системы, дыхания, сердечно-сосудистой и других систем.

Некоторые авторы в этих условиях наблюдали кратковременное повышение кровяного давления, увеличение давления спинно-мозговой жидкости, урежение частоты сердечных сокращений, явления коллапса, задержку или остановку дыхания.

Под влиянием перепада давления, даже у человека, защищонного от гипоксии специальным снаряжением могут возникнуть явления общей заторможенности, в результате которого на несколько секунд возможно нарушение работоспособности (отсутствие ответа на сигналы, запоздалые и замедленные действия, ошибочные реакции).

Механизм этих нарушений во многих отношениях еще не ясен, однако, можно думать, что значительную роль в этом играет не только воздействие механического фактора, но и рефлекторные влияния, в первую очередь со стороны дыхательных путей и сосудистых рефлексогенных зон.

Помимо повреждения внутренних органов при взрывной декомпрессии, вследствии образования сил выбрасывания в момент прорыва воздуха из кабины возможны повреждения и ушибы космонавтов. А если образовавшееся отверстие в результате пробоины кабины метеоритом достаточно велико, то человек может быть выброшен за борт корабля.

Изучение перепадов давления позволило решить ряд вопросов не только теоретического, но и практического характера. Было доказано, что при пользовании компенсирующими костюмами переносимость перепадов значительно улучшается, а на человека, одетого в скафандр, взрывная декопмпресся практически не оказывает сколько-нибудь заметного действия.

Таким образом, совершенно очевидно, что защита космонавта от повреждающего действия вакуума мирового пространства может состоять из двух систем: герметичной кабины и индивидуальных аварийных средств защиты, например, скафандра.

Полеты советских кораблей-спутников сначала с животными, а затем с человеком на борту показали, что основные задачи, связанные с обеспечением нормального дыхания, надежной защитой от влияния вакуума мирового пространства, успешно решены путем создания герметичнских кабин. Эти эксперименты, также как опыты на геофизических ракетах, искусственных спутниках Земли показали, что герметичная кабина надежно защищает человека и животных не только от вредоносного влияния разреженной атмосферы, но при использовании специальных материалов и от действия резких контрастов температуры, некоторых видов проникающей радиации.

Конструирование герметичных кабин, предназначенных для длительных межпланетных путешествий, предусматривает создание замкнутой экологической системы, обеспечивающей кругооборот необходимых для жизни веществ, создания эффективной защиты от повреждающего действия космической радиации, разработку средств защиты от влияния длительной невесомости и т.д.

Остановимся на рассмотрении еще одного из факторов, характеризующих космическое пространство как внешнюю среду — космической радиации.

В настоящее время большинство исследователей космического пространства считают космическую радиацию одним из главных препятствий, стоящих на пути проникновения человека в космос.

Космическая радиация, как известно, была открыта в начале нашего века. Применение геофизических ракет, космических летательных аппаратов, оснащенных совершенной дозиметрической аппаратурой, позволило создать представление о радиационной обстановке вокруг Земли и в ближнем космосе.

По современным данным космическая радиация представлена галактическими лучами (первичное космическое излучение), протонами, образующимися при солнечных вспышках, и проникающей радиацией околоземных поясов.

Первичное космическое излучение состоит из потока протонов (ядря водорода), α-частиц (ядра гелия) и ядер более тяжелых элементов. Протоны составляют 85%, α-частицы — около 13 % и тяжелые ядра —

около 2% . Средняя энергия на одну такую частицу составляет $4 \cdot 10^9$ эв (электровольт), а некоторые частицы обладают колоссальной энергией до 10^{18}эв. Предпологают, что эти огромные энергии заряждаются в галактике путем медленного ускорения, возможно, с помощью механизма коллизии заряженных частиц с движущимися магнитными облаками.

Учитывая огромную энергию, и, следовательно, большую проникающую способность, которой обладают частицы первичного космического излучения, ученые считают, что в настоящее время почти невозможно защититься физическими способами от действия галактических лучей. К счастью, мощность дозы первичной космической радиации относительно мала, а ее уровень на всех высотах космического пространства остается более или менее постоянным. На основании расчетных и экспериментальных данных показано, что суточная доза за защитой в 1 г/см2 составляет 10-20 миллирентген или 5-10 рентген (р) за год. Примерно такие же дозы (5-12 р в год) установлены в настоящее время для рабочих, занятых в атомной промышленности. Однако, надо учитывать, что 70-80% биологического эффекта, вызываемого космической радиацией, обуславливаются действием ядер тяжелых элементов, а их относительная биологическая эффективность (ОБЭ) по некоторым косвенным данным в 2-10 раз выше эффективности рентгеновых или гамма лучей. Поэтому, практическую опасность первичное космическое излучение может представить для человека и биологических объектов, совершающих длительное космическое путешествие.

Излучение радиационных поясов представлено протонами и электронами, захваченными магнитными полями Земли. Внутренний радиационный пояс в экваториальной плоскости расположен на высоте 400-4500 км. от поверхности Земли. Область максимальной интенсивности радиации находится на высоте 2500 км. Излучение внутреннего радиационного пояса состоит, в основном, из протонов с энергией 40-60 Мэв (миллион электровольт) и более. Кроме протонов имеются электроны с энергией 100-150 кэв (кило-электроновольт). Губительное действие электронов этой энергии практически снимается при толщине защитного слоя корабля в 5 г/см^2.

Если взять свинец в качестве защитного материала, то толщина стенки составит 4,5 мм. Эта защита предохраняет экипаж летательного аппарата от действия протонов с энергией 60-70 Мев. Во время нахождения во внутренном поясе мощность дозы внутри кабины при защите 5 г/см^2 составит около 10 р/час, в основном, за счет протонов с энергиями около 100 Мэв. Экипаж при пересечении внутреннего радиационного пояса может получить дозу радиации, равную примерно 2-3 р.

Внешний радиационный пояс в плоскости экватора начинается на расстоянии около 13000 км от центра земли и простирается вплоть до 50000 км. Наиболее интенсивная часть этого пояса состоит их двух максимумов, расположенных на расстоянии 17000 км и 23000 км. Излучение внешнего радиационного пояса состоит, в основном, из электронов с энергиями от нескольких кэв до нескольких Мэв.

Кроме электронов имеются малой плотности потоки протонов с энергией более 60 Мэв. Защита от частиц внешнего радиационного пояса менее сложна, чем от протонов внутреннего пояса. Однако, при защите необходимо принимать меры по ликвидации тормозного (рентгеновского) излучения внутри кабины, возникающего при взаимодействии электронов с веществом стенки корабля.

Кроме того, в последнее время учеными открыт третий радиационный пояс — самый внешний. Излучения в этом поясе состоят из электронов малых энергий, которые будут срезаться обычной оболочкой космического корабля (19,20,21).

Наибольшую опасность для космонавтов будут представлять потоки ионизирующей радиации, возникающие в результате хромосферных вспышек на Солнце.

В основном, это излучение состоит из протонов с энергиями от нескольких Мэв до 700 Мэв. В отдельных случаях энергия протонов может достигать нескольких Бев.

Доза радиации за вспышку за пределами магнитного поля Земли может составить несколько тысяч рад, а на орбитах кораблей типа "Восток" примерно несколько десятков рад. То есть таких доз, которые без соответствующих профилактических защитных мероприятий могут стать опасными для здоровия и даже жизни экипажа.

Появление "солнечных вспышек" происходит без какой-то выраженной закономерности (во времени). Поэтому вероятность попадения во вспышку того или иного класса зависит от средней вероятности ее появления и длительности полета.

Ниже в таблице показана вероятность попадения космического корабля во вспышку при продолжительности космического полета в одну неделю.

Таблица I

характер вспышки	Такие вспышки аналогичны вспышкам	Частота в год	Вероятность попадания во вспышку при длительности полета в 1 неделю.
Малая энергия частиц и высокая интенсивность	22 августа 1958 года	9	16 %
Низкая энергия частиц и крайне высокая интенсивность	10 мая 1959 года	3	5,8 %
Высокая энергия частиц и высокая интенсивность	23 февраля 1956 года	1/4	0,3 %

Чем мощнее хромосферная вспышка на Солнце, тем меньше вероятность ее возникновения. Таким образом, при полете длительностью в одну неделю или более, опасность "солнечных" вспышек для экипажа достаточно велика. Следует отметить, что в периоды повышенной солнечной активности (11-ти летний цикл) вероятность возникновения вспышек возрастает.

Вышеприведенные данные дают некоторое представление о физических показателях и пространственному распределению космической радиации. Однако, для решения вопроса о радиационной безопасности космических полетов кроме сведений о физических параметрах необходимы данные о биологическом действии космической радиации.

Эксперименты с мухами-дрозофилами, проведенные на стратостате в 1935 г. советским исследователем Г.Фризеном (22) положили начало опытам по изучению биологического действия космической радиации в летных условиях.

В настоящее время биологическое действие космической радиации изучается как в лабораторных условиях с использованием различных установок, ускоряющих протоны, тяжелые частицы, так и в летных экспериментах с использованием аэростатов, ракет, кораблей-спутников.

Наиболее важными первоочередными проблемами в области изучения биологического действия космического излучения и разработки мероприятий по радиационной безопасности полетов следует считать:

—определение относительной биологической эффективности (ОБЭ) отдельных компонент космической радиации.

- изучение комбинированного воздействия космической радиации с другими факторами полета и определение удельного вклада космической радиации в биологическом действии комплекса факторов космического полета;

- изыскание принципов и средств физической и фармако-химической защиты человека и всего биокомплекса от повреждающего действия ионизирующих излучений;

- разработка методов физической и биологической дозиметрии ионизирующих излучений на космических аппаратах; накопление данных о физических параметрах, пространственному распределению космических излучений и т.д.

Следует отметить, что в изучении радиобиологических проблем космических полетов сделаны лишь первые шаги. В лабораторных условиях получены отдельные данные по ОБЭ для протонов с энергиями 157,660 и 730 Мэв (23), а также по комбинированному влиянию ионизирующего излучения с ускорениями и вибрациями (24,25,26).

Изучены радиозащитные свойства некоторых химических соединений - цистеин, цистамин, серотонин, АЭТ.

При действии протонов с энергиями 660 Мэв. По нашим данным, а также по данным С.П.Ярмоненко, В.С.Шашкова и др. (27) эти вещества обладают выраженным защитным действием в условиях облучения рентген- и гамма-лучами.

Благодаря успешному развитию советской ракетной техники наши ученые получили возможность изучать биологическое действие космической радиации в комбинации с другими факторами полета на многочисленных объектах, экспонируемых на высотах 180-320 км в течении 1,5-96 часов и возвращаемых на землю.

При проведении биологических экспериментов на кораблях-спутниках советские ученые руководствовались идеей получения всесторонней информации о биологическом действии факторов полета и стремились избрать такой комплекс методов исследования, который бы наилучшим образом отвечал задачам обнаружения биологического действия космической радиации. В летных экспериментах использовался широкий спектр биологических объектов и разнообразные методические приемы.

Анализ многочисленных экспериментов показал, что кратковременные полеты по орбитам, расположенным ниже радиационных поясов, при отсутсвии повышенной солнечной активности, не представляют радиационной опасности. Этот вывод был подтвержден при полетах советских и американских космонавтов. Как известно, Ю.А.Гагарин получил дозу радиации за время полета около I, Г.С.Титов около 10, П.Р.Попович 30 и А.Г.Николаев 40 мрад.

Значительное место в системе мероприятий по обеспечению радиационной безопасности космических полетов уделяется также прогнозу солнечных вспышек и выбору неопасных траекторий для космических кораблей. В настоящее время ученые имеют возможность предсказывать за 2-3 дня возникновение радиационно-опасной вспышки на Солнце. В недалеком будущем это время существенно увеличится, что позволит снизить возможность встречи космонавта с опасными солнечными протонами.

Для предотвращения радиационной опасности, обусловленной "солнечной вспышкой", при космических полетах Г.С.Титова, А.Г.Николаева, П.Р. Поповича была создана служба прогнозирования "солнечных вспышек". Сеть астрофизических обсерваторий, расположенных в различных пунктах территории Советского Союза, вела непрерывное, как до, так и на протяжении всего космического полета наблюдение за состоянием Солнца. Одновременно с этим в верхних широтах с помощью аппаратуры, установленной на шарах-зондах, производились систематические (6-8 раз в сутки) измерения интенсивности ионизируещего излучения в верхних слоях атмосферы. На борту космических кораблей была установлена контрольная дозиметрическая аппаратура, информация с которой по соответствующим телеметрическим каналам поступала на Землю. Наряду с указанной аппаратурой космонавты были обеспечены разными видами индивидуальных дозиметров. Часть этих дозиметров предназначалась для дополнительного измерения суммарной дозы, полученной космонавтом, другая часть — для оценки характера излучения. Кроме того, в космических кораблях находились различные биологические объекты (лизогенные бактерии, культуры раковых клеток человека /культуры клеток Hela /, мухи дрозофилы, семена растений /лука, чернушки, пшеницы 186, сосны, гороха, горчицы, капусты, свеклы, моркови/ соцветия растения традесканции /Tradescantia paludosa/, оплодотворенная икра рыбы, вьюнов и яйца аскарид). Посылка биообъектов преследовала цель с одной стороны дополнительного контроля биологического действия космической радиации и других факторов полета, а с другой — проведения специальных радиобиологических экспериментов. Дело в том, что биологическое действие сравнительно небольших доз космического излучения очень трудно уловить в организме млекопитающего. Для этих целей очень удобны одноклеточные или простейшие организмы, на которых представляется возможным проследить биологическое действие отдельных тяжелых заряженных частиц, особенно в генетическом отношении. Более того, как известно, высшие и низшие растения, микроорганизмы и другие представители животного и растительного мира будут постоянно сопутствовать космонавтам при их длительных космических полетах, входя составными частями в экологическую систему корабля. Не исключена возможность, что под действием космической радиации и других факторов космического полета могут возникнуть такие генетические и цитологические изменения, которые приведут к нарушению баланса экологической системы. Поэтому уже сейчас должны проводиться исследования в указанном направлении для разработки устойчивых экологических систем.

Характеризуя факторы, связанные с динамикой ракетного полета, следует отметить, что в отношении биологического действия таких факторов, как вибрация, шум, ускорение, имеются достаточные данные, накопленные, в частности, авиационной медициной, создавшей и определенные средства защиты. Наименее изученным фактором является невесомость. Однако, при полетах на ракетах, например, ускорения действуют более длительно и с большей интенсивностью, чем при авиационных полетах, что не может не сказаться на характере биологических реакций. Следовательно, одной из задач, стоящей перед космической биологией и медициной в процессе подготовки полета человека в космос, являлось изучение переносимости больших ускорений в условиях ракетного полета.

Эти вопросы были решены в опытах на животных в полетах на ракетах.

Многочисленные эксперименты на собаках, кроликах, лабораторных крысах и мышах, проведенные В.И.Яздовским, О.Г.Газенко, А.М. Гениным, Е.М.Югановым и др. показали, что животные помещенные в герметичные кабины, вполне удовлетворительно переносят ускорение, возникающее при полете ракеты на высоты 110, 210 и 450 км. Эти результаты были подтверждены в опытах на втором искусственном спутнике Земли – полет собаки "Лайка" и кораблях-спутниках – полеты собак "Белки" и "Стрелки", "Чернушки" и "Звездочки".

Опыты на ракетах, искусственных спутниках Земли и кораблях-спутниках дали возможность изучить влияние на организм животного относительно длительной невесомости.

В связи с перспективой межпланетных полетов внимание многих исследователей в настоящее время привлечено к невесомости – одной из важных проблем астронавтики.

Экспериментальное исследование этой проблемы встречало на своем пути прежде всего методические трудности – в воспроизведении условий невесомости.

Все предложенные до настоящего времени методы воспроизведения невесомости можно условно разделить на две группы. Первую группу составляют методы воспроизведения невесомости на специальных наземных стендах, вторую – методы воспроизведения невесомости во время полетов самолетов и ракет.

В качестве наземных стендов используются скоростные лифты высотных зданий, специальные установки типа "Римской башни невесомости". Кратковременная невесомость может быть воспроизведена также во время прыжка с трамплина, при парашютных прыжках.

Более широкие возможности воспроизведения состояния невесомости открывает использование летательных аппаратов. Известно, что крысы постепенно приспосабливаются к этому состоянию, о чем свидетельствовало снижение скорости их вращения. У мышей адаптация за указанное время не наступала.

Эксперименты с мышами, проведенные во втором космическом кораблеспутнике, дают основание думать, что адаптация к невесомости у этого вида животных все-таки наступает, однако, для этого, очевидно, необходимо относительно длительное время.

Дальнейшие исследования на кошках, собаках, обезьянах показали, что у этих видов животных в период наступления невесомости не обнаруживаются вращательные движения, а небольшие нарушения координации движений быстро исчезают.

Интересно отметить, что в экспериментах на животных были выявлены индивидуальные особенности в приспособлении к потере веса.

Полеты человека на космических кораблях-спутниках дали в распоряжение ученых огромный материал о влиянии комплекса факторов, в том числе и невесомости на организм. Как известно, Ю.А.Гагарин находился в состоянии невесомости более 1 часа, Г.Титов – около 25, П.Попович – около 70, А.Николаев – около 94 часов.

Эти полеты показали, что в условиях многочасовой невесомости, сохраняется координация движени и вполне удовлетворительная работоспособность. Космонавты в соответствии с программой освобождались от подвесной системы, брали на себя управление кораблем и проводили необходимые измерения, регистрируя результаты экспериментов в бортовых журналах. Они успешно провели многочисленные физиологические пробы и психологические тесты и лично выполнили ряд биологических экспериментов.

Таким образом, анализируя влияние невесомости на различных представителей животного мира и человека, мы видим существенную разницу в способности организма адаптироваться к условиям невесомости.

Основные механизмы этих различий можно представить следующим образом.

Точная ориентировка в пространстве животных и человека обеспечивается благодаря согласованной деятельности многих нервных механизмов: зрительными и слуховыми восприятиями; информацией, поступающей от рецепторов кожи, проприорецепторов, а также деятельностью вестибулярного аппарата. В условиях невесомости происходит внезапная утрата информации от отолитового прибора, что приводит к расстройству пространственной ориентировки, нарушению координации движений. Коррекция позы осуществляется по разным каналам. При этом, чем выше стоит животное на биологической лестнице развития, тем коррекция позы в большей степени осуществляется зрением.

В свете такого представления становится понятным, почему обезьяна и человек менее других страдают от нарушения координации движений при невесомости — у них коррекция осуществляется в основном зрением, а грызуны, у которых ведущим является отолитовый прибор, испытывают в состоянии невесомости наиболее сильные нарушения координации движений.

Многочисленные эксперименты, проведенные на летательных аппаратах, позволили сделать выводы об отсутсвии отрицательного влияния невесомости длительностью до четырех суток на сердечно-сосудистую систему, деятельность желудочно-кишечного тракта.

Полеты человека, особенно, А.Николаева и П.Поповича дали также возможность собрать крайне ценные данные о питании космонавтов в условиях длительной невесомости. Известно, что в течение полета у космонавтов сохранился хороший аппетит и они использовали для еды натуральные продукты.

Однако, успехи советских и американских медиков и биологов в изучении влияния невесомости на организм человека не должны создать впечатление, что проблема невесомости является решенной.

Длительное пребывание в невесомости наложит отпечаток на все стороны жизни человека. Некоторые исследователи предпологают, что длительное пребывание в состоянии невесомости может способствовать пониженной устойчивости человека к перегрузкам, возникающим при вовращении на Землю. Помимо того, после продолжительного пребывания в состоянии невесомости могут быть значительно расстроены все ранее выработанные на Земле двигательные навыки и т.д.

В связи с вышеуказанным возникает проблема защиты человека от действия невесомости в продолжительных космических полетах. Наиболее радикальным средством является, повидимому, создание искусственной гравитации в полете за счет центробежной силы, возникающей в связи с вращением кабины космического корабля. Эта идея впервые была выдвинута К.Э.Циолковским, вслед за которым многие исследоавтели предлагали различные проекты для воспроизведения искусственного тяготения в космическом полете. Совершенно очевидно, что реализация этой идеи — сложная задача, для решения которой потребуется большая исследовательская работа.

Успешные полеты человека в космос, особенно полеты А.Николаева и П.Поповича, приближают день межпланетных путешествий.

Обширность и сложность задач, стоящих перед космической биологией и медициной, требуют объединений усилий ученых многих стран мира для совместного изучения и использования космического пространства исключительно в мирных целях.

Литература

1. J. A. Van Allen, G. H. Ludwig, E. C. Ray, and C. L. McIlwain, Jet Propulsion 28, 588-592 (1958).

2. J. A. Van Allen, C. L. McIlwain, and G. H. Ludwig, J. Geophys. Res. 64, 271-286 (1959).
3. С.Н.Вернов, Л.Е.Чудаков, П.В.Вакулов, Ю.И.Логачев, ДАН СССР, 125, 304-307 /1959/.
4. Т.Н.Назаров, Искусственные спутники Земли, 12, 141-144/1962/.
5. Е.Л.Рускол, Искусственные спутники Земли, 12, 145-150 /1962/.
6. В.И.Мороз, Искусственные спутники Земли, 12, 151-158 /1962/.
7. F. L. Whipple, Nature 189, 187 (1961).
8. И.М.Сеченов, Врач, 21 и 22 /1880/.
9. И.М.Сеченов, Собрание сочинений И.М.Сеченова, Москва, 1907 год, том I.
10. Н.Н.Сиротинин, В кн. Руководство по патологической физиологии, Медгиз, 1936 год, том 3.
11. Н.Н.Сиротинин, Медицинский журнал АН УССР, 10, в.5 /1940/.
12. В.В.Стрельцов, Труды Центральной лаборатории авиационной медицины, 5-6 /1938/.
13. В.В.Стрельцов, Клинич. мед. 19, 3 /1941/.
14. В.В.Стрельцов, Военно-Санитарное дело 1 /1939/.
15. Н.Н.Сиротинин, Архив патол-анатомии и патол-физиологии 6, в.1-2 /1940/.
16. И.Р.Петров, Кислородное голодание головного мозга, Медгиз, 1949.
17. А.П.Апполонов, в кн. Физиология и гигиена высотного полета, Биомедгиз, 1938.
18. Д.И.Иванов, Бюлл. экспер. биол. и мед. 15, в.7-8 /1943/.
19. М.В.Келдыш, "Правда" от 4 октября 1962 года.
20. С.Н.Вернов, "Комсомольская правда" от 4 октября 1962 года.
21. С.Г.Александров, "Правда" от 4 октября 1962 года.
22. Г.Фризен, ДАН СССР, I, 14 /1936/.
23. Э.Б. Курляндская, Т.А.Аврунина и др. ДАН СССР, 3,142 /1962/.
24. А.Н.Ганшина, Медиц. радиология, 5, 71 /1961/.
25. А.В.Лебединский, Ю.Г.Нефедов, М.П. Домшляк, Н.Н.Клемпарская и др. Тезисы докладов сессии биолог. отд. АН СССР, октябрь 1962, стр. 57.
26. К.В.Иванова, М.В.Жуков и М.Т.Молчанова, Патологич. физиолог. и экспер. терап. 1962, 5, стр. 74.
27. С.П.Ярмоненко, В.С.Шашков и др., Радиобиология 2, 125 /1962/.
28. В.И.Яздовский, О.Г.Газенко и Е.М.Юганов, В кн. В.Борисова и О.Горлова "Жизнь и космос" 1961, стр. 44.

PHYSICAL CONDITIONS OF SPACE FLIGHT AND THEIR BIOLOGICAL CHARACTERISTICS

Y. M. Volynkin and P. P. Saksonov
U. S. S. R. Academy of Sciences, Moscow, U. S. S. R.

The first space flight performed by a Soviet man, which was one of the most important events in the history of civilization, ushered in an era of direct penetration of mankind into outer space.

Manned space flights were preceded by intensive preparatory scientific work of research biologists and designers. This work was accomplished through the study of the physical conditions of space flight, the determination of the biological effects of these conditions, and the discovery of effective means of protecting living organisms against the harmful influences of various factors of outer space and factors connected with the dynamics of rocket flight.

All physical factors now known which living organisms, including man, can encounter under space flight conditions can be divided conditionally into three groups :

1) Factors which characterize outer space as an external medium : extremely low barometric pressures, changed gas content with the absence of molecular oxygen, ionizing radiation-electromagnetic and corpuscular radiations, meteoric matter, sharp contrasts of temperature conditions, etc.

2) Factors connected with the dynamics of rocket flight : noise of engines, vibrations, accelerations and weightlessness.

3) Factors which characterize life in the cabin of a space ship (an artifical atmosphere, restrictions on movement, isolation, peculiarities of taking food, etc.).

The present report aims at considering the physical conditions of space flight and analyzing the collected data on the biological effects of these conditions. Besides, we have made an attempt to consider some problems of protection of living organisms from harmful effects of individual factors of space flight. We shall dwell upon factors such as rarefied atmosphere, cosmic radiation and weightlessness.

At present science has at its disposal relatively complete data on physical factors of circumterrestrial space - "close cosmos" - obtained chiefly by direct methods with the use of high-altitude balloons, geophysical rockets and artificial Earth satellites. These investigations have been conducted most intensively from the late fourties of this century.

Many discoveries which would be impossible without penetration into the Universe were made by means of space laboratories. For instance, without measuring penetrating radiation directly in outer space it was impossible to detect the radiation belts around our planet (1, 2, 3) or the dust envelope of the Earth. An analysis of experiments made on rockets and satellites permitted the conclusion that the Earth is surrounded not only by a hydrogen envelope (a geocorona) and by belts of high energy particles, but also by a condensation of interplanetary dust, whose concentration decreases with an increase in altitude from 100 to 100,000 km (4, 5, 6, 7).

The Earth's atmosphere creates the necessary conditions for the physiological functions of man and other living creatures, and protects them from a number of harmful factors of outer space, such as cosmic radiation and ultraviolet rays.

At an altitude of 36,000-40,000 metres for primary cosmic radiation and 42,000-45,000 metres for ultraviolet rays (wavelength 3000-2100 A) the upper layers of the atmosphere become insufficient for absorption of these radiations and, therefore, for protection from their harmful biological effects.

At distances in excess of 100-120 km from the Earth the hazards of meteoric hits become apparent.

With increasing distances from the Earth the atmosphere becomes more rarefied, and gradually loses not only its ability to scatter light and conduct sound, and to aborb radiation, but also certain important life-preserving properties. The absence of molecular oxygen, of carbon dioxide and water, and the extremely low barometric pressure (about 1 mm Hg at 50 km, and 0.0000029 mm Hg at 200 km), and the sharp temperature contrasts make life impossible for man and highly organized animals.

The harmful influence of a rarefied atmosphere on animals and human organisms has been investigated by physicians and biologists for more than one hundred years. Investigations conducted by Paul Bert (8), I.M. Sechenov (9, 10), N. N. Sirotinin (11, 12), V.V. Streltsov (13, 14) and others have made it possible to reveal the major functional breakdowns which appear in an organism under the influence of a rarefied atmosphere. In particular, works by I.M. Sechenov, V.V. Streltsov, N.N. Sirotinin and others established that these disturbances are connected with the development of oxygen starvation, which appears as a result of a reduction of oxygen partial pressure in inhaled air. V.V. Streltsov (13, 14, 15), I.R. Petrov (17, 18, 19), N.N. Sirotinin and their co-workers (11, 12, 16) have shown that the higher the organization of an animal and the higher the stage of its evolutionary development, the lower its tolerance to conditions of low barometric pressure. In other words, these experiments have revealed the high sensitivity of the cells of the cortex to oxygen deficiency.

Man represents the highest level of evolutionary development, and hence is especially sensitive to oxygen starvation. Even small degrees of rarefaction can disrupt the coordination of movements, weaken memory and attention, and reduce working abilities. The increase of the degree of rarefaction leads to clinical convulsions, loss of consciousness and death. Experiments in pressure chambres have shown that, for instance, at an altitude of 3,000 metres, man's ability of solving arithmetical problems and of memorizing numbers are much impaired, and that at a height of 7.500 metres consciousness is lost in 8-10 minutes.

The idea of protecting man from the effects of a rarefied atmosphere in high-altitude flights by means of sealed cabins belongs to the famous Russian chemist D. I. Mendeleyev and a well known French physiologist Paul Bert. Later this idea found its reflection in works by K.E. Tsiol -

kovsky who believed that in interplanetary flights astronauts would be in pressurized capsules where a determinate temperature and necessary oxygen pressure would be maintained.

These ideas were put in practice in the thirties of this century, when sealed cabins of a ventilated type were created for high-altitude aviation. However, cabins of such a type cannot be used in space flights, and it is evident that sealed cabins of space vehicles should be of a regenerative type.

Many investigators think it very likely that space ships will collide with meteoric bodies which can cause instant depressurization of the cabin. The probability of such hits increases sharply as the speed of the rocket exceeds 8-15 km/sec and becomes almost unavoidable during flight at speeds close to that of light.

In case of such damage to the sealing of the cabin space pilots can be exposed, within fractions of a second, to explosive decompression from the normal atmospheric pressure, or part of this pressure, to complete vacuum, to hypoxia, cosmic cold and other hazards.

In contemporary world literautre there are many papers devoted to the studies of the influence of explosive decompression on the organism of animals and man (20, 21, 22, 23).

As a result of such investigations it was established that, during explosive decompression, momentary expansion of air and gases takes place in hollow tissues and organs (the lungs, the alimentary canal, cavities of the middle ear, accessory sinuses of the nose). When total pressure falls below 40 mm Hg, boiling of tissue liquids occurs and gases in physical solution escape.

The action of a change in pressure on the organism is determined by its magnitude (the difference between initial and terminal pressures), by the velocity of the change of pressure and by the ratio of initial to terminal pressure. It should be noted that the lungs are subject to the greatest damage in the case of rapid decompression. In experiments on animals it was demonstrated that, depending on the magnitude and speed of the pressure change, pulmonary haemorrhage and atelectasis occur as well as emphysema, ruptures in the lung tissues and in the visceral pleura. With lung rupture, conditions are created which allow air to penetrate into the pleural cavity, mediastinum and subcutaneous cellular tissue. Ruptures of pulmonary vessels can lead to aeroembolism. Such hazards become apparent when the intrapulmonary pressure is suddently increased to more than 80 mm Hg, especially if this occurs during the inspiratory phase or with the glottis closed.

Changes in the alimentary canal consist in haemorrhages in the mucous membranes and in ruptures of the walls of ventricle and intestines. Rupture of the eardrums and haemorrhage in the cavities of the middle ear and accessory sinuses of the nose occur considerably less frequently. The effect of explosive decompression is also displayed by a number of functional changes in the central nervous system, respiration, cardiovascular system and other systems.

Under these conditions some authors have observed a short-lasting increase in the blood pressure followed by a secondary rise, an increase in the pressure of the cerebrospinal fluid, a decrease in the heart rate, symptoms of collapse, and suppression or cessation of respiration.

Under the influence of pressure alterations, adverse effects may be noted in man even when protected from hypoxia by special means. As results of such effects performance may be disturbed for several seconds (absence of response to signals, belated and slackened actions, erroneous reactions).

The mechanisms underlying these disturbances are in many respects not yet clear. However, one may assume that not only a mechanical factor plays a significant role here. Thus, reflex influences, first of all from the respiratory tract and vascular reflexogenous zones, may be of importance.

In addition to the possible damage to internal organs from explosive decompression, cosmonauts may suffer injuries also other from effects of air blast. If the hole defect in the cabin, resulting from a meteorite hit is sufficiently large, a man can be completely ejected from the ship.

Investigations of the effects of pressure changes enabled the scientists to solve some theoretical and practical problems. It was proved that with the use of compensation suits tolerance to pressure variations improves considerably and in practice explosive decompression does not exert any harmful influence on man equipped with such a suit.

Therefore, it is quite clear that the protection of a cosmonaut from the harmful influence of vacuum in outer space should consist of at least two systems : a pressurized cabin and individual means of protection, such as a suit.

One method of protecting a pressurized cabin from meteorites consists in creating a strong foliated envelope. Having broken one layer a meteorite will not be able to penetrate further through inner layers, and the ship will not be depressurized.

There are also projects in which the installation of special guns aboard space ships have been proposed. Having in advance detected a meteorite, radar equipment may be used to trigger, at a chosen instant, a gun to fire a shot which will destroy an approaching meteorite.

Flights of Soviet satellites vehicles first with animals and then with men on board, have shown that pressurized cabins have solved the main problems connected with providing conditions necessary for normal respiration and with giving reliable protection against the vacuum effects of outer space. These experiments, as well as experiments on geophysical and ballistic rockets and on artificial Earth satellites have shown that a pressurized cabin provides reliable protection of men and animals against the harmful effects of a rarefied atmosphere, sharp temperature contrasts and against some kinds of penetrating radiation.

The creation of a closed ecological system, which provides a circulation of substances necessary for life, the creation of effective protection from harmful effects of cosmic radiation, the elaboration of means of protection from the influence of prolonged weightlessness represent the most difficult tasks which are necessary for the realization of interplanetary travel.

Let us consider one more factor which characterizes the environments of outer space, namely cosmic radiation.

At present the majority of space researchers consider cosmic radiation one of the main obstacles on the path of man's penetration into the cosmos.

The use of different space vehicles equipped with perfect dosimetric instrumentation has made it possible to get an idea of the radiation situation around the Earth and in nearby space.

According to contemporary data space radiation is represented by galactic rays (primary cosmic radiation), by protons generated during solar flares, and by penetrating radiation of circumterrestrial belts.

Primary space radiation consists of fluxes of protons (hydrogen nuclei), alphaparticles (helium nuclei) and nuclei of more heavy elements. Protons constitute 85 %, alpha-particles 13 % and heavy nuclei about 2 % of the total flux. Average energy per one such particle constitutes 4.10^9 electronvolts (evs), and some particles possess colossal energies up to 10^{18} evs. It is assumed that such enormous energies are generated in the galaxy by means of slow acceleration, possibly by means of collision of charged particles with moving magnetic clouds.

Taking into account the enormous energies and the consequent great penetrating capacities of the particles of primary cosmic radiation, scientists consider that at the present time it is next to impossible to be protected from the effects of galactic rays by physical means. Fortunately, the power of the dose of primary cosmic radiation is relatively low. On the basis of calculations and experimental data it has been shown that a protective shield of 1 g/cm^2 yields a diurnal dose of 10-20 milliroentgens or 5-10 roentgens per year. Approximately the same dose (5-12 roentgens per year) is now allowed for workers engaged in atomic industry. However, one should take into account the fact that 70-80 % of the biological effect caused by cosmic radiation is due to the action of nuclei of heavy elements, and their relative biological efficiency, according to some indirect data, is 2-10 times higher than the effeciency of X-rays or gamma-rays. Therefore, primary cosmic radiation can be dangerous in practive for human beings and biological objects which undertake prolonged space travels.

Radiation belts are formed by protons and electrons trapped by the Earth's magnetic fields. The inner radiation belt in an equatorial plane is situated at a height of 400-4500 km from the Earth's surface. The area of maximum intensity of radiation is at a height of 2500 km. Radiation of the inner radiation belt consists mainly of protons with energies of 40-60 mev (millions of electronvolts) and higher. Besides protons, there are electrons with energies of 100-150 kev (kiloelectronvolts). The harmful effect of electrons of this energy is essentially removed with a protective shielding thickness of 5 g/cm^2 on the ship. If we take lead as a protective material, the thickness of the wall will amount to 4-5 mm, which protects the crew of a space vehicle from the influence of protons with energies of 60-70 mevs. During a stay in the inner belt the dosage inside a cabin protected by a shield of 5 g/cm^2 will amount to about 10 roentgens per hour, mainly because of protons with energies of about 100 mev. During the crossing of the inner radiation belt the crew can obtain a dose of radiation equal to approximately 2-3 roentgens.

The outer radiation belt in an equatorial plane begins at a distance of about 13 000 km from the Earth and extends up to 50 000 km. The most intensive part of this belt consists of two maxima situated at distances of 17 000 km and 23 000 km. Radiation of the outer radiation belt consists mainly of electrons with energies from several kev to several mev. In addition to electrons, there are low-density fluxes of protons with energies of more than 60 mev. Protection from particles of the outer radiation belt is less difficult than from protons of the inner belt. However, it is necessary to take protective measures to remove Bremsstrahlung (X-rays) inside the cabin which appears when electrons interact with the substance of the ship's walls.

Recently scientists have discovered a third radiation belt, the so-called outermost belt. Radiation in this belt consists of electrons with low energies which will be cut off by the conventional hull of a space ship (24, 25, 26).

Fluxes of ionizing radiation which appear as a result of solar flares will be especially dangerous for space pilots. Mainly this radiation consists of protons with energies from a few mev to 700 mev. In some cases the energy of protons can reach several bev. The radiation dose per flare beyond the Earth's magnetic field can reach several thousands or rads and in orbits of ships of the Vostok type it amounts to approximately several tens of rads. Such doses can become dangerous for the health and even the life of space pilots without corresponding preventive protective measures.

The appearance of solar flares has no definite regularity in time. Therefore, the probability of getting in a flare of this or that class depends on the average probability of its appearance and the duration of the flight.

The probability of getting a space ship in a flare with a flight duration of one week is indicated in Table 1.

Table 1

Character of flare	Example (date)	Frequency per year	The probability of getting in a flare with a flight duration of one week
Low energy of particles and high intensity	August 22, 1958	9	16 %
Low energy of particles and extremely high intensity	May 10, 1959	3	5.8 %
High energy of particles and high intensity	February 23, 1956	1/4	0.3 %

The more powerful a solar flare, the less the probability of its appearance. Thus, flights designed for one week or more the danger of solar flares for the crew is fairly great. It should be noted that in periods of increased solar activity (eleven-year cycle) the probability of the appearance of flares considerably increases. However, data on the biological action of space radiation are necessary for solving the problem of radiation safety during space flights.

Experiments with fruit flies conducted on a balloon in 1935 by a Soviet investigator G. Frizen (27) laid down the foundations for experiments aimed at the investigation of the biological effects of cosmic radiation under flight conditions.

At present the biological action of cosmic radiation is investigated under laboratory conditions by using various devices for accelerating protons and heavy particles, and in flight experiments by using balloons, rockets, and satellite vehicles.

The most important and urgent problems in the sphere of investigating the biological effects of cosmic radiation and working out measures for radiation safety during flights are the following :

determining the relative biological activity of the various components of cosmic radiation;

investigating the combined effect of cosmic radiation with other flight factors and determining the proportional contribution of cosmic radiation to the biological effect of the whole complex of space flight factors;

searching for principles and means of physical and pharmacochemical protection of man and of an entire biocomplex against the harmful effect of ionizing radiation;

working out methods of physical and biological dosimetry of ionizing radiations in space vehicles; acquisation of data on physical parameters, spatial distribution of cosmic radiations, etc.

It should be noted that only the first steps are being made in investigating radiobiological problems of space flights. Under laboratory conditions some data were obtained on the relative biological efficiency for protons with energies of 157 660 and 730 mev (28, 29) and also on the combined influence of ionizing radiation with acceleration and vibration (30, 31, 32, 33).

Radioprotective properties of some chemical compounds (cysteamine, cystamine, serotonin) are being studied with the application of 660 mev protons. Our data, as well as those obtained by S. P. Yarmonenko, V. S. Shashkov et al. (34), shows that these compounds have an definite protective effect when the radiation consists of energy protons or X-rays and gamma-rays.

Thanks to the successful development of Soviet rocketry our scientists were able to investigate the biological effect of cosmic radiation combined with other flight factors on numerous objects exposed at heights of 180-320 km during 1.5-96 hours and returned to Earth.

Working out a program of biological experiments on satellite vehicles Soviet scientists were guided by the idea of obtaining extensive information about the biological effect of flight factors and were eager to select a complex of investigative methods which would maximize the discovery of the biological effect of cosmic radiation. In flight experiments a wide spectrum of biological objects and different methods was used.

An analysis of numerous experiments has shown that short term flights in orbits situated below radiation belts in the absence of increased solar activity are safe from the point of view of radiation danger. This conclusion was confirmed by the flights of Soviet and American astronauts. During his flight Y. A. Gagarin obtained a radiation dose of about 1 mrad, G. S. Titov's dose was about 10 mrads, P. R. Popovich's dose was 30 mrads, and A. G. Nikolayev's about 40 mrads.

Another important factor in radiation safety measures for space flights is the prediction of solar flares and the choice of safe trajectories for space ships. At present scientists can predict dangerous solar flares two to three days in advance. In the near future this time will increase considerably, thus permitting a reduction in the chances the possibility of space pilots encountering dangerous solar protons.

To prevent radiation danger caused by solar flares a special service of predicting solar flares was organized which safeguarded the space flights of G. S. Titov, A. G. Nikolayev and P. R. Popovich. A network of astrophysical observatories situated at different points in the Soviet Union conducted continuous observations of solar conditions before flight and during it at all stages. At the same time systematic (six-eight per day) measurements of ionizing radiation in the upper atmosphere were made by means of instrumentation mounted on balloon probes at high latitudes. The space ships carried control dosimetric instrumentation which relayed its information through telemetric channels to the Earth. In addition to this instrumentation, space pilots carried various types of individual dosimeters. Some of these dosimeters were to conduct supplementary measurements of the total dosage while others were designed to estimate the character of radiation. Furthermore, the space ships carried different biological objects (lysogenous bacteria, cultures of cancerous cells of man (Hela cells culture), fruit flies, seeds of plants (onion, nigella, wheat No. 186, pine, pea, mustard, cabbage, beet, carrot, floscules of the plant Tradescantia poludosa, fecundated spawn of the fish, and the eggs of ascarides). The use of biological objects was designed, on the one hand, to provide an additional test of the biological effect of cosmic radiation and of other flight factors and, on the other hand, to carry out special radiobiological experiments. The reason for this is the fact that the biological effect of relatively small doses of cosmic radiation can be determined in mammalian organisms only with great difficulty. Unicellular or the simplest organisms, however, are very convenient for this, since it is possible to trace on them the biological effect of heavy charged particles, especially with regard to the genetic effect. Moreover, the high and low plants, microorganisms and other representatives of flora and fauna will accompany astronauts during prolonged space flights, being the components of an ecological system of a space ships. It is not impossible that under the influence of cosmic radiation and other factors of space flight genetic and cytological changes can appear which will lead to the disruption of the balance of the ecological system. It is not, therefore, too early to conduct investigations in this direction in order to work out stable ecological systems.

In characterizing factors connected with the dynamics of rocket flight we should note that as far as the biological effect of such factors as vibration, noise, and acceleration is concerned, aviation medicine in particular has given us sufficient data, and has created some means of protection. Weightlessness is the least investigated factor. However, during rocket flights accelerations act for a more prolonged period of time and with higher intensity than during aeroplane flights, which certainly affects biological reactions differentily. Therefore, the investigation of tolerance to high accelerations under rocket flight conditions was one of the tasks which space biology and medicine were to solve in the process of preparing for manned space flight.

These problems were solved in experiments on animals during rocket flights. Numerous experiments on dogs, rabbits, rats, and mice conducted by V. I. Yazdovsky, O. G. Gazenko, A. M. Ghenin, E. M. Yuganov, and others have shown that animals placed in sealed cabins tolerate quite satisfactorily accelerations in rocket flights to altitudes of 110, 210, and 450 km. These results were confirmed by experiments on Sputnik II (the flight of the dog Laika) and other satellite vehicles (flights of the dogs Belka and Strelka, Chernushka and Zvyozdochka).

Experiments on rockets, artificial Earth satellites and satellite vehicles made it possible to investigate the influence of relatively prolonged weightlessness on an animal's organism.

In connection with the prospects of interplanetary flight, attention is at present focussed on weightlessness as one of the most important problems in astronautics. There are, however, methodological difficulties in reproducing weightlessness under experimental conditions.

All such methods so far suggested can be conditionally divided into two groups. The first group includes methods for reproducing zero gravity by the use of special terrestrial stands; the second group includes methods for reproducing weightlessness during flights of planes and rockets.

High-speed lifts in skyscrapers as well as special devices of the "Roman tower of weightlessness" type are used for investigations of weightlessness on the Earth. Short-time weightlessness can be reproduced also by jumping from a spring-board, and during parachute jumps.

The use of airplanes and space vehicles opens up better possibilities of reproducing weightlessness. Rats, for instance, gradually adapt themselves to this state during rocket flight. This is shown by the reduction of their speed of rotation. During a similar period of time mice did not adapt.

Experiments with mice conducted aboard the second satellite vehicle give grounds to think that there is some adaptation of animals of this type to weightlessness. However, this requires a relatively long time.

Further experiments on cats, dogs, and monkeys have shown that rotatory movements do not occur in these animals, and that small disturbances of the coordination of movements rapidly disappear.

It is interesting to note that during experiments on animals individual peculiarities in adapting to the loss of weight were recorded.

Manned flights on board satellite vehicles have provided scientists with enormous material on the influence of the whole complex of factors (weightlessness included) on the organism. Y. Gagarin was weightlessness. for about 1.5 hours, G. Titov for about 24 hours, P. Pɔpovich for about 70 hours, A. Nikolayev for about 94 hours.

These flights have shown that under conditions of weightlessness lasting many hours coordination of movements as well as completely satisfactory working ability are retained. In accordance with the program, space pilots released themselves from their safety harnesses to move freely, carried out manual control of their ships, performed necessary measurements and recorded the results of experiments in their log-books. They successfully conducted numerous physiological and psychological tests, and made some biological experiments personally.

Thus, in analyzing the influence of zero-gravity on different animal and human representatives we see a significant difference of the organisms ability to adapt to weightless conditions.

The main physical causes of these differences can be represented as follows.

The precise orientation of animals and man in space is provided by the coordinated activity of many nerve mechanisms: including visual and auditory perception and information obtained from cutaneous receptors, proprioreceptors, and the activity of the vestibular apparatus. Under conditions of weightlessness a sudden loss of information from the otolith apparatus occurs which leads to disruption of spatial orientation and coordinated movement. The correction of positioning is carried out through different channels. The higher the biological scale of development of the animal, the more correction of positioning is carried out by eye-sight.

In the light of this proposition it becomes clear why the man and monkey suffer less than others from the disruption of movement coordination under weightlessness : they correct for it mainly by vision. On the other hand, rodents, in which the otolith apparatus is primary, experience the strongest disruption of movement coordination during weightlessness.

Numerous experiments performed on space vehicles have made it possible to conclude that weightlessness for four days produced no negative effect on the cariovascular and respiration systems and the activity of the alimentary tract.

Space flights, especially those accomplished by A. Nikolayev and P. Popovich, also gave the possibility of collecting very valuable data about feeding of astronauts under prolonged weightlessness. During their group flight the cosmonauts' appetite was good. They ate natural food-stuff.

However, the successes of Soviet and American physicians and biologists in investigating the influence of weightlessness on animals and human organisms should not create an impression that the problem of weightlessness is solved.

Prolonged weightlessness will influence all aspects of human life. Some investigators think that a long period under weightless conditions would lead to the decrease of a man's resistance to accelerations encountered during a descent to Earth. Furthermore, prolonged weightlessness could destroy to a considerable extent motor habits developed earlier.

In this connection the problem arises of protecting man from the influence of weightlessness during space flights. The most radical means of protection is apparently the creation of an artificial gravity during flight by means of centrifugal force brought about by rotating the space ship capsule. This idea was first suggested by K. E. Tsiolkovsky. Subsequently, many investigators suggested different projects for producing artificial gravity during space flight. It is quite apparent that this is a difficult problem requiring extensive investigations for its solution.

Successful manned space flights, especially those accomplished by A. Nikolayev and P. Popovich herald the approach of interplanetary travel.

The depth and complexity of the tasks facing space biology and medicine requires the united efforts of scientists of many countries for the mutual exploration and use of outer space for peaceful purposes.

References

1. J. A. Van Allen, G. H. Ludwig, E. C. Ray, and C. L. Mc Ilwain, Jet Propulsion 28, 588-592 (1958).
2. J. A. Van Allen, C. L. Mc Ilwain, and G. H. Ludwig, J. Geophys. Res. 64, 271-286 (1959).
3. S. N. Vernov, A. E. Chudakov, P. V. Vakulov, and Y. I. Logachev, Doklady Akademii Nauk USSR 125, 304-307 (1959).
4. P. N. Nazarova, Artificial Earth Satellites 12, 141-144 (1962).
5. E. L. Ruskol, Artificial Earth Satellites 12, 145-150 (1962).
6. F. L. Whipple, Nature 189, 187 (1961).
7. V. I. Moroz, Artificial Earth Satellites 12, 151-158 (1962).
8. P. Bert, La pression barométrique, Paris, 1878.
9. I. M. Sechenov, Collected Works, Vrach (Physician), No. 21 and 22 (1880).
10. I. M. Sechenov, Collected Works, Vol. 1., Moscow, 1907.
11. N. N. Sirotinin, in : "A Guide in Pathological Physiology", Vol. 3. Medical State Publishing House, 1936.
12. N. N. Sirotinin, Medical Journal of the Academy of Sciences of the Ukranian Soviet Socialist Republic 10, issue 5 (1940).
13. V. V. Streltsov, Proceedings of the Central Laboratory of Aviation Medicine 5-6 (1938).
14. V. V. Streltsov, Clinical Medicine 19, No. 3 (1941).
15. V. V. Streltsov, Voyennosanitarnoe Delo, No. 1 (1939).
16. N. N. Sirotinin, Archives of Pathological Anatomy and Pathological Physiology 6, No. 1-2 (1940).
17. I. R. Petrov, Clin. Med. 17, No. 11 (1939).
18. I. R. Petrov, Proc. Mil. Med. Acad. 27 (1940).
19. I. R. Petrov. Oxygen Hunger of Cerebrum. The State Medical Publishing House, 1949.
20. A. P. Antipov, Vestnik Vozdushnogo Flota (Herald of Air Forces), No. 10 (1938).
21. A. P. Appolonov, in: "Physiology and Hygiene of High-Altitude Flight". Biomedgiz, 1938.

22. D. I. Ivanov, The Bulletin of Experimental Biology and Medicine 15, No. 7-8 (1943).
23. M. P. Brestkin, G. L. Komendantov, V. I. Lavrentyev, V. V. Levashov, and V. V. Portugalov, The First Experiment of Physiological and Hygienic Principles of the Catapulting of the USSR Pilot. Leningrad, 1962.
24. M. V. Keldysh, Pravda, October 4, 1962.
25. S. N. Vernov, Komsomolskaya Pravda, October 4, 1962.
26. S. G. Alexandrov, Pravda, October 4, 1962.
27. G. Frizen, Doklady Akademii Nauk USSR 1, 14 (1936).
28. E. B. Kulandskaya, P. A. Avrunina, et al., Doklady Akademii Nauk USSR, 3, 142 (1962).
29. R. W. Zellmer, and R. G. Allen, Aerospace Medicine 32, No. 10, 942 (1962).
30. P. P. Saksonov, V. V. Antipov, V. G. Vysotsky, B. I. Davydov, and T. S. Lvova, in press.
31. A. N. Ganshina, Medical Radiology 5, 71 (1961).
32. A. V. Lebedinsky, Y. G. Nefedov, M. P. Domshlak, N. N. Klemparskaya, et al., Abstracts of Reports to the Session of the Biological Department of the USSR Academy of Sciences, October 1962, p. 57.
33. K. V. Ivanova, M. V. Zhukov, and M. P. Molchanova, Pathological Physiology and Experimental Therapy, No. 5, 74 (1962).
34. S. P. Yarmonenko, V. S. Shashkov, et al., Radiobiology 2, 125 (1962).
35. V. I. Yazdovsky, O. G. Gazenko, and E. M. Yuganov, in : V. Borisov and O. Gorlov, "Life and the Cosmos", p. 44, 1961.

Discussion

Graul: You have given some very interesting figures about the radiation exposures for your cosmonauts during their flights, for instance 1 millirad for Gagarin, 30 millirad for Popovich. Were these figures the results of exact measurements of "conventional" estimations ? In view of the special distribution pattern of ionization at tissue level, especially in terms of "thin down hits", it might be better to express the exposure levels - especially from heavy primaries - in "hits/cm^2/sec".

Gurjian : The doses I referred to were measured by physical dosimeters placed inside the ship, and they corresponded well with the dose calculated by the physicists, that is 10 millirad/24 hours. We agree that the distribution of ionization within the organism is of great importance, that the methods for dosimetry, especially of high energy particles, require further study and improvement, and also that it is of great interest to estimate the density of ionization peaks ("thin down hits") in the different organs of the body.

White : Do you believe that chemical means of protection against radiation are sufficient to relieve the shielding requirements for the vehicle during long-duration flights ?

Gurjian : Chemical protectants may have a certain value for the prevention of radiation injuries in connection with special, unexpected increments of the exposure level. However, other forms of protection must certainly take the first place, for instance the selection of a rational trajectory and time for the flight and rational shielding - perhaps some sort of on-board shelter in which the cosmonaut could take cover in case of danger from radiation during a certain phase of the flight.

Kellogg : You mentioned the possibility of predicting solar flare activity by observations on the ground. Could you please elucidate ? Can solar activity actually be predicted, or do you attempt merely to state that it will probably be low ?

Gurjian : Current progress within the fields of physics and astronomy permits us to predict, to a certain extent, the probability of a solar flare. Observations of solar activity with regard to its magnetic field and radio noise are made by a network of astronomical stations both immediately prior to and during the flight. In addition, systematic measurements of the intensity of cosmic radiation are regularly made in the upper atmosphere by means of balloon techniques (radio probes). Answers to this question may be found in detailed reports of Nicolayev's and Popovich's flights which appeared in "Pravda" on September 8, 1961, and October 22, 1962, and also in "Man's First Space Flight" (USSR Academy of Sciences, 1962).

TOLERANCE TO THE COMBINED EFFECTS OF COLD AND OF ABNORMAL ATMOSPHERE

Radoslav K. Andjus
Institute of Physiology, Faculty of Science, Belgrade University
Belgrade, Yugoslavia

(With 10 Figures)

To the memory of J. Giaja

Abstract

The following types of relationship between the effects of cold (external and internal) and different forms of anoxia will be discussed on the basis of data from animal experiments, especially from the point of view of tolerance limits and with some reference to the underlying mechanisms.

1. Resistance to external (environmental) cold is impaired by hypoxia (and hypercapnia) which interferes with thermoregulation and renders difficult the maintenance of thermal homeostasis.

The critical tension of oxygen (below which oxygen consumption starts to decrease) can be taken as a measure of the resistance of the body thermostat to the hypoxic load. It is shown that this parameter is not necessarily related, as often assumed, to the overall rate of O_2 consumption (thermogenesis), but only to complementary heat production, i. e. that facultative part of total thermogenesis which is under the control of thermoregulatory centres.

Hypoxia may act as a hypothermia-inducing agent in a cold environment which by itself can be tolerated without change of body temperature. On the other hand, even such changes of ambient atmosphere, which at higher environmental temperatures can be compensated by physiological regulatory mechanisms, may induce in the cold serious disturbances of thermal homeostasis. From the point of view of homeostatic resistance, therefore, a mutual potentiation of the effects of cold and anoxia may be described.

2. From the survival point of view, however, internal cold (hypothermia), induced by anoxia in a cold environment, may have a protective value; the fall of body temperature renders the homeotherm capable of surviving under anoxic conditions which would be lethal at normal body temperature. In other words, failure of the body thermostat to resist anoxia may be of survival value under severe anoxic conditions. This will be illustrated by quantitative data on the relationship between critical and lethal oxygen tensions in different thermal environments; and con-

ditions will be described under which a decreased resistance to anoxia, as far as maintenance of thermal homeostasis is concerned, causes an increased tolerance to anoxia evaluated by survival criteria. The relationship between body temperature and tolerance to hypoxia will be analysed with special emphasis on the relative independence of the protective effects of hypothermia from its effects on the rate of oxygen uptake.

3. Finally, although it can protect against anoxia, internal cold (hypothermia), below a given level of body temperature, causes anoxia at the tissue level in spite of a normal or even increased oxygen tension in the ambient air. In the extreme, hypothermia through its basic inhibitory effect on life processes, causes the cessation of oxygen supply and transport (respiratory and circulatory arrest). At the same time, however, through its protective effect, it renders the organism capable of tolerating relatively long periods of such "suspended animation" (or "clinical death").

Time and temperature limits of suspended animation will be defined and correlated with data on brain metabolism.

Tolérance aux effets combinés du froid et d'une atmosphère anormale.

Les types suivants de relations entre les effets du froid (externe et interne) et de différentes formes d'anoxie seront discutés sur les bases des connaissances acquises grâce aux expériences sur les animaux, surtout du point de vue des limites de tolérance, et avec quelques références aux mécanismes de base.

1. La résistance au froid externe (environnant) est compromise par l'hypoxie (et l'hypercapnie) qui interfère avec la régulation thermique et rend la conservation de l'homeostasie thermique difficile par des moyens physiologiques.

La pression critiques d'oxygène (en dessous de laquelle la consommation d'oxygène commence à diminuer) peut être prise comme mesure de la résistance du thermostat animal à l'épreuve d'hypoxie. Il sera démontré que ce paramètre n'est pas nécessairement en relation, comme on le croit souvent, avec l'intensité de la consommation totale d'O_2 (thermogénèse), mais seulement avec la production complémentaire de chaleur, c'est à dire cette partie facultative de la thermogénèse totale qui est controlée par les centres thermo-régulateurs.

L'hypoxie peut agir comme agent hypothermisant en un milieu froid qui lui-même pourrait être tolére sans changement de température du corps. D'autre part, même de tels changements de l'atmosphère ambiante (pO_2), qui à des températures plus élevées peuvent être compensés par des mécanismes physiologiques régulateurs, peuvent faire naître, avec le froid, de sérieux troubles de l'homeostasie thermique. Du point de vue de la résistance homéostatique, par conséquent, un renforcement réciproque des effets du froid et de l'anoxie peut être décrit.

2. Du point de vue de la survie, cependant, le froid interne (hypothermie), favorisée par l'anoxie en milieu froid, peut avoir une valeur protectrice. La chute de la température du corps rend l'homeotherme capable

thermostat animal de résister à l'anoxie peut avoir une valeur pour la survie en cas de conditions anoxiques graves; ceci sera illustré par des données quantitatives sur la relation entre les tensions critique et létale d'oxygène dans diverses conditions thermiques extérieures; et l'on décrira les conditions dans lesquelles une résistance diminuée à l'anoxie en ce qui concerne le maintien de l'homeostasie thermique, cause une tolérance accrue à l'anoxie, du point de vue survie. Les rapports entre la température du corps et la tolérance à l'hypoxie seront analysés avec une emphase spéciale portant sur l'indépendance relative existant entre les effets protecteurs de l'hypothermie et ses effets sur la consommation d'oxygène.

3. Enfin, allant de pair avec son pouvoir de protection contre l'anoxie le froid interne (hypothermie) est capable, en dessous d'un certain niveau de température corporelle, de créer des conditions d'anoxie au niveau des tissus, malgré une tension normale ou même accrue d'oxygène dans l'air ambiant. Dans le cas limite, le froid interne, par son effet ralentissant sur les processus de vie, supprime l'apport et le transport d'oxygène (arrêts respiratoire et circulatoire). En même temps, cependant, grâce à son effet protecteur, il rend l'organisme capable de tolérer des périodes relativement longues d'un tel arrêt des fonctions vitales ("most apparente" ou "mort clinique").

Les limites de température et de temps de l'état de mort apparente seront décrites et mises en corrélation avec des données sur le métabolisme cérébral.

Сопротивляемость организмов совместному воздействию охлаждения и анормальной атмосферы. На основе данных экспериментов на животных обсуждаются некоторые типы взаимодействия между влиянием внешнего и внутреннего охлаждения и различных видов аноксии преимущественно с точки зрения пределов сопротивляемости и частично с точки зрения процессов, лежащих в основе этого влияния.

1. Сопротивляемость внешнему охлаждению ослабляется гипоксией (и гиперкапнией), которая препятствует терморегуляции и затрудняет поддержание теплового гомеостазиса физиологическими средствами. У животного, за меру сопротивляемости термостатируещего механизма гипоксии можно принять критическое давление кислорода (ниже которого потребление кислорода начинает падать). Показано, что этот параметр не обязательно связан, как обычно считают, с общим уровнем потребления кислорода (термогенезом), а лишь с дополнительной теплопродукцией, т.е. с той факультативной долей общего термогенеза, которая контролируется центрами терморегуляции.

Гипоксия может вызывать при внешнем охлаждении гипотермию, хотя охлаждение само по себе и не приводит к изменению температуры тела. С другой стороны, даже такие изменения в окружающей атмосфере, воздействие которых при относительно высоких температурах среды может быть скомпенсировано физиологическими механизмами регуляции, могут вызвать в охлажденной среде серьезное нарушение теплового гомеостазиса. Следовательно, с точки зрения гомеостатической сопротивляемости, воздействия охлаждения и аноксии можно считать аддитивными.

2. Для выживаемости внутреннее охлаждение (гипотермия), вызванное аноксией в холодной окружающей среде, может играть защитную роль, поскольку падение температуры тела у гомеотермного животного позволяет ему выжить в условиях аноксии, смертельных при нормальной температуре тела. Иными словами, неспособность термостатируещего механизма животного сопротивляться аноксии может увеличить выживаемость в жестких аноксических условиях. Это положение подтверждается количественными данными о соотношении между критическими и летальными давлениями кислорода для различных тепловых условий. Дается характеристика условий, при которых пониженная сопротивляемость аноксии в смысле поддержания теплового гомеостазиса вызывает повышенную сопротивляемость, определяемую по критериям выживаемости; соотношение между температурой тела и сопротивляемостью гипоксии рассматривается преимущественно с точки зрения относительной независимости защитного действия гипотермии от ее воздействия на усвоение кислорода.

3. В конечном счете, помимо защитного действия по отношению к аноксии, гипотермия при температуре ниже некоторого предела может создать аноксические условия на клеточном уровне даже при нормальном или повышенном давлении кислорода во внешней атмосфере. В крайнем случае тормозящее воздействие внутреннего охлаждения на жизненные процессы прекращает доступ и перенос кислорода (остановка дыхания и кровообращения). В то же время благодаря своему защитному действию внутреннее охлаждение помогает выдержать сравнительно длительные сроки "приостановленной жизни" (или клинической смерти). Дается определение предельных значений длительности клинической смерти и температуры в связи с данными по метаболизму мозга.

It is the aim of this report to review several types of relationship between tolerance to cold and hypoxia, primarily on the basis of experimental data obtained by the author and by a group of Belgrade physiologists.

As it happens, we have been interested in a number of different phenomena related to the general problem of the relation between cold and hypoxia, from the harmful effects of cold on the resistance to hypoxia on one hand, to the cold-induced tolerance to complete lack of oxygen supply and transport on the other. In connection with this latter aspect, it appeared necessary to us, taking into account the increasing number of speculations on the use of cold-induced "anabiosis-like" states in conquering outer space, to stress in this report some of the fundamental experimental facts illustrating the present state of our knowledge and achievements in the field of cold-induced suspended animation in mammals, especially from the point of view of tolerance limits.

Rather than present a conventional scientific paper, we felt that a more general survey of the research lines and standpoints of a group of physiologists, illustrated by briefly-described but systematically-selected data, including the latest still-unpublished results, would be of interest to this

Symposium, which aims at promoting international cooperation in a new field of research, developed in part at least, from classical environmental physiology. Obviously, detailed technical descriptions and a full account and discussion of pertinent literature, which usually accompany scientific papers of the more usual type, had to be omitted for the sake of conciseness but will be found in the corresponding separate publications.

I. Detrimental Effects of Cold on the Resistance to Hypoxia

Resistance to external (environmental) cold is impaired by hypoxia (and hypercapnia) which interferes with thermoregulation and renders difficult the maintenance of thermal homeostasis.

The fall of oxygen tension below a critical value, frequently termed "critical (or liminary) tension of oxygen (CTO)", becomes incompatible with the maintenance of the oxygen consumption rate (cO_2) which decreases below the level characteristic of the pre-exposure steady state. Under steady-state conditions, however, the rate of O_2 consumption of a homoiothermic organism exposed to cold reflects the rate of thermogenesis adjusted through thermoregulatory activity to compensate for heat losses to the environment.

Any decrease of cO_2, caused by a fall of oxygen pressure (pO_2) in the ambient atmosphere, will thus indicate an inadequate thermoregulatory heat production. This is closely followed by a net decrease of body temperature, especially in small experimental animals.

The critical tension of oxygen (CTO) may therefore be taken as a measure of the resistance of the body thermostat to the hypoxic load.

Experimental analysis shows that CTO values are significantly higher in the cold than at thermal neutrality (Figs. 1 and 2). Hypoxia may act as a hypothermia-inducing agent in a cold environment which can otherwise be easily tolerated without any change of body temperature. On the other hand, even such changes in the composition of ambient atmosphere, which at higher environmental temperatures can be compensated for by means of physiological regulatory mechanisms, may gravely distrub homeostatis in the cold by interfering with thermoregulation (15). Partial pressures of oxygen amounting to 100 -

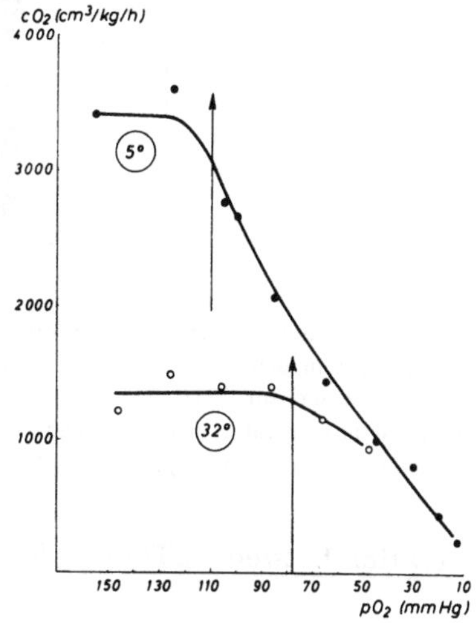

Fig. 1. Oxygen consumption (cO_2) as a function of decreasing oxygen tension (pO_2) in the cold (5° C, closed circles) and at thermal neutrality (32°C, open circles). Experiments on individual rats under closed vessel conditions. Arrows, left and right, indicate the critical tension of oxygen (CTO) at 5° and 32° C respectively. Last right hand points in both curves indicate terminal values obtained at near-lethal O_2 tensions

200 mm Hg can easily be tolerated by a rat at thermal neutrality; in the cold, however, even at above-zero temperatures, such oxygen tensions may be inadequate for the maintenance of thermal homeostasis. In this respect therefore, and in this respect only, the effects of anoxia and of cold appear to be mutually additive.

As cold imposes higher rates of oxygen consumption, it is logical to assume that its effect on CTO values is primarily due to its effect on the rate of oxygen uptake (higher rates of cold-elicited thermogenesis requiring higher oxygen tensions, see 18). This assumption, however, is only partially justified and any generalization of this type of relationship between the rate of oxygen consumption and the critical tension of oxygen may be a misleading oversimplification.

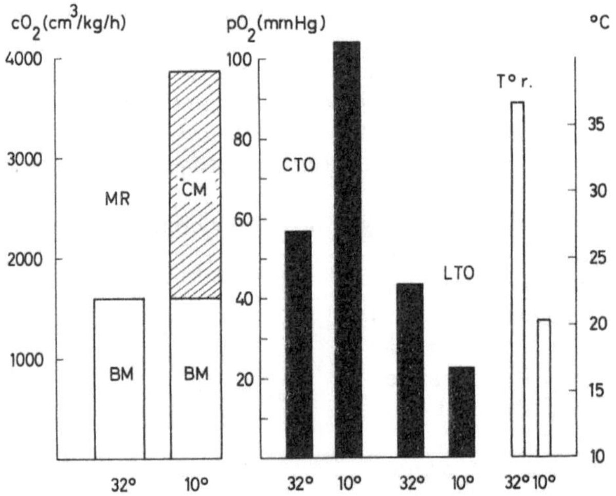

Fig. 2. Oxygen consumption rate and the critical and lethal tensions of oxygen (CTO and LTO), as influenced by the temperature of the environment (10° and 32°C). BM - basal metabolic rate; CM - compensatory metabolism. CTO (first two black columns) - critical tension of oxygen; T°r. - rectal temperature at the moment of death. Average values from experiments on 4 - 12 normal adult rats ("closed cabin" exposure to decreasing oxygen tension)

Correlation between CTO and Metabolic Rate

Experimental analysis shows that CTO values are not necessarily related, as is often assumed, to the total rate of O_2 consumption, but preferably to that facultative part of it which is under the control of thermoregulation and corresponds to the so-called compensatory (or complementary) heat production, which can be calculated by subtracting the basal metabolic rate (measured at thermal neutrality) from the metabolic rate recorded in the cold.

This has been strongly suggested by a variety of our comparative experiments on metabolically-different animals, which all show that CTO values are relatively independent of the total oxygen consumption rate; by contrast the same experiments invariably reveal that CTO values are related to the rate of compensatory heat production.

Thyroid feeding and hypophysectomy are potent means of respectively increasing or decreasing the rate of metabolism in experimental animals. Under chosen environmental conditions great differences will be found in the total metabolic rates if control untreated animals are compared to thyroid-fed or hypophysectomized ones, as well as if adult controls are compared to young animals of smaller size. These categories of metabolically-different physiological states were used in our experiments in order to study the influence of the rate of oxygen consumption on the resistance to hypoxia as evaluated by the CTO criterion (5, 8, 10).

Example of hypermetabolism induced by thyroid feeding. Thyroid-fed animals show an increased metabolic rate in comparison to normal controls. The difference, however, is not of the same magnitude in all thermal environments. It is especially apparent at thermal neutrality, or under temperate conditions. Under these conditions, however, hypermetabolism does not involve a greatly decreased resistance to oxygen lack as evaluated by CTO measurements : the thyroid-fed animals show much the same or only slightly higher CTO values than the controls, in spite of a grat difference in oxygen consumption rates (10; Fig. 3).

A much greater difference in CTO values between these two groups of experimental animals will appear, however, if exposure to oxygen lack is carried out in the cold (Fig. 4). But under the conditions of cold environment, 1) the two groups differ but little if at all in their rates of oxygen consumption, and 2) the thyroid-fed animals will now be those which are more resistant by the CTO criterion (lower CTO values).

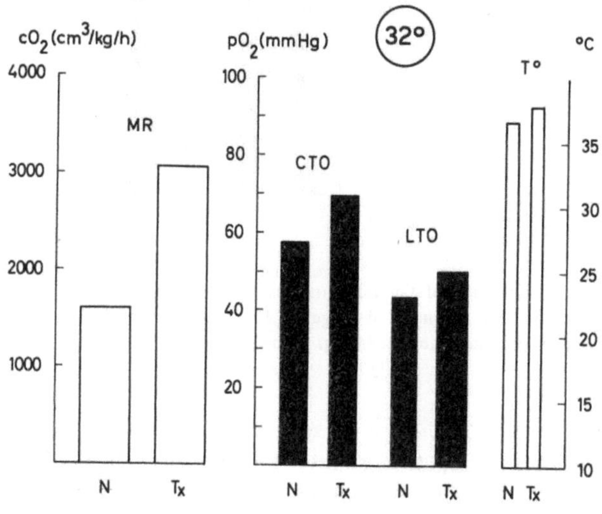

Fig. 3. Influence of an excess of thyroid hormones on the metabolic rate and on the critical and lethal tensions of oxygen at 32° of environmental temperature. Experiments on thyroid-fed rats (desiccated pulverized bovine thyroid mixed with the standard pellet diet). Average values from 5 to 10 experiments. N - normal controls; Tx - thyroid-fed. Other indications as in preceding figure

The disappearance of great differences in metabolic rates between thyroid-fed and control animals in cold exposure is due to the fact that the abnormally high metabolic rate of thyroid-fed animals, recorded at thermal neutrality, may permit adequate thermoregulation in a cold environment which consequently would not elicit any further increase in oxygen uptake. Normal animals will, however, increase their metabolic rate on exposure to cold and approach the metabolic level recorded in the thyroid-fed, cold-exposed animals, so that in a chosen cold environment the distinction between the two groups in terms of oxygen consumption rates may virtually disappear.

It is precisely under the conditions of cold exposure that the difference in the resistance to hypoxia between the two groups becomes especially significant (Fig. 4). It is important to bear in mind, however, that although no great difference is found in the cold between thyroid-fed animals and their untreated controls if their total metabolic rates are compared, a great difference exists between the two groups as to the part played by compensatory heat production in the total thermogenesis. Untreated controls maintain their high metabolic rate in the cold by means of an increased thermoregulatory activity and a high compensatory heat production. By contrast, the contribution of this facultative, centrally - controlled, heat production to total thermogenesis in the cold-exposed and thyroid-fed animal may be relatively small or insignificant.

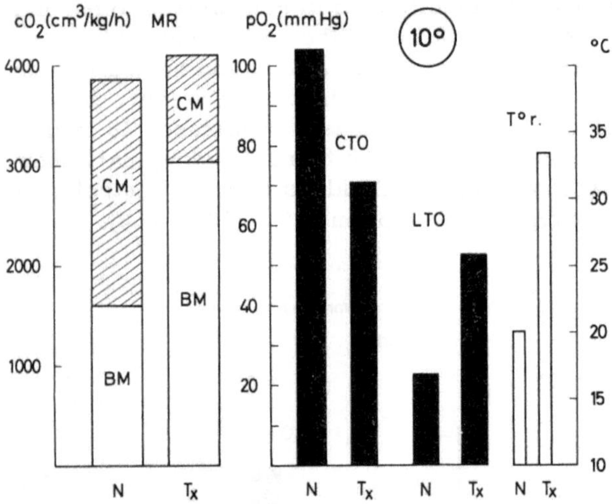

Fig. 4. Influence of thyroid hormones on the metabolic rate, the critical and lethal tension of oxygen at 10°C environmental temperature. Same indications as in Fig. 3 and 2

It can be said, therefore, that in these experiments 1) the greatest difference in CTO values between normal and thyroid-fed animals was found precisely in the thermal condition (external cold), under which, regardless of the relationship between total oxygen consumption rates, a difference existed between the two experimental groups in terms of compensatory heat production, and 2) reduced compensatory thermogenesis was linked to smaller CTO values (increased resistance to hypoxia).

Hypophysectomy. The hypophysectomized animals, contrary to thyroid-fed ones, show at thermal neutrality a greatly reduced oxygen uptake in comparison to normal naimals of the same size. While the rate of metabolism in the thyroid-fed animal is more than twice as high as that of its control, the metabolic rate of the hypophysectomized rat (3 months after hypophysectomy) represents only half of that recorded in the intact control of the same size. While in the cold the difference in metabolic rates between thyroid-fed and control animals may almost disappear, the difference between hypophysectomized animals and their controls is maintained in the cold : they both increase their metabolic rates on cold exposure, but the hypophysectomized animal starts from a level 50 % lower and does not attain the metabolic level recorded in the cold-exposed control; in spite of the production of compensatory heat (and an almost normal metabolic quotient), total thermogenesis of the hypophysectomized rat remains low in the cold in comparison to the control animal exposed to the same thermal environment. As a matter of fact the hypophysectomized animals cannot tolerate severe cold, even in normal air : hypothermia is readily induced by ambient temperatures below 20°C in animals hypophysectomized several months previously.

In spite of the great difference in overall metabolic rates, at an ambient temperature of 24.5°C, no such difference was found between the CTO values of hypophysectomized and control animals. The difference, however, in total thermogenesis was not accompanied by a similar difference at the level of compensatory heat production, as shown in Table 1.

Table 1

Animals	Metabolic rate		
	at thermal neutrality (BMR)	at 24.5°C	/ MR 24.5° /
		total	compensatory
Control	100	128.3	28.3
Hypophysectomized	46.1 (-53.9 %)	79.0 (-38.4 %)	32.7 (+15.5 %)

Note : Rats were hypophysectomized at least 3 months previously. Control animals were of similar size (70 - 100 g), but consequently younger. Average values from four measurements, expressed on the basis of BMR in the controls which is taken as 100 (actually 1637 cm^3 O_2/kg/h).

In this case, therefore, the markedly lower rate of overall metabolism due to hypophysectomy did not result in a greater resistance to hypoxia (lower CTO), but it was not linked either to a reduced rate of compensatory thermogenesis (similar observation by Martinović and Giaja, 24, on one hypophysectomized rat).

Small size. If young, small animals are exposed to the same degree of cold as adult ones, a marked difference in thermogenesis per unit of body weight will be recorded and it will be paralleled by significant differences in resistance to hypoxia. The young and small animals will show greater metabolic rates and greater CTO values (decreased resistance).

In this case again greater CTO values are found among those animals which show higher rates of compensatory heat production : the young animals produce comparatively more compensatory heat in the cold than adult ones. This time, therefore, a difference in total thermogenesis was linked to differences in CTO values, but a difference was also present in the contributions of compensatory heat production to total metabolic rate.

For the sake of our argument, the only conclusions we want to draw from these experimental data, are the following :

1. A highly significant difference in oxygen consumption rates is not necessarily accompanied by a great difference in CTO values, and a highly significant difference in CTO values may be recorded between two functional states in which the total metabolic rates do not differ.

2. When, in the described experiments, two physiological states were characterized by a different resistance to hypoxia (in respect to CTO values) in spite of equal metabolic rates, a marked difference was however present in the rates of compensatory heat production, the state characterized by greater compensatory thermogenesis being less resistant to hypoxia; on the other hand, lower resistance to hypoxia accompanied higher overall metabolism when the latter was linked to increased compensatory thermogenesis, but not when higher metabolic rates did not include a markedly increased compensatory heat production.

It therefore seems that the processes underlying cold-elicited compensatory heat production are those which are especially sensitive to oxygen lack, and that the resistance to hypoxia, as measured by CTO criteria, depends primarily on the strain imposed by the environment upon the mechanism of the regulation of heat production. It is the rate of this compensatory heat production, not that of total thermogenesis, which is always found to be related to the resistance to oxygen lack as evaluated by the CTO test.

On the contrary, basal thermogenesis, or thermogenesis which is not elicited and cannot be reduced by thermoregulatory activity, shows a greater resistance to oxygen lack. In addition, CTO values seem to be less influenced by the metabolic rate when it does not include the compensatory component. This is suggested for instance by the results obtained on thyroid-fed animals and their untreated controls at thermal neutrality (Fig. 3) : under the conditions of these experiments no complementary heat production was involved in total thermogenesis in either of the two groups. CTO values differed but little although the metabolic rate of the thyroid-fed animals was more than two times greater as compared to the controls.

II. Protective Effects of Cold

As we have seen, if resistance to hypoxia is evaluated by the CTO criterion, cold is undoubtedly a potent impairing factor. However, although cold impairs this type of resistance to hypoxia, it may actually promote survival under hypoxic conditions. Moreover, these apparently opposed effects of cold are actually linked in a causal way : external cold may promote survival under hypoxic conditions precisely because it impairs the resistance of the body thermostat and brings into play the protective effects of internal cold (hypothermia).

Relationship between Critical and Lethal O_2 Tensions

Conditions can be described under which a decreased resistance to hypoxia, as far as maintenance of thermal homeostasis is concerned (i. e. by CTO criterion), causes an increased tolerance to hypoxia evaluated by survival criteria.

Only closed cabin experiments will be considered here, in which oxygen tension in the enclosed atmosphere falls at a rate determined solely by the rate of oxygen consumption (i. e. the rate at which O_2 is removed from the enclosed atmosphere by the organism itself; a situation comparable to space cabin conditions characterized by a deficient oxygen supply). The oxygen tension at which death occurs during gradually increasing hypoxia, will be termed "lethal tension of oxygen" (LTO). Only LTO values will be taken in consideration here as expressing the limits of tolerance, from the survival point of view. The relationship between CTO and LTO values will be used for characterizing quantitatively the relationship between the impairing and protective effects of cold on tolerance to hypoxia.

Let us first compare normal animals subjected at different environmental temperatures to increasing hypoxia under closed cabin conditions (Fig. 1). In the cold, the animal will start decreasing its oxygen consumption rate at a higher level of reduced oxygen tension (higher CTO values) than at thermal neutrality. The further reduction of oxygen tension, below the CTO level, will however be better tolerated by the cold-exposed animal : it will die at a significantly lower oxygen tension (lower LTO value) than the one exposed to hypoxia at thermal neutrality. At the time of death, body temperature recorded in the cold-exposed animal was 16°C, while that of the animal which died of hypoxia at thermal neutrality was barely lowered (35.5°C). Fig. 2 shows average values from experiments of this type. A better tolerance to hypoxia was therefore linked to a greater reduction of body temperature. It is the "defensive role" of hypothermia, induced by hypoxia, which accounts for better survival. In other words, the external cold promotes survival by enhancing the fall in body temperature; internal cold accounts for the increased tolerance.

Let us now compare thyroid-fed and normal control animals separately exposed to increasing hypoxia under closed cabin conditions, at exactly the same degree of cold, kept constant throughout the period of exposure.

As we have already seen (Fig. 4), thyroid-fed animals are more resistant in a cold environment (10°C) to hypoxia than untreated controls, as far as their CTO values are concerned : they are still able to maintain their rate of O_2 consumption unchanged at oxygen pressures which are about 30 mm lower than those which inevitably reduce the rate of oxygen uptake and the body temperature in normal controls. In other words, at a low level of O_2 tension, which inevitably provokes the break-down of thermal homeostasis and the fall of O_2 consumption in normal controls, the thyroid-fed, cold-exposed animals maintain their metabolic rate unaltered. They will die however at an oxygen tension which is significantly higher than the one which is lethal for the normal control animals. At the time of death, rectal temperatures above 30° (30.4° - 36°) were recorded in thyroid-fed animals which died at higher partial pressures of oxygen, while in normal naimals death occured at body temperatures close to 20° (19.8 - 20.5°).

Thyroid feeding thus results in increased resistance to oxygen lack by reducing the critical tension of oxygen. At the same time, however, survival is impaired by an increase in the lethal tension of oxygen.

Without entering into a detailed discussion of this phenomenon, let us say that this difference between thyroid-fed and normal animals can be at least partially explained by the fact that LTO values, under the conditions of closed cabin experiments carried out in a cold environment, are greatly influenced by the degree of hypothermia developed during falling oxygen tension, which in turn depends on the resistance of the body thermostat to the hypoxic load.

In the case of the physiological state characterized by an increased resistance to hypoxia i.e. an ability to maintain the rate of oxygen consumption, the initial fall of body temperature and the initial decrease of the rate at which oxygen disappears from the enclosed atmosphere will coincide with lower oxygen tensions (lower CTO values); the rate at which hypothermia then develops may be inadequate to efficiently protect the animal against further lack of oxygen. Under these conditions death will be expected to occur at relatively higher oxygen tensions (higher LTO values). This is precisely the case in the thyroid-fed animals : they show lower CTO but higher LTO values.

Effect of CO_2 Accumulation on Survival as Influenced by Thermal Conditions

In the preceding discussion of the influence of cold on conditions created in a closed cabin system by the failure of oxygen supply, the removal of expired CO_2 from the system has been supposed to be adequate in preventing any CO_2 accumulation (there was continuous absorption of expired carbon dioxide in the described experiments). It is a question of practical importance, however, whether and to what extent, accumulation of CO_2 would affect survival. The point to be stressed here is that the answer to this question may be completely different for different thermal conditions.

While severely detrimental at thermal neutrality, CO_2 accumulation may actually have survival value in the cold, when survival time is taken into consideration. This is shown by the following series of experiments on rats, enclosed separately in closed vessels of the same size (1.5 litres), and deprived of external oxygen supply. Each animal (150 - 180 g weight) served as its own control by being used in both of the two types of comparative experiments : exposure to hypoxia alone and to hypoxia combined with CO_2 accumulation (Table 2).

At 30 - 33°C rats survived a given time (55 - 70 minutes) under closed cabin conditions when CO_2 was continuously absorbed on potassium hydroxide, but died at the end of the same time interval when the experiment was repeated without removing the expired carbon dioxide. At lower ambient temperature, however (from 23° down to 9°C), the opposite was observed : the animals have been kept alive by allowing expired CO_2 to accumulate for periods (1.5 to 2 hours) which were lethal if CO_2 was continuously removed.

This protective effect of CO_2 accumulation in the cold can be at least partially attributed to the effect of CO_2 on the rate of oxygen consumption and thermogenesis under hypoxic conditions. As a matter of fact, the effect of CO_2 accumulation and of hypoxia are additive in their effect on compensatory heat production. Under the influence of accumulated CO_2, thermogenesis (O_2 uptake) is retarded more than by hypoxia alone (8). This slowing-down effect on oxygen uptake causes the partial pressure of

Table 2. Effect of CO2 Accumulation on Survival as Influenced by the Thermal Environment ("T^0 ext." - Environmental Temperature). Detailed Explanations in the Text. Data from Andjus (8)

	T° ext. (°C)	Time (min)	CO_2 accumulates	CO_2 removed	Final body temp.
Thermoneutral zone	32,5	70	dead	alive	Normal
	32,3	55	dead	alive	
	32,0	82	dead	alive	
	30,6	60	dead	alive	
Zone of chemical thermoregulation	22,5	86	alive	dead	Hypothermia
	22,5	117	alive	dead	
	17,2	90	alive	dead	
	17,0	113	alive	dead	
	14,0	115	alive	dead	
	8,7	107	alive	dead	

oxygen in the enclosed atmosphere to decrease at a slower rate, so that, for a given time, oxygen tension will be less reduced when CO_2 is allowed to accumulate than if it is being continuously removed. In addition, under these conditions (CO_2 accumulation and the resultant slowing-down of the rate at which O_2 tension falls), hypothermia has time to reach lower levels and hence afford greater protection before oxygen tension falls to dangerous values.

It should be recalled, however, that in spite of such "protection" by CO_2 accumulation observed under special conditions of closed cabin experiments, which induce a fall of body temperature, other experimental data testify to an increased toxicity of CO_2 in hypothermia (20). However, under the conditions of our experiments which show the protective role of CO_2 accumulation, the lethal limits of CO_2 concentration were not approached. This protective effect can be expected to come into play only under special conditions in which the effect of CO_2 on the rate of cooling and the rate at which O_2 is removed from the enclosed atmosphere prevail over its toxic effects.

Tolerance to Hypoxia as a Function of Body Temperature

The "defensive role" of hypothermia in promoting survival when life is endangered by hypoxia or asphyxia (14) has been discussed in the preceding section. When environmental conditions allow a fall of body temperature under hypoxic conditions, hypothermia may prove beneficial by ensuring longer survival, while rewarming may lead to death. Because of this protective effect of so-called "spontaneous" or "endogenous" hypothermia, the rationale of the old standard practice of warming has been questioned and in many cases rejected. Moreover, pre-cooling, or artificially-induced hypothermia, has been introduced as a clinical method for protecting against anoxic conditions when they are the result of different pathological disturbances or when surgical procedure demands the creation of severe, although temporary, anoxic conditions.

Quantitative data on the relationship between body temperature and tolerance to hypoxia show however that this relationship is not a simple one. It is necessary to be better informed of the characteristics of this relationship before any conclusion is drawn as to the degree and type of protection which can be expected from a given level of hypothermia. The peculiarities of this relationship make it difficult, on the basis of data obtained in one range of hypothermia and by using a given criterion for tolerance, to predict by extrapolation the degree of protection which may be expected when dealing with a different range of lowered body temperature and with different tolerance criteria. It is essential to be aware of the physiological characteristics of different levels of hypothermia and to know the mechanisms underlying the protective role of hypothermia.

Data to be presented here on the relationship between body temperature and the protective effects of hypothermia were obtained in experiments with animals pre-cooled to different levels of hypothermia and then exposed to standardized hypoxic conditions. Special attention will be given 1) to the role of the metabolic rate in hypothermia in determining the degree of protection, 2) to the different aspects of protection afforded by hypothermia as revealed by different tolerance criteria, and 3) to the influence of physiological peculiarities of different levels of hypothermia on the protective properties of low body temperature.

Protective effects and metabolic rate. Protection afforded by hypothermia has been most often related to the effect of lowered body temperature on the metabolic rate. As a matter of fact, such a great and still tolerable reduction of metabolism which is obtainable by lowering the temperature of the body, cannot be achieved by other means. The resulting reduction of the metabolic needs would explain the highly improved tolerance to hypoxia shown by the hypothermic organism.

It is misleading, however, to take the parallelism between oxygen consumption rate in hypothermia and tolerance to hypoxia for granted : the rate of oxygen uptake of the hypothermic organism, recorded under conditions of normal oxygenation, is by no means a reliable indicator of resistance to oxygen lack.

If oxygen consumption rates of unanaesthetized subjects, recorded at different levels of hypothermia under the conditions of normal availability of oxygen, are plotted against body temperature, the resulting curve will be characterized by a peak situated at about 30°C in the rat and a great number of other experimental animals (Fig. 5, upper curve) : far from falling steadily with decreasing body temperature, the metabolic rate actually increases under the effects of light hypothermia, even above pre-cooling levels ("stimulatory range of hypothermia", see 8). Even after the point is reached at which the inversion of the temperature coefficient occurs and the metabolic rate starts decreasing with further fall of body temperature, oxygen uptake remains higher than that recorded at normal body temperature under the same environmental conditions, until, at still lower temperatures, it finally drops below its initial level. Only from that point onward can the metabolic rate be considered to be depressed. However, it is only at still lower body temperatures that the metabolic rate falls below the lowest limits attainable at normal body temperature by adjusting the temperature of the environment (i. e. below BMR values). It is only then that hypothermia becomes truly hypometabolic [1].

As mentioned above, it has been frequently suggested that the protective effects of hypothermia are actually based on its effects on the metabolic rate. From this standpoint levels of hypothermia, which increase the metabolic rate should not be regarded as protective. It must be stressed however that it is by no means the rate of metabolism recorded under conditions of normal oxygen availability which can be considered as a safe basis for estimating the degree of protection expected under different hypoxic conditions. This rate of O_2 consumption (recorded in normal atmosphere) does not, as a

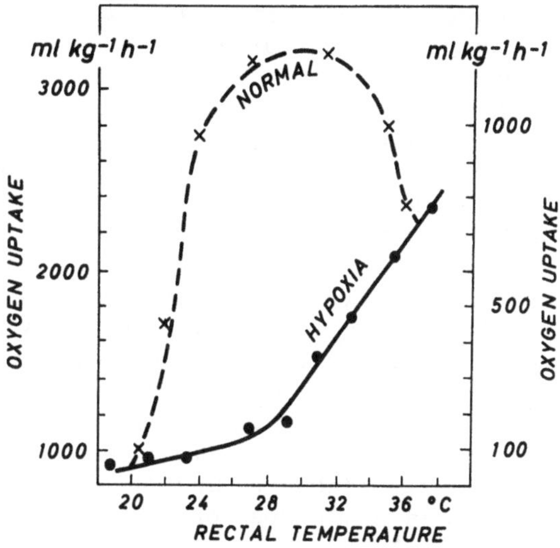

Fig. 5. Oxygen uptake of the unanaesthetized rat as influenced by body temperature. Interrupted line and crosses, left vertical scale: breathing normal air (ambient temp. 20°C; oxygen uptake during spontaneous rewarming of the pre-cooled animal). Plain line and closed circles, right vertical scale: under severe hypoxic conditions (O_2 uptake during a 20 minute-period preceding death under "closed cabin" conditions). Experiments on 34 animals, each point being an average value from 2 to 10 experiments; ambient temp. equal in every case to body temp. at which premortal O_2 uptake was measured (Andjus, unpublished)

[1] Anaesthetics and other drugs can modify this relationship of metabolism to body temperature to different extents depending on the type and dose of the agent used. Nevertheless, this relationship remains the basic one and should be always taken into account when considering the problem of protection afforded by hypothermia.

matter of fact, reflect the minimal metabolic needs for survival, but rather the maximal rate of thermoregulatory heat production in the presence of both the basic depressant effect of hypothermia and the stimulatory effect of internal cold.

The metabolic parameter which directly reflects tolerance to hypoxia and should be used for estimating the degree of protection which may be expected from hypothermia, is the minimal metabolic rate of the cooled organism which, under hypoxic conditions, is still compatible with survival for a determined duration. This parameter shows, however, a substantially different relationship to body temperature, as illustrated by the lower curve in Fig. 5. This curve was constructed on the basis of data obtained by measuring at different constant levels of hypothermia the oxygen uptake of unanaesthetized animals during a 20-minute period preceding respiratory arrest under the conditions of gradually increasing hypoxia.

This minimal metabolic rate under severe hypoxic conditions ("survival rate of O_2 consumption"; lower curve in Fig. 5), by contrast to that measured in the presence of normal air (upper curve on the same graph) decreases steadily with falling body temperature. By comparing the two curves we may conclude for instance that even in the range of "stimulatory hypothermia", in which oxygen consumption may be increased beyond pre-hypothermic levels provided that oxygen is fully available, the animal is also capable of reducing its oxygen uptake in hypoxia to a much greater extent that at normal temperature and still survive.

Tolerance to acute asphyxia. Although the lower curve in Fig. 5 suggest an almost linear relationship between body temperature and protective effect over a wide range of temperatures, this should not be taken as a basis for quantitative estimation of the degree of protection afforded by hypothermia in all types of anoxic conditions and for all tolerance criteria.

It should not be forgotten, in the first place, that the above data on "survival oxygen consumption rate" as influenced by body temperature were obtained under the conditions of gradually increasing hypoxia (the fall of O_2 tension in the surrounding atmosphere not exceeding 3-4 mm Hg per minute). When lethal levels of oxygen lack are approached at a constant level of hypothermia, oxygen uptake gradually declines until the consumption of O_2 reaches the minimal rate below which spontaneous respiration cannot be maintained. Completely different are for instance the conditions of explosive decompression or of acute asphyxia created experimentally by tracheal occlusion. The sudden interruption of oxygen supply and of pulmonary ventilation does not allow for a gradual compensatory adjustment and survival is to be expected to depend to a much greater extent on the state of oxygenation and the intensity of tissue respiration present just prior to occlusion. As can be seen from Fig. 6 the survival time for respiratory movements under these conditions bears a distinctly different relationship to body temperature. The range of hypothermia between normal body temperature and some 10 degrees below it, characterized under the conditions of normal oxygenation by an increased oxygen consumption, affords but little protection in comparison to what would be expected on the basis of data concerning survival oxygen consumption in Fig. 5, as well as in comparison to deeper levels of hypothermia as far as the persistence of respiratory movements after tracheal occlusion is concerned.

Similar data were obtained in somewhat different experiments on anaesthetized rabbits by other authors (26) : under the conditions of complete and sudden anoxia (breathing nitrogen) hypothermia affords protection (longer survival time) only when it is linked to reduced metabolic rate prior to exposure; in the case, however, of less severe hypoxia (breathing 3 - 4 % oxygen) hypothermia is always protective, regardless of the rate of oxygen consumption displayed before the onset of hypoxic conditions.

Different aspects of protection. When considering the protective effects of deeper levels of hypothermia it becomes of increasing importance to differentiate between types of protection or criteria of tolerance. If, for instance, the tolerable duration of anoxia is concerned, it is essential to stress the difference between such parameters as : 1) the Survival time which measures the persistence of a specific activity in spite of anoxia, and 2) the Revival time, the duration of anoxia compatible with recovery in spite of the cessation of activity. From the point of view of reanimation, some time variables related to the recovery period, may also be of special interest : 1) Latency of recovery, the time interval between cessation of anoxia and reappearance of the first signs of activity, and 2) Terminus recovery time, the interval between cessation of anoxia and full restoration of normal, initial activity.

The point is that all these parameters do not show the same relationship to body temperature. The revival time, for instance, steadily increases with falling temperature and the lowest range of hypothermia is that of greatest protection. By contrast, survival times and the latency of recovery may have their optimal zones above 20° C : further cooling will not afford greater protection as far as these parameters are concerned, but will even shorten them in spite of a further reduction of the metabolic rate.

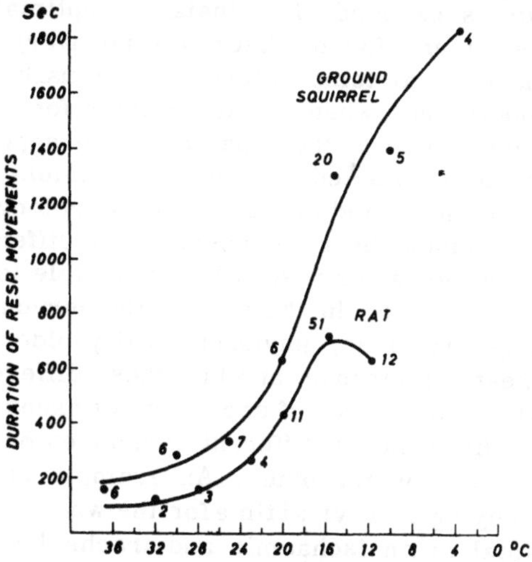

Fig. 6. Total survival time for respiratory movements after the occlusion of the trachea as influenced by body temperature in the rat and the ground squirrel. Average values (number of animals indicated on the graph) (from Andjus et al., 11)

This is the case with the already-mentioned relationship between survival time for respiratory movements and body temperature. The curves in Fig. 6 show that the zone of body temperatures characterized by a maximal gain in resistance per degree of lowered body temperature is followed, at still lower temperatures, by a zone in which survival time increases less with falling temperature or even shortens. In other words, when survival time (not the revival time) is taken in consideration, the temperature of greatest protection does not necessarily coincide with that of the lowest metabolic rate.

As for the mechanisms which are responsible for this type of relationship between body temperature and physiological tolerance, it may be said in general, that it is the result of an interaction between two opposite effects of hypothermia - one which basically promotes survival (reduction of metabolic needs), while the other restricts it (depressant effect of low temperature on specific functions, for instance those of medullary centres).

Revival time, which does show an almost linear relationship to body temperature over a wide range, is however of practical importance only when procedures of active reanimation are applicable (e.g. in a medical support system). From the practical point of view, survival times, or even the recovery periods, may be of paramount importance in specific situations and, as we have seen, they do not show the same relationship to body temperature : for them optimal zones of hypothermia exist which do not correspond to levels characterized by maximal revival times.

The situation is further complicated by the fact that some of the mentioned criteria (tolerance parameters) are differently related to body temperature depending on the degree of anoxia to which the organism is exposed. For instance, optimal zones, situated above 20°, have been found for the latency of recovery after brain ischaemia. However, the optimal temperature may actually depend on the duration of anoxic conditions : when ischaemia lasts for 1 minute, the optimal temperature which ensures the most rapid re-appearance of electric activity in the brain is situated at 30°; the optimum shifts to a much lower level (22°) when the period of ischaemia is prolonged 5 - 10 times (21).

It should be remembered that different structures and physiological activities are not equally susceptible to anoxic conditions, regardless of temperature. In the case of the nervous system, it may be said that, as a general rule, phylogenetically-older structures are characterized by greater tolerance, and that these differences become especially apparent when the degree of anoxia is not excessive. The degree of tolerance can be different for different structures on one hand and for the organism as a whole on the other. An example is found in the results obtained by studying the revival time for the whole organism exposed to severe anoxia (total brain ischaemia and tracheal occlusion). Under these conditions the revival time increases linearly with falling body temperature from 37° to 23°. It is not, however, solely limited by the tolerance of the brain, although it is the brain which is most susceptible to anoxia. If brain ischaemia is not complicated by additional total body asphyxia (prevented through artificial oxygenation of the rest of the body during brain ischaemia), the revival times are significantly longer (4 to 5 times) at all temperatures in the above-mentioned range. Revival is handicapped by total body asphyxia because of its action on the heart which is characterized by a slow rate of recovery when disturbed by asphyxia, although it shows, when isolated, extremely long revival times in comparison to those of the brain. After the re-establishment of a normal oxygenation, the heart but slowly recovers its normal level of activity, leaving the brain deprived of an adequate circulation and prolonging its anoxia beyond tolerable limits (21). Regardless of the reliability of such an explanation, this is an example of the complexity of the revival problem as well as of the problem of protection. It stresses the necessity of taking into account the unequal tolerances of different structures, without forgetting however, the possibilities of their interactions when the whole organism is considered.

Physiology of "Hypoxic Hypothermia"

Hypothermia induced by lack of oxygen in a cold environment ("hypoxic hypothermia"), may even present some advantages over hypothermic states induced by other means, in being better tolerated and/or in being more suitable for special applications (3, 8, 16).

Carefully controlled hypoxia, alone or combined with hypercapnia (increased CO_2 concentration in the inspired air), but not necessarily with other, especially pharmacological, agents, has already been used in a great number of experimental studies, precisely in order to induce "uncomplicated hypothermia": when the desired level of low body temperature is reached, the physiologic state which promptly follows the re-establishment of normal atmosphere is determined by low body temperature itself. Its functional characteristics are not masked or modified by other extrinsic factors as may be the case when cooling is promoted by pharmacological agents. Hypoxic hypothermia is not necessarily the result of impaired function in the heat-producing organs under hypoxic conditions. Other components of the thermoregulatory system, presumably the central ones, may be preferentially affected and the level of their reactivity lowered. This may be the reason why centrally-governed heat-producing effectors produce heat at an inadequate rate. The proof that they are actually capable of producing more heat is found in the fact that increased cold may in fact elicit increased thermogenesis in spite of persistent hypoxia. When an animal, in which heat production and body temperature have already decreased to some extent because of oxygen lack, is exposed to a further decrease of environmental temperature, there may be a significant increase in thermogenesis (oxygen consumption) in the presence of the same degree of hypoxia (1, 19).

When breating normal air, an adult dog will tolerate environmental air temperatures as low as - 100° or even lower for 1 hour without appreciable changes in central body temperature (17). The same animal, however, exposed to a barometric pressure of about 200 mm Hg at ambient temperatures not lower than -10 to -15° C, will readily cool down and reach in a matter of about 3 hours body temperatures approaching 20°C (12; Fig. 7).

As far as the incidence of ventricular fibrillation and the reversibility of the hypothermic conditions are concerned, this type of cooling by hypoxia in unanaesthetized dogs seems not more dangerous than cooling of anaesthetized dogs by immersion in cold water. Fig. 8 shows some data

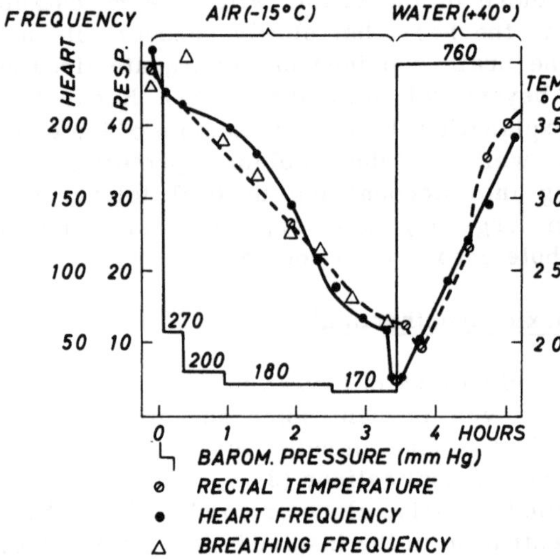

Fig. 7. Deep hypothermia induced in an unanaesthetized adult dog by hypoxia (reduction of total air pressure) in a cold environment (-15^{0} C in the barometric chamber). Rewarming in a warm bath (40^{0}). Data from Andjus and Davidović (12)

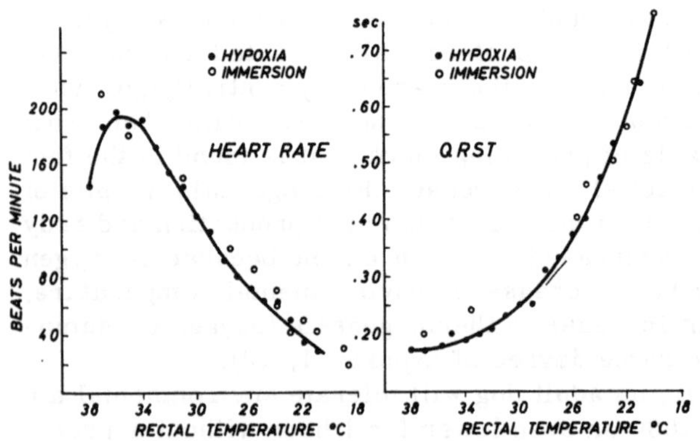

Fig. 8. Heart rate and duration of the QRST complex during body cooling induced by hypoxia in unanaesthetized dogs (closed circles) and by immersion in ice cold water under barbiturate anaesthesia (open circles). Means from experiments on 14 and 5 dogs respectively (Andjus and Davidović, unpulished)

concerning two cardiac parameters - heart rate and duration of the QRST complex - recorded during cooling by hypoxia under conditions just described (closed circles) or by immersion under barbiturate anaesthesia (open circles). It can be seen that the differences are not significant : the experimental values show in both cases practically the same relationship to body temperature. This even applies to the initial increase of the heart rate which accompanies the initial reduction of body temperature ("stimulatory effect of internal cold"). Along with data on other variables, especially the

ECG, this can be taken as evidence of the fact that at least these parameters do not actually suffer from oxygen lack, but are primarily influenced by the level of body temperature.

III. Cold-induced Anoxia

Together with its capacity of protecting against anoxia, at certain lowered body temperatures, or beyond certain time limits when dealing with maintained hypothermia, internal cold may create anoxic conditions at the tissue level in spite of a normal or even increased O_2 tension in the ambient atmsophere. This was ascribed to the following categories of effects of low temperature : 1) its effect on haemoglobin (shift to the left of the dissociation curve) which potentially endangers the oxygen transport system, and 2) its depressant effect on respiratory centres and the heart, which finally causes the cessation of oxygen uptake and transport when physiological zero for breathing an spontaneous cardiac activity is reached. A further category of changes leading to anoxic conditions may also be considered, especially when hypothermia is prolonged beyond certain time limits even a temperature compatible with spontaneous breathing. Lung oedema is among the most serious disturbances in this category.

The role of oxyhaemoglobin dissociation in creating anoxic conditions at temperatures well above those which, by their direct effect, stop breathing and cardiac activity, has been denied. The theory of the "hypoxic genesis of cold death", first proclaimed by Werz (29) and based precisely on the effect of low body temperature on the oxygen binding properties of haemoglobin, may now be regarded as definitely abandoned. The concomitant fall of pH and the increased physical solubility of oxygen at low body temperatures would, together with the reduced metabolic rate, account for observations that the shift to the left of the dissociation curve actually does not lead to any unfavourable consequences under in vivo conditions. Furthermore, the absence of cardiac hypoxia, even at temperatures associated with cardiac failure in hypothermia, has been demonstrated by direct measurements (for references, see Andjus, 9). However, the effect of internal cold on the mechanism of oxygen liberation may become one of the factors limiting revival time at temperatures well below the physiological zero for spontaneous heart action and respiration (for data on the effect of very low body temperatures on the dissociation of oxyhaemoglobin, see Kayser, 23).

The mechanism of cold death and the role of the direct effects of cold on respiratory centres and the heart have been fully discussed elsewhere (9). We shall mention here only those of our data which are related to the tolerance limits to temperatures at which cold-induced anoxia inevitably occurs, and the state frequently termed "suspended animation" or "clinical death" is established. In spite of the fact that breathing and circulation are arrested, the organism can tolerate relatively long periods of suspended animation at these low temperatures in the absence of oxygen supply (4, 6). The time and temperature limits of suspended animation at low body temperature determine at the same time the uppermost absolute limits of tolerance both to cold and anoxia.

Theoretically, cold may indefinitely prolong the state of suspended animation. This goal is approached by means of the techniques of low temperature conservation of isolated cells and tissues, at liquid air temperatures. For the whole homoeothermic organism, the actual limits of cold-induced suspended animation are much different.

Time and Temperature Limits of Suspended Animation

For two animal species the revival time has been determined with precision in serial experiments, but only for one body temperature level, 0°. Fig. 9 illustrates the limits of tolerance to respiratory and cardiac arrest in the rat and the ground squirrel maintained at 0°C body temperature. These limits were studied by applying special but standardized techniques of cooling and resuscitation, fully described elsewhere (13;

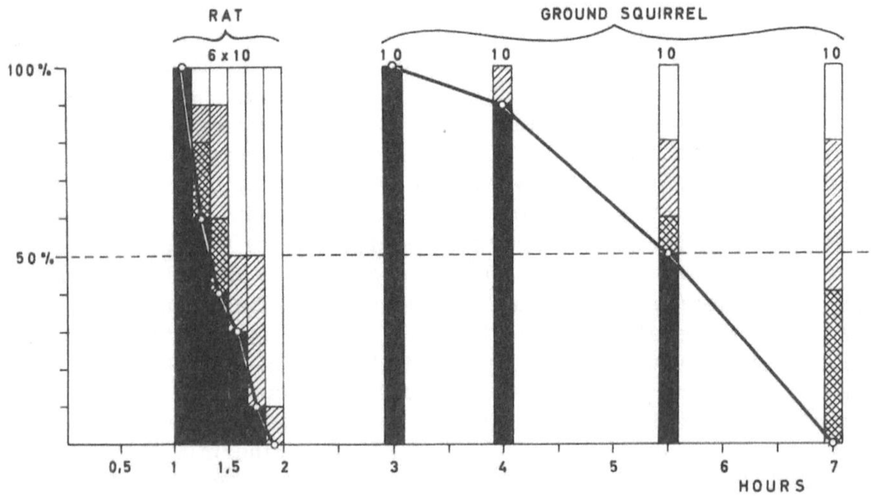

Fig. 9. Time limits of suspended animation (respiratory and circulatory arrest) in rats and ground squirrels at 0°C of body temperature. Full description in the text (from Andjus et al., 11)

closed vessel technique for inducing deep hypothermia in unanaesthetized animals, followed by further cooling to 0°C in crushed ice; localized microwave diathermy and excessive artificial respiration for reanimation). Revival is expressed on the basis of the percentage of long-term survivors (black portions of the bars) among animals subjected to the standard reanimation procedure, after different time intervals spent in suspended animation at 0°C body temperature with complete cardiac arrest. There were 10 animals in each group. The differently-shaded portions of the bars represent the percentage of animals which died at different intervals after they had been temporarily reanimated, while the remaining white portions show the percentage of animals which failed to revive. All the rats tolerated 60-70 minutes of suspended animation at

0°C. The percentage of long-term survivors fell as suspended animation was prolonged; none survived after 2 hours. Ground squirrels, however, tolerated much longer periods of heart arrest at 0°C : 100 % of them revived completely after 3 hours and 50 % after 5.5 hours (11).

We have also shown that the capacity of tolerating suspended animation can be enhanced by repeated coolings and reanimations. Rats and ground squirrels which have previously been cooled to 0°C and subsequently reanimated 4 to 6 times, have been successfully revived after 2 and 7 hours respectively of suspended animation at 0°C. The latter period presents the longest duration of anoxia or reversible respiratory and cardiac arrest which has so far been found to be tolerated by an adult mammal.

The marked difference in tolerance to cold-induced suspended animation between the rat and the ground squirrel, a non-hibernator and hibernator respectively, have been correlated with data on some characteristics of their brain metabolism under anoxic conditions. Only data concerning brain lactic acid will be mentioned here.

After the interruption of lung ventilation by means of tracheal occlusion at 15° body temperature, the increasing concentration of brain lactic acid in the rat levels out after reaching about 15 mM/kg 15 - 20 minutes after the last respiratory movement. In the ground squirrel, in contrast, the concentration of brain lactic acid continues to increase and reaches much higher values. Much the same is observed at 0°C body temperature, under the conditions of cold-induced cardiac and respiratory arrest : in the rat the peak brain lactic acid concentration is recorded after 1 - 2 hours of suspended animation, while in the ground squirrel it continues to increase even after 5 hours at 0°C (Fig. 10). These data, along with other (11, make it possible to ascribe, at least partially, the greatly increased tolerance to anoxia in the artifically-cooled hibernator to a better utilization of anaerobic processes, at least in the brain.

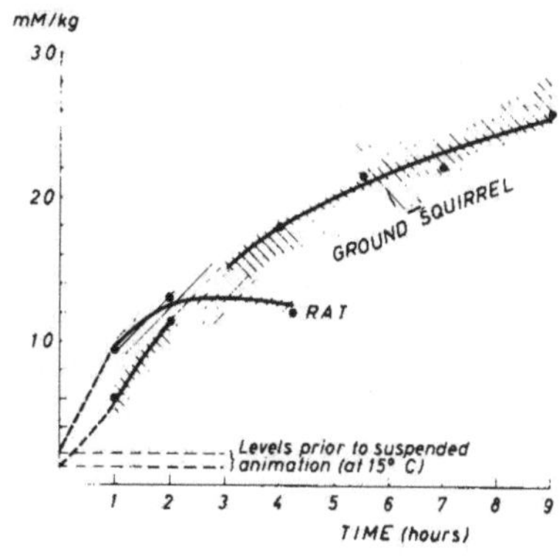

Fig. 10. Brain lactic acid in the rat and the ground squirrel maintained at 0°C body temperature (suspended animation). Time in hours. Values obtained at 15°C in spontaneously-breathing animals are taken as representing the initial level at time zero (preceding the changes provoked by cooling to and maintaining at 0°C body temperature). Each point is a mean from experiments on 5 animals and the shaded areas show the amplitude of individual variations (from Andjus et al., 11)

Factors which limit the tolerable duration of suspended animation are still poorly defined. Tissue anoxia may not be the only limiting factor. Time limits do not show a clear relationship to body temperature in the range of suspended animation, and factors such as blood oxygen do not seem to be critical (2). It may well be that at these low body temperatures survival becomes influenced by some qualitatively new changes even in the absence of freezing. A net loss of potassium from certain tissues has been observed precisely at temperatures in the range of cold-induced suspended animation (28), and disturbances of enzyme system and of the distribution of lipids were mentioned as possible limiting factors. Experimental evidence exists for a detrimental effect of prolonged low temperatures on isolated organs : two hours at + 10° prevent the recovery of the normal electrical activity of the continuously-perfused brain of the cat (22).

The temperature limits of tolerable suspended animation are situated between -6 and -8°C body temperature. These are actually the lowest central body temperatures which can be reached, by means of special supercooling procedures, without eliciting lethal crystallization in animal tissues. Further cooling inevitalby provokes freezing, signaled by a spontaneous and sudden rise of body temperature towards the level of the freezing point (about -0, 6°C) due to the liberation of the latent heat of crystallization. In non-hibernators ice formation in the tissues sets the limits of tolerance. In a hibernator, the golden hamster, even partial freezing of the body can be tolerated, but temperatures lower than the mentioned limits cannot be achieved without total and consequently lethal freezing (27). Adult rats have been successfully revived after their body temperature has been kept between 0 and -6°C for periods up to 40 minutes (6). However, tolerable time limits remain to be determined with precision for these temperature levels characterized by supercooling.

It must be stressed on the other hand that there is a mutual interdependence between time and temperature limits of suspended animation which becomes of increasing importance precisely at these very low levels of body temperature and especially when animals of larger body size are involved. The time necessary to reach these low body temperatures and to achieve total supercooding of the body may surpass the tolerable time limits of suspended animation. Since the speed of cooling is inversely proportional to the size of the cooled subject, this becomes of special importance in the case of larger animals, so that temperature levels which are not dangerous per se may be unattainable in practice.

Time and temperature limits were not determined with precision for other animal species. Nevertheless, we have demonstrated the possibility of reviving even monkeys from body temperatures between 6 and 0°C after one hour of suspended animation (7, 8). The same period of suspended animation, at body temperatures below 10° has been recently proved to be tolerated by man himself (25).

It has been suggested that the state of reversible suspended animation at near zero body temperature should be exploited in the efforts to conquer outer space. It is not our intention to speculate along these lines, although the greatly-increased resistance of this physiological state to such factors as oxygen lack or ionizing radiation has been amply proved and although automatic and teleguided systems of reanimation can be envisaged. It has also been shown that deep hypothermia may afford protection against acceleration hazards and special space flight situations may be imagined in which "internal cold" could display its advantages. On the other hand, however, cold-induced supended animation in some other species, especially the micro-organisms, can be fully realized at lower, and consequently more protective, temperatures already exist or can readily be worked out on the basis of present knowledge of the possibilities of chemical protection against lethal effects of freezing. It is not difficult to imagine the usefulness of a state of suspended animation in such organisms, at temperatures in the vicinity of absolute zero. This would virtually stop all life processes at the molecular level, but create anabiotic conditions whose reversibility is practically unlimited in time: practically it would abolish all metabolic needs and practically eliminate all risks of deterioration due to temperature-dependent, life-endangering processes.

This however brings us to a different field of cold-induced protection and cold tolerance limits.

References

1. E.F. Adolph, Oxygen Consumption of Hypothermic Rats and Acclimatization to Cold. Amer. J. Physiol. 161, 359-373 (1950).
2. E. F. Adolph, S. Klem, and L. B. Morrow, Reversible Cessation of Blood Circulation in Deep Hypothermia. J. Appl. Physiol. 13, 397 - 406 (1958).
3. R. K. Andjus, L'application de l'anesthésie hypoxique en hypophysectomie. Arch. Biol. Sci., Belgrade, 2, 19 - 31 (1950).
4. R. K. Andjus, Sur la possibilité de ranimer le Rat adulte refroidi jusqu'à proximité du point de congélation. C. R. Acad. Sci., Paris, 232, 1591 - 1593 (1951).
5. R. K. Andjus, Prilozi fiziologiji eksperimentalne hipotermije. D. Sc. Thesis, University of Belgrade, 1953.
6. R. K. Andjus, Suspended Animation in Cooled, Supercooled and Frozen Rats. J. Physiol. 128, 547 - 556 (1955).
7. R. K. Andjus, see Fig. 101, p. 246, in: Cold Injury, Transactions of the Fourth Conference, Josiah Macy, Jr., Found. New York, N.Y., 1955.
8. R. K. Andjus, Closed Container Cooling, and Observations on the Physiology of Cooling and Resuscitation. National Research Council, U.S. National Academy of Sciences, Publ. 451, 129 - 143 (1956).
9. R. K. Andjus, Internal Cold: Protective Effects, Cold Death and Reanimation. Proceedings of the 10th International Congress of Refrigeration - Progress in Refrigeration, Vol. 1, pp. 477 - 501. Oxford: Pergamon Press, 1960.
   Full text in Arch. Biol. Sci., Belgrade, 13 (1-2), 85-132 (1961).
10. R. K. Andjus, and Saveta Batinić, Eksperimentalni hipertireoidizam i smrtonosna depresija kiseonika. Glas, Serbian Acad. Sci., Belgrade, 200, 189 - 197 (1951).
11. R. K. Andjus, T. Cirković, Nadežda Čuperlović, J. Davidović, Vukosava Marković-Usković, and T. Velimirović, Brain Metabolism and Resistance of a Hibernator (Citellus citellus) and the Rat to Different Anoxic Conditions, Including Cardiac Arrest in Deep Hypothermia. International Symposium on Natural Hibernation in Mammals, Helsinki, 1962 (to be published by the Finnish Academy of Science).

12. R.K. Andjus and J.Davidović, Deep Body Cooling of Unanaesthetized Dogs by Hypoxia : Electrocardiographic Changes (a Summary). Symposium on Hypothermia, XV International Congress of Military Medicine and Pharmacy (Belgrade, 1957) Publ., p. 231, 1959.
13. R.K. Andjus and J.E. Lovelock, Reanimation of Rats from Body Temperatures between 0 and 1°C by Microwave Diathermy. J. Physiol. 128, 541 - 546 (1955).
14. J. Giaja, Sur le rôle de défence de l'hypothermie asphyxique. C.R. Acad. Sci., Paris, 225, 436 - 437 (1947).
15. J. Giaja, Hypothermie, hibernation et poikilothermie expérimentale. Biol. méd., Paris, 42, 545 - 580 (1953).
16. J. Giaja, and R.K. Andjus, Sur l'emploi de l'anesthésie hypoxique en physiologie opératoire. C. R. Acad. Sci., Paris, 229, 1170 - 1172 (1949).
17. J. Giaja, and S. Gelineo, Physiologie comparée. Sur la résistance de quelques homéothermes aux basses températures. C.R. Acad. Sci., Paris, 200, 2115 - 2116 (1935).
18. J. Giaja, and L. Marković, Sur le rapport entre la tension et la consommation de l'oxygène chez les homéothermies. Le baroquotient. Glas, Serbian Acad. Sci., Belgrade, 189 (95-3), 1-34 (1946).
19. J. Giaja and L. Marković, Odnosi izmedju napona kiseonika, intenziteta oksidovanja i telesne temperature. Glas, Serbian Acad. Sci., Belgrade, 192, 211-218 (1949).
20. J. Giaja and L. Marković, L'hypothermie et la toxicité du gaz carbonique. C.R. Acad. Sci., Paris, 236, 2437 (1953).
21. H. Hirsch, A. Bolte, A. Schading and D. Tönnis, Über die Wiederbelebung des Gehirns bei Hypothermie. Pflügers Arch. 256, 328 - 336 (1957).
22. H. Hirsch, K.H. Euler, and M. Schneider, Über die Erholung des Gehirns nach kompletter Ischämie bei Hypothermie. Pflügers Arch. 265, 314 - 327 (1957).
23. C. Kayser, L'hibernation des mammifères. Année biol. 29, 109 - 150 (1953).
24. P. Martinović and J. Giaja, Hypophysectomie et thermorégulation. Bull. Acad. Serbe Sci., Belgrade, 1, 125 - 128 (1950).
25. S.A. Niazi and F.J. Lewis, Profound Hypothermia in Man. Report of a Case. Ann. Surg. 147, 264 - 266 (1958).
26. L.L. Shik and K.A. Sergeeva, Analiz vlijanija gipotermii na vinoslivost dihatelnogo centra k kislorodnomu golodaniju. Akad. Med. nauk, III vsesojuzn. konf. patofiziol. (tezisi dokladov), Moscow 1960, p. 182 (and personal communication).
27. Audrey U. Smith, Problems in the Resuscitation of Mammals from Body Temperatures below 0°C. Proc. Roy. Soc. 147, 533 - 544 (1957).
28. I. M. Taylor, The Effect of Low Temperatures upon intracellular Potassium in Isolated Tissues. National Research Council U. S., National Academy of Science, Publ. 149, 449 - 464 (1956).
29. R. Werz, Sauerstoffmangel als Ursache des Kältetodes. Arch. exper. Pathol. u. Pharmakol. 202, 561 - 593 (1943).

Discussion

Flickinger : Have you done any work on the tolerance of dogs to convulsion - producing drugs during exposure to reduced barometric pressure and reduced internal temperatures ?

Andjus : No.

Chernigovsky : Dr. Andjus, you have a great experience in this field. Would you care to give us your opinion on the possibility or rationale of placing part of the crew in a state of "suspended animation" during future interplanetary flights ?

Andjus : I would rather not speculate on these lines. The reversible states of "suspended animation" or "clinical death" which we are so far able to induce by deep cooling of mammalian organism are very limited in time from a cosmonaut viewpoint, even if the safe time limits may indeed by very satisfactory from the surgeon's standpoint. On the other hand, however, cold-induced suspended animation in some of the accompanying lower organisms, especially microorganisms, can be envisaged with more realism at the present time, especially since reversible cooling of such organisms to much lower - and consequently more protective - temperature levels already exist or can readily be worked out on the basis of present knowledge.

Luft : Being familar with Professor Andjus' work on renal function during hypothermia, I would like to ask you if you have made any observations on the combined effects of hypoxia and hypothermia on renal function.

Andjus : We have not studied the combined effects on hypoxia and low body temperature at the renal level. However, some renal parameters (urine output, sodium retention) were studied in the recovery phase after reanimation from temperature levels which are inevitably linked to tissue anoxia (between +5 and 0° C body temperature; Andjus and Morel, 1953).

Mayo : Would you comment on the potential survival time of microorganisms in suspended animation ?

Andjus : At temperatures near absolute zero all processes at the molecular level are virtually arrested so that suspended animation at these temperature levels becomes practically unlimited in time. By and large, there will be no metabolic needs, nor any risk of deterioration through temperature-dependent processes otherwise potentially capable of endangering the life of microorganisms.

Pace : Would you expect that a native high-altitude hibernator would exhibit better survival after exposure to 0°C body temperature than the sea-level natuve hibernator ?

Andjus : Our recent studies on hibernators' brain metabolism under hypoxic conditions show that these animals exhibit higher levels of anaerobic metabolism than do non-hibernators as evidenced by the very high lactic acid levels reached during anoxia. The difference between the rat as a non-hibernator and the ground squirrel as a typical hibernator is so great, that it is difficult to expect that adaptation to high altitude would add much to the difference.

THERMAL HOMOIOSTASIS UNDER HYPOXIA IN MAN

T. P. K. Lim and U. C. Luft
Lovelace Foundation for Medical Education and Research
Albuquerque, New Mexico, U.S.A.

(With 9 Figures)

Abstract

The complex regulatory mechanisms involved in maintaining optimal thermal conditions for the vital functions in the homoiothermic organism provide functional integrity over a limited range of variation in the temperature of the environment. These adaptations to thermal stress are mediated by humoral and neural pathways which are known to be susceptible to oxygen deprivation. Moreover, certain physiological responses elicited by heat or cold may be in conflict with others engaged to counteract hypoxia and vice versa. Human subjects were exposed to cold (4°C RH 30 %), warm (40.5°C RH 80 %) and neutral (27°C RH 30 %) environmental conditions for two hours while breathing gas mixtures simulating an altitude of 6000 m (inspired P_{O2} : 65 mm Hg and for a control period of the same duration breathing air. In the cold, no difference was observed in the course of skin temperature between the hypoxic and eupoxic tests. Core temperatures were maintained constant in the presence of vigorous shivering whereby metabolic rate was increased 2 to 3 fold. In the warm environment, the core temperatures (rectal and gastric) were consistently higher with oxygen lack than in the controls, but the rate of increase in temperature was the same. At the end of the tests rectal temperature was an average 39°C. The effects of combined thermal and hypoxic stress on cardiovascular and respiratory activity appeared to be additive. Subsequently, similar experiments were performed on lightly anesthetized dogs where hypoxia of a more severe degree (inspired P_{O2} : 52, 41 and 29 mm Hg) was employed. In these animals hypoxia invariably inhibited or entirely suppressed shivering and in the cold they suffered a more rapid fall of mean body temperature under hypoxia than on air. Experiments in which a normal partial pressure of CO_2 was maintained by partial rebreathing suggest that hypocapnia may contribute to the suppression of shivering in the cold. During the exposure to heat there was a marked facilitation of panting under hypoxia, giving rise to extreme hyperpnea with hypocapnia. The animals were sacrificed in hypoxia by progressive rebreathing to determine the critical oxygen tension. Under heat stress the animals succumbed at significantly higher oxygen tensions than in the cold or neutral environment. This may be due to the compound stress of heat, hypoxia and hypocapnia.

L'homéostasie thermique pendant l'hypoxie. Les mécanismes complexes régulatoires impliqués dans le maintien des conditions thermiques optimales pour les fonctions vitales dans l'organisme homéothermique procurent une intégrité fonctionnelle sur une échelle limitée de variation des températures ambinates. Ces adaptations au stress thermique sont réalisées par des itinéraires humoraux et nerveux que l'on sait sensibles au manque d'oxygène. De plus, certaines réactions physiologiques mises en lumière par la chaleur ou le froid peuvent être en contradiction avec d'autres tentées pour combattre l'hypoxie et vice-versa. Des sujets humains ont été exposés à des tests de températures ambiantes froide (4°C, humidité relative 30 %) chaude (40, 5°C, humidité relative 80 %) et normale (27° C humidité relative 30 %) pendant 2 heures respirant un mélange de gaz, simulant une altitude de 6000 m (PO_2 inspiré 65 mm Hg) et ensuite respirant de l'air pendant une période de contrôle de même durée. Au froid, aucune différence n'a été observée en ce qui concerne la température de la peau entre les tests d'hypoxie et d'eupoxie. Les températures internes demeurèrent constantes avec de nombreux frissons augmentant le métabolisme de 2 ou 3 fois. Au chaud, les températures internes (rectale et gastrique) furent constamment plus élevées lors de manque d'oxygène que durant les contrôles, mais le taux d'augmentation de température fut le même. A la fin des tests, la température rectale était d'environ 39°C. Les effets des stress thermiques et hypoxiques combinés sur les activités cardiovasculaire et respiratoire semblent être additionnels. Par la suite, des expériences semblables furent pratiquées sur des chiens légèrement anesthésiés, une hypoxie beaucoup plus grave fut provoquée (P_{O_2} inspiré : 52, 41 et 29 mm Hg). Chez ces animaux, l'hypoxie inhibait invariablement ou supprimait entièrement le tremblement, et en température froide, leur température interne baissait beaucoup plus rapidement en cas d'hypoxie qu'en respirant de l'air. Des expériences dans lesquelles une pression partielle normale de CO_2 était établie par un "rebreathing" partiel, suggèrent que l'hypocapné peut contribuer à la suppression des tremblements au froid. Lors de l' exposition à la chaleur, il y eut nettement plus d' halètements durant l' hypoxie, faisant entièrement monter l'hyperpnée avec l'hypocapnie. Les animaux furent sacrifiés en hypoxie par un "rebreathing" progressif pour déterminer la pression critique d'oxygène. Sous le stress de la chaleur, les animaux succombèrent à des pressions d'oxygène nettement plus hautes qu'en milieu froid ou tempéré. Ceci peut être dû à l'ensemble des "stress" de la chaleur, de l'hypoxie et de l'hypocapnie.

Тепловой гомеостазис при гипоксии. Сложные регулирующие механизмы, участвующие в поддержании оптимальных для жизненных функций гомеотермого организма тепловых условий, создают функциональную устойчивость в пределах небольшого изменения температуры среды. Эта адаптация к термическому напряжению регулируется гуморальными и нервными путями, которые, как известно, чувствительны к недостатку кислорода. Кроме того, некоторые физиологические реакции, вызванные теплом или холодом, могут быть в конфликте с другими реакциями, противодействующими явлениям гипоксии и наоборот. Подопытные лица подвергались холодным (4 °С, относ.влаж. 30 % теплым (40,5 °С, относ.влаж.80 %) и нейтральным (21 °С, относ. влаж. 30 % условиям среды, вдыхая в течение двух часов газовую смесь, симулирующую высоту 6000 м (вдыхаемый P_{O2}: 65 мм ртутного столба), а в течение контрольного периода такой же длительности, вдыхая воздух. В холодной среде разницы в ходе температуры кожи между гипоксическим и эвпоксическим состояниями не наблюдалось. Внутренние температуры сохранялись постоянными при наличии сильной дрожи, в результате чего уровень обмена веществ повысился в 2-3 раза. В теплой среде внутренние температуры (ректальная и желудочная) были при недостатке кислорода постоянно выше, чем в контрольные периоды, но степень повышения температуры была одинаковой. В конце испытаний ректальная температура равнялась в среднем 39 °С. Воздействие одновременного теплового и гипоксического напряжения на сердечно-сосудистую дыхательную деятельность представляется аддитивным. Затем аналогичные опыты были проведены на слегка анастезированных собаках, с применением более высокой гипоксии (вдыхаемый P_{O2}: 52,41 и 29 мм ртутного столба). У этих животных гипоксия неизменно тормозила или полностью подавляла дрожь и на холоде средняя температура тела падала при гипоксии быстрее чем на воздухе. Опыты, во время которых нормальное частичное давление CO_2 поддерживалось при помощи частичного вдыхания того же воздуха, показывает, что гипокапния может способствовать подавлению дрожи на холоде. В тепле, гипоксия заметно способстовала дыханию, причем возникала крайняя гиперпнея с гипокапнией. Животные забивались в гипоксии путем дальнейшего вдыхания того же воздуха в целях определения критического давления кислорода. При тепловом напряжении животные погибали при значительно более высоком давлении кислорода, чем в холодной или нейтральной среде. Это могло быть вызвано совместным влиянием тепла, гипоксии и гипокапнии.

Introduction

The decisive evolutionary step from the poikilotherm to the homeotherm organism at some remote phase in the history of our planet has provided a remarkable degree of freedom from the vicissitudes of the thermal environment. The complex compensatory mechanisms involved in maintaining optimal thermal conditions in the vital organs in the face of drastic changes in the surrounding medium have been the object of intensive physiological research in the field of biophysics, endocrinology, and neurophysiology recently reviewed by Hardy (6).

In general, any physiological adaptations to stress are apt to encroach upon the functional reserves of an organism, thereby limiting the available resources for compensation when confronted with emergencies of another nature. A typical example of this is the limitation of physical work capacity under conditions of high temperature and humidity, or the reduced tolerance to a cold environment under conditions of malnutrition and fatigue. However, the combined influences of different types of stress need not necessarily be adverse in their effect on vital resources. Thus, the induction of profound hypothermia associated with reduced metabolic rate can be of certain benefit when vital organs, such as the brain and the heart, are subjected to acute ischemic hypoxia during surgery or when minimal blood supply is jeopardized by shock or trauma.

Current endeavors to extend the range of human activities beyond the confines of the earth's atmosphere into space and possibly toward other celestial bodies has led us to consider more closely various situations of combined environmental stress which might arise in certain phases of space flight either in or outside a space vehicle. One of these is the simultaneous exposure to oxygen deprivation in the presence of environmental temperatures at the margin of physiological tolerance.

In considering any biological phenomena associated with reduced barometric pressure it is usually rewarding to consult the classical studies of the eminent French Physiologist, Paul Bert, as compiled in his monumental work "La Pression Barométrique" (2). In 1878, Bert reported a considerable reduction in body temperature of small animals when exposed to low atmospheric pressure. Later Behague (1) confirmed this phenomenon and demonstrated that it was absent when the partial pressure of oxygen was maintained at a normal level. Since then, more evidence has accumulated that small mammals tend to revert to a poikilotherm state when exposed to low oxygen and that this susceptibility of thermoregulation to hypoxia is inversely proportional to the size of the animal (4). So far, the results of investigations in man on the interaction of thermal and hypoxic stress have been quite conflicting. These discrepancies, which will be discussed later, are in part due to differences in the severity and duration of the experimental conditions.

Procedure

In the choice of experimental conditions we were intent upon obtaining repeated observations over a period of two hours so as to establish a respiratory steady state and allow ample time for thermal accommodation- This obviously limited the choice of both thermal and hypoxic levels. For the cold test the temperature was controlled at 4°C and 30 per cent RH and at 40.5°C with 80 per cent humidity for the arm environment. Each subject was exposed to the cold and warm environment for two hours on two different occasions. On one of these the subjects breathed air, and on another a mixture providing a partial pressure of inspired oxygen of 65 mm Hg which is equivalent to an altitude of approximately 6000 m (19,500 ft). Control experiments were run for the same duration at 27°C with and without hypoxia. The five test subjects, investigators and members of the staff, were healthy males between 26 and 50 years of age who had lived in Albuquerque for at least 6 months and were, therefore, accustomed to a warm, dry climate at an elevation of 1700 m (5,300 ft).

The subjects were in the supine position throughout the test suspended in a nylon net hammock and wearing swimming trunks. Under these conditions heat exchange at the body surface was reasonably uniform.

The climatic cabinet of approximately 2.5 m^3 volume consisted of double walled varnished plywood with insulating material in the interspace. Temperatures in the box could be regulated within 1°C between 0° and 50°C. The temperature in the box was brought to the desired level several hours before each test so that the inside walls were at an equilibrium with the air. Humidity in the cabinet could be readily controlled since the respiratory measuring system involved breathing in a closed circuit leading outside the box. This circuit served several purposes (Fig. 1). First, it permitted the measurement and analysis of expired air for indirect calorimetry, and second, hypoxia was induced by closing the stopcocks "c" and "g" so that the expired air circulated through a large mixing bottle (h) to a continuous CO_2 analyzer, thence to a CO_2 absorbing cartridge and from there to a 9-liter spirometer (m). An aliquot of the gas inspired from the spirometer passes through a paramagnetic O_2 analyzer, via a small pump, before entering the temperature chamber to the subject's mouthpiece. As the subject rebreathes in this closed system the oxygen content of the inspired gas falls according to the individual's O_2 consumption, thus gradually creating oxygen deficiency. While the partial pressure of oxygen is continually monitored at the analyzer (a), pure oxygen is introduced in measured amounts by a needle valve (k) from an auxiliary spirometer (j) at the time when the desired level of oxygen pressure is reached (65 mm Hg). Subsequently, oxygen is added to match metabolic requirements and maintain an equilibrium in the system. The partial pressure of oxygen was maintained with ± 3 mm Hg by manual control. Heart rate was monitored from frequent electrocardiographic recordings and blood pressure measured at regular intervals by the Korotkov method.

Skin temperatures were recorded throughout by Copper - Constantan (30 gauge) Thermocouples at 7 different locations. Mean skin temperatures were calculated according to the procedure of Hardy and DuBois (7). Thermocouples were also placed 10 cm into the rectum and in several instances in the thoracic esophagus for mean core temperatures. In calculating the thermal balance, heat production was estimated from the O_2 consumption and respiratory quotient according to Weir's formula (12). Heat loss or storage was derived from the rate of change of mean temperature $\Delta Tb/dt$, the body mass (M, kg) and surface area (S, m^2), taking the specific heat of the human body (s) as 0.83.

$$\text{Heat Loss} = \frac{M \cdot s}{S} \cdot \frac{dT_b}{dt}$$

in kcal / kg / hr

Mean body temperature was estimated as mean rectal temperature x 0.64 plus mean skin temperature x 0.36.

Results

Hypoxia at room temperature (27°C) elicited the subjective symptoms of mild to moderate altitude sickness in all subjects, consisting of drowsiness and lethargy or euphoria. It was generally agreed that the discomforts of the cold exposure, for instance, painful sensations at the cold extremities in particular at the feet, were less acutely felt during hypoxia than in the control tests. Furthermore, the combination of heat and hypoxia was more stressful subjectively than cold during hypoxia. This was also apparent in an increasing restlessness as body temperature rose. Several of the subjects experienced headaches, malaise with rare incidences of vomiting for several hours after the tests, and a general feeling of fatigue. In the cold tests a marked diuresis was evident which was absent during the other tests.

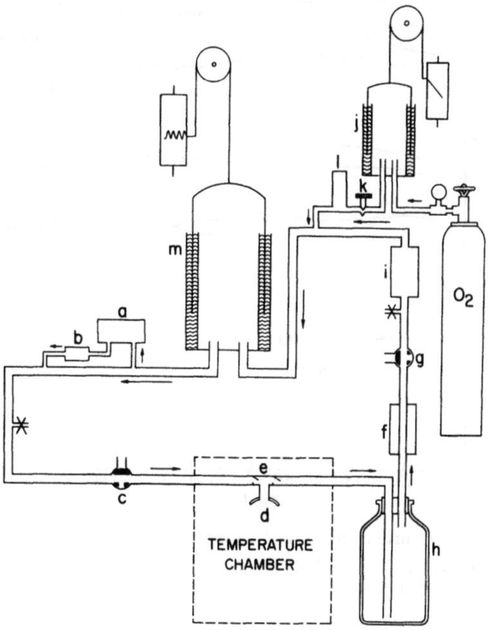

Fig. 1. Closed circuit for hypoxia by rebreathing designed to maintain any desired oxygen concentration by adding pure oxygen to match consumption.
a Beckman oxygen analyzer, b aqua pump, c threeway stopcock, d mouthpiece, e Collins valve, f Spinco carbon dioxide analyzer, g three-way stopcock, h carboy (5 liter capacity), i carbon dioxide absorber, j McKesson spirometer (4 liter capacity), k manual needle valve, l flow meter, m Collins spirometer (9 liter capacity)

Temperatures

During the test performed at 27°C with normal and reduced oxygen pressure, shown in Fig. 2, no remarkable changes or differences were noted in the rectal temperature or the peripheral temperature at the forehead, in the mean skin temperature on the trunk or at the foot.

A similar presentation for the series in cold environment (Fig. 3) shows drastic transients in the peripheral temperature, especially in the foot which had reached 11°C at the termination of the test. It was noted that the rectal temperatures were constant at a level several tenths of a degree higher than observed in the previous series. No significant differences were apparent between the hypoxic and control runs on room air.

In contrast to this, Fig. 4 reveals certain differences in the response to the hot environment during hypoxia. Whereas the course of rectal and peripheral temperatures is parallel in both cases, indicating a practically

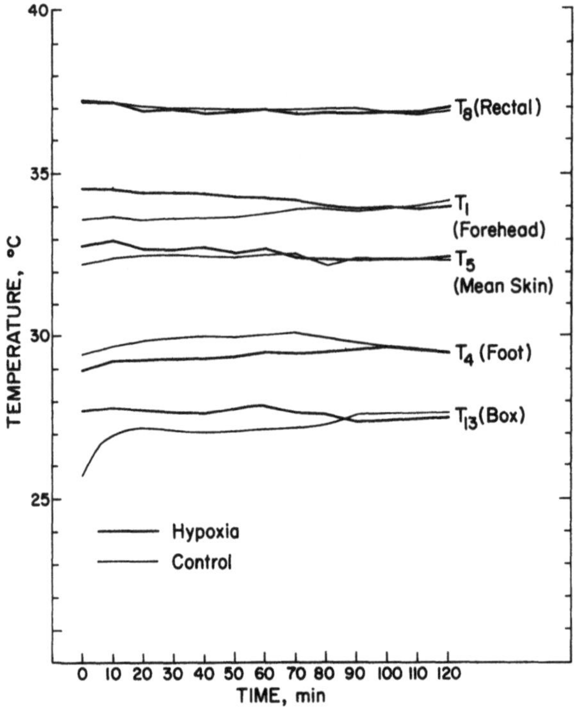

Fig. 2. Course of rectal and peripheral temperature in neutral environment (27.5° C, RH = 30 %, N = 5) with and without hypoxia (P_{IO_2} : 65 mm Hg)

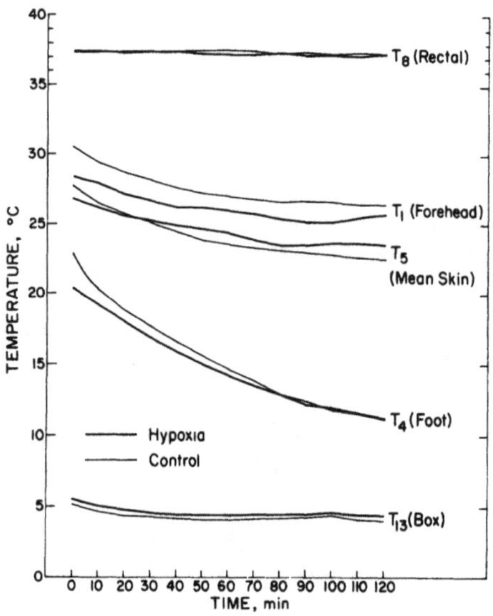

Fig. 3. Course of rectal and peripheral temperatures in a cold environment (4°C, RH = 30 %, N = 5) with and without hypoxia as in Fig. 2

linear and uniform rise in average body temperature, the values measured during hypoxia were consistently higher than in the controls even in the first measurement at low oxygen. In the rectal temperatures, the difference of 0.3°C was statistically highly significant ($p < .01$).

The measurement of gas exchange at regular intervals during these tests provided a means of comparing metabolic rate under 3 different thermal conditions, each with and without hypoxia corresponding to an altitude of 6000 m (19,500 ft) (Fig. 5). Observing the shaded columns in the diagram which indicate metabolic rate derived from O_2 consumption, it is apparent that hypoxia was associated with a slightly higher metabolic rate in all three thermal conditions. However, the difference in mean values was less than 10 per cent and a statistical group comparison did not reveal any significance here. The parallel open columns signify heat loss, as defined earlier, and are paired with heat production to demonstrate the state of heat balance in each instance. The first group at 27°C shows a slightly negative thermal balance indicating that this environment was below the so-called "indifferent temperature" for our unclothed subjects. At 4°C there is a major heat deficit whereby the heat production stays far short of heat loss in spite of violent shivering which increased the metabolic rate to 250 per cent of the value measured at 27°C. During hypoxia the average heat deficit was actually somewhat less than in the controls, both by virtue of a higher heat production and lower heat loss. This difference was not confirmed statistically. The same was true for the minor difference noted at 40.5°C between hypoxia and controls. In both instances, the heat dissipation fell short of heat production by 50 per cent even in the presence of pro-

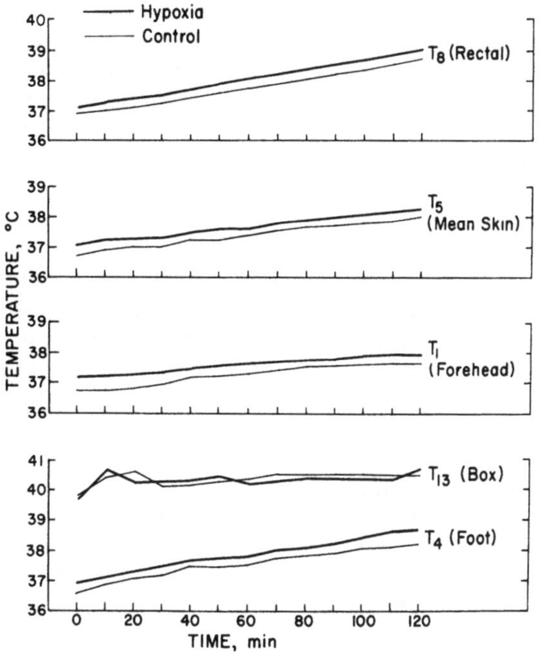

Fig. 4. Course of rectal and peripheral temperatures in a warm environment (40.5° C, RH = 80 %, N = 5) with and without hypoxia as in Fig. 2

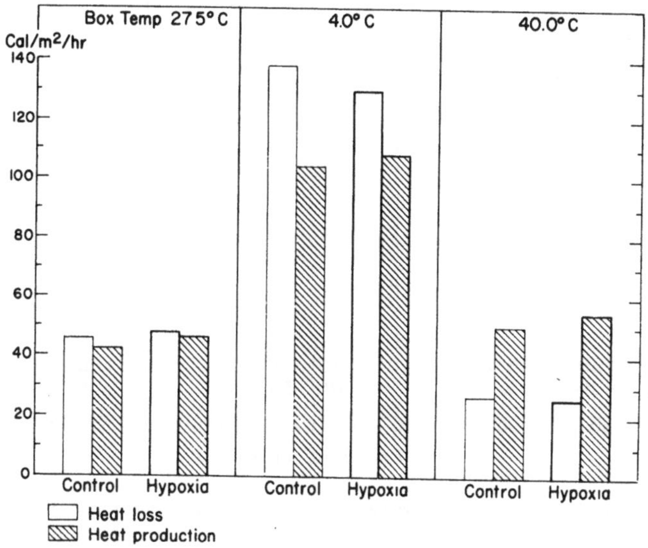

Fig. 5. Balance of heat production based on indirect calorimetry and heat loss calculated according to Hardy (7) in a neutral, cold, and warm environment with and without hypoxia

fuse, sustained sweating. This led to heat loading at the rate of approximately 25 kcal/m^2/hr. Fluid loss by evaporation could not be accurately measured during these experiments; however, weighing before and after the exposure to heat showed an average weight loss of 1.5 kg in two hours heat exposure and 1.3 kg when hypoxia was induced with the heat. This small difference may have been the result of slightly less evaporative cooling at the skin.

Respiration

In Fig. 6, pulmonary ventilation is compared under three different thermal conditions. At room temperature, ventilation was increased about 30 per cent during hypoxia. This was achieved entirely by a rise in tidal volume. In the cold environment, respiratory activity was further augmented due to the metabolic requirements of shivering and continued to rise during the period of exposure. The additional lack of oxygen boosted ventilation to an average of 33 liters/min toward the end of the exposure. The increment due to hypoxia again was close to 30 per cent of the control test indicating an additive effect of metabolic and hypoxic ventilatory drive. A similar relationship is apparent in the warm environment where there was a parallel rising tendency both on room air and in hypoxia associated with the rising body temperature as observed in

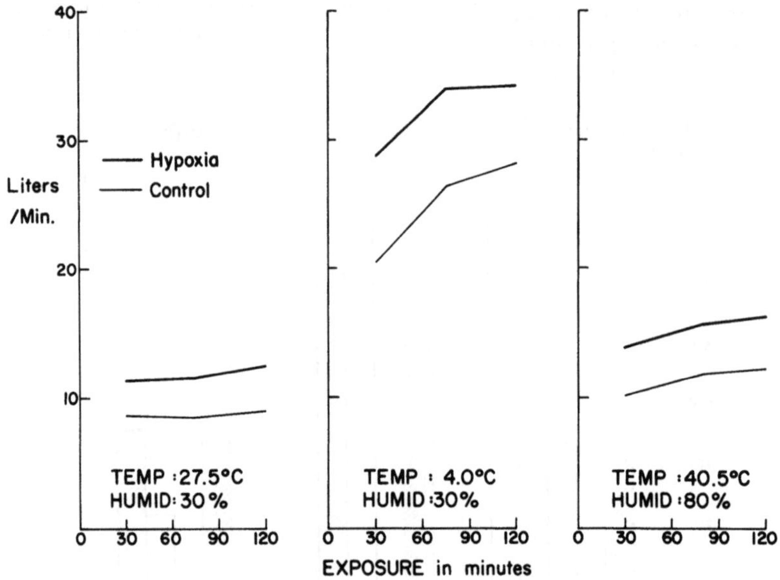

Fig. 6. Pulmonary ventilation for the same experimental conditions as in Fig. 5

pyrexia. During the tests on low oxygen, typical Cheyne-Stokes breathing was observed most frequently when combined with cold (Fig. 7).

Heart Rate

The heart rate is frequently used as a relatively crude yet reliable index of strain. Under the controlled conditions of our experiments it provided

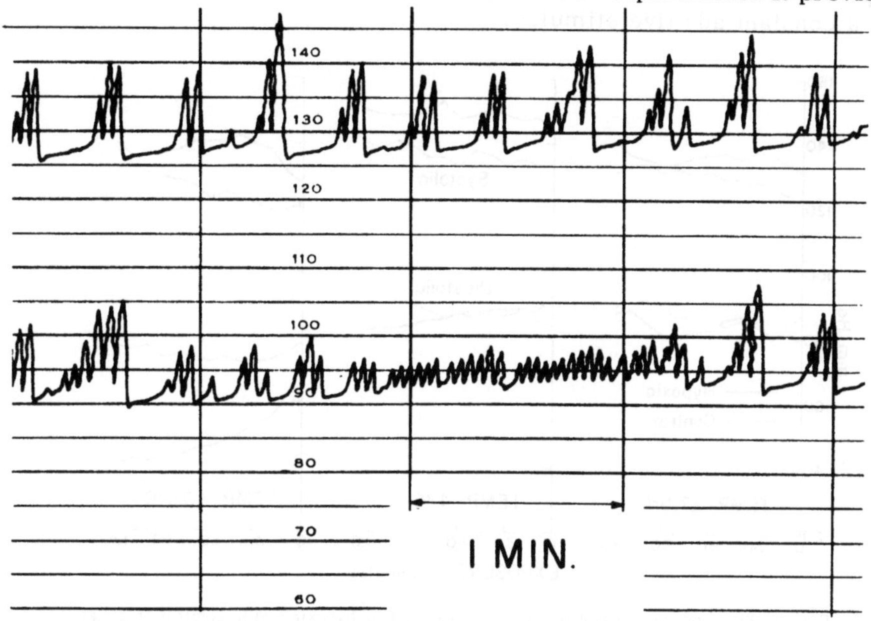

Fig. 7. Periodic breathing was observed most frequently in hypoxia combined with cold

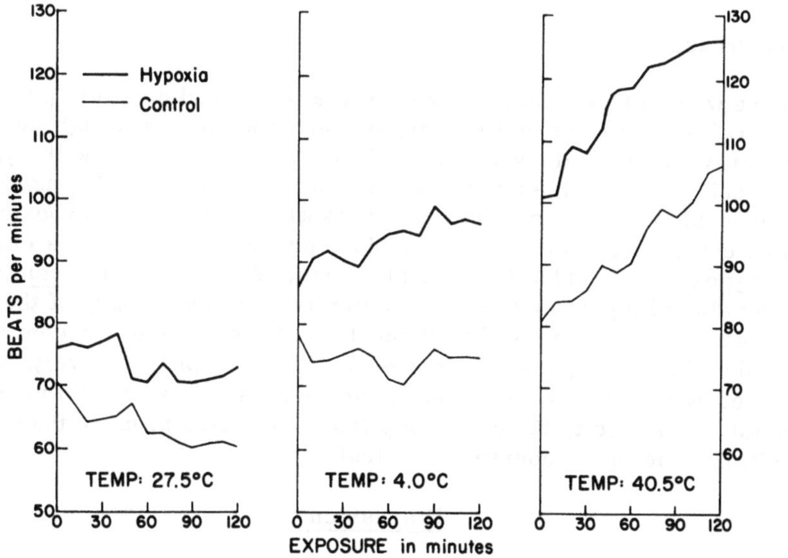

Fig. 8. The effect of hypoxia on the resting heart rate at different environmental temperatures

a remarkably consistent measure of the effects of single or compound stress. During the control tests (Fig. 8) the rate was approximately 10 beats higher in the cold than at 27.5°C, comparable to the effects of mild physical activity in a steady state. The heat exposure alone elicited a linear transient with an increase in heart rate of 25 heats in two hours. Hypoxia combined with each of these three conditions appears to contribute a constant additive stimulus.

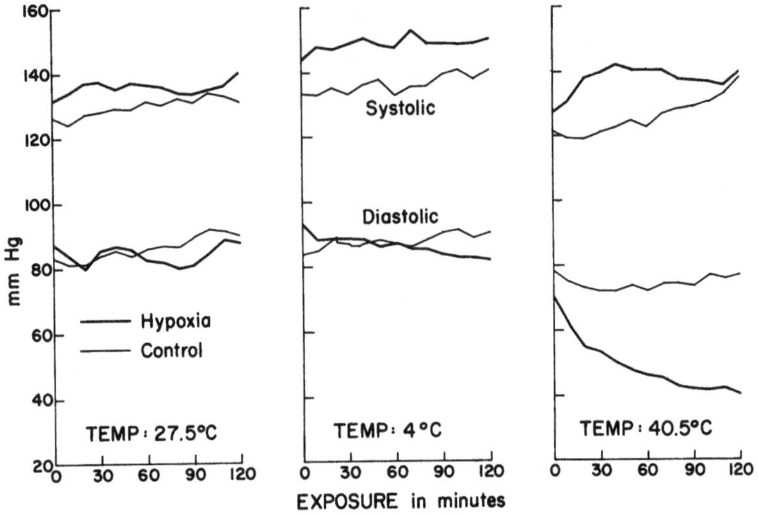

Fig. 9. Blood pressure at rest in supine position during hypoxia and in controls on air at different temperatures as in Fig. 8

Blood Pressure

There was no significant difference in systolic and diastolic pressures at neutral temperature between hypoxia and controls, although the graph (Fig. 9) would indicate a slightly higher pulse amplitude with hypoxia. In the cold, on the other hand, the systolic pressure, and consequently the mean blood pressure, was significantly higher in the hypoxic state with no change in the diastolic level. Much greater discrepancies emerged when hypoxia was added to the heat stress. While during the controls in heat the diastolic pressure was consistently lower than in any of the other conditions, it remained stable throughout the exposure. In contrast to this, the diastolic pressure proceeded to fall progressively in heat combined with hypoxia while the systolic pressure was held relatively constant. As a result, the pulse amplitude increased to more than double its initial value in the course of the test.

Discussion

In contrast to results obtained on anesthetized animals (10) our findings on healthy conscious men provide some evidence that the addition of hypoxia to cold stress need not disturb thermal equilibrium any more than cold alone; nor does sustained hypoxia under neutral environmental temperatures lead to marked changes in skin or rectal temperature. In comparing our results with those of Hülnhagen (8), who found a prompt and marked fall in rectal temperature under similar conditions of hypoxia and lower environmental temperatures, it should be noted that his subjects wore a woolen military uniform, whereas the subjects in this study were without clothing. On the other hand, the subjects of the previous study inhaled air or gas mixtures as low temperature, while our subjects breathed from a closed circuit, part of which was at room temperature (23°C) outside the chamber. Thus, the subjects in the present study probably suffered greater heat loss from the body surface, but less from the respiratory tract than in the other study. The observation made by Hülnhagen, that voluntory hyperventilation in the cold without hypoxia was also followed by a marked fall in rectal temperature, may be relevant in this connection. The results of Kottke et al. (9), whose subjects wore light clothing with protection of the extremities and head at 19°C while breathing a gas mixture providing an inspired oxygen tension of 71 mm Hg, also show a drop in rectal temperature associated with inhibition of shivering. In their experience the skin temperatures were higher during hypoxia than in the controls in cold alone. Brown et al. (3), on the other hand, who used an environmental temperature of 10°C on unclothed subjects, describes a slight loss in rectal temperature (0.8°C) at the end of 90 min with a P_{O_2} of 71 mm Hg, but the changes were no greater than after a similar period breathing air. The most drastic changes in rectal temperature during cold (5°C) and hypoxia (PO$_2$ 71 mm hg) have been reported by Frank and Wezler (5) who observed a drop of 1.3°C in the course of one hour on a single subject. A comparison of the metabolic rate measured in the cold during the present study with those cited above would indicate that our subjects shivered more vigorously and consistently than others. The energy production was, on the average, 2 to 3 times greater than at room temperature in all the cold tests regardless of whether they were with or without hypoxia. Whether this is a characteristic of individuals acclimatized to a relatively warm climate at an elevation of 5300 ft (1700 m) is open to conjecture. The absence of any relevant difference in the course of the skin temperature in the cold with and without hypoxia suggests that the latter did not interfere significantly with the circulatory adjustments to the cold. The changes in heart rate and blood pressure in the cold are commensurate with the concomitant increase in metabolic rate and hypoxic stimulation and do not reflect any abatement of peripheral vasoconstriction ascribed to hypoxia by other investigators. It would appear that the disturbing influence of moderately severe hypoxia on thermoregulation in man is less marked or absent in nude subjects where the peripheral receptors are more directly exposed to the environmental temperature as in the present study.

The uniformity of the rise in peripheral and deep body temperatures during the exposure to 40.5°C gives evidence of progressive heat loading under these experimental conditions where total heat loss was only half as great as the energy produced. The remarkable finding that the average rectal and skin temperatures were consistently higher during hypoxia in the heat may be explained by the slightly higher heat production due to discomfort and restlessness while the heat loss was no greater than in the controls. Probably, the limits of evaporative cooling by perspiration had been reached in both cases. The greater cardiovascular embarrassment associated with heat, combined with oxygen deficiency, is reflected in the behavior of heart rate and blood pressure. Most striking was the continuous increase in pulse pressure due to a decline in diastolic pressure in the presence of a relatively high systolic pressure. This phenomenon which must inevitably lead to circulatory failure has been described by Frank and Wezler (5) as the result of maximal peripheral vasodilatation toward which both the heat and hypoxia contribute. With almost complete loss of arterial vasomotor tone, the force of the blood pressure is sustained by the elastic elements of the vasculature leading to increased rigidity of the arterial system with a characteristic rise in pulse wave velocity and amplitude at the expense of the diastolic pressure (11). This chain of events, involving the summation of vasomotor mechanisms of thermal and hypoxic origin, must eventually reduce venous return to the heart and jeopardize cardiac output.

Subsequent experiments on animals in our laboratory (10) in which hypoxia tolerance was determined in hot and cold environments have confirmed the contention that the combined stress of oxygen deficiency with heat is more deleterious than with cold. The lethal threshold for dogs was reached at a higher inspired oxygen tension (P_{IO_2}: 30 mm Hg) when they were in an environment of 45°C than at room temperature or at 5°C when the critical oxygen tension was 20 and 19 mm Hg, respectively.

References

1. P. Behague, N. Garsaux, and F. C. Richets, Modifications thermiques observées sur le Lapin, soumis à la dépression atmosphérique. Compt. Rend. Soc. Biol. 96, 766 (1927).
2. P. Bert, La Pression Barométrique. Recherches de Physiologie Experimentale. Paris : Masson, 1878.
3. A. L. Brown, G. F. Vawter, and J. P. Marbarger, Temperature Changes in Human Subjects During Exposure to Lowered Oxygen Tension in a Cool Environment. J. Aviat. Med. 23, 456-463 (1952).
4. H. W. Denzer, Comparative Altitude Physiology of Animals. In : German Aviation Medicine World War II, Vol. 1, p. 344, Washington, D.C.: U.S. Government Printing Office, 1950.
5. E. Frank, and K. Wezler, Physikalische Wärmeregulation gegen Kälte und Hitze im Sauerstoffmangel. Pflügers Arch. 250, 598-622 (1948).
6. J. D. Hardy, Physiology of Temperature Regulation. Physiol. Rev. 41, 521-606 (1961).
7. J. D. Hardy, and E. F. DuBois, The Technique of Measuring Radiation and Convection. J. Nutr. 15, 461-475 (1938).
8. O. Hülnhagen, Über Störungen der Wärmeregulation im akuten O_2-Mangel bei Kältebelastung. Luftfahrtmed. 9, 16-25 (1944).
9. F. J. Kottke, J. S. Phalen, C. P. Taylor, M. B. Visscher, and G. T. Evans, Effect of Hypoxia upon Temperature Regulation of Mice, Dogs, and Man. Amer. J. Physiol. 153, 10-15 (1948).

10. T.P.K. Lim, and U.C. Luft, Thermal and Cardiopulmonary Response to Induced Hypoxia. (To be published).
11. R. Thauer, and K. Wezler, Kreislauf und Gaswechsel des Menschen bei verschiedenen Außentemperaturen. Luftfahrtmed. 7, 237-259 (1943).
12. J.B. Weir, New Methods for Calculating Metabolic Rate with Special Reference to Protein Metabolism. J. Physiol. 109, 1-9 (1949).

Discussion

Pace : Have you performed any experiments with pre-exposure to hypoxia for a few hours before varying the ambient temperatures - because of the steep transients involved on acute exposure to hypoxia ?

Luft : Yes, the time factor is very important and I agree that this would be a very interesting thing to do. We had to compromize. The two-hours stretch at 6.000 m with 60-65 mm O_2 partial pressure is, I think, enough for a completely unacclimatized individual, so that if we are going to do such experiments as you suggest I believe we would have to choose a higher O_2 tension, at least 70-75 mm Hg.

Andjus : Do you have any data on the O_2 consumption in the post-hypoxic period under different thermal conditions; are there any signs of "oxygen debt"?

Luft : In the dogs that were exposed to hypothermia and hypoxia, the O_2 consumption rose to a level above the controls when they were returned to normal O_2 tension. I would not venture to interprete this as indicating an oxygen debt.

THE FUTURE OF ENVIRONMENTAL BIOLOGY AND THE CONTRIBUTION OF SPACE RESEARCH

O. E. Reynolds
Director, Bioscience Programs, NASA, Washington, D.C., U.S.A.

(With 3 Figures)

Abstract

The study of living organisms removed from terrestrial influences, such as gravitational and magnetic fields and diurnal and other periodic influences, becomes possible with present space technology. For the first time, the role of these environmental conditions in the evolution, physiology and behavior of earth organisms can be evaluated by an imaginative program of research. Some of the prospects for such a program will be discussed.

L'avenir de la biologie du milieu et la contribution de la recherche spatiale. L'étude d'organismes vivants soustraits aux influences terrestres telles que pesanteur et champs magnétiques, ainsi qu'aux influences diurnes et autres, devient possible avec les connaissances techniques spatiales actuelles. Pour la première fois, le rôle de ces conditions du milieu dans l'évolution, la physiologie, et le comportement d'organismes terrestres peut être évalué grâce à la conception d'un programme de recherches. Certains des points de vue d'un tel programme seront discutés.

Будущее биологии среды и вклад космических исследований. Изучение живых организмов, изъятых из сферы земных влияний, таких как гравитационное и магнитное поля, далее суточное и другие периодические влияния, становится возможным при нынешней космической технике. Благодаря широкой программе исследований впервые стала возможна оценка роли этих условий сре̇ды в развитии, физиологии и поведении земных организмов. Обсуждаются некоторые перспективы указанной программы.

The availability of transportation equipment which allows escape from terrestrial influence offers an unprecedented opportunity to study the role of earth environmental parameters on the fundamental processes of living organisms and systems. Since the adaptation to environment, either by genetic or physiologic processes, constitutes one of if not the principal characteristic of living material, we are confronted with a golden opportunity to test the hypotheses we have developed in biology by a series of critical experiments in areas of genetics and evolution and of homeostasis and physiology --- the foci of theoretical biology.

The opportunity has come upon us with such suddenness that we, the biologists, have been taken by surprise and our ability to design the appropriate experiments has been disappointingly slow. There are, however, several areas in which it is clear that experimentation will be richly rewarded.

The most apparent area, and the one most often discussed, lies in the effects of reduced gravitational field. Simple orbital flight gives us the chance to investigate this most pervasive of environmental influences on all species evolved on earth --- the presence of one earth-equivalent of gravity. Human flight has not as yet demonstrated, on human performance, any effect of the absence of 1G that cannot be adequately compensated for by normal human adaptive mechanisms. Laboratory studies, however, have already shown that many species (especially plant) have remarkably sensitive gravitational receptors. This finding indicates an effect of gravity at the cellular, and perhaps molecular level, where modality cannot be even selectively hypothesized at present. Several experiments designed to investigate the validity of alternative hypotheses in this area are now crystallizing, ranging from studies of the behavior of molecules in physical non-living systems to the behavior of the complex nervous system of primates.

Another specific phenomenon on which orbital flight may shed light is biological orientation in space and time. All living organisms so far studied on earth exhibit rhythmic patterns of metabolism and behavior of remarkable temporal precision, independent of known external cues and uninfluenced by temperature change over a wide range. These studies indicate a non-chemically regulated system of time estimation as an inherent component of living matter. In view of the extreme importance of the time parameter in space travel, this matter should receive the closest and most immediate attention.

Plans are well under way for an orbital laboratory specifically designed for a wide spectrum of biological experiments. Experimental proposals are being reviewed for selection of an integrated experimental payload which promises the greatest return in terms of evaluating the role of gravity and diurnal effects in the development, function, and behavior of terrestrial life.

In this experimental system an opportunity will also be afforded to study the effects of space radiation for which there is some accumulation of evidence of unique properties, due either to inherent properties of the particles or to synergism between radiation and some other factor occurring in orbital flight.

The greatest opportunity for enriching our understanding of the role of environment in biology lies in the study of extraterrestrial life forms. Such study will enable us to test hypotheses concerning the influence of environment in origin and evolution of life. I should like to review very briefly the historical development of our scientific position in this field.

In 1859 Charles Darwin published "The Origin of Species by Natural Selection" with a compelling display of observations of nature pointing to the general evolutionary thesis of the origin of plants, animals, and man. This work is, even today, perhaps the only pervading generalization in biology and, as might be expected, the report was followed by decades of attack and criticism. The point survived, however, and became an accepted scientific fact because of support from other disciplines particularly paleontology, geology, comparative anatomy, and ultimately from the laboratory itself, to some extent.

Many years later, Morgan, Dobzhansky, and others provided evidence for the hereditary mechanisms --- genes and gene mutations for the production of the infinite variations from which survival traits could be selected. And more recently carbon dating, and similar methods, still applied by Willard Libby and others, have made it possible to estimate more precisely the age of red woods, fossils, extinct species, meteorites, etc.

The origin of the original protoplasm from inorganic materials, however, remained a problem. Indeed, Pasteur had disproved the idea of spontaneous generation, but biologists are convinced that there must have been somewhere and at sometime at least one spontaneous generation of replicating biological units. This large biochemical gap between living and nonliving compounds began to decrease in 1928 when Wohler synthesized urea from the inorganic salt, ammonium cyanate. Then Calvin, in 1951, in the Berkeley cyclotron, was able to synthesize formaldehyde and formic acid from CO_2 and water. Miller, in 1953, added interest to this general area of achievement by synthesizing amino acids from CH_4, H_2, H_2O, and NH_3. Later Abelson successfully repeated these experiments with some modifications. (It is interesting to point out that the primitive atmospheres may have had just such a reducing composition). Fox, in 1958, successfully synthesized proteinoids from amino acids and again in 1959 demonstrated that simple processes can convert proteinoids to units having the size and shape of some bacteria and possessing other properties suggestive of primitive cells. Thus, has been accomplished the reconstruction of some of the pathways which may have led to the origin of life by means of laboratory simulation of preorganic evolution. There are, of course, many gaps to be filled. A great deal has been learned, however, about some of the more complex compounds such as DNA, the genetic template in all species of life except the RNA viruses. Beginning with Avery, convincing evidence has accrued showing that primary genetic information is indeed carried in the form of DNA. In 1953, Wilkins, Watson and Crick, proposed a structural configuration for DNA. And finally, Kornberg, a mere 4 or 5 years ago succeeded in synthesizing the basic DNA helix. I have left out of this sketch many major steps, but we cannot touch upon them all at once.

Theories concerningthe origin of the solar system did not particularly integrate with the above concepts of prebiological chemistry until the last decade. In the early 1950's, however, Kuyper and Urey pictured the solar system as having been formed some 4-5 x 10^9 years ago from a solar nebula which consisted of a vast dust and gas cloud possessing a cosmic distribution of the elements. In this same context, it has been estimated that about 10^7 - 10^9 years ago, organic molecules were produced from this nebula and from the terrestrial, planetary and lunar protoatmospheres. A still more impressive way of stating it is that a large fraction of the condensed mass of the universe must have once consisted of very complex organic molecules. Oparin in 1957 and Sagan in 1957, described how early conditions on the solar system bodies might have led to the origin of life.

Although subsequent cosmic events such as the loss of an oxygen-containing and radiation-filtering atmosphere may have prevented the survival and continued evolution of indigenous organisms, there is the possibility that primitive or lower forms of life remain on non-terrestrial bodies of the solar system, particularly the moon, Mars, and Venus. If this is not the case, then we would at least expect to discover their fossils or chemical residues. In the absence of samples from cosmic bodies, indirect observations of interest and significance can and have been made. Possibly the most pertinent is the infrared spectrum recorded by Sinton which indicated an accumulation of hydrocarboneous materials in the dark areas of Mars. Within the past year or two, meteorites as an available material from space, have been studied by Calvin, Sissler and Newton, by scientists at Fordham University and also at Esso Research, with results that cover the gamut from reporting the presence of carbon-hydrogen compounds to finding algal fossils and actual living organisms. Earlier, specifically in 1953, the so-called "Cold Bokeveld" meteorite was reported to contain organic acids as well as organic compounds containing S, N, and Cl_2. In this connection, Sagan in 1961, speculated that cosmobiota (dormant anaerobes) imbedded in a meteorite would have life times comparable to the age of the solar system.

So we come to the investigative opportunities now or soon to be presented by boosters and spacecraft carrying instruments for remote analysis and devices for return of samples. These opportunities are matched by the birth of a new scientific discipline designated varyingly as exobiology, planetary ecology, astrobiology or planetary biology, and manned by some of the Nations most renowned molecular and evolutionary biologists. This aggregation of scientists can now proceed methodically step-by-step, in the development of this new science to culminate not only in the detection of life on nonterrestrial bodies, but also in the eventual detailed study of sample organisms returned to Earth.

The active program in this field has a number of components. Continued study of the carbonaceous meteorites involves both improved collection and investigative techniques in an attempt to resolve some of the very controversial aspects of the observations already reported.

Studies of the terrestrial upper atmosphere are being made, using a balloon-borne high altitude sampler (Fig. 1). The results, as yet unpublished, of the collection of the first flight on August 5, 1962, showed the presence of a high concentration of microorganisms at an altitude between 50 and 65,000 feet (about 20 kilometers). The concentration in the air sampled was 1 organism to 3 cu. ft. of ambient air. An interesting observation made on this sample, is that 90 % or more of the organism were pigmented with yellow or orange pigment and most of them were of one genus, Flavobacter.

I received only yesterday a report of the results of the second flight sample analysis which did not confirm the first flight results. Careful examination of the technique and results of the first flight leave virtually no possibility of contamination, so we have here an enigma that will receive close attention in the future.

The planetary probe, Mariner II, now on its way to Venus, should give biologists valuable information concerning the possibility of life there at present, as well as its suitability for manned exploration. The temperature of the surface of Venus, on basis of existing data from radio astronomy, and other observations, is subject to at least two interpretations. The temperatures predicted by these two differing analyses are : 300 K and 600 K as reported by Sagan.

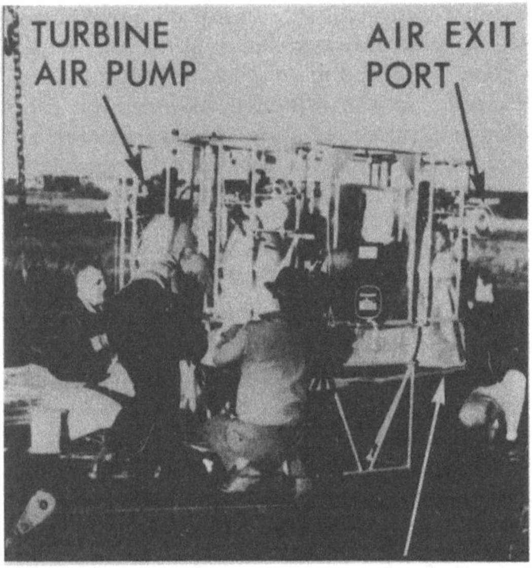

Fig. 1. Balloon borne observatories : Stratosphere air sampler. Bacterial sample intake (NASA S63-267)

Mariner II will collect data on limb-brightening in its passage close to Venus. If successful, these data should tell us which of the two predicted temperatures is the more likely, and also give new topographic information on the emission of energy from Venus.

The next important observation concerning planetary ecology by the NASA, should be observation in January of the Moon, Mars, and Venus by Stratoscope II, a balloon-borne telescope (Fig. 2) which will give high resolution infrared spectra of these bodies. The most important observation to be expected from this flight, from the standpoint of biology, would be the confirmation of the Sinton bands in the Martian spectra.

Lastly, the development of equipment for detection and characterization of life by planetary landers is proceeding with several systems involving alternative methods. One of these is shown in Fig. 3 (Gulliver) and utilizes the evolution of radioactive CO_2 from a culture medium exposed to a sample collected from the planetary surface. Other methods under development utilize specific enzymatic activity, microscopy, and increase of turbidity in broth, as indicators of the collection of microorganisms.

With the rapidly ensuing increase in our transporation capabilities, the next few years should be exciting ones for biologists the world over. As a representative of the fundamental biological interest of the NASA and of the United States in general, I earnestly solicit the collaboration of biologists from all other countries in this most stimulating challenge to biology.

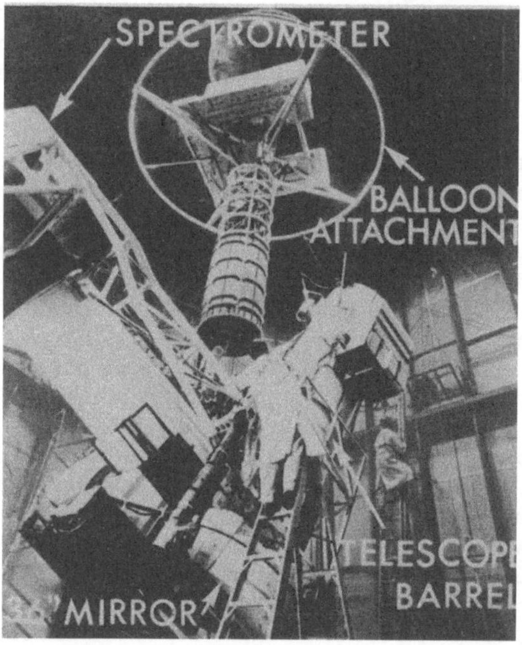

Fig. 2. Balloon borne observatories : Telescope for observation of infrared spectra of the planets (NASA S63-267)

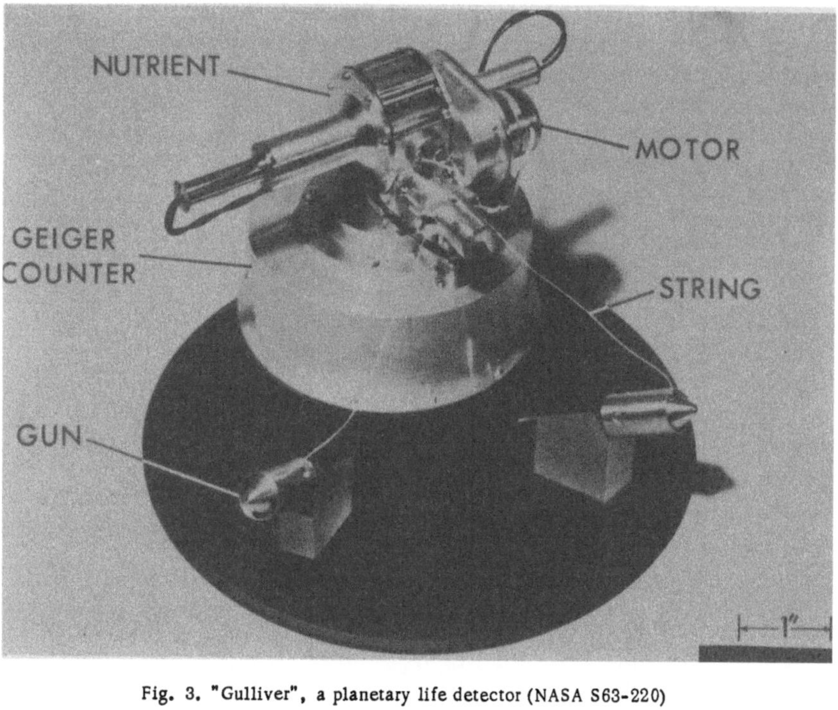

Fig. 3. "Gulliver", a planetary life detector (NASA S63-220)

Discussion

Sissakian : I would like to thank you for your extremely interesting paper. If I understand you correctly, your entire program has been centered around the detection of forms of life that are highly developed and characteristic for life on earth. Don't you think it possible that there may be forms of life in space which deviate from that existing on earth ? My second question is : Wouldn't you think it possible to attempt to set up some sort of "standard" - some certain chemical agent or compound that would be exclusively characteristic or necessary for the existence of life ? For instance, what would be your attitude to concentrating our endeavous to studies pertinent to the detection of organic phosphor compounds ? I apologize for this question, which is not really a question, but I would like to have your personal opinion.

Reynolds : I am very pleased to answer these questions because they allow me to expand a little on my previous remarks. In response to the first question, I agree with you completely that more imagination and theoretical consideration is required in the development of extra-terrestrial detectors. The types that we are now developing are based on the most cosmopolitan characteristics of earth organisms, because these are the forms with which we have experience and also the only life forms with which we can gain experience and test these remote control devices. This is one of the main purposes for my earnest solicitation of collaboration from other countries, for I believe it will take all of the imagination and talent in biology that we can marshall to adequately conduct the exploration for extra-terrestrial life.

With regard to your second question, Professor, I again agree with you. Professor Joshua Lederberg of Stanford University is one of our more prominent investigators in the field of exobiology, and he is responsible for the development of a particular life detector apparatus involving several analyses to be made on the same sample, largely analyzers for enzymatic activity. One of these analyses, at least, will deal with enzymes responsible for phosphate metabolism. I believe our ideas along the lines are convergent.

HEAT LOSS IN SPACE

D. McK. Kerslake
Institute of Aviation Medicine, Royal Air Force
Farnborough, Hants, Great Britain

(With 7 Figures)

Abstract

The problem of temperature regulation is most acute for the astronaut when he is outside his vehicle and therefore disconnected from the relatively bulky machinery which normally attends to his thermal needs. It is necessary to arrange that metabolic heat is transported from the skin surface to some device which will absorb it. Two heat exchangers are therefore required, one at the skin surface and one in the thermal pack, and the transport of heat from skin to absorbent must be effected optimally in terms of the weight and bulk of apparatus necessary.

The properties of an existing air ventilated clothing system have been investigated using a heated dummy whose regional "tissue conductance" has been matched to that of a thermally comfortable human subject. It was found that if the complex distributions of air flow and skin temperature were ignored, the results could be expressed in terms of the performance characteristics of a simple heat exchanger having its plate surface temperature equal to the mean skin temperature. The relation between mass flow and heat exchange coefficient at the skin surface was such as to suggest that suitable characteristics could be obtained by introducing air at the four extremities and removing it at the waist. The power required to ventilate existing suits was found to be many times the theoretical minimum, and considerable improvement in this respect appeared possible.

La déperdition calorique dans l'espace. Le problème de la régulation de la température est des plus importants pour l'astronaute lorsqu'il est hors de son véhicule, et de ce fait séparé de cette volumineuse machine qui satisfait normalement ses exigences thermiques. Il est nécessaire de s'arranger afin que la chaleur corporelle soit transportée de la surface cutanée à un engin qui l'absorbera. De ce fait, 2 échangeurs de chaleur sont nécessaires, un sur la surface cutanée, l'autre dans le "récipient thérmique", et le transport de la chaleur de la peau à l'absorbant doit s'effectuer dans les conditions les meilleures en fonction du poids et de l'encombrement de l'appareillage nécessaire.

Les propriétés d'un système de vêtements ventilés ont été expérimentés sur un mannequin chauffé dont la conductance des "tissus" a été rendue semblable à celle d'un sujet humain étant à une température agréable. Il fut trouvé que si les complexités de distribution du souffle d'air et la température de la peau étaient négligés, on pouvait comparer les résultats aux caractéristiques d'un simple échangeur de température ayant ses plaques à une température égale à la température moyenne de la peau. Le relation entre la quantité d'air soufflée et le coefficient thermique d'échange à la surface de la peau devait suggérer que des caractéristiques correctes seraient obtenues en introduisant l'air aux quatre extrémités, et en l'évacuant par la taille. La puissance nécessaire pour ventiler les tenues existantes a été déclarée comme valant plusieurs fois le minimum théorique, et en ce domaine, de considérables améliorations sont apparues possibles.

Потеря тепла в космосе. Проблема регулирования температуры становится для астронавта самой острой тогда, когда он находится вне корабля и, следовательно, лишен связи со сравнительно громоздкой машиной, которая обычно удовлетворяет его потребности в тепле. Желательна передача метаболического тепла с кожного покрова астронавта какому-либо прибору в целях поглощения. Требуется, следовательно, наличие двух теплообменников: одного на кожном покрове, и одного в тепловом аккумуляторе; тепло должно передаваться с кожи к поглотителю оптимально, с учетом веса и размера указанного аппарата.

Нами исследовались свойства существующей системы одежды с воздушной вентиляцией на подогретом манекене, местная "проводимость" ткани которого соответствовала присущей человеку, находящемуся в благоприятных тепловых условиях. Выяснено, что, если пренебречь комплексным распределением потока воздуха, а также температурой кожи, то получаются результаты, сравнимые с характеристиками простого теплообменного усторйства, температура пластин которого равна средней температуре кожи. Из соотношения между количеством проведенного воздуха и коэффициентом теплообмена на поверхности кожи можно заключить, что подходящие характеристики можно получить, вводя воздух на четырех конечностях и выводя его у пояса. Далее оказалось, что сила, необходимая для вентиляции применяемых ныне систем одежды, во много раз превышает теоретический минимум, и что значительные усовершенствования в данной области вполне возможны.

The problem of providing an appropriate thermal microclimate for the astronaut is most acute when he is outside his vehicle and therefore disconnected from the relatively bulky machinery which normally attends to his thermal needs. It is necessary to arrange that metabolic heat is transported from the skin surface to some device which will absorb or eliminate it, and to do this in such a way that the distribution over the body surface of skin temperature and heat loss approximates to that associated with comfort.

The design of optimal systems for the transport of metabolic heat would be simplified if it could be shown that an air ventilated suit system behaves in essentially the same way as a conventional heat exchanger, i.e. that when considering the overall performance of the system the differing tissue conductances in different parts of the body and the details of local air distribution can be ignored. The extent to which this approach is justifiable has been examined for the case of sensible (i.e. non-evaporative) heat exchange, and the findings form the subject of this paper.

The simplified situation with which the practical performance of the suit is to be compared is shown in Fig. 1. The skin temperature, although in reality differing from place to place, is regarded as uniform and at its mean level. Air is considered to enter the suit at a temperature $\theta_1{}^o$ lower than the mean skin temperature and to leave the suit at a temperature $\theta_2{}^o$ lower than the mean skin temperature. During its passage over the skin surface the temperature of the air rises, rapidly at first and then more slowly as the temperature difference between it and the skin decreases. The total heat loss can be represented as k $\bar{\theta}$, where k is the mean heat exchange coefficient and $\bar{\theta}$ the logarithmic mean temperature difference, a function of θ_1 and θ_2.

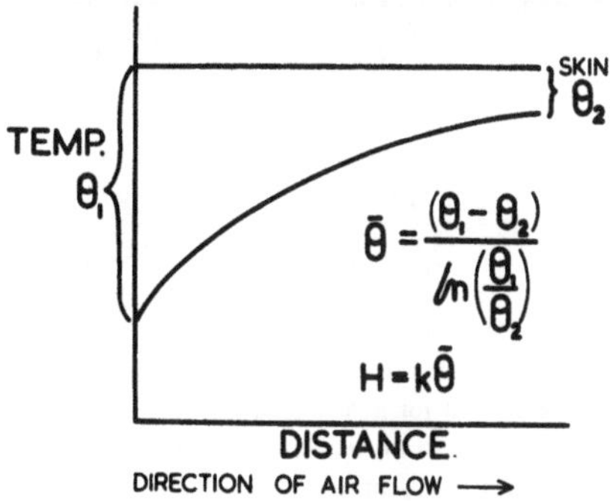

Fig. 1. Simplified scheme of heat exchange in an air ventilated garment. The skin temperature is assumed to be the same at all points. Air enters the microclimate at the air supply temperature and takes up heat as it passes over the skin to the exit point. The coefficient for heat exchange between the air and the skin is assumed to be the same at all points

Fig. 2 shows the derivation from these quantities of a relation between the ratio of mean heat exchange coefficient to the capacity flow of air, sometimes called the "Number of Transfer Units", and the effectiveness of the suit as a heat exchanger. "Effectiveness" is conventionally defined as the ratio of the heat actually transferred to that which would be transferred if the air left the suit at skin temperature. It is to be expected that the heat transfer coefficient will depend only on the suit geometry and the mass flow, since its dependence on temperature is likely to be small. The effectiveness will therefore be constant at given mass flow so that the skin heat loss will be linearly related to θ_1.

Experiments were performed using a heated metal dummy. The surface contours approximate the those of the human subject from whom the dummy was modelled, and although this has involved sacrificing mobility at the joints, it ensures that the tracking of air over the skin surface resembles that to be expected for the living subject. The dummy is divided into 18 regions in each of which the relation between local skin temperature and local heat loss is that found experimentally for the appropriate region of the living subject at a mean skin temperature of 33°C. The skin temperature distribution of the dummy therefore conforms to that of the living subject under the same conditions of clothing and ventilation, when the mean skin temperature is 33° C. At other mean skin temperatures some departure is to be expected owing to the effect of the general state of body warmth on the peripheral vasomotor system.

$$H = k\bar{\theta} \qquad \bar{\theta} = \frac{(\theta_1 - \theta_2)}{\ln\left(\frac{\theta_1}{\theta_2}\right)}$$

$$(\theta_1 - \theta_2) = \frac{H}{wc_p} \qquad \frac{k}{wc_p} = \ln\left(\frac{\theta_1}{\theta_1 - \frac{H}{wc_p}}\right)$$

$$\text{Putting } \varepsilon = \frac{H}{\theta_1 wc_p} \qquad \frac{k}{wc_p} = \ln\left(\frac{1}{(1-\varepsilon)}\right)$$

Fig. 2. Derivation of expressions for testing experimentally the validity of the simplified scheme. H, heat loss from skin; k, coefficient for heat exchange between skin and ventilating air; $\bar{\theta}$, logarithmic mean temperature difference between skin and air; θ_1, temperature difference between skin and air entry; θ_2, temperature difference between skin and air at air exit; w, mass flow of air; c_p specific heat of air; ε, effectiveness of the system as a heat exchanger

The dummy wore a R.A.F. Mark II air ventilated suit next to the skin. This convers the trunk, the arms down to the wrists and the legs down to the ankles. These ventilated regions alone were considered in the subsequent analysis. Over the air ventilated suit was a two piece garment of nylon pile, covering the same area, and over this cold weather trousers and a fur-lined parka. Boots, gloves and a flying helmet completed the assembly. The insulation over the ventilated area was 2.8 clo.

Heat exchange with the environment cannot be neglected. Fig. 3 shows the situation in the abstracted form to be used for the analysis. Heat passes from the skin to the ventilating air both directly and indirectly after radiation to the inner clothing surface. It also passes from the environment through the clothing and thence to the ventilating air. As was shown earlier, it is necessary to use the concept of logarithmic mean temperature difference if the conventional heat exchanger parameters are to be extracted. The behaviour of the system will only follow the simple laws outlined if the same logarithmic mean temperature difference can be applied to the transfer of heat through the clothing, as is the case when the ambient temperature equals the mean skin temperature. An empirical allowance can be made for small differences, and all data for analysis were obtained from steady state situations in which the ambient temperature was within 0.5°C of the mean skin temperature.

Fig. 4 shown the results of a series of experiments made at the same capacity flow of 7.2 kcal/m^2 hr °C. There is a linear relation between skin heat loss and θ_1, the difference between mean skin temperature and air temperature at the suit inlet. The curve for an effectiveness of unity is shown for comparison. Linear relations of this type were obtained at all mass flows examined. In each case it is possible to calculate the coefficient for direct heat transfer between the skin and the ventilating air. This was found to depend on a power of mass flow, as is to be expected if the usual power relation between Nusselt's number and Reynolds' number is assumed. The coefficient for total heat transfer from the skin to the ventilating air (both directly after radiation to the inner clothing surface) can also be found. The relation between this and the air flow defines the performance of the suit as a heat exchanger. This is shown in Fig. 5. The United States MA 3 suit gives very similar results.

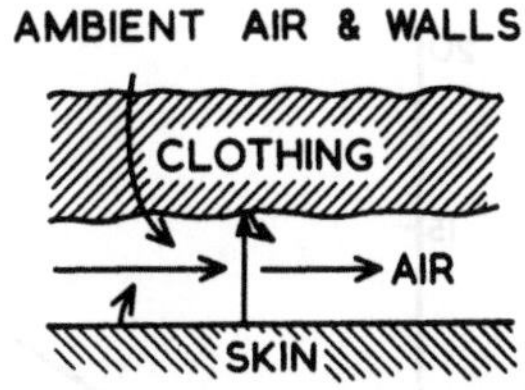

Fig. 3. Diagram of heat exchange at a point on the skin surface. Heat is lost from the skin directly into the ventilating layer and after radiation to the inner clothing surface. It also passes from the outside through the clothing and into the ventilating air. The expressions derived in Fig. 2 can be used provided that the ambient temperature is equal to the mean skin temperature

Let us turn now to a consideration of the desirable properties of a suit to be used by an astronaut outside his vehicle. In this circumstance it is important that the transfer of heat from the skin to the air conditioning pack shall be effected as economically as possible in terms of the bulk and weight of equipment required. In particular the power required to circulate the air is critical. In this connection it is not necessarily true that a high value for heat exchanger effectiveness is desirable. Fig. 6 shows the air temperatures in two suits of different effectiveness. It will be seen that the mean air temperature is higher in the suit with the greater effectiveness, assuming that the entry air temperature is the same in both cases. The heat exchange coefficient between the air and the skin must be higher if the same amount of heat is to be transferred across a smaller mean temperature difference. This implies a higher velocity of air movement across the skin and therefore a higher draw, which must be overcome by the circulating pump. The rate of working in overcoming this force is the product of the force and the velocity. It therefore increases with a power of velocity, suggesting that for a given heat transfer and inlet air temperature, the higher the mass flow, the lower the work required to circulate air through the suit. This conclusion may seem less paradoxical if it is remembered that the suit geometry is matched to the heat transfer requirement. As the ventilating layer is made thicker, less power is needed to achieve the desired heat exchange.

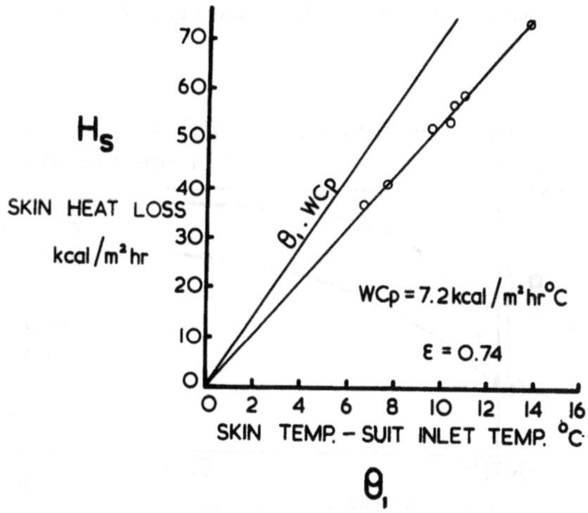

Fig. 4. Results of a series of experiments made at the same mass flow. The effectiveness is independent of temperature difference. The line θ_1-WCp shows the relation for an effectiveness of unity, i. e. if the ventilating air left the system at the mean skin temperature

The work required to shift heat from the skin to the air thus depends on the value of heat transfer coefficient required, provided that other considerations to not prevent the suit from being geometrically matched to the ideal requirement. For a given rate of heat transfer the required coefficient can be expressed in terms of the capacity flow and the inlet temperature. Fig. 7 shows the interrelationships of the various parameters concerned. The required heat exchange coefficients for a heat transfer of 50 kcal/m^2 hr at various inlet temperatures are shown by the dotted lines. The solid curve is the characteristic for the suit which has been examined, while the straight lines show different values of effectiveness. Bearing in mind that the work done by the pump varies as something between the cube and fourth power of the heat exchange coefficient, it will be seen that the levels of effectiveness attained by this suit result in considerable wastage of power. The power requirement decreases steeply with effectiveness at high values, but much less steeply at low values.

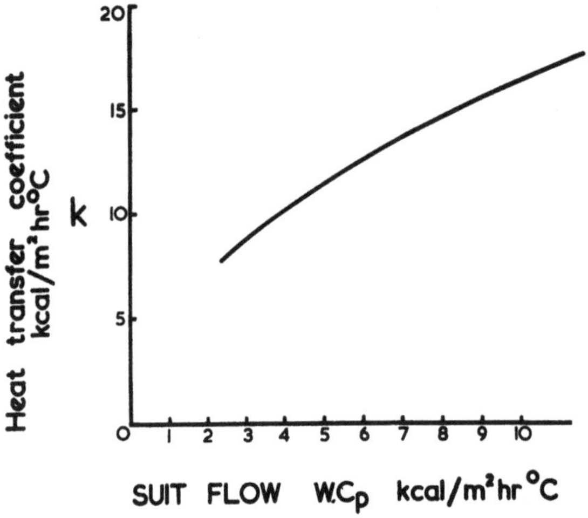

Fig. 5. The relation between total heat transfer coefficient and air flow for the R. A. F. Mark II suit. This curve represents the situation when there is no heat transfer through the outer clothing

These considerations of power requirement all refer to the work done in moving the air through the ventilating layer of the suit. The bulkier the suit and the higher the mass flow, the lower the power needed. However in practice the air must be carried in ducts to the suit entry and must be passed through another heat exchanger. Resistance is encountered in both these parts of the system and increases the more compact these parts are made. Limits are set to the bulk of the ventilating layer of the suit proper, of the ducts outside it and of the head exchanger by requirements which are not related to heat exchange. The optimum balance between weight and bulk of the complete system must be worked out in the context of the operational task for which the suit is intended. Knowledge of the heat exchange characteristics of various types of ventilating layer should be

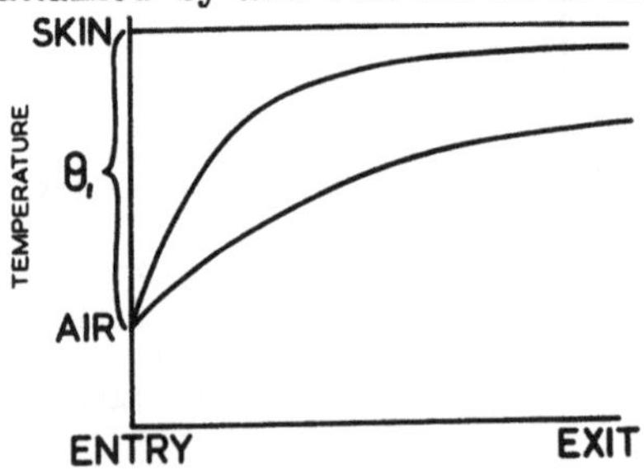

Fig. 6. Temperature changes in two suits of different effectiveness. To remove the same amount of heat the air flow must be greater in the suit of smaller effectiveness, but the heat transfer coefficient is smaller. The work required to drive the air through the ventilating layer depends on both these factors

of value in matching the design of different parts of the complete system.

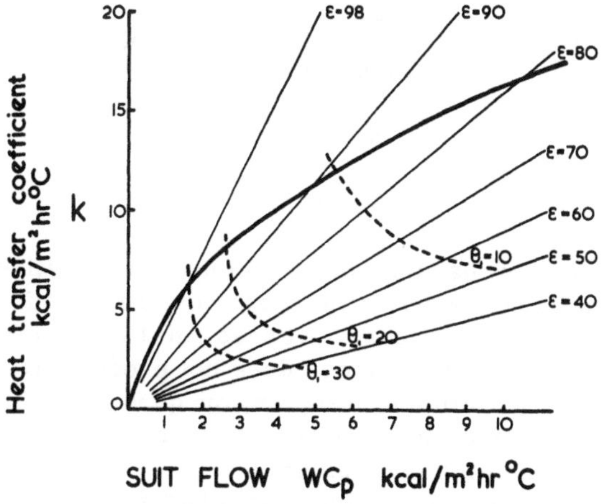

Fig. 7. Diagram showing the relation between various factors in suit performance. The solid curve shows the behaviour of the R. A. F. Mark II suit, assuming no heat exchange through the outer clothing. The broken lines show the requirements for heat balance at various values of temperature difference between skin and air supply. The working point of the suit would be at the intersection of the solid and broken curves

Discussion

Kellogg : Is the criterion of "least work" the best one for determining the type of heat transfer system ?

McK. Kerslake : I have instanced the criterion of "least work" because it would be important in continuous closed-circuit operation. The ventilatory layer characteristics optimal for other types of operation would not necessarily be the same, but could be determined by a similar approach.

Kellogg : Can ε or some synthetic function of similar nature be determined to account for the fact that different portions of the suit may be throttled by different forces between the subjects and the suit ?

McK. Kerslake : The value of ε calculated from experimental data must not be interpreted too closely in physical terms, but should be regarded as a convenient empirical fiction. Changes in air distribution would probably result in changes in the value of ε for the entire suit. It is unfortunately impossible at present to calculate local values of ε , since the local air flow and "inlet" temperature are not measurable.

Akulinichev : Does it not follow from your work that is is necessary to find other methods of heat exchange than that of air ventilation of the space suit ?

McK. Kerslake : My presentation was concerned only with air ventilation, but I did not wish to imply that this was necessarily the best solution to the problem. Environmental conditions may well preclude reliance on radiation transfer, and it would then be necessary to use some form of fluid for carrying heat away from the skin surface. This fluid need not be air.

PHYSIOLOGICAL PROBLEMS OF WEIGHTLESSNESS AND BASIC RESEARCH

Otto H. Gauer
Physiological Institute, Free University of Berlin
Federal Republic of Germany

(With 3 Figures)

Abstract

Some predictions on the hazards of the weightless conditions which were made jointly with Haber twelve years ago are reviewed in the light of today's experience and recent advances in basic research. While it is now obvious that weightlessness does not produce overt short term disturbances of the circulation or respiration, questions pertaining to the possible incidence of motion sickness and to chronic effects on the circulation are still open for discussion.

An outline of recent work on the circulatory basis of fluid volume control through intravascular receptors is presented. Originally it was established that the state of filling of the intrathoracic vascular organs has a profound reflex effect on the diuretic response of the kidney mediated through changes of renal hemodynamics, ADH and corticoids. More recent work indicates that by comparison of afferent impulses from many sites of the body with efferent orders to the heart and circulation the CNS performs an evaluation of the "competence" of the heart to deal with the load imposed on the circulation during a day. Loss of "competence" is accompanied by fluid retention, gain by diuresis.

The application of this principle to the state of weightlessness as far as it could be produced in immersion experiments permits the explanation of observed changes in fluid and mineral metabolism which can in turn be related to current concepts of blood volume control.

Problemes physiologiques de la non-gravité et la recherche fondamentale. Quelques prédictions sur les dangers de la non-gravité que l'auteur a formulées il y a 12 ans avec Haber, sont passées en revue à la lumière des expériences les plus récentes et des derniers progrès dans la recherche fondamentale. Quoiqu'il soit évident actuellement que la non-gravité de courte durée ne produise pas de troubles circulatoires et respiratoires, certaines questions relatives à l'incidence du "mal des transports" et des effets chroniques sur la circulation restent à discuter.

Un résumé est fait des travaux récents relatifs à la régulation du volume circulatoire au moyen de récepteurs intravasculaires. A l'origine il a été montré que l'état de réplétion des organes vasculaires intrathoraciques provoque une réaction réflexe importante sur la diurése rénale, qui est obtenue par l'intermédiaire des altérations de l'état hémodynamique rénal, de l'hormone antidiurétique (ADH) et des corticoides. Des recherches comparées des influx afférents en provenance de plusieurs régions de l'organisme avec les ordres efférents émis vers le coeur et la circulation, ont montré que le système nerveux central réalise une évaluation de la capacité cardiaque à l'effort journalier de la circulation. La diminution de capacité entraine une rétention des liquides; l'augmentation de capacité entraine une diurèse.

L' application de ce principe à la non-gravité simulée par l'immersion, permet d'expliquer les modifications observées sur le métabolisme des liquides et matières minérales, ce qui correspond également à la conception courante de la régulation du volume sanguin.

Физиологические вопросы невесомости и основные исследования.

Некоторые предсказания по поводу опасности невесомости, высказанные мною вместе с Габером двенадцать лет тому назад, теперь следует пересмотреть, учитывая современный опыт и успехи основных исследований. Хотя теперь известно, что кратковременная невесомость не вызывает сдвигов кровообращения или дыхания, вопросы, касающиеся возникновения симптокомплекса укачивания и хронического влияния на кровообращение еще окончательно не выяснены. Представлен в общих чертах нижеследующий отчет о современных работах по циркуляции жидкостного объема, контролируемого интрасосудными анализаторами. В начале было установлено, что наполнение сосудных органов грудной клетки оказывает глубокое рефлексное влияние на мочевыделительную деятельность почек, вызываемое переменами в кроводинамике, и кортикоидах. Согласно результатам современных работ, сравнивающих эфферентные импульсы со стороны многих участков тела с эфферентными приказами сердцу и кровеносной системе, центральная нервная система производит оценку "компетенции" сердца, справляющегося с нагрузкой на кровообращение в течение дня. Падение этой "компетенции" сопровождается задержкой жидкости; ее увеличение – усилением выделением мочи.

Применение этого принципа к состоянию невесомости, симулированному путем экспериментального погружения, позволяет нам объяснить перемены в жидкостном и минеральном обмене веществ, которые, в свою очередь, отвечают современным понятиям регуляции кровяного объема.

With the admirable results of the Russian and US Space teams, predictions based on speculation and necessarily inadequate experiments of the presputnik era were brushed aside. The pilots had performed splendidly and did not show any significant impairments of their bodily fonctions. However, in spite of the prevailing optimism most of us agree that we are not yet over the hump and that the really difficult phase, or speaking as a physiologist, the period of genuine research interest has just begun. Short term experiments which were initiated during a phase of technical development and testing of space vehicles confirmed earlier predictions made by H. Haber and myself that brief periods of weightlessness produced no overt disturbances of circulation or respiration.

To-day I want to discuss briefly two points which were also made in this paper (1).

1. It was predicted that disturbances of some functions of the CNS would occur, which might lead to the symptoms of motion sickness.

2. It was maintained that a circulatory state might develop similar to that observed after long bed rest.

Let me first discuss the possible incidence of motion sickness. Here I want to be brief because I do not feel very competent in this field and also because Captain Graybiel will analyse this problem in a later session. The greater portion of my time will be devoted to discussion of possible circulatory changes to be anticipated during longterm exposure to weightlessness. These changes will in all probability predominantly affect the low pressure system of the circulation and the control of the volume of body fluids.

A. Motion Sickness and Weightlessness

Due to the basic laws of perception the differential threshold for linear acceleration will increase as the bias of normal gravitation disappears. Furthermore, Sherrington's antigravitation reflex of the extensor muscles will be doomed to inactivity. The loss of ground reference and friction will result in queer motion patterns of the body as a consequence of limb movements once the space pilot is freed from his narrow confinement and allowed to move freely. A discrepancy of information from the different sensory modalities may also be expected, but the power of relearning and adaptation is certainly great. However, a psychological factor which may lead to a deterioration of the pilots' physical integrity as time goes on should also be considered. During World War II I made the observation that a constant immediate threat to life lasting for weeks and months, creating fear - although suppressed - lowers the threshold for the symptoms of motion sickness. Later I found that experienced observers expressed the same opinion. Poppen goes so far as to state that "airsickness is practically always an unsatisfactory rationalisation of fear." (Quoted in 2.) Personally I would not want to make such an extreme statement.

The safe avoidance of candidates which may be susceptible to motion sickness in the weightless condition seems to be a formidable task. Leafing through the pertinent literature (cf. 2), I found that the selection of people who are susceptible to ordinary motion sickness is very difficult. Thus, a man who is capable of withstanding all varieties of experimental ordeals, e.g. swings, rotating platforms, and similar contraptions may still succumb in other environments known to produce kinetosis. If fear is a factor, we are at a loss because it seems impossible to create under experimental conditions genuine deep fear similar to that which may, in the course of weeks, take hold of some people confronted with the incessant awful threat of the cold silent nothingness from which body and soul are separated only by a fragile sheet of metal.

At any rate, the fact that one of seven of a highly selected group fell sick warns against unwarranted optimism. By mere chance this ratio corresponds to the incidence of airsickness which one may expect in an unselected group of people traveling from Paris to London in rough weather.

B. Fluid Volume Control and Weightlessness

The long term adaptation of the circulation to various degrees of physical training and gravity is achieved through an interplay of the regulation of the size of the vascular bed on one hand and the volume of blood on the other. The former is determined by anatomical dimensions modified through changes of the tone of the vascular smooth musculature.The volume is controlled to fit the capacity of the vascular bed. Both parameters are variable, but recent work indicates that volume control has a lower threshold than control of venous tone, which usually reacts distinctly only in case of emergency (3). Therefore under normal conditions volume is adjusted to capacity (cf. 4). The problem of volume control was virtually non-existent 12 years ago, but a recent review on the circulatory aspects of this field contains 300 references although only papers of direct relevance were quoted (4).

Joint work with Henry on blood volume control was prompted by observations of the effects of G on blood volume distribution and cardiac performance. A sample of an old effort to analyse cardiac performance under G with the help of X-ray cinematography demonstrates the changes of cardiac dynamics during blood volume shifts into and out of the thorax and points immediately to the great importance of the central blood volume for the competence of the heart, that is, its efficiency to cope with sudden loads imposed on it (5). A frame to frame evaluation (6) showed that contrary to the then current views the ventricle has a considerable endsystolic volume. By utilizing this reserve the heart is able to maintain a normal stroke volume for a short but critically important time period even in the face of a drastically reduced venous return. The adaptation of cardiac performance to the load is accomplished by a number of mechanisms whose efficiency depends entirely on the size of the central blood volume which must at any instant be ready for immediate ejection, regardless of body posture.

At this point a definition of the "normal" spatial orientation of man seems in place. The average clinician tends to consider the supine position as normal for man although he himself may spend 16 of 24 hours or more on his haunches. He is usually hypnotized by the reactions of heart dynamics when a patient assumes the upright posture; however, if we define as "normal" the position in which we spend the greater part of our life time the aspect is different. When starting from this baseline, the usual slight relaxation of vascular tone, accompanied by an increase in cardiac output, when lying down is not so exciting. There is no good reason to worry about the stability of a healthy man in the upright posture. The results of Miller et.al.(7) have demonstrated that the vascular smooth muscles do not become exhausted, regardless of the level of tonus to be maintained. Amberson's remark (8) : "When man's subhuman ancestors dared to rise and walk upon their hind legs they assayed a physiologic experiment of no mean difficulty" cannot be construed as meaning the moment to moment adjustment to varying body positions. It should rather be applied to the development of an animal fit to live in a gravitational field in spite of a predominantly vertical extension. The prerequisite for this achievement is the maintenance of an adequate central blood volume.

In the weightless condition a considerable quantity of blood will gravitate towards the large distensible chambers of the intrathoracic circulation far in excess of the volume needs and the question is, what will the body do? These critical regions are amply supplied with baroreceptors, which are very sensitive to blood volume changes (9). Henry and I were dissatisfied with the hypothesis that these structures functioned only as components of cardio-vasomotor depressor reflexes and suspected that they might indeed have a volume regulatory role (cf. 4, 9). This hypothesis could not be scrutinized before the idea occurred that the kidney could be used to measure the fast reacting component of volume regulation. In support of this hypothesis it was found that bloodloss produced oliguria while isosmotic blood volume expansion led to diuresis. Further, a shift of blood into the thorax induced by negative pressure breathing was accompanied by diuresis.

A survey of the literature (10) revealed that all procedures resulting in an increased intrathoracic blood volume were accompanied by diuresis while a depletion of blood caused fluid retention (Fig. 1). An attempt more clearly to define the sensitive areas within the thorax was successful to the extent that it could be shown that distension of the left atrium was essential for the diuresis to occur and the cooling of the vagus abolished the effect. A considerable body of evidence produced by Arndt et al., Baisset and Montastruc, Bartter et al., Davis et al., Farrell et al., Hulet and Smith, Murdaugh and Sieker, Share and others (cf. 4, 10) indicates that the effect is mediated through changes of renal hemodynamics as well as hormonal controls through ADH, corticoids and other less well understood agents.

In the earlier phase of the work control of central blood volume was treated like a homeostatic reflex. As more facts accumulated it was found that the story is more difficult and that a volume control function of arterial receptors must be considered also. I will pass over the intermediate steps and present the final hypothesis which of course is open to changes as new facts become available. It appears likely that afferent impulses from many different sources are integrated in the CNS and compared with the tasks demanded of and relayed to the circulation by efferent signals. This comparison would result in the assessment of "cardiac competence". It is obvious that signals from the depressor regions play an important role in the computation of this entity. As the competence is reduced, fluid and electrolytes will be retained and conversely, increased excretion accompanies increased "competence".

PROCEDURE	URINE FLOW	FILLING OF INTRATHORACIC CIRCULATION	FILLING OF EXTRATHORACIC CIRCULATION	PRESSURE IN RENAL VEINS
HEMORRHAGE	↘	↘	↘	↘
POS. PRESSURE BREATHING MAN, ANESTH. DOG	↘	↘	↗	↗
BALLOON IN INF. V. CAVA ABOVE RENAL VEINS	↘	↘	↗	↗
BALLOON IN INF. V. CAVA BELOW RENAL VEINS	↘	↘	↗	↘
ORTHOSTASIS	↘	↘	↗	↗
SEQUESTERING OF BLOOD BY CUFFS	↘	↘	↗	↘
SEQUESTERING OF BLOOD BY CUFFS PLUS INFUSION OF 1500 cc. OF BLOOD	NORMAL	NORMAL?	↗	NORMAL?
BLOOD TRANSFUSION	↗	↗	↗	↗
NEG. PRESSURE BREATHING MAN, ANESTH. DOG	↗	↗	↘	↘
TILT TO HORIZONTAL POSTURE	↗	↗	↘	↘
IMMERSION OF TRUNK IN WARM BATH	↗	↗	↘	↗
EXPOSURE TO COLD	↗	↗	↘	↗

Fig. 1. Behavior of urine secretion in response to procedures changing the filling of the intrathoracic circulation. Filling of the intrathoracic circulation and urine flow rise and fall in parallel. There is no constant relationship between urine flow and filling of the extrathoracic circulation or renal venous pressure (10)

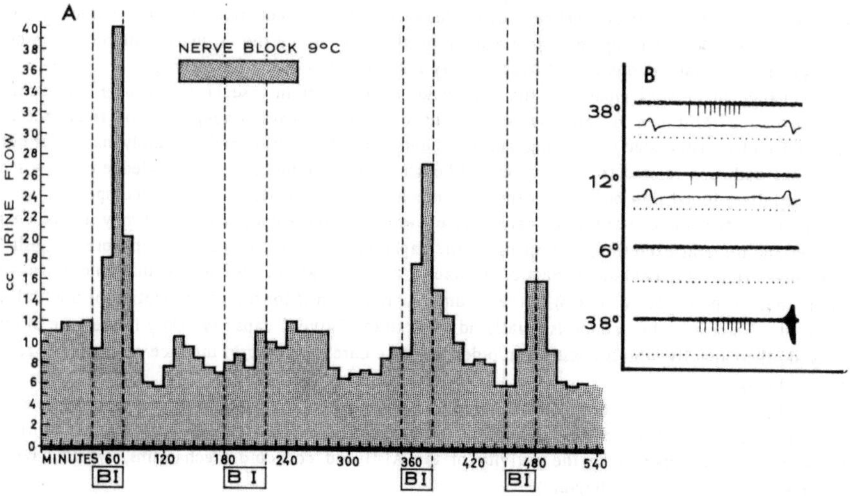

Fig. 2. A)The increase in urine flow in response to distention of a left atrial balloon is abolished by cooling the vagi to 9°C. B) Conduction in two left atrial stretch fibers is blocked between 12 and 6°C. The blocking temperature range is the same as that which prevents the diuretic response of the balloon distention (from 9)

Quantitative and qualitative features of the renal response may best be studied for the case of simple blood loss (Fig. 3).

When turning now to the weightless condition we find an extreme increase in cardiac competence since the filling of the central blood reservoirs is large while the metabolic requirements have been reduced to a minimum. By extrapolation to the left we may therefore predict water diuresis and also, but less pronounced, an excess elimination of salt. It is of course dangerous to extrapolate too far, because we do not know

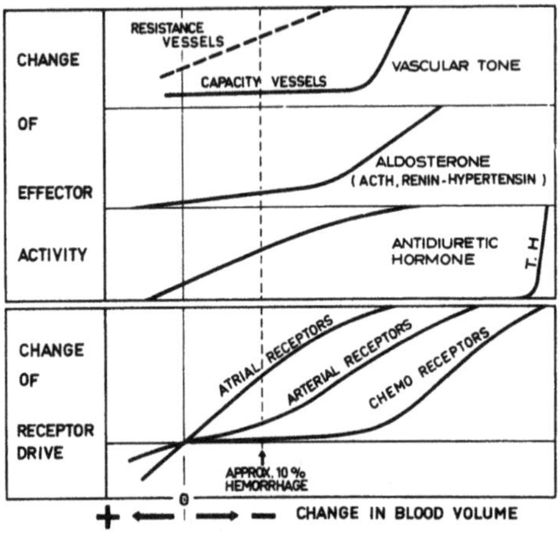

Fig. 3. Response to a graded reduction in "cardiac competence" by bleeding (4). During an increasing loss of blood volume the baroreceptor drive increases (lower diagram). Although the sensitivities of the receptors in the atria and those in the high pressure system (carotid artery, etc.) may be identical, the former will respond to blood volume changes more promptly because they are directly affected, while the latter respond to changes in arterial hemodynamics secondary to a reduction in cardiac output etc. which will only occur in a normal supine subject when more than 7 - 10 % of the estimated volume are removed. With greater circulatory impairment hypoxia may increase chemoreceptor activity.

The change in nervous input into the CNS leads to a change in vascular tone (upper diagram). The response of the resistance vessels may be different in different organs. Changes of flow resistance in the kidneys are often associated with changes in water and mineral excretion and it is likely that under certain conditions both are related to each other, although we must admit that our knowledge of the effect of renal medullary blood flow on the concentrating mechanisms of the kidney is still incomplete.

Contrary to the response of the resistance vessels which, if the kidney is involved may induce changes in water and mineral excretion, the response of the capacity vessels in general is much more sluggish. This means that in the reciprocal adjustment of the size of the vascular bed (defined by anatomical dimensions and the tone of the capacity vessels) to the volume contained in it for the determination of the "fullness" of the blood stream, the volume is usually adjusted to the "given" capacity. Only in the case of emergency do the capacity vessels constrict in order to assure cardiac filling in the face of a strongly reduced blood volume.

With slight pressor activity due to small volume changes water is retained with an unimpaired excretion of electrolytes. As the stress increases sodium retention also occurs. The activity reflected by this excretion pattern is supported by the activity of the ADH and corticoid mechanisms, which have been determined directly (middle diagram).

A cautious extrapolation of the diagram to the left may permit prediction of changes associated with the weightless state (see text)

whether the lines are symmetrical. On the right side of the diagram "competence" is normally attained after a short while when food and water are provided, but the reactions available to the body cannot as radily mend the abnormal conditions in the weightless state and the stimulus should be expected to remain longer. Finally another fact deserves scrutiny. The reflexes of volume control evoke activity of the neurosecretory regions of the hypothalamus as well as of the adrenal cortex. These hormones which have a widespread influence on many body functions are probably much less specific for the control of the circulation than the classical circulatory hormones such as the catecholamines, although Professor von Euler may want to correct me here. If the circulation frustrates these hormonal systems far - reaching disturbances of non circulatory functions which depend on the proper release of ADH and corticoids may result.

Observations in longterm immersion experiments, which most closely resemble the condition of weightlessness are in full agreement with the predictions. Graveline et al. (11) found profuse water diuresis and excess excretion of solutes to such a degree that even hemoconcentration may result. In one instance diuresis was associated with polydipsia in a syndrom closely resembling diabetes insipidus (12).

I feel that more research is needed directed towards the exploration of "cardiac competence" and its role in the control of body fluids. Such research would not only contribute to the basic understanding of the physiology of the circulation in health and disease but may also supply suggestions as to how to combat possible adverse effects of weightlessness. It may be that continuous heavy exercise is an answer, but perhaps the absence of gravity will induce grave bodily changes, regardless. If this is the case I would venture to predict, in a Jules Vernean fashion, that the grand grand children of a group of people exposed to weightlessness for many generations, will be welcomed by their cousins upon their return to this planet as a hitherto unknown species of anthropoids, who has lost the property of living in the erect posture.

References

1. O. Gauer and H. Haber, Man Under Gravity-free Conditions. In: Dept. of the Air Force, German Aviation Medicine, World War II. Vol. I. p. 641, Washington, D.C.; U.S. Government Printing Office, 1950.
2. H.I. Chinn and P.K. Smith, Motion Sickness. Pharmacol. Rev. 7, 33 (1955).
3. O.H. Gauer and H.L. Thron, Properties of Veins in Vivo: Integrated Effects of Their Smoth Muscle. Physiol. Rev. 42, Suppl. 5, 283 (1962).
4. O. H. Gauer and J. P. Henry, On the Circulatory Basis of Fluid Volume Control. Physiol. Rev. 43, 423 (1963).
5. O.H. Gauer, Motion picture "Kreislauf und Fliehkräfte", 1942.
6. O.H. Gauer, Volume Changes of the Left Ventricle During Blood Pooling and Exercise in the Intact Animal. Their Effects on Left Ventricular Performance. Physiol. Rev. 35, 143 (1955).
7. H. Miller, M.B. Riley, S. Bondurant and E.P. Hiatt, The Duration of Tolerance to Positive Acceleration. J. Aviat. Med. 30, 360 (1959).

8. W.R. Amberson, quoted in C.J. Wiggers, Physiology and Health and Disease, 5th ed., 630 pp. Philadelphia : Lea & Febiger, 1950.
9. J. P. Henry and J. W. Pearce, The Possible Role of Cardiac Atrial Stretch Receptors in the Induction of Changes in Urine Flow. J. Physiol. 131, 572 (1956).
10. O. H. Gauer, J. P. Henry and H. O. Sieker, Cardiac Receptors and Fluid Volume Control. Progress in Cardiovascular Diseases 4, 1 (1961).
11. D.E. Graveline and Margaret M. Jackson, Diuresis Associated with Prolonged Water Immersion. J. Appl. Physiol. 17, 519 (1962).
12. D. E. Graveline and B. Balke, The Physiologic Effects of Hypodynamics Induced by Water Immersion. Res. Rep. 60 - 88, 11 pp. USAF School of Aviation Medicine, Brooks AFB, Tex., September 1960.

Discussion

Pace: In connection with the experiment of Graveline in which diuresis occurred during water immession, isn't the interpretation that diuresis resulted from the negative pressure breathing associated with the subject's head being out of the water rather than with the simulated weightlessness per se.

Gauer: It does not matter which. The fact remains that diuresis did occur. I do not think, that in Graveline's experiments the relative weightlessness of the body itself plays an important role in the resulting diuresis. The common feature of immersion and weightlessness in an increased central blood volume caused by different mechanisms.

Howard: The stimuli you have used in your experimental series, the inflation of balloons and so on, were followed almost immediately by a change in urine excretion. Is there any evidence that the periods of weightlessness so far experienced by astronauts or cosmonauts have given rise to diuresis ?

Gauer: Not that I know of. However, in order to study this you have to carefully watch the water balance of your subjects. For instance, if they loose a great deal of water by sweating, you cannot expect much diuresis.

Guenin: Do you think that pressure breathing would be useful to improve the pulmonary circulation, or tolerance in general, during acceleration ?

Gauer: My guess is that pressure breathing would not be so good, since it may reduce venous return and, consequently, cause a decrease in the cardiac output.

AVOIDING PHYSICAL ATROPHY IN PROTRACTED WEIGHTLESSNESS

Erich A. Müller
Max-Planck-Institut für Arbeitsphysiologie
Dortmund, Federal Republic of Germany

(With 7 Figures)

Abstract

Gravity is only one possibility among others to build up a counterforce for the development of muscular tension and for the performance of muscular work. Muscular tension can be likewise developed under weightless conditions between fixed points inside or outside the body. Work can be done as well against one fixed and one elastic point or against friction. Thus even the smallest room will allow the arrangement of a sufficient trainging system. It has been shown recently that one daily maximum contraction of 5 sec is enough to keep a muscle strong and enduring enough for static work. In order to maintain a high capability for dynamic work, muscles have to work daily for about 1/2 hour as hard as possible. To keep the heart fit and the hemoglobin-content of the blood high for short extreme stress-situations, it is sufficient to raise the pulse-rate once a day up to 100 - 200 beats/min for about 30 sec by exhausting work. This is usually achieved by standing-running under the influence of gravity. Under weightless conditions cranking seems to be the best solution for physiological and technical reasons.

Comment éviter l'atrophie physique en cas d'apesanteur prolongée. La pesanteur n'est qu'une possibilité parmi d'autres de créer une résistance pour le développement de la tension musculaire, et pour l'accomplissement du travail musculaire. La tension musculaire peut être aussi développée dans des conditions d'apesanteur, entre des points déterminés, intérieurs ou extérieurs au corps. Le travail peut être fait aussi bien sur un point fixe et un point mobile, ou par friction. Ainsi, même le plus petit local permettra la conception d'un système d'entrainement suffisant- On a montré récemment qu'une contraction journalière de 5 secondes est suffisante pour garder au muscle assez de force et de résistance pour un travail statique. Afin de garder une grande capacité pour un travail dynamique, les muscles doivent travailler chaque jour intensément pendant une demi heure. Pour garder le coeur en état, et le pourcentage d'hémoglobine du sang suffisant pour le courts mais violents efforts, il est suffisant de faire monter les pulsations cardiaques chaque jour à 100 - 120 pendant environ 30 secondes, en fournissant un effort épuisant.

Ceci est généralement réalisé par la course sur place, soumis à la pesanteur. En cas d'apesanteur, tourner une manivelle semble être la meilleure solution, autant du point de vue physiologique que du point de vue technique.

Как избежать физической атрофии в условиях длительной невесомости. Сила тяготения является лишь одной из возможностей для того, чтобы вызвать контрсилу в целях создания мышечного напряжения и выполнения мышечной работы. Мышечное напряжение может быть также создано в условиях невесомости между определенными точками вне или внутри тела. Работа может выполняться также в направлении постоянной и подвижной точки или преодолевая трение. Таким образом, даже самое незначительное пространство позволит установить систему достаточной тренировки. В последнее время показано, что для сохранения силы и выносливости мышцы, обеспечивающих ее способность к статической работе, достаточно одно ее максимальное сокращение в течение пяти секунд в день. Для сохранения высокой способности к динамической работе, мышцы должны работать около получаса в день как можно напряженнее. Для поддержания способности сердца справится с кратковременным, исключительно высоким напряжением, как и соответственно высокого уровня гемоглобина в крови, достаточно раз в день поднимать пульс до 100-120 ударов в минуту в течение, примерно, 30 секунд путем утомительной работы. Это обычно достигается при помощи бега с остановками в условиях тяготения. В условиях невесомости вращение рукоятки представляется наилучшим решением по физиологическим и техническим причинам.

While the human body is able to do mechanical work, it is, of course, fundamentally different from a man-made machine. An automobile left unused in the garage for one year may after that time function as powerfully and reliably as before. What happens to a man in a similar situation ? The following experiment was made (Müller and Krant). A rather phlegmatic studient was chosen as subject, his muscular strength was measured and he was put on a constant diet. After four weeks of observations, the subject was put to bed for a fortnight. Voluntary movement was not permitted; he was fed, washed, etc. by others - fortunately for the experiment, he enjoyed this kind of life. Fig. 1 indicates what happened. He gained weight, but lost 20 per cent of his muscular power. He lost protein in spite of an adequate protein intake which means he put on fat and lost muscular substance. In a two-week recovery period, the added fat was retained and muscular power and protein restored. The period of idleness was repeated with the same effect, except that the subject stopped gaining fat by simply reducing his food intake.

What has been demonstrated here is a typical example of a general biological effect, atrophy due to disuse. The loss in muscular strenght is particularly striking in that it declines rather quickly compared, for example, with the loss of rigidity of unloaded bones.

This changing functional power, which is common to all our capacities physical as well as mental, is the basis of the great adaptability of man.

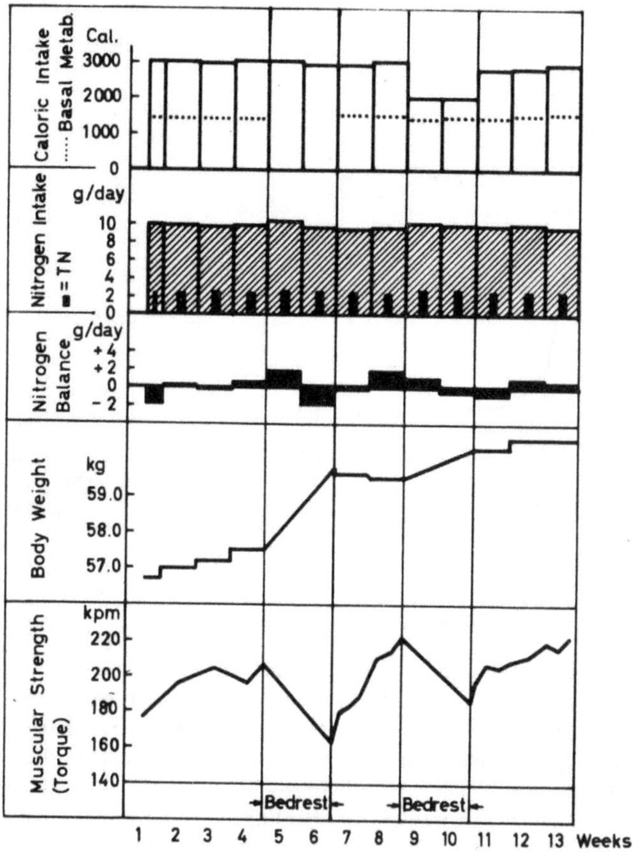

Fig. 1. The effect of two weeks of bed rest on muscular strength, body weight, and protein balance. The two upper curves show the caloric intake, the basal metabolic rate (dotted line), and nitrogen intake (TN = animal protein)

The compound functional power of the body is a limited one. But with these limits one kind of function can be favoured on the cost of others, as e.g. the mental part or the muscular part, the power to stand a hot climate or the power to do heavy muscular work, the capacity for arm-work or the one for leg-work. In order to develop a new special capacity, it is necessary to be able to diminish former capacities. That is why a great adaptability under the conditions of a limited total capacity depends on the principle, that functioning increases, non-functioning decreases the functional power.

How then do weightlessness and restricted activity affect physical work capacity ? This question implies another one : how is physical work capacity normally maintained ? Let us first look a little more closely at human physical work capacity.

In dealing with human work capacity we have to consider one fundamental difficulty; it is time-dependent. Fig. 2 gives the maximum HP (horsepower) produced in running for different times. The shape of the curve is

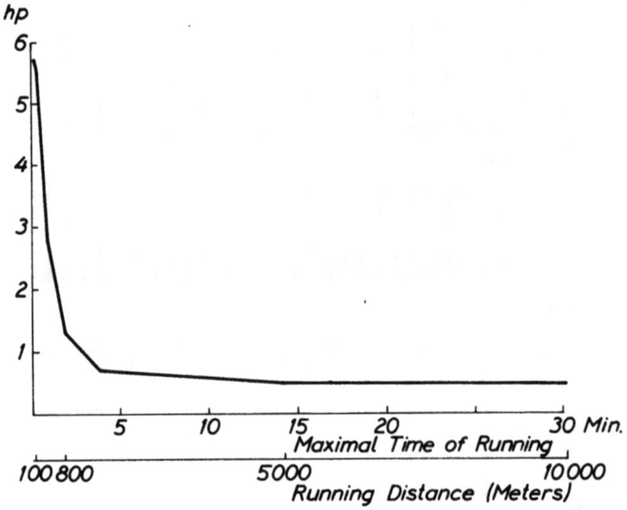

Fig. 2. Abscissa shows maximal time of running in minutes and length of running course in meters. Ordinate shows work per time in horsepower (Olympic records)

explained by the well-known fact, that muscle receives energy from two sources: one is a steady oxiditative process maintained by an adequate blood supply; the other is the anaerobic breakdown of fuel stored in the muscle and is independent of blood supply. The latter supply of energy forms a limited reservoir, which must afterwards be restored from the blood. It can provide 40 times the energy of the steady state supply, for a period of 10 seconds, which is of course very useful in case of emergency, to fight or to run for safety. It is also the basis for any outstanding performance in athletics. It is however of not much practical use for prolonged work; valuable for a few seconds or minutes, it provides no benefits in an 8-hour shift.

In the last year we have been able to demonstrate that the capacity for prolonged work does not necessarily correlate with the capacity for maximal work. The normal values for both levels of work capacity are drawn in Fig. 3 for men and women of all ages. During childhood and adolescence both levels of work capacity are well correlated; after 35 years they dissociate appreciably. The work capacity for enduring work remains constant whilst the one for maximum work falls more and more. But inactivity, even at younger ages, will decrease the maximum work capacity. Studies of policemen in Philadelphia (USA) and Essen (Germany) gave a practically equal capacity for enduring work in both groups, but a very low maximum work capacity for the Philadelphia policemen, who were not active in sports. That means that special training is required to preserve a high maximum capacity for short-term work.

We have also to consider that man is composed of many machines, many muscles of different work capacity, fed with energy by one single central pump, the heart, The size and the strength of the heart and the oxygen capacity of the blood provide physiological limits to the quantity of oxygen which may be supplied to the muscles (central limit). On the other hand the mass of the working muscles eventually limits their oxygen

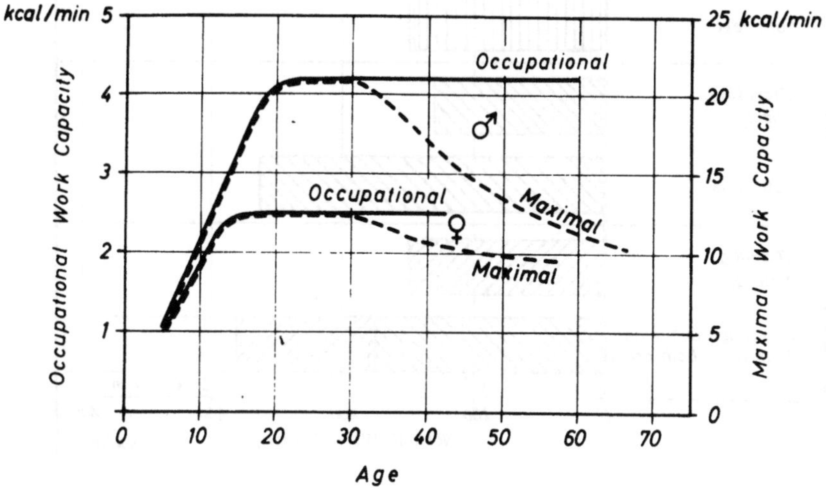

Fig. 3. Normal values of maximal and occupational physical work capacity of men and women at different ages

intake at a lower level than the central limit (peripheral limit). To determine the central limit, a sufficient mass of muscle must be set working such that the peripheral limit is as high or higher than the central one. This is demonstrated by Fig. 4. It shows the limits of non-fatiguing work for six different activities in one normal man. One can see that pedalling with both feet doubles the work capacity possible with one foot. The same is true for bicycling with one and two legs. Up to an oxygen intake of about 1.3 liter per minute adding muscular mass to the task increases the work capacity, which means that below 1.3 liter per minute the central limit of his oxygen supply has not been reached. If the oxygen demands are further increased (e.g. cycling with both legs and cranking with both arms) an oxygen intake of slightly more than 2 liter per minute would be needed to meet the oxygen needs of all the muscle groups involved. Intake, however, was only 1.4 liter per minute : the demand in this case certainly surpassed the central limit.

Experiments by my assistant W. Rohmert have shown, on the other hand, that a strong correlation exists between maximum muscle strength and endurance for static work, measured as holding time for 40, 50, 60, etc., per cent of maximal strength (Fig. 5). This correlation is independent of the absolute strength of muscles, is constant for all the muscles of body, and holds for all people at all stages of muscular training.

A final important factor determing work capacity is the utilization of oxygen carried in the blood. During rest the tissues take up, on the

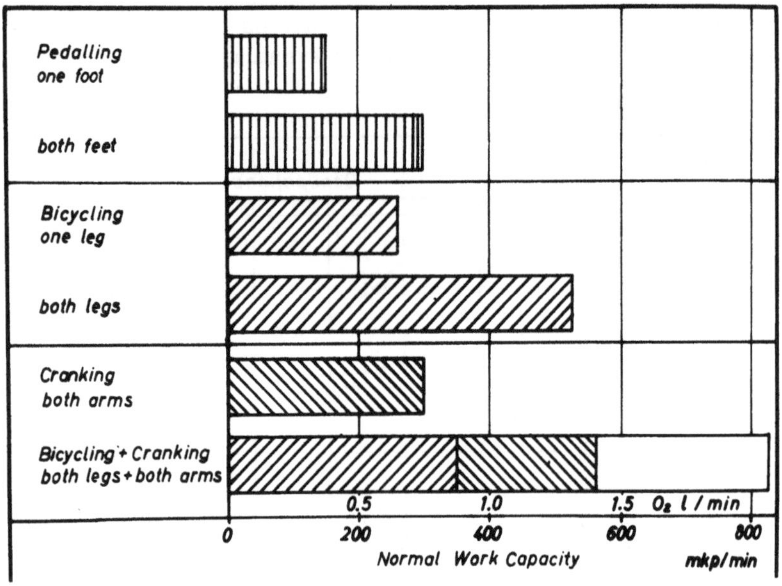

Fig. 4. Normal aerobic work capacity for simultaneous work in different muscles

average, only 1/3 out of the available blood oxygen. (If this percentage is doubled, each beat of the heart can deliver double the amount of oxygen to a muscle and set free double the mechanical energy by oxidation). Inactivity diminishes the capacity of a muscle to utilize blood oxygen. This was shown by experiments we made in 1942 (Fig. 6). Note the fall in pulse rate for the same amount of work on the bicycle in the course of 11 weeks of training. This effect could be explained either by an increased stroke-volume, or by an increase in the oxygen uptake per beat That the latter occurs can be concluded from the further course of the curve in Fig. 6. In the 11th week exercise of the legs was stopped while arm exercise by cranking was begun. The metabolic rate remained the same (oxygen intake = 1 liter per minute). If the decrease in pulse rate during training on the bicycle was caused by an increase in stroke volume, it should have been possible for the heart to deliver 1 liter oxygen per minute at the same low heart rate to the arm muscles as to the leg muscles. It was observed, however, that when arm exercise was begun the heart rate was again high and this decreased only with training. At the same time the improvement seen earlier with the legs was lost; leg exercise was again accompanied by the high initial pulse rate. Thus the heart-sparing effect of increased oxygen utilization, which in this way increases physical work capacity, is lost when the muscles involved become inactive.

Having analyzed the physiological conditions of physical strength and work capacity, as far as they are known at present, we have now to look for the most economical way to preserve the physical power and endurance

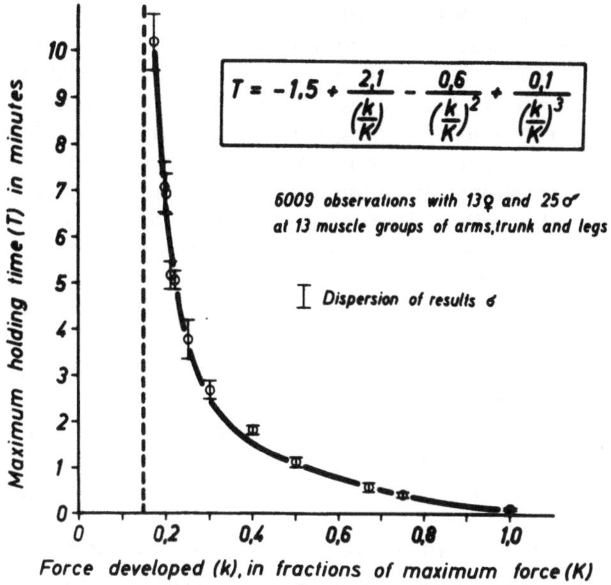

Fig. 5. Maximum holding time as a function of holding force

of a man under the restricted conditions of space flight.

In summary, physical work capacity is based on four main factors :

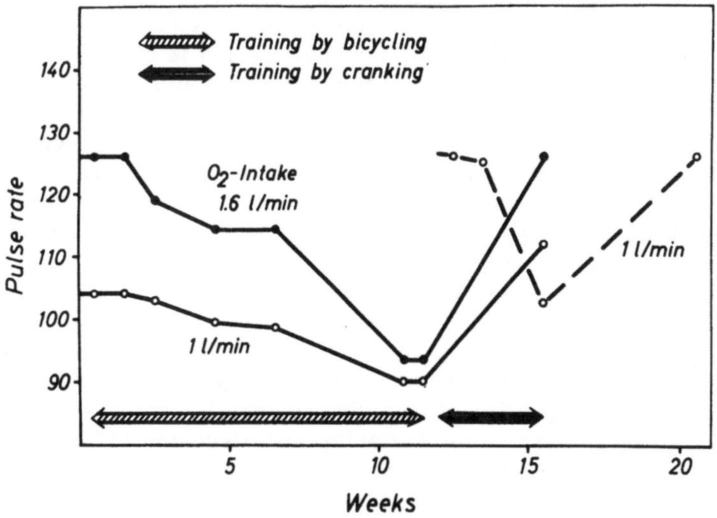

Fig. 6. Changes in pulse rate for constant work per minute by different training

1. The strength and rigidity of muscles, tendons and bones.
2. The blood and oxygen supply to the muscles during work.

3. The capacity for buffering and disposing of lactate.

4. The level of coordination of movements during work, i.e. skill.

1. To maintain muscular strength a certain minimum number of contraction are necessary. With Hettinger, I have studied the minimum quantity of isometric, static contraction which is sufficient to prevent atrophy. We found that one single short contraction per day at 20 % of the maximum strength, is just enough. Recently completed experiments with Rohmert, showed that one single short maximum contraction per day in each important muscle group can sustain the maximum strenght that is attainable by training with such a daily contraction. That maximum is greater than the strength of 80 % of the normal population. To achieve and maintain this strength, all that is required is one maximal contraction of 5 to 6 seconds duration daily. Since all of these contractions are isometric, they can be exerted in a narrow stool, inside a closed jacket, against any fixed point within reach.

It should be emphasized once more that the increase in muscle strength or the prevention of atrophy is due not to metabolism or fatigue but to mere overstretch by a short maximal contraction against an unyielding resistance. Weightlessness obviously does not prevent this kind of exercise, which can even be done by contracting antagonists against each other.

2. and 3. In weightlessness, however, it is difficult to achieve by exercise the high rate of metabolism necessary to maintain a large capacity for oxygen transport to the muscles. Normally, one uses exercise against gravity (e.g. running, jumping, knee-bending). Such exercise can not be replaced by static contractions, because the latter do not increase oxygen intake very much. Nor can one use springs that are stretched by feet or arms, since these springs keep the muscles under tension during relaxation and this reduces the resting blood flow. The only solution is to use a braked fly-wheel, which is cranked through a speed-reducing gear. How to set up such an ergometer in a space-flight cabin is another question. Weightlessness would make impossible a bicycle-like ergometer in which the counterforce is the body-weight. The body would have to be strapped on the stool by waist and shoulder harnesses. A two-hand crank, in which the hands are 180° apart, one pushing and the other pulling alternatively, would achieve a balance of forces and thus be independent of weight.

Daily exercise on such an ergometer for 10-20 minutes at an intensity of about 1/7 HP with the legs, and for 10-20 minutes at about 1/14 HP with the arms, would keep the capacity for oxygen utilization at a high level for prolonged work. Maximal work on the same ergometers for 20 seconds once a day would be a sufficient stimulus to keep the heart strong and to maintain the body's capacity for buffering and disposing of lactic acid. It would at the same time sustain a high blood hemoglobin concentration.

4. It remains to discuss the factor of skill. Skill can only be achieved and maintained at a high level by practice. This would be a difficult problem in space-flight, but fortunately, skill is the one factor which shows the slowest decline in disuse. Skill in bicycling, swimming, jumping etc. is not lost in a month or two, while muscle strength, the

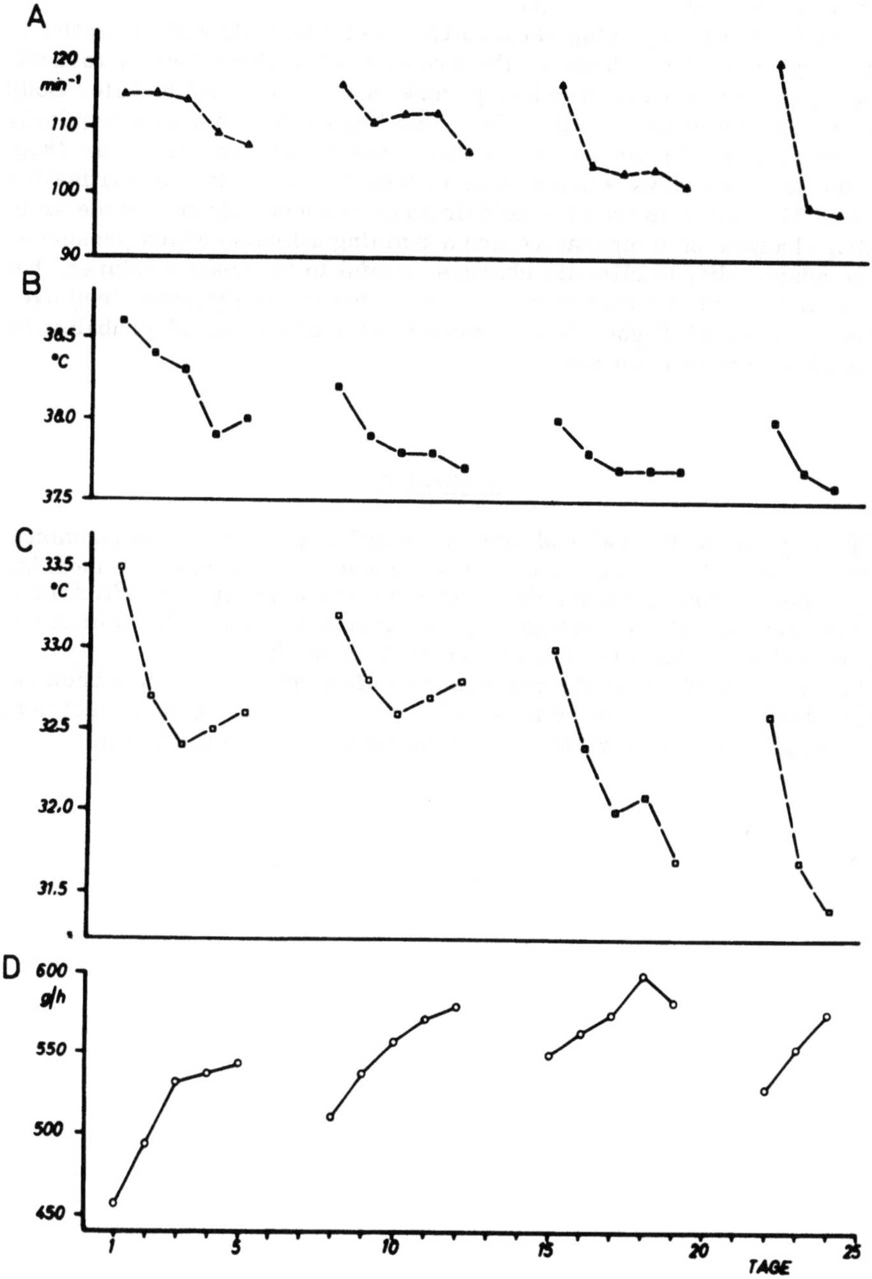

Fig. 7. Changes in pulse rate (A), rectal temperature (B), skin temperature (C) and sweat output (D) in the course of 18 days of exposure in a subject doing hard work, during adaptation to a hot and humid climate (Experiments by H. G. Wenzel)

capacity for oxygen transport and lactic acid removal decline noticeably after only one week of inactivity.

There is another physiological problem which has to do with weightlessness only indirectly. That is the problem of acclimatisation to heat. Sweating in a man not used to heavy work in the heat is inadequate. Body temperature and pulse rate therefore rise higher than in a man regularly exposed to heat. In the course of two weeks adaptation will occur (Fig. 7). But only two days without heat reduce the valuable acclimatisation gained. The same is true for cold-induced vasoconstriction in the skin. Sudden changes of temperature are a training stimulus which preserves a high adaptability to climatic changes, useful to the space explorer, but easily lost, if the private climate in the cabin is evenly maintained over a long period of flight. These biological demands could probably be supplied by technical means.

Discussion

Muren : Would the habit of stretching different groups of antagonistic muscles for a few seconds, for instance when waking up in the morning as you see it done by man, dog, cat and other animals, be sufficient to prevent atrophy of the muscle groups stretched even if the animal remained asleep or anesthetized for the rest of the day ?

Müller : I think it would perhaps be sufficient, since it has been reported that training may be accomplished by short periods of electrical stimulation of muscles without involving motor units in the brain.

OBSERVATIONS ON HEART RATES AND CARDIODYNAMICS DURING PROLONGED WEIGHTLESSNESS SIMULATED BY IMMERSION METHOD

Julian Walawski and Zbigniew Kaleta
Department of Pathophysiology
Medical Academy and Military Institute of Aviation Medicine
Warsaw, Poland

(With 4 Figures)

Abstract

Among the numerous methods proposed for the investigation of physiological effects of weightlessness in laboratory conditions the immersion method seems to be most advantageous. Although no true state of weightlessness is attained, nevertheless long-term observations in subgravity are made possible in this way. Certain human experiments indicate that in such conditions slight disturbances in ECG and blood pressure may become manifest. These results were not confirmed by other authors. The aim of the present work was to investigate the effect of long-term weightlessness simulated by immersion on ECG and blood pressure in rabbits. The animals were under urethane narcosis to eliminate the influence of the central nervous system. The experimental animals were submerged in 1 % solution of NaCl at temperatures ranging from 34 to 35°C. Respiration was made possible by tracheotomy tube connected with respiratory valve. Blood pressure from the carotid artery was registered kymographically using a mercury manometer. ECG electrodes were introduced under the skin of the fore and hind extremities. All incisions were sutured carefully to avoid contact of electrodes with the immersion fluid. The immersion period ranged from 12 to 24 hours.

No apparent changes were seen in the electrocardiograms. The heart rate registered hourly was about 230 per minute and did not change during the whole observation period. No significant changes in ECG were observed. The conduction times remained in the normal range for rabbits. In some instances a slight depression of QRS complexes was noted. Sometimes QRS complexes were elevated even in final stages of the experiments. The arterial blood pressure remained during the whole experiment nearly at a constant level showing only slight deviations.

The above results indicate that 24 hours weightlessness simulated by the immersion method does not induce any significant circulatory disturbances and is fairly well tolerated by rabbits. Supplementary experiments now under way using further physiological tests seem to confirm the foregoing conclusions.

Observations de la fréquence cardiaque et la cardiodynamique au cours de périodes prolongées de non-gravité, simulée par l'immersion. Parmi les nombreuses méthodes proposées pour étudier les effets physiologiques de la non-gravité en laboratoire, la méthode par immersion semble être la plus avantageuse. Bien qu'on n'obtienne pas un véritable état de non-gravité, il est néanmoins possible, de cette façon, de faire des observations sur de longues périodes de non-gravité simulée. Certaines expériences humaines montrent que dans de telles conditions de légers troubles dans l'électrocardiogramme et la pression sanguine peuvent devenir manifestes. Ces résultats n'ont pas été confimés par d'autres auteurs. Le but de ce travail a été d'expérimenter l'effet d'une longue période de non-gravité, simulée par immersion, sur l'electro-cardiogramme et la pression sanguine de lapins. Les animaux étaient en état de narcose par l'uréthane pour éliminer l'influence du système nerveux central. Les animaux expérimentaux étaient immergés dans une solution à 1 % de Na Cl, à une température variant entre 34 et 35°C. La respiration était rendue possible par un tube de trachéotomie relié à une valve respiratoire. La pression sanguine de l'artère carotide était enregistrée par kymographe, en utilisant un manomètre à mercure. Les électrodes de l'électro-cardiographe furent introduites sous la peau des parties antérieures et postérieures du corp. Toutes les incisions étaient suturées soigneusement afin d'éviter que les électrodes ne soient en contact avec le liquide d'immersion. La durée d'immersion s'échelonnait entre 12 et 24 heures.

Aucun changement apparent ne fut révélé par l'électrocardiogramme. Le rythme du coeur enregistré fut de 230/Minute et ne varia pas durant toute la période d'observation. Aucune modification dans les graphiques d'électrocardiogramme. Les temps de conduction restèrent normaux pour le lapin. Dans quelques expériences, une légère dépression du complexe Q.R.S. fut constatée. Parfois, le complexe Q.R.S. s'éleva même durant les dernières phases de l'expérience. La pression artérielle demeura, durant toute l'expérience, pratiquement constante, avec simplement de légers écarts.

Les résultats ci-dessus montrent que 24 heures de non-gravité simulées par la méthode d'immersion ne produisent aucun trouble circulatoire significatif, et sont bien tolérées par les lapins. Des expériences supplémentaires actuellement en cours, et dans lesquelles des tests physiologiques plus poussés ont lieu, semblent confirmer les conclusions précédentes.

Наблюдение за числом ударов сердца и кардиодинамикой во время длительного состояния невесомости, симулированного иммерсионным методом. Среди многочисленных методов, предложенных для исследования физиологических воздействий невесомости в лабораторных условиях, иммерсионный метод, как кажется, обладает наибольшими преимуществами. Хотя состояние полной невесомости и не достигается, но все же длительные наблюдения в этом направлении в условиях субгравитации стали возможными. Некоторые опыты с людьми показывают, что при таких условиях могут обнаружиться незначительные нарушения в электрокардиограмме и давлении крови. Эти результаты не были подтверждены другими авторами. Целью настоящей работы было исследовать воздействие длительного состояния невесомости, симулированного иммерсией, на электрокардиограмму и на давление крови у кроликов. Животные находились под уретановым наркозом, чтобы устранить влияние центральной нервной системы. Подопытные животные были погружены в однопроцентный раствор NaCl при температуре 34-35°C. Дыхание осуществлялось при помощи трахеотомической трубки, соединенной с дыхательным клапаном. Давление крови из сонной артерии регистрировалось кимографически с применением ртутного манометра. Электроды электрокардиограммы были введены под кожу передних и задних конечностей. На все надрезы были тщательно наложены швы, во избежание контакта электродов с иммерсионной жидкостью. Период иммерсии длился от 12 до 24 часов.

Явных изменений на электрокардиограммах не наблюдалось. Число ударов сердца регистрировалось ежечасно и равнялось, примерно 230 в минуту, не изменяясь в течение всего периода наблюдения. Существенных изменений в колебаниях электрокардиограммы не отмечено. Время проводимости оставалось у кроликов в норме. В некоторых случаях отмечалась незначительная депрессия комплексов QRS Иногда комлексы QRS повышались даже на конечных стадиях опыта. Давление артериальной крови оставалось в течение всего опыта почти неизменным, лишь с незначительными отклонениями.

Вышеуказанные результаты показывают, что состояние невесомости в течение 24 часов, симулированное иммерсионным методом, не вызывает каких либо значительных нарушений кровообращения и довольно легко переносится кроликами. Поставленные в настоящее время дополнительные опыты, с проведением новых физиологических испытаний подтверждают, как представляется, сделанный выше вывод.

Among many physiological data concerning the influence of weightlessness on animals and human beings the cardiovascular responses are of great importance. In 1951 Henry et al. (8) using the telemetric method recorded the electrocardiogram (ECG) and the arterial and venous blood pressure in narcotized monkey carried by test rockets into ballistic trajectories. No changes in cardiac rate, ECG and arterial and venous blood pressure were observed. Similarly, Ballinger et al. (1) did not observe any significant changes in ECG in pilots subjected to simulated zero G conditions in a jet aircraft flown through Keplerian trajectories for approximately 30 seconds. Burgow et al. (3) performed experiments on dogs during rocket ballistic flight to an altitude of 110 km. In these experiments, the state of weightlessness lasted for 3, 7 minutes. Only a slight decrease in the heart rate and arterial blood pressure was observed. In other experiments dogs were exposed to zero G for 6 minutes during rocket ballistic flights to an altitude of 212 km (Galkin et al. (4)). These experiments were performed on both anaesthetized and unanaesthetized animals. In the unanaesthetized dogs a decrease in the heart rate and arterial blood pressure occurred at zero G. In anaesthetized dogs, however no changes in cardiodynamics were observed during the whole period of weightlessness. In 1959 further experiments were made on 3 monkeys carried on ballistic trajectories (Graybiel et al. (7)). No significant changes in ECG-tracings occurred in these experiments. In the case of Russian dog Layka, observations were made during a 10 days' period of weightlessness. No significant changes were observed with respect to the ECG at zero G. Various data concerning the flights of present astronauts did not reveal any disturbances in the cardiovascular system. The increased cardiac rate observed during Titov's flight was connected with the emotional state of the astronaut, because all cardiac functions were restored to normal during his sleep.

The most important problem to be solved now is the influence of long term weightlessness on human subjects. Among the numerous methods proposed for the investigation of physiological effects of weightlessness under laboratory conditions, the immersion method seems to be most useful. Although no true state of weightlessness is attained, nevertheless long-term observations in the state of subgravity are made possible in this way.

Graybiel and Clark (6) submerged 4 volunteers for 10 hours daily during a 14 day period. A decrease in the arterial blood pressure occurred in the orthostatic test. The ECG recorded during this test revealed an increase in the amplitude of P-waves, inversion of T-waves and a gradual, although not significant, decrease of the ST-segment. Graveline and others (5), utilizing the water immersion technique, performed their experiments on one subject for a 7-day period. In the orthostatic test a decrease in the systolic and an increase in the diastolic blood pressure were observed. The electrocardiographic tracings showed tachycardia, increased amplitude of P-waves and junctional ST. The accentuation of the S-wave reflected a shift of the electrical axis toward the right. Beckman and others (2) did not observe any significant changes in the ECG in 7 volunteers immersed for a period of 5 to 23 hours.

The aim of of our work has been to investigate the effect of long-term weightlessness - simulated by water immersion - on the ECG and arterial blood pressure in rabbits. The experiments were conducted upon 20 male rabbits under urethane anaesthesia. The animals were submerged in water containing 1 per cent NaCl at temperatures ranging from 34 to 35°C, and breathed through a tracheal cannula connected with a respiratory valve. The blood pressure was recorded kymographically from the carotid artery using a mercury manometer. ECG electrodes were introduced under the skin of fore and hind extremities. All incisures were sutured carefully to avoid direct contact of electrodes with the immersion fluid. The period of immersion ranged from 12 to 24 hours. The ECG and arterial blood pressure were recorded hourly during the entire experimental period. The arterial blood pressure remained nearly at the same level during the whole experiment, showing only slight deviations (Fig. 1).

No apparent changes were observed in the ECG. The heart rate was about 230 per minute and did not change significantly. No significant changes in the ECG pattern were observed (Fig. 2, 3, and 4). The conduction times remained within the normal range for rabbits. In some instances a slight depression of the QRS complex was noted, in others the QRS complex was elevated even in the final stages of the experiment. In some experiments the animals were kept alive for 2 days after the immersion test had been completed. The good condition of these animals was indicated by the fact that they did not refuse food. The above results indicate a 24 hour period of weightlessness simulated by the immersion method does not induce any significant circulatory disturbances and is fairly well tolerated by rabbits.

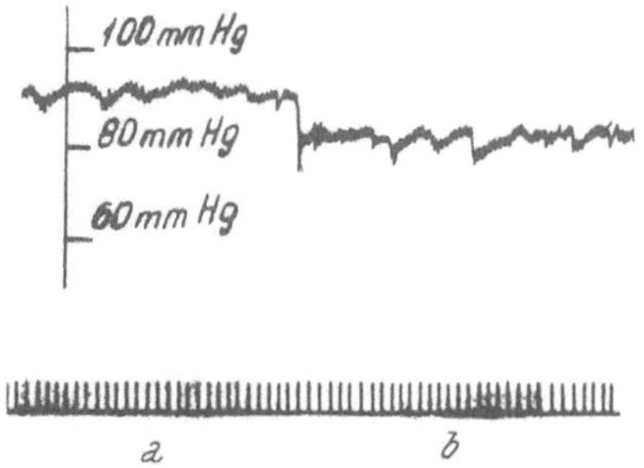

Fig. 1. Rabbit No. 1. Blood pressure curve obtained a) before immersion, b) in 24th hour of immersion

The results of our experiments do not agree with some other experiments conducted on animals and human beings under zero G conditions. The cause of difference seems to be the exclusion of emotional stress in our experiments.

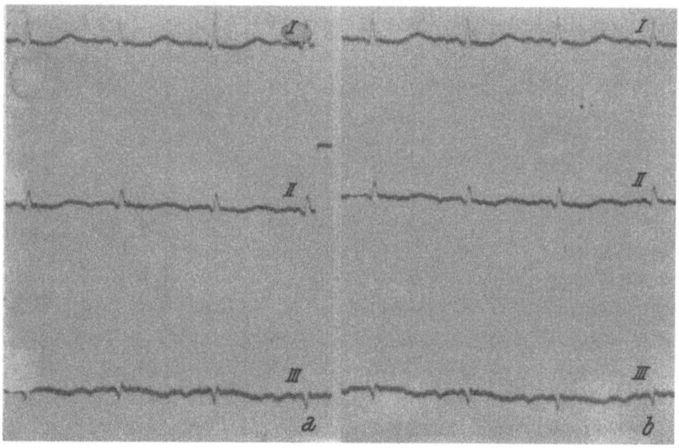

Fig. 2. Rabbit No. 1, ECG leads I, II, and III obtained a) before immersion, b) in 24th hour of immersion

Our experiments confirm, in this respect, the results obtained by Galkin and others (4) who did not observe any cardiovascular changes in the anaesthetized dog during test rocket flights.

Supplementary experiments now under way using further physiological tests seem to confirm our present conclusions.

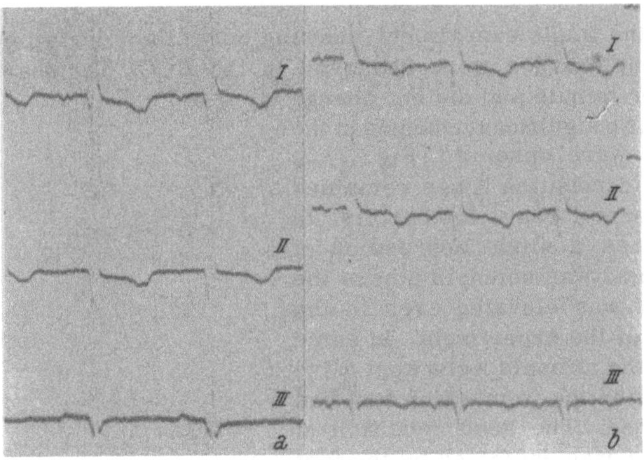

Fig. 3. Rabbit No. 4, ECG leads I, II, and III obtained a) before immersion, b) in 10th hour of immersion

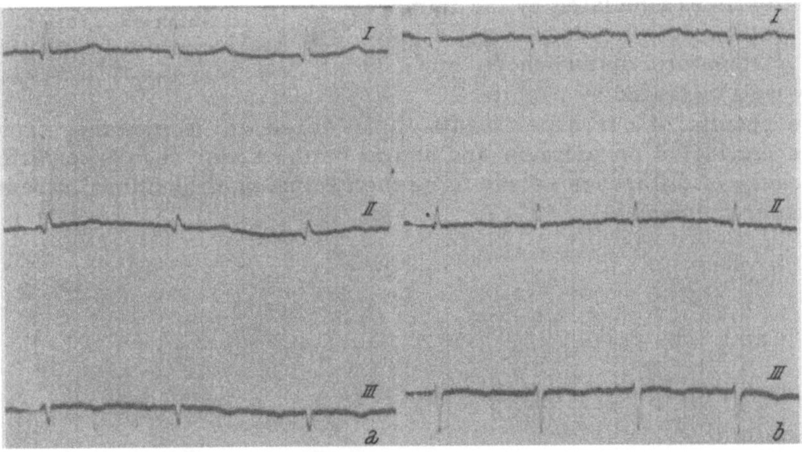

References

1. E.R. Ballinger, J.Aviat.Med. 23, 319 (1952).
2. E. L. Beckmann, K. R. Coburn, R. M. Chambers, R. E. DeForest, W.S.Augerson, and V.G.Benson, Aerospace Med. 32, 1031 (1961).
3. B.G.Burgow, O.G.Gorlow, A.W. Pietrow, A.D. Serow, H.M. Jugow, and W.I.Jakowlew, Izdatielstwo AN SSSR, 1958.
4. A.M.Galkin, O.G.Gorlow, A.R. Kotowa, I.I. Kosow, A.W. Pietrow, A. D. Sierow, W. N. Czernow, and W. I. Jakowlew, Izdatielstwo AN SSSR, 1958.
5. D. E. Graveline, B. Balke, R.E. KcKenzie, and B. Hartman, Aerospace Med. 32, 387 (1961).
6. A.Graybiel and B. Clark, Aerospace Med. 32, 181 (1961).
7. A. Graybiel, R. H. Holmes, D. E. Beischer, G.E. Champlin, G.P. Pedigo, W. C. Hixson, T. R. A. Davis, N. L. Barr, W.G. Kistler, J. I. Niven, E. Wilbarger, D. E. Stuken, W. S. Augerson, R.Clark, and J.H. Berrian, Aerospace Med. 30, 871 (1959).

8. I.P. Henry, E.R. Ballinger, P.M. Maher, and D.G. Simons, J. Aviat. Med. 23, 421 (1952).
9. A.G. Kousnetzov, J.Aviat.Med. 29, 781 (1958).

Discussion

Andjus : You mentioned that the temperature of the immersion fluid was 34-35° C. What was the temperature of the rabbits during and after the experiment ?

Walawski : The temperature of the rabbits remained unchanged during the experiment at 38.3 - 38.8° C. After removing the rabbits from the immersion fluid their temperature averaged 37° C.

Akulinichev : What was the rabbit's body position, and did you try any recordings in different positions ?

Walawski : So far we have only used the prone position.

Gauer : I understand that you had a slight drop in the blood pressure, the mean pressure falling from 100 to about 80 mm Hg. How fast did this depression of blood pressure set in ? Did it take a few minutes after immersion or did it take an hour or so ?

Walawski : I admit that the blood pressure was low to start with, but one has to take into consideration that the animals were anesthetized. It took quite some time before the blood pressure had fallen to its final value during the experiment, about 5-8 hours.

THE INFLUENCE OF THE DYNAMIC ENVIRONMENT ON MAN IN SPACE FLIGHT

Edwin P. Hiatt
Department of Physiology, Ohio State University, Columbus, Ohio, U.S.A.

(With 8 Figures)

Abstract

Possible stresses in space flight include a broad mechanical spectrum. In this paper most of the emphasis will be placed on transient and prolonged linear accelerations though it is recognized that vibrations and rotations could become important.

In preparing man to be exposed to the prolonged accelerations of space flight it was realized that his body orientation in the force field was of great importance if he was to maintain his capacity for observing and ability to perform tasks. By arranging for these forces to be applied across his body (transversely), instead of along the length of his body, circulatory difficulties can be reduced and his tolerance increased. However, at the higher accelerations tolerable in the transverse position other difficulties appear most by involving respiration. Not only is it more difficult to inspire air, but, because of a displacement of the blood perfusing the lungs, there is imperfect exchange between pulmonary air and blood. This physiological pulmonary shunt results in a reduction in the oxygen content of arterial blood. Furthermore, the inertial forces due to acceleration may cause congestion of some portions of the lungs with overdilation of other portions with danger of atelectasis and mediastinal emphysema.

It is pointed out that neither positive pressure respiration, the breathing of high oxygen pressures nor immersion in water can completely protect against these changes.

The status of our knowledge of the tolerance of man to abrupt transient accelerations is reviewed with some discussion of the difficulties of investigation in this field.

Though the orbital flights made to date have tended to reassure us that man can tolerate the dynamic environment of space flight, there are possible deviations from normal flight plans which could involve dangerous forces. Some of these are described.

L'influence de l'entourage dynamique sur l'homme lors du vol spatial. Les difficultés possibles rencontrées dans le vol spatial comprennent de nombreux facteurs mécaniques. Dans cet exposé, on insistera surtout sur les accélérations linéaires brèves ou prolongées, quoiqu'il soit admis que les vibrations et les rotations puissent devenir importantes.

Lors de la préparation de l'homme aux accélérations prolongées du vol spatial, on s'est rendu compte que l'orientation de son corps dans le champ de forces était très importante, si l'on voulait qu'il reste capable d'observer et de réaliser sa tâche. En s'arrangeant pour que ces forces s'appliquent à travers son corps (transversalement) et non longitudinalement, les difficultés de circulation peuvent être réduites et sa résistance accrue. Cependant, aux plus hautes accélérations supportables dans la position transversale, d'autres difficultés apparaissent, surtout du point de vue respiratoire. Non seulement est-il plus difficile d'inspirer de l'air, mais, à cause du déplacement du sang qui irrigue les poumons, il y a échange imparfait entre l'air pulmonaire et le sang. Cette dérivation physiologique pulmonaire se traduit par une réduction de l'oxygène dans le sang artériel, et de plus des forces d'inertie dues à l'accélération peuvent provoquer une congestion de certaines parties des poumons, avec hyperdilatation des autres, et danger de pneumonie marginale et d'emphysème médiastinal.

Il est signalé que ni la respiration en pression positive, ni l'inhalation d'oxygène à haute pression, ni l'immersion dans l'eau, ne protègent entièrement contre ces changements.

L'état de notre connaissance de la tolérance humaine aux brutales accélérations transversales est revisé par une certaine discussion sur la difficulté des recherches en ce domaine.

Bien que les vols orbitaux faits jusqu'à ce jour tendent à nous rassurer quant à la tolérance humaine à l'entourage dynamique dans le vol spatial, des déviations possibles du plan de vol normal pourraient causer des forces dangereuses. Certaines d'entre-elles sont décrites.

Влияние динамической среды на человека в космическом полете.

Возможные напряжения в космическом полете охватывают широкий механический спектр. В этом докладе наибольший упор сделан на кратковременные и длительные линейные ускорения, хотя и признается, что вибрация и вращение могут иметь большое значение.

При подготовке человека к перенесению длительных ускорений космического полета, было признано, что очень большое значение имеет ориентация его тела в силовом поле, если он должен сохранить свою способность к наблюдению и умение выполнять задачи. Приняв меры к тому, чтобы эти силы направлялись через его тело поперечно, а не вдоль, можно уменьшить трудности кровообращения и усилить выносливость организма. Однако при более высоких ускорениях, переносимых в поперечном положении, возникают другие трудности, связанные главным образом с дыханием. Становится не только труднее вдыхать воздух, но ввиду перемещения крови, омывающей легкие, происходит не полный обмен между воздухом в легких и кровью. Это физиологическое отклонение в легких ведет к снижению содержания кислорода в артериальной крови. Кроме того, силы инерции, вызванные ускорением, могут привести к закупорке некоторых частей легких и перерасширению других частей с опасностью ателектазиса и медиастинальной эмфиземы.

Указывается, что ни дыхание под положительным давлением, ни дыхание под высоким давлением кислорода, ни погружение в воду не может полностью защитить от этих изменений.

Дан обзор уровня наших знаний о сопротивляемости человека резким кратковременным ускорениям, включая обсуждение трудностей исследования в этой области.

Хотя осуществленные до настоящего времени орбитальные полеты как будто убеждают нас в том, что человек может вынести динамическую среду космического полета, однако возможные отклонения от нормального плана полета могут вызвать опасные силы. Некоторые из них описаны.

The news of the successful recovery of Russian and United States astronauts from orbit around the earth was greeted with relief and satisfaction by all kinds of environmental scientists. I know that those who worked with acceleration, including several people here, were happy. They had estimated that men, properly positioned, could tolerate the accelerations encountered in such space flights with only transient loss of ability to perform their tasks and they were right. Possible stresses in such ventures involve the whole mechanical spectrum, including vibrations of high frequency (noise), transient pulses of high amplitude (impact), oscillations, and prolonged linear accelerations as well as centripetal accelerations due to rotation. Even weightlessness can be considered dynamic. Because of the limitations of time and my own knowledge I will concern myself chiefly with the effects of prolonged and transient linear accelerations. I will refer mostly to work familiar to me which was largely published in the United States and apologize for neglecting to mention important work published in other countires.

For more than two decades scientists in acceleration laboratories around the world have been studying the tolerance of man to acceleration in various orientations of his body to the force vectors and with various devices for his support and protection. This study was at first largely focussed on the accelerations associated with the maneuvers of fighter aircraft and the problem of pilot blackout. However when, only a few years ago, it became apparent that it was actually possible to project a vehicle out of the atmosphere and into orbit by means of rocket thrust, the problem of man's acceleration tolerance was suddenly magnified. Studies were intensified using a variety of instruments according to the pattern of acceleration under study. These include centrifuges, drop towers, shakers, rotators, catapults, rocket driven sleds and aircraft (6).

Considering first prolonged accelerations, it was apparent that the accelerations necessary for efficient rocket boosting of a space vehicle up to orbital velocity would be greater and of longer duration than man had experienced before in flight, with peaks of 6 to 8 G and a total duration of 4 or 5 minutes. On returning to earth the same change of velocity must occur in reverse with even higher accelerations. A generalized profile of the accelerations in boost to orbit and reentry into the atmosphere is shown in Fig. 1.

In testing man's tolerance to the accelerations anticipated in space flight on large centrifuges it was soon apparent that the first protective measure was to position the man so that the forces resulting from the acceleration were directed across the man's body (transversely) rather than along the length of his body (longitudinally). This avoided circulatory problems caused by the hydrostatic pressure gradients in the large blood vessels which are longitudinally arranged. It seemed advisable to arrange the capsule on launch so that the man was forced back into his seat which made an ideal supporting surface. In order to maintain this advantage on reentry it was necessary to turn the vehicle or the seat around so that the forces encountered would again force him back into his couch. By now everyone has seen pictures of how the astronauts were

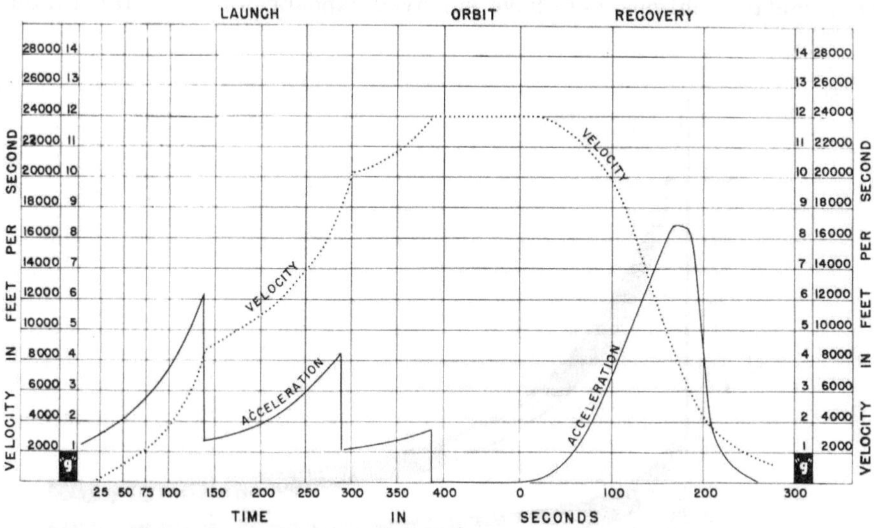

Fig. 1. Acceleration profile of a launch into and recovery from orbit

arranged in the space capsules. They reported that previous centrifuge simulation of the accelerations of the flights was valuable training experience. Furthermore their physiological responses to the acceleration pattern of centrifuge simulation were very similar to those they showed in actual flights (16, 17).

We have accumulated enough information to draw up some rough estimates of the acceleration man can tolerate for various periods of time without serious loss of function, in some of the body orientations in the force field. Those most studied are the headward acceleration where the inertial force is downward along the longitudinal axis (+ Gz in the proposed new terminology (7)) and forward, transverse acceleration, where the inertial force pushes each part of a man's body back toward his coach (+ Gx).

Fig. 2 gives a general view of man's tolerance to prolonged acceleration in these body orientations. It shows that the tolerance for transverse acceleration is much higher than that for headward acceleration and that the tolerance to footward acceleration is very low. Little is known about lateral acceleration. There is an indication of our progress in the question mark opposite zero G. At the time this slide was prepared, before the first manned space flight, we did not have any knowledge of the effect of weightlessness on man beyond the few seconds achieved by flying aircraft through Keplerian arcs. Now we can extrapolate this line for days before we add the question mark. The lines in this graph are purposely drawn as wide bands to indicate variation in the subjects of these tests even though they are highly selected. There is a factor of safety built into these curves because they represent voluntary exposures which did not produce injury. The magnitude of this margin of safety may be indicated by the fact that chimpanzees have survived exposures to 40 G for a minute

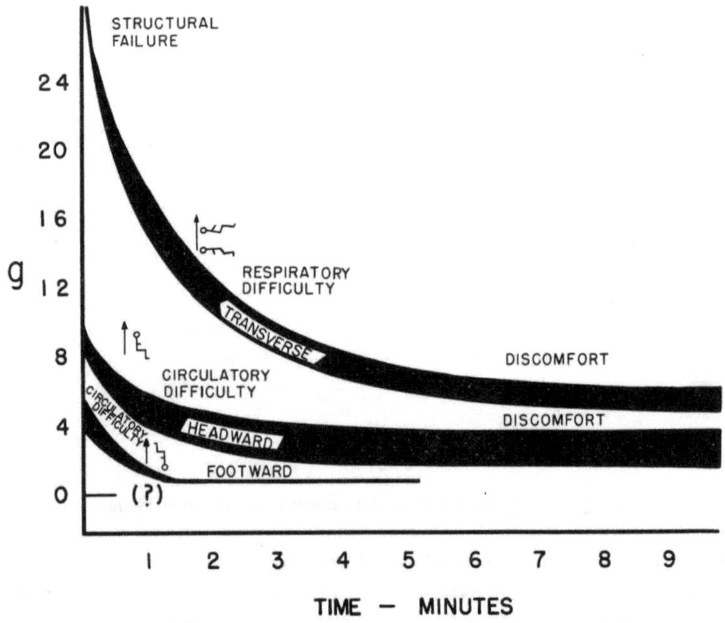

Fig. 2. Voluntary human tolerance to acceleration in different body position (May 1960)

in the transverse position (20) but extrapolation from animal experiments to human applications is uncertain. We have been fortunate in avoiding serious injury in our centrifuge experiments so far and I am not enthusiastic about trying to extend these limits by experiments for reasons which I will mention.

In studying the physiological basis of the symptoms which limit man's voluntary tolerance to prolonged acceleration some interesting research has been done since the space age dawned. For example it has been possible with sophisticated techniques to measure the cardiac output of anesthetized dogs (10, 18) and unanesthetized human subjects (12, 13) while they were riding on large centrifuges. Such measurements show that when the inertial forces act along the long axis of the body toward the feet (+ Gz) there is a marked decrease in cardiac output amounting to an average of about 20 % at 4 G (13). This, together with the hydrostatic pressure gradients developed along the longitudinally arranged great blood vessels reduces the flow of blood to the head and would result in loss of vision or consciousness at accelerations encountered in boost and reentry. Similar measurements made on subjects positioned so that the inertial forces act across the transverse dimension of the body i.e., toward the back (+ Gx) show no such decrease in cardiac output even with exposures lasting 10 minutes and no embarassment of the blood flow to the head (12). However, in avoiding this circulatory complication and making it possible for men to tolerate higher accelerations by arranging them in the transverse orientation, we expose the subjects to other physiological handicaps having to do with respiration. It is of these that I will talk during most of this lecture.

In the transverse orientation to the forces developed by acceleration it is hard to breathe because of the compressive effect of the inertial forces on the chest and abdomen. Respiration is fast and shallow and involves more work. At 12 G it takes almost maximal effort to inspire as much air as is taken in with a normal breath at 1 G (5). A slight forward inclination of the trunk makes breathing easier and lessens a retrosternal discomfort, the origin of which is unknown (4). But this is not the only difficulty with respiration. The blood in the pulmonary vessels takes the path of least resistance in the force field. This means that the lungs of a man accelerated forward would be congested with blood at the back and essentially bloodless at the front. Evidence for this has been demonstrated with X-ray photographs by Hershgold (9). Fig. 3. shows a control lateral roentgenogram of a seated subject. Note the position of the heart and the diaphragm and the vascular patterns in the lung fields. Now see the change in Fig. 4 when the same subject is accelerated forward at the relatively moderate level of 6 G. The heart is displaced backward, the diaphragm is raised posteriorly, the lungs appear translucent anteriorly and the whole chest is compressed in the antero-posterior diameter. Sections taken through the lung of a dog accelerated forward for 10 minutes at 14 G show dramatically the congestion of the lungs posteriorly and the over-expansion anteriorly. Fig. 5 is taken from a report by Steiner and Mueller (19).

One important effect of this physiologic shunting of blood through the lungs is to decrease the oxygenation of the arterial blood. Several investigators have noted this in anesthetized dogs and in unanesthetized man in both headward ($+G_z$) and forward ($+G_x$) acceleration (2, 3, 19) Fig. 6 taken from the work of Nolan and others in Dr. Earl Wood's Laboratory at the Mayo Clinic shows a typical effect of moderate forward acceler -

ation on the arterial blood oxygen saturation (15). It can be seen that the breathing of oxygen while being accelerated in this orientation reduces this effect but there are hazards to the breathing of oxygen while being accelerated which I wish to speak of later. Since a man being accelerated forward is breathing ambient air while his body is being compressed the situation is similar to negative pressure breathing, like that of a man trying to breathe through a tube while submerged in water. Watson et al., have shown that the application of positive pressure respiration to subjects while they were accelerating forward improved the ventilation and the

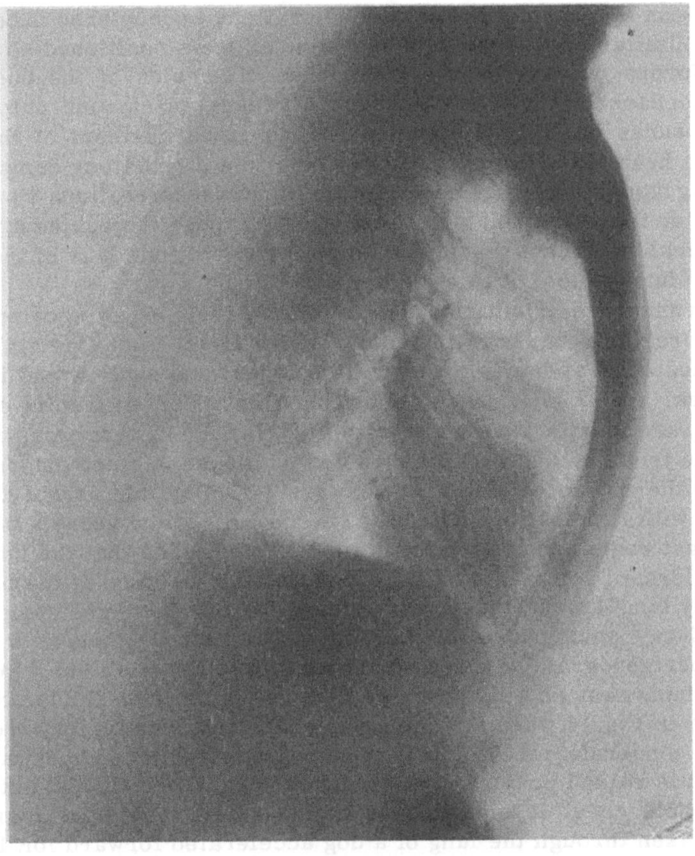

Fig. 3. Subject L.B.; control, bending 25°

acceleration tolerance to some degree (22). Of course this could do little to modify the abnormal distribution of pulmonary blood flow. It might also be mentioned that immersion in water as protection against acceleration would not correct this defect.

I mentioned that the breathing of oxygen while under acceleration stress may be dangerous. This is because of the increased likelihood of collapse of segments of the lung or atelectasis. This was first noted in the $+G_z$ position in British fighter pilots carrying out high acceleration maneuvers at high altitudes but Landon and Reynolds have recently reported a 20 % incidence in U.S. fighter pilots (11). Hyde et al., at the Aeromedical Laboratory of Wright Patterson A.F.B., have stated that three factors are necessary : a) oxygen breathing, b) acceleration and c) some restriction of thoracic expansion (personal communication). In the case of the fighter plane pilots all three factors are present with the inflated anti G suit furnishing the restrictive factor. With transverse body orientation ($+G_x$) the acceleration element is also a restrictive factor so that atelec-

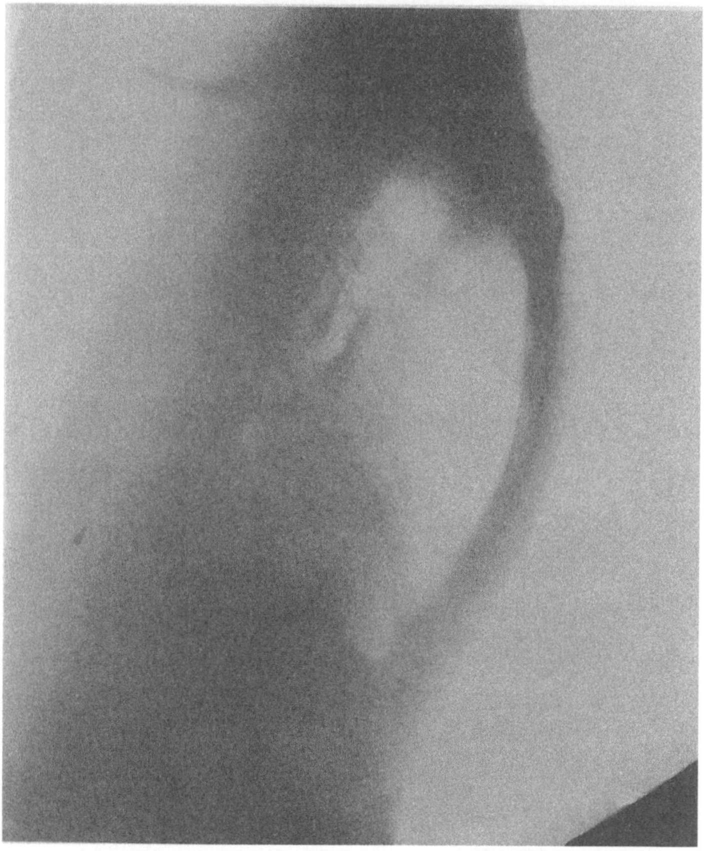

Fig. 4. Subject L.B.; forward acceleration, bending 25°, 6.0 g

tasis can be expected to occur without any restrictive garment. There have been a number of informal reports of the suspected occurrences of atelectasis in subjects experiencing forward acceleration on the centrifuge. Some of the U.S. astronauts showed signs that they may have had transient areas of atelectasis at the posterior lung bases after reentry (16, and personal communication from Dr. William K. Douglas, Mercury Astronaut Flight Surgeon). The symptoms of atelectasis are mild, consisting of an inability to take a deep breath without coughing and mild retrosternal discomfort. The condition is readily reversible so that X-rays or vital capacity measurements to demonstrate the atelectasis must

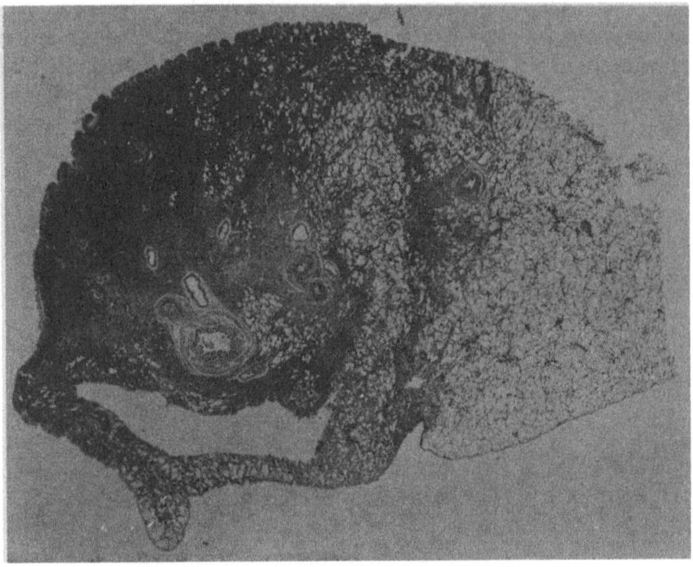

Fig. 5. Cross section through lung of day after 10 min at 14 g

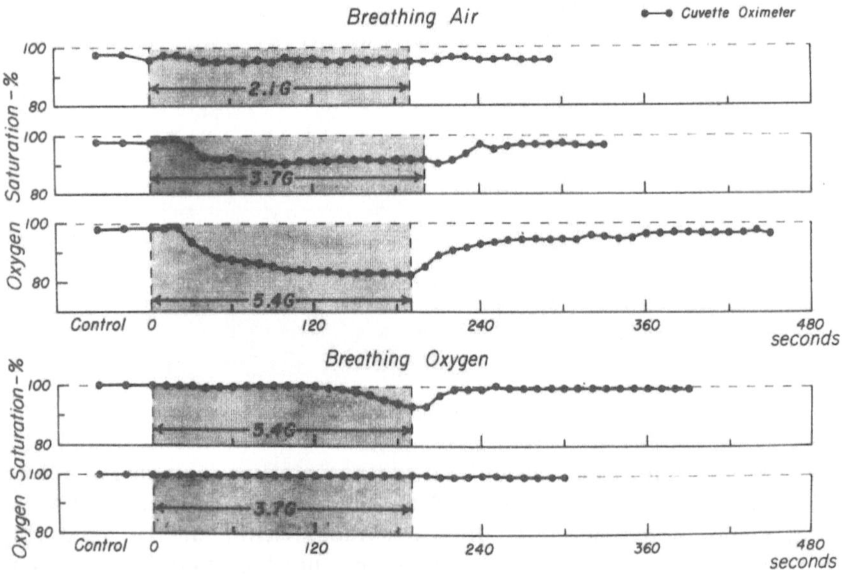

Fig. 6. Changes in arterial oxygen saturation during exposure to forward acceleration (♂ - 37 years, 81 kg)

be taken promptly before the lung areas are spontaneously reexpanded. Sometimes X-ray evidence of atelectasis occurs without symptoms.

There are also rare instances where subjects of acceleration experiments on the centrifuge may develop mediastinal emphysema as a result of rupture of an area in the over-distended superior portions of the lungs. Some understanding of the physical basis for a situation where one part of a lung may be collapsed while another part is over-distended may be seen in Fig. 7. This figure from the unpublished work of Edmundowitz, Donald and Wood at the Mayo Clinic (personal communication) shows the change in the intrapleural pressure in an anesthetized dog exposed to forward acceleration of 6 G. These measurements were made by introducing a small catheter through the chest wall anteriorly and then manip-

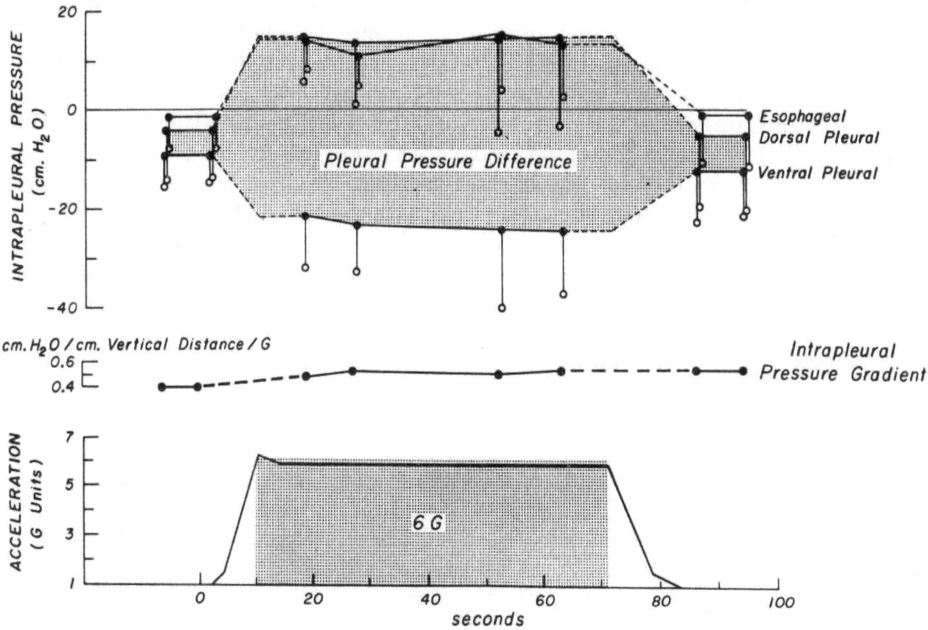

Fig. 7. Variations in intrapleural pressures with changes in weight produced by forward acceleration (dog in supine position, Morphine Pentobarbital anesthesia). Pressures : • end -expiratory, ○ minimum inspiratory

ulating it under fluoroscopic control through the intrapleural space to the depth desired. It can be seen that the small antero-posterior difference in pressure is increased with acceleration almost in proportion to the G level. The dorsal intrapleural pressure becomes positive (hence the congestion and atelectasis) while the ventral intrapleural space becomes much more negative accounting for the over-distention and occasional rupture.

None of these pulmonary difficulties, by itself, is life threatening but taken together they constitute a warning that we cannot indefinitely extend man's tolerance to acceleration even in the transverse body orientation.

There are many interesting studies of the effects of acceleration on pressure and flow in various parts of the circulatory system in addition to the pulmonary circulation which I will not attempt to cover since they have been well reviewed elsewhere. I might mention that the circulation to the kidney seems to be remarkably unaffected in either $+G_x$ or $+G_z$ body orientation. However, there are interesting indications that alteration of the thoracic blood volume by acceleration may stimulate volume sensitive receptors which influence the renal excretion of water. These changes resemble those seen in positive and negative pressure breathing (14, 23).

In these sample studies of the effect of acceleration on the physiology of man we see good examples of how our effort to explore space produces, as a side benefit, increased understanding of man useful here on earth.

Now I would like to say a few words about the problem of abrupt high G accelerations of short duration which we sometimes call impact accelerations. These will always be with us so long as moving vehicles collide with immovable objects. In returning from space flight in vehicles which cannot be flown to a landing like an airplane it can be a very large problem. This is because the direction of application of the force cannot be exactly predicted. Although the parachute assures that the capsule will land right side up, its basic vertical path may have a horizontal component due to wind and there can be rotational movements of the capsule, not to mention the possibility of an uneven landing surface. Consequently the astronaut must be restrained against movement in any direction and any shock attenuating materials must be arranged so as to be effective in any orientation in which the capsule is apt to land. The alternative is to separate the astronaut from the capsule to land on the shock absorbers of his own legs.

With transient accelerations like those of impact there is no time for the development of physiological problems having to do with circulation or respiration as in the case of prolonged accelerations like those we have been discussing. Physiological effects are caused by the dynamic response of various body parts to the transmitted force. Localized pressures and tissue displacements cause discomfort after the acceleration if the mechanical limits of stress tolerance for various tissues are exceeded. The damage may be fracture of bones or there may be tearing of an organ attachment or a contusion of a soft part displaced against bone or it can be a shock-like reaction to sudden stimulation of stretch sensitive nerve endings in membranes (1).

Our knowledge of man's tolerance to transient accelerations is very incomplete largely because of the difficulty of measuring anything in the fraction of a second available. Different kinds of accelerometers give different readings of the acceleration pattern. Furthermore since different parts of the body respond differently to such brief applications of force, accelerometers attached to different parts of the body give widely different measurements. These also vary with the body position, with the kind of restraint and support and with any attenuating structures intervening (1, 8).

Fig. 8 from a report by Swearingen, shows the attenuation of a shock from seat to shoulder of a seated subjet (21).

Though it has been demonstrated by Col. Stapp and others that man can tolerate brief acceleration up to the order of 50 G in certain conditions we know that in others situations 10 G may be injurious. The effect of an impact acceleration cannot be predicted from the peak acceleration alone. We know that the rate of application and the duration are important and it seems probable that the effect can only be understood as a function of the whole force-time pattern together with a knowledge of the mechanical properties of various body components. This knowledge we do not yet have but it is gradually accumulating.

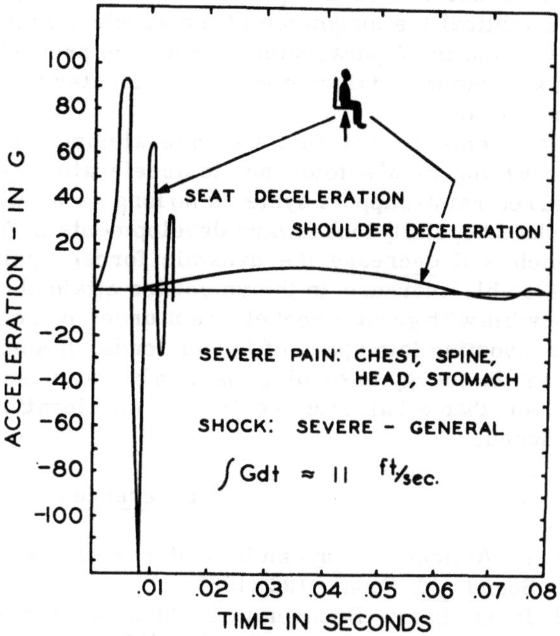

Fig. 8. Vertical impact decelerations with seated subject in rigid chair

There are other accelerations encountered in space flight which should be mentioned briefly. The small acceleration caused by the firing of retrorockets has not been worrisome nor has that caused by the opening of parachutes. Vibration and rotation have not been problems to date.

Two characteristics of space flight acceleration patterns could not be simulated exactly on centrifuges. One is the abrupt decrease in acceleration with rocket burnout and the other is the exposure to high acceleration immediately following a period of weightlessness. Neither of these have caused difficulty in flights carried out to this date. However we will continue to watch with interest the effect of increasing periods of weightlessness on the ability of space pilots to withstand the acceleration of reentry.

So we can say in general that it appears that man can tolerate the dynamic patterns of normal space flight. Should flights depart from their normal pattern our problems may become very much greater. I will list a few examples :

To escape a fire on the launching pad the acceleration which would be necessary to eject the astronaut to a safe distance and to an adequate height to deploy a parachute might cause injury. The problem is compounded if there is more than one astronaut to eject from the capsule.

Escape from a vehicle after it has left the launching pad but before it has left the atmosphere would superimpose the acceleration of the ejection seat on the deceleration caused by air resistance perhaps with a rapidly changing force vector. The influence of such repeated transients in rapid succession is yet to be studied.

Failures of attitude control could cause dangerous rotations and oscillations and should the present favorable angle of reentry change toward the vertical the magnitude of the accelerations could become intolerable.

Of course if parachutes do not open properly or if land impact occurs on a rocky mountainside we will encounter acceleration for which we are not prepared.

It seems to me that we have almost exhausted the possibilities of increasing man's tolerance to acceleration by tricks of body positioning and restraint-support systems so long as we wish him to carry out useful tasks. I hopefully look toward developments in future space vehicles which which will decrease the dynamic forces applied to man in spite of an inevitable increase in the velocities attained. Such developments will be possible with greater rocket thrust under more precise control permitting the boosting into space of larger loads. If some of this extra load can be spent in energy absorbing materials and means of achieving a controlled rather than a ballistic reentry our acceleration problems will be greatly reduced.

References

1. B. Aldman, Biodynamic Studies on Impact Protection. Acta Physiol. Scand. 56, Suppl. 192 (1962).
2. P. O. Barr, Hypoxemia in Man Induced by Prolonged Acceleration. Acta Physiol. Scand. 54, 128 (1962).
3. P. O. Barr, H. Bjurstedt, and J. C. G. Coleridge, Blood Cas Changes in the Anesthetized Dog During Prolonged Exposure to Positive Radial Acceleration. Acta Physiol. Scand. 47, 16 (1959).
4. S. Bondurant and G. Transverse, Prolonged Forward, Backward and Lateral Acceleration. Chapt. 16 in : Gravitational Stress in Aerospace Medicine. Edited by R. H. Gauer and G. D. Zuidema. Boston, Mass.: Little, Brown and Co., 1961.
5. N. S. Cherniak, A. S. Hyde, J. F. Watson, and F. W. Zeckman, Some Aspects of Respiratory Physiology with Forward Acceleration. Aerospace Med. 32, 113 (1961).
6. C. C. Clàrk and R. F. Gray, A Discussion of Restraint and Protection of the Human Experiencing the Smooth and Oscillating Acceleration of Proposed Space Vehicles. Report No. NADC-MA 5914, US Naval Air Development Center, Honnsville, Pa.
7. C. C. Clark, J. D. Hardy, and R. T. Crosbie, A Proposed Physiological Acceleration Terminology with a Historical Review. In: Human Acceleration Studies, National Academy of Sciences-National Research Council Publication 913, 1961.
8. A. M. Eiband, Human Tolerance to Rapidly Applied Accelerations. A Summary of the Literature. NASA Memo 5-19-59E, June 1959.
9. E. J. Hershgold, Roentgenographic Study of Human Subjects During Transverse Accelerations. Aerospace Med. 31, 213 (1960).
10. E. J. Hershgold and S. H. Steiner, Cardiovascular Changes During Acceleration Stress in Dogs. J. Appl. Physiol. 15, 1065 (1960).

11. D.E. Langdon and G.E. Reynolds, Post Flight Respiratory Symptoms Associated with 100 per Cent Oxygen and G-Forces. Aerospace Med. 32, 713 (1961).
12. E. F. Lindberg, H.W. Marshall, W.F. Sutterer, T.F. McGuire, and E. Rood, Studies of Cardiac Output and Circulatory Pressures in Human Beings During Forward Acceleration. Aerospace Med. 33, 81 (1962).
13. E. F. Lindberg, W. F. Sutterer, H.W. Marshall, R.N. Headley, and E.W. Wood, Measurement of Cardiac Output During Headward Acceleration Using the Dye Dilution Technique. Aerospace Med. 31, 817 (1960).
14. J.P. Meehan, Renal Responses to Positive Acceleration. Wright Air Development Division Technical Report 60-637, Sept. 1960.
15. A.C. Nolan, H.W. Marshall, L. Cronin and E.H. Wood, Decreases in Arterial Oxygen Saturation as an Indicator of Cardio-pulmonary Stress During Forward (+Gx) Acceleration. Aerospace Med. 33, 347 (1962)
16. Proceedings of a Conference on Results of the First U.S. Manned Suborbital Flight, NASA, Nat. Inst. Health and Nat. Acad. Sci, June 6, 1961.
17. Results of the First U.S. Manned Orbital Space Flight Feb. 20, 1962. National Aeronautic and Space Administration, Manned Spacecraft Center.
18. S.H. Steiner, G.C.E. Mueller, and J.L. Taylor, Hemodynamic Changes During Forward Acceleration. Aerospace Med. 31, 907 (1960).
19. S.H. Steiner and G.C.E. Mueller, Pulmonary Arterial Shunting in Man During Forward Acceleration. J. Appl. Physiol. 16, 1081 (1961).
20. A. M. Stoll and J.D. Moseley, Physiologic and Pathologic Effects in Chimpanzees During Prolonged Exposure to 40 Transverse G. Aerospace Med. 29, 575 (1958).
21. J. J. Swearingen, E. G. McFadden, J.P. Garver, and J.G. Blethrow, Human Voluntary Tolerance to Vertical Impact. Aerospace Med. 31, 989 (1960).
22. J. F. Watson and N. S. Cherniak, The Effect of Positive Pressure Breathing on the Respiratory Mechanics and Tolerance to Forward Acceleration. Proceedings of the 5th European Congress of Aviation Medicine, 1960.
23. J.F. Watson and R.M. Rapp, Effect of Forward Acceleration on Renal Function. J. Appl. Physiol. 17, 413 (1962).

General References :

24. P. Bergeret, Editor-Bio-Assey Techniques for Human Centrifuges and Physiological Effects. London, New York, Paris : Pergamon Press, 1961.
25. O. H. Gauer and G. D. Zuidema, Gravitational Stress in Aerospace Medicine. Boston, Mass.: Little, Brown and Co., 1961.
26. H.E. von Gierke and E.P. Hiatt, Biodynamics of Space Flight. Chapt. VII in : Progress in the Astronautical Sciences, Vol. 1. Edited by S. F. Singer. Amsterdam : North Holland Publishing Co., 1962.

Discussion

White : On the figure showing tolerance in various directions you noted "tolerable while maintaining performance". Would you please define your meaning of "performance".

Hiatt : Perhaps I should have said "with only transient loss of ability to perform at the peak of the acceleration pattern". In experiments on the Wright-Patterson Air Force Base centrifuge, subjects carried out a tracking task while being exposed to an exaggerated reentry pattern of acceleration. Their performance deteriorated on the upslope of the curve when they had reached 10-12 G. However, on the downslope performance again improved and was essentially normal by the time 1 G was attained .

Bjurstedt : Since Dr. White brought up the subject of performance, I would like to ask Dr. Hiatt if you have any comment on the effects of arterial oxygen desaturation on performance. Wouldn't you think that the combination of acceleration and breathing 100 per cent oxygen at 5 psi might act to increase the pulmonary shunting of blood, the arterial desaturation and, consequently, performance ?

Hiatt : Yes, I do think that the circumstances you have mentioned might be, let me say, mildly alarming. There also appears to be an additive effect of repeated exposure. On running through a reentry pattern with a peak at 16 G and then back down again, we find that the tracking performance picked up again on the downslope so that, by the time the subject had returned to 1 G, his performance was as good as before the run. So I feel that, although this is a subject for concern and much more study, the physiological damage is readily reversible and performance only transiently interfered with, provided we are dealing with a single exposure.

Kaehler : You gave these performance data in response to a question on a 100 per cent oxygen - 5 psi environment. Have you conducted similar performance tests in other environments ?

Hiatt: In the experiments I referred to the subjects were breathing air. As far as I know, measurements of performance have not been made on subjects exposed to acceleration while breathing oxygen.

Kaehler : It seems to me that performance is generally lost above 12 G. Would you care to elaborate on the control measurements in your experiments ?

Hiatt: This series of experiments was limited to about six subjects, so there really are not enough experiments done. It was only an attempt to get a quick answer as to the degree to which we can expect a subject to perform immediately after such exposure. Our subjects were trained on a tracking task until their performance was essentially constant. Then after a preliminary control period acceleration was superimposed, causing a deterioration of performance at its peak level. In the post-acceleration period, performance was almost the same as in the pre-acceleration control period.

ASPECTS DE LA MECANIQUE VENTILATOIRE AU COURS DES ACCELERATIONS TRANSVERSES

Ch. Jacquemin et P. Varene
Laboratoire Médico-Physiologique, Centre d'Essais en Vol
Bretigny sur Orge, France

(Avec 5 Figures)

Résumé

Le but du document présenté est de tenter d'établir un bilan des expériences et des mesures effectuées sur l'Homme au cours des accélérations transverses ($+G_x$). Il en discute les résultats à la lumière des données et des théories les plus généralement admises en matière de mécanique ventilatoire.

L'exploration fonctionnelle respiratoire clinique, permet de grouper, en dehors d'une désaturation artérielle, l'ensemble des résultats en un Syndrome respiratoire restrictif : Basé sur la réduction de la capacité vitale avec conservation du rapport V.E.M.S./C.V. et, la diminution de la Ventilation maxima minute (M.B.C.).

Mais c'est l'étude des mécanismes physiologiques de ce syndrome qui doit faire l'objet d'une analyse approfondie.

La difficulté d'une juste évaluation des pressions intra-thoraciques (pressions oesophagiennes) rend cette analyse délicate. A défaut, l'utilisation d'autres méthodes permet de confirmer la réalité du Syndrome restrictif à l'exclusion de tout syndrome obstructif.

Les forces d'inertie n'entrainent pas de modifications, - du travail ventilatoire dynamique au cours de respiration artificielle (inférieur ou égale à 4G), - des résistances à l'écoulement dans les voies aériennes mesurées par la méthode de l'interrupteur (inférieure ou égale à 7G).

Cependant ces résultats sont globaux. Ils ne permettent pas de dissocier les différences régionales (atelectasie postérieure) démontrées par la radiographie.

L'hypothèse de la similitude des effets entre les accélérations transverses et la respiration sous pression négative continue, conduit à l'utilisation de schémas théoriques. Ces modèles aident à la compréhension des mécanismes mais soulignent surtout l'insuffisance des données actuellement rassemblées. En particulier sur ces diagrammes on peut relever des anomalies difficiles à expliquer dans les courbes de compliance respiratoire totale mesurées par la méthode de relaxation.

A noter enfin le peu d'information sur le comportement du système moteur respiratoire thoracoabdominal.

Some Aspects of the Mechanics of Breathing during Transverse Acceleration. The purpose of the paper is to attempt to sum up the experiments and measurements made on man during transverse acceleration ($+G_x$). The results are discussed in the light of the most widely accepted data and theories relative to the mechanics of breathing.

Clinical exploration of the respiratory function allows us to group all the results, apart from the arterial desaturation, in a restrictive respiratory syndrome, based on a reduction of the vital capacity, with the maintenance of the MEVS/VS (maximum expiratory volume per second/ vital capacity) ratio and a decrease in the maximum breathing capacity per minute (M. B. C.).

However, a thorough analysis will have to be made of the physiological mechanics of this syndrome.

The difficulty of making an accurate estimate of intra-thoracic pressures (oesophageal pressures) makes such analysis a tricky problem. Failing this, other methods enable us to confirm that it is definitely a restrictive syndrome that develops in such circumstances and not an obstructive syndrome.

Forces of inertia cause no change - either in the dynamic work of breathing during artificial respiration (less than or equal to 4G) - or in air way resistance measured by the interrupter method (less than or equal to 7G).

However, these are over-all results and do not allow us to dissociate the regional differences (posterior atelectasis) revealed by radiography.

Assuming a similarity of effects between transverse acceleration and negative pressure breathing one can then make use of theoretical diagrams. These are of assistance in understanding the mechanisms, but mainly serve to emphasize the inadequacy of the data so far collected. In particular, anomalies which are difficult to explain are to be observed on these diagrams in the curves for total respiratory compliance, measured by the relaxation method.

Finally, attention is drawn to the lack of information on the behaviour of the thoraco-abdominal respiratory motor system.

Некоторые аспекты дыхательной механики при поперечно направленных ускорениях. Авторы пытаются в своем докладе подвести итог измерений и опытов, проведенных на человеке во время поперечно направленных ускорений /$+G_x$/. Результаты рассматриваются в свете наиболее общепринятых в области дыхательной механики данных и теорий.

Клиническое исследование дыхательной функции позволяет объединить все результаты, независимо от артериальной десатурации, как ограничительный дыхательный синдром, имеющий за основу ослабление жизнеспособности и сохранение соотношения MEVS/VS (максимальный объем выдыхания в секунду / жизнеспособность), а также уменьшение максимальной дыхательной способности в минуту /М.В.С/.

Надлежит, однако, произвести углубленный физиологический анализ механики указанного синдрома.

Анализ такого рода оказывается сложным ввиду трудности точной оценки внутригрудных (пищеводных) давлений. Приняв указанное ограничение, имеется возможность подтвердить другими методами, что при данных обстоятельствах развивается именно ограничительный, а не закупоривающий синдром.

Силы инерции не влекут за собой изменений ни динамического дыхательного процесса при искусственном дыхании (ниже или равного 4G / ни сопротивления в дыхательных путях, измеренных методом прерывателя (ниже или равного 7 G).

Указанные результаты носят, однако, суммарный характер и не дают возможности разграничить региональных различий (последующий ателектазис), обнаруживаемых радиографически.

Принимая подобие результатов ускорения в поперечном направлении и дыхания под отрицательным давлением, можно воспользоваться теоретическими диаграммами. Эти модели помогают пониманию механизмов, но прежде всего подчеркивают недостаточность накопленных до настоящего времени данных. В частности, наблюдаются трудно объяснимые аномалии в указанных диаграммах на кривых суммарной дыхательной согласованности, измеренных методом релаксации.

В заключение следует отметить, что информация по поведению грудобрюшной дыхательной двигательной системы весьма скудна.

Le but du document présenté est de tenter d'établir un bilan des expériences et des mesures effectuées sur l'homme au cours des accélérations transverses ($+G_x$) *. C'est un essai de discussion des résultats à la lumière des données et des théories les plus généralement admises en matière de mécanique ventilatoire.

L'évolution de la Biologie Aérospatiale a fait reconsidérer le problème des effets physiologiques des accélérations tranverses. On savait que si l'application des forces d'inertie perpendiculairement au grand axe du corps en réduisait les conséquences circulatoires, elle entraînait, par contre, des perturbations respiratoires.

Il existe déjà sur ce sujet, dans la littérature modiale, un certain nombre de revues parfaitement documentées.

Il nous suffira de citer par exemple :

- en langue anglaise : le livre de Gauer et Zuidema (12).
- en langue française : le rapport de Grandpierre et Violette à l'Association des Physiologistes de langue française (15).
- enfin les travaux des auteurs de langue russe, en particulier ceux du groupe de Gazenko (i3, 42).

Il n'est pas dans notre intention de rapporter de nouveau un ensemble de faits actuellement acquis. Ils sont suffisamment connus, pensons-nous, pour faire l'objet d'une discussion. C'est à la lumière de celle-ci que s'orientent les recherches actuelles.

Les lancements de satellites et leur rentrée dans l'atmosphère sont

* La terminologie adoptée pour désigner les accélérations transverses dos-poitrine ou les forces d'inertie poitrine-dos est celle préconisée par l'A. G. A. R. D. (14).

venus confirmer les essais de simulation réalisés en centrifugeuse.

Les progrès de la technique ont permis de placer le cosmonaute en dessous du seuil de tolérance aux effets des forces d'inertie transverses.

Or, quelle que soit leur nature, les notions pratiques de tolérance aux forces d'agressions rencontrées en astronautique sont mal définies.

Le problème est plus complexe encore si l'on veut accroître cette tolérance par des procédés chimiques ou mécaniques.

Il n'est qu' à voir la littérature et le nombre de discussions dans les congrès internationaux, consacrées à la définition d'un test objectif de tolérance aux accelerations positives, pour être persuadé de leur importance. La réalisation de vêtements anti-G n'a pu que tirer bénéfice de l'utilisation de ces tests qui permettent des comparaisons objectives et non plus seulement subjectives. Il n'existe rien de tel pour les accélérations transverses où le plus souvent les limites sont définies subjectivement. Ceci explique en partie les grandes divergences rencontrées d'une étude à l'autre.

Nous placerons délibérément cet exposé dans le seul contexte d'une éventuelle possibilité de réalisation d'un équipment anti-G transverse.

On doit au groupe de Cherniack à Wright-Patterson, reprenant une suggestion déjà ancienne de Amstrong (1), le mérite d'avoir préconisé l'utilisation de la respiration sous pression positive continue, comme moyen de protection contre les effets respiratoires des forces d'inertie transverses poitrine-dos ($+G_x$).

Cette hypothèse est fondée sur l'analogie que ces auteurs ont cru reconnaître entre les conséquences mécaniques de deux agressions différentes :

- effets ventilatoires des accélérations transverses,
- effets ventilatoires de la respiration en dépression (négative pressure breathing) opposée à la respiration en surpression *.

Ce cadre exclut l'emploi de la respiration en surpression, utilisée elle-même pour compenser les effets de l'immersion, autre moyen de protection proposé par certains auteurs pour annuler les effets d'une pesanteur exagérée (3, 16, 29).

Pour définir le taux de surpression assurant la protection contre les effets des accélérations transverses et donc pour les compenser, il est nécessaire d'établir une correspondance entre ces deux phénoménes.

Or, l'expérience a montré une certaine divergence :

- Armstrong, cité par Cherniack (1) a admis une équivalence entre une variation de 1 G et un taux de 1,4 mm. de mercure de pression.
- les expériences de Watson et Cherniack (8) elles, au contraire, ont abouti á une équivalence entre 1 G et 5 mm. de Hg. En fait ces mêmes auteurs, utilisant ultérieurement un critère subjectif ont trouvé une correspondance aux environs de 2 à 3 mm. pour 1 G (43).

La prévision théorique n'est donc pas confirmée par la vértification expérimentale.

---

* Rappelons que la respiration sous pression est une modalité particulière de la respiration dans laquelle la pression alvéolaire même en relaxation à glotte ouverte, est supérieure (ou inférieure) à la pression tégumentaire.

Notre propos est précisément de rechercher les insuffisances de l' hypothèse au travers des expériences rapportées dans la littérature et celles, complémentaires, que nous avons pu réaliser depuis deux ans au laboratoire Médico-Physiologique du Centre d'Essais en Vol, tant dans le domaine de la respiration sous pression que dans celui des accélérations transverses (24, 25, 26, 39, 40).

Comme il est établi dans le titre, cette communication sera limitée au seul aspect mécanique ventilatoire.

Certes, il ne faut pas négliger l'influence, seconde, des deux agressions sur les échanges gazeux pulmonaires. Plusieurs groupes d'auteurs ont récemment démontré l'importance de la désaturation de l'hémoglobine artérielle (10, 13, 34, 42, 45).

Cependant cette manifestation n'est pas spécifique aux accélérations $+G_X$ puisque l'école de Bjurstedt l'a observée au cours des accélérations positives ($+G_Z$) (2).

Les forces d'inertie ne font qu'exagérer l'insuffisance normale de l'ajustement circulatoire pulmonaire à la posture.

Un trouble de la distribution est suggéré par l'image radiographique (19). L'atelectasie postérieure, due à la centrifugation pourrait être un facteur de modification des caractéristiques mécaniques pulmonaires.

Résultats

La majeure partie, sinon l'ensemble, des résultats acquis parallèlement en dépression et en $+G_X$ peut être présenté sous deux formes :

1) une forme analytique - présentant les données des différents tests ou exploration fonctionnelle en fonction du nombre de G imposé au sujet. C'est la forme habituelle, c'est celle qu'il faudrait suivre si nous avions désiré faire un inventaire complet de la question (21).

2) une forme synthétique - faisant appel au diagramme cartésien pression-volume introduit en mécanique ventilatoire par Rahn (36) précisément à propos de la respiration sous pression.

Presque toutes les données peuvent être représentées sur ce diagramme si on excepte les notions de rendement.

Nous placerons les volumes en ordonnées et les pressions en abscisses.

I - Les volumes ventilatoires

A part le volume résiduel évalué par Cherniack et collaborateurs par une méthode dérivée de celle de Lundsgaard et Van Slyke, les volumes mobilisables sont mesurés par des techniques classiques :

- l'intégration manuelle (ou electronique) du pneumotachogramme est la méthode la plus connue.

- les tracés spirographiques nous semblent délicats à interpréter car les caractéristiques mécaniques des spirographes peuvent être largment modifiées par les forces d'inertie (47).

- Pour palier cet inconvénient, et aussi la non-linéarité des débitmètres, pour les débits très élevés de l'expiration forcée maximum (V.E.M.S.) nous avons utilisé une méthode indirecte barographique (17):

le sujet donne sa capacité vitale dans une enceinte étanche de grand volume. La variation de pression est une fonction linéaire de la variation du volume thoracique : on peut ainsi obtenir des tracés enregistrables dans les mêmes conditions avec les mêmes chaines de mesure A.C.B. utilisées pour les autres paramètres (39, 40).

- La capacité vitale constitue la référence de base de la graduation de l'axe des ordonnées. Pour des raisons d'ordre pratique, le zéro des volumes est choisi arbitrairement en fin d'expiration forcée. On gradue l'ordonnée en % de la capacité vitale à 1 G.

Il en est de même pour le volume résiduel compté négativement en dessous de zéro.

Les variations de volume résiduel semblent peu significatives tant en respiration sous pression positive ou négative qu'au cours des accélérations (44).

Par contre, la capacité vitale (CV), élément le plus étudié dans la littérature, subit des modifications importantes. Nous avons schématiquement rassemblé dans un diagramme analytique l'évolution générale du phénomène décrit par les auteurs américains (8, 10, 44, 46), italiens (37) et français (41) (Fig. 1).

Il s'agit toujours de sujets en décubitus dorsal ($+G_x$) mais dont les angles d'inclinaison du tronc ou des membres sont variables.

La capacité vitale diminue avec le niveau de l'accélération, mais, compte-tenu du coéfficient de variation, la concordance peut être acceptée, sauf pour un groupe d'auteurs (10) pour lesquels la tolérance, si elle était basée sur les modifications de CV, serait meilleure en décutibus ventral ($-G_x$).

La réduction de la capacité vitale permet de définir l'élément principal d'un syndrome caractéristique des accélérations transverses : le syndrome restrictif.

Dans la respiration en dépression (30 mm. de Hg) pour des sujets en décubitus dorsal, Rahn et collatorateurs en 1947 comme en 1960 n'ont trouvé qu'une diminution inférieure à 20 % de la CV. Nos valeurs confirment cette faible réduction (pour le sujet assis).

Or, si on se rapporte à l'équivalence donnée par Cherniack, 30 mm. correspondrait à 7 G, c'est-à-dire à une restriction largement supérieure (et plus encore pour les valeurs de Armstrong !)

La simple comparaison du plus simple paramètre mesuré -CV-ne permait pas d'assimiler entièrement les deux situations.

De plus, l'amélioration subjective apportée par la surpression ne correspond pas à la compensation parfaite des modifications des volumes pulmonaires (43).

II - Les pressions respiratoires

Ce sont les grandeurs portées en abscisses sur le diagramme. Le zéro choisi est la pression barométrique ambiante.

A - Les pressions motrices globales engendrées à la fois par les forces musculaires (Δ P w) et des forces additionnelles (Δ P γ) c'est-à-dire les forces d'inertie, sont les plus intéressantes à considérer.

Malheureusement ces sollicitations sont difficiles à chiffrer :

- les premières ne peuvent être explorées que par l'electromyographie des muscles respiratoires qui ne fournit que des données qualitatives. Mais cela peut être une évaluation approximative de l'effort inspiratoire que le sujet doit effectuer pour lutter contre la compression thoracique.

- les secondes peuvent être calculées par le produit m γ, mais il n'existe pas encore d'estimation valable de la répartition des masses à

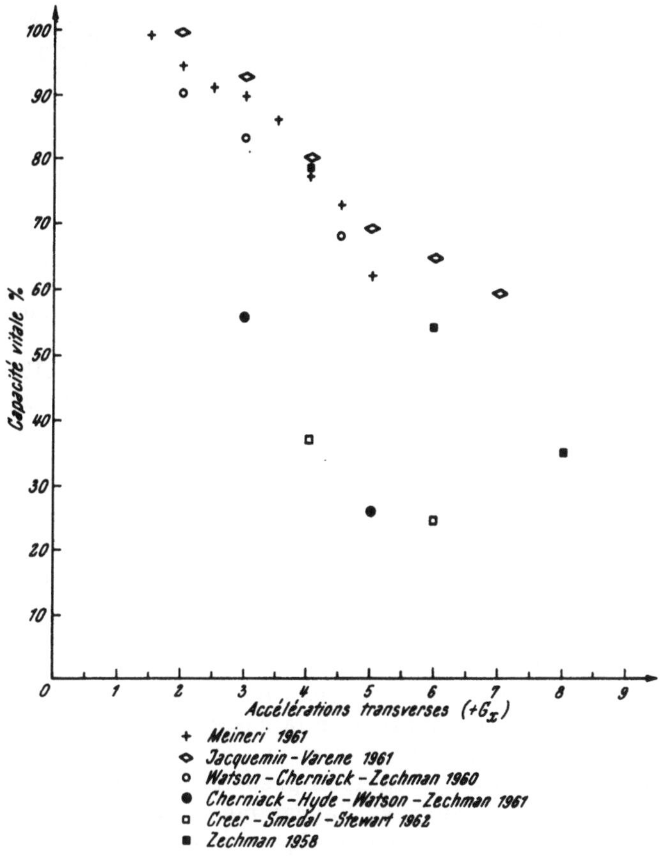

Fig. 1. Evolution de la capacité vitale en fonction des G transverses

mobiliser dans le système thoraco-abdominal.

C'est pourtant l'évaluation de ces forces d'inertie sous forme de pressions additionnelles, de sollicitations supplémentaires qui permettrait de vérifier l'équivalence entre les deux modalités de compression par dépression et par accélération.

Dans les deux cas précités, des travaux sont en cours au Laboratoire du C.E.V. (48, 49)

Faute de pouvoir mesurer les sollicitations musculaires, Cherniack et collaborateurs (44) leur substituent les sollicitations d'un respirateur artificiel, pour le système ventilatoire relaxé, selon la méthode de Rahn et collaborateurs (36) (Fig. 2).

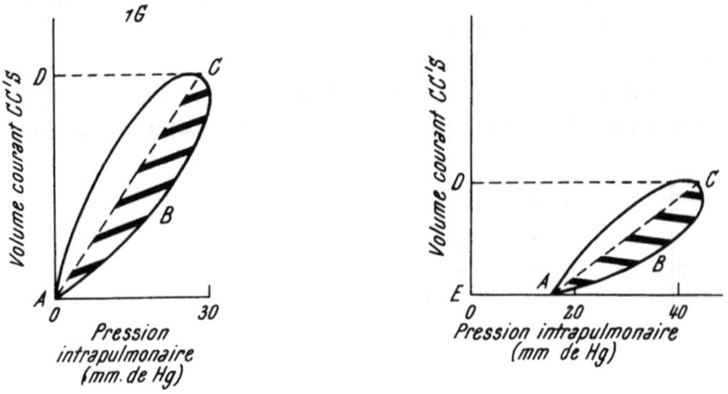

Fig. 2. Boucles pression-volume à 1 G et 4 G d'après Cherniack, Hyde, Watson et Zechman (8)

Cette technique permet de mesurer sur la boucle pression- volume l'ensemble des paramètres mécaniques :

1) Impédances ventilatoires, - la compliance fonctionnelle thoraco-abdominale est réduite en même temps que la capacité résiduelle fonctionnelle.

- la résistance, fonction du débit, au contraire n'est pas modifiée, comme en témoigne le non elargissement de la boucle.

2) le travail résistif ventilatoire, c'est-à-dire l'aire de la boucle, est diminuée parallèlement à la réduction du volume courant.

Dans la representation de Cherniack, la boucle 4 G est déplacée de 15 mm. vers les pressions positives (un accroissement de 3 fois 5 mm. de Hg.).

L'aire du trapèze EACD figurerait le travail dit élastique qui est accru par rapport à 1 G. Ce résultat pourrait être maintenu en utilisant une autre forme de présentation graphique pour la respiration sous pression (27).

Par contre, il est difficile d'admettre que le point de fin d'expiration, point où la pression alvéolaire égale la pression barométrique ambiante, puisse être représentée sur le diagramme à un niveau de pression supérieure à cette pression barométrique comme le font Cherniack et collaborateurs (8).

En réalité la valeur et l'intérêt de ces données peuvent être jugées insuffisantes pour plusieurs raisons.

1) il est nécessaire d'obtenir une excellente relaxation musculaire. Ce relachement au sol à 1 G est déjà delicat, il l'est encore plus sous la contrainte douloureuse engendrée par les accélérations.

2) Comme il y a à la fois des modifications du volume courant et de la fréquence, il est difficile d'afficher dans le respirateur des données équivalentes aux pressions musculaires. Ceci peut modifier les résultats calculés pour les impédances et le travail.

3) Enfin ces résultats ne sont que globaux, ils n'analysent pas séparé-

ment les différents éléments du système ventilatoire, le poumon en particulier.

B - La pression intrathoracique. En exploration fonctionnelle humaine, les pressions intrathoraciques sont estimées en général à l'aide de la mesure de la pression oesophagienne (31).

Or, de nombreux auteurs (28, 32) ont montré combien il est délicat de tenir compte des valeurs enregistrées sur un sujet en decubitus dorsal en raison de la compression médiastinale.

Cet effet ne peut qu'être majoré au cours des accélérations $+G_x$. Les auteurs qui ont mesuré ce paramètre n'ont actuellement tiré aucune conclusion valable sur ce sujet (34).

Un élément important d'exploration disparaît de la batterie du physiologiste. Or, comme le dit Mead (31) les progrès récents des connaissances de la mécanique ventilatoire sont fonction de cet apport.

La comparaison n'est pas possible avec la respiration en dépression.

C - Les pressions alvéolaires. Le diagramme pression-volume de Rahn et collaborateurs (36) est en réalité initialement un diagramme dont les abscisses sont les pressions alvéolaires.

Ces pressions alvéolaires ne peuvent être mesurées qu'au niveau de la bouche quand le gradient alvéolo-buccal est nul, quand le débit est nul, c'est-à-dire lors de son interruption mécanique.

1) L'interruption longue - le sujet se relachant sur une impédance infinie permet la mesure de la compliance statique globale. C'est ce qu'a fait le groupe de Wright - Patterson. Il a pu ainsi définir une famille de courbes parallèles décalées l'une par rapport à l'autre, précisément d'une valeur de 5 mm. par G (Fig. 3). Les caractéristiques élastiques du système ventilatoire ne seraient donc pas modifiées. Ce serait la preuve, nous l'avons vu, de l'assimilation des effets des accélérations à ceux de la dépression (44).

Un inconvénient, relaté par les auteurs, est la non intersection de la courbe 4 G avec l'axe des ordonnées : au niveau du volume résiduel, la pression alvéolaire demeure supérieure à la pression atmosphérique.

Cette anomalie est expliquée par les auteurs en faisant appel implicitement aux forces de tension superficielle (44). Il faudrait admettre alors des forces de rétraction, en relaxation, supérieures aux forces musculaires exercées volontairement au cours de l'expiration forcée, De plus, la méthode choisie pour définir le taux de dépression équivalente ne semble pas adéquate car il n'y aurait pas de relaxation complète des muscles inspirateurs (44). On rencontre de nouveau ce problème de la validité des mesu-

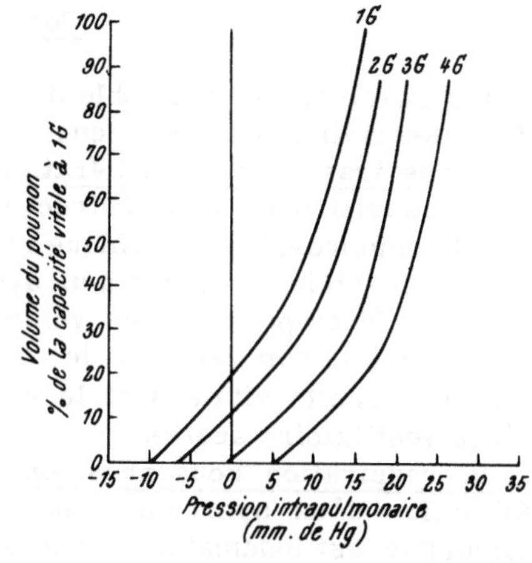

Fig. 3. Courbes pression-volume à l'état statique en relaxation (de Watson, Cherniack et Zechman (8))

res nécessitant une relaxation musculaire respiratoire.

2) L'interruption brève - selon la technique d'Otis. Elle permet la mesure de la différence de pression alvéolo-buccale au cours du cycle ventilatoire, c'est-à-dire la perte de charge due au débit respiratoire.

C'est cette méthode que nous avons appliquée tant aux effets des accélérations qu'à la respiration sous pression négative.

Là encore nous avons noté une certaine dissociation entre ces deux situations. Au cours des accélérations transverses, il faut attendre au moins 7 G pour être au seuil de la compression bronchique (39, 40) (Fig. 4).

Au contraire, en dépression les résistances croissent (26) (Fig. 5). Ces résultats ont pu être confirmés tant dans la littérature qu'à notre laboratoire.

Ting et collaborateurs (38) ont montré, avec la technique de la pression oesophagienne la compression des voies aériennes en dépression.

Les méthodes indirectes d'exploration du calibre bronchique par la mesure du volume maximal expiré ne montrent pas de ralentissement du débit.

Le rapport VEMS/CV au contraire tend vers l'unité. C'est ce que nous avons montré avec la technique de mesure barographique des volumes rapportés plus haut.

La présentation de ces résultats dans un diagramme inspiré de plusieurs auteurs conduit aux mêmes résultats que Cherniack et collaborateurs. Les points sont groupés dans un quadrant soit normal soit restrictif pour des taux élevés d'accélération.

Notons cependant que le choix de la demi-seconde serait préférable à celui de la seconde (V.E.M.S.) dans le cas des accélérations, car l'expiration de la capacité vitale demande à peine plus d'une seconde (41).

Conclusions

Pour résumer cet ensemble de résultats, on peut conclure à une certaine dissociation entre les deux situations :

- la respiration sous accélérations transverses conduit à un syndrome très restrictif mais non obstructif. Il existe une certaine dissociation entre la compression bronchique et la compression thoracique.

Si on pouvait le comparer à un syndrome pathologique, on serait amené à parler "d'amputation des volumes", syndrome qui est décrit aussi parfois sous le nom familier de "petits rapides" (18). Ce sont des sujets à faible capacité vitale dont le volume courant est réduit, mais la fréquence ventilatoire accrue.

- la respiration sous pression négative, au contraire, conduit à la réalisation d'un syndrome peu restrictif, mais dont la participation obstructive est indéniable. Ne serait-ce les modifications de la capacité résiduelle fonctionnelle, on pourrait parler très approximativement de syndrome analogue à celui rencontré chez les emphysémateux et caractérisé par un ralentissement de l'expiration. Ils peuvent aussi être classés familièrement dans le groupe des "ralentis" (18).

Il ne semble pas possible à la lumière de cette discussion d'assimiler

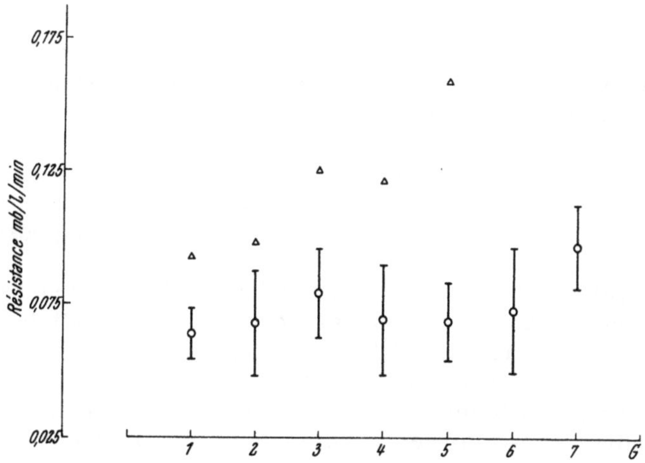

Fig. 4. Résistances bronchiques en millibars par litre et par minute en fonction du niveau d'accélération transverse (39). Les cercles représentent la moyenne des valeurs relevées pour 5 sujets normaux. Les tirets verticaux de part et d'autre ont la valeur de l'écart type. Les triangles représentent les valeurs relevées de 1 à 5 G chez un asthmatique

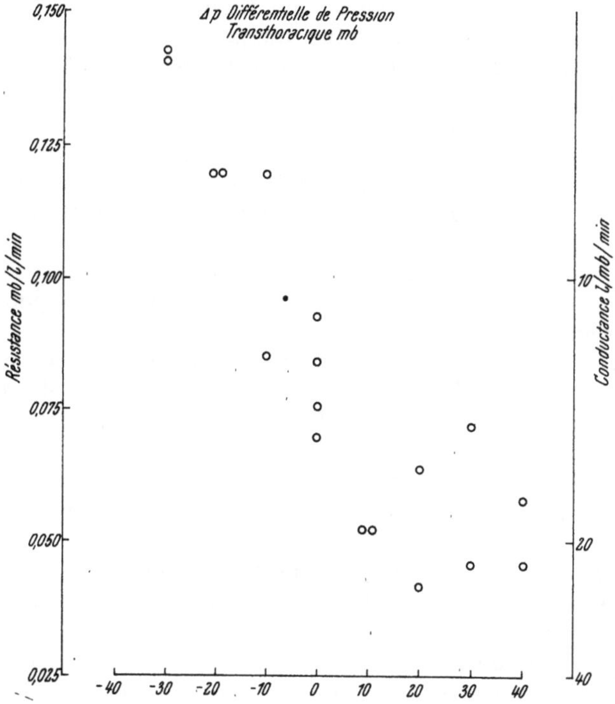

Fig. 5. Modifications de résistances respiratoires en fonction des différences de pression transthoracique (26) (respiration en dépression de O à - 30 millibar)

les deux modes de respiration étudiés. Pourquoi ?

Il manque beaucoup d'éléments expérimentaux susceptibles d'éclairer le débat. C'est ce qui fait l'intérêt de la discussion. Mais il est peut-être possible en guise de conclusions d'apporter une hypothèse explicative.

L'assimilation des situations est basé sur l'équivalence des forces additionelles déterminant la compression thoracoabdominale. Les conséquences mécaniques des deux types de forces sont supposées équivalentes.

Ce serait particulièrement vrai pour les effets sur les résistances élastiques dont les courbes (courbes de compliance) définissent selon Cherniack et collaborateurs (44) le taux d'équivalence.

En réalité, comme le rapporte Mead dans une revue récente (31) on tend à grouper sous ce terme à la fois les forces de rétraction élastiques proprement dites et les forces de pesanteur. L'expérience montre d'ailleurs que les courbes de compliance dépendent du poids des organes extrathoraciques, de la ceinture scapulaire en particulier.

Il en est de même, à fortiori, pour les forces d'inertie dues aux accélérations transverses.

Mais les forces de pression gazeuse et les forces de pesanteur ou d'inertie ne sont pas transmises de la même manière aux différents éléments du système.

-- la dépression est appliquée selon les trois axes de l'espace, mais elle n'est certainement pas transmise intégralement au système visco élastique que constitue le poumon. Ce n'est pas un fluide parfait, ses caractéristiques rhéologiques sont encore mal connues.

- les forces d'inertie ont par définition une direction préférentielle, mais chaque point interne du système subit cette accélération proportionellement à sa masse. On sait en particulier qu'il existe une redistribution du sang dans le thorax, sang centrifugé dans la partie postérieure (19).

On peut ainsi comprendre pourquoi les effets mécaniques des accélérations transverses et de la respiration en dépression ne peuvent être parfaitement identifiés.

Bien entendu, ceci n'enlève rien au mérite de la surpression comme moyen de protection (7, 43). Mais cette analyse permet d'expliquer, pensons-nous, les difficultés recontrées quand on veut prévoir quantitativement l'équivalence des deux agressions.

Au terme de cet exposé, il est nécessaire de faire un bilan. Il fait apparaître un certain déficit dans les explications et les mécanismes du syndrome.

L'étude des aspects de la mécanique respiratoire au cours des accélérations transverses et de la corrélation avec ceux de la respiration sous pression présente un double intérêt :

L'intérêt pratique (qu'on pourrait nous reprocher d'avoir trop négligé), Les mécanismes de la douleur thoraco-abdominale, facteur limitatif de la tolérance, ceux de la toux spasmodique observée au décours de l'essai, l'existence discutable d'une dyspnée, au sens clinique et fonctionnel du terme, tous ces phénomènes ne sont pas expliqués correctement par les résultats rapportés. Il en est de même de l'influence de l'inclinaison des membres inférieurs ou de celle du tronc (15), comme du rôle de la nature de la couchette.

La dispersion des valeurs des variations de la restriction de la capacité vitale rend difficile l'utilisation de cette mesure comme test de tolérance. Le seuil d'apparition du syndrome obstructif à des niveaux élevés pourrait par contre définir ce test comme le montre la différence entre le sujet sain et le petit insuffisant respiratoire.

Mais il ne s'agit que d'une hypothèse de travail dont nous ne possédons aucune preuve expérimentale.

L'intérêt théorique de cette étude est centré sur le mécanisme de ce syndrome restrictif. Là encore il n'existe que des hypothèses.

La réduction de la capacité vitale semble dépendre de plusieurs facteurs :

1) un facteur intrapulmonaire en rapport avec les perturbations de la distribution gaz-sang (19),

2) un facteur thoraco-abdominal tout aussi mal connu.

La paroi thoracique tend à être écrasée sur le rachis, ainsi que le montre la radiographie (18). Le comportement des muscles inspiratoires est actuellement l'objet de recherches au Centre d'Essai en Vol. (48, 49)

Le diaphragme est refoulé dans le thorax, ainsi que le suggérait Gauer (11) et comme le démontre la radiographie. L'influence de la masse viscérale abdominale semble être déterminante.

Les mouvements diaphragmatiques sont supposés limités dans leur amplitude. Mais il n'en existe pas de preuves expérimentales électromyographiques, radiocinématographiques, ou tout simplement, en raison même de la difficulté de mesure de la pression transdiaphragmatique.

Le rôle de l'abdomen, dont les viscères fonctionnent comme des poids et non comme des ressorts (5) dans la ventilation normale, est laissé délibérément de côté alors que les forces d'inertie exagèrent précisément l'importance de ce rôle.

A la décharge de ces connaissances insuffisantes, on se rappelera la difficulté de la mesure de l'inertance dans les conditions normales de la respiration (5, 30).

Le paramètre inertance non négligeable dans l'équation de mouvement du système ventilatoire (31), joue probablement un rôle dans la réalisation de la compression.

C'est une raison supplémentaire de ne pas confondre les différents syndromes de compression du système ventilatoire.

- par bandage constrictif (6)
- par accroissement de la masse du thorax (obésité ou addition de poids supplémentaire)
- par respiration sous pression négative.
- par immersion (20)

On peut ainsi montrer, contrairement à certains auteurs (4), qu'il peut ne pas toujours exister une relation parfaite entre le volume du poumon et le volume des voies aériennes.

Les forces d'inertie et la respiration sous pression négative sont des sollicitations qui imposent des types particuliers de contrainte au système ventilatoire.

Le renouveau de l'étude des accélérations transverses, justifié par son intérêt pratique, peut donc constituer un progrès en matière de recherche fondamentale.

Après avoir rempli son contrat - assurer une meilleure connaissance d'un milieu hostile - la Biologie Aérospatiale, fille cadette de la Physiologie Générale - semble avoir atteint sa majorité. Elle peut être, aujourd'hui, à la source de conceptions originales et ainsi assurer, à son tour, une meilleure connaissance de la Physiologie au service de l'Homme.

References

1. R. C. Armstrong, The Effects of Positive Pressure Breathing on Transverse Acceleration Tolerance. Report ZM-AM-001, Convair, San Diego, California, 1959, January 14.
2. P.O. Barr, H. Bjurstedt et J.C.G. Coleridge, Blood Gas Changes in the Anesthetized Dog during Prolonged Exposure to Positive Radial Acceleration. Acta Physiol. Scand. 47, 16 (1959).
3. S. Bondurant, W.G. Blanchard, N.P. Clarke et F. Moore, Effect of Water Immersion on Human Tolerance to Forward and Backward Acceleration. J. Aviat. Med. 29, 872 (1958).
4. W. A. Briscoe et A.B. Dubois, The Relationship between Airway Resistance Airway Conductance and Lung Volume in Subjects of Different Age and Body Size. J. Clin. Invest. 37, 1279 (1958).
5. A.W. Brody, A.B. Dubois, O. Nisell et J. Engelberg, Inertance and Response of the Chest Wall and Abdomen to Forced Oscillations of Air Volume. Amer. J. Physiol. 179, P 622 (1954).
6. C.G. Caro, J. Butler et A.B. Dubois, Some Effects of Restriction of Chest Cage Expansion on Pulmonary Function in Man : an Experimental Study. J. Clin. Invest. 39, 573 (1960).
7. R.M. Chambers, R. Kerr, W.S. Augerson et D.A. Morway, Effects of Positive Pressure Breathing on Performance during Acceleration. W.A.D.C. Techn. Report 6205, 32 pp. (1962).
8. N.S. Cherniack, A. S. Hyde, H.F. Watson et F.W. Zechman, Some Aspects of Respiratory Physiology during Forward Acceleration. Aerospace Med. 32, 113 (1961).
9. N.S. Cherniack, A.S. Hyde et F.W. Zechman, Effect of Transverse Acceleration on Pulmonary Function. J. Appl. Physiol. 14, 914 (1959).
10. B.Y. Creer, H. A. Smedal et J.D. Stewart, A Summary on the Influence of Substained Acceleration on Pilot Performance and Pilot Physiology. A.G.A.R.D. Paris 1962.
11. O.H. Gauer, The Physiological Effects of Prolonged Accelerations, Germ. Aviat. Med. World War II, 1, 554 (1950).
12. O. H. Gauer et G. D. Zuidema, Gravitational Stress in Aerospace Medicine. Boston : Little, Brown & Co., 1961.

13. O. G. Gazenko et V. J. Yazdovsky, Some Results of Physiological Reactions to Space Flight Conditions, 1962.
14. C.F. Gell, Table of Equivalents for Accelerations Terminology. Aerospace Med. 32, 1109 (1961).
15. R. Grandpierre et F. Violette, Problèmes physiologiques liés à la dynamique du vol spatial. J. Physiol. (Paris) 54, 7 (1962).
16. R. F. Gray et M.G. Web, High G Protection. Aerospace Med. 32, 425 (1961).
17. F.G. Hall et J. Salzano, Effect of Body Posture on Maximal Inspiratory Stroke Volume. W.A.D.C. Techn. Rep. 59.128, 8 pp. (1959).
18. C. Hatzfeld, Exploration fonctionnelle du poumon. Méthodes pratiques. Résultats. Thèse Paris 1952, 353 pp.
19. H. J. Hershgold, X-Ray Examination of Human Subjects during Transverse Acceleration. Aerospace Med. 31, 213 (1960).
20. S.K. Hong, E.Y. Ting et H. Rahn, Lung Volumes at Different Depths of Submersion. J. Appl. Physiol. 15, 550 (1960).
21. A.S. Hyde, The Physiological Effects of Acceleration on Respiration and Protectives Measures. A.G.A.R.D. Istambul 1960.
22. A. S. Hyde, N. S. Cherniack, E.F. Lindberg et D. Whately, Some Cardiorespiratory Responses of Flying and Non Flying Personnel to Different Vectors of Acceleration with Correlation of these Responses to Other Variables. A.G.A.R.D. Paris 1962, 9 pp.
23. A. S. Hyde, J. F. Watson et F.W. Zechman, Some Aspects of Respiratory Physiology during Forward Acceleration. Aerospace Med. 32, 113 (1961).
24. Ch. Jacquemin, Les problèmes de la respiration en surpression. Etat actuel de la question. Arch. Biol. Term. Climat 3, 85 (1958).
25. Ch. Jacquemin et P. Varene, L'exploration des voies respiratoires en biologie aéronautique. Rev. Corps Serv. Santé 2, 91 (1961).
26. Ch. Jacquemin et P. Varene, Les variations des résistances ventilatoires dans la respiration sous pression continue. J. Physiol. (Paris) 54, 354 (1962).
27. Ch. Jacquemin, P. Varene et P.H. Richard, Le diagramme pression-volume dans la respiration sous pression. J. Physiol. (Paris) 55, 267 (1963).
28. J. H. Knowles, S. K. Hong et H. Rahn, Possible Errors Using Esophageal Balloon in Determination of Pressure Volume Characteristics of Lung and Thoracic Cage. J. Appl. Physiol. 14, 525 (1959).
29. R. Margaria, Wide Range Investigations of Acceleration in Man and Animal. J. Aviat. Med. 29, 858 (1958).
30. J. Mead, Measurement of Inertia of the Lungs at Increased Ambient Pressure. J. Appl. Physiol. 9, 208 (1956).
31. J. Mead, Mechanical Properties of Lungs. Physiol. Rev. 41, 287 (1961).
32. J. Mead et E. A. Gaensler, Esophageal and Pleural Pressures in Man Upright and Supine. J. Appl. Physiol. 14, 81 (1959).
33. J. Mead et J. L. Whittenberger, Evaluation of Airway Interruption Technique as a Method for Measuring Pulmonary Air-Flow Resistance. J. Appl. Physiol. 6, 408 (1954).

34. J. V. Messer, H. S. Levin et J. Pines, The Effects of Acceleration Vector upon Central Cardiovascular Dynamics. A.G.A.R.D. Paris 1962, 27 pp.
35. W. J. Osher, Change of Vital Capacity with the Assumption of the Supine Position. Amer.J.Physiol. 161, 353 (1950).
36. H. Rahn, A.B. Otis, L.E. Chadwick et W.O. Fenn, The Pressure-- Volume Diagram of the Thorax and Lung. Amer.J.Physiol. 146, 161 (1946).
37. F. Rossanigo et G. Meineri, Comportamento di alcune grandezze respiratoire in suggetti sottoposti ad accelerationi secondo diversi assi corporei. Riv.Med.aerospaz. 24, 485 (1961).
38. E. Y. Ting, S.K. Hong et H. Rahn, The Lung Volumes, Lung Compliance, and Airway Resistance during Negative Pressure Breathing. J.Appl.Physiol. 15, 557 (1960).
39. P. Varene et Ch. Jacquemin, Les résistances bronchiques au cours des accélérations transverses. C.R.Acad.Sci. 252, 3652 (1961).
40. P. Varene et Ch. Jacquemin, Existe-t-il un syndrome respiratoire obstructif au cours des accélérations transverses ? Rev.med.aéro. 1, 51 (1961).
41. P. Varene et Ch. Jacquemin, Choix de l'unité de temps dans les épreuves d'expiration forcée. C.R.Soc.Biol. 1963, à paraître.
42. P. V. Vasilyev, A. D. Voskresensky et O. G. Gazenko, Some Problems of Experimental Space Physiology (On the Problem of Transverse Accelerations). XIIIe Congrès Internationale d'Astronautique, Varna 1962. Wien : Springer, 1964.
43. J.F.Watson et N.S.Cherniack, Effect of Positive Pressure Breathing on the Respiratory Mechanism and Tolerance to Forward Acceleration. Aerospace Med. 1962, 583.
44. J. F. Watson, N. S. Cherniack et F. W. Zechman, Respiratory Mechanics during Forward Acceleration. J.Clin.Invest. 39, 1737 (1960).
45. E. H. Wood, W. F. Sutterer, W. H. Marshall, E. F. Lindberg et R.N. Headley, Effect of Headward and Forward Accelerations on the Cardiovascular System. W.A.D.D. Techn. Report 60, 634, 48 pp. (1961).
46. F.W. Zechman, The Effect of Forward Acceleration on Vital Capacity. W.A.D.C.Techn.Report 58, 376, Dec. 1958, 6 pp.
47. F.W.Zechman, N.S. Cherniack et A.S. Hyde, Ventilatory Response to Forward Acceleration. W.A.D.C. Techn. Report 59, 584, 1959, 13 pp.
48. P. Varene, Ph. Richard et Ch.Jacquemin, Electromyographie du diaphragme au cour des accélérations transverses. C.R.Acad.Sci. 256, 4975 (1963).
49. P. Varene, Ph. Richard et Ch.Jacquemin, La fonction posturale thoracique des muscles inspirateurs du cou chez l'homme. C. R. Soc.Biol. 158, 994 (1963).

Discussion

Luft : The restrictive effect of transverse G has been expressed in terms of reduced compliance of the chest. To what extent is the mobility of the bone-muscle structure of the thorax involved in this and to what extent the diaphragm and the adjoining abdominal contents. Do any measurements of intraabdominal pressures exist, and have any radiographic studies been made of diaphragmatic excursions under these conditions ?

Jacquemin : The restrictive effects were defined in terms of the reduction in vital capacity. The work of Cherniack's group has not shown any modifications in the thoracopulmonary compliance. The mobility of the osteo-muscular structures in this context is as yet little known, excepting the radiocinematographic studies of Gauer in animals. There seems to be no information in the literature pertinent to measurements of the intraabdominal pressure during transverse G.

Von Diringshofen : It seems to me that spirographic recordings during transverse acceleration might give valuable information with regard to your problems. Does your work include spirographic measurements ?

Jacquemin : We think that spirometry on the centrifuge would yield delicate problems when attempting to analyze the recordings. The inertia involved in the response of the apparatus is not negligible under normal gravity and is certainly increased during acceleration. For this and other reasons we have not used this method.

БИОЛОГИЧЕСКИЕ И ФИЗИОЛОГИЧЕСКИЕ ИССЛЕДОВАНИЯ ПРИ ПОЛЕТАХ НА РАКЕТАХ И ИСКУССТВЕННЫХ СПУТНИКАХ ЗЕМЛИ

О.Г.Газенко, В.Н.Черниговский и В.И.Яздовский
Академия Наук СССР, Москва, СССР

(3 Рис.)

Аннотации

1. В Советском Союзе выполнено большое число биологических экспериментов с целью выяснения воздействия факторов космического полета на живые организмы и разработки систем, необходимых для обеспечения жизнедеятельности во время полета на ракетных летательных аппаратах.

2. В докладе приводятся результаты биологических экспериментов на 2, 3, 4 и 5 кораблях-спутниках и научных исследований, осуществленных во время полетов космонавтов на кораблях "Восток".

3. Подчеркивается, что физиологические реакции на действие стресс-факторов полета не носят патологического характера. В период последействия ни у космонавтов, ни у экспериментальных животных не было отмечено неблагоприятных сдвигов в состоянии здоровия. Вместе с тем некоторые особенности, выявленные при анализе физиологических реакций и ряда биологических показателей, требуют дальнейшего исследования.

4. Наиболее важными задачами предстоящих исследований являются: изучение влияния длительной невесомости, биологического действия космической радиации, действие перегрузок после пребывания в невесомости и, конечно, анализ влияния на организм всего комплекса факторов космического полета, включая состояние эмоциональной напряженности.

5. Накопленный опыт позволяет шире поставить проблему медицинского обеспечения космических полетов человека, наметить более адекватные пути и методы обеспечения безопасности.

Biological and Physiological Investigations in Rockets and Artificial Satellites. 1. A large number of biological experiments has been carried out in the Soviet Union to determine the effects of space flight factors on living organisms and to devise the systems required to preserve vital activity intact during rocket flight.

2. The paper presents the results of biological experiments conducted with the second, third, fourth and fifth Sputniks, and the scientific investigations made during the manned flights of the "Vostok" space ships.

3. The non-pathological character of the physiological reactions to stress factors during flight is stressed. During the post-flight period,

no deterioration in the health of either the cosmonauts or the experimental animals was observed. At the same time, certain peculiarities which appeared during analysis of the physiological reactions and of a whole range of biological data, require further investigation.

4. The most important lines for future research are : to study the influence of prolonged weightlessness, the biological effects of cosmic radiation, the effects of G-stress after a period of weightlessness and, of course, to analyze the influence on the organism of the entire complex of space flight factors, including the emotional state.

5. The experience gained allows us to make a braoder approach to the problem of man's medical protection during space flight, and to indicate more adequate ways and means of guaranteeing his safety.

Recherches biologiques et physiologiques en cours de vol de fusées et de satellites artificiels. 1. On a effectué en U.R.S.S. un nombre considérable d'expériences biologiques pour définir l'influence des facteurs du vol cosmique sur les organismes vivants, et étudié des systèmes garantissant l'activité vitale au cours du vol par fusées.

2. Dans l'exposé on cite le résultat d'expériences biologiques sur les 2e, 3e, 4e et 5e "Spoutnik" et les résultats scientifiques obtenus pendant le vol des cosmonautes dans les vaisseaux "Vostok".

3. On confirme que les réactions physiologiques à l'action des facteurs "stress" du vol ne comportent pas de caractère pathologique. Après le vol, on n'a observé, ni chez les cosmonautes, ni chez les animaux utilisés, d'évolution défavorable de leur état de santé. Cependant, lors de l'examen des réactions physiologiques, et d'une série d'indices biologiques quelques points particuliers exigent des recherches ultérieures.

4. Voici les plus importants : l'étude de l'influence de l'apesanteur prolongée, les effets biologiques des rayons cosmiques, les effets de "G-stress" après un séjour dans l'apesantuer, et bien entendu, l'examen de l'influence sur l'organisme de tout le complexe des facteurs du vol cosmique, y compris l'état d'émotivité.

5. L'accumulation des expériences permet d'établir d'une façon plus générale le problème de la garantie médicale de l'homme au cours de vols cosmiques et de proposer des méthodes encore plus adéquates pour assurer sa sécurité.

За последние годы было выполнено большое число биологических экспериментов на ракетных аппаратах.

Планомерная и интенсивная работа привела к накоплению важных фактов. Одни из них могут быть истолкованы вполне определенно, другие — пока еще с трудом поддаются объяснению.

К сожалению, мы не можем претендовать на то, что имеем в своем распоряжении вполне удовлетворительную и апробированную теорию, которая позволила бы не только понимать, но и всякий раз управлять явлениями, связанными с воздействием на организм условий космического полета.

Достигнутые успехи не должны, однако, порождать иллюзий. Напротив, цель состоит в том, что на основе внимательного изучения накопленных данных необходимо систематизировать во многом еще разрозненные факты.

В настоящем сообщении коротко суммируются итоги биологических экспериментов на геофизических ракетах и обитаемых космических кораблях-спутниках, а также некоторые результаты экспериментальных полетов космонавтов.

Многочисленные биологические эксперименты на геофизических ракетах (1951-1955 гг) позволили изучить реакции животных, возникающие в суборбитальных полетах. Было выяснено, что у собак изменения в деятельности сердечно-сосудистой и дыхательной систем связаны, главным образом, с перегрузками, возникающими на активном участке полета и при спуске ракеты на Землю. Эти изменения, как правило, оказывались большими при больших величинах перегрузок.

Для опытов с интактными животными (в противоположность подопытным животным, находившимся под наркозом) типичным было развитие активной (или пассивной) оборонительной реакции в момент включения двигателей ракеты. Вегетативные компоненты этой реакции особенно отчетливо проявлялись в первые 20-40 секунд после старта.

В условиях невесомости частота пульса и дыхания, а также величина артериального давления некоторое время удерживалась на высоких цифрах, а затем постепенно снижалась, приближаясь к исходному, предстартовому уровню. Иногда наблюдалось явление замедления (задержки) нормализации функции организма при переходе от повышенной гравитации к невесомости, которое было особенно четко обнаружено в опыте с собакой Лайкой на 2-ом искусственном спутнике Земли.

Мелкие лабораторные животные (мыши, крысы), свободно размещенные в контейнерах, в условиях невесомости (до 10 минут) совершали непрерывные вращательные движения, "плавая в воздухе". Складывалось впечатление, что с течением времени наступила известная адаптация: движения животных стали менее хаотичными и они чаще обретали контакт с опорой. Казалось, что им нужно чуть-чуть помочь и они смогут закрепиться на стенке контейнера.

Действительно, как это затем продемонстрировали И.И.Касьян и Е.М.Юганов, достаточно вращать контейнер так, чтобы получить около 0,2 g, как животные перестают вращаться, приобретают способность фиксировать положение тела и совершать движения без заметного нарушения их координации.

Опыты на ракетах показали, что физиологические реакции животных на действие факторов полета не носят патологического характера. В период последействия не отмечалось каких-либо стойких и неблагоприятных сдвигов.

Заметим, что некоторые из ветеранов полетов находятся под наблюдением уже в течение 6-7 лет и без заметных отклонений от нормы достигли "преклонного" возраста.

С точки зрения организации, тактики и методики проведения эти эксперименты послужили своеобразной репетицией к предстоящим полетам людей-космонавтов.

Всем летным экспериментам естественно предшествовала программа предварительной подготовки, включавшая отбор животных, определение и оценку индивидуальной устойчивости к действию факторов полета, регистрацию исходного функционального состояния и тренировку. Каждой партии подопытных животных и других биологических объектов соответствовали две контрольные. Одна из них содержалась в лабораторных условиях. Вторая подвергалась тем же воздействием, что и подопытная группа, за исключением полета на кораблях-спутниках.

Биологические объекты были представлены разнообразными животными и растительными организмами, культурами микроорганизмов и биохимическими субстратами. Все они находились в условиях, обеспечивающих сохранение нормальной жизнедеятельности. В соответствии с программой, выбранные физиологические и гигиенические показатели регистрировались с помощью радиотелеметрических систем.

Физиологические исследования подтвердили выводы, полученные ранее при суборбитальных полетах животных.

Реакции сердечно-сосудистой системы и дыхания на активном участке и во время приземления у большинства собак были однотипны и достаточно ярко выражены, несмотря на отбор наиболее устойчивых животных и их предварительную тренировку. Характер реакции указывал на состояние функционального напряжения. Как показали специально проведенные исследования наиболее важными непосредственными эффектами действиям поперечных ускорений являются изменения легочной вентиляции и перераспределение крови в сосудистой системе, в том числе и в малом круге.

Если учесть, что эти явления протекают на фоне оборонительной реакции и значительного мышечного напряжения, то в известных случаях при выведении и спуске корабля можно ожидать развития гипоксического состояния. В силу этого большое значение приобретает изучение гемодинамики и перераспределения крови при воздействии поперечных перегрузок, а также изыскание способов повышения устойчивости организма.

В состоянии невесомости регистрируемые показатели возвращались к исходному, предстартовому уровню. Однако здесь был отмечен феномен "задержки", т.е. более медленная по сравнению с контрольными опытами на центрифуге нормализация сердечно-сосудистой системы и дыхания.

Была изучена двигательная активность собак в условиях невесомости. Животным в некоторых пределах представили возможность свободного перемещения. Обработка телевизионных и телеметрических данных позволила установить четкую тенденцию к автоматизации часто повторяемых движений, направленных на фиксацию тела в пространстве.

Анализ усилий, развиваемых животными в состоянии невесомости, показал, что животное выполняет эту задачу с минимальной затратой энергии.

Эти данные позволили предположить, что функциональные изменения в центральной нервной системе ограничиваются сферой двигательного аппарата.

Длительное обследование животных не выявило каких-либо биохимических нарушений или изменений. Лишь в ряде случаев были отмечены биохимические сдвиги, обусловленные предшествующей реакцией "напряжения". Не было выявлено и каких-либо изменений в картине крови, если не считать преходящего умеренного лейкоцитоза.

В настоящее время не представляется возможным отмеченные аффекты точно адресовать к какому-либо определенному фактору полета, например, к космической радиации. Сходные результаты можно получить, изолированно действуя на подопытные объекты перегрузкой или вибрациями (Г.П.Парфенов).

Сейчас перед учеными стоит очень интересная и важная проблема: каким образом реализируется действие факторов космического полета на организм? Сложность задачи заключается в том, что в реальном полете интересующие нас факторы оказывают воздействие на организм в определенных сочетаниях и последовательности, причем моделирование их в лабораторных опытах почти невозможно.

Эксперименты на центрифугах, вибростендах и других установках позволяют исследовать влияние отдельных факторов и получить представление о том, насколько они переносимы. Однако невозможно просто суммировать результаты этих опытов и таким образом заранее определить, окажется ли организм устойчивым к воздействию всего комплекса существующих в условиях факторов реального полета.

Решая эту задачу, нам необходимо выделить фактор, наиболее существенный для данного этапа полета. Так для активного участка полета космического корабля таковыми являются, конечно, перегрузки.

Далее, допуская, что действие дополнительных факторов (вибрации, интенсивный шум, перегревание) снижает переносимость перегрузок, мы можем предварительно решить вопрос, насколько для организма переносимы условия, ожидаемые в полете, в известном смысле, моделируя полет в эксперименте, несколько усиливая, а иногда и увеличивая продолжительность действия основного фактора.

В практическом отношении такая тактика оправдала себя. Вместе с тем невозможно упускать из вида того, что каждый фактор в отдельности и их определенные комбинации могут отличаться специфическим характером действия.

Все чаще приходится сталкиваться с фактами, когда, например, после воздействия перегрузок, благодаря исключительно развитым компенсаторным и адаптивных механизмам организма не обнаруживается каких-либо ясных и отчетливо заметных эффектов. Однако при этом в тканях отдельных органов можно обнаружить значительные функциональные и даже морфологические изменения (Я.А.Винников, Г.В.Петрухин, В.Г.Елесеев).

Однако мы вправе заключать, что материал, собранный при запусках ракет и кораблей-спутников, не свидетельствует о неблагоприятном биологическом действии космического полета на организм животных и человека.

Все это позволяет прийти к выводу, что никаких существенных изменений, которые могли бы быть опасными для жизни и здоровия космонавтов, нельзя ожидать в нормально протекающем полете. Следует, однако, заметить, что этот вывод должен считаться действительным лишь для конкретных условий проведенных экспериментов с точки зрения продолжительности полета, высоты и других параметров орбиты.

К весне 1961 года были подготовлены все необходимые условия для полета первого космонавта Ю.А.Гагарина на корабле "Восток". Опыты с животными показали безопасность такого полета, позволили проверить эффективность и надежность систем жизнеобеспечения и приземления. Были испытаны методы врачебного контроля, отработана система обнаружения и поиска корабля и космонавта после приземнения. И все же первый полет человека был в значительной степени шагом в неизвестное.

Нельзя было точно сказать, каким образом длительная невесомость отразится на пространственной ориентировании и работоспособности космонавта.

Ю.А.Гагарину предстояло первым испытать на себе весь комплекс факторов космического полета, увидеть и почувствовать то, к чему затем должны были готовиться космонавты.

Основной итог полета на корабле "Восток-1" – доказательство того, что человек хорошо переносит все этапы кратковременного космического полета, сохраняя при этом работоспособность и все возможности к активной деятельности.

Установлено, что условия полета не вызывали каких-либо изменений в функциональном состоянии, которые выходили бы за рамки реакции человека на сильные воздействия, связанные с риском и опасностью. Рис.1 демонстрирует динамику частоты пульса и дыхания Ю.А.Гагарина в предстартовом периоде и на основных участках полета. Черными квадратами показана динамика показателей в контрольном опыте, на центрифуге. Обследование космонавта после полета не выявило каких-либо отрицательных последствий. Основные системы корабля функционировали нормально - стало быть, можно было приступить к подготовке следующего шага – более продолжительного полета.

6-7 августа суточный орбитальный полет был успешно выполнен Г.С.Титовым.

В период, непосредственно предшествовавший старту, внимание космонавта было сосредоточено на выполнении многочисленных элементов подготовки.

В течение четырех часов предстартного периода частота сердцебиений последовательно возрастала от 70 до 120 ударов в минуту (см. рис. 2), что свидетельствовало о нарастающем эмоциональном напряжении, вполне естественном в таких обстоятельствах. Частота дыхания в это время колебалась в пределах от 12 до 30.

Динамика частоты пульса и дыхания Г.С.Титова совпадала с изменением тех же показателей в предстартовом периоде у Ю.А.

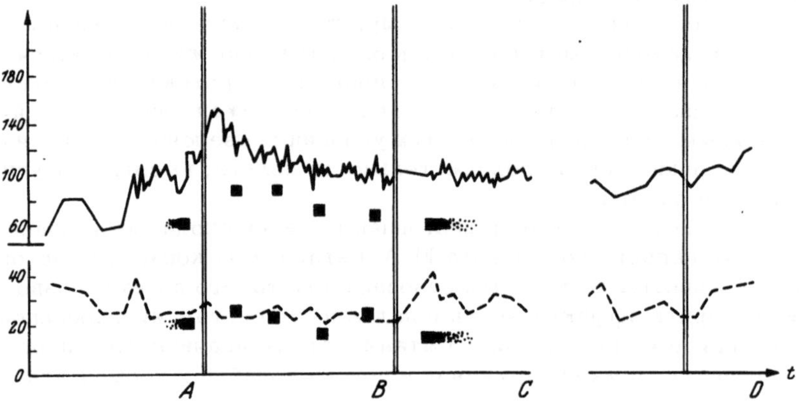

Рис.1. Динамика частоты пульса и дыхания космонавта Ю.А.Гагарина на различных участках космического полета. А - предстартовый период, В - активный участок, С - орбитальный полет, Д - участок спуска (черными квадратами показана динамика частоты пульса и дыхания в опыте на центрифуге)

Fig. 1. The dynamics of the heart and respiration rates of the astronaut Y. A. Gagarin at different phases of his space flight. A - pre-period; B - powered section; C - orbital flight; D - descent section (black squares indicate the dynamics of the heart and respiration rates in an experiment on a centrifuge)

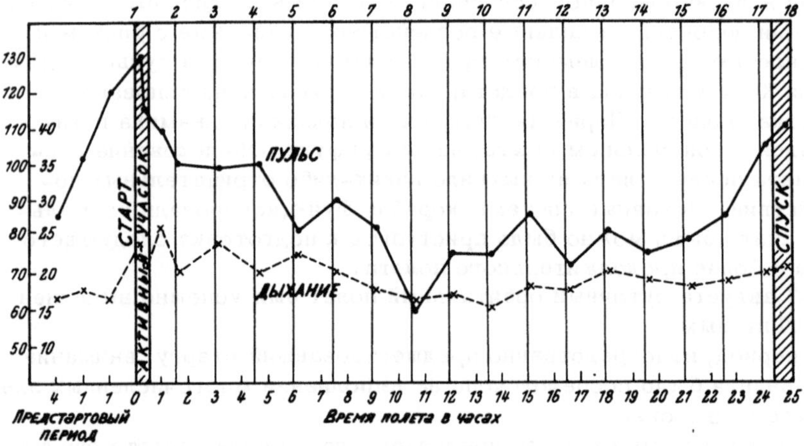

Рис.2. Динамика частоты пульса и дыхания космонавта Г.С.Титова во время суточного космического полета

Fig. 2. The dynamics of the heart and respiration rates of the astronaut G. S. Titov during his 24-hour space flight

Гагарина. После завершения всех подготовительных операций, в выполнении которых космонавт принимал активное участие, состоялся старт космического корабля.

Перегрузки на активном участке соответствовали расчетным величинам. Шум и вибрации, сопровождавшие работу двигателей не создавали дискомфортных условий. Барометрическое давление в кабине соответствовало земному, температура, влажность и газовый состав атмосферы совпадали с предстартовыми параметрами. Учащение пульса и дыхания, отмеченные еще в предстартовом периоде, продолжалось в течение первой минуты полета, достигнув максимальной величины соответственно 130 и 20 в минуту. Амплитуда дыхательных движений возросла в два с половиной раза. Изменения показателей электрокардиограммы соответствовали увеличению частоты сердечных сокращений.

Несмотря на нарастание перегрузок, частота сердечных сокращений после первой минуты активного участка полета значительно снижалась и к моменту выведения корабля на орбиту составляла уже 110 в минуту. Активный участок полета космонавт субъективно перенес хорошо. Переход к невесомости был связан с появлением у Г.С.Титова иллюзии "перевернутого положения". Ему показалось, что приборная доска переместилась вверх, а он как бы совершал полет в положении вниз головой. Это ощущение сохранялось около минуты. Затем пространственная ориентировка восстановилась.

В условиях невесомости частота сердечных сокращений продолжала последовательно снижаться, достигнув через 6 часов полета в среднем 80 ударов в минуту, что незначительно превышало обычные значения этого показателя. Обращали, однако, на себя внимание выраженые колебания частоты сердцебиений (от 70 до 105 уд. в минуту).

Частота дыхания существенно не изменялась, не было отмечено изменений в электрокардиограмме. Некоторые изменения были обнаружены в кинетокардиограмме, характеризующей сократительную функцию сердечной мышцы. Эти изменения пока еще не нашли удовлетворительного объясненя, однако, нет данных, которые вынуждали бы толковать их как неблагоприятные.

Особое внимание привлекли развившиеся в период орбитального полета неприятные ощущения, которые были охарактеризованы космонавтом, как состояние, близкое к укачиванию. Эти ощущения выражались в легком головокружении и подташнивании, которые становились заметными при резких движениях головой и наблюдении за быстро перемещающимися предметами. Указанные явления создавали некоторый дискомфорт, но не нарушали работоспособности.

Почерк Г.С.Титова не отличался заметными особенностями по сравнению с записями, выполненными на Земле.

Во время сна частота сердечных сокращений снизилась до 65-64 в минуту, также как во время сна в обычных земных условиях.

После сна самочувствие космонавта несколько улучшилось, а во время спуска с орбиты головокружение и поташнивание полностью исчезли. После завершения 17-го оборота вокруг Земли был включен тормозной двигатель и начался спуск космического корабля с орбиты. Во время торможения возникли значительные перегрузки, вызвавшие кратковремменое появление "серой пелены" в глазах, подобно тому, как это наблюдается при воздействии подобных перегрузок на центрифуге.

Субъективно участок торможения космонавт перенес удовлетворительно, физиологические показатели принципиально не отличались от ранее зарегистрированных в опытах на центрифуге.

Анализ объективных телеметрических данных в сопоставлении с самоанализом свидетельствует об удовлетворительной переносимости факторов полета и сохранении космонавтом работоспособности. Было установлено, что суточный цикл жизни, включающий такие элементы, как активная деятельность, отдых, сон, прием пищи и отправление естественных надобностей, в условиях космического полета заметно не меняется.

Полет Г.Титова разрешил много сомнений, но, как это часто бывает, поставил перед космической биологией новые вопросы.

Запуск на орбиту двух космических кораблей с космонавтами А. Николаевым и П.Поповичем явился качественно новым этапом в освоении человеком космического пространства.

В этих полетах предполагалось выяснить, какое влияние на состояние человека, его работоспособность, основные физиологические и психические функции оказывает длительное воздействие комплекса факторов космического полета. Предстояло также исследовать, насколько правильна и эффективна была вся предшествующая подготовка космонавтов, их тренировка, расчитанная на повышение устойчивости к перегрузкам, невесомости, состоянию психического напряжения. При этом важно было уточнить, какие элементы этой подготовки можно сохранить, а какие требуют исправления или дополнения. Наконец, надо было уточнить, насколько правильно были определены потребности человека в пище, воде, кислороде, насколько подходящи для космонавтов гигиенические условия, которые поддерживались в кабине корабля?

Особый интерес представляло дальнейшее изучение длительного влияния невесомости на основные физиологические функции, органы чувств, на деятельность сердечно-сосудистой системы. Одновитковый полет Ю.Гагарина и даже суточный Г.Титова не дали достаточно материала для оценки влияния невесомости. Эмоциональное напряжение, естественно и неизбежно сопровождающее выведение корабля на орбиту и его спуск на Землю, усиленное ситуацией новизны, существенно максировало непосредственное влияние физических факторов, в том числе невесомости. Кроме того, сравнительно малая продолжительность пребывания на орбите была недостаточной для развития процессов, связанных с предполагаемой в условиях невесомости перестройкой деятельности сердечно-сосудистой системы (имеется в виду отсутствие гидростатического фактора).

Весьма интересно было оценить в какой степени длительное действие невесомости может сказаться на функциональном состоянии органов чувств и повлиять на работоспособность космонавтов? Наконец, следовало выяснить, возможна ли и как эффективна приспособляемость человеческого организма к столь необычным условиям; насколько дискомфортные ощущения, возникшие у Г. Титова, являются непременными спутниками космического полета. Решение перечисленых вопросов имело большое значение для будущих космических полетов и в известном отношении, затрагивало принципы конструирования космических кораблей.

По сравнению с прежними полетами заметно был расширен объем записей, полученных с кораблей "Восток-3" и "Восток-4" во время полета.

Обработка огромного материала еще не завершена, но даже предварительные данные могут представить определенный интерес.

Рис 3. дает представление об общей динамике частоты пульса и дыхания космонавтов Николаева и Поповича в ходе их группового полета. На ней также нанесены данные, полученные во время полетов Гагарина и Титова.

Первое, что обращает на себя внимание – это большое сходство всех кривых. Отмечен значительный подъем частоты пульса на активном участке полета, особенно в его начальной фазе, с постепенным приближением к исходному уровню в состоянии невесомости. Здесь, так же, как в упомянутых выше опытах, можно обнаружить "феномен задержки", по-разному выраженный у каждого из космонавтов. Далее можно видеть заметный суточный ход кривых, правда, не очень ясно выраженный на этом рисунке, так как здесь представлены средние цифры за каждый виток (оборот спутника вокруг Земли).

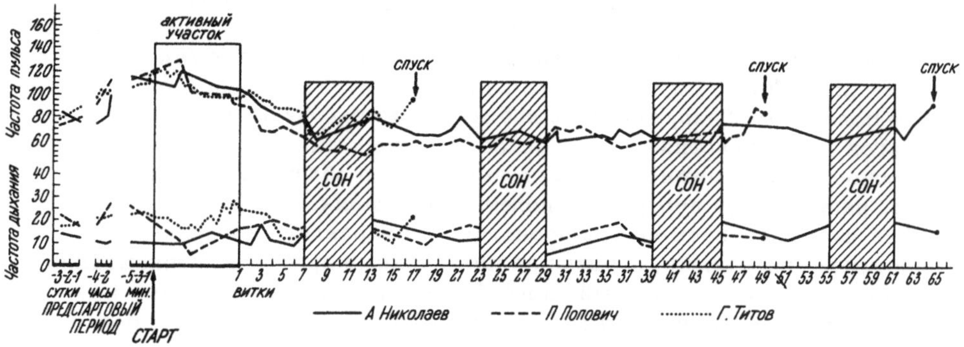

Рис.3. Динамика частоты пульса и дыхания космонавтов А.Г.Николаева и П.Р.Поповича во время космического полета

Fig. 3. The dynamics of the heart and respiration rates of cosmonauts A. G. Nikolayev and P. R. Popovich during their space flight

Наконец, нельзя не обратить внимание на весьма характерное повышение кривых к концу полета, что, по всей видимости, является проявлением реакции напряжения, готовности организма к весьма ответственному, заключительному этапу полета.

Несколько подробнее остановимся на отдельных этапах эксперимента. В предстартовом периоде психологическое наблюдение и обследование показали, что оба космонавта сохраняли высокий уровень самоконтроля. Не наблюдалось каких-либо признаков угнетенности, тревожности или подавленности. Проявлялась адекватная рабочая напряженность в деловых и бытовых ситуациях, сдержанность в поведении и речи при сохранении хорошего объема внимания. Исследование Ф.Д. Горбова показало высокий уровень помехоустойчивости и отсутствие каких-либо сдвигов в динамике показателей физиологических функций по сравнению с исходными данными, зарегистрированными вне обстановки космодрома (Ф.Д.Горбов). Важные данные были получены при объективном контроле за сном. У обоих космонавтов сон был хорошим, актограммы сна были без изменений (Л.И.Какурин).

В период непосредственной подготовки к старту можно было отметить некоторое усиление напряженности. Все действия были абсолютно адекватны и четки. Частота пульса возрастала.

На активном участке полета каких-либо особенностей не отмечено. Динамика физиологических показателей соответствовала ожидаемой. В условиях орбитального полета частота пульса достигла нормального исходного значения у Поповича примерно через 5-6 часов, у Николаева в течение 10-12 часов, сохраняясь на уровне 50-80 ударов в минуту на протяжении большей части полета. Анализ электрокардиограмм не выявил патологических изменений или нарушений возбудимости, проводимости или автоматизма сердца. Периодически отмечалась вариабельность амплитуды зубца "Т", некоторое снижение амплитуды зубцов "Р" и "R", а у Поповича небольшое снижение систолического показателя.

Ни у одного из космонавтов не было обнаружено патологических изменений в электроэнцефалограмме или записях кожно-гальванической реакции. Анализ записей движений глаз не выявил таких, которые можно было бы определить как нистагм. Таким образом, в ходе полета не обнаруживалось неблагоприятных функциональных сдвигов. Самочувствие космонавтов было хорошим, а о высокой работоспособности можно судить по выполнению обширной, можно сказать, напряженной программы полетного задания.

Как известно, космонавты периодически управляли кораблями, проводили киносъемку, следили за показаниями приборов, записывали их показатели и вели частый радиообмен с наземными пунктами и между собой. В программу задания входило самонаблюдение с подробной записью результатов, выполнение специальных психологических и вестибулярных тестов, изучение особенностей пребывания и работы после отключения от привязной системы, в состоянии "свободного плавания" и, кроме того, космонавты выполняли ряд других экспериментальных заданий, в том числе по биологическим исследованиям.

Так при выполнении цифровых тестов (сложение в уме) время решения задач у обоих космонавтов практически не изменилось по сравнению с контролными данными. Тесты с различением геометрических фигур выполнялись без ошибок, а по времени укладывались в норму. В бортовом журнале Николаев и Попович записали: "Психологические тесты выполняются хорошо, работоспособность не нарушается"

В связи с отмеченными у Титова явлениями "укачивания" в более длительном групповом полете ряд тестов был предназначен для выявления состояния пространственного анализатора и, в частности, вестибулярного аппарата (И.И.Брянов, Ф.Р.Горбов, Ю.Н.Крылов).

Выполнение этих проб должно было выявить сенсорные или двигательные нарушения в условиях раздражения вестибулярного аппарата (повороты и наклоны туловища и головы). Космонавты отмечали, что заданные тесты они выполняли легко и точно. Наприятных ощущений при этом не отмечали. В состоянии "свободного плавания" при закрытых глазах определение положения тела в пространстве оказывалось невозможным. Николаев, кроме того, отметил, что при этом резкий поворот головы в одну сторону вызывает смещение вытянутых рук в противоположном направлении.

Таким образом, выполнение "вестибулярных проб" во полете, анализ описанных ранее физиологических показателей так же, как и сравнение результатов исследования состояния вестибулярного аппарата до и после полета не выявили каких-либо четких сдвигов. Космонавты подчеркивали, что субъективно хорошо перенесли состояние невесомости.

Весьма возможно, что в этом отношении положительную роль сыграла предварительная специальная тренировка. Важно также отметить, что космонавты не испытывали каких-либо нарушений координации движений. Лишь в первых пробах, состоящих в выполнении весьма тонких движений, связанных с рисованием звезд и спиралей, можно было отметить различие с тем, как это выполнялось на земле или последующих периодах полета.

Николаев и Попович, также как Гагарин и Титов, не испытывали затруднений в приеме пищи и воды или в отправлении естественных надобностей. Сон был хорошим. В последующие дни даже более глубокий. Аппетит не нарушался, особенностей вкусовых ощущений не отмечалось.

Как показала последующая обработка полученного материала, после полета наблюдалось легкое эмоциональное возбуждение, некоторая отвлекаемость и неустойчивость внимания. Исследование показало менее выраженную, чем обычно помехоустойчивость, что выражалось в появлении одиночных ошибок по типу растормаживания тонких дифференцировок. Подробное клинико-физиологическое обследование в разные сроки после полета не выявило заметных сдвигов. Отмечались лишь некоторые явления утомления.

Проведенные полеты дали богатый экспериментальный материал. Потребуется некоторое время для того, чтобы его обработать и уточнить первые и общие впечатления.

Выводы, которые предстоит сделать, послужат основой для планирования и подготовки будущих еще более замечательных достижений науки в мирном освоении Космоса.

BIOLOGICAL AND PHYSIOLOGICAL INVESTIGATIONS IN ROCKETS AND ARTIFICIAL EARTH SATELLITES

O. G. Gazenko, V. N. Chernigovsky, and V. I. Yazdovsky
U. S. S. R. Academy of Sciences, Moscow, U. S. S. R.

(With 3 Figures)

During recent years numerous biological experiments have been made in rockets.

Planned and intensive work has led to acquisition of important facts. Some of them can be interpreted quite definitely, others can so far be explained only with difficulty.

Unfortunately we cannot pretend that we have at our disposal a completely satisfactory and tested theory which would enable us not only to understand, but also to control phenomena connected with effects of space flight conditions on an organism.

The successes achieved should not produce illusions. On the contrary, the goal consists of systematizing facts, which are still apparently unrelated, on the basis of a close analysis of the collected data.

In the present report the results of biological experiments on geophysical rockets and habitable space vehicles, as well as some results of experimental flights of space pilots, are summed up.

Numerous biological experiments on geophysical rockets (1951-1959) have made it possible to study reactions of animals in suborbital flights. It was found that changes in the cardiovascular and respiratory systems of dogs are linked mainly with stresses during the powered portions of flight and during the descent of a rocket to Earth. As a rule, these changes turned out to be great at high g-stresses.

For experiments with conscious intact animals (in contrast to test animals under anesthesia) the development of active (or passive) defence reactions is typical at the moment when engines of a rocket are switched on. Vegetative components of this reaction were displayed most clearly during the first 20-40 seconds after lift-off.

Under conditions of weightlessness heart and respiration rates as well as arterial pressure were high for some time and then gradually decreased, approaching the initial pre-launch level. Sometimes a delay of the normalization of functions of the organism was observed at the transition from increased gravity to weightlessness, a phenomenon which was especially clearly observed with the dog Laika on Sputnik II.

Small laboratory animals (mice, rats) placed loose in containers under condition of zero-gravity (up to 10 minutes) made continuous rotary movements, "swimming in air". In the course of time some adaptation began : movements of animals became less chaotic and they made more frequent contact with the support. It seemed that with just a little help they could hold on to the walls of the container.

Actually, as was then demonstrated by I. I. Kasyan and E. M. Yuganov, it is only necessary to rotate the container so as to obtain about 0, 2 g and the animals stop rotating and acquire the ability to stabilize their body position and perform movements without noticeable disturbance of coordination.

Experiments on rockets have shown that physiological reactions of animals to flight factors are not of a pathological character. During the postflight period no permanent or unfavourable changes were recorded.

Let us note that some of the flight "veterans" have now been examined for six to seven years, and aged without noticeable deviations from the norm.

From the standpoint of organization, tactics and technique, experiments were conducted during 1960-61 as a kind of rehearsal for future manned space flights.

All flight experiments were naturally preceded by a program of preliminary preparation which included the selection of animals, a determination and estimate of individual resistance to flight factors, the recording of their functional condition and training. Each group of test animals and other biological objects was supplemented with two additional control groups. One of these groups was under laboratory conditions. The other was subjected to the same factors as the test group except for the actual flight aboard the space vehicle.

Biological objects were represented by various animals and plants, by cultures of microorganisms, and by biochemical substrata. They all were under conditions which insured the maintenance of normal physiological functions. Depending on the program, selected physiological and hygienic indexes were recorded by means of radiotelemetry systems.

Physiological research confirmed conclusions obtained earlier during suborbital flights of animals, though the character and duration of overloads during the placing of space vehicles in orbit were marked by certain peculiarities.

Reactions of the cardiovascular and respiratory systems of the majority of animals were similar and quite marked, despite the selection and preliminary training of the most stable animals. The character of reactions gave an indication of the kind of functional stress on the abovementioned systems. As special investigations have shown the most important direct effects of forward accelerations are changes in pulmonary ventilation and redistribution of blood in the vascular system, including the pulmonary circulation.

If one takes into account the fact that these phenomena occur against the background of a defence reaction and considerable muscular strain, it is possible to expect in some cases a state of hypoxia during the boost stage and descent of a ship. For this reason it is very important to study hemodynamics and redistribution of blood during forward accelerations and also to develop methods for increasing the organism's resistance.

Under prolonged weightlessness a "delay" phenomenon was recorded, i.e. a slower normalization (as compared with the control experiments on a centrifuge) of cardiovascular and respiratory systems.

In experiments on satellite vehicles an attempt was made to investigate the character of motor activity of dogs in conditions of zero-gravity. Animals were given some opportunity for free movement. Analysis of television and telemetry data enabled us to discover a definite tendency towards automatization of frequently repeated motions as, for example, movements aimed at orientation in space.

An analysis of efforts made by an animal in a state of zero-gravity has shown that when exercises are repeated up to several hundred times the animal fulfills this task using minimum energy. These data enabled N. N. Lifshits to postulate that functional changes of the central nervous system, apparently, were limited to the sphere of the motor apparatus.

It is important to emphasize that prolonged examination of animals subjected to tests did not reveal any disturbances or changes of physiological or biochemical indexes. Only in animals which performed a 24-hour orbital flight were biochemical changes due to the preceding "stress" reaction. No changes were revealed in the blood picture, with the exception of transitory moderate leucocytosis.

At present it is impossible to relate the observed effects exactly to some definite flight factor as, for instance, cosmic radiation. Similar results can be obtained on tests objects by the action of acceleration or vibration alone (G. P. Parfyonov).

The scientists must now solve a very interesting and important problem: How does the effect of space flight factors manifest itself on an organism? The complexity of the task consists of the fact that factors of interest to us affect the organism in definite combinations and succession, and their simulation in experiments under laboratory conditions is impossible.

Experiments on centrifuges, vibration stands and other machines make it possible to analyze the influence of individual factors and to get an idea of the extent to which they are tolerable. However, it is impossible simply to sum up the results of these experiments, and so to determine beforehand the resistance of the organism to the effect of the whole complex of factors of actual flight.

To solve this problem it is necessary to single out the most important factor for this or that stage of flight. For the boost stage of space ship accelerations are certainly such a factor.

Assuming that the effect of additional factors (vibrations, intense noise, overheating) reduce the tolerance of overloads, we can give a preliminary estimate of the extent to which conditions expected in flight are tolerable. To this end we can to some extent simulate flight in the experiment by slightly increasing the intensity of the main factor or extending the duration of its action.

In practice such tactics proved themselves. At the same time it is impossible to ignore the fact that each factor separately and their specific combinations can be identified by the specific character of their effect.

We often see, for instance, that after the application of overloads no clear and definite effects are observed, due to the exceptionally developed compensatory and adaptative mechanisms of the organism. However, considerable functional and even morphological changes can be revealed in tissues of individual organs (Y. A. Vinnikov, G. V. Petrukhin, V. G. Yeleseyev).

However, we can conclude from the material collected in rocket and space vehicle launchings that space flight does not produce an unfavourable biological effect on the organisms of animals and men.

All this allows us to conclude that in normal flight there is no reason to expect any essential changes which would be dangerous to the life and health of astronauts. However, it should be noted that this conclusion should only be considered valid for the specific conditions (duration, height and other parameters of orbit) of experiments actually performed.

By the spring of 1961 all necessary conditions were prepared for the first manned space flight performed by Y. A. Gagarin on the ship Vostok. Experiments with animals had demonstrated the safety of such flight, and had made it possible to verify the effectiveness and reliability of life support systems and systems of landing. Methods of medical control and a system of discovery and search for the ship and astronaut after landing were tested. Nevertheless, the first manned flight was to a considerable extent a step into the unknown.

It was not possible to say definitely how prolonged weightlessness would affect spatial orientation, coordination of movements, and the health and performance of a space pilot.

Y. A. Gagarin was the first to undergo the action of the whole complex of space flight factors.

The main outcome of the flight on board the space ship Vostok I is the proof that man tolerates well all the stages of short-time space flight, maintaining all his capabilities for work and activity.

It was established that flight conditions did not cause any changes in the functional state which went beyond the usual reactions of a man faced with risk and danger. Fig. 1 * demonstrates Gagarin's dynamics of heart and respiration rates in the pre-launch period and at the main stages of the flight. Black squares show the dynamics of indexes in the control experiment on a centrifuge. Examination of the space pilot after flight did not reveal any negative effects. The main systems of the ship functioned normally, and it was possible to begin preparations for a more prolonged flight.

On August 6-7 a 24-hour orbital flight was successfully carried out by G. S. Titov.

In the period which directly preceded the launching, the cosmonaut's attention was concentrated on the performance of numerous elements of preparation. His actions were precise and definite.

During four hours of the pre-launch period the frequency of heart beats successively increased from 70 to 120 beats per minute (see Fig. 2) which testified to the increasing emotional strain, quite natural under such circumstances. At this time the frequency of respiration varied from 12 to 30.

G. S. Titov's dynamics of heart and respiration rates was close to the changes of the same indexes of Y. A. Gagarin in the pre-launch period. After the completion of all preparatory operations, in which the cosmonaut took an active part, the space ship was launched.

The G profile in the boost stage corresponded to calculated values. Noise and vibrations from the engines did not create discomfort. Barometric pressure in the capsule corresponded to the terrestrial value, while

* The respective figures are contained in the fore-going Russian text.

temperature, humidity and gaseous composition of the atmosphere coincided with the pre-launch parameters. The increase in heart and respiration rates recorded during the pre-launch period continued during the first minute of flight reaching the maximum values 130 and 20 per minute, respectively. The amplitude of respiration movements increased by two and a half times. The changes of the electrocardiogram indexes corresponded to the increase of the frequency of cardiac contractions.

Despite the increase of acceleration, the heart rate decreased considerably after the end of the first minute of the boost stage, and by the time the ship entered into orbit it amounted to 110 beats per minute. The boost stage of the flight was tolerated by the space pilot quite well. During the transition to conditions of weightlessness an illusion of "head-down position" appeared. It seemed to Titov that the instrumentation panel shifted upward and he himself performed flight in a "head-down" position. This feeling was experienced for about one minute. Then spatial orientation was restored.

In weightlessness the heart rate continued to decrease steadily, after six hours of flight attaining an average of 80 beats per minute, which exceeded only slightly the usual values of this index, However, fluctuations of the heart rate (from 70 to 105 beats per minute) drew our attention.

The respiration rate did not change considerably and no changes were recorded in the electrocardiogram. Some changes were revealed in the kinetocardiogram which measures the contracting function of the cardiac muscle. These changes have not yet been explained satisfactorily. However, there are no data which would force us to interpret them as unfavourable.

The unpleasant sensations which developed during orbital flight and which were characterized by the space pilot as close to seasickness deserve special attention. These sensations consisted of a slight giddiness and nausea which became noticeable during sharp head movements and observation of swiftly moving objects. These phenomena created some discomfort, but did not destroy the astronaut's working ability.

During sleep the heart rate decreased to 56-64 beats per minute as during sleep in usual terrestrial conditions.

After sleep the space pilot's health improved and during the descent from the orbit giddiness and nausea completely disappeared. After completion of the seventeenth circuit around the Earth a braking engine was switched on and the ship's descent orbit began. During retardation there were considerable overloads which caused the shortlived appearance of the same "grey shroud" before the eyes as is observed at similar g-stresses in a centrifuge.

Subjectively the deceleration stage was endured satisfactorily by the cosmonaut and physiological indexes did not differ essentially from those previously recorded during experiments on a centrifuge.

A comparison of objective telemetric data with self-analysis indicates a satisfactory tolerance to flight factors and maintenance of good performance. It has been established that a 24-hour cycle of life, including such elements as active work, rest, sleep, eating, urination and defecation, does not change significantly during space flight.

G. S. Titov's flight dispelled many doubts, but, as is often the case, set forth new problems of space biology.

The launching of two space ships with cosmonauts A. Nikolayev and P. Popovich aboard represented a qualitatively new stage of the conquest of outer space by man.

These flights were designed to clarify what effect a prolonged application of the complex of space flight factors would have on man's health, working ability, the main physiological and psychological functions. They were also designed to test how correct and efficient the space pilots' preparation had been, including training aimed at increasing their resistance to accelerations, weightlessness and psychological strain. It was very important to test whether man's requirements for food, water and oxygen had been determined correctly and whether hygienic conditions maintained in the cabin were adequate for the astronauts.

Of special interest was the further investigation of the prolonged influence of weightlessness on the main physiological functions, organs of sense, and the functioning of the cardiovascular system. Y. Gagarin's one orbit and even G. Titov's 24-hours flight did not give sufficient material to estimate the influence of weightlessness. The natural and unavoidable emotional strain during the launch and descent periods, increased by the the novelty of the situation, greatly masked the direct influence of physical factors including weightlessness. Besides, a comparatively short orbital flight was insufficient for the development of processes connected with the rearrangement of the functioning of the cardiovascular system (we mean the absence of the hydrostatic factor).

It was very interesting to estimate the degree to which the effect of weightlessness could affect the functional state of the sensory organs and the working abilities of space pilots. Finally, it was necessary to find out the capability and efficiency of the human organism to adapt to such unusual conditions, and to determine how characteristic of space flight were the sensations of discomfort felt by Titov. The solution of these problems was very important for the planning and preparation of future space flights and to some extent touched upon the design of space ships.

As compared to the previous fligths, the volume of in-flight records obtained from space ships Vostok III and Vostok IV was extensive.

The processing of this enormous body of material is not yet completed, but even preliminary data are of some interest.

Fig. 3 gives an idea of the general dynamics of Nikolayev's and Popovich's heart and respiration rates in the course of their group flight. Data obtained during Gagarin and Titov's fligths are also indicated in the figure.

The first thing which draws one's attention is the great similarity of all curves. A considerable increase of heart rate during the boost stage is recorded, especially during the initial phase of this stage. During the weightless period the heart rate gradually approaches the initial level. Here as in the experiments noted above, a "delay phenomenon", different for each of the space pilots, can be noted. Furthermore we can see a definite diurnal course in the curves, though not very clearly expressed in this figure, since here only average figures for each circuit (complete revolution of the satellite around the Earth) are presented.

Finally, one cannot ignore a very typical increase of the curves towards the end of the flight, which is apparently the manifestation of a strain reaction, the readying of the organism to the very demanding concluding stage of the flight.

Let us dwell upon individual stages of the experiment. During the prelaunch stage psychological observations and examination showed that both cosmonauts retained a high level of self-control. No signs of depression or alarm were observed. An adequate working strain in business and everyday life situations was recorded, including restraint in behaviour and speech and a good level of concentration. C. F. Gorbov's investigation indicated a high level of resistance to frustration and an absence of any changes in the dynamics of the indexes of physiological functions as compared with initial data recorded away from the launch pad environment. Important data were obtained by objective testing during sleep. Both space pilots slept well, and the actogram of the sleep was without changes (L. I. Kakurin).

In the immediate prelaunch period some increase of strain could be observed. All actions were absolutely adequate, definite and precise. The heart rate increased.

During the powered stage of the flight no peculiarities were recorded. The dynamics of physiological indexes corresponded to that expected. Under conditions of orbital flight the heart rate amounted to the normal initial value in approximately five-six hours (Popovich). As fas as Nikolayev is concerned, his heart rate remained at a level of 50-80 beats per minute during the greater part of the flight. An analysis of the electrocardiograms did not reveal pathological changes or disturbances of excitation, conductivity or automatism of the heart. Variability of the amplitude of the wave T was periodically recorded as well as some decrease of the amplitudes of the waves P and R. A small decrease of the systolic index of Popovich was observed.

No pathological changes in the electroencephalogram or records of the cutaneous-galvanic reaction were observed. Analysis of the records of eye movements did not reveal anything that can be defined as nystagmus. Thus during flight no unfavourable functional changes were revealed. The space pilots' health was fine, and their high performance can be judged from the fact that they carried out an extensive and even intense flight program.

As is known, the space pilots periodically controlled the ships, carried out photography, watched and jotted down instrument readings, and maintained frequent radio contact with each other and with points situated on the Earth. The flight program included self-observation with detailed recordings of results, special psychological and vestibular tests, and an investigation of the peculiarities of health and work in "free swimming" conditions after pilots had detached themselves from their safety belts. In addition the space pilots carried out some other experimental assignments, including biological investigations.

Arithmetic tests (addition) showed that the time necessary for both astronauts to solve arithmetic problems did not change essentially as compared to control assignments and only one mistake was recorded in calculations (before flight they solved arithmetic problems absolutely correctly). Tests in differentiating geometric figures were carried out without mistakes and in due time. Nikolayev and Popovich repeatedly wrote in their flight logs that psychological tests were carried out well and that performance was good.

In connection with seasickness phenomena observed in Titov's flight, a number of tests were designed to determine the state of the spatial analyser, and, in particular, the vestibular apparatus, in the more prolonged group flight made by Nikolayev and Popovich.

The performance of these tests (I. I. Bryanov, F. D. Gorbov, Y. I. Krylov) should reveal sensory or motor disturbances under conditions of excitation of the vestibular apparatus (turns and inclinations of the body and the head). The space pilots noted that the tests were performed easily and precisely and without any unpleasant sensations. In the state of "free soaring", with the eyes shut, determining the position of the body in space turned out to be impossible. In addition, Nikolayev noted that a sharp turn of the head to one side caused the shift of his extended hands in the opposite direction.

Thus, the realization of "vestibular tests" in flight, the analysis of physiological indexes described previously, as well as comparison of the results of investigations of the state of the vestibular apparatus before and after flight, have not revealed any definitive changes. Space pilots stressed that subjectively they tolerated weightlessness well.

It is quite possible that preliminary special training played a positive part in this respect. The astronauts did not experience any changes in the coordination of movements. Only in first tests, consisting in fulfilment of very delicate movements connected with the drawing of stars and spirals, a difference could be observed compared with the performance of such movements on the Earth or at subsequent stages of the flight.

Nikolayev and Popovich (like Gagarin and Titov) did not experience difficulties in taking food and water or in urination and defecation. They slept well, and on succeeding days even deeper, the appetite was the same as usual, and no peculiarities in gustatory senses were marked.

After the flight a slight emotional excitation and some distraction and instability of attention were observed. Investigations showed they had less marked (than usual) resistance to frustration. This was expressed in the appearance of individual errors through carelessness in tests of fine differentiation. A detailed clinico-physiological examination in different periods of time after the flight did not reveal noticeable changes. Only some phenomena of fatigue were observed.

The flights performed have provided us with rich experimental material. Some time is needed to process it and to sharpen the first general impressions.

The conclusions which will be drawn will serve as a basis for the planning and preparation of future, more brilliant achievements of science in the peaceful conquest of outer space.

Discussion

Rose : How was the position in space determined with closed eyes ?

Chernigovsky : Spatial orientation was not possible during weightlessness with the eyes closed. Probably, this is due to a decrease in the flow of information during weightlessness. Visual cues seem to be the decisive source of information in this state.

Lemaire : Were there any disturbances in the diuresis seen in the cosmonauts during orbital flights of long duration ?

Chernigovsky : My reply would refer not only to your own question but also to a previous question put by Dr. Gauer. No disturbances in the diuresis were observed in the cosmonauts. But I believe that Professor Gauer's suggestion is very important and that one should pay great attention to this line of thought. There was a somewhat increased demand for water during the first hour of the flight, but this was because the temperature conditions in the cabin were not stabilized.

Lindberg : My question concerns the biological experiments with plants and animals in the early flights. I understood you to say that the incidence of chromosomal aberrations increased 2-3 times after a 24-hour exposure. If this is so, I have three questions. First, in what kinds of tissues were the aberrations observed ? Second, can the aberrations be quantitatively related to radiation exposure ? Third, are chromosomal aberrations being looked for in the blood of the cosmonauts ?

Chernigovsky : The chromosomal aberrations were observed in cells from bone marrow of mice. At present, it is not possible to make correlations between the intensity of radiation and the number of chromosomal aberrations : such aberrations may be caused by cosmic radiation, vibrations and a number of other factors - perhaps also by a combination of factors. We have not noted any changes of this kind in the cosmonauts.

Kaehler : You mentioned a "gray shroud over the cosmonaut's eyes during reentry" - since this is produced by normal acceleration (rather than transverse) would you elaborate on the cosmonaut's orientation with respect to the force vector ?

Chernigovsky : During reentry - and before the cosmonaut separated himself from the capsule - his body position was the same as prior to reentry, that is with an inclination relative to the capsule. As is well known, the gray shroud also occurs in pilots, for instance when pulling up from a dive. There is nothing specific in the situation : the phenomenon is characteristic for any conditions involving considerable gravitational stress. It seems to be associated with drastic disturbances in the cerebral circulation. After landing the checking of the cosmonaut's condition showed no disturbances whatever with regard to cerebral circulation or brain function.

Tobias : Were there visual studies of colours and distance estimation performed during the flights of Vostok III and IV; and if so, what colours are most evident and how well can the cosmonaut estimate distance ?

Chernigovsky : No specific studies on colour perception were made - only the direct observations of the colours of the sky and the "airglow" made by Gagarin and Titov.

Mayo: You mentioned compensatory movements of the arms related to sharp head movement. Did these movements occur only with the eyes closed ?

Chernigovsky : I am not so sure that these movements should be regarded as compensatory. Rather they resembled those which were once described by Magnus, in his monograph "Körperstellung" - they occurred during weightlessness whether the eyes were closed or open.

White : You noted instability of the cardiovascular system in animal flights of 24 hours. Can you propose an explanation for this instability, and did you see similar changes in the cosmonauts? Did you anticipate problems in psychological areas and cardiovascular instability, and if so, did you do any special tests or programs during flight to insure against this ? Considering the problem proposed for transition from weightlessness to reentry acceleration, were special activities, for instance exercise, prescribed to counter this ?

Chernigovsky : In the cosmonauts - as in the animals - functional changes were observed in the cardiovascular system. These changes were associated with the loads imposed by acceleration and emotional stress. The cosmonauts underwent a muscular exercise program but this program was not specifically aimed at preventing complications resulting from acceleration. It was intended to keep the cosmonaut in good physical condition. They freed themselves from the seat and exercised at regular intervals.

Pace: Would you comment on the rationale for extrapolating results on quadrupeds to bipeds such as man, with respect to cardiovascular dynamics ?

Chernigovsky : It is of course possible to apply results from animal experiments to the human organism, but only to a limited extent and only if done judiciously. The reason why USSR scientists have used dogs as experimental animals is that the physiological parameters were better known for dogs than for other quadrupeds.

Rose : Have Nikolayev and Popovich tried to estimate the distance between their ships visually; if so, how did these estimates agree with measurements from the ground ?

Chernigovsky : Yes, while their ships were approaching each other, Nikolavey and Popovich were able to estimate their distance with good accuracy.

Helvey : Do I understand correctly that blood pressure and heart rate of Popovich and Nikolayev during reentry were essentially the same as for Gagarin and Titov - and hence that there was no apparent difference in the circulatory response to reentry with varying periods of weightlessness ?

Chernigovsky : That is correct. Apparently 4 days are not sufficient to make any difference. However, I believe the problem of weightlessness is the number one problem in space.

РАДИОБИОЛОГИЧЕСКИЕ ПРОБЛЕМЫ КОСМИЧЕСКИХ ПОЛЕТОВ

Г.М.Франк, П.П.Саксонов, В.В.Антипов и Н.Н.Добров
Академия Наук СССР, Москва, СССР

Аннотации

1. Биологическое действие космической радиации изучалось как в лабораторных условиях на установках, моделирующих отдельные компоненты космического излучения, так и в условиях полета на различных летательных аппаратах (высотные шары, ракеты, корабли-спутники). Эксперименты проводились на разнообразных биологических объектах с использованием различных методик исследования. Анализ материала показал, что кратковременные полеты по орбитам, расположенных ниже радиационных поясов, при отсутствии повышенной солнечной активности, не представляет радиационной опасности, что было подтвержено полетами советских космонавтов.

2. При длительных полетах по орбитам, проходящим через околоземные радиационные пояса и особенно во время солнечных вспышек, генерирующих протоны, космическая радиация явится одной из главных трудностей, стоящих на пути освоения человеком космического пространства. В этой связи первоочередными проблемами следеут считать: определения относительной биологической эффнктивности и изучение биофизических особенностей действия отдельных компонент космической радиации; определение отдельного вклада космической радиации в биологическом действии комплекса факторов космического полета; изыскание принципов и средств физической и фармакохимической защиты человека и всего биокомплекса; выявление генетической опасности космических полетов; изучение биологического действия ионизирующего излучения, возникающего при работе атомных силовых установок на фоне влияния различных факторов космического полета; разработка методов физической и биологической дозиметрии, разработка основ прогнозирования радиационной обстановки для конкретных условий космического полета (прогноз солнечных вспышек, измерение уровня космической радиации в верхних слоях атмосферы и т.д.).

3. В качестве критерия радиационной безопасности может служить допустимая доза радиационного воздействия, при установлении которой следует учитывать, что космическая радиация действует в комплексе или на фоне влияния других факторов полета, вероятно, изменяющих эффективность ионизирующего излучения. В случае использования ядерных силовых установок общая допустимая доза будет складываться из дозы, получаемой за счет действия космической радиации, и дозы от излучения ядерного реактора. Предпологается, что

в космическом полете продолжительностью от нескольких суток до года предельно-допустимой дозой можно считать 25 бэр, а при полете в течение нескольких лет — 50 бэр за год. При разработке эффективных фармокологических и биологических средств защиты предельно допустимая доза, очевидно, может быть значительно повышена.

Radiobiological Problems of Space Flights. 1. The biological effects of cosmic radiation were studied both under laboratory conditions with models reproducing the different components of cosmic radiation, and under flight conditions on various types of craft (high-altitude balloons, rockets, satellites and spacecraft). Experiments were conducted on a variety of biological subjects, using different research methods. Analysis of the material showed that flights of short duration on orbits below the radiation belts, in the absence of intense solar activity, present no radiation hazard. This was confirmed by the flights of Soviet and Amercian cosmonauts.

2. For long flights on orbits passing through the radiation belts near the earth, particularly during outbursts of solar activity generating protons, cosmic radiation will be one of the major obstacles to man's conquest of space. In this connexion the most urgent problems are as follows: To determine the relative biological efficiency, and to study the biophysical characteristics, of the action of the different components of cosmic radiation; To determine the specific role of cosmic radiation in the biological effects of the complex of space flight factors; To work out principles and methods for the physical and pharmacochemical protection of man and the whole bio-complex; To explore the genetic dangers of space flight; To study the biological effects of the ionizing radiation due to the operation of atomic power units, against the background of the effects of the various space flight factors; To devise methods of physical and biological dosimetry; To establish basic principles for forecasting radiation under the actual conditions of space flight (forecasting solar flares, measuring levels of cosmic radiation in the upper layers of the atmosphere, etc.).

3. The criterion for radiation safety can be expressed as a permissible radiation dose, established in the light of the fact that cosmic radiation occurs in a complex, or against a background, of other flight factors, which probably alter the affectiveness of ionizing radiation. If nuclear power sources are used, the total permissible dose will consist of the dose produced by the action of cosmic radiation and the dose released by the nuclear reactor. It is assumed that for a space flight lasting for a period of several days up to a year, the maximum permissible dose rate can be set at 25 rem, and for a flight of several years at 50 rem per year. In working out the actual measures for pharmacological and biological protection a considerably greater maximum permissible dose may, of course, be taken.

Les problèmes radio-biologiques de vols cosmiques. 1. L'action biologique des rayons cosmiques a été étudiée, aussi bien en laboratoire, sur des installations figurant chaque composante de ces radiations, que pendant des vols sur différents appareils : ballons à haute altitude, fusées, vaisseaux cosmiques et satellites. Les expériences furent réalisées sur des objects biologiques divers, en utilisant des méthodes de recherche différentes. L'analyse a démontré que les vols de courte durée sur des orbites situées au-dessous des ceintures de radiation et en l'absence d'activité solaire intense, ne présentent pas de danger de radiation, ce qui a été confirmé par les vols des cosmonautes américains et soviétiques.

2. Lors de vols de longue durée, sur des orbites passant par les zones de radiation voisines de la terre, et particulièrement au moment d'éruptions solaires génératrices de protons, l'émission de rayons cosmiques constituera l'un des principaux obstacles à la conquête de l'espace par l'homme. A cet égard, les problèmes les plus urgents sont les suivants : déterminer l'efficacité biologique relative, et étudier les caractères biophysiques de l'action de chaque composante des rayons cosmiques; déterminer le rôle spécifique des rayons cosmiques par rapport aux effets biologiques du complexe des facteurs du vol spatial; rechercher les principes et les moyens de défense physique et pharmaco-chimique de l'homme et de tout le complexe biologique; déceler les dangers du vol cosmique sur le plan génétique; étudier les effets biologiques des émissions ionisantes à la suite de l'utilisation d'installations atomiques et cela, en fonction de l'influence des divers facteurs du vol spatial; élaborer des méthodes de dosimétrie physique et biologique; étudier les bases de pronostic des radiations dans les conditions concrètes de vol spatial (pronostic des éruptions solaires, mesure du niveau des rayons cosmiques dans les couches élevées de l'atmosphère, etc.).

3. On peut considérer comme critère pour la sécurité contre les radiations, une dose de radiation tolérable, etablie en tenant compte du fait que les rayons cosmiques font partie d'un complexe d'autres facteurs du vol susceptibles de modifier l'efficacité du rayonnement ionisant. En cas d'utilisation de sources d'énergie nucléaire, la dose tolérable sera le total de la dose résultant des rayons cosmiques et celle produite par le réacteur nucléaire. On estime que pour un vol spatial d'une durée allant de plusieurs jours à un an, la dose maximum tolérable serait 25 rem, et pour un vol de quelques années, de 50 rem par an. Lors de l'étude de moyens de défense pharmacologiques et biologiques efficaces, la dose maximum admise peut évidemment être considérablement augmentée.

Одним из главных препятствий, стоящих на пути освоения человеком космического пространства, является космическая радиация.

Космическая радиация была открыта в начале нашего века. К настоящему времени накоплен относительно большой материал по физике космических лучей. Применение высотных шаров, ракет, искусственных спутников Земли и космических кораблей, оснащенных совершенной дозиметрической аппаратурой, позволило создать представление о радиационной обстановке вокруг Земли и в ближнем космосе. Особенно большие успехи в этой области были достигнуты советскими и зарубежными учеными за последние 10 лет. Прежде всего следует отметить исследования, проведенные под руководством профессора С.Н. Вернона (СССР) и профессора ВанАллена (США).

По современным данным, космическая радиация представлена галактическими лучами (первичное космическое излучение) протонами, образующимися при солнечных вспышках, и проникающей радиацией околоземных поясов. В табл. 1 показан состав, энергетический спектр, плотностью потока излучения.

Ввиду трудностей защиты практический интерес в плане радиационной опасности представляет высокоэнергетичные протоны и тяжелые ядра первичного космического излучения (длительные полеты), протоны солнечных вспышек и внутреннего радиационного пояса с энергиями около 100 и более МЭВ при плотности потока соответственно $1x10^6$ $см^2$ и более (за вспышку) и $2x10^4$ $см^2$.

К радиобиологическим проблемам космических полетов прежде всего следует отнести изучение относительной биологической эффективности (ОБЭ) протонов и тяжелых ядер различных энергий, исследование комбинированного действия на организм этих частиц с другими факторами полета, а также разработку эффективных физических, биологических и фармакологических средств защиты.

Решение указанных выше задач теснейшим образом связано с успешной разработкой методов физической и биологической дозиметрии ионизирующих излучений во время космических полетов.

Биологическое действие космической радиации, а также комбинированное влияние излучений с вибрациями, перегрузками, невесомостью и другими факторами изучаются как в лабораторных условиях на установках, моделирующих отдельные компоненты космического излучения и других факторов полета, так и в условиях летного эксперимента на высотных шарах, ракетах, кораблях-спутниках.

Рассмотрим проблему относительной биологической эффективности отдельных компонентов космической радиации.

Как известно, протоны являются наиболее распространенным видом проникающего излучения в космическом пространстве. Их 85 % в первичном космическом излучении, они в больших количествах генерируются при хромосферных вспышках на Солнце, входят в состав излучения внутреннего и внешнего радиационных поясов.

В исследовании биологического влияния протонов высоких энергий, в определении их ОБЭ по сравнению с рентгеновыми и α-лучами уже имеются определенные результаты. По данным Э.Б.Курляндской и др. (1), Г.А.Авруниной и др.(2), В.И.Федоровой и др.(3), биологическая эффективность протонов 660 МЭВ оказалась не выше, а по некоторым показателям (смертность, изменение морфологического состава периферической крови) даже ниже, чем у рентгеновских лучей. Так, ОБЭ по ЛД50 для мышей составляет 0,55, а для крыс – 0,65. Канцерогенный эффект на крысах протонов 660 МЭВ примерно одинаков с эффектом, получаемым при действии рентгеновых лучей. Авторы подчеркивают большую чувствительность половых желез к действию протонов, под влиянием которых в этих органах у крыс возникают необратимые изменения.

Таблица I

No. No. п п	Космическая радиация	Вид излучения	Плотность потока	Энергетический спектр	Сссылка
I.	Первичное космическое излучение	Протоны 85 % α – частицы 10-14 % Тяжелые ядра 1-2 %	2000 $м^{-2} сек^{-1}$ $стер^{-1}$ 340+120$м^{-2}$ $сек^{-1}$ $стер^{-1}$ 30+5$м^{2}$ $сек^{-2}$ $стер^{-1}$	От нескольких сот МЭВ до 10^{13} МЭВ	Н.А.Добротин, Космические лучи, 1954, Москва, Б.Петерс, Физика космических лучей, т.I 1954
2.	Излучение, связанное с солнечными вспышками	Протоны Электроны Рентгеновые лучи	5.10^{6} част/$см^{2}$сек и более	От нескольких МЭВ до 700 МЭВ и выше	Newell, Naugle, Science 132, No. 3438, 1456-1472 /1960/
3.	Излучение внутреннего радиационного пояса Земли	Протоны Электроны	2.10^{4} част/$см^{2}$ сек 1.10^{7}-10^{9} част/$см^{2}$сек	Более 40 МЭВ От 30 КЭВ до нескольких МЭВ	Van Allen, Frank, Nature 184, 2191 (1960) W. Hess, J. Geophys. Res. 65, 3107 (1960)
4.	Излучение внешнего радиационного пояса	Электроны Протоны СЕ>50 МЕВ отсутствуют			
5.	Излучение третьего радиационного пояса Земли	Электроны			

Плотность потока	Энергетический спектр	Ссылка
$4 . 10^8 - 10^9$ част/см^2 сек.	От 20 КЭВ до нескольких МЭВ	Ю.И.Логачев, Геомагнетизм и аэрономия, Т.I, No. 1, 30 /1961/ Breen, Van Allen u Op., Preprint С.Н.Вернов, ДАН СССР 125,304-307 /1959/
$5 . 10^8$ част/см^2 сек.	Несколько КЭВ	К.И.Грингауз, В.Т.Курт и др.Сб.Иск. Спут.Земли No. 6, 108 /1961/ И.А.Савенко и др. Природа No. 2 /1962/

По данным А.В.Лебединского, Ю.Г.Нефедова, М.П.Домшлак, Н.Н. Клемпарской, Ю.И.Москалева и др. (4), коэффициент ОБЭ протонов с энергиями 510 МЭВ при облучении собак равен 1,2, а при облучении крыс 0,8. Эти коэффициенты были определены на основании сопоставления гибели животных, выживаемости и степени выраженности изменений исследуемых показателей. Zellmer и Allen (5) считают, что коэффициент ОБЭ для протонов 730 МЭВ по сравнению с α-лучами равен примерно 2. Этот вывод они делают на основании экспериментов на обезьянах, в которых ОБЭ оценивались по времени появления тяжести течения иридоциклитов, эритем и других поражений органов зрения. По данным Bonet-Moury, Deysine, Frisley et al. (6), ОБЭ протонов 157 МЭВ по ЛД50 для мышей составляет 0,77 ± 0,1 по сравнению с рентгеновыми лучами.

Таким образом на основании литературных данных и собственных исследований (В.С.Шашков, В.В.Антипов, Б.Л.Разговоров, Т.Е. Бурковская, Л.И.Гаврилина) можно полагать, что ОБЭ протонов с энергиями выше 100 МЭВ по ЛД50 для грызунов составляет величину меньше 1. Однако при оценке ОБЭ протонов высоких энергий, получаемых на различных ускорительных установках, следует учитывать импульсный характер облучения и большие мощности доз. Эти факторы не могут не сказаться на результатах билогического действия излучения и, следовательно, их необходимо принимать во внимание при ориентировочном определении ОБЭ протонов первичного излучения, внутреннего радиационного пояса и солнечных вспышек.

Еще меньшая ясность существует в отношении ОБЭ для α-частиц и ядер более тяжелых элементов высоких энергий. На основе косвенных экспериментальных данных и теоретических расчетов можно допустить, что ОБЭ для этих видов излучения лежит в пределах 2-10. С развитием техники ядерных исследований и созданием новых, все более мощных ускорительных установок расширится возможность облучения и появятся условия для всестороннего изучения биологического действия тяжелых ядер в условиях Земли. Для исследования биологического действия тяжелых ядер в летных экспериментах на шарах-зондах и кораблях-спутниках необходим выбор адекватных объектов и методов, с помощью которых можно было бы выявить и дифференцировать влияние этой компоненты космической радиации от других факторов полета. При изучении ОБЭ протонов, α-частиц и более тяжелых ядер особое внимание следует обратить на исследование отдаленных последствий и генетических эффектов.

Проблема комбинированного действия космической радиации и других факторов полета на биологические объекты решается также, как в лабораторных условиях с использованием различных стендов, так и в условиях полетов на ракетах и кораблях-спутниках.

Впервые в истории биологии советские ученые получили возможность изучать биологическое действие космической радиации в комбинации с другими факторами полета на объектах, которые экспонировались на высотах 180-320 км в течение 1,5-95 часов, а затем были возвращены на Землю для последующего наблюдения и исследования.

При проведении биологических экспериментов на кораблях-спутниках советские ученые руководствовались идеей получения всесторонней информации о биологическом действии факторов полета и стремились избрать такой комплекс методов исследования, который бы наилучшим образом отвечал задачам обнаружения биологического действия космической радиации. В летных экспериментах использовался широкий спектр биологических объектов и разнообразные методические приемы.

На 2,4 и 5 кораблях-спутниках были помещены следующие биологические объекты, обладающие различной радиочувствительностью:

1/ млекопитающие – собаки, морские свинки, лабораторные крысы и мыши;

2/ насекомые – муха-дрозофила (Drosophila melanogaster);

3/ растительные объекты – растение традесканция, сухие семена и проростки различных сортов пшеницы, гороха, кукурузы, лука, чернушки и т.д.;

4/ культура водоросли – хлорелла (разные линии);

5/ многочисленные микробиологические и цитологические объекты на тканевом, клеточном, субклеточном и молекулярном уровнях:

– кусочки кожи человека и кролика, реимплантируемые донорам после полета;

– культуры различных тканей (костный мозг, раковые клетки, Хе-Ла и т.д.);

– грибки-актиномицеты различных штаммов;

– бактерии – различные штаммы кишечные палочки маслянокислого брожения, лизогенные бактерии;

– ф а г и;

– дезоксирибонуклеиновая кислота (ДНК);

– набор ферментов – пепсин, трипсин, рибонуклеаза и т.д.;

– препараты клеточных ядер;
– гомогенат из зародыша пшеницы;
– вирусы табачной мозаики и гриппа.

Некоторые из биологических объектов (Drosophila melanogaster); проростки семян лука, пшеницы, лизогенные бактерии и т.д. находились также на космических кораблях "Восток-1" и "Восток-2".

В проведенных экспериментах изучалось влияние космической радиации как на жизнедеятельность, так и на наследственность биологических объектов. В опытах на млекопитающих особое влияние уделялось исследованию состояния системы кровотворения, определению промежуточных продуктов обмена нуклеиновых кислот, изучению состояния естественного иммунитета. Кроме того, проводился контроль за состоянием пигментации волос у черных мышей (линия C_{57} B 1).

Из микробиологических объектов для целей индикации космической радиации использовались бактерии (кишечная палочка К-12 "лямбда"), черезвучайно чувствительные к действию ионизирующего излучения. В специальных опытах повышалась чувствительность грибков к влиянию проникающей радиации путем сенсибиляции их различными химическими соединениями.

Анализ полученных результатов позволяет сделать следующие выводы.

Общеклинические наблюдения и специальные лабораторные исследования периферической крови, костного мозга, мочи, состояние естественного иммунитета млекопитающих, летавших на космических кораблях-спутниках, не выявили каких-либо патологических признаков действия ионизируещего излучения (срок наблюдения более двух лет). Отрицательного влияния факторов полета не обнаружено также и при обследовании двух поколений собак, побывавших в космосе.

Обращает на себя внимание тот факт, что при цитологическом исследовании костного мозга мышей, перенесших космические полеты, было выявлено некоторое статистически достоверное увеличение частоты хромосомных нарушений (М.А.Арсеньева, В.В.Антипова, Т.С.Львова и др. 7). При патоморфологическом исследовании этих животных (В.Г.Петрухин и др.7) были обнаружены дистрофические большей частью обратимые изменения в паренхиматозных органах. Контрольные эксперименты в лабораторных условиях показали, что вышеуказанные изменения у мышей могут возникать под влиянием не только ионизируещего излучения, но и вибрации, ускорений (М.А. Арсеньева, Л.А.Беляева, Л.И.Гаврилина и др. 8) – см. таблицу 2.

В опытах на дрозофилах, перенесших космические полеты, была обнаружена тенденция к увеличению частоты доминантных леталей и индуцированного кроссинговера, достоверное увеличение частоты сцепленных с полом рецессивных леталей и нерасхождение хромосом (Я.Л.Глембоцкий, Г.П.Парфенов и др., 9,10,11).

Анализ материалов, полученных в лабораторных условиях, дает основание считать, что увеличение частоты доминантных леталей и индуцированного кроссинговера может быть вызвано действием низкочастотных вибраций. Увеличение частоты сцепленных с полом рецессивных леталей и нерасхождение хромосом, вероятно, связано

Таблица 2. Частота хромосомных нарушений в клетках костного мозга мышей под влиянием вибрации (70 герц 15 мин) и рнтгеновых лучей (100р)

Сроки забоя после воздействия	Число просмотренных клеток: нормальные клетки	Число просмотренных клеток: нарушенные клетки	Число просмотренных клеток: всего просмотрено клеток	нарушенных клеток	Количество клеток с хромосомными нарушениями: мосты	Количество клеток с хромосомными нарушениями: фрагменты	Количество клеток с хромосомными нарушениями: всего	% клеток с хромосомными нарушениями	
30мин	622	137	759	18,05±1,40	56	5	61	8,4	0,93
1час	489	149	638	23,35±1,67	40	3	43	6,74	0,99
4 часа	601	74	675	10,96±1,20	4	9	13	1,93	0,55
1 сутки	1166	366	1532	23,89±1,09	90	13	103	6,73	0,64
2 сутки	804	214	1018	21,02±1,28	58	6	64	6,29	0,76
10 сутки	357	74	431	17,17±1,82	8	1	9	2,09	0,69
Контроль	2319	207	25,26	8,19±0,55	68	19	82	3,25	0,35
R -лут Вибрация: 1 сутки	270	55	325	16,92	31	18	49	15,07	

Сроки забоя после воздействия	Количество клеток со слипанием хромосом: всего	Количество клеток со слипанием хромосом: слипания	Показатель достоверности: нарушенные клетки	Показатель достоверности: хромосомные нарушения	Показатель достоверности: слипание хромосом
30 мин	76	10,01±1,09	6,6	4,8	4,3
1 час	106	16,61±1,47	8,7	8,3	7,6
4 часа	61	9,03±1,11	2,1	2,0	3,4
1сутки	268	17,16±0,96	12,9	4,8	11,6
2суток	150	14,73±1,11	9,2	3,6	8,2
10суток	65	15,08±1,72	4,7	1,5	5,7
Контроль	125	4,95±0,44			

с влиянием ионизирующего излучения или невесомости.

У семян пшеницы и гороха после космических полетов было обнаружено небольшое увеличение процента хромосомных перестроек и стимуляция деления клеток. На семенах лука и чернушки, при полном отсутствии влияния на хромосомные перестройки, был обнаружен эффект стимуляции роста. Контрольные опыты в лабораторных условиях, новые эксперименты на летательных аппаратах должны вскрыть причину этого интересного явления (Б.Н.Сидоров, Н.Н.Соколов, 12).

Исследования, проведенные на многочисленных микробиологических и цитологических объектах (Н.Н.Жуков-Вережников, И.И.Майский, А.П.Пехов и др., 13), за исключением лизогенных микробов, не обнаружили влияния космической радиации.

В некоторых экспериментах на лизогенных бактериях, перенесших космические полеты, было получено небольшое увеличение продукции фага, что, вероятно, следует объяснить действием проникающей радиации.

Таким образом, из тех сдвигов, которые были обнаружены у биологических объектов, перенесших космические полеты, лишь немногие можно связать с влиянием ионизирующего излучения. К ним следует отнести увеличение сцепленных с полом рецессивных леталей и нерасхождение хромосом у Drosophila melanogaster стимуляцию деления клеток у семян пшеницы и гороха, увеличение продукции фага лизогенными микробами. Однако, для полного убеждения в том, что вышеуказанные эффекты вызваны действием радиации, необходимы контрольные эксперименты с влянием невесомости.

Вышеуказанные исследования были продолжены в экспериментах на кораблях "Восток-3" и "Восток-4". С этой целью на кораблях экспонировались Drosophila melanogaster, оплодотворенная икра вьюна, лизогенные бактерии (кишечная палочка К-12 "лямбда"), растение традесканция в фазе цветения, сухие семена различных сортов пшеницы, гороха, кукурузы, сосны. Вместе с биологическими объектами были размещены различные физические дозиметры.

Советские космонавты А.Н.Николаев и П.Р.Попович впервые в истории биологической науки провели эксперименты в условиях космического полета, в условиях длительной невесомости. Эти эксперименты имели целью изучение влияния факторов космического полета и прежде всего космической радиации и невесомости на процессы оплодотворения, роста и развития организма, на процессы деления клеточного ядра. Космонавты-экспериментаторы работали с Drosophila melanogaster оплодотворенной икрой вьюна, с растением традесканция.

Обработка полученного материяла еще не закончена и поэтому сейчас трудно говорить об окончательных результатах. На основании предварительных данных можно полагать, что примененные методики не выявили каких-либо новых качественных сдвигов, однако, количественные сдвиги в этих опытах были более выражены, чем, например, при полете корабля "Восток-2" (доминантные летали у Drosophila melanogaster).

Следует отметить, что результаты биологических опытов согласуются с данными о дозе космической радиации, полученными с помощью различных физических дозиметров. В среднем эта доза составляет 10 мрад/сутки.

Выявить действие космической радиации в указанной дозе можно лишь при наличии высокой ОБЭ отдельных компонент или при значительном усилении эффекта радиации другими факторами. При этом необходимо подчеркнуть, что наиболее четкие эффекты выявлены с помощью генетических тестов, в то время, как комплекс факторов полета, в том числе и космическая радиация, не оказала повреждающего влияния на жизнедеятельность разнообразных биологических объектов.

Таким образом, проведение биологических исследований показало, что кратковременный полет человека по орбитам, расположенным ниже радиационных поясов, при отсутствии солнечных вспышек и достаточной защите не является опасным в радиационном отношении. Полеты советских и американских космонавтов подтвердили правильность сделанных ранее выводов. За время полета Ю.А.Гагарин получил около 1, Г.С.Титов – около 10, П.Р.Попович – около 30 и А. Николаев – около 40 мрад. Как известно, эти дозы не превышают норму, установленную для лиц, работающих с источниками ионизирующего излучения.

Большой интерес представляют биологические эксперименты проведенные на американском спутнике Дискаврер ХУП. На спутнике находились культуры тканей человеческого организма – клетки конъюнктивы глаза, различные препараты крови человека и животных, а также бактериальные споры, устойчивые к температуре, и культура водоросли. Полет на этом спутнике совпал с очень интенсивной солнечной вспышкой. Подопытные биологические объекты подвергались облучению общей дозой 30-35 рад. Однако при обработке экспериментального материала не было выявлено влияние космической радиации на указанные выше объекты, за исключением бактериальных спор. Очевидно, примененные методы оказались недостаточно чувствительными (Büllan,14).

В доступной литературе мы почти не обнаружили работ по изучению в лабораторных условиях комбинированного действия на биологические объекты радиации и других факторов полета. Исследования П.П.Саксонова, В.В.Антипова, В.Г.Высоцкого, Б.И.Давыдова, Т.С.Львовой и др., проведенные на мышах и морских свинках, показали, что вибрация и перегрузки, примененные однократно за 3 или 24 часа до облучения существенно не изменяют течение у животных лучевой болезни.

По данным К.И.Иванова, М.В.Жукова, М.Г.Молчановой (15), ускорение, примененное во время рентгенового облучения, не оказало существенного влияния на последующее развитие острой лучевой болезни у крыс. В работе А.Н.Гашиной (16) низкочастотная вибрация, примененная после облучения, ухудшала течение лучевой болезни у крыс, вызывая усиление геморрагического диатеза. Вероятно, что состояние невесомости также может существенно изменить течение лучевой болезни. В теоретическом плане изучение комбинированного воздействия затрагивает крайне интересные и важные вопросы реактивности организма.

Отсутствие достаточных данных о влиянии различных факторов полета на течение лучевой реакции (болезни) и о реакции облученного организма на действие этих факторов затрудняет установление предельно допустимых доз – критерия радиационной безопасности полета.

В настоящее время на основании проведенных экспериментов, анализа литературных данных и соответствующих расчетов наиболее рациональной, предельно допустимой дозой следует, вероятно, считать дозу 25 БЭР для полета продолжительностью от нескольких суток до года и 50 БЭР за год – при полете в течение нескольких лет. Совершенно очевидно, что по мере накопления новых данных и других факторов полета и сведений об ОБЭ отдельных компонент космического излучения, при внедрении эффективных биологических и фармакологических средств защиты предельно допустимые дозы будут пересмотрены.

Большой практический и теоретический интерес представляет проблема изыскания эффективных радиозащитных фармакохимических средств. Усилиями многих ученых, работающих в этой области, открыты и синтезированы препараты, способные защитить организм от смертельного действия ионизирующего излучения. Так, широко известный препарат цистеамин (В-меркаптоэтиламин) защищает 70-100 % мышей, подвергнутых воздействию рентгеновых лучей в смертельной дозе Bacq; Alexander, Bacq, Consen, 17, 18). Примерно таким же защитным эффектом обладает АЭТ-S-В-аминоэтилизотиуроний бромид, серотонин, 5-окситриптамин и некоторые другие препараты (Doherty, Burnett; Fox et al., 19, 20).

В исследованиях на мышах, проведенных С.П.Ярмоненко, В.С. Шашковым и др. (21), было показано, что цистеамин, цистамин, серотонин, АЭТ оказывают также выраженное защитное влияние при облучении животных протонами высоких энергий (см.таблицу 3). Эти и другие эксперименты дают основание надеяться на перспективу использования некоторых препаратов для защиты космонавта и всего биокомплекса от повреждающего действия радиации. Использование эффективных противолучевых средств позволит уменьшить вес физической защиты, тем самым снизить вес летательного аппарата, увеличить время полета. Однако совершенно очевидно, что применение фармакохимических препаратов, эффективных в условиях Земли, может быть серьезным образом осложнено специфическими условиями полета.

Мы полагаем, что фармакохимические препараты, предназначаемые в качестве индивидуальных средств защиты членов экипажа от проникающего действия космической радиации, должны отвечать следующим требованиям:

– иметь высокую эффективность, сочетающуюся с нетоксичностью, терапевтический коэффициент должен быть не менее 5;

– не оказывать побочного действия при многократных и длительных применениях;

Таблица 3. Влияние радиозащитных веществ на выживаемость мышнй, облученных протонами с энергией 660 МЭВ, в дозе 1063± 65 Rad

No. No. п.п.	Название вещества, доза в мг/кг основания	число мышей	Выжило к 30ым суткам	% выживаемости	Средняя продолжительность жизни (дни)
1.	Цистамин 150	30	17	56,6	17,3±3,4
2.	S-B-аминоэтилизотироний (АЕТ), 150	30	25	83,3	18,4±4,3
3.	Серотонин, 50	30	14	43,3	13,4±2,8
4.	5-метокситрипамин 75	30	18	60,0	16,4±3,5
5.	Триптамин, 100	20	3	15,0	11,8±3,2
6.	5-окситриптофан, 250	20	2	10,0	10,3±2,4
7.	Контроль /0,2 мм физиологического р-ра	50	1	2,0	11,6±2,1

– не вызывать даже кратковременной потери трудоспособности;

– не оказывает отрицательного влияния на устойчивость организма к действию различных факторов полета (вибрации, перегрузки, невесомости, психического напряжения и т.д.);

– иметь удобную для приема лекарственную форму, быть стойкими при длительном хранении.

По-видимому, наиболее перспективным средством будет не один препарат, а защитная рецептура, состоящая из нескольких веществ с различными фармакологическими свойствами.

Мы остановились лищь на некоторых радиобиологических проблемах, которые, по нашему мнению, имеют не только теоретическое, но и большое первоочередное практическое значение при решении вопроса защиты космонавта от повреждающего действия космического излучения.

Исключительный интерес представляет также изучение проблем о генетическом действии космической радиации, о биологическом влиянии тяжелой компоненты и т.д. Эти вопросы требуют специального обсуждения, однако, следует указать, что советские генетики накопили относительно большой и интересный материал о действии различных факторов космического полета на генетический аппарат различных биологических объектов.

Значительное место в системе мероприятий по обеспечению радиационной безопасности космических полетов должно уделяться прогнозу солнечных вспышек и выбору неопасных траекторий для космических кораблей. В настоящее время ученые имеют вомож- ность предсказывать за 2-3 дня возникновение радиационно опасной вспышки на Солнце. В недалеком будущем это время, вероятно, существенно увеличится, что позволит снизить возможность встре- чи космонавта с опасными солнечными протонами.

Можно надеятся, что проблема радиационной безопасности по- летов в ближнем космосе будет успешно решена совместными уси- лиями ученых – представителей различных стран мира и различ- ных научных специальностей – физиков, врачей, биологов и инже- неров-конструкторов.

Литература

1. Э.Б.Курляндская, Г.Н.Аврунина, В.Л.Понамарева, В.Н.Федорова, Б.И.Яновская, С.Н.Ярмоненко, ДАН 3, 143 (1962).
2. Г.А.Арунина, Н.М.Карамзина, В.И.Федорова, Б.И.Яновская, Бюлл.экспер., биолог. и мед. 8, 52 (1961).
3. В.И.Федорова и Г.А.Аврунина, Материалы по биологическому действию протонов высоких энергий, стр. 65, Москва 1962 год.
4. А.В.Лебединский, Ю.Г.Нефедов, Н.Н.Клемпарская, М.П.Домшлак, и др., Тезисы докладов на учен.сессии биол.отд. АН СССР 1962 год, стр. 57.
5. A.W.Zellmer and R.G.Allen, Aerospace Med. 32, No. 10, 942 (1961).
6. P.Bonet-Moury, A. Deysine, M. Frilley et C. Stefan, C.R. Aead. Sci. 251, 25, 3087 (1960).
7. М.А.Арсеньева, В.В.Антипов, В.Г.Петрухин, Т.С.Львова, Н.Н. Орлова, С.С.Ильина, Искусственные спутники Земли 10, 82 (1961).
8. М.А.Арсеньева, Ю.С.Демин, Г.Л.Покровская, Л.А.Беляева, Л.И. Гаврилина, А.В.Головкина, Тезисы докладов научной сессии биол. отдел АН СССР, Октябрь 1962, стр.59.
9. Я.Л.Глембоцкий, Э.А.Абелева, Ю.А.Лапкин, Г.П.Парфенов, Искусственные спутники Земли 10, 61 (1961).
10. Я.Л.Глембоцкий и Г.П.Парфенов, Тезисы доклада научной сессии общего собрания ОБН 15 (1961).
11. Г.П.Парфенов, Искусственные спутники Земли 10, 69 (1961).
12. Б.Н.Сидоров и Н.Н.Соколов, Искусственные спутники Земли 10, 93 (1961).
13. Н.Н.Жуков-Вережников, И.Н.Майский, А.А.Гюрджиан, А.П. Пехов, Тезисы доклада научной сессии общего собрания ОБН 13 (1961).
14. E.Bullan, Aviat.Week W.Space Technol. 74, 1, 40 (1961).
15. Н.В.Иванов, М.В.Жуков, М.Г.Молчанова Патологическая физика ология и экспериментальная терапия 5, 74 (1961).
16. А.Н.Ганшина, Медицинская радиология 5, 71 (1961).

17. Z. Bacq, Aeta Rad. 41, 1, 47 (1954).
18. P. Alexander, Z. Bacq and S. Cousen, Rad. Res. 2, 4, 392 (1955).
19. M. Fox, A. Herve and G. Zozar, Rad. Res. 6, 487 (1956).
20. D. Doherty and W. Burnett, Proc. Soc. Exper. Biol. Med. 89, 2, 312 (1955).
21. С.П. Ярмоненко, В.С. Шашков, Р.Д. Говорун, Радиобиология 2, 152 (1962).

RADIOBIOLOGICAL PROBLEMS OF SPACE FLIGHTS

G. M. Frank, P. P. Saksonov, V. V. Antipov, and N. N. Dobrov
U. S. S. R. Academy of Sciences, Moscow, U. S. S. R.

Cosmic radiation is one of the main obstacles standing in way of the conquest of outer space by man.

Cosmic radiation was discovered at the beginning of our century. By present time relatively extensive material on the physics of cosmic rays is acquired. The use of different space vehicles equipped with perfect dosimetric instrumentation has made it possible to get an idea on the radiation situation around the Earth and in the "close" cosmos. Especially great successes in this sphere were achieved by Soviet and foreign scientists for the last ten years. First of all we should mention investigations made under the leadership of Professor S. N. Vernov (USSR) and Professor Van Allen (USA).

According to modern data cosmic radiation is represented by galactic rays (primary cosmic radiation), by protons which are formed during solar flares and by penetrating radiation of circumterrestrial belts. In Table 1 the composition, the energy spectrum and density of the flux of cosmic radiation are shown. Highly energetic protons and heavy nuclei of primary cosmic radiation (long flights), protons of solar flares and of the inner radiation belt with energies of about 100 and more mevs at a flux density of 1×10^{6} cm^{2} and more (per flare) and 2×10^{4} cm^{2}/sec, respectively, represent the greatest radiological danger.

By radiobiological problems of space flights we mean first of all investigations of the relative biological efficiency of protons and heavy

Table 1

Cosmic Radiation	Type of Radiation		Density of Flux
1. Primary cosmic radiation	Protons	- 85 %	2000 m^{-2} sec^{-1} sterad^{-1}
	α-particles	- 13-14%	340±120 m^{-2} sec^{-1} sterad^{-1}
	Heavy nuclei	- 1 - 2 %	31 m^{-2} sec^{-1} sterad^{-1}

2. Radiation connected with solar flares	Protons Electrons X-rays	5.10^6 part/cm^{2}sec and more
3. Radiation of the Earth's inner radiation belt	Protons Electrons	2.10^4 part/cm^{2}sec 1.10^9 part/cm^{2}sec
4. Radiation of the Earth's outer radiation belt	Electrons Protons with $\varepsilon > 50$ Mevs are absent	$10^8 - 10^9$ part/cm^2 sec
5. Radiation of the Earth's third radiation belt	Electrons	10^8 part/cm^{2}sec

The Energy Spectrum	References
1. From a few hundreds Mevs to 10^{13} Mevs	N. A. Dobrotin, Cosmic Rays, Moscow (1954). B. Peters, Physics of Cosmic Rays, Vol. 1 (1954).
2. From a few Mevs to 700 Mevs and more	Newell, Naugle, Science 132, No. 3438, 1465 - 1472 (1960).
3. More than 40 Mev From 30 Kev to a few Mev	J. A. Van-Allen, L. A. Frank, Nature 184, 219 (1960). W. W. Hess, J. Geophys. Res. 65, 3107 (1960).
4. From 20 Kevs to a few About Mevs 60 Mevs	S. N. Vernov, Dokl. Akademii Nauk SSSR 125, 304 - 307 (1959). B. J. Breen, J. A. Van-Allen et al., Preprint. Y. I. Zogachev, Geomagn. and Air. 1, 30 (1961).
5. Several Kevs	I. A. Savenko et al., Priroda (Nature) No. 2 (1962).

nuclei of different energies, investigations of the combined action of these particles with other flight factors on the organism, and also development of effective physical, biological and pharmacological means of protection.

The solution of these problems is closely connected with the discovery of successful methods of physical and biological dosimetry of ionizing radiation during space flights.

The biological influence of cosmic radiation, a combination of radiation with vibration, acceleration, weightlessness and other factors are investigated under laboratory conditions at stands, which simulate individual components of cosmic radiation and other factors of flight, and under conditions of flight experiments on high-altitude balloons, rockets and ships-satellites.

Let us consider the problem of a relative biological efficiency of individual components of cosmic radiation.

As is known, protons are the most widespread type of penetrating radiation in outer space. There are 85 % of them in primary cosmic radiation. They are generated in large quantities during solar flares on the sun and are part of the radiation of the inner and outer radiation belts.

At present there have been some results from investigations of the biological effect of protons with high energies and from determining their relative biological efficiency as compared with X-rays and gamma-rays. According to data obtained by E. B. Kurlandskaya and others (1), G. A. Avrunina and others (2), V. I. Fyodorova et al. (3) the biological efficiency of protons with energy of 660 Mev turned to be not higher, but by some indexes (lethality, the change of the morphological composition of peripheral blood) even lower than in X-rays. The relative biological efficiency in LD 50 (50 % of lethal dose) amounts to 0.55 for mice and to 0.65 for rats. The cancerogenous effect of protons of 660 Mev for rats is approximately equal to the effect obtained by X-rays. The authors emphasize the great sensitivity of sexual glands to the effect of protons under whose influence irreversible changes appear in these organs of rats.

According to data of A. B. Lebedinsky, Y. P. Nefedov, M. P. Domshlak, N. M. Klemparskaya, Yu. I. Moskalyov and others (4) the relative biological efficiency of protons with energies of 510 Mev is equal to 1.2 for dogs and 0.8 for rats. These coefficients were determined on the basis of a comparison of the time it took to kill the animals, the per cent of survival and the degree of completeness of the changes of indexes under investigation. Zellmer and Allen (5) consider that the coefficient of relative biological effectiveness for protons of 730 Mev as compared to gamma-rays is equal to approximetaly 2. But this conclusion is made by them on the basis of experiments on monkeys, in which the relative biological efficiency was estimated according to the time of appearance, and seriousness of pathological processes of iridocyclitis, erythemas and other diseases of the organs of sight. According to Bonet-Maury, Deysine Trilley et. al. (6) the relative biological efficiency for protons of 157 Mev for LD 50 amounts for mice to 0.77 ± 0.1 as compared with X-rays.

Thus, according to data given in literature and according to our own investigations (V. S. Shashkov, P. P. Saksonov, V. V. Antipov, B. L. Razgovorov, T. E. Burkoskaya, L. I. Gavrilina (8)) it can be supposed that the relative biological efficiency of protons with energies higher than 100 Mev for LD 50 amounts to less than 1 for rodents.

However, in estimating the relative biological efficiency of protons of high energies, obtained from various accelerations, one should take into account the impulse character of radiation and the high power of the dose. These factors cannot but affect the results obtained on the biological effect of radiation and, therefore, they should be taken into account in any tentative determination of the relative biological efficiency of protons of primary cosmic radiation, of the inner radiation belt, and of solar flares.

Relative biological efficiency for alpha-particles and high energy nuclei of more heavy elements is even less clear. On the basis of indirect experimental data and theoretical calculations we can assume that the relative biological efficiency for these types of radiation lies within the limits 2 - 10. With the development of the technique of nuclear investigations and the creation of new, more powerful acceleration units the possibilities of radiation will be widened and conditions will be created for an all-round study of the biological effect of heavy nuclei under terrestrial conditions. For investigation of the biological action of heavy nuclei in experiments on balloons-probes and ships-satellites a choice of adequate objects and methods is necessary by means of which it would be possible to detect and differentiate the influence of this component of cosmic radiation from other factors of flight. In studies of the relative biological efficiency of protons, alpha-particles, and more heavy nuclei, special attention should be focussed on investigations of long-term consequences and genetic effects.

The problem of the combined effect of cosmic radiation and other flight factors on biological objects is solved both under laboratory conditions with the use of various stands, and under flight conditions with rockets and satellite vehicles.

For the first time in the history of biology Soviet scientists have the possibility of investigating the biological effect of cosmic radiation in combination with other flight factors on objects which were exposed at heights of 180 - 320 km during 1.5 - 95 hours and then were returned to Earth for further observation and investigation.

Working out a program of biological experiments on satellite vehicles, Soviet scientists were guided by the idea of obtaining all-round information about the biological effects of flight factors and were eager to select a complex of investigative methods which would be optimum for the tasks of detecting the biological influence of cosmic radiation. A wide spectrum of biological objects and different methods were used in flight experiments.

On the space vehicles 2, 4, and 5 the following biological objects were placed which possess different radiosensitivity :

1) mammals -- dogs, guinea, pigs, rats and mice;

2) insects -- fruit flies (Drosophila melanogaster);

3) plants -- Tradescantia, dry seeds and sprouts of different kinds of wheat, peas, corn, onion;

4) the culture of Chlorella algae (different lines);

5) numerous microbiological and cytological objects at tissue, cellular, subcellular and molecular levels :

pieces of the skin of man and a rabbit reimplanted for donors after flight;

cultures of different tissues (the marrow, cancerous Hella cells, etc);

fungi -- actinomyces of different strains;

bacteria -- different strains of the bacillus coli, bacilli of fatty-acid fermentation, lysogenous bacteria; phages;

desoxyribonucleic acid;

a number of ferments -- pepsin, tripsin, ribunuclease, etc.;

isolated cellular nuclei;

homogenate of the germ of wheat;

viruses of tobacco mosaic and influenza.

Some biological objects (drosophila melanogaster, sprouts of onion and wheat seeds, lysogenous bacteria, etc.) were also carried by space ships "Vostok 1" and "Vostok 2".

During these experiments the influence of cosmic radiation on the physiological functions and on the heredity of biological objects was investigated. In experiments on mammals special attention was devoted to investigations of the state of the blood production system, a determination of intermediate products of the metabolism of nucleic acids, and investigations of the state of natural immunity. In addition, the state of pigmentation of the hair of black mice (line C57 bl.) was tested.

Among micro-biological objects lysogenous bacteria (bacillus coli K -12 Lambda) were chosen because of their sensitivity to the effect of ionizing radiation. In special experiments the sensitivity of fungi to the influence of penetrating radiation was increased by means of their sensitization by different chemical compounds.

An analysis of the results obtained has made it possible to come to the following conclusions.

General clinical observations and special laboratory investigations of the peripheral blood, marrow, urine, and state of natural immunity of mammals which made flights on satellite vehicles have not revealed any pathological indexes from the effects of ionizing radiation (the period of observations is more than two years). There were also no negative influences of flight factors revealed during examination of two generations of dogs which had been in outer space.

It is noteworthy that cytological investigations of the marrow of mice which had experienced space flights revealed a statistically reliable increase of the frequency of chromosome disturbances (M. A. Arsenyeva, V. V. Antipov, T. S. Lvova et al. (7)). Pathomorphological investigations of these animals revealed dystrophic, mainly reversible changes in parenchymatose organs (V. G. Petrukhin and others (7)). Control experiments under laboratory conditions have shown that the above changes in mice can arise under the influence not only of ionizing radiation, but also of vibration and accelerations (M. A. Arsenyeva, L. A. Belyaeva , L. I. Gavrilina et al. -9)) -- see Table 2.

In experiments on fruit flies which had undergone space flights a tendency was revealed towards an increase of the frequency of dominant lethals and induced crossing-over, as well as in unquestioned increase in the frequency of sexually connected recessive lethals and non-separa-

Table 2. The Frequency of Chromosome Disturbances in the Cells of the Marrow of Mice Under the Influence of Vibration (70 Hz, 15 min) and X-rays (100 r)

	Terms after Effect	The Number of Examined Cells: Normal Cells	Violated Cells	The Total Number of Cells Examined	Percentage of Violated Cells	The Number of Cells with Chromosome Violations: Bridges	Fragments	Total
Vibration	30 min	622	137	759	18.05±1.40	56	5	61
	1 hour	489	149	638	23.35±1.67	40	3	43
	4 hours	601	74	675	10.96±1.20	4	9	13
	1 day	1160	366	1582	23.89±1.09	90	13	103
	2 days	804	214	1018	21.02±1.28	58	6	64
	10 days	357	74	431	17.17±1.82	8	1	9
	Control	2319	207	2526	8.19±0.55	63	19	82
X-rays	1 day	270	55	325	16.92	31	18	49

Percentage of Cells with Chromosome Disturbances	The Number of Cells with Chromosomes Stock Together: Total	Percent of Sticking Together	The Index of Correctness: Violated Cells	Chromosome Violation	Sticking Together of Chromosomes
8.04±0.93	76	10.01±1.09	6.6	4.8	4.3
6.74±0.99	106	16.61±1.47	8.7	8.3	7.6
1.93±0.55	61	9.03±1.11	2.1	2.0	3.4
6.73±0.64	268	17.16±0.96	12.9	4.8	11.6
6.29±0.76	150	14.73±1.11	9.2	3.6	8.2
2.09±0.69	65	15.08±1.72	4.7	1.5	5.7
3.25±0.35	125	4.95±0.44			
15.07					

tion of chromosomes (Ya. L. Glembotsky, G. P. Parfyonov et al. (10, 11, 12). An analysis of material obtained under laboratory conditions gives reason to believe that the increase in frequency of dominant lethals and induced crossing-over can be caused by the effect of low-frequency vibrations (70 Hz). The increase in frequency of recessive lethals and non-separation of chromosomes is apparently connected with the influence of ionizing radiation or weightlessness.

Seeds of wheat and peas revealed a small increase in the percentage of chromosome reconstructions and stimulation of cell-division after space flights. In onion and seeds the growth stimulation effect was detected, but with a complete absence of any influence on chromosome reconstructions. Control experiments under laboratory conditions and new experiments with space vehicles will make it possible to discover the reason for this interesting phenomenon (B. N. Sidorov, N. N. Skoolov, 13).

Research performed on numerous microbiological and cytological objects (N. N. Zhikov-Verezhnikov, I. N. Maisky, An. N. Pekov et al. 14) has not revealed any influence of cosmic radiation except in the case of lysogenous microbes. In some experiments on lysogenous bacteria which undervent space flights a small increase in the production of phages was recorded which can apparently be explained by the influence of penetrating radiation.

Thus, among the changes noted in biological objects which underwent space flights, only some changes can be connected with the influence of ionizing radiation, namely, a possible increase in recessive lethals coupled with sex, and non-separation of chromosomes in Drosophila melanogaster, stimulation of cell-division in wheat and pea seeds, and an increase in phages production by lysogenous microbes. However, to be fully convinced that the above mentioned effects are caused by radiation it is necessary to conduct control experiments under conditions of weightlessness.

The above investigations were carried a step further on the satellite vehicles Vostok 3 and Vostok 4. These ships carried for exposure Drosophila melanogaster, fecundated spawn of loach, lysogenous bacteria (bacillus coli K-12 Lambda), Pradescantia plant in the phase of florescence, and dry seeds of different kinds of wheat, pea, corn and pine. Alongside biological objects different physical dosimeters were placed.

For the first time in the history of biological science Soviet astronauts A. N. Nikolayev and P. R. Popovich performed experiments under conditions of space flight and under conditions of prolonged weightlessness. These experiments were aimed at investigating the influence of space flight factors and primarily cosmic radiation and weightlessness on the processes of fecundation, growth, and development of an orgamism and on the processes of division of the cells nucleus. The cosmonaut-researchers worked with Drosophila melanogaster, fecundated spawn of loach, and the Tradescantia plant.

Treatment of the material obtained is not yet completed and, therefore, it is difficult now to give final results. On the basis of preliminary data it is possible to conclude that the techniques did not reveal any new qualitative changes. However, quantitative changes in these experiments were expressed more definitely than, for instance, during flight of the ship Vostok 2 (dominant lethals of Drosophila melanogaster).

It should be noted that the results agree with data on the low dosis of cosmic radiation obtained by means of different physical dosimeters. On the average this dose amounted to 10 millirads per day.

It is possible to reveal in this dose the effect of cosmic radiation only in the presence of the high relative biological efficiency of individual components or at a considerable increase of the radiation effect by other factors. It is necessary to emphasize that the most definite effects are revealed in genetic tests while the complex of flight factors, including cosmic radiation, did not exert harmful influence on the main characteristics and viability of different biological objects.

Thus, biological investigations conducted have shown that the short-time manned flight in orbits situated below radiation belts in the absence of solar cflares and sufficient protection is not dangerous in a radiation aspect. Flights of Soviet and American space pilots have confirmed the correctness of conclusions made earlier. During flight Y. Gagarin received about 1, G. Titov about 10, P. Popovich avout 30 and A. Nikolayev about 40 millirads. As is known, these doses do not exceed the norm for persons working with sources of ionizing radiation.

Of great interest are biological experiments conducted on the U.S. satellite Discoverer XVII. The satellite carried cultures of tissue of the human organism, cells of the synovial membrane and cells of the conjunctiva of the eye, different substances of the blood of man and animals, as well as temperature-resistant bacterial spores and an algae culture. The flight of this satellite coincided with a very intensive solar flare. The biological objects under investigation were subjected to a total radiation dose of 30 - 35 rads. However, when laboratory analysis of the above mentioned objects was carried out, no influence of cosmic radiation was observed, with the exception of bacterial spores. Apparently the methods which were used turned out to be insufficiently sensitivie(Bulban, 15).

In the literature available we have scarcely found any works on laboratory research on the combined effects of radiation and other flight factors on biological objects. Investigations by P.P. Saksonov, V.V. Antipov, V.G. Vysotsky, B.I. Davydov, T.S. Lvova and others (16) performed on mice and guinea pigs have shown that vibration and acceleration applied four or twenty-four hours before radiation do not alter the development of radiation sickness to any great extent. According to K. V. Ivanov, M. V. Zhukov, M.G. Molchanova (17), acceleration used during irradiation by X-rays did not exert any essential influence on the subsequent development of severe radiation sickness in rats. In A. N. Ganshina's work (18) low-frequency vibration used after irradiation worsened the development of radiation sickness in rats causing an increase of hemorrhagic diathesis. Apparently tbe state of weightlessness also can essentially change the development of radiation sickness. On the theoretical level, a study of the combined effect touches upon very interesting and important problems of the reactivity of an organism.

The absence of sufficient data on the influence of various flight factors on the development of radiation reaction (sickness), and on the reaction of an irradiated organism against the effect of these factors, complicates the establishment of acceptable dose limits -- the criterion of radiation safety of flights.

On the basis of experiments, an analysis of the data from literature, and corresponding calculations, the most rational acceptable dose limit appears to day to be 25 rem for a flight lasting from a few days to one year, and 50 rem per year during flights lasting several years. It is quite clear that permissible dose limits will be revised with the acquisition of new data on the combined effects of radiation and other flight factors and information about the relative biological efficiency of individual components of cosmic radiation, to say nothing of the introduction of efficient biological and pharmacological means of protection.

The problem of finding effective radioprotective pharmacochemical means is of great practical and theoretical interest. Due to the efforts of many scientists who work in this sphere certain well known substances have been discovered and synthesized which are able to protect an organism from the lethal effect of ionizing radiation. For instance, widely known cysteamine (β-mercaptoethylamine) protects 70 - 100 % of mice, subjected to the effect of X-rays in a lethal dose (Bacq; Alexander, Bacq, Cousen, 19, 20). AET-S-β- aminoethylisothiuronium bromide, serotonin, 5 - oxytriptotamine and some other substances possess approximately the same protextion effectiveness.

In investigations on mice performed by S. P. Yarmonenko, V. S. Shashkov et al. (23) it was shown that cysteamine, cystamine, serotonin, and AET also have a marked defensive influence during irradiation of animals by high-energy protons (see Table 3). These and some other experiments give ground for hope that some substances can be used for the protection of space pilots and of the entire biocomplex from the harmful effects of cosmic radiation. The use of effective radioprotective means will make it possible to reduce the weight of physical protection and, thus, to reduce the space vehicle weight and increase the time of flight. However, it is quite clear that the use of pharmacochemical radioprotective means which may be effective under terrestrial conditions can be seriously complicated by specific flight conditions.

We think that pharmacological substances, designed as individual means of protection of the crew from penetrating effect of cosmic radiation, should satisfy the following requirements :

to have high efficiency combined with nontoxicity; the therapeutic coefficient should be not less than 5;

not to exert accessory influences during multiple and prolonged use;

not to cause even shorttime loss of the working ability;

not to exert negative influence on the resistance of the organism to the effect of different flight factors (vibration, accelerations, weightless - ness, psychic strain, etc);

to have a convenient form for taking; to be stable at prolonged storing.

Apparently the most effective means will be not one substance, but a protective means which consists of several substances with different pharmacological properties.

We have considered some radiobiological problems which, to our minds, are not only of theoretical but also of great practical importance in solving the problem of protecting a cosmonaut from the harmful effects of cosmic radiation. Also of exceptional interest is an investigation into the problem of the genetic effect of cosmic radiation and the biological influence of the heavy particle, etc. These questions require special discussion. However, it should be pointed out that Soviet geneticists have acquired relatively extensive and interesting material on the influence of different space flight factors on the genetic apparatus of different biological objects.

In any system of radiation protection for space flights special attention should be given to prediting solar flares and choosing safe trajectories for space ships. At present scientists have the possibility to predict the

Table 3. The Influence of Radioprotective Substances on Survival of Mice Irradiated by Protons with Energies of 660 Mev in a Dose of1063±65 rad

The Substance, Dose in mg/kg of the Base	The Number of Mice	Survived by 30 Days	Percentage of Survival	The Average Duration of Life (Days)
1. Cystamine, 150	30	17	56.6	17.3±3.4
2. S-β-aminoethyliso-thiuronium (AET), 150	30	25	83.3	18.4±4.3
3. Serotonin, 50	30	14	43.3	13.4±2.8
4. 5-metoxytript-amine, 75	30	18	60.0	16.4±3.5
5. Triptamine, 100	20	3	15.0	11.8±8.2
6. 5-oxytroptophane, 250	20	2	10.0	10.8±2.4
7. Control 0.2 mm of physiological solution	50	1	2.0	11.6±2.1

appearance of a radiationally dangerous solar flare two-three days in advance. In the near future this time period will apparently be increased considerably which will make it possible to prevent the encounter of space pilots with dangerous solar protons.

We can hope that the problem of radiation safety of flights in circumterrestrial space will be successfully solved by combined efforts of the scientific -- representatives of different countries of the world and different scientific specialities -- physicists, physicians, biologists, engineers, and designers.

References

1. E.B. Kurlandskaya, G.A. Avrunina, V.L. Ponomaryova, V.I. Fyodorova, B.I. Yanovskaya and S.P. Yarmonenko, Doklady Akademii Nauk 3, 143 (1962).
2. G.A. Avrunina, N.M. Karamzina, V.I. Fyodorova, and B.I. Yanovskaya, Bull. Exper. Biol. Med. 8, 52 (1961).
3. V.I. Fyodorova and G.A. Avrunina, Materials on Biological Effect of High-Energy Protons, p. 65. Moscow, 1962.
4. A.V. Lebedinsky, Yu. T. Nefedov, N.N. Klemparskaya, M.P. Domshlale et al., Abstracts of Reports at the Scientific Session of the Biological Department of the USSR Academy of Sciences, October 1962, p. 57.
5. R. W. Zellmer and R. G. Allen, Aerospace Med. 32, No. 10, 942 (1961).
6. P. Bonet-Maury, A. Deysine, M. Trilly et C. Stefan, C.R. Acad. Sci. 251, 25, 3087 (1960).
7. M.A. Arsenyeva, V. V. Antipov, V. G. Petrukhin, T.S. Lvova, N. N. Orlova and S.S. Tlyina, Artificial Earth Satellites 10, 82 (1961).
8. V. S. Shashkov, P. P. Saksonov, V.V. Antipov, B.L. Razgovorov, T.W. Burnovskaya and L.I. Gavrilina, 1962, in press.
9. M.A. Arsenyeva, Y. S. Dyomin, G. L. Pokrovskaya, L.A. Belyayeva, L.I. Gavrilina and A.I. Golovina, Abstracts of Reports at the Scientific Session of the Biological Department of the USSR Academy of Sciences, October 1962, p. 59.
10. Ya. L. Glembotsky, E.A. Abeleva, O.A. Lapkin and G.P. Parfyonov, Artificial Earth Satellites 10, 61 (1961).
11. Ya. L. Glembotsky and G.P. Parfyonov, Abstract of the Report at the General Session of the Biological Department of the USSR Academy of Sciences 15 (1961).
12. G.P. Parfyonov, Artificial Earth Satellites 10, 69 (1961).
13. B.N. Sidorov and N. N. Sokolov, Artificial Earth Satellites 10, 98 (1961).
14. N. N. Zhukov-Verezhnikov, I.N. Maisky, A.A. Gurdzhian and A.P. Pekhov, Abstract of the Report of the Session of the Biological Department of the USSR Academy of Sciences, 1961, 12.
15. E.J. Bulban, Aviat. Week Space Technol. 74, 1, 40 (1961).
16. P.P. Saksonov, V.V. Antipov, V.G. Vysotsky et al., 1962, in press.
17. K.V. Ivanov, M.V. Zhukov and M.G. Molchanova, Pathol. Physiol. Exper. Therapy No. 5, 74 (1962).
18. A.I. Ganshina, Med. Radiol. 5, 71 (1961).
19. Z. Bacq, Acta Rad. 41, 1, 47 (1954).
20. P. Alexander, Z. Bacq and S. Cousen, Rad. Res. 2, 4, 392 (1955) .
21. M. Fox, A. Merve and G. Zazar, Rad. Res. 6 487 (1956).
22. D. Daherty and W. Burnett, Proc. Soc. Exper. Biol. Med. 89, 2, 312 (1955).
23. S.P. Yarmonenko, V.S. Shashkov and R.L. Govorun, Radiobiology 2, 125 (1962).

Discussion

Eugster : Since it is well known that radiobiological reactions occur only after some time, I would like to ask you about the latency periods that you have observed. Second, did you say that you have made relative observations on genetic and somatic mutations ? If so, on what kinds of biological objects ?

Frank: Certain objects have been studied for very long periods of time at varying time intervals following the flights. Many generations of bacteria have been under observation, and we have also studied the development ofpplants from seeds. With regard to changes of a genetic type, we know for certain that the observed changes were mainly cytological : certain increments in cell-division disturbances that are of minor importance from the biological point of view. So far we have not seen any mutations that could be ascribed to effects of cosmic radiation. However, we will have to wait before we know whether this is true also beyond the zones so far investigated, and for interplanetary flight.

Stewart : I think you mentioned, that in your colonies of drosophila there was an increased frequency of dominant lethals in conditions of low frequency vibration. I can see the physical mechanism of low frequency vibration in tissue cultures, but I fall to see what this is in a free and living colony of drosophila in a container. Is this a specific effect of vibration or it is increased activity in the colony ?

Frank: If I understood you correctly, my reply would be that the effects of vibrations in these experiments refer mainly to changes in cell division, fragmentation, non-separation and so on. They do not refer to dominant lethals.

Langham : I would like to compliment our colleague on the very informative paper and say that, in general, we agree in so far as radiation is concerned. The principle problem in the immediate future, is, however, that of solar flares. This was mentioned and I would like to ask : Do you have any predictions from the theoretical groups in your country as to the radiation dose that may be encountered by a cosmonaut in the event of a +3 solar flare. Second, I would like to ask to what extent they feel they now have competency in predicting the onset of such flares.

Frank: This matter was discussed previously by Academician Sissakian and Dr. Gurjian - it is a purely astronomical, astrophysical problem that is beyond our biological competence. As you may recall, a dose of 30-35 rad was measured in Discoverer 17. As to what doses may occur during solar events in different regions of space, we all need further experimental facts.

Langham : I quite agree that the question I asked was certainly outside the realm of biology. In fact, that was one reason I was hoping for an answer - I have not been able to get it from the astrophysicists. I think perhaps the speaker has observed more biological effects of radiation in space than anyone I have heard, so I would like to ask this rather serious question, and that is, on the basis of biological experimence, would you seriously consider recalling or avoiding flight when the radiation doses from a solar flare reach those recorded by the Explorer satellite, say 35 rad ?

Frank : The interpretation was very inexact, and I am not sure I have understood you correctly. But we have said that the maximal dose received by our cosmonauts during the longest flights was about 40 millirad; the doses did not exceed the safety limit. We have no data pertinent to solar events during a flight.

Langham : My question then would be, do you feel 35 rad is still within the realm of safety ?

Frank: I think one should not exceed a dose of 20-25 rem for relatively short flights and 50 rem per year during flights lasting several years. These are approximate estimations on the basis of biological experiments made so far.

Graul : Certain of the chemical protectants that you mentioned, such as serotonin and cysteamine, cannot be given over a prolonged period of time without interfering seriously with metabolic processes. Have you any thoughts as to how and when such protectants could be administered?

Frank: I think it would be difficult even to make a guess. At present, we only have the experiments that I have reported, including the indications that certain protectants may be effective also against high energy protons. But so far these are only laboratory experiments. Chemical protectants might possibly become useful in case of shortlasting overdosage of radiation. So far they have not been used in practice.

BIOLOGICAL HAZARDS OF RADIATION APPLICABLE TO MAN IN SPACE

G. J. Neary and E. V. Hulse
Medical Research Council Radiobiological Research Unit
Harwell, England
(Representatives of the International Atomic Energy Agency)

Abstract

The wide range of possible radiation exposure of man in space is noted, and the biological effects of radiation exposure in general are summarized. It appears that among the early effects, the prodromal symptoms such as nausea and vomiting may be the limiting factors for an astronaut.

The concept of recovery from radiation injury is discussed and it is concluded that there is no simple correlation between degree of recovery from early effects and the risk of delayed effects. Detailed data for recovery from early effects is available only for gross injury.

The concept of relative biological effectiveness (RBE) of different types of ionizing particle is discussed. Although RBE varies with dose and dose rate, it probably assumes a constant value for any one effect at low doses or dose rates. The best estimate of the values for man are those given by the International Commission on Radiological Protection for use in the range of permissible exposures. Data relevant to high energy protons are given.

The special problem of very heavy particles in space is noted and it is concluded that they are unlikely to be a limiting hazard.

The delayed effects of radiation are reviewed.

Chemical pre-protection of an astronaut appears to be undesirable. Treatment of radiation injury is summarized.

It is concluded that both on general grounds and avoidance of early adverse reactions in flight, the permissible and emergency exposure levels suggested by the International Commission on Radiological Protection for occupationally-exposed persons offer a reasonable guide for planning exposure to man in space.

Les risques biologiques de radiation appliquables aux problèmes de l'homme dans l'espace. Les risques biologiques d'expositions uniques et répétées aux radiations ionisantes sont brièvement résumées sous le titre de "effet à long terme et effet à court terme", avec une certaine indication sur l'influence de la dose sur ces effet.

Le concept de guérison d'un dommage causé par la radiation est discuté. Les effets à court terme et leur guérison, par exemple les destructions des tissus donnant naissance au sang, dépendent essentiellement de la déplétion cellulaire, suivie du repeuplement des cellules affectées. Les effets à long terme, d'autre part, tel le cancer, cépendent surtout de la production de cellules anormales. Il n'y a pas de rapport simple entre le degré de guérison des effets à court terme et le risque des effets à long terme qui suivent.

Bien que les radiations dans l'espace soient surtout des radiations ayant un faible transfert d'energie linéaire (T.E.L.), les protons de la ceinture van Allen et dans les émissions solaires produisent sur une chose aussi grande que l'homme assez de radiations secondaires de haut T.E.L. pour augmenter sensiblement le T.E.L. moyen. Une radiation avec un fort T.E.L. a généralement un effet biologique supérieur à une radiation ayant, à doses égales, un bas T.E.L.

Le rapport de l'efficacité biologique relative (E.B.R.) d'une radiation donnée, avec son T.E.L., sa dose, l'intensité de sa dose, et ses effets biologiques spéciaux, est résumé.

Pour de petites doses ou de longs temps d'exposition, l'E.B.R. d'une radiation donnée approche une limite fixée pour tout effet particulier. Les meilleures estimations pour l'homme, dans le domaine des possibilités d'exposition, sont celles données par la commission internationale pour la protection radiologique. L'effet biologique des protons de haute énergie est estimé, d'aprés les bases que donnent ces chiffres. Les risques de doses les plus vraisemblables, et l'utilisation de produits chimiques pour modifier la réaction des radiations, sont étudiés.

<u>Биологическая опасность, грозящая человеку со стороны радиации в космосе.</u> Подчеркивается широкий диапазон возможностей экспозиции лучам человека в космосе и подводится итог биологических влияний этой экспозиции в общем и целом. Повидимому, такого рода ранние симптомы, как тошнота и рвота, могут оказаться для астронавта лимитирующими факторами.

Обсуждается понятие выздоровления от лучевого поражения, причем делается вывод, что между степенью выздоровления от ранних повреждений и опасностью поздних повреждений нет простой корреляции. Подробные данные относительно выздоровления от ранних повреждений имеются только для случаев тяжелых заболеваний.

Рассматривается понятие относительной биологической эффективности (ОБЭ) различного типа ионизирующих частиц. Хотя ОБЭ и варьирует с величиной дозы, она принимает, вероятно, постоянную величину для любого воздействия при небольших дозах или долях доз. Лучшая оценка величины для человека дана Международной комиссией радиологической охраны для целей пользования в границах допустимых экспозиций. Приводятся данные для протонов высокой энергии.

Указывается на особую проблему весьма тяжелых частиц в космосе, причем сделан вывод, что они едва ли являются ограничивающей опасностью.

Сделан обзор поздних результатов облучения.

Повидимому, химическая профилактическая охрана астронавта нежелательна. Подведен итог лечения радиационных поражений.

Сделано заключение, что указанные Международной комиссией радиологической охраны допустимые и предельные уровни экспозиции дают для планирования длительности экспозиции лиц, подвергающихся радиации при исполнении служебных обязанностей, соответствующие директивы; вывод этот правилен по общим соображениям, а также для избежания ранних пртиводействующих реакций при полете человека в космос.

Introduction

The ultimate fate of many of the scientists, physicians and technicians who first used X-rays or handled highly radioactive materials is a cautionary tale which should make every scientist pause to assess the hazards of a new procedure he contemplates using. Like many other cautionary tales it is rare that anyone in other fields should take notice of it. However, this Symposium is a clear indication that those interested in and responsible for man's most recent field of endeavour are also seeking a proper awareness of the hazards of their undertaking. The International Atomic Energy Agency, interested as it is in the problems of space travel particularly in view of the possible importance of nuclear propulsion systems, and conscious of the importance for the future progress of man of a sound assessment of radiation hazards whether terrestrial or extra-terrestrial, wishes to make a contribution to the Symposium by reviewing the radiation hazards in space.

A considerable amount of information about the radiations in space is now available in a number of reviews (25, 35, 40, 47, 49) and detailed presentation of data on physical dose levels is unnecessary here. We merely note that the radiations may conveniently by assigned to three categories, the galactic cosmic radiation, the inner and outer Van Allen belts, and the solar flares. The galactic cosmic radiation consists of very high energy heavy particles, the majority being protons, and it produces a physical dose rate at the top of the atmosphere of the order of 10 mrads/day, depending on the latitude. A few of the particles have high masses and produce extremely dense tracks of ionization and may conceivably have peculiar radiobiological properties (6, 40, 45). The inner Van Allen belt consist of high energy protons with energies measured in hundreds of MeV and electrons rather below 1 MeV; the dose rate due to protons is of the order of 100 rads/hour. The outer Van Allen belt consists of electrons of energy of a few hundred KeV, producing surface dose rates of the order of 10^4 rads/hour. Lastly the solar flares contain protons up to the BeV region; the dose rates are very variable and levels up to 3 x 10^4 rads/hour have been estimated, though the time-average levels would be several orders of magnitude smaller.

It is thus apparent that there is no generally prevailing single dose level applicable to man in space, but that there are great variations depending on time and position. The electron radiation can largely be avoided by shielding, but the proton and other heavy particle radiation would require enormous weights of shield. In view of the indefiniteness in the radiation dose, it seems desirable to put things in perspective by summarizing the biological effects of radiation and their dose-dependence. It is assumed that only whole-body irradiation need be considered.

Types of Radiation Effect

The effects of radiation on the individual are usually divided into two groups (i) early effects i. e. changes which are manifest from a few hours to a few weeks after exposure and (ii) delayed affects i. e. changes occurring from several weeks to many years after exposure.

Early Effects

From the point of view of space travel the early effects have a double importance. Not only must the risk of illness and death from irradiation be considered but also the possibility that radiation-induced illness or abnormal function, even to a mild extent, might reduce the efficiency of the astronaut and thus indirectly expose him to even greater risks.

Table 1 summarizes the early response to hard X or gamma radiation at various dose levels. The acute radiation syndrome which follows whole-body exposure to doses of under 5000 rads evolves according to a well recognised pattern. Symptoms appear within a few hours of exposure, starting with anorexia and nausea. Vomiting may follow but diarrhoea only occurs after high doses. Severe headache may be the first symptom and was very prominent amongst casualties from the Lockport incident i. e. men who did not realise they had been irradiated (20). Excessive fatigue, sweating and irritability may also be present. These premonitory or prodromal symptoms can be expected to clear up more or less completely in 48 hours and a symptom-free latent period follows; the higher the dose the shorter the latent period is. When the illness-proper begins its severity depends on dose. Up to 800 rads the most important symptoms depend on damage to the blood-forming tissues but with high doses gastrointestinal symptoms dominate the clinical picture. The blood-forming tissues and the lining of the intestine are both tissues which are continually being renewed and radiation, through its cellular effects, interferes with this process of renewal. Consequently the lining of the small intestine ceases to be intact and the numbers of cells in the bone marrow are greatly reduced, i. e. it becomes aplastic or very hypoplastic. The intestinal damage leads to diarrhoea with loss of fluids and electrolytes and the damage to the blood-forming tissues gives the signs and symptoms of a severe aplastic anaemia including an increased liability to infections and haemorrhage.

The 50 per cent lethal dose (LD 50) for man is probably about 400 to 500 rads of hard X or gamma radiation for deaths occurring within 8 weeks of exposure.

In one criticality accident doses in the region of 300 - 400 rads produced marked prodromal symptoms in most of the exposed individuals but did not result in severe symptoms during the illness-proper even though laboratory tests detected tissue damage (2). Thus one would not expect an incapacitating illness during the stage of illness-proper if there had not been any prodromal symptoms during the first day after irradiation. For this reason, and because some flights will be over before the latent period is passed, the severity of the prodromal symptoms will normally be a limiting factor in radiation exposure during space flight. This is even more apparent when one considers the nature of these symptoms. Under weightless conditions vomit would behave as any other fluid and could form an amoeboid mass over the mouth and nostrils leading to suffocation. Thus the most urgent requirement would appear to be to avoid vomiting during flight. The dose after which vomiting occurs is rather variable but as the mechanism which causes post-irradiation vomiting is not known it cannot be presumed that astronauts, in spite of careful selection and training, will be less suceptible to post-irradiation vomiting than anyone else. Data from irradiated Marshall Islanders show that 175r of gamma rays can cause vomiting in 10 per cent of the exposed population (41). Thus the dose of radiation must be lower than 175 rads - to hazard a guess 100 rads might be taken as a maximum dose without vomiting, though Gerstner (16) has estimated that even with this dose there would be an incidence of 3 per cent. If nausea is also to be avoided (and to a radiobiologist this would also appear desirable) a much lower dose limit would have to be applied. One individual was nauseated in a group of 48 Marshall Islanders who received estimated doses of 70-80 rads of penetrating gamma radiation.

A delay in gastric emptying in rats (the probable counterpart of nausea and vomiting in these animals) can be demonstrated by as little as 20r of X-rays and there is virtually no change in response for dose-rates varying from 68 to 2.2 rads/min (21, 12).

If these criteria are accepted a maximum whole-body exposure would be in the range of 20 rads or below if nausea is to be avoided or 100 rads if only vomiting is to be avoided. In neither case would there be any marked symptoms in the later stages but the possibility of delayed effects could not be ruled out (see below).

Early Effects on the Nervous System

Until fairly recently it had always been presumed that nervous tissue was very resistant to ionizing radiation. It is still true that nerve cells are not easily killed quickly by radiation and in order to produce convulsions a dose of several thousand rads is needed. However, Russian workers report changes in conditional reflexes with doses as low as 0.5 - 20r (quoted by Stahl, 42) and a distinct change in electric activity of the brain is reported in rabbits after only 0.05 - 1.3r (17). From the United States an increased susceptibility to audiogenic seizures has been reported in mice after only 0.14r given at a very low dose rate (30). Rats will avoid drinking the saccharine-flavoured water which they had been induced to drink whilst being irradiated with a single dose as low as 7.5 rads of neutrons and they will also avoid the surroundings in which they were

Table 1. Acute Radiation Syndrome
(a rough guide to its severity)

Approximate Dose in rads (X or Gamma Radiation).	
50-100	A few individuals will experience nausea. Laboratory investigations will detect damage.
200	Prodromal symptoms common but not all patients will vomit. Haematological changes present, may be an increased liability to bleeding. Erythema unlikely, conjunctivitis possible, may be some loss of hair. Sperm abnormal and reduced in numbers. Without treatment a very small number of patients may die.
400-600	Severe prodromal symptoms with transient reddening of skin possible. Latent period over during 3rd week. Severe haematological changes; increased liability to infection; haemorrhages, some severe. Widespread loss of hair, erythema likely. Intestinal symptoms, if present, will be relatively mild. 50% acute mortality if no treatment.
800-1200	Shorter latent period. Intestinal symptoms increasingly severe. Very severe haematological changes, serious haemorrhages likely. 100% mortality when untreated.
1500-5000	Short latent period before severe gastrointestinal symptoms develop. Watery diarrhoea. Severe haemorrhage. Radiation burns of skin and mucous membranes, probably with ulceration. Fatal outcome inevitable even with treatment.
over 10,000	Very severe prodromal symptoms including flushing of the skin; watery diarrhoea, disorientation, ataxia and loss of consciousness. Survival measured in hours rather than days. Part-body irradiation in this dose range can cause death, even radioresistant organs such as heart and brain can be severely damaged. If parts of limbs were exposed gangrene may necessitate amputation.

given four sessions of 50r of gamma rays (14, 15). It is not obvious that effects of this nature would be important to the astronaut. Apart from the prodromal symptoms, which might possibly be neurological in origin, reports on whole-body irradiation in man suggest that neurological effects will not be a limiting factor.

The dose rates in intense solar flares might lead to interference with normal vision during irradiation through a sensation of light produced by the action of radiation on the retina of the dark-adapted eye.

Recovery

So far, we have fixed attention on the early consequences of irradiation which might be important during a space flight. It is necessary also to consider the question of recovery from early radiation injury in relation to further exposures and also to long-term or late effects. Early radiation injury is mainly due to killing of cells, so that the effected tissues are functionally sub-normal. In most tissues in a surviving animal, however, the loss of cells is made good in a fairly short time by multiplication of the residual cells. An animal may thus recover most of its normal performance if the initial damage has not been too great, but the possibility of development of delayed injury remains, probably due to the persistence of abnormal cells produced by the radiation. Thus the so-called "reparable" and "irreparable" injuries (3) are quite different in kind at the physiological or pathological level and a direct relation between them is not to be expected. Recovery from the early injury will first be discussed; the delayed injury, to which the concept of recovery is almost by definition inapplicable, will be discussed afterwards.

It is implicit in the concept of a maximum permissible dose (37) that at sufficiently low rates of accumulation of dose (e.g. 5 rems average per year for occupational workers) the injury is either negligible or compensatable by recovery processes. Unfortunately most of the quantitative experimental data on recovery are not directly applicable to evaluation of recovery from the minor injuries or derangement of function of practical concern in space flight since they relate chiefly to gross criteria of effect such as death. If the irradiation schedule es extended over an appreciable time, a larger total dose is required for early killing of 50 per cent of a group of animals. Exponential recovery with half-times of around a few days have been deduced in this way for various species (39, 22) and attempts have been made to extrapolate to man. Values of about 20 days have been suggested (29) but the uncertainty of such estimates is large.

Although the experimental data indicate that the effect of a single dose decays away more or less exponentially, some investigators consider that there is always a residual injury even judged in terms of susceptibility to the acute lethal effect of a subsequent dose (22). Others believe that recovery as judged by this test can be complete but that the <u>rate</u> of recovery from a further radiation injury is diminished (31, 44).

Some generalizations have been made, for example, that recovery from irradiation by fast neutrons, a radiation with a high rate of linear energy transfer (LET) is slower than after X or gamma rays which have low LET (44, 48).

However, a serious criticism of the analysis of all such recovery experiments is that the assumption has been made that injury is proportional to radiation dose. This assumption is certainly incorrect and further, the form of the relation between injury and radiation dose is probably different for radiations of widely different LET - this is generally so for effects on cells themselves, such as cell killing or chromosome damage except perhaps under the particular conditions of low doses or low dose rates (see below). When these facts are taken into account, there seems to be little evidence of any qualitative or quantitative difference in the physiological recovery processes depending on cellular repopulation after exposure to radiations of different mean LET values.

There is however, a qualitative difference in intra-cellular recovery for two different radiations which is related to the difference in the form of the dose response. Generally speaking, cellular effects such as cell killing vary with a higher power of the dose for low LET radiation than for high LET radiation, indicating that a higher multiplicity of ionizing particles is required to produce a given effect in a cell if their LET is low. If the radiation dose is not all delivered in one instant, there are thus greater possibilities for intra-cellular recovery from the effects of the successive individual particles when these are of low LET. For example, it has been shown that a cell injured by X or gamma radiation but which would not be killed without further radiation injury recovers from the first injury in a time of about 18 hours (11). These considerations help to explain the additional rapid component of recovery seen with low LET radiation (10) and are of importance in relation to the biological effectiveness (RBE) of a given type of radiation.

Relative Biological Effectiveness (RBE)

Since the effectiveness of radiation depends not only on the physical dose but also on the quality of the radiation, usually characterized by the mean LET, it is convenient to have a measure of the effectiveness of a given radiation in terms of a standard radiation, usually hard X or gamma radiation. This measure, the RBE, is defined as the ratio of the dose of the standard radiation to the dose of the radiation in question required for the production of some specified radiation effect under specified conditions. For the majority of effects, the RBE increases with increasing LET to a plateau, and may even decrease at extremely high values of LET.

It is well-known that the RBE of one radiation compared with another depends on a great many physical and biological variable factors; there is no single figure applicable in all situations. In considering the hazard to man however, many of these factors are implicitly defined, but two important factors which may still vary are size of dose and dose rate (or exposure time). If the form of dose response is different for two radiations, the RBE of the high LET radiation relative to the low LET radiation will depend on the particular dose level chosen, usually increasing as the dose is decreased.

Further, owing to the difference in intra-cellular recovery rates for the two radiations, the RBE will increase as the exposure time is prolonged. It has been shown however, that for an important cellular effect, namely chromosome damage, the form of the dose response at low doses or dose rates becomes the same for radiations of widely different mean LET and intracellular recovery (if any) also the same. Thus under these special conditions the RBE of any given radiation relative to a standard radiation of low LET would tend to a characteristic maximum limiting value (34).

There is every reason to think that a similar pattern of behaviour would apply for most biological effects since it has been shown that at low doses the biological effect even of a low LET radiation is mainly due to the small fraction of the total dose associated with small regions of particle tracks with high local LET (33). In other words, at sufficiently low doses, all radiations tend to be qualitatively similar, whatever their mean LET.

The doses in the ICRP Recommendations (1959) may be considered low in the sense above and Table 2 showing RBE as a function of LET (36) represents the best estimate of maximum RBE values for the most restrictive biological effects significant for human protection. The recommendations were obviously framed with avoidance of late effects principally in mind since early effects of small doses are less likely than late effects. It is not inconceivable that the RBE for some special effect of possible significance in space flight might be higher than the value in the table, but in the absence of knowledge of such possibilities there is no alternative to using the ICRP values of RBE when considering exposures within the permissible range, including emergency exposures up to 25 rems.

The rem is only applicable in the domain of permissible exposure levels for man, where it serves as a common unit of effectiveness for radiations of different LET. The effectiveness in rems of a given dose of radiation is expressed in terms of that dose of the standard radiation (hard X or gamma radiation) which would be equivalent and it is calculated by multiplying the absorbed dose in rads by the conventional RBE value specified in Table 2.

For doses appreciably above the permissible range which might be incurred in accidental exposure, the RBE for most known effects would be lower than the values in Table 2.

The radiations in space comprise particles of widely differing LET and therefore of widely differing RBE but in those regions were the dose rates are likely to be highest, e.g. the Van Allen belts and solar flares, the primary particles are mainly electrons and high energy protons whose LET would be expected to be low. When protons of a few hundred MeV energy irradiate a small biological specimen, the part of the dose due to direct ionization energy loss of the low LET primary is so much greater than that due to the high LET evaporation particles of a few MeV energy from nuclear interactions that the overall RBE is close to 1 (26, 4). If however, the size of the biological object is comparable to the mean free path of the primary protons for nuclear interaction, i.e. about 1

Table 2.
LET - RBE Relationship for Permissible Levels of Human Exposure (36)

LET keV per micron water	RBE
3.5 or less	1
3.5 to 7.0	1 to 2
7.0 to 23	2 to 5
23 to 53	5 to 10
53 to 175	10 to 20

meter of unit density tissue, then the high energy cascade neutrons must be considered. Unlike the primary and cascade charged particles, the neutrons have no direct ionization energy loss and so in their contribution to the dose the high LET evaporation particles from nuclear interactions are relatively much more important. Moreover, the RBE of the secondary particles with high LET will be greater for small doses than for the doses used in the experimental investigations with high energy protons. It is therefore not safe to conclude without further examination that the effective RBE of the fast protons in space approximate to unity.

Permissible fluxes for exposure to fast protons up to 1000 MeV have been calculated (Neary and Mulvey, unpublished) using the ICRP figures for RBE as a function of LET, taking due account of the various secondary and higher order particles. Two cases were considered a) when the primary beam has passed through about one mean free path of shielding material and is thus approaching a pseudo-equilibrium with secondary particles, b) when the pure primary beam impinges on a human body regarded as a slab of tissue 24 cm thick. In the first case, the effective RBE of fast protons, i.e. the mean RBE weighted according to the dose contribution from primary, secondary and higher order particles varies from 1.2 at 40 MeV to 3.2 at 1000 MeV. In the second case, probably more appropriate to an astronaut in a space vehicle the effective RBE is 1.6 at 300 MeV and 2.0 at 1000 MeV; the flux required to give a dose of 0.1 rem in 40 hours does not vary much with energy in this range and is about 5 protons/cm^2/sec.

Heavy Particles

The concepts of RBE and dose are hardly applicable to the extremely high LET tracks of the heavier primary particles in the galactic cosmic radiation. The mean number of such particles crossing 1 square centimeter is only of the order of 1 per day. In the terminal portion of any one track the high density of ionization corresponds to doses of the order of 1000 rads in a cylindrical volume whose dimensions are of the order of 10 microns radius and 1 mm length (40). A few tracks of concentrated cellular destruction in radiosensitive tissues like bone marrow, lymph nodes, intestinal epithelium and gonads would hardly result in disordered function. In the central nervous system (CNS), however, it is conceivable that death of a relatively small number of cells might have far-reaching effects.

Experimental work on the histo-pathological effects of localized irradiation of the CNS by means of artificially accelerated particles has been reported (1, 27, 50). With wide beams of protons (diameter c. 10 mm) vascular damage contributes to the necrosis of nerve cells but vascular damage becomes unimportant with narrow beams (c. 1.5 mm diameter) (1). The threshold for nerve cell necrosis increases as the beam is narrowed, for example, 30 krads for a 1 mm beam of deuterons but about a million rads for a 25 micron beam (50). Such observations suggest that the risk of gross local damage by a heavy cosmic ray primary particle is slight.

In the experimental work with microbeams of heavy particles obvious neurological symptoms do not seem to have been produced. It is well known, however, from clinical experience that quite a small lesion of the CNS can have a profound effect, for example a thrombus in a small vessel can kill brain tissue and in some areas this can have a crippling result. Such lesions even though very small by usual clinical standards are many times larger than those which might be produced by individual heavy particles, and narrow tracks of damage in most parts of the CNS would not be expected to produce symptoms. The possibility of effects in areas such as the mid-brain where a small number of nerve cells perform some essential function cannot be completely ruled out. Disturbances of hearing might result from tracks of damage in a medial geniculate body; similar damage in a lateral geniculate body might interfere with the fields of vision. The organ of Corti and the semi-circular canals are also regions in which this kind of local damage might result in disturbance of function.

These possibilities however, belong to the realm of speculation, and on the evidence so far available the very heavy primary particles do not seem a serious threat to an astronaut's well-being.

Delayed Effects

Cancer

Reports on human exposure suggest that leukaemia would be the greatest risk. The threshold, if one exists, appears to be small and the dose which doubles the incidence of the disease may be as low as 30 - 50 rads (9). Thus even non-nauseating doees might cause a statistical increase in leukaemia. It is, however, a relatively uncommon disease and if only few astronauts were subjected to doses in the above range the likelihood of a case of radiation-induced leukaemia occurring amongst them would be very small indeed.

Tumours of the nervous tissue have not been reported after irradiation and hardly any other information is available on delayed effects on the central nervous system.

Life - Shortening

There is no clear cut evidence on the possible life-shortening effects of ionizing radiation in man. Conflicting conclusions have been arrived at by examination of the actuarial data on medical specialists potentially exposed to radiation (38). Even if a real effect on longevity were established, the magnitude of the dose to which this class of individuals had been exposed would remain largely conjectural.

The only reliable data are those for small laboratory animals with natural life-spans of at most a few years. In several such investigations it has appeared that the terminal pathology in the irradiated animals was broadly similar to that in controls. It has therefore been suggested that radiation speeds up natural aging (46) and this hypothesis has served as a basis for extrapolation from one species to another. In other experiments, however, highly specific delayed effects of radiation have been found with marked differences between species or even between inbred strains of the same species. In view of such observations confidence in the reliability of interspecies extrapolation is hardly warranted.

The life-shortening by single doses of X or gamma rays in rodents is of the order of 0.3 days per rad; there is some suggestion that the effect per rad increases slowly with increasing dose. For small multiple doses, there is a trend to reduced efficiency, down to about 0.05 days per rad. For fast neutrons however, the efficiency per rad is largley independent of fractionation of the dose and so the RBE compared with X or gamma radiation increases from about 2 or 3 for single doses to about 10 for chronic doses (32).

The experimental data are not sufficiently precise to establish the magnitude of life-shortening for doses much below 100 rads of X or gamma radiation. In some experiments, a significant lengthening of life has been found in animals exposed to low levels of chronic irradiation (5).

When estimates of life-shortening in man have been made by extrapolation from animal data, it has usually been assumed that the proportional shortening per rad would be independent of species. On this basis figures of 1 to 15 days per rad have been suggested for man (24, 12). Even if a common mechanism were operative in different species, however, there is no good justification for the assumption of a constant proportional life-shortening; constant absolute life-shortening would seem equally likely and on this basis the figure for man would be of the order of 0.1 days per rad (32).

The Eye

Irradiation of the crystalline lens leads to degenerative changes in the new cells which are continually being formed at the equator of the lens. These damaged cells produce opaque fibres instead of the usual transparent ones and if such fibres are sufficiently numerous an opacity forms at the posterior pole of the lens. The latent period for such cataract production is six months to three years, depending on the dose. Below 200 rads of X or gamma radiation clinical effects are negligible.

Reproductive Function

In men a dose of mixed neutron and gamma radiation equivalent to a gamma dose of as little as 12 rads resulted in a reduction of the sperm count and a dose of the same mixed radiation equivalent to 200 rads produced temporary sterility, minimal sperm counts occurring at about 10 months after exposure (18). A dose of 500 rads can cause permanent sterility. Secondary sexual characteristics and potency are unaffected.

Whilst recovery is possible after testicular damage the different physiology of the ovary precludes recovery and the reduction in the number of primary oöcytes causes by radiation is permanent. In early reproductive life 300 rads will result in sterility but towards the menopause when the number of available primary oöcytes is smaller the sterilisation dose is less. Menopausal symptoms may follow radiation-induced sterility.

Genetic Effects

If, in the foreseeable future, the numbers of astronauts will be small compared with the general population the effects of recessive mutations can be disregarded. Dominant gene mutations in spermatogonia are infrequent and thus the changes of finding any conditions produced by such mutations amongst the progeny of astronauts will be very slight. The effects of dominant mutations formed in the sperm present at the time of irradiation can be avoided if astronauts abstain from possible fertile matings for several months after exposure to doses of about 25 rems or more.

Protection and Treatment

Chemical Protection

A wide range of chemical substances protect experimental animals from the killing effect of radiation but to be effective they have to be given before the irradiation. Some of the substances have pharmacological side effects which would reduce mental and physical efficiency. The substance which is probably the most effective experimentally, namely AET, is known to be toxic in man, nausea and vomiting being caused by doses well below those used for protecting animals (7). The therapeutic ratio of radioprotectors is in general low and for the astronaut their disadvantages outweigh their advantages.

In experimental animals chemical protectors rarely reduce the incidence of delayed effects and are unlikely to be of practical use in man in this respect.

Treatment

Treatment of the prodromal symptoms, particularly anorexia, nausea and vomiting, have been a therapeutic problem since the early days of X rays. Symptomatic relief rather than specific therapy still offers the best chance of success, the radioprotector cysteamine having been shown to be useless in this condition (8, 19). At present pyridoxine and various tranquillizers appear to be the most commonly used drugs in radiotherapeutic practice. It is possible that pyridoxine is only effective if there was deficiency of the vitamin (43). A recent report suggests that two of the newer tranquillizers, trifluoperazine and haloperidol combined with cinnarizine may be the best at present available (43)

For doses over 100 rads, continuous medical care is necessary during the period of illness-proper. Hospitalisation, preferably with aseptic and antiseptic precautions and elaborate transfusion therapy becomes necessary as the haemopoietic damage increases (28, 23).

Conclusions

Potential radiation exposure in space and its consequences for man cover a very wide range. A considerable choice is possible however on the actual levels of exposure to which a man in space shall be subjected, by selection of factors such as route and timing of travel and the amount of shielding carried. Thus some guiding principle is required. The recommendations of the International Commission of Radiological Protection (ICRP) have, since its formation in 1923, been of immense importance as a guide in making rules and regulations governing earth-bound radiation exposure (37). They form the basis of most national and supra-national legislation on protection against radiation exposure, including the basic safety standards of the International Atomic Energy Agency itself. We feel that these same recommendations can also be a valuable guide for deciding on "safe" radiation levels for man in space.

Permissible levels of radiation exposure (that is, excluding exposures for medical purposes) can be put into three categories (i) levels for the general population (ii) levels for normal occupational exposure (a yearly average of 5 rems whole body irradiation) (iii) levels for emergency exposure, for example in rescue operations after a radiation accident. The single dose permissible in an emergency is 12 rems and the subsequent exposure during the next years must be regulated so that the total accumulated dose at the end of the 5 years does not exceed the normal permissible total appropriate to the age, i.e. 5 (N-18) rems, where N is the age in years. The recommendations also state that an accidental exposure to doses higher than 25 rems is potentially serious, but it is suggested that a dose not exceeding 25 rems once in a lifetime calls for no special remedial action.

The question of a safe radiation level in space for the general population can presumably be disregarded for the time being! The astronaut who hopes to do numbers of flights can conveniently be classed as a person whose occupation entails radiation exposure to whom the level of 5 rems per year would apply. If an astronaut is only to undertake one flight in a lifetime, for example, through regions of intense radiation, a level of up to 25 rems could apply. It should be noted that the ICRP recommendations would still permit such a person to receive exposure at the normal occupational level.

In might be argued that the ICRP permissible levels are excessively low for astronauts in relation to other and perhaps greater hazards. But it can equally well be argued that as other hazards have to be faced it is only right and proper that the radiation hazard should be no greater than in other occupations involving radiation. In any case these general considerations are reinforced by the particular ones on adverse reactions in flight discussed above, such as nausea and vomiting and possible decrease of sensory perceptiveness and mental efficiency. Furthermore, it is conceivable that radiation and the other stresses of space flight may interact synergistically and a cautious assessment of hazards would be prudent.

References

1. B. Andersson, B. Larsson, L. Leksell, W. Mair, B. Rexed, and P. Sourander, in: Response of the Nervous System to Ionizing Radiation, edited by T. J. Haley and R. S. Snider, p. 345. New York: Academic Press, 1962.
2. G. A. Andrews, B. W. Sitterson, A. L. Kretchmar, and M. Brucer, in: Diagnosis and Treatment of Acute Radiation Injury, p. 27. Geneva: World Health Organisation, 1961.
3. H. A. Blair, in: Peaceful Uses of Atomic Energy, Vol. 11, p. 118. New York: United Nations, 1956.
4. P. Bonet-Maury, A. Deysine, M. Frilley, and C. Stefan, C.R. Acad. Sci. 251, 3087 (1960).
5. L. D. Carlson, and B. H. Jackson, Radiat. Res. 11, 509 (1959).
6. H. B. Chase, W. E. Straile, and C. Arsenault, Aerospace Med. 32, 921 (1961).
7. P. T. Condit, A. H. Levy, B. I. Shnider, and R. G. Oviedo, Cancer (Philad.) 13, 842 (1960).
8. W. M. Court-Brown, Brit. J. Radiol. 28, 325 (1955).
9. W. M. Court-Brown, and R. Doll, Leukaemia and Aplastic Anaemia in Patients Irradiated for Ankylosing Spondylitis, M.R.C. Special Report Series, No. 295. London: Her Majesty's Stationery Office, 1957.
10. M. M. Elkind, in: Fundamental Aspects of Radiosensitivity. Brookhaven Symposia in Biology No. 14, p. 220. 1961.
11. M. M. Elkind, and H. Sutton, Radiat. Res. 13, 556 (1960).
12. G. Failla, and P. McClement, Amer. J. Roentgenol. 78, 946 (1957)
13. J. F. Fowler, and J. M. Lawrey, Brit. J. Radiol. 33, 382 (1960).
14. J. Garcia, and D. J. Kimeldorf, Nature 185, 261 (1960).
15. J. Garcia, D. J. Kimeldorf, and E. L. Hunt, Brit. J. Radiol. 30, 318 (1957).
16. H. B. Gerstner, Ann. Rev. Med. 11, 289 (1960).

17. N. I. Grashchenkov, in : Response of the Nervous System to Ionizing Radiation, edited by T. J. Haley and R. S. Snider, p. 297. New York: Academic Press, 1962.
18. R. J. Hasterlik, and L. D. Marinelly, in : Peaceful Uses of Atomic Energy, Vol. 11, p. 25. New York; United Nations, 1956.
19. J. B. Healy, Brit. J. Radiol. 33, 512 (1960).
20. J. W. Howland, M. Ingram, H. Mermagen, and C. L. Hansen, in: Diagnosis and Treatment of Acute Radiation Injury, p. 11. Geneva: World Health Organisation, 1961.
21. E. V. Hulse, Brit. J. Exper. Path. 38, 498 (1957).
22. J. B. Hursh, G. W. Casarett, A. L. Carsten, T. R. Noonan, S. M. Michaelson, J. W. Howland, and H. A. Blair, in : Peaceful Uses of Atomic Energy, Vol. 22, p. 178. Geneva : United Nations, 1958.
23. H. P. Jammet, in : Diagnosis and Treatment of Acute Radiation Injury, p. 83. Geneva: World Health Organisation, 1961.
24. H B. Jones, Kaiser Fdn. Med. Bull. 4, 329 (1956).
25. W. H. Langham, Astronaut. Sci. Rev. 2, 9 (1960).
26. B. Larsson, and B. A. Kihlman, Int. J. Radiat. Biol. 2, 8 (1960).
27. L. I. Malis, R. Loevinger, L. Kruger, and J. E. Rose, Science 126, 302 (1957).
28. G. Mathé, Rev. Hémat. 15, 3 (1960).
29. S. M. Michaelson, and L. T. Odland, Radiat. Res. 16, 281 (1962).
30. D. S. Miller, in : Response of the Nervous System to Ionizing Radiation, edited by T. J. Haley and R. S. Snider, p. 513. New York: Academic Press, 1962.
31. R. H. Mole, Brit. J. Radiol. 30, 40 (1957).
32. G. J. Neary, Nature (London) 187, 10 (1960).
33. G. J. Neary, and J. R. K. Savage, Int. J. Radiat. Biol. (in press).
34. G. J. Neary, J. R. K. Savage, H. J. Evans, and G. Whittle, Int. J. Radiat. Biol. 6, 127 (1963).
35. H. E. Newell, and J. E. Naugle, Science 132, 1465 (1959).
36. Recommendations of the International Commission on Radiological Protection. Brit. J. Radiol., Suppl. 6, 1955.
37. Recommendations of the International Commission on Radiological Protection. London; Pergamon Press Ltd., 1959.
38. Report of the United Nations Scientific Committee on the Effects of Atomic Radiation, p. 144. New York: United Nations, 1962.
39. G. A. Sacher, in : Radiation Biology and Medicine, edited by W. D. Claus, p. 283. Reading, Massachusetts : Addison-Wesley Publishing Co., 1958.
40. H. J. Schaefer, Adv. Space Sci. 1, 267 (1959).
41. N. R. Shulman, E. P. Cronkite, V. P. Bond, C. L. Dunham, and R. A. Conrad, in : Some Effects of Ionizing Radiation on Human Beings, edited by E. P. Cronkite, V. P. Bond and C. L. Dunham, p. 13. Washington; United States Atomic Energy Commission, 1956.
42. W. R. Stahl, in : Response of the Nervous System to Ionizing Radiation, edited by T. J. Haley and R. S. Snider, p. 469. New York: Academic Press, 1962.
43. B. A. Stoll, Brit. Med. J. ii, 507 (1962).

44. J.B.Storer, Radiat. Res.10, 180 (1959).
45. C.A. Tobias, and T.Brustad, in: Physics and Medicine of the Atmosphere and Space, edited by O.O. Benson and H. Strughold, p. 193. New York; John Wiley & Sons, Inc., 1960.
46. A.C. Upon, Gerontologia (Basel) 4, 162 (1960).
47. J.A.Van Allen, Radiat. Res. 14, 540 (1961).
48. H. H. Vogel, Jr., D.L. Jordan, and S. Lesher, in : Radiation Biology, edited by J.H. Martin. London : Butterworths Scientific Publications.
49. J.R.Winckler, Radiat. Res. 14, 521 (1961).
50. W.Zeman, H.J. Curtis, E.L. Gebhard, and W. Haymaker, Science 130, 1760 (1959).

Discussion

Graul: What is the basic information of your given figures as to the relation between LET and RBE ? You have given in the last column of your table (slide) RBE figures of 10-20. In my opinion these figures are too high for whole body irradiation. We have made observations on 14 MeV neutron irradiation, and we found RBE values to be in the order of 1-2.

Neary: The table referred to RBE as a function of linear energy transfer. And, of course, 14 MeV neutrons do not have a very high linear energy transfer. Also, the table is a conventional table referring to permissible doses, that is very small doses. In most experimental work, one has to give large doses, and we know that the RBE is a function of dose level - in general it decreases as the dose increases. I think this is the answer, essentially, to the contradiction between your observations and these conventional figures.

Langham: You quote the application of 5 rem per year or 25 rem emergency dose. Since dose drops rapidly with depth in the body, what do you consider the critical organ or depth to which to apply the dose, the skin, the bone marrow or the midline of the body ?

Neary : The ICRP figures on whole body exposure are based on the assumption that there is an essentially uniform irradiation of the whole body. The critical tissue is primarily the bone marrow. With regard to your question, I think we have not immediately available any conventional values. It is a subject for further experiments, and I think there is room for differences of opinion as to what the best value would be. In fact, we do know that the high energy protons in space have a large range, and one would have something approaching a uniform whole body irradiation unless one had done something about shielding.

Graul : In my opinion the genetic problem is not a big one from a practical point of view. For example : You have a thin down hit in the testis, and a few spermatozone are damaged. The chance that these spermatozo will come to fertilization is about the same as winning one million dollars in Monte Carlo.

Neary : I would agree.

Rose : I would like to make a plea for reasonable maximal radiation doses. 25-35 rem for the present flights of a few astronauts is too low. The astronaut should be asked to take 100 rad or more. If needed he should take medication against nausea. For the few present astronauts genetic considerations are not the same as for large populations. On a flight to the Moon an astronaut takes greater risks from malfunctions on any booster rocket than from 100 rad.

Neary : I have no comment on this.

Langham: I would comment on the previous question to say that 25 rem is much too low a figure to impose on the space program at this stage of the program. Protection guides in early phases of space flight should be much more relaxed than those applied to the nuclear energy industry. The space flight field should set up its own protection guides weighing the radiation risk against the risks of the rest of the system. Adding unwarranted shielding may actually compromize the reliability of the rest of the system and result in greater hazard to the astronaut than even 100 rem of radiation.

Flickinger : In analyzing all the risks involved in your control system, your landing maneuvers and everything else for even a lunar mission, one could attempt to take care of the 20 per cent of major solar flares which you could not predict by adding, let us say, 1.500 to 1.800 pounds of lead. However, if instead of doing that one puts this weight into reliable componentry I think that you would immeasurably add to the total safety of the astronaut.

Neary: I can see the force of these comments. I merely think it is important that we should not come to accept some higher irradiation levels for people who go into space than for those who stay on the Earth. We obviously recognize that there are other considerations, and these ICRP figures have only been offered as a guide. Each country has its own special problems, so I agree that there are various factors which have to be taken into account at the present time.

НЕКОТОРЫЕ ПРИНЦИПЫ ФОРМИРОВАНИЯ ИСКУССТВЕННОЙ СРЕДЫ ОБИТАНИЯ В КАБИНАХ КОСМИЧЕСКИХ КОРАБЛЕЙ

А.М.Генин, О.Г.Газенко и Н.П.Сергеев
Академия Наук СССР, Москва, СССР

(1 Рис.)

Аннотации

1. Проблема искусственного формирования среды обитания человека не является принципиально новой. Эта проблема решалась и решается в настоящее время применительно к жилым и производственным помещениям, средствам транспорта, фортификационным сооружениям, кабинам аэростатов и самолетов, подводным лодкам и т.д.

Применительно к кабинам космических кораблей проблема формирования среды обитания имеет свои существенные особенности, которые определяются специфическими условиями космического полета. Большое значение имеют следующие факторы: отсутсвие во внешней среде материалов и веществ, которые могли бы быть использованы для формирования искусственной среды кабины космического корабля; непрерывное пребывание человека в искусственной среде кабины в течение длительного времени; ограничение внешней информации, монотонность обстановки и сокращение сферы деятельности человека; строгое лимитирование энергопотребления, веса и габаритов кабины и всех ее элементов; практическая невозможность полной защиты от некоторых факторов космического полета (первичная космическая радиация и др.).

2. Специфические условия космического полета требуют известного компромисса между требованием создания комфортных условий для членов экипажа и техническими возможностями их осуществления. На современном этапе развития космонавтики вряд ли уместно определение жестких границ допустимых колебаний параметров искусстеннoй среды безотносительно к разрабатываемому космическому кораблю. Возникает необходимость в позитивном нормировании, тесно сочетающемся с разработкой мероприятий, повышающих устойчивость человека к неблагоприятному действию некоторых факторов полета, с отбором и тренировкой космонавтов. Тем не менее некоторые принципы нормирования, хотя бы в наиболее общем виде, уже сейчас должны быть сформулированы.

3. Решающим условием поддержания оптимальной искусственной среды в кабинах космических кораблей является эффективность примененных систем регенерации и кондиционирование воздуха, питания и водообеспечения. Приводятся возможные принципиальные схемы систем жизненного обеспечения, основанных на физических, химических и биологических процессах. Дается их сравнительная оценка.

Some Principles of the Formation of Artificial Environments in Manned Space Ships. I. The problem of creating an artificial environment suitable for man is not altogether new. This problem has been, and is now being, solved in connextion with housing and industrial promises, means of transport, defensive installations, the cabins of balloons and aeroplanes, submarines, and so on.

As far as space capsules are concerned, the problem of creating a tolerable environment has its own specific features which are determined by the conditions preculiar to space flight. The following are of great importance: The fact that there are no materials or substances in the external surroundings which could be used to form an artificial environment in the space capsule; man's continuous occupation of the capsule's artificial environment for a lengthy period; the strict limitations on power supplies, weight and dimensions of the cabin and all its parts; the practical impossibility of securing complete protection from certain cosmic flight factors (primary cosmic radiation, etc.).

2. The conditions peculiar to space travel impose a certain degree of compromise between the need to create a comfortable environment for members of the crew and the technical possibilities of achieving it. At the present stage of astronautical development, it is hardly appropriate to draw up strict limits for permissible variations in the parameters of the artificial environment, irrespective of the kind of space ship that has been evolved. The need is beginning to be felt to establish positive standards, closely co-ordinated with the preparation of measures to increase man's resistance to the effects of certain flight factors, and with the selection and training of cosmonauts. However, certain principles of standardization, even though framed in the most general terms, should be laid down immediately.

3. The efficiency of the systems used to regenerate and condition supplies of air, food and water, is the decisive factor in maintaining optimum conditions in the artificial evironment of the space capsule. The paper describes in broad outline theoretically feasible systems for preserving human life, on the basis of physical, chemical and biological processes, and makes a comparative appraisal of them.

Quelques principes appliqués à la création de milieux artificiels dans les capsules spatiales. 1. Le problème de la formation artificielle d'un milieu ambiant approprié à l'homme n'est pas nouveau. Il a été résolu, ou est en cours de résolution en ce qui concerne les édifices de production et d'habitation; les moyens de transport, les ouvrages fortifiés, les cabines des aérostats, des avions, des sous-marins etc...

Pour ce qui concerne les cabines des vaisseaux cosmiques, ce problème a des caractéres particuliers, essentiels, déterminés par les conditions spécifiques du vol cosmique. Les facteurs suivants ont une grande importance : L'absence, dans le milieu externe, de matériaux et de substances utilisables pour la formation d'un milieu artificiel dans la cabine du vaisseau cosmique; le séjour ininterrompu de l'homme dans le milieu artificiel de la cabine pendant un laps de temps prolongé; le manque d'informations extérieures, la monotonie du milieu et la réduction du champ d'action de l'homme; la rigoureuse limitation du poids et du gabarit de la cabine et de tous ses éléments, et de la consommation d'énergie; l'impossibilité pratique de défense intégrale contre certains facteurs du vol cosmique (radiation cosmique primaire et les autres).

2. Les conditions spécifiques du vol cosmique nécessitent un certain compromis entre la nécessité de créer des conditions de confort pour les membres de l'équipage et les possibilités techniques de leur réalisation. Au stade actuel de l'évolution de l'astronautique il semble peu probant de déterminer des limites rigoureuses aux variations tolérées des paramètres du milieu artificiel, sans tenir compte de la totale utilisation du vaisseau cosmique. Il devient nécessaire d'établir des normes étroitement liées avec le perfectionnement des mesures devant augmenter la stabilité de l'homme envers une action défavorable des facteurs du vol, et avec le choix et l'entrainement des cosmonautes. Malgré leur aspect très général, quelques principes pour l'établissement des normes doivent être formulés dès à présent.

3. L'efficacité des systèmes mis en oeuvre pour la régénération et le conditionnement de l'air, de la nourriture et des besoins en eau est le facteur décisif pour maintenir des conditions optima dans le milieu artificiel de la cabine du vaisseau cosmique. On cite les schémas de principe de systèmes possibles de garantie de la vie humaine basée sur les processus biologique, chimique et physique, et on en donne une estimation comparée.

Проблема искусственного формирования среды обитания человека на является принципиально новой. Эта проблема решалась и решается в настоящее время применительно к жилым и производственным помещениям, средствам транспорта, фортификационным сооружениям, кабинам аэростатов, подводным лодкам и т.д.

Однако, применительно к кабинам космических кораблей эта проблема имеет свои существенные особенности, которые определяются специфическими условиями космического полета. К числу этих особенностей, имеющих наибольшее значение, относятся:

— отсутсвие во внешнем пространстве материалов и веществ, которые могли бы быть использованы для формирования искусственной среды кабин космических кораблей;

— непрерывное пребывание человека в искусственной среде кабины в течение длительного срока (вплоть до нескольких лет);

— необходимость строгой экономии в энергопотреблении, весе и габаритах кабины и всех ее элементов;

— ограничение возможности ремонта оборудования кабины и замены агрегатов;

— невозможность на некоторых участках полета аварийного покидания космического корабля или экстранного возвращения на Землю;

— практическая невозможность полной защиты от некоторых неблагоприятных факторов космического полета (первичная космическая радиация, невесомость или значительные угловые скорости при создании искусственной гравитации);

– ограничение внешней информации, монотонность обстановки и сокращение сферы целенаправленной и осмысленной деятельности человека.

Специфика космического полета требует известного компромиса между стремлением к созданию оптимальных условий для членов экипажа и техническими возможностями их осуществления. Поэтому на современном этапе развития космонавтики вряд ли уместно определение жестких границ допустимых колебаний параметров искусственной среды безотносительно к конкретному космическому кораблю и программе полета. Ортодоксальная формулировка нормативов может сказаться столь же вредной для развития космоплавания, как пренебрежение всякими нормами. Необходим позитивный пластичный подход, сочетающий нормирование с разработкой методов и средств повышения устойчивости человека к неблагоприятным факторам полета и искусственной среды кабины космического корабля, а также с медицинским отбором и специальной тренировкой космонавтов.

Вследствие этого нормирование параметров искусственной среды космических кораблей может быть в настоящее время лишь ориентировочным и в значительной мере привязанным к техническим возможностям конкретного объекта.

Примером такого подхода к нормированию может служить построение искусственной атмосферы в советском проекте "Восток" и американском – "Меркурий".

Сопоставление параметров искусственной атмосферы первых обитаемых космических кораблей отражает различную степень отклонения от комфортных условий, обусловленную техническими возможностями ракетных систем, характером полета и схемой посторения систем жизненного обеспечения космонавтов.

В то же время необходимо иметь в виду то обстоятельство, что увеличение продолжительности космического полета потребует более строгого подхода к определению параметров среды и более точного учета всего того, что вносит сам космонавт в искусственную среду герметической кабины. Если формулировка конкретных цифр по каждому параметру является в настоящее время преждевременной, то необходимость определения принципов и критериев нормирования уже назрела.

Наиболее простым решением вопроса было бы копирование в условиях космического полета естественной среды земного существования человека с возможностью использования тех ее отклонений от средних цифр, с которыми сталкивается человек на Земле. Однако такой подход к формированию искусственной среды вряд ли можно считать оправданным.

Во-первых, как об этом уже говорилось, космические полеты ближайшего будущего неизбежно связаны с воздействием специфических факторов, с которыми человек практически не сталкивается в условиях наземного существования. Это изменение гравитационного поля, изоляция, космическая радиация. Очевидно проще всего можно было бы воспроизвести земной состав атмосферы, ее давление и температуру. Однако и здесь можно столкнуться с известными трудностями. Особенно в отношении концентрации углекислого газа и вредных примесей.

Во-вторых, естественные колебания физических свойств земной атмосферы далеко не всегда могут быть приемлемыми для кабины космического корабля (высокая и низкая температура, пониженное давление в высокогорье и т.д.), т.к. требуют специальных средств защиты.

В-третьих, копирование земной атмосферы неоправдано ограничивает возможности вариаций, которые могут оказаться целесообразными с технической точки зрения и с точки зрения защиты человека в аварийной обстановке.

Вследствие этого более рациональным представляется путь изыскания физиологических критериев нормирования искусственной среды, хотя и на этом пути встают известные трудности и противоречия.

Следует признать справедливым мнение Шефер (1), высказанное в отношении критерия нормирования углекислого газа во вдыхаемом воздухе, что условия, требующие длительной адаптации организма, не могут быть признаны удовлетворительными.

Этот критерий может быть, очевидно, также приемлем для определения нижней границы допустимого парциального давления кислорода во вдыхаемом воздухе и допустимых концентраций некоторых вредных примесей. Однако вряд ли этот принцип может быть безоговорочно распространен на определение допустимых границ барометрического давления, температуры, влажности, скорости движения воздуха и некоторые другие факторы.

В отношении этих факторов критерии нормирования должны иметь свои специфические особенности.

Так, например, граница минимального барометрического давления определяется возможностью сохранения нормального парциального давления кислорода, углекислого газа и водяных паров в альвеолярном воздухе (давление, соответствующее высоте 10000м).

Однако, в среде чистого кислорода не исключена возможность нарушения барофунеции среднего уха и придаточных полостей носа, обусловленная быстрым поглощением кислорода окружающими тканями. Кроме того можно предположить возможность ателектаза невентилируемых альвеол легочной ткани, что в свою очередь может явиться причиной патологических расстройств. Нельзя считать также окончательно решенным вопрос о биологической роли физически растворенного азота, особенно в связи с возможностью возникновения высотного дисбаризма.

Непосредственные экспериментальные исследования длительного воздействия на человека низкого барометрического давления (при сохранении земного уровня парциального давления кислорода) проведены в последнее время в Советском Союзе /2,3/ и в США /4/. Эти исследования свидетельствуют о том, что нижняя граница физиологической "нейтральности" пониженного барометрического давления очевидно не лежит существенно выше предела, обусловленного сохранением нормального парциального давления кислорода и углекислоты в альвеолирном воздухе. Тем не менее экспериментальный материал, добытый в этом направлении, еще нельзя считать достаточным. Многократное повторение экспериментов особенно существенно для определения вероятности появления декомпрессионных расстройств и для разработки эффективных защитных мероприятий.

Основным критерием нормирования метеорологических свойств искусственной среды кабин космических кораблей по всей вероятности должны являться теплоощущения человека.

Различный подход к нормированию температуры, давления, газового состава, влажности сводятся по существу к определению степени "нейтральности" искусственной среды для человека, что должно обеспечить его максимальную работоспособность и сохранение здоровия во время полета.

К сожалению ни один из этих критериев не может быть универсально распространен на все параметры, подлежащие нормированию.

Наибольшие трудности связаны с тем обстоятельством, что само по себе длительное и непрерывное пребывание человека в кабине космического корабля, нарушающее установившийся жизненный стереотип, ограничивающее сферу приложения деятельности человека и сокращающее получение внешней информации, не является безразличным "нейтральным" фактором и даже при прочих оптимальных условиях может привести к существенным функциональным сдвигам /5/. В то же время наши возможности оптимального нормирования степени "изолированности" более всего ограничены. В этой связи уместно рассмотрение вопроса об использовании колебаний некоторых параметров искусственной среды для активного стимулирующего воздействия на центральную нервную систему и психическую деятельность человека.

Необходимо также считаться с тем фактом, что завершение космического полета и переход человека из искусственной среды обитания в естественные условия жизни не должен нарушать здоровия и работоспособность космонавта. Период адаптации и степень выраженности адаптационных процессов должны быть при этом минимальные. Кроме того, следует также учитывать возможность появления всевозможных аварийных ситуаций в космическом полете, когда стабильное сохранение оптимальных параметров искусственной среды окажется невозможным, что в свою очередь может потребовать от организма человека высокой устойчивости к значительным отклонениям ряда параметров от оптимума. Эти обстоятельства также выдвигают проблему активной роли искусственной среды в сохранении значительных регуляторных резервов организма. Поэтому уместно рассмотрение вопроса о разумном сочетании принципа нейтральности и принципа активного воздействия на человека условий искусственной среды обитания космических кораблей.

Поддержание относительного постоянства искусственной среды обитания всегда определяется равновесием между скоростью изменений которые вносит в среду человек и скоростью восстановления изменившихся параметров.

В связи с тем, что интенсивность обменных процессов человека не является величиной постоянной и колебается в широком диапазоне необходимо автоматическое регулирование скорости регенерации среды. Наиболее просто этот вопрос решается в отношении элементарной схемы восстановления атмосферы методом вентиляции закрытых помещений газовой смесью постоянного состава. Такая система по существу является саморегулирующейся, т.к. изменения скорости обменных процессов человека приводят к изменениям концентрации компонентов газовой среды, что в свою очередь, при постоянной величине вентиляции, вызывает однозначные изменения скорости удаления продуктов метаболизма и восстановления состава атмосферы. Правда, при этом изменяются уровни концентрации компонентов газовой среды, однако при соблюдении известного неравенства Пентенкофера эти изменения не могут иметь существенного значения.*

Данная зависимость остается справедливой и для регенерационных систем, в которых скорость поглощения продуктов метаболизма находится в прямой зависимости от их концентрации в воздухе помещения, и скорость восстановления кислорода таким же образом зависит от его дефецита. По отношению к продуктам метаболизма (углекислый газ, влага, аммиак, углекислороды и т.д.) эта зависимость реально сохраняется при применении разнообразных систем их удаления, в которых скорость процессов в рабочем пределе лимитируется только концентрацией удаляемых веществ. В других случаях необходимо введение специальной системы регулирования скорости восстановления искусственной атмосферы в зависимости от интенсивности и характера метаболизма человека.

Это обстоятельство имеет немаловажное значение в выборе наиболее рациональной схемы поддержания постоянства искусственной среды в кабинах космических кораблей, так как введение дополнительных регулируемых устройств неизбежно отражается на надежности, весе и габаритах систем жизненного обеспечения.

Решение вопроса о рациональном построении систем жизненного обеспечения прежде всего зависит от продолжительности полета. При увеличении продолжительности полета все более рациональным становится введение циклов регенерации различных расходуемых компонентов из продуктов жизнедеятельности человека, или восстановление отработанных собрентов.

В настоящее время можно считать реально осуществимы схемы систем жизненного обеспечения включающие регенерацию сорбентов водяных паров и углекислого газа, регенерацию воды, кислорода и частичное или полное восстановление пищевых продуктов. Сравнительная оценка эффективности применения той или иной схемы при равной степени ее надежности и равном удовлетворении физиологическим требованиям, может быть дана на основании сравнения стартового веса, необходимого для обеспечения полета данной продолжительности. Ясно, что введение дополнительного регенерационного цикла становится целесообразным, если стартовый вес корабля с регенерационными установками будет значительно меньшим, чем стартовый вес корабля до введения регенерационных циклов. Это может быть легко подсчитано.**

* - $V > \frac{a}{c - C_o}$ где V - скорость вентиляции, a - скорость выделения человеком продуктов метаболизма, c - предельно допустимая коцентрация данных продуктов в воздухе кабины, а C_o - концентрация данных продуктов в вентилируемом воздухе.

Естественно, что кратковременные космические полеты, длительность до 10-15 суток более целесообразно обеспечивать запасами кислорода, сорбентов углекислого газа и вредных примесей, воды и продуктов питания, не применяя регенерационных циклов. Вследствие этого, системы жизненного обеспечения кораблей-спутников "Восток" были целиком построены на запасах. Применение запасов кислорода в виде высокоактивных химических соединений, из которых он легко извлекался без дополнительных энергетических затрат, а также использование этих же соединений для поглощения углекислого газа, частичного поглощения влаги и вредных примесей, обеспечило высокую надежность системы и ее весовое преимущество по сравнению с другими известными в настоящее время способами создания запасов кислорода и сорбентов.

Регенерация состава воздуха, поглощение углекислого газа и паров воды с выделением соответствующего количества кислорода осуществлялось автоматически.

При уменьшении количества кислорода в атмосфере кабины специальные датчики подавали сигнал по которому исполнительный механизм изменял режим работы регенератора.

При избыточном давлении кислорода также происходило автоматическое срабатывание специального исполнительного механизма приводящего к уменьшению выделения кислорода в атмосферу кабины.

Задача регулирования концентрации кислорода оказалась технически легко выполнимой без существенного увеличения веса системы и, что самое главное, без снижения ее надежности.

Система регулирования температуры воздуха в кабине кораблей-спутников "Восток" была основана на применении радиационного излучателя тепла, связанного с герметической кабиной при помощи жидкостного контура. Эта система не требовала расхода вещества, как например, при применении испарительных теплообменников, и представляла широкие возможности для автоматического и ручного регулирования. Эффективность теплорегулирования повышалась возможностью изменения скорости вентиляции скафандра, имеющего значительный теплоизоляционный слой. Вследствие этого комфортные теплоощущения могли быть сохранены космонавтом даже при значительных колебаниях температуры воздуха и ограждений кабины.

На космических кораблях "Восток" был применен безмасочный скафандр вентиляционного типа. Скафандр состоял из трех оболочек, каждая из которых была выполнена в виде комбинезона. Внешняя оболочка воспринимала нагрузки возникающие при создании избыточного давления в скафандре. Под ней находилась герметическая оболочка и теплоизолирующий костюм с вентиляционной системой. Шлем скафандра имел поднимающееся переднее стекло — "забрало", которое открывалось ко-

**Введение дополнительного регенерационного цикла становится целесообразным, если $T > P_2 - P_1 / a_1 - a_2$ где T расчетное время полета, - вес оборудования до введения дополнительного регенерационного цикла, P_2 - вес оборудования после введения системы регенерации, a_1 и a_2 - скорость расходования запасов до и после введения регенерационного цикла.

смонавтом вручную и закрывалось как вручную, так и автоматически, если давление или газовый состав воздуха в кабине выходили за пределы допустимых норм.

В нормальном полете вентиляция скафандра осуществлялась воздухом кабины при помощи вентиляторов. В случае падения давления в кабине шлем скафандра автоматически закрывался и включалась система аварийной вентиляции. При этом из баллонов в корпус скафандра подается воздух, а в шлем кислородно-воздушная смесь или частый кислород в зависимости от барометрического давления в кабине. Необходимое абсолютное давление поддерживалось в скафандре при помощи специальных регуляторов.

В случае приводнения скафандр поддерживает космонавта в положении лежа на спине. Теплоизоляция скафандра и герметичность его таковы, что допускают пребывание в ледяной воде (с температурой 0°C) в течение 12 часов без неприятных ощущений.

Простота, надежность и экономичность систем жизненного обеспечения кораблей-спутников "Восток" позволила советским космонавтам совершить рекордные по продолжительности полеты при оптимальных условиях, стабильно поддерживающихся в искусственной атмосфере кабины. Подтверждением этому могут служить данные, характеризующие искусственную атмосферу герметических кабин корабля-спутника "Восток-3" (см. рис.1).

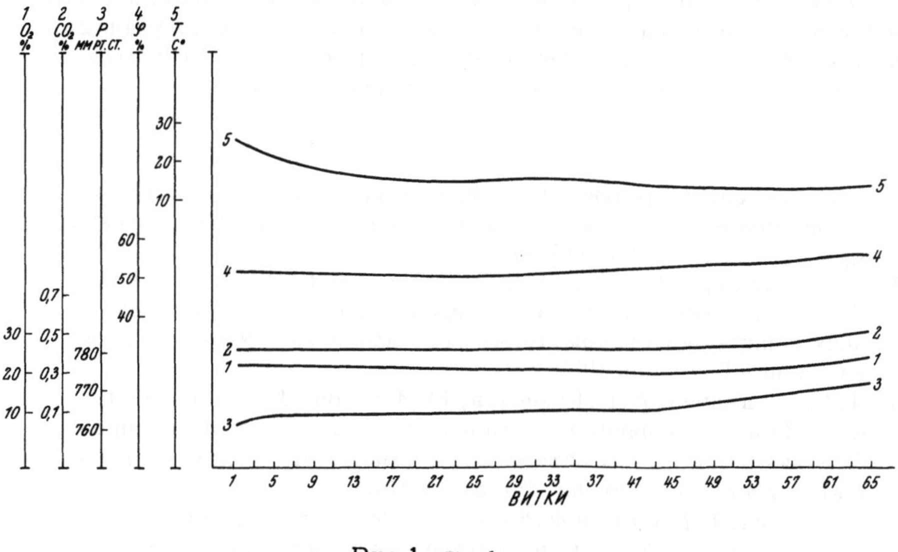

Рис.1 - Fig. 1

Из графика следует, что система кондиционирования воздуха установленная на космическом корабле "Восток", при сравнительно малом весе и габаритах, обеспечивала поглощение углекислого газа, избытка влаги и вредных примесей выделяемых человеком, поддерживала определенную влажность и температуру воздуха и выделяла необходимое количество кислорода. Расчетное время системы кондиционирования корабля "Восток" составляло 12 суток. Система работала автоматически. Однако в ней было предусмотрено ручное управление позволяющее регулировать по усмотрению космонавта некоторые параметры микроклимата герметической кабины, что в значительной степени повышало надежность ее работы.

В связи с тем, что перспективы дальнейшего развития космонавтики связаны с увеличением времени полета, использование запасов кислорода, воды и пищи окажется нерациональным даже при наиболее экономичных методах хранения и использования этих запасов.

При полетах средней продолжительности наиболее перспективными нам представляются системы, включающие цикл регенерации воды. Регенерация кислорода из углекислого газа и метаболической воды представляет значительные технические трудности, хотя принципиально этот вопрос имеет множество решений (фотолиз, катализ, электролиз). Введение цикла регенерации кислорода может оказаться весьма эффективным и сделать возможным совершение полетов большой продолжительности. Однако автономное существование человека в космическом корабле при полетах неопределенной продолжительности может быть достигнуто лишь при условии регенерации всех компонентов искусственной среды, включая регенерацию пищевых продуктов.

Реальная возможность осуществления такого замкнутого экологического цикла на борту космического корабля в настоящее время заключается, по всей вероятности, лишь в использовании естественного фотосинтеза зеленых растений. Интенсивные исследования, которые ведутся в этом направлении во многих странах мира, и полученные в настоящее время экспериментальные данные позволяют надеятся на успешное решение этой проблемы в недалеком будущем.

Литература

1. К.Е.Шефер, Длительное воздействие углекислоты и концепция о трех пределах ее переносимости. Авиационная и космическая медицина 32, 197-204 (1961).
2. Д.И.Иванов, В.Б.Малкин, В.А.Попков, И.Н.Черняков и Е.О. Попова, Влияние на человека длительного пребывания в условиях пониженного барометрического давления и относительной изоляции. Рукопись 1959 г.
3. Н.А.Агаджанян, А.Г.Кузнецов, Ю.И.Бизин, Г.П.Доронин и Е.А.Ильин, О влиянии на организм человека длительного пребывания в замкнутом объеме при нормальном и пониженном барометрическом давлении. Рукопись 1963 г.
4. Б.Е.Велч, Т.Морган и Ф.Ульведал, Результаты наблюдения за двумя обследуемыми, находящимися в имитаторе кабины космического корабля. Расчеты снаряжения. Авиационная и космическая медицина 32,583-590 (1961).
5. Н.А.Агаджанян и А.Г.Кузнецов, Функции организма в условиях относительной адинамии и изоляции. Тезисы доклада. Научная сессия, посвященная 5-й годовщине запуска 1-го искусственного спутника Земли. АН СССР. Отделение биологических наук.

SOME PRINCIPLES OF THE FORMATION OF ARTIFICIAL ENVIRONMENTS IN MANNED SPACE SHIPS

A. M. Genin, O. G. Gazenko, and N. P. Sergeyev
U. S. S. R. Academy of Sciences, Moscow, U. S. S. R.

(With 1 Figure)

The problem of forming an artificial environment for man is not new in principle. It has been and is being solved in residential buildings, production areas, transportation media, fortifications, aircraft and balloon cabins, submarines, etc.

However, in space ship capsules this problem has some essential peculiarities. The following are the most important :

the absence of materials and substances in outer space which can be used for the formation of an artificial medium in space capsules;

man's continuous occupation of the cabin's artificial medium during a prolonged period of time (up to several years);

the necessity for rigid enonomy in power consumption, weight, and size of the cabin and all its elements;

limitations on the possibility of repairing the capsule equipment and replacing units;

the impossibility at some stages of flight of emergency evacuation of the capsule or return to Earth;

the practical impossibility of complete protection from some unfavorable space flight factors (primary cosmic radiation, weightlessness, or considerable angular velocities with the creation of an artificial gravity);

the limitation of external stimulation, the monotony of the situation, and a reduction of the sphere of man's purposeful activity;

The uniqueness of space flight requires a compromise between a desire to create optimum comfort conditions for the crew and technical capabilities to do this. Therefore, at the contemporary stage of the development of astronautics it is impossible to set rigid boundaries to permissible variations of artificial environment parameters, without regard to the individual space ship and flight program. The orthodox formulation of norms can turn out to be as harmful for the development of astronautics as disregard of all norms. It is necessary to ensure a positive approach which will combine the formulation of norms with the development of methods and means of increasing man's resistance to unfavourable factors of flight and the artificial media of space ship capsules, as well as with medical selection and special training of space pilots.

Due to this, the formulation of artificial environment parameters in space ship cabins at this time can be only tentative and to a considerable degree dependent on actual technical capabilities.

As an example of such approach we can take the creation of an artificial atmosphere in the Soviet "Vostok" and the American "Mercury" projects.

A comparison of artificial atmosphere parameters in the first manned space ships reflects different deviations from conditions of comfort due to the technical capabilities of the rocket systems employed, the character of flight, and the design of life support systems.

At the same time it is necessary to take into account that an increase of space flight duration will require a more rigid approach to determine the parameters of the environment and a more precise calculation of everything that a space pilot himself introduces into the artificial medium of the sealed cabin. If the formulation of concrete figures for each parameter is now premature, the necessity of determining the principles and criteria of the formulation of norms is already with us.

The simplest solution of the problem would be the imitation (under space flight conditions) of the natural environment endured by man on Earth with the possibility of using those deviations from average figures which man meets on Earth. However, such an approach to the formation of an artificial medium can hardly be considered as justifiable.

Firstly, as was already said, space flights of the near future are connected with the effect of specific factors which man does not meet under conditions of his terrestrial existence. The gravitational field variation, isolation and cosmic radiation are among such factors. Apparently the simplest way would be the reproduction of the composition, pressure and temperature of the Earth's atmosphere. However, here we also can meet some difficulties, especially where carbon dioxide concentration and harmful admixtures are concerned.

Secondly, natural variations of the physical properties of the Earth's atmosphere are not always acceptable for a space ship cabin (high and low temperatures, decreased pressure in high mountains, etc.), since they require special means of protection.

Thirdly, imitation of the Earth's atmosphere limits the possibility of variations which can be rational from the technical point of view and from the point of view of protecting man in an emergency situation.

For this reason the most rational approach is to find physiological criteria for establishing an artificial environment, though some difficulties and contradictions exist here too.

According to Schaefer's (1) well-taken point concerning the tolerance to CO_2 in inhaled air, any conditions which require prolonged adaptation of the organism cannot be regarded as satisfactory.

This criterion of course can probably be applied to determine the lower limit of permissible oxygen pressure in inhaled air and permissible concentrations of some harmful admixtures. However, this principle cannot be extended without reservations to determine permissible limits of barometric pressure, temperature, humidity, velocity of the air movement and some other factors.

Criteria for these factors should have some specific peculiarities.

For instance, the minimum barometric pressure limit is determined by the possibility of maintaining the normal partial pressure of oxygen, CO_2 and water vapour in the alveolar air (the pressure corresponding to a height of 10,000 meters).

However, in a medium of pure oxygen pathological changes may occur in the middle ear and accessory sinuses of the nose through the rapid absorption of oxygen by the tissues. Furthermore, there is the possibility of atelectasis of poorly ventilated alveoli of the pulmonary tissue, which in its turn can be a cause of pathological disorders. The question of the biological role of physically dissolved nitrogen cannot be considered as finally settled, especially in connection with the appearance of high-altitude dysbarism.

Direct experimental investigations of the prolonged effect of low barometric pressure on man (with the maintenance of the terrestrial level of oxygen partial pressure) have been recently conducted in the Soviet Union (2, 3), and in the USA (4). These investigations have shown that the lower limit of physiological "neutrality" with decreased barometric pressure apparently does not exceed considerably the limit caused by the maintenance of the normal partial pressure of oxygen and carbon dioxide in the alveolar air. Nevertheless experimental material obtained to this effect cannot be considered as sufficient. Multiple repetition of experiments is especially essential for exploring the possibility of the appearance of decompression disorders and for the development of effective protective measures.

Man's thermal sensations should probably be the main criterion of the meteorological properties of space ship artificial environments.

A different approach for determining the temperature, pressure, gas content, and humidity boils down essentially to the establishment of the degree of "neutrality" of an artificial medium for man. This should ensure his maximum performance (working ability) and preservation of health during flight.

Unfortunately, no single criterion can be universally extended to all parameters subjected to normalization.

The main difficulties are due to the fact that a man's prolonged and continuous stay in the space ship capsule - which violetes the conventional stereotype of life, limits the range of his activity, and reduces the obtaining of outer information - is not an indifferent "neutral" factor, and even under other optimum conditions can lead to considerable functional changes (5). At the same time our capability to determine the optimum degree of "isolation" are limited most of all. In this connection it is necessary to consider possibly varying some parameters of artificial environments to achieve an active stimulation effect on man's central nervous system and psychic activity.

It is also necessary to take into account the fact that the completion of a space flight and the transition of a space man from an artificial medium to natural conditions should not disrupt his health and performance. The adaptation period and the intensity of adaptive processes should be minimal. Besides, one should take into account the possibility of various emergency situations arising in space flight when the stable maintenance of optimum parameters of artificial environments will be impossible, in its turn possibly requiring a high resistance of the human organism to considerable deviations from the optimum of a number of parameters. These circumstances also point to the problem of an artificial medium's active role in the maintenance of considerable regulatory reserves of the organism. It is therefore desirable to consider rationally combining the neutrality principle with the principle of active influence when postulating artificial environment conditions in space ships.

Maintaining a relatively constant artificial environment is always dependent on an equilibrium between the velocity of changes which man introduces into the environment, and the velocity of the recovery of changed parameters.

Since the intensity of metabolic processes in the human organism is not a constant value but varies widely, an automatic control of the regeneration velocity of the environment is necessary. As to the elementary scheme of the recovery of the atmosphere, this problem is solved simply by the ventilation method of closed rooms by means of a gas mixture of constant composition. Such a system is essentially self-regulating, since changes in the velocity of a man's metabolic processes lead to changes in the concentration of the components of a gas medium. These in turn, given a constant volume of ventilation, cause unique changes in the velocities of the removal of metabolic products and the regeneration of a desirable atmospheric composition. Concentration levels of the components of a gas medium vary. However, by observing Petencoffer's inequality * these changes are not significant.

This dependence also remains true for recovery systems in which the velocity of metabolic product absorption is a direct function of product concentration in the air of the room and, thus, the oxygen recovery velocity depends on its deficiency. Concerning the products of metabolism (carbin dioxide, humidity, ammonia, hydrocarbons etc.), this dependence can be realistically maintained with the use of various removal system for controlling the velocity of artificial atmosphere regeneration depending on the intensity and character of a man's metabolism.

This circumstance is very important for choosing the most rational scheme of maintaining a constant artificial medium in space ship cabins, since the introduction of additional regulatory devices inevitably affects the reliability, weight, and dimensions of life support systems.

Solving the problem of a rational design for life support systems first of all depends on the duration of flight. With increased flight duration the introduction of regeneration cycles for various waste products of man's physiological functions or the recovery of exhausted sorbents becomes more rational.

At present we can outline realistically designs for life support systems which include water vapour and carbon dioxide sorbents, water and oxygen recovery, and partial or complete recovery of food-stuffs. A comparative estimate of the efficiency of any one type of recovery design (assuming equal reliability and equal satisfaction of physical requirements) can be given ** on the basis of a comparison of the launching weight

---

* $V > \frac{a}{c - Co}$ where V is the ventilation velocity, a is the velocity of the removal of the man's metabolic products, c is the admissible limit of concentration of these products in the air of the cabin, Co is the concentration of these products in the ventilated air.

** The introduction of an additional regeneration cycle becomes rational, if $T \; \frac{P_2 - P_1}{a_1 - a_2}$, where T is calculated time of flight, P_1 is the weight of equipment before introduction of an additional regeneration cycle, P_2 is the weight of equipment after the introduction of the recovery system, a_1 and a_2 represent the velocity of the consumption of expendable supplies before and after the introduction of the regeneration cycle.

of the ship having expendable supplies and equiment but without regeneration equipment. This can be easily calculated.

It is natural that during short term space missions (10 - 15 days) oxygen, sorbents of carbon dioxide and harmful admixtures, and food-stuffs should be provided as expendable stores, without the use of recovery cycles. Thus, the life support systems of the satellite vehicles in the "Vostok" series were fully built on such stores. High reliability was obtained by the use of highly-active chemical sompounds from which oxygen was easily extracted without additional power consomption, and by the use of the same compounds for absorption of carbon dioxide and partial absorption of moisture and harmful admixtures. This had a great weight advantage as compared with other methods of creating stores of oxygen and sorbents known at present.

Regeneration of the air, consisting of absorption of carbon dioxide and water vapour with the production of a corresponding quantitiy of oxygen was performed automatically.

With a decrease of the oxygen content in the cabin's atmosphere special sensors triggered a mechanism which changed the regenerator's activity level.

Excessive oxygen pressure also triggered a special mechanism which lowered oxygen production in the atmosphere of the cabin.

Controlling the oxygen concentration turned to be an easy task technically, and it did not lead to a considerable increase in the weight of the system. Most important, it did not decrease the reliability.

The system of air temperature control in the Vostok cabins was based on the use of a heat radiator connected with the sealed capsule by means of a liquid contour. This system did not require the use of fuel, as is found in evaporating heat exchangers for example, and it gave wide opportunities for automatic and manual control. The efficiency of the thermocontrol was increased by the possibility of changing the ventilation velocity of the suit, which was provided with a considerable thermoisolation layer. Thus, comfortable thermal sensations could be maintained by space pilots even with great temperature variaions in the air and cabin walls.

On the space ships Vostok a ventilation type space suit without a mask was used. The suit consisted of three envelopes, each of which was made in the form of an overall. The outer envelope would withstand overloads from excessive pressure from inside the space suit. A sealed envelope and a thermoisolation suit with ventilation system were under it. The helmet of the space suit has a "visor" (front glass) which was opened by the astronaut manually and was closed both manually and automatically if the pressure and gas composition of the air in the cabin exceeded permissible norms.

In normal flight space suit ventilation was carried out by the air of the cabin by means of ventilators. If the pressure in the capsule fell, the helmet of the space suit closed automatically, and an emergency ventilation system would be switched on. Air would then be supplied from the cylinders to the space suit and an oxygen-air mixture or pure oxygen (depending on the barometric pressure in the cabin) would be supplied to the helmet. The necessary absolute pressure was kept in the space suit by means of special regulators.

In case of a landing the space suit keeps the space pilot in a prone, face-up position. The thermal isolation of the space suit and its sealing are such that they permit a stay in ice-cold water (temperature = $0^{o}C$) for 12 hours without unpleasant sensations.

The simplicity, reliability and economy of the life support systems used in the Vostok satellites vehicles enabled Soviet cosmonauts to accomplish record flights under conditions which were optimal and were maintained constant in the artificial atmosphere of the cabin. The data which characterize the artificial atmosphere of the pressurized cabins of Vostok III are given in Fig. 1.*

The graph shows that the air-conditioning system established aboard the Vostok ships ensured (with relatively small weight and dimensions) the absorption of carbon dioxide, excess moisture, and harmful admixtures excreted by man. It also maintained steady air temperature and humidity, and provided the necessary quantity of oxygen. The designed capacity of the air-conditioning system of the Vostok ships correspond to 12 days. The system functioned automatically. However, manual control was also possible which enabled the cosmonauts to control at their discretion some parameters of the microclimate in the sealed cabin. This considerably increased its reliability.

Since prospects of the further development of astronautics are connected with the increase of flight durations, the use of oxygen, water and food stores will not be rational even with the most economical methods of their storage and use.

For flights of moderate duration systems of water regeneration are the most promising. Oxygen recovery from carbon dioxide and metabolic water presents considerable technical difficulties, though in principle this problem has many solutions (photolysis, catalysis, electrolysis). The introduction of the oxygen recovery cycle will be very important and will make it possible to carry out flights of great duration. However, man's self-sustaining existence in a space ship during flights of indefinite duration can be achieved only with the regeneration of all components of the artificial environment including the recovery of food-stuffs.

Today probably the only actual possibility of producing such a closed ecological cycle aboard space ships consists of using natural photosynthesis of green plants. Intensive research now being conducted along this line in many countries of the world, and the experimental data obtained, give reason to believe that the problem will be successfully solved in the near future.

---

* The figure is contained in the fore-going Russian text.

References

1. K.E. Schaefer, A Concept of Triple Tolerance Limits Based on Chronic Carbon Dioxide Toxicity Studies. Aerospace Med. 32, 197-204 (1961).
2. D.J. Ivanov, V.B. Malkin, V.L. Popkov, J.N. Chernyakov, A.D. Seryapin and E.O. Popova, Influence of Prolonged Stay in Conditions of Lowered Barometric Pressure and Relative Isolation. Manuscript, 1959.
3. N.A. Agadzhanyan, A.G. Kuznetsov, Yn.I. Bizin, G.P. Doronin, and E.A. Ilyin, On the Influence on Human Organism of Prolonged Stay in a Sealed Cabin under Normal and Lowered Barometric Pressure. Manuscript, 1963.
4. B.E. Walch, Th. Morgan, Jr., and F. Ulvedal, Observations in the SAM Two-Man Space Cabin Simulator. Aerospace Med. 32, 583-590 (1961).
5. N.A. Agadzhanyan and A.G. Kuznetsov, Functions of an Organism under Conditions of Relative Hypodynamy and Isolation. Scientific Session, dedicated to the Fifth Anniversary of the First Sputnik. Abstract of Reports, U.S.S.R. Acad. Sci., Biological Department, 1962.

Discussion

Helvey: One of the most important problems is that of decompression. Using one atmosphere in the cabin would cause a greater relative gas expansion in the event of a rapid decompression than if a lower pressure was used. Does this give cause for concern or consideration of the use of lower pressures ?

Sergeyev: No, the space suit will protect the cosmonaut in this event. It can be hermetically sealed - automatically as well as manually.

Pace: In the event of capsule pressure failure does the cosmonaut's suit inflate to one atmosphere, and if so, is the cosmonaut immobilized ?

Sergeyev: The suit is hermetically closed in case of a pressure drop in the cabin. The pressure in the suit is the usual pressure for emergency suits. There is no doubt a certain stiffening of the suit but the mobility of the cosmonaut is good with the suit inflated. At the moment a pressure drop occurs in the cabin the cosmonaut is automatically fixed in the seat.

QUELQUES DETAILS GENERAUX DES REACTIONS STRESSANTES

Milan Morávek
Institut de Médecine Aéronautique, Université Karlovy
Prague, Tchécoslovaquie

Résumé

Au cours des dernières années, nous avons étudié quelques formes des influences de certains facteurs de charge sur l'organisme humain. Nous pouvons considérer tour ces facteurs comme des "stress". Mais, si nous utilisons le terme "stress", cela ne signifie pas que nous nous accordons avec toutes les conclusions et opinions de Selye. Le terme "stress" est alors employé comme une expression qui désigne les charges en général plutôt que le terme désignant la spécification des charges par lesquelles Selye conditionne l'utilisation des "stress" dans ses travaux.

Voici le détail des influences que nous avons étudié : 1. Une marche de 100 km effectuée au cours de trois jours (100 sujets). -2. L'insomnie de 48 à 105 heures (7 sujets). - 3. L'insomnie de courte durée (à 48 heures) combinée avec de fortes influences émotionnelles (10 sujets). - 4. Privation d'aliments durand 5 jours (8 sujets). - 5. Anoxie provoquée par une altitude fictive de 5.000 à 8.000 mètres (700 sujets).

Dans le rapport présenté sont discutés presque exclusivement les changements évoqués dans les fonctions supérieures du système nerveux central.

Voici quelques conclusions principales auxquelles nous sommes parvenus : a) Les changements évoqués par les charges mentionnées ont, en principe, un caractère spécifique. - b) La variabilité individuelle des réactions est important et dans plusieurs cas supérieure à la différence des réactions sur les "stress" particuliers. - c) Les changements évoqués par les charges de durée plus longue n'ont pas un cours simple et linéaire. L'intensité des changements est rythmique et il semble que les oscillations scient influencées par un rythme jusqu'à présent indéterminable. - d) Tous les changements qui adviennent dans l'activité nerveuse supérieure provoqués par les "stress" sont identiques dans la forme à ceux que nous pouvons constater chez les névrosés. - e) Le trait le plus général c'est le trouble de l'inhibition interne (d'après Pavlov). - f) La corrélation entre les réactions biochimiques et les réactions dans l'activité nerveuse supérieure n'est pas simple. Il y a beaucoup de cas dans lesquels la relation entre la situation biochimique et la réaction de l'ANS ne correspond pas avec l'expérience clinique. - g) Sous l'influence d'une charge de longue durée la résistance envers la charge de courte durée superposée diminue. Toutefois cette circonstance ne caractérise pas exactement l'état des réserves d'adaptation.

Some Characteristics of Stress Reactions. In recent years we have studied some aspects of the influences of certain strain factors on the human organism. All these factors may be regarded as stresses. However, the fact that we use the term "stress" does not mean that we agree with all of Selye's conclusions and opinions. The term "stress" is therefore used to cover strain in general and does not imply the highly specific types of strain by which Selye qualifies the term in his works.

Our study covered the following influences : 1. A 100 km march lasting three days (100 subjects). - 2. Sleep deprivation for 48 to 105 hours (7 subjects). 3. A short period of sleep deprivation (up to 48 hours) under strong emotional strain (10 subjects). - 4. A 5-day starvation (8 subjects). - 5. Oxygen starvation induced by simulating an altitude of 5, 000 to 8, 000 meters (700 subjects).

The paper is almost entirely concerned with the changes occurring in the higher functions of the central nervous system.

Here are some of the main conclusions reached : a) The changes caused by the strains in question are generally specific in character. - b) Reactions vary considerably from individual to individual, the difference in many cases being greater than between the same individual's reactions to various stresses. - c) The changes provoked by strain of longer duration do not follow a simple linear course. The intensity of changes is rhythmic, and the fluctuations appear to be influenced by an as yet unidentified rhythm. - d) All changes occurring in higher nervous acitivty under stress are identical in form with those observed in neurotics. - e) The most typical feature is a disturbance in internal inhibition (as reported by Pavlov). -f) There is no simple correlation between biochemical reactions and reactions in higher nervous activity. In many cases the relationship between the biochemical situation and the higher nervous activity reaction does not tally with clinical experience. - g) Exposure to prolonged strain lowers resistance to a superimposed strain of short duration. However, this circumstance is not a precise reflection of the state of the adaptational reserves.

О характере некоторых реакций "стресса". Нами исследовано за последние годы несколько форм воздействия отдельных факторов нагрузки на человеческий организм. Можно рассматривать все эти факторы, как "факторы стресса". Однако, применяя термин "факторы стресса", мы вовсе не соглашаемся со всеми выводами и взглядами Сели. Мы пользуемся термином "фактор стресса", как выражением для нагрузки в целом, а не для спецификации нагрузок, от которых в работах Сели зависит применение факторов стресса. Нами исследованы, в частности, следующие воздействия: 1. трехдневный марш до ста км (сто человек); 2. бодрствование в течение 48 - 105 часов (семь человек); 3. бодрствование в течение короткого срока (до 48 часов) в сочетании с сильными эмоциональными воздействиями (10 человек); 4. голодание в течение 5 дней (8 человек); 5. аноксия, вызванная симулированной высотой в 5000 - 8000 м (700 человек). В докладе рассматриваются почти без исключения изменения, возникшие в высшей нервной деятельности. Некоторые наиболее важные выводы: а/ в основном, указанные изменения носят особый характер; б/ реакции варьируют в сильной степени у разных лиц, и степень этих вариаций во многих случаях больше, чем различия реакций одного лица на разные нагрузки; в/ ход изменений, вызванных более длительными нагрузками, не имеет простого, прямолинейного характера. Интенсивность изменений ритмична и, повидимому, на колебания влияет какой-то до сего времени неопределимый ритм; г/ все изменения высшей нервной деятельности, вызванные факторами "стресса", тождественны с наблюдаемыми также и у пациентов неврозами; д/ расстройство внутреннего торможения (по Павлову) — самая общая черта при указанных явлениях; е/ Между реакциями биохимическими и реакциями высшей нервной деятельности не существует простой корреляции. Во многих случаях соотношение между биохимической обстановкой и реакциями ВНД не соответствует клиническому опыту; ж/ сопротивляемость наложенной кратковременной нагрузке под влиянием длительной нагрузки уменьшается. Однако, состояние резервов адаптации этим обстоятельством не характеризуются.

Pendant les dix années passées, nous avons étudié sur l'organisme humain une série d'influences que nous pouvons considérer comme des stress. Dans la plupart des cas, l'examen fut fait d'une façon complète et par toute une batterie de méthodes particulières.

Dans cette communication, je veux me concentrer sur les résultats qui concernent le système nerveux central. Nous avons essayé d'aboutir en autant qu'il est possible à une conception plus générale sur l'action du système nerveux supérieur, pendant la situation de stress et de trouver en même temps dans l'ensemble des méthodes d'examens celles qui sont, dans la situation donnée, les plus favorables pour nos besoins.

Les charges, dont nous avons étudié l'influence sur l'organisme humain, étaient les suivantes :

La marche de 100 kms réalisée en 3 jours dans des conditions très inconfortables. Les personnes qui y prenaient part ont été nourries d'une façon standard. Les examens ont été faits deux fois par jour - le matin et le soir, avant le commencement et à la fin de la marche quotidienne. La marche fut faite par 100 volontaires, des hommes de 25 ans environ, qui concevaient ce plan d'un manière sportive et le considéraient comme une révision de leur puissance physique. Des facteurs émotifs, seuls les facteurs positifs ont joué un rôle.

Un autre type de charge fut la privation de sommeil d'une durée de 48 à 105 heures, subite volontairement par 7 sujets. L'examen fut fait dans des conditions de laboratoire, les personnes ont été nourries selon le standard. Elles ont eu la liberté de mouvements mais sont restées sous notre contrôle. Parmi les facteurs émotifs, seuls les facteurs positifs ont joué un rôle. Nous avons aussi vérifié chez 10 sujets l'influence de l'insomnie d'une courte durée et en même temps l'influence des activités relativement fatigantes et émotivement surchargeantes.

L'autre charge fut la privation de nourriture pendant 5 jours. Nous avons fait les expériences dans de très sévères conditions de laboratoire avec 8 volontaires. Trois jours avant l'essai, ils étaient nourris selon le standard et, après la cessation, nous leur avons appliquè un régime de réalimentation pandant 3 jours.

Nous avons aussi étudié très longuement et en détail l'influence du manque d'oxygène. Nous avons examiné environ 700 personnes à l'altitude fictive de 5000 m à 8.500 m.

Dans tous ces cas, nous avons appliqué un système d'examens relativement compliqués. A côté des méthodes psychologiques d'un type courant, nous nous sommes servis d'un examen spécial dont nous avons fait déjà plusieurs rapports et qui concerne la physiologie du système nerveux supérieur.

Si nous voulons essayer de généraliser les expériences acquises concernant l'étude de l'influence de ces facteurs sur le système de l'activité nerveuse supérieure et sur le système nerveux central, nous pouvons dire à peu près ceci :

Les changements dans le système nerveux, proprement dit, dans les fonctions que nous avons étudiées, ressemblent, du point de vue formel, aux changements que nous observons chez les névrotiques. Nous n'avons pas réussi à trouver, à l'exception des changements produits par le manque d'oxygène, rien qu'on ne puisse constater chez les sujets dans l'état névrotique. Cette circonstance est si frappante qu'elle nous a conduit à une conclusion et à une hypothèse de travail : les fonctions de l'activité nerveuse supérieure réagissent aux situations stressantes par un état névrotique plus ou moins développé et instable. Plus ces traits sont visibles, plus les émotions négatives prennent part à leur développement, comme la peur, la tension, etc... Au contraire, la où les composantes positives émotionnelles ont de l'influence, les manifestations de la névrose ne sont pas aussi visibles.

Les symptômes qui illustrent cette circonstance, dans nos essais, correspondent à peu près aux faits suivants :

Les périodes latentes, dans toutes les formes de réactions que nous avons suivies, oscillent. Au début elles ont tendance au raccourcissement, plus tard, même si leur moyenne ne change pas, leur dispersion croit. La qualité des réactions baisse et il apparait même des réactions inhibitrices, ou bien les réactions manquent complètement.

Parmi les changements les plus typiques et les plus importants, on observe ce que nous appelons un trouble d'inhibition intérieure.

Les personnes observées n'amortissent pas leurs réactions verbales ou motrices, ou elles réagissent prématurément dans les cas où elles devraient attendre le stimulus qui doit commander la réaction.

Dans le cas des réactions psychomotriques où la cessation du stimulus doit conduire à la cessation de l'activité, cette activité n'est stoppée qu'après une période assez longue. En d'autres termes, nous pouvons dire que la durée des périodes latentes, pour les stimulus négatifs, augmentent dans quelques cas. Cette augmentation est très significative dans certaines phases expérimentales.

Il est très intéressant et très caractéristique de constater que les périodes latentes ne changent pas beaucoup aux stimulations positives, tandis qu'elle changent aux stimulations négatives. Ce type de troubles fut constaté pendant l'action de toutes les charges et appartient aux névrotiques les plus typiques, comme nous l'avons trouvé chez environ 3000 névrotiques examinés.

Il existe encore un autre trait caractéristique : le caractère des modifications dans l'activité nerveuse supérieure est conditionné par les qualités typologiques du système nerveux central. Il en est de même des caractères de troubles névrotiques rencontrés en clinique. Par exemple, il apparait très tôt quelque chose qu'on peut comparer à la manifestation d'un trouble hystérique fugitif, parmi les sujets chez qui nous pouvons constater une grande part ou même la prépondérance de la pensée émotionnelle, concrète ou du premier système de signalisation - dans la terminologie pavlovienne -. Chez ces sujets, après environ 40 heures de privation de sommeil, apparait une labilité émotionnelle qui, dans quelques cas, rend impossible tout examen. Les réactions affectives ne correspondent pas à la situation donnée et le contrôle de la conduite par la pensée verbale est très affaibli. Ce type de sujets, selon nos expériences, subissent pendant la situation stressante des réactions dépressives, ainsi que quelques troubles de la connaissance et de la perception.

Un autre trait, très commun, de la réaction du système nerveux central est l'oscillation de toutes les fonctions explorées. Par exemple, sous l'influence de la charge physique, les troubles sont apparus au cours du deuxième jour. Au cours de la privation de sommeil, on pouvait constater les modifications les plus grandes entre 2 et 4 heures du matin. Pendant la privation de nourriture, le jour critique était le troisième jour d'essai. Ces variations n'ont pas un rythme simple et ils dépendent probablement du type de la charge d'une part, du système nerveux d'autre part et enfin de l'organisme entier de la personne examinée.

La variabilité individuelle est très grande. Chez les uns nous ne pouvions trouver, sous l'influence de la charge physique, aucune différence avec l'examen au repos. Chez d'autres, ces différences étaient évidentes déjà au cours des premières 12 heures. Un homme a subi la privation de sommeil jusqu'à 70 heures sans difficulté, tandis qu'un autre a terminé l'essai après 48 heures. Pendant la privation de nourriture il en fut de même.

Un changement très important et très interessant, qu'on peut constater surtout pendant le manque d'oxygène, c'est le trouble de la mémoire qui précède tous les autres troubles : ceci est vérifié par l'examen. Ce trouble apparait aussi pendant les autres charges et à notre avis, c'est un des signes importants du diagnostic des conditions réelles du fonctionnement du système nerveux central.

Très surprenant aussi, le fait suivant : les changements du systeme nerveux ne correspondent pas - ne sont pas parallèles - aux changements constatés par les examens biochimiques. Par exemple, sous l'influence d'une longue charge physique, des modifications biochimiques, dont la tendance exprimait durablement la baisse de la puissance des sujets examinés, se sont produites. Au contraire, la tendance des modifications du système nerveux, surtout à la fin de l'examen - lorsque les sujets avaient connaissance d'une fin proche- manifestait même une ascension de la puissance nerveuse. Pendant la privation de nourriture, les valeurs du sucre du sang étaient presque permanentes et quelques fois souvent au-dessous de la limite critique de 80 - 60 mg %. Cependant l'ensemble des caractères des modifications ne correspondaient pas à cet état. Quelques méthodes d'examens donnaient même un tableau d'une puissance psychique toujours ascendante.

En conclusion, nous voudrions dire à peu près ceci !

1) Nous pensons qu'il est impossible de déterminer par un seul procédé méthodologique le changement de la puissance pour un examen de groupe.

2) Nous croyons qu'il est possible de déterminer les changements dans la puissance par un procédé très individuel, en tenant compte des résultats acquis par l'examen au repos. Il faut considérer ces résultats comme un moyen de détermination du type, qui est à notre avis, un des facteurs déterminant des réactions étudiées.

3) L'étude des états et des mécanismes nevrotiques en clinique, constitue un apport dans la connaissance des réactions du système nerveux central et de l'activité nerveuse supérieure dans les situations de "stress".

Discussion

Sissakian : When you spoke of changes in higher nervous activity you also mentioned alterations in biochemical indices. Did you find an increase in metabolites, such as pyruvic acid and lactic acid, with an increased degree of fatigue ?

Morávek : Yes, we were able to find a close relationship between higher nervous activity and biochemical reactions.

Defayolle : Which criteria have been used for the estimation of negative emotions ?

Morávek : For estimation of negative emotional states we have used measurements of the galvanic skin reaction.

Angiboust : You mentioned memory disturbances as early signs of tension in the central nervous system. Which aspects of memory are affected in particular ?

Morávek : In the first place, functions of recalling - in the second place, functions of retention.

EVALUATION OF STRESS BY QUANTITATIVE HORMONE STUDIES

U.S.v. Euler
Department of Physiology, Karolinska Institute, Stockholm, Sweden

(With 4 Figures)

Abstract

Data in the literature and own investigations indicate a correlation between the degree of stress in a subject and the excretion of free adrenaline and noradrenaline in urine.

Catecholamine excretion is preferably expressed as ng/min, to allow comparison between excretion at rest and during stimuli of various lengths.

Noradrenaline excretion is mainly correlated to the degree of activation of the vasomotor system and is increased in erect position, during exposure to other gravitational forces, during muscular work, and under certain conditions of stress associated with aggressiveness and anger.

Adrenaline excretion is increased in a variety of conditions of mental stress; e.g. during performance of certain tasks, examinations, excitation by external stimuli, fear, pain, or other disagreeable conditions, and anticipation of such states, particularly when involving competition or possible dangers.

Increased catecholamine excretion has been observed during aircraft transportation, advanced flying including supersonic flights, manned suborbital flights, parachute jumping, and runs in the human centrifuge.

Infusion of adrenaline in healthy subjects causes discomfort and tenseness in the majority of cases. Proficiency seems to be increased by adrenaline during the performance of certain tasks, while a tendency in the opposite direction is noted in other tests.

Habituation to certain stress-inducing situations tends to decrease the adrenaline excretion.

Attempts to correlate the catacholamine excretion pattern and personality traits seem to indicate that such studies may be of value for the characterization of individuality types and as a means of predicting their reaction pattern to stress. Quantitative evaluation of stress by the catecholamine excretion tests may also provide some information on mental or bodily alterations which may affect performance.

Evaluation du "stress" par l'étude quantitative des hormones. Les informations fournies par la littérature et nos recherches propres montrent une corrélation entre le degré de stress d'un sujet et l'excrétion d'adrénaline et de noradrénaline libres dans l'urine.

L'excrétion de catécholamine est de préférence exprimée en nanog/min. en vue de permettre une comparaison entre l'excrétion au repos et à la suite de stimuli de durée variable.

L'excrétion de noradrénaline est principalement liée au degré d'activation du système vaso-moteur et augmente en position debout, lors d' exposition à d'autres forces de gravitation, pendant un travail musculaire et dans certaines conditions de tension accompagnées d'agressivité et de colère.

L'excrétion d'adrénaline s'accroît dans certains états de tension mentale, par ex. dans l'exécution de certaines tâches, les examens, l'excitation provoquée par des stimuli externes, la peur, la douleur et autres circonstances désagréables ainsi que par la prévision de ces états, en particulier lorsque cela implique une compétition ou des dangers possibles.

Une excrétion accrue de catécholamine a été constatée lors des transports par avion, dans les vols avancés y compris les vols supersoniques, les vols suborbitaux, les sauts en parachute et les essais avec centrifugeuses humaines.

L'injection d'adrénaline à des sujets sains provoque chez ceux-ci, dans la majorité des cas, un malaise et de la tension. L'adrénaline semble accroître l'efficacité dans l'exécution de certaines tâches, alors qu'une tendance opposée est constatée dans d'autres tests.

L'accoutumance à certaines situations impliquant une tension tend à diminuer l'excrétion d'adrénaline.

Les efforts visant à déterminer les liens existant entre le type d'excrétion de catécholamine et les traits de la personnalité semblent indiquer que de telles recherches peuvent présenter de la valeur pour la caractérisation des types d'individualité et comme moyen de prévoir les réactions de ceux-ci à la tension. L'évaluation quantitative de la tension, par tests d'excrétion de catécholamine peut également fournir certaines informations sur les altérations mentales ou physiques susceptibles d'affecter les performances.

Оценка стресса путем количественного изучения гормонов. Из литературных данных и из наших экспериментов следует, что между степенью стресса подопытного лица и выделением свободного адреналина и норадреналина с мочей существует определенная корреляция.

Выделение катеколаминов выражается удобнее всего в нанограмм/в минуту, что позволяет сравнивать количество их, выделенное в состоянии покоя и при воздействии стимулов различной длительности.

Существует корреляция выделения норадреналина, в основном, со степенью активации сосудодвигательной системы; выделение его усиливается при вертикальном положении тела, при воздействии прочих сил тяготения и при определенных условиях стресса, связанных с агрессивностью и гневом.

Количество выделяемого адреналина возрастает при разного рода психических стрессах, например при выполнении некоторых заданий, при экзаменах и при возбуждении внешними стимулами, страхом, болью, иными неприятными условиями, далее в ожидании такого рода состояний, в особенности если они связаны с соперничеством или возможной опасностью.

Возрастающее выделение катеколаминов отмечено во время воздушного транспорта, во время полетов на новейших самолетах, включая полеты со сверхзвуковой скоростью, при суборбитальных полетах, прыжках на парашюте и при опытах в центрифуге.

Инфузия адреналина здоровым подопытным лицам вызывает в большинстве случаев напряжение и неприятное чувство. Повидимому, адреналин повышает в большинстве случаев способность выполнения некоторых заданий, тогда как в других опытах отмечено обратная тенденция.

Привычка к некоторым условиям, вызывающим стресс, понижает выделение адреналина.

Как видно из попыток установить корреляцию между картиной выделения катеколаминов и чертами личного характера, эти исследования могут оказаться полезными для характеристики индивидуальных типов, а также служить в качестве средств предсказания их картины реакции на стресс. Количественная оценка стресса на основе выделения катеколаминов может также дать некоторые информации об умственных или телесных изменениях, могущих повлиять на выполнение определенных заданий.

Certain relationships between stress and catecholamine release have been recognized since the original work of Cannon (4) some 40 years ago. These early studies were mainly concerned with the release of adrenaline from the adrenal medulla as measured by analysis of the adrenal venous blood or by humorally transmitted action on various test organs in vivo.

The development of suitable techniques for the differential estimation of catecholamines, particularly in urine, have greatly facilitated such studies. At present, numerous data are available, indicating characteristic patterns of release associated with different kinds of physical and mental stress.

The present review will be restricted to the catecholamine release during stress situations. A number of studies have been carried out concerning the release of adrenocortical hormones in relation to stress, but since such studies at present do not seem to indicate a more direct relationship to stress they will not be treated in detail here.

Of the catecholamines only noradrenaline and adrenaline will be considered in this context, since the biological significance of the dopamine producing system is still largely obscure. It is possible, however, that dopamine production in the brain will prove to be a useful guide as to the functional state of some parts of the CNS.

The noradrenaline producing system consists to the greatest part of adrenergic neurons supplying the cardiovascular apparatus, but is also represented by chromaffin cells in the adrenal medulla. This system is mainly activated by blood pressure homeostatic reflexes, However, some observations indicate that noradrenaline may also be released during certain conditions of mental stress, mostly associated with aggression and anger (19, 8, 6).

Almost all of the adrenaline released in the body originates from the adrenal medulla, although small amounts may be produced and stored in most organs partly in scattered chromaffin cells. During resting conditions adrenaline is released only in minute quantities but is liberated in higher amounts during a variety of conditions involving mental stress, such as apprehension, excitation, tension, pain, fright, anxiety and generally during conditions which are perceived as uncomfortable or disagreeable. This group of emotional states include the emergency states of Cannon.

Methods of Evaluation of Sympatho-Adrenal Activity

Since there is no parallelism between the release of adrenaline and noradrenaline, which have different biological actions and functional significance, the methods used for analysis and evaluation must differentiate between the two amines.

a) Blood plasma. Methods for the quantitative estimation of catecholamines in blood plasma require advanced technical facilities and long experience. Arterial plasma samples are preferable to peripheral venous plasma since the catecholamine content of the latter will be influenced by the local release from the peripheral tissue region involved. The acquisition of plasma samples may in several instances induce a state of discomfort reducing the significance of the values obtained. Series of samples at short or moderate time intervals may be obtained by the use of an indwelling arterial catheter.

b) Urine. The proportion of catecholamines excreted in urine is small, only a few per cent of the amount released into the circulation, but it seems to be consistent and to reflect the release satisfactorily for many purposes. Collection of samples causes minimal discomfort. Analysis by fluorimetric technique only requires standard laboratory facilities. Integrated excretion values may be obtained for time periods down to 15 - 30 minutes.

For fluorimetric estimation of the free catecholamines the two-set filter technique of Cohen and Goldenberg (5) using a standard fluorimeter appears to be the most useful method, allowing differential analysis of noradrenaline and adrenaline in a mixture (12).

The occurrence in urine of the catecholamine metabolite 3-methoxy-4-hydroxymandelic acid (vanillyl mandelic acid, VMA) (1), in amounts considerably higher than those of the free amines has suggested the use of this compound for evaluation of sympatho-adrenal activity. Since this metabolite is formed by adrenaline as well as by noradrenaline it is less suitable for studies of the kind concerned in this paper, for which differential analysis of the two amines is essential.

Standard Values and Presentation of Results

As indicated above the estimation of free catecholamine in urine seems to offer several advantages. Studies of the catecholamine release in urine should preferably include estimation of the resting value in recumbent position after at least 1 hour of rest. These values are consistently low in healthy subjects. Increased values usually indicate some disturbance in the sympathico-adrenal system.

Values are preferably expressed in ng (mμg) per minute, since this time scale allows even short lasting influences to be properly assessed. The expression of values in μg/hour or even μg/24 hours are less suitable for the presentation of release figures when excretion time periods are shorter than 1 hour or 24 hours, respectively.

On occasions when the time between two micturitions is not known, the catecholamine values may be expressed in μg/g creatinine. Since the creatinine excretion is usually 1.0 - 1.8 g per 24 hours, the values as expressed above will be of the same order of magnitude as the values in ng/min, provided that the creatinine excretion is not altered during the prevailing conditions.

It should be noted that true resting values will usually not be obtained immediately before a stressful situation, since the "anticipation" effect is often quite marked. After the end of a period involving stress the excretion values in urine are usually increased over a period of an hour, presumably indicating delayed excretion of catecholamines previously released.

Catecholamine Excretion during Recumbency, Standing, Ordinary Daily Activity and Muscular Work

The catecholamine excretion during recumbency and rest shows regularly low figures for both adrenaline and noradrenaline, amounting to 2 - 3 ng adrenaline per minute and 8 - 12 ng noradrenaline per minute (as hydrochloride uncorrected for about 20 per cent loss involved in the analytical procedure). During ordinary daily activity these figures are about twice as high (11, 13, 24, 17, Fig. 1).

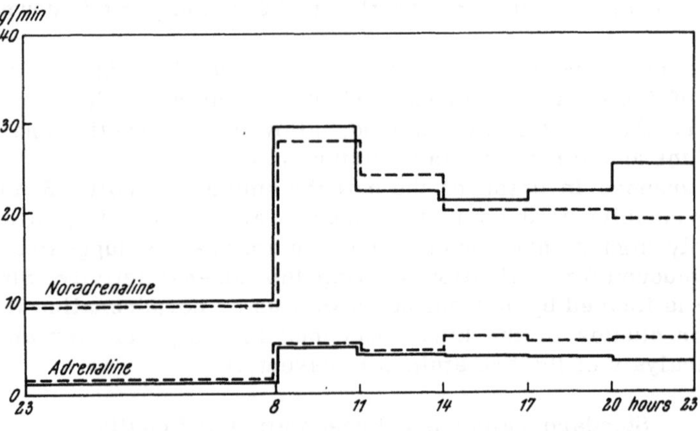

Fig. 1. Diurnal variations in urinary excretion of adrenaline and noradrenaline in healthy subjects (men, women) in ng/min (11)

The increased noradrenaline excretion during day hours is apparently chiefly due to an increased activity of the vasomotor system induced by the blood pressure homeostatic reflex mechanisms. Thus noradrenaline excretion figures from resting subjects on a tilting table in the position

+ 75° are increased to 35 - 55 ng/min while adrenaline figures are not consistently changed (29; Fig. 2). During muscular work the noradrenaline excretion is likewise increased depending on the degree of muscular activity and the state of training and condition of the subject. This increase is partly caused by the same reflex mechanism as during tilting to upright position. At low or moderate degrees of muscular excretion, adrenaline is not or only moderately increased, while it increases steeply in strenuous work (10).

Catecholamine Excretion during Mental Stress

Several studies have been made on the catecholamine excretion during various forms of mental stress. In most of these an increase in adrenaline excretion has been noted, while the noradrenaline values are either unchanged or moderately increased.

The performance of mental work consisting of various tasks commonly used in psychological tests has been shown to increase the adrenaline excretion. In two groups of subjects Frankenhaeuser und Post (17) found that the adrenaline values increased significantly from 6.8 ± 1.3 and 8.4

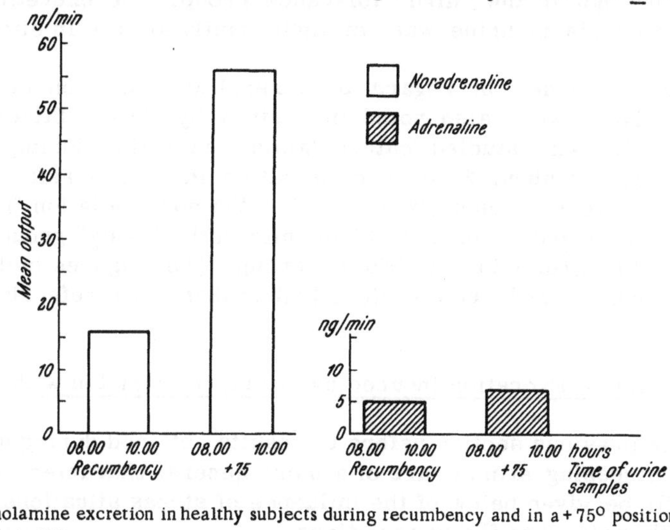

Fig. 2. Catecholamine excretion in healthy subjects during recumbency and in a + 75° position on a tilting table, in ng/min (29)

± 1.9 ng/min to 11.0 ± 1.2 and 15.2 ± 2.6 ng/min, respectively. The noradrenaline figures were not statistically changed (19.3 ± 2.0 and 20.0 ± 2.0 ng/min to 22.4 ± 2.6 and 23.9 ± 3.9 ng/min, respectively). The work performed in this case consisted of verbal, numerical, inductive and spatial tasks. The slightly increased resting values for adrenaline may indicate an anticipation effect which is known to occur in similar conditions.

Examinations have likewise been found to be associated with increased adrenaline excretion (27). In an extensive study on students undergoing examinations for selection of medical students in biology and in physics the authors found increases in adrenaline excretion from control values of 3.6 ± 0.4 ng/min to 8.0 ± 1.5 (biology) and 15.1 ± 1.5 ng/min (physics), the increase tending to be less for women than for men. During matriculation examination the highest values were noted for mathematics (21.0 ± 4.9) while examination in languages caused a smaller increase. A rise in adrenaline excretion was also noted a few hours before examination.

No increase was observed in the noradrenaline excretion in the students examined (controls 12.4 ± 0.8; during examination 13.5 ng/min). Estimation of free and conjugated 17-OHCS showed no significant change during examination.

The excitation associated with the presentation of censured parts of cinema films was also accompanied by a significant increase in the adrenaline excretion while this was not the case for noradrenaline (9).

Mental stress (spatial task associated with noise and irritating interference by the experiment conductor) was accompanied by an increase in the adrenaline excretion in two groups of subjects, characterized by psychological personality test criteria as "high" and "low" tolerance group (25). The anticipation increase was marked in both groups. A significant increase was also observed in the noradrenaline excretion in the "low" but not in the "high" tolerance group. The excretion of 17-ketogenic steroids in urine was not significantly altered in either of the groups.

Different responses in regard to adrenaline excretion in different personality types were also noted in a study by Cohen, Silverman and Shmavonian (7) who studied catecholamine excretion during rest and after a period of about 2 hours of isolation in groups referred to as "Body" and "Field" groups (Witkin). Thus the post-isolation figures for adrenaline increased from 18 to 32 ng/min in the "Body" group but only from 14 to 17 ng/min in the "Field" group. (The figures include conjugated adrenaline and are therefore higher than those referring to free amines.)

Catecholamine Excretion Induced by Stimuli Associated with Flying

While the previous section refers to results obtained during studies in which the stressing stimuli are of a more general character, some examples will be given below of the influence of stress situations more or less directly related to flying conditions.

In a study of the influence of centrifugation on healthy subjects Goodall and Berman (21) found an increase in the adrenaline excretion from 14 to 38 ng/min, or between 2 and 3 times, during half an hour, including a 3 minute run at 12 G, with the subject in transverse position to the gravitational field. During a period of about 10 minutes preceding the run a moderate increase was observed, about 50 per cent of the control value.

The increase in noradrenaline excretion was only comparatively slight during these experimental conditions, amounting to some 50 per cent of the control value or from 27 to 42 ng/min. A smaller increase was noted also before the actual run.

The effect of "mock runs" at a centripetal acceleration of 0, 02 G was also studied in these experiments. It is interesting to note that under these conditions the adrenaline values were almost as much increased as during and before the actual runs, indicating that this increase is not due to the centrifugal forces as such but occur as a result of anticipation of and exposure to stress of non-physical kind. The noradrenaline increase, on the contrary, was not increased in the mock runs but only during actual runs, showing that this increase was actually caused by the centrifugation.

In these studies 3-methoxy-4-hydroxymandelic acid (VMA) was also measured in urine. The results showed that although there was a fair correlation between the VMA and the adrenaline values, no such correlation was found between VMA and noradrenaline. The VMA values were 1.8 μg/min in the controls and 4.3 μg/min in the post-run period.

When subjects with different g-tolerance were exposed to runs at their respective subthreshold blackout levels, it was noted that the average adrenaline excretion as well as that of noradrenaline increased with higher G-values.

Interestingly enough the prerun values showed a similar increase indicating that the anticipation of low (2.8 - 3.3), intermediate (3.6 - 3.9), and high (4.0 - 5.2) G-values elicited an increasingly strong stress effect (20). When all subjects were exposed to the same gravitational force (2.5 G) there was no difference in the noradrenaline output between the different groups. Large variations were noted in the individual adrenaline values.

According to Silverman and Cohen (28) high G-tolerance levels are associated with aggressive emotional reactions and high levels of noradrenaline in urine, whereas reactions of anxiety and high adrenaline levels are more characteristic for subjects with low G-tolerance.

Table 1. Catecholamine Excretion in Air Force Personnel during Rest and during Flight (Mean ± S.E.M.; 13)

Group	Activity	Adrenaline ng/min	Noradrenaline ng/min
Privates	On the ground	6.7 ± 0.98	24 ± 3.9
Privates	Air transport	24 ± 3.5	27 ± 4.4
Pilots	On the ground	5.2 ± 1.5	19 ± 3.1
Pilots	Advanced flying	19 ± 3.8	39 ± 4.3

Repeated runs in the human centrifuge cause a certain degree of habituation which in the experiments of Frankenhaeuser, Sterky and Järpe (18) manifested itself in a lowering of the adrenaline excretion from the first trial to the sixth trial. The subjects were exposed to 4 rides of 1 - 2 min duration at 2 - 3 G during the trials which were made with intervals of a few days. The adrenaline excretion values decreased from 38 ng/min during the first series of runs to about 10 ng/min, or close to normal, during the sixth experiment. A moderate increase was observed for the noradrenaline values in all trials.

In an earlier study it has been shown that transportation of military personnel, with no previous experience in flying, causes a marked increase in adrenaline excretion while noradrenaline excretion is unchanged. Pilots performing advanced flying excreted increased amounts of both amines (13; Table 1).

Flying at supersonic speed was associated with a marked increase in both adrenaline and noradrenaline excretion when measured over a 6 hour period including the flight (22; Table 2). No consistent change was observed in the excretion of 17-OHCS.

Table 2. Catecholamine and 17-OHCS Excretion in Subjects Exposed to Flights in Supersonic Speed Aircraft (22)

Variable	Control	Aircraft F-100	Aircraft F-104
Adrenaline ($\mu g/g$ creatinine)	2.5	12.8 ($p< 0.005$)	18.2 ($p< 0.001$)
Noradrenaline ($\mu g/g$ creatinine)	12.3	35.7 ($p< 0.01$)	57.2 ($p< 0.001$)
17-OHCS (mg/g creatinine)	2.8	3.73	2.98

Table 3. Urinary Excretion of Catecholamines and VMA before and after Flight in Suborbital Spacecraft (N.A.S.A. Report, 1961)

	Preflight 4 days	Postflight + 30 min	Postflight + 3 hr	Postflight + 45 hr
Adrenaline ($\mu g/g$ creatinine)	24.7	33.4	27.4	6.0 [1]
Noradrenaline ($\mu g/g$ creatinine)	19.9	29.6	23.6	19 [1]
3-methoxy-4-hydroxymandelic acid (VMA) (mg/g creatinine)	1.92	2.63	2.89	2.72 [2]

[1] ng/min (24 hour specimen).
[2] ug/min (24 hour specimen).

Urinary catecholamine values are also available from the first U.S. manned suborbital space flight in 1961. In Table 3 the values are given as μg per g creatinine which roughly correspond to the values in ng/min (23).

Assuming normal creatinine excretion values it appears that the adrenaline excretion is markedly increased not only 30 min and 3 hours after the commencement of the flight but also 4 days before the flight. On the other hand the values obtained in a 24 hour specimen 45 hours after the flight are normal. The high "anticipation" excretion as long as 4 days before the flight is particularly noteworthy and indicates a certain degree of emotional stress. Moderate apprehension was also reported by astronaut Shepard.

The noradrenaline values were probably slightly increased in the first urine sample collected after the flight but returned thereafter to normal.

Behavioural Patterns and Catecholamines

Studies aiming at a correlation of behavioural patterns or personality traits with catecholamine release are relatively sparse. Such investigations may be of importance as an aid for the objective characterization of different individuality types and may possibly be useful in the process of selection of subjects for certain tasks.

A number of studies strongly suggest that anger and aggressiveness is more associated with release of noradrenaline, while anxiety and suppression of emotions is usually connected with adrenaline release ("anger out" and "anger in"). The adrenaline - noradrenaline ratio in urine may therefore give certain indications as to the personality type. It must be emphasized, however, that in order to compare results from different individuals in this respect it is important to design and use standardized tests or provide situations which can be reproduced. Significant studies in this field have been made by Funkenstein, (19), Elmadjian, Hope and Lamson (8), Cohen, Silverman and Shmavonian (7) and others.

Effects of Catecholamines on Perception and Performance

If catecholamines are released in increased amounts during stress situations, it is clearly of interest to obtain information about their action on physical and mental performance as well as on the subjective reactions of the individuals.

During infusion of a mixture of about 7 μg adrenaline and 7 μg noradrenaline per min in healthy subjects a high percentage experienced tremor, palpitation, discomfort, apprehensiveness and tenseness. The effects were similar to those observed with adrenaline alone (14). Basowitz et al. (2) observed even more marked actions at slightly lower adrenaline infusion rates.

Frankenhaeuser and Järpe (14) noted that the ratio : past time/present time (= retained time) was increased after catecholamine infusion presumably indicating that time may seem long in emotionally unpleasant situations.

As to the performance of various tasks certain tendencies both toward improvement and to the opposite were noted during infusions of adrenaline, whereas no changes were observed during noradrenaline infusion (Table 4; 15).

Table 4. Effect of Catecholamine Infusion on Performance (15)

Variable	Adrenaline infusion 14.9 μg/min	Noradrenaline infusion 16.2 μg/min
100 - 7 test	79 [1]	108
Colour-word test	92	92
Mirror drawing, time	111	103
Mirror drawing, error	126	106
Peg-washer test, time	108	103

[1] Per cent of performance during infusion of Ringer's solution.

Although the differences in performance during adrenaline infusion were not significant they suggest some influence of this hormone and further studies along these lines would be highly desirable.

Thus it seems possible that some degree of excitation may improve certain performances while others may suffer some deterioration. It would clearly be of interest to correlate the response pattern and excretion of catecholamines with any kind of shortcomings in the performance of astronauts.

Catecholamine Excretion and Personality Traits in Parachute Jumping Trainees

Bloom, Euler and Frankenhaeuser (3) studied the catecholamine excretion in connection with parachute jumping in 15 Swedish Army soldiers, randomly chosen from a platoon of 40 recruits which had volunteered for the paratroop branch of the services. For the sake of comparison, and also to establish whether or not an alteration in mode of reaction may follow upon frequent parachute jumping, a group of non-commissioned and commissioned officers, having performed from 14 to 80 jumps, was included in the material. Heart rate and blood eosinophils were also measured during rest and during conditions involving stress associated with the parachute jumps.

Urine was collected and adjusted to pH 3 $\pm$ 0.2 by addition of 1 N hydrochloric acid. At the start and the end of the collection period the bladder was emptied voluntarily and the volume measured. Samples of about 50 ml were sent within two days to the laboratory for analysis (12). Previous tests have shown that the catecholamine content of the urine is maintained unchanged at the pH used during several days at room temperature.

Urine samples were collected between 10 p.m. and 7 a.m., during 2 -

4 hours of ground duty including routine exercise and during periods of 2 - 3 hours including jumps from the training tower and from the aircraft.

As a result of these studies it was found that the heart frequency was increased in 14 of the 15 subjects and unchanged in 1 individual after experiencing the sensation of standing in the open exit of the plane, viewing the ground, while travelling at the same altitude and speed later to be used in actual jumps. The mean increase was 11.2 beats per minute and the range 0 - 20 ($P < 0.001$).

Eosinophil counts during the period, when only ground exercise was being carried out, showed an average percentage of 2.2 ± 0.4. A count made on samples collected after the first jumps in a training tower showed similar values (2.6 ± 0.5). In blood samples taken shortly after the first jump from an aircraft in flight, the eosinophil level was markedly lowered (1.4 ± 0.4), which is in agreement with previous findings of Basowitz et al. (2). The difference is statistically significant ($P < 0.01$).

The catecholamine excretion figures during night hours were low both for adrenaline and for noradrenaline in the trainee group (Fig. 3) which is in agreement with earlier observations on resting healthy subjects.

During ground activity, involving a certain amount of physical exercise, the excretion rates were about twice as high as during night rest which,

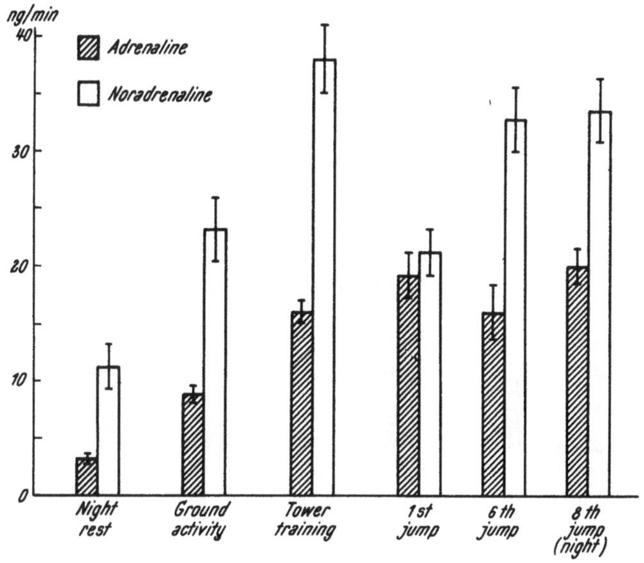

Fig. 3. Catecholamine excretion in parachute trainees during night rest, ground activity, tower training and parachute jumps in ng/min + S. E. M. (3)

again, is in agreement with earlier experience (11, 24< Fig. 3). The mean adrenaline values are less than 10 ng/min, indicating a low activity of the adrenal medulla.

The excretion values from periods including tower training and jumps from aircraft on 3 different occasions show significantly higher mean excretion of adrenaline than during ground activity. The noradrenaline values were relatively high in three of the series, but normal in one.

The excretion during the sixth and eighth jump was significantly higher than during ground activity ($P< 0.05$).

The catecholamine excretion values obtained from the officers' group did not differ in any respect from those of the trainess as seen in Fig. 4.

Ratings of Personality Traits

Each subject rated all subjects, including himself, in seven personality variables. In addition, 6 officers rated those subjects with whom they were well acquainted. Thus 3 sets of ratings were obtained : fellow ratings, officers' ratings and self ratings. The subjects were assured that the ratings would be treated confidentially. The procedure, instructions and definitions of variables followed closely those used by Magnusson (26).

Each variable was first characterized by a general definition. The ratings were made on a seven-point scale, the two endpoints of which were defined as illustrated in the following example for the variable "oppositional" :

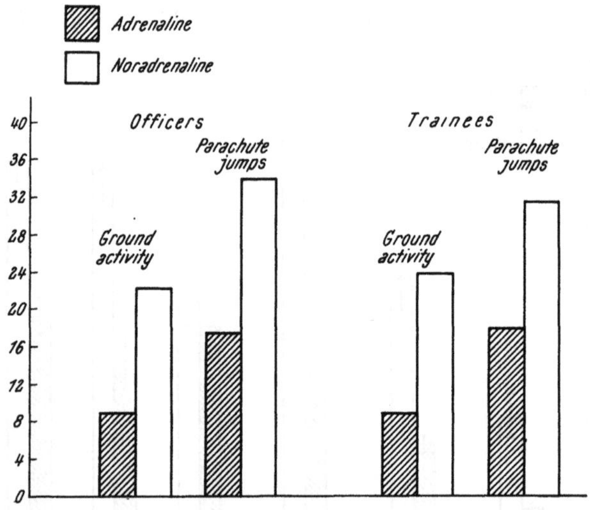

Fig. 4. Catecholamine excretion in officers and trainees during ground activity and parachute jumps in ng/min (3)

1. Looks up to and admires uncritically a person in authority	4. Average	7. Oppositional Defiant Will not submit to authority

The other variables were : extrapunitive, maladjusted, anxious, cheerful, sociable and vital.

The ratings were performed for one variable at a time for all individuals in the group. For each subject the mean of all fellow ratings and the mean of all officers' ratings (in most cases 3 - 4) were used for each variable.

The coefficients of reliability obtained for the fellow ratings were high and the officers' ratings, although based on fewer data, also showed a satisfactory reliability. Likewise the agreement between fellow ratings and officers' ratings was reasonably good, except for the variable "intropunitive - extrapunitive". Self ratings, on the whole, showed higher correlations with fellow ratings than with officers' ratings. For both sets of data the variables "intropunitive - extrapunitive" and "confident - anxious" showed low correlations. This indicates that self ratings may provide additional information in respect of personality traits that are not manifested in behaviour.

The results presented indicate important effects in the vegatative sphere in subjects performing parachute jumps. Since even transportation of unexperienced subjects by air involves a certain mental stress it is hardly surprising that parachute jumps should give rise to reactions conductive to increased adrenaline secretion. It is also interesting to note that the average reaction was almost identical in trainees and in officers, whose experience was greater. This suggests that the reactions to the stress involved in parachute jumps are not subject to habituation, such as has been shown to occur during repeated exposures to gravitational stress in a human centrifuge (18).

The adrenaline values obtained in night urine and during ground activity were similar to those recorded in other studies. The increase as a result of parachute jumping was relatively moderate but it should be noted that the figures represent the average excretion rate over 2 - 3 hours and that the actual peak secretion might have been considerably higher. On the other hand it appears likely that the anticipation of the jump would have contributed to the increased figures, since anticipation stress has previously been shown to give rise to a marked increase in adrenaline output (16).

The high reliability coefficients obtained for the fellow ratings show that the technique was well suited for the conditions of the present experiment. The coefficients of correlation for the catecholamine values from the various experimental conditions showed a large variability and are difficult to interpret. The relatively higher correlations for adrenaline as compared with noradrenaline excretion may indicate that adrenaline excretion is a basic emergency reaction of an organism exposed to stress, whereas the noradrenaline response may be associated with complex psychophysiological relationships and, hence, the amount excreted may tend to vary for the same individual in different stress situations.

In so far as the correlation coefficients exhibit a consistent pattern they may be tentatively interpreted as indicating that oppositional, extrapunitive and maladjusted individuals have high noradrenaline and low adrenaline levels, whereas cheerful, sociable, and vital individuals have low levels, and anxious individuals high levels of both catecholamines. The negative correlations between noradrenaline excretion and vitality may indicate that vital (energetic, active) individuals, when confronted with a stress situation, need not mobilize their emergency mechanisms as do individuals lacking vitality.

Parachute jumping appears to provide a rather unique situation in which to study the reaction of an individual to the anxiety and stress of a tense life situation. The voluntary jumping into space from a fast moving aircraft undoubtedly involves strong potential and even real threats to life and therefore lacks nothing in the way of tension. The perhaps greatest advantage, at least from an investigatory point of view, is the rarely encountered constancy and reproducibility of such a situation.

Supported in part by the Air Force Office of Scientific Research, OAR, through the European Office, Aerospace Research, United States Air Force and by the Swedish State Research Committee on Aviation and Naval Medicine.

References

1. M. D. Armstrong, A. McMillan, and K. N. F. Shaw, 3-methoxy-4-hydroxy-D-mandelic Acid, a Urinary Metabolite of Norepinephrine. Biochim. Biophys. Acta 25, 422 (1957).
2. H. Basowitz, S. J. Korchin, D. Oken, M. S. Goldstein, and H. Gussack, Anxiety and Performance Changes with a Minimal Dose of Epinephrine. Arch. Neurol. Psychiat. 76, 98-105 (1956).
3. G. Bloom, U. S. v. Euler, and M. Frankenhaeuser, Catecholamine Excretion and Personality Traits in Paratroop Trainees. Acta Physiol. Scand. 58, 77-89 (1963).
4. W. B. Cannon, Bodily Changes in Pain, Hunger, Fear and Rage. New York : D. Appleton and Co., 1915.
5. G. Cohen and M. Goldenberg, The Simultaneous Fluorimetric Determination of Adrenaline and Noradrenaline in Plasma. 1. The Fluorescence Characteristics of Adrenolutine and Noradrenolutine and Their Simultaneous Determination in Mixtures. J. Neurochem. 2, 58-70 (1957).
6. S. I. Cohen and A. J. Silverman, Psychophysiological Investigations of Vascular Response Variability. J. Psychosom. Res. 3, 185 - 210 (1959).
7. S. I. Cohen, A. J. Silverman, and B. M. Shmavonian, Psychophysiological Mechanisms of Stress Responsivity. Semi-annual Report to U.S. Air Force, November 1959.
8. F. Elmadjian, J. M. Hope, and E. T. Lamson, Excretion of Epinephrine and Norepinephrine in Various Emotional States. J. Clin. Endocrinol. 17, 608 - 620 (1957).
9. U.S.v. Euler, C.A. Gemzell, L. Levi, and G. Ström, Cortical and Medullary Adrenal Activity in Emotional Stress. Acta Endocrinol. 30, 567 - 573 (1959).
10. U. S. v. Euler and S. Hellner, Noradrenaline Excretion in Muscular Work. Acta Physiol. Scand. 26, 183 - 191 (1952).
11. U.S. v. Euler, S. Hellner-Björkman, and I. Orwén, Diurnal Variations in the Excretion of Free and Conjugated Noradrenaline and

Adrenaline in Urine from Healthy Subjects. Acta Physiol. Scand. 33, Suppl. 118, 10 - 16 (1955).
12. U. S. v. Euler and F. Lishajko, Improved Technique for the Fluorimetric Estimation of Catecholamines. Acta Physiol. Scand. 51, 348 - 355 (1961).
13. U. S. v. Euler and U. Lundberg, Effect of Flying on the Epinephrine Excretion in Air Force Personnel. J. Appl. Physiol. 6, 551 - 555 (1954).
14. M. Frankenhaeuser and G. Järpe, Psychophysiological Reactions to Infusions of a Mixture of Adrenaline and Noradrenaline. Scand. J. Psychol. 3, 21 - 29 (1962).
15. M. Frankenhaeuser, G. Järpe, and G. Matell, Effects of Intravenous Infusions of Adrenaline and Noradrenaline on Certain Psychological and Physiological Functions. Acta Physiol. Scand. 51, 175 - 186 (1961).
16. M. Frankenhaeuser and S. Kåreby, Effects of Meprobamate on Catecholamine Excretion During Mental Stress. Report Psychol. Lab., University of Stockholm, No. 113 (1962).
17. M. Frankenhaeuser and B. Post, Catecholamine Excretion During Mental Work as Modified by Centrally Acting Drugs. Acta Physiol. Scand. 55, 74 - 81 (1962).
18. M. Frankenhaeuser, K. Sterky, and G. Järpe, Psychophysiological Relations in Habituation to Gravitational Stress. Perceptual and Motor Skills 15, 63 - 72 (1962).
19. D. H. Funkenstein, Nor-Epinephrine-Like and Epinephrine-Like Substances in Relation to Human Behavior. J. Nerv. Ment. Dis. 124, 58 - 68 (1956).
20. McC. Goodall, Sympathoadrenal Response to Gravitational Stress. J. Clin. Invest. 41, 197 - 202 (1962).
21. McC. Goodall and M. L. Berman, Urinary Output of Adrenaline, Noradrenaline, and 3-methoxy-4-hydroxymandelic Acid Following Centrifugation and Anticipation of Centrifugation. J. Clin. Invest. 39, 1533 (1960).
22. H. B. Hale, Plasma Corticosteroid Changes During Space-Equivalent Decompression in Partial-Pressure Suits and in Supersonic Flight. From the International Congress on Hormonal Steroids, Milano, Italy, 14 - 19 May 1962.
23. C. B. Jackson, Jr., W. K. Douglas, J. F. Culver, G. Ruff, E. C. Knoblock, and A. Graybiel, Results of Preflight and Postflight Medical Examinations. Proceedings of the Conference on Results of the First U.S. Manned Suborbital Space Flight, June 6, 1961.
24. N. T. Kärki, The Urinary Excretion of Noradrenaline and Adrenaline in Different Age Groups, Its Diurnal Variation and the Effect of Muscular Work on It. Acta Physiol. Scand. 39, Suppl. 132 (1956).
25. L. Levi, A New Stress Tolerance Test with Simultaneous Study of Physiological and Psychological Variables. Acta Endocrinol. 37, 38 - 44 (1961).
26. D. Magnusson, A Study of Ratings Based on T.A.T. Stockholm : Grafiska Konstanstaltens Tryckeri, 1959.

27. A. Pekkarinen, O. Castrén, E. Iisalo, M. Koivusalo, A. Laihinen, P. E. Simola, and B. Thomasson, The Emotional Effect of Matriculation Examinations on the Excretion of Adrenaline, Noradrenaline, 17-hydroxycorticosteroids into the Urine and the Content of 17-hydroxycorticosteroids in the Plasma. In : Biochemistry, Pharmacology, and Physiology, p. 117 - 137. Oxford-London-New York-Paris : Pergamon Press Ltd., 1961.
28. A. J. Silverman and S. I. Cohen, Affect and Vascular Correlates to Catecholamines. Psychiat. Res. Rep. 12, 16 - 30 (1960).
29. T. Sundin, The Effect of Body Posture on the Urinary Excretion of Adrenaline and Noradrenaline. Acta Med. Scand. 161, Suppl. 336 (1958).

Discussion

Flickinger: Can you explain the difference in the adrenaline/noradrenaline ratios between the first jump and that obtained on the 6th and 12th jump ?

Von Euler: There is no good explanation for this and I would doubt that such a difference would be evident in the results of a more extensive study.

Sissakian : I would like to ask three questions. First, how is the general balance of these amines changed? Second, how much are the adrenaline and noradrenaline contents exceeded prior to, and during, the active state, with regard to individual variations ? Third, what is the mechanism for the increments in these amines ?

Von Euler : The changes in excretion appear to be fairly specific for the catecholamines, depending on increased release from known sources. As to your second question, examples were given of significant increases, but there are all stages from small increases in milder forms of stress. With regard to your third question : The increase in noradrenaline is caused by a reflex release of the vasomotor neurotransmitter in the first place. The increase in the adrenaline excretion is due to an activiation of secretory fibres, presumably via hypothalamic centers.

Klein: Did you find any difference in the resting level of catecholamines between trained and untrained people, or people who were unadapted or adapted to the stress ? I am asking this because it is said that there is a difference in this respect between trained athletes and people not active in sports.

Von Euler: On the whole the resting levels are quite similar in healthy subjects. Any marked deviation suggests a disturbance in the homeostatic system, but specific studies on the effect of training do not seem to have been made.

Tobias : Were there unsuccessful subjects who dropped out of training and, if so, did you find any relationship with catecholamine production ?

Von Euler : No, there were no unsuccessful trainees in this group. However, there was one subject who showed consistently low catecholamine production.

Desmedt : How far can studies on mammals or primates be used in order to analyze the neurophysiological mechanisms involved in producing a release of noradrenaline and of adrenaline respectively ? Have such studies already been performed and could one hope to define more specifically psychophysiological stressing configurations which would trigger predominantly the release mechanisms of noradrenaline as opposed to those of adrenaline ?

Von Euler : Noradrenaline is mainly released as a result of blood pressure homeostatic reflexes and adrenaline as a result of psychic stress, mediated over cortical and subcortical centers.

Grandpierre : An observation made on our parachutists may explain the augmented excretion of the catecholamines following the 6th or 8th jump. We have noted that refusals preferentially centered around the 5th jump. I would also like to pose the following two questions. First, is there any influence of the age of the subjects on the elimination of catecholamines and their variations under different kinds of stress ? Second, do you think that the analysis of catecholamines can be adopted for general use in studies of stress, for instance in the training of aviators ?

Von Euler : There was no consistent difference in the catecholamine excretion between the trainees and the officers which were of higher age. High figures were found in some officers, however. The analyses can be made in any laboratory equipped with and used to fluorimetric estimations.

Florkin : I would like to ask Professor von Euler if the remarkable observations that you have just presented might offer an approach to the study of stress on the enzyme level, for instance with respect to the mechanisms of methylation, amination and desamination ?

Von Euler : A complete analysis of the metabolic products of the catecholamines may provide information in this respect. The resulting metabolite pattern may be compared to that obtained after infusion of the amines.

Gauer : Your first slide demonstrated, that during orthostasis as compared to recumbency the noradrenaline level goes up, while the adrenaline does not change. Would you agree that this finding may be interpreted as meaning that noradrenaline reflects the slight increase in sympathic activity associated with orthostasis, while the absence of an adrenaline response indicates that orthostasis is not stress in the usual sense.

Von Euler : Orthostasis may be termed a kind of physical (hydrostatic or hydrodynamic) stress, resulting in homeostatic circulatory reflexes, which appear to act only on the noradrenaline system. This involves no emotional component.

White : You noted the elevated catecholamines prior to launch on the first suborbital flight of the U.S. We wondered if this might be used as an objective screening examination for following the astronauts as they build toward such an event. Do you feel that such a test may be of value for such a following of the astronaut as to his readiness to fly ?

Von Euler : A correlation of catecholamine excretion pattern and performance should be of interest. If is not possible to state as yet whether an increased excretion would be indicative of improved performance or the opposite or which parts of performance would be influenced.

PREDICTING THE SUSCEPTIBILITY TO VESTIBULAR SICKNESS UNDER CONDITIONS OF WEIGHTLESSNESS

Ashton Graybiel, Captain, MC, USN
Director of Research, U.S. Naval School of Aviation Medicine
U.S. Naval Aviation Medical Center, Pensacola, Florida, U.S.A.

Abstract

The fact that Russian scientists considered the labyrinth played an etiological role in the symptoms Titov experienced during his orbital flight was justified not only on theoretical ground but also on the basis of Titov's account. The fact that other Cosmonauts and Astronauts did not report similar symptoms can be explained on the basis of individual susceptibility. This poses a problem in predicting susceptibility, a problem made difficult by the inability to simulate zero G for long periods under terrestrial conditions. However, there is good evidence that susceptibility to symptoms in one type of gravitational - inertial force environment has predictive value for exposure to another type. This formed the point of departure in our studies to clarify the role of the vestibular organs in causing functional disturbances. We compared the symptomatology of persons with labyrinthine defects with normal subjects under a variety of environmental conditions. Our studies, though far from complete, indicate that persons with labyrinthine defects are relatively insusceptible to psychic insults and bizarre or nociceptive stimuli, which may cause symptoms in healthy subjects. Two explanations may be advanced. First, the mere presence of the vestibular organs contributes to the complexity of the integrative patterns in the central nervous system, the disturbance of which gives rise to symptoms of functional origin. Second, episodes of vestibular sickness lead to psychological and physiological conditioning which renders a person susceptible to the conditioned stimulus. This greatly complicates the task of predicting susceptibility to weightlessness, a task which will be even more difficult when not only test pilots but also scientists go aloft.

Prédiction de la sensibilité aux troubles vestibulaires dans les états de non-gravité. Le fait que les savants Russes aient considéré que le labyrinthe jouait un rôle étiologique dans les symptômes ressentis par Titov lors de son vol a été justifié non seulement du point de vue théorique mais aussi en se basant sur les propres affirmations de Titov. Le fait que

This research was conducted under the sponsorship of the Office of Life Science Programs, National Aeronautics and Space Administration (Grant R-47).

d'autres cosmonautes et astronautes n'aient point signalé de symptomes semblables peut être expliqué par les différences de sensibilité suivant les individus. Ceci pose un problème pour la prédiction de la sensibilité, problème rendu difficile par l'impossibilité de simuler le G. zéro durant de longues périodes dans les conditions terrestres. Cependant, il est assez évident que la sensibilité aux symptômes dans un type de milieu de gravitation inerte a une valeur prophétique pour les expositions dans un autre type de milieu. Ceci a donné le point de départ de notre étude pour clarifier le rôle des organes vestibulaires en causant des troubles fonctionnels. Nous avons comparé les symptômes de personnes ayant des troubles labyrinthiques et des sujets normaux en les soumettant à des conditions de milieu différentes. Nos recherches, bien que loin d'être complètes, indiquent que les personnes ayant des troubles labyrinthiques sont relativement insensibles aux outrages psychiques ainsi qu'aux incitations motrices anormales ou nociceptives, qui peuvent provoquer des symptômes chez les sujets sains. Deux explications peuvent être avancées: d'abord, que la seule présence des organes vestibulaires contribue à la complexité des parties intégrantes du système nerveux central, dont le dérangement donne naissance à des symptômes d'origine fonctionnelle. Ensuite, des épisodes de maladie vestibulaire conduisent à un état psychologique et physiologique rendant une personne sensible au stimulus conditionné. Ceci complique grandement le travail de prédiction de la sensibilité en apesanteur, tâche qui sera plus difficile encore lorsque non seulement les pilotes d'essai mais aussi les savants voleront.

Предсказания заболеваемости вестибулярного аппарата в условиях невесомости. Мнение русских исследователей, что ушной лабиринт играл этиологическую роль в симптомах, испытываемых Титовым во время орбитального полета, обосновано не только теоретически, но также и в отчете Титова. Можно объяснить индивидуальной восприимчивостью других космонавтов и астронавтов умолчание о подобных симптомах в их отчетах. В связи с этим возникает вопрос предсказания восприимчивости (заболеваемости), представляющий значительные трудности, ввиду невозможности долгосрочно симулировать невесомость в наземных условиях. Имеются, однако, данные, доказывающие, что восприимчивость к симптомам в среде одного определенного типа инерционной силы тяготения может оказаться полезной при предсказании восприимчивости к симптомам в другого типа среде. Это и послужило отправным пунктом для наших работ по выяснению роли вестибулярных органов в случаях функциональных расстройств. Мы сравнили симптоматологию лиц, имеющих дефекты ушного лабиринта с таковой нормальных субъектов в различных условиях среды. Хотя наши исследования и далеки от полноты, но все-же нами показано, что лица с дефектами ушного лабиринта сравнительно нечувствительны к определенным психическим обидам и к эксцентричным или носицептивным стимулам, могущим вызвать симптомы у здоровых субъектов. Могут быть предложены два объяснения этих различий: 1/ само наличие вестибулярных органов благоприятствует сложности интегративных картин в центральной нервной системе, расстройство которых ведет к симптомам функционального происхождения. 2/ эпизоды вестибулярной болезни приводят к такому психологическому и физиологическому состоянию, которое вызывает восприимчивость данного лица к условному возбудителю. Этим сильно усложняется задача предсказания восприимчивости к состоянию невесомости, которая станет еще труднее, когда в полетах в космос будут участвовать не только пилоты-испытатели, но и научные работники.

We have yet to assess fully the role of the vestibular apparatus in man. This applies to its component organs, the canals and otoliths, both individually and collectively, to the useful functions they subserve, and to the effects of disease or functional disturbance. The fact that their total loss results only in minor handicaps suggests that they are on the way toward becoming vestigial organs, and this is borne out by the seeming discrepancy between their large representation in the central nervous system and their small contributions to the human economy. However, their contribution to human misery when diseased, or, in the absence of disease, their effectiveness in causing functional disturbances, is commensurate with their widespred central influence.

The opportunities for causing these functional disorders arose when man began to extend his natural powers of locomotion by artifical means. Exposure to unusual gravitational-inertial force environments has contributed such terms as sea, train, and air sickness to our vocabulary, and now we must add "space sickness". In space travel it is essential that no man be sent aloft who will experience vestibular sickness. This presents a problem in selection on an individual and absolute basis, a more rigid requirement than has had to be met hitherto. Moreover, here we must deal with a unique force environment, weightlessness, which cannot be simulated adequately under experimental conditions on earth (1, 2).

Our approach to the problem has been to study vestibular sickness under controlled conditions with the expectation, among other things, that it would provide valuable information in predicting susceptibility during prolonged exposure to weightlessness. What follows falls into two parts. The first may be regarded as a progress report dealing principally with our own investigations. Some of the material is to be found in a series of articles (3 - 11) based on experiments which were cosponsored by the National Aeronautics and Space Administration, the U.S. Naval School of Aviation Medicine, and in some instances either by the Canadian Defence Research Laboratories or the Wright-Patterson Air Force Development Center. The second part will deal with the application of the findings under terrestrial conditions to the problem of predicting susceptibility to vestibular symptoms under conditions of weightlessness.

Experimental

Subjects

A principal point of departure in our investigations has been a comparison of the symptomatology experienced by normal persons and by deaf subjects with bilateral vestibular defects under similar or identical environmental circumstances. Normal subjects were either chosen at random or specifically selected. Except for incidental observations, mainly on visitors to the laboratory, emphasis was placed on intensive studies of small groups. A careful medical examination was carried out, supplemented by functional evaluations of the canals utilizing the caloric test and of the otoliths utilizing counterrolling (12 - 15) and the oculogravic illusion (16, 17).

Gravitational-Inertial Force Environments

Two lines of direction have guided our choice of force environment, namely, an effort to bring the investigation of functional vestibular syndromes into the laboratory and an attempt to set up conditions in which the main precipitating stimulus is angular or Coriolis acceleration, linear acceleration, or combinations of the two. In the laboratory the experimenter has considerable control over the reproducibility not only of the force environment but also over many other environmental factors of etiological significance. With regard to the subject, he can readily control visual factors, the level of alertness, and employ sophisticated equipment to obtain physical and biochemical measurements. Moreover, the experimenter can more readily evaluate the effects of measures designed to lower or raise the subject's susceptibility and compute changes in human performance and adaptation.

With regard to generating the force environments, we have, thus far, utilized a slowly rotating room (SRR) in generating Coriolis accelerations which constitute a bizarre stimulus to the canals (18), a counter-rotating room (CRR) to stimulate gravireceptors independently of the canals (9, 19), standardized aerobatics (20), standardized parabolic flights (11, 21, 22), and the force environments at sea (20), standardizing the procedure insofar as possible.

The CRR deserves brief mention inasmuch as it has not been widely used. It consists essentially of a secondary turntable mounted on a centrifuge of short radius and which, by direct mechanical linkage, always revolves at the same rate as the main turntable but in the opposite direction. Hence the subject is not subjected to angular velocity, and the canals are not stimulated with head fixed and stimulated normally with head movements. As the subject revolves he always faces in the same geographical position and, with each revolution, perceives the changing direction of resultant force as a feeling of true rotation inside a cone with vertex at feet or buttocks. With eyes open, there is a visual illusion of concordant tilting of the CRR, a specific instance of the oculogravic illusion (16). The importance of bodily movements, especially head movements, either in contributing to the total force environment or placing the body in a position to be more readily affected by this environment has been emphasized (23).

Non Force Environmental Factors

These were always taken into account and often manipulated to advantage. Vision and the visual framework were of the first importance but noise, temperature, humidity, and odors also were controlled.

Intraindividual Variables

Factors adversely affecting individual susceptibility included anxiety, alcohol, lack of sleep, respiratory infection, and nausea-producing drugs; factors favorably affecting individual susceptibility included adaptation, anti-motion sickness drugs, and tasks which required a continual concentration of the attention.

The main lines of direction for reviewing a person's past experiences with reference to motion sickness have long been known (24 - 27), and we have followed these leads, utilizing a questionnaire with open-ended features. We have been impressed with the need to enquire closely into the circumstances attending the first incidents of motion sickness and to trace, if possible, the adaptation or lack of it to repeated exposures. The attempt should be made not only to estimate the characteristics of the force environment and duration of exposure but also to assess other factors of etiological significance both with reference to the individual and environmental conditions. This information was listed by category with estimates of degrees of exposure and severity of response.

An attempt is also underway to expand the interview in the direction of susceptibility functional symptoms under circumstances other than exposure to unusual motions. There is little doubt but that we can add to the number such items which will have validity in estimating basic and acquired susceptibility to vestibular symptoms. Assessment of basic susceptibility is difficult especially in persons whose responses are greatly influenced by past vestibular sensory experiences. Our attention is centered around the estimation of a "personality diathesis" and the responses to thermal stimulation of the semicircular canals (28).

Three general categories of procedures were used : screening tests, capacity tests, and prolonged exposures in which the time course of adaptation to the new environment was charted and the readaptation to ordinary living conditions measured. In the screening and capacity tests we have tried to avoid causing severe nausea and vomiting and have relied on a concordance of signs and symptoms of lesser severity as an end point. It is a great advantage to bring an experiment quickly to an end once symptoms are definite, thus minimizing the effects of adaptation and conditioning and preserving the motivation of the subject. Usually five specific questionnaires were utilized which not only saved time but also standardized the reporting.

In discussion functional vestibular syndromes, terminology presents a problem. One of the most useful services which could be undertaken at this time would be to standardize terminology by international agreement . In this report the term "characteristic perceptions" will be used to describe feelings or illusions referable to postural or visual orientation which were regularly perceived. The term "functional symptoms" will refer to the objective manifestations and subjective symptoms mainly of neurovegetative origin. The term "motion sickness" will be used in its usual connotation and when "vestibular sickness" is inappropriate, as in the case of subjects with complete loss of vestibular function.

Results on Subjects with Complete or Nearly Complete Loss of Vestibular Function

The principal findings are summarized in Table 1. The extraordinary freedom from functional symptoms under both experimental and non-

Table 1. Clinical Findings and Susceptibility to Motion Sickness in Subjects with Labyrinthine Defects

Subj.	Age	Etiol.	Age Onset	Hearing R	Hearing L	Caloric [1] R	Caloric [1] L	Cntr[2] Roll	Hist. m/s	Exper.[3] m/s
St	20	Men.[4]	2 1/2	130 db	135	Nil	Nil	1.5	Bus [6]	Nil
Gu	21	Men.	4 1/2	145	145	Nil	Nil	1.0	Nil	Nil
Hr	29	Men.	13	Nil	Nil	Nil	Nil	1.0	Boat [7]	Nil
Za	20	Men.	3 1/2	135	130	Nil	Nil	0.8	Nil	Nil
Pe	33	Men.	12	Nil	Nil	Nil	Nil	0.5	Nil	Nil
Pi	22	Men.	3	Nil	Nil	Nil	Nil	1.5	Nil	Nil
Do	43	Men.	13	Nil	Nil	Nil	Nil	1.0	Nil	Nil
My	25	Men.	8	Nil	Nil	Nil	Nil	1.0	Nil	Nil
Gr	48	Mas.[5]	12	Nil	160	Nil	Nil	1.5	Nil	Nil

[1] Obs. Nys. Water 4.5-6°C. - [2] Normal = 3.0°-8.5°. - [3] Air, C131, Sea, SRR (20 RPM), CRR (max). - [4] Meningitis. - [5] Mastoiditis. - [6] Minimal Nausea. - [7] Minimal Malaise.

experimental conditions which may cause motion sickness in normal subjects is proof of the overwhelming etiological significance of the sensory organs of the inner ear. It is to be noted that our investigations have not yet been extended to vertical (29) and horizontal oscillations (30 - 32). We have assumed that deafness plays a minor role, if any, partly because deaf subjects with normal vestibular organs may become motion sick and subjects with normal hearing at least in one ear but with partial loss of function, especially of the canals, are highly insusceptible to motion sickness. Indeed, insusceptibility to functional symptoms in the SRR as an incidental observation has led to the further finding of a high threshold of response of the canals as disclosed by the caloric test.

Two of our nine labyrinthine defective (L-D) subjects gave a history of functional symptoms under nonexperimental conditions. One (ST) experienced slight "stomach discomfort" on long bus trips and the other (HR) very slight nausea on occasion in small boats. Neither of these two subjects nor any of the other seven complained of functional symptoms when exposed to maximal stresses under experimental conditions. When questioned, the majority stated they found the experience either "enjoyable" or "interesting." A striking exception occurred in the case of DO who suffered from acrophobia. He was extremely agitated prior to the experimental flight and stated that he was not sure he could persuade himself to enter the aircraft. His high motivation overcame the objection and, although he was extremely anxious, he did not experience functional symptoms of motion sickness. There was another instance involving an L-D subject not a member of the group described in Table 1. She, too, had never flown because of fear, yet volunteered to accompany us aloft. Despite great anxiety, she did not experience functional symptoms of motion sickness.

It is worth emphasizing that, when exposed to linear accelerations, the normal and L-D subjects differ little in their awareness of nonvisual percepts, and in some L-D subjects this also applies to visual perceptions. In other words, at the level of awareness, nonotolithic gravireceptors alone may be as effective as when combined with otolithic receptors in providing characteristic perceptions. Thus the L-D subject is not free from feelings attributable to the force environment, a conclusion supported by Schubert and Kolder (33) based on a different kind of experimental evidence. This implies that the role of the otoliths in causing vestibular sickness must reside in their contribution to central nervous system mechanisms below the level of awareness. It also implies that visual and other nonvestibular sensory inputs under all of our experimental conditions are ineffective in causing motion sickness. Apparent exceptions were those rare nonexperimental circumstances when mild functional symptoms were experienced. In short, it is almost a truism that all motion sickness is vestibular sickness, but, on the other hand, one may experience vestibular sickness in the absence of motion. Of the three types of nonlabyrinthine motion sickness described by Whiteside (34) only the second, the pseudomotion sickness described by Lowry and Johnson (35), is a "pure" type, although mild examples of the other types may be found rarely in nonlabyrinthine subjects as mentioned above.

All of the L-D subjects were questioned in detail and on more than one occasion concerning their susceptibility to such symptoms as "stomach awareness" or discomfort, nausea, ease of vomiting, sweating, vasomotor disturbances, dizziness, and faintness under stressful circumstances other than involving motion. The impression was gained that they were somewhat less susceptible than normal persons, but more systematic inquiry involving larger numbers will be necessary before this can be substantiated. It is mentioned at this time simply because there is such a dearth of information of this kind.

Findings in Normal Subjects

The findings summarized in Table 2 typify the results we have obtained· one unselected normal subjects under different experimental conditions.

Table 2. Number and Severity of Symptoms in an Unselected Group of Nine Medical Students under Five Conditions

		Std. Air				C 131			Sea			SRR			CRR	
			Sym			Sym			Sym			Sym			Sym	
Subject	Age	Completed	No.	Intensity[1]	# Parab.	No.	Severe	Therapy	No.	Severe	# Dials. 7.5 RPM	No.	Severe	Stress[2]	No.	Severe
1	20	No	5	3	10[3]	8	4	Yes	10	5	11	12	2	1	12	3
2	21	Yes	9	5				No			8	9	2	1	6	2
3	24	Yes	7	2	10[3]	5	2	Yes	11	2	7	12	3	2	10	3
4	20	Yes	8	2	10[3]	5	2	No	1	1	20	8	3	2	8	3
5	33	No	8	3	10[4]	20	5	Yes	8	2	0	9	3	3	4	2
6	22	Yes	10	4	40	9	2	No	2	1	11	10	3	5	7	3
7	23	Yes	5	1	40			No	1	1	20	7	2	6	0	
8	22	Yes	5	1	40	5	1	No	1	1	20	7	2	6	3	1
9	48	Yes	3	2	40	0		No	3	1	20	3	1	6	2	1

1 5 point scale (1 = minimal).
2 6 Levels of stress (1 = minimal).
3 Interruption not requested.
4 " requested.

Undoubtedly, we were witness to the fact that functional symptoms may be of psychogenic origin. This observation is not new but the possibility of studying such instances in the laboratory has been extended. The symptomatology is atypical in three important respects : 1) discordance between subjective symptoms and objective signs, the former usually predominating, 2) the same or little change in severity of symptoms with increasing stress, and 3) symptoms either characteristic of anxiety or not fitting into any recognized syndrome. It is immediately apparent that those who are highly susceptible to functional symptoms under one condition are highly susceptible under all (Table 3). These persons do

Table 3. Susceptibility to Functional Vestibular Symptoms in Nine Students Based on History and the Data in Table 2

Subj.	Age	Hist/ms	Air	C 131	Sea	SRR	CRR
1	21	5 [1]	4	5	5	4	5
2	22	5	5			4	5
3	24	5	3	3	3	5	4
4	25	3	3	3	Nil	3	4
5	23	5	4	5	4	5	3
6	24	3	4	3	Nil	5	2
7	23	Nil	2		Nil	2	Nil
8	22	Nil	2	1	Nil	2	1
9	22	Nil	2	Nil	1	1	Nil

[1] 5 point scale (1 = minimal susceptibility).

not present a problem in assessment of susceptibility but do present problems in trying to unravel the complex etiological factors, the full range of the symptomatology, and curiosities in responses which were manifested. Rather than reject these susceptibles from further study, we are seeking explanations for their high predisposition to functional symptoms, partly on the basis that these same predispositions are present in the unsusceptibles but to a lesser degree. Stated differently, the susceptibles may provide investigative leads which are valuable insofar as differences between susceptibles and insusceptibles are of a quantitative and not a qualitative nature.

The question arose in what degrees basic and acquired characteristics contributed to their high susceptibility to functional symptoms. In common with others (36), we have found that susceptibles are "recruited" from the group exhibiting low thresholds of response to stimulation of the semicircular canals. Another approach has been to determine how far these differences might be explicable in terms of personality characteristics. Steele (38), in an important theoretical study, has emphasized the importance of the "activity of the central nervous system" as compared to the intensity or modality of sensory stimulation. In a recent investigation, Harris (39) utilizing a "content analysis" of Rorschach data, found evidence of greater disturbance in personality functioning among student flyers who manifested motion sickness than in those who did not and that this took the form of fear of loss of control over aggressive impulses While such retrospective studies are worthwhile and have the great advantage of immediately adding to our knowledge, another approach is to initiate longitudinal studies, beginning when the subjects are young and preferably before they have had many exposures to unusual force environments.

Turning now to subjects who were relatively insusceptible to functional symptoms, our results indicated not only individual variance in general susceptibility but also differences under different experimental and nonexperimental conditions. Thus, although it was evident that a subject tended to be consistent with regard to his susceptibility to symptoms under different conditions, there were striking exceptions. As noted in Table 3, Subjects 4 and 6 were relatively free from symptoms at sea. A full evaluation of susceptibility involves, except in the susceptibles, capacity tests in which a series of exposures is graded with respect to magnitudes. Indeed, in both the SRR and the CRR the likelihood of causing symptoms increased with increasing levels of inertial forces. In the SRR highly susceptible subjects have not experienced symptoms at 1.0 RPM, but at 20.0 RPM all healthy persons experienced symptoms unless preventative measures were taken.

The findings in another group of young unselected subjects are of particular interest inasmuch as only one had a history of motion sickness. The negative history may have been due in part at least to "inadequate exposure" except in train, car, bus, and carnival devices. They were little affected by exposure in the CRR (canals not stimulated) but experienced symptoms in the SRR.

The findings in Table 4 summarize the results in three selected groups of U.S. Navy flyers when exposed to a standardized screening test in the SRR (6). The principal task was to set a series of five dials, requiring different head motions, while the SRR was rotating at 7.5 RPM. The test was ended either on the subject's request or when 20 such sequences had been completed. Inasmuch as few flight students are dropped because of airsickness, the better performance of the flyers in proficiency billets must represent adaptation. The still better performance of the test pilots represents either further adaptation or a natural selection process. At all events, the differences in the three groups were readily brought out in the SRR.

Thus far no mention has been made of investigations in which the subjects were exposed to the experimental conditions over long periods of time. These have the advantage of observing the cumulative effects of a small stress over long periods but before adaptation sets in. There have

Table 4. Comparison between Three Groups of Navy Flyers in Response to Standard Screening Test in Slow Rotation Room

	Incoming Flight Students	Aviators in Proficiency Billets	Graduates Test Pilot School
No. Subjects	100	40	22
Mean Age	22.3	29.6	32.7
Failure (Group) to Complete [1]	37.6	21.8	2.8
% of Sick	67	30	5
% Vomiting	10	0	0

[1] In % prescribed exposure to stress.

been many studies on motion sickness, especially seasickness, in which persons were exposed to the force environment for long periods, and excellent reviews are available (41 - 44) to the interested reader. Our observations have been limited to the use of the SRR (3, 4, 5, 7, 8, 10, 40). Although a systematic comparative study on individual susceptibility to short and long exposure has not been carried out, the incidental findings suggest that a comprehensive assessment of susceptibility to a particular force environment is incomplete without it.

A synthesis of the information contained in our reports with regard to the etiological factors in motion sickness demonstrates beyond doubt that its primal origin is in the vestibular organs. Our limited findings suggest that the semicircular canals are of greater etiologic significance than the otolith apparatus in this regard. Vestibular stimulation, with a rare exception, was always a necessary precipitating factor, although other environmental and individual factors played a role. In the highly susceptibles symptoms were precipitated by such a small vestibular stimulus that to explore time-intensity variables it was necessary to work in an entirely different (lower) range than in the case of the insusceptibles. Attempting to unravel the complex etiological factors in the highly susceptibles is fascinating but difficult inasmuch as their past vestibular sensory experiences have led to psychological and physiological conditioning. These factors, especially psychogenic ones, tend to distort the typical symptomatology of functional vestibular sickness. It is not unlikely that such sickness in turn affects the individual's personality.

Persons relatively insusceptible to vestibular sickness may differ in their responses to different force environments which may be "basic" in the case of those without a history of motion sickness, or "acquired," as in the case of those who have adapted as the result of repeated exposure to one or more types of force environments. Investigations in the SRR indicate that adaptation may be highly selective either in terms of pattern or intensity of the stimulus. A strong positive relationship was shown between susceptibility to symptoms in the SRR and experience in naval aviation. This is a matter of some significance now that it has been shown that "test pilots" selected for space flight are highly unsusceptible to vestibular symptoms in weightlessness.

In concluding this discussion on the role of the vestibular organs in causing functional symptoms, the generalization is warranted that their importance is more likely to be underestimated than overestimated. The striking differences in response between normal and L-D subjects under the same experimental conditions must be referable directly or indirectly to those organs. On the other hand, persons with normally functioning vestibular organs, at least as presently determined, differ strikingly in their susceptibility to vestibular sickness, and it is not easy to ascribe the proper etiological significance to the different factors contributing to the appearance of symptoms. The more complete the assessment of a person's susceptibility to vestibular symptoms under experimental conditions, the greater the reliability of predicting his susceptibility under new or different conditions. The former presents an especially difficult problem inasmuch as the experimental situations must be regarded as nonperformance tests. This difficulty may eventually be solved by validation of the nonperformance tests, but in the meanwhile the only safeguard is a sufficient "margin of safety." The whole problem is made difficult by the need for individualization in assessments, lack of knowledge concerning basic predisposing factors, especially those "buried" in an individual's personality, and the impossibility of simulating all environmental conditions.

Predicting Susceptibility to Vestibular Symptoms in Weightlessness

The point of departure in discussing the validity of transferring the results of susceptibility studies under terrestrial conditions to those in the weightless state is the experiences of Russian cosmonauts and U.S. astronauts.

Of the four cosmonauts, only Titov experienced disturbances of considerable significance which might reasonably be attributed to the vestibular organs. These consisted of "characteristic illusions" and "functional symptoms." The former, according to an account (45), occurred on transition to weightlessness. Titov felt as though he "turned a somersault," and was momentarily confused and disoriented with reference to the spacecraft and to the earth. Somersault or a tendency toward it has been reported by many aviators when newly experiencing the inertial force on "cutting in" the after-burner during flight. A sense of tumbling is a reasonable expectation during the transition period in space flight when the change in direction of the mass acceleration with respect to the body provides postural cues which orient the flyer to the resultant force. This is accompanied by an oculogravic illusion which is concordant. This illusion is more likely to cause disorientation with reference to the earth than to the spacecraft when visual cues are plentiful, but there is individual variance with respect to postural and visual dominance.

The functional symptoms in Titov's case became prominent in the seventh orbit. These consisted of dizziness, visual disturbances and nausea, and were precipitated or aggravated by head movements and relieved by fixing the head. It is of interest that Titov went over to manual control on the preceding sixth orbit and, according to accounts (46 - 48) rotated Vostok II "left and right, up and down, rolling around her axis, swing through turns" which may have set the stage for generating Coriolis accelerations of sufficient degree to stimulate the semicircular canals. The question must also be raised whether he suffered from a minor injury to the canals or a functional disturbance of endolymphatic, vascular, or other origin. At all events, the Russian scientists have rightly considered these symptoms a cause for painstaking investigations. It would be a matter of importance if it could be established that Titov's symptoms did or did not reflect individual susceptibility. Only the most meticulous assessment of Titov's responses under conditions directed toward the elucidation of this particular phenomenon would, retrospectively, indicate whether this might have been anticipated.

The absence of functional symptoms, such as Titov experienced, in the case of Gagarin and, even more importantly, in the cases of Nikolayev and Popovich is noteworthy. According to accounts (49) they "moved about," made "sharp movements," exercised, and rotated their heads with eyes open and with eyes closed. It is not stated whether these head movements were executed while the spacecraft was rotated about its axis. At all events they did not experience functional symptoms of vestibular origin, suggesting that by selection and training vestibular symptoms can be avoided in the weightless state.

The experiences of the U.S. astronauts are in line with those of the cosmonauts with, of course, the exception of Titov (50 - 54). In all instances contact and visual cues were adequate during the transition period. There were individual differences with regard to the feeling of tumbling, ranging from a slight feeling to none at all, and in no instance was it followed by disorientation in the weightless state. Head movements, experimentally vigorous in the case of Glenn and Carpenter, did not provoke symptoms. Glenn also reported "normal results" utilizing the oculogyral illusion test, suggesting that the canals function normally in weightlessness (55).

The fact that Glenn did not experience functional vestibular symptoms in space flight but did experience symptoms (stomach awareness) while in the sea awaiting recovery points up the dual aspects of the problem in "predicting susceptibility." It is not enough to devise a battery of assessment tests and reject any prospective astronaut unless he is rated "unsusceptible" in all items. It is important to identifiy those items which have low validity as well as those which have high validity in predicting susceptibility to vestibular symptoms in weightlessness.

During weightlessness per se the "magnitude factor" is necessarily low with reference to stimulation or deafferentation of gravireceptors. Insofar as we can extrapolate from experimental evidence, this is a highly favorable circumstance. To this must be added the important information that the canals probably function normally (55, 56). The evidence thus far strongly suggests that the gravitational-inertial force environment per se is only one of the factors which needs to be taken into account and that associated (secondary) etiological factors may be of great importance. These are the personal and environmental variables discussed in the first section. This may be complicated by other symptoms isolating the vestibular variable.

In presenting more specific suggestions, this is done with diffidence and in the realization that time will not endorse them all. Constant "error correction" will be necessary although the main lines of direction rather than details are more likely to be substantiated.

A first step would be to study retrospectively, insofar as the information is not presently available, every aspect of the experimental assessment of the susceptibility of the cosmonauts and astronauts. This would include evaluation of basic susceptibility, how it has been influenced favorably or unfavorably by experience, the assessment of susceptibility in force environments designed to stimulate primarily the canals, otoliths, or both, and the influence of non-force environmental factors as well as other variants known to affect individual susceptibility.

The second step would be to study the results in the light of a meticulous "job analysis" of their responses under every relevant circumstance of the space flights in which they participated.

The third step would be to set forth tentative standards based on a synthesis of the information in Steps 1 and 2. With these "standards" as a guideline prospective cosmonauts and astronauts would be subjected to the same assessment procedures and susceptibility evaluated in the light of the changes in the flight profile and specific tasks. Insofar as these could be simulated, it would have the unrivaled advantage of closing the gap between the results of "performance" as compared with "nonperformance" test procedures. With regard to these aspects which could not be simulated, the very best "nonperformance" tests should be devised and the results interpreted with a "safety factor" in the direction of conservatism. There are a sufficient number of candidates for space flight so that a high rejection rate would not be a serious consideration. Finally, the fourth step would involve a continual revision of "standards" in the light of validating studies.

So long as the astronauts are selected from among a group of flyers with extensive experience in high performance aircraft this will automatically eliminate persons with more than a slight susceptibility to vestibular symptoms under the environmental conditions of space flight. The selection problem will become far more difficult when scientists or others without great experience in aviation become candidates for space travel. It will not be so difficult to assess them in terms of their responses to unusual force environments as it will to such other environmental factors as danger, discomfort, confinement, "automatic" orientation to the spacecraft, and the inevitable decrement in physical fitness associated with prolonged exposure aloft. Once selected their "training" presents a second problem at once interesting and difficult.

References

1. H.J. von Beckh, The Incidence of Motion Sickness during Exposures to the Weightless State. Astronautik 2, 217 - 224 (1961).
2. R.W. Lawton, Physiological Considerations Relevant to the Problem of Prolonged Weightlessness: A Review. Astronaut. Sci. Rev. 4, 1-16 (1962).
3. A. Graybiel, B. Clark, and J. J. Zarriello, Observations on Human Subjects Living in a "Slow Rotation Room" for Periods of Two Days. Arch. Neurol. 3, 55-73 (1960).
4. B. Clark, and A. Graybiel, Human Performance during Adaptation to Stress in the Pensacola Slow Rotation Room. Aerospace Med. 32, 93-106 (1961).
5. A. Graybiel, F. E. Guedry, W.H. Johnson, and R.S. Kennedy, Adaptation to Bizarre Stimulation of the Semicircular Canals as Indicated by the Oculogyral Illusion. Aerospace Med. 32, 321-327 (1961).
6. R. S. Kennedy, and A. Graybiel, A Comparison of Susceptibility to Symptoms in the Slow Rotation Room (Canal Sickness) and Motion Sickness in Flight Personnel. Presented at the 1961 Meeting, Aerospace Medical Association, Chicago, Ill.
7. F. E. Guedry, and A. Graybiel, Compensatory Nystagmus Conditioned during Adaptation to Living in a Rotating Room. J. Appl. Physiol. 17, 398-404 (1962).
8. R. S. Kennedy, and A. Graybiel, Symptomatology during Prolonged Exposure in a Constantly Rotating Environment at a Velocity of One Revolution per Minute. Aerospace Med. 33, 817-825 (1962).
9. A. Graybiel, and W. H. Johnson, A Comparison of the Symptomatology Experienced by Healthy Persons and Subjects with Loss of Labyrinthine Function when Exposed to Centripetal Force on a Counter-Rotating Room. Ann. Otol., etc., St. Louis 72, 357-373 (1963).
10. F.E. Guedry, R. S. Kennedy, C.S. Harris, and A. Graybiel, Human Performance during Two Weeks in a Room Rotating at 3 RPM. BuMed Project MR005. 13-6001 Subtask 1, Report No. 74 and NASA Order No. R-47. Pensacola, Fla.: Naval School of Aviation Medicine, 1962.
11. R. S. Kellogg, R. S. Kennedy, and A. Graybiel, A Comparison of the Symptomatology between Deaf Subjects with Bilateral Labyrinthine Defects and Normal Subjects in Standardized Parabolic Flights. Joint Report. 6570th Aerospace Medical Research Laboratories and U.S. Naval School of Aviation Medicine. In preparation.
12. R. C. Woellner, and A. Graybiel, Counterrolling of the Eyes and Its Dependence on the Magnitude of Gravitational or Inertial Force Acting Laterally on the Body. J. Appl. Physiol. 14, 632-634 (1959).
13. R. C. Woellner, and A. Graybiel, The Loss of Counter-Rolling of the Eyes in Three Persons Presumably without Functional Otolith Organs. Ann. Otol., etc., St. Louis 69, 1006-1012 (1960).
14. E. F. Miller, II, Counterrolling of the Human Eyes Produced by Head Tilt with Respect to Gravity. Acta Otolaryng., Stockh. 54, 479-501 (1962).
15. E. F. Miller II, and A. Graybiel, A Comparison of Ocular and Counter-

rolling Movements between Normal Persons and Deaf Subjects with Bilateral Labyrinthine Defects. BuMed Project MR005.13-6001 Subtask 1, Report No. 68 and NASA Order No. R-47. Pensacola, Fla.: Naval School of Aviation Medicine, 1962.
16. A. Graybiel, Oculogravic Illusion. Arch. Ophthal. 48, 605-615 (1952).
17. A. Graybiel, and B. Clark, The Validity of the Oculogravic Illusion as a Specific Indicator of Otolith Function. BuMed Project MR005.13-6001 Subtask 1, Report No. 67 and NASA Order No. R-37. Pensacola, Fla.: Naval School of Aviation Medicine, 1963.
18. F. E. Guedry, and E. K. Montague, Quantitative Evaluation of the Vestibular Coriolis Reaction. Aerospace Med. 32, 487-500 (1961).
19. W. H. Johnson, and N. B. G. Taylor, The Importance of the Otoliths in Disorientation. DRML Report No. 22-38. Toronto, Canada : Defence Research Medical Laboratories, 1961.
20. R. S. Kennedy, and A. Graybiel, Validity of Tests of Canal Sickness in Predicting Susceptibility to Airsickness and Seasickness. Aerospace Med. 33, 935-938 (1962).
21. L. R. Hammer, Aeronautical Systems Division Studies in Weightlessness: 1959-1960. WADD Technical Report 60-715. Wright-Patterson Air Force Base, Ohio : Aeronautical Systems Division, 1961.
22. J. C. Simons, and W. Kama, A Review of the Effects of Weightlessness on Selected Human Motions and Sensations. Project 7184. Wright-Patterson Air Force Base, Ohio : 6570th Aerospace Medical Research Laboratories, 1962.
23. A. Graybiel, Important Problems Arising out of Man's Graviational-inertial Force Environment in Orbiting Satellites. In R. Fleisig, E. A. Hine, and G. J. Clark (Eds.), Lunar Exploration and Spacecraft Systems. Proceedings of the Symposium on Lunar Flight, American Astronautical Society, New York, December 27, 1960. New York : Plenum Press, 1962.
24. J.E. Birren, M.B. Fisher, and R.T. Stormont, Evaluation of Motion Sickness Questionnaire in Predicting Susceptibility to Seasickness. Nav. Med. Bull. 45, 629 - 634 (1945).
25. S. J. Alexander, M. Cotzin, C. J. Hill, E. A. Ricciuti, and G. R. Wendt, Wesleyan University Studies of Motion Sickness : VI. Prediction of Sickness on a Vertical Accelerator by Means of a Motion Sickness History Questionnaire. J. Psychol. 20, 25-30 (1945).
26. J. E. Birren, and M. B. Fisher, Susceptibility to Seasickness :A Questionnaire Approach. J. Appl. Psychol. 31, 288-297 (1947).
27. A. A. van Egmond, J. J. Groen, and G. De Wit, The Selection of Motion Sickness-susceptible Individuals, Internat. Rec. Med. 167, 651-660 (1954).
28. L. Preber, Vegetative Reactions in Caloric and Rotatory Tests. A Clinical Study with Special Reference to Motion Sickness. Acta Otolaryng., Stockh., Suppl. 144, 1-119 (1958).
29. S. J. Alexander, M. Cotzin, C. J. Hill, E. A. Ricciuti, and G. R. Wendt, Wesleyan University Studies of Motion Sickness : IV. The Effects of Waves Containing Two Acceleration Levels upon Sickness. J. Psychol. 20, 9-18 (1945).

30. J. Park, The Correlation between Swing Sickness and Air Sickness and History of Motion Sickness. FPRC 485. Farnborough, England: Air Ministry, 1942.
31. G.W. Manning, and W.G. Stewart, The Effect of Body Position on the Incidence of Motion Sickness. J. Appl. Psychol. 1, 619-628 (1949).
32. A.M. Fraser, and G.W. Manning, Effect of Variation in Swing Radius and Arc on Incidence of Swing Sickness. J. Appl. Physiol. 2, 580-584 (1950).
33. G. Schubert, and H. Kolder, Factor Analysis of Space Orientation. Riv. Med. Aero. 25, 64-77 (1962).
34. T.C.D. Whiteside, Motion Sickness. FPRC/Memo 156. Farnborough, England : Air Ministry, 1960.
35. R.H. Lowry, and W. H. Johnson, "Pseudo Motion Sickness" Due to Sudden Negative "G"; its Relation to "Airsickness." J. Aviat. Med. 25, 103-106 (1954).
36. M.P. Lansberg, A Primer of Space Medicine. Amsterdam : Elsevier Publishing Company, 1960.
37. T.J. Powell, Acute Motion Sickness Induced by Angular Accelerations. FPRC 865. Farnborough, England : Air Ministry, 1954.
38. J. E. Steele, Motion Sickness and Spatial Perception. A Theoretical Study. ASD Technical Report 61-530. Wright-Patterson Air Force Base, Ohio : Aeronautical Systems Division, 1961.
39. J. G. Harris, Jr., Rorschach and MMPI Responses in Severe Airsickness. BuMed Project MR005.13-5001 Subtask 1, Report No. 22. Pensacola, Fla.: Naval School of Aviation Medicine, 1963.
40. F.E. Guedry, A. Graybiel, and W.E. Collins, Reduction of Nystagmus and Disorientation in Human Subjects. Aerospace Med. 33, 1356-1360 (1962).
41. W.J. McNally, and E.A. Stuart, Physiology of the Labyrinth Reviewed in Relation to Seasickness and Other Forms of Motion Sickness. War Med., Chicago 2, 683-771 (1942).
42. G. De Wit, Seasickness (Motion Sickness). A Labyrinthological Study. Acta Otolaryng., Stockh., Suppl. 108, 1-56 (1953).
43. D.B. Tyler, and P. Bard, Motion Sickness. Physiol. Rev. 29, 311-369 (1949).
44. H. I. Chinn, and P. K. Smith, Motion Sickness. Pharmacol. Rev. 7, 33-82 (1955).
45. G. Titov, and M. Caidin, I Am Eagle. Based on Interviews with W. Burchett, and A. Purdy, New York : Bobbs-Merrill Company, 1962.
46. O. G. Gazenko, and V.J. Yazdovsky, Some Results of Physiological Reactions to Space Flight Conditions. Proceedings of the XIIth International Astronautical Congress, Washington, D.C., 1961, Vol. II, pp. 639 - 646. New York - London : Academic Press Inc., Wien : Springer-Verlag, 1963.
47. V.V. Parin, and O.G. Gazenko, Soviet Experiments Aimed at Investigating the Influence of the Space Flight Factors on the Organism of Animals and Man. Presented at Third International Space Science Symposium and Fifth COSPAR Plenary Meeting, Washington, D.C., 1962.

48. G. S. Titov, Report of Major Gherman S. Titov at Fifth Plenary Meeting of COSPAR on May 3, 1962. Third International Space Science Symposium and Fifth COSPAR Plenary Meeting, Washington, D. C., 1962.
49. C. Brownlow, Weightlessness Effects Worrying Soviets. Aviat. Week and Space Technol. 77, 38-39 (1962).
50. W. S. Augerson, and C. P. Laughlin, Physiological Responses of the Astronaut in the MR-3 flight. Proc. Con. on Results of the First U.S. Manned Suborbital Space Flight. National Aeronautics and Space Administration, National Institutes of Health, and National Academy of Science, June 6, 1961, pp. 45-50.
51. C. P. Laughlin, and W. S. Augerson, Physiological Responses of the Astronaut in the MR-4 Space Flight. In : Results of the Second U.S. Manned Suborbital Space Flight, July 21, 1961. National Aeronautics and Space Administration, Manned Spacecraft Center, pp. 15-21. Washington 25, D. C.: U.S. Government Printing Office.
52. C. P. Laughlin, et al., Physiological Responses of the Astronaut. In : Results of the First United States Manned Orbital Space Flight, February 20, 1962. National Aeronautics and Space Administration, Manned Spacecraft Center, pp. 93-103. Washington 25, D. C.: U.S. Government Printing Office.
53. E. P. McCutcheon, et al., Physiological Responses of the Astronaut. In: Results of the Second United States Manned Orbital Space Flight, May 24, 1962. NASA SP-6. National Aeronautics and Space Administration, Manned Spacecraft Center, pp. 54-62. Washington 25, D. C.: U.S. Government Printing Office.
54. J. P. Henry, et al., Effects of Weightlessness in Ballistic and Orbital Flight. A Progress Report. Aerospace Med. 33, 1056-1068 (1962).
55. J. H. Glenn, Pilot's Flight Report. In : Results of the First United States Manned Orbital Space Flight, February 20, 1962. National Aeronautics and Space Administration, Manned Spacecraft Center, pp. 119 - 136.
56. J. A. Roman, B. H. Warren, and A. Graybiel, The Function of the Semicircular Canals during Weightlessness. Aerospace Med., in press.

Discussion

Editor's Note : Following a question by Academician Sissakian, Dr. Graybiel mentioned that Glenn only experienced slight "stomach awareness" while exposed to the force environment in the sea after impact, and that this symptom disappeared immediately when Glenn got onboard the carrier.

REACTIONS ELECTRIQUES CEREBRALES A DE COURTES PERIODES DE NON GRAVITE

R. Grandpierre, R. Angiboust, R. Brice,
B. Cailler, G. Chatelier et J. Rozier
Centre d'Enseignement et de Recherches de Médecine Aéronautique
Paris, France

(Avec 4 Figures)

Résumé

Les auteurs ont réalisé un certain nombre d'expériences sur des rats blancs de race Wistar placés dans un avion exécutant des trajectoires paraboliques de façon à déterminer, suivant la méthode classique, une absence de pesanteur de quelques dizaines de secondes. On enregistrait, chez les animaux, le rythme cardiaque et respiratoire et l'activité électrique des muscles de la nuque en même temps que l'activité électrique du cortex cérébral et de la substance réticulée mésencéphalique. La gravité nulle a été obtenue au cours de 4 à 6 périodes successives variant de 33 à 45 secondes pour chaqe animal, huit animaux ont été ainsi soumis aux expériences.

Les résultats obtenus ne montrent dans l'ensemble aucune modification de l'activité électrique spontanée des zônes cérébrales interrogées au cours des périodes de gravité nulle. Mais chez certains animaux qui présentaient spontanément de très discrets signes électriques d'irritabilité corticale on voit apparaître des bouffées importantes de pointes ondes hypersynchrones ou d'ondes lentes.

Les auteurs tentent d'interpréter ces résultats et d'en tirer des conclusions théoriques et pratiques.

Electro-Encephalographic Responses to Short Periods of Weightlessness.

The authors carried out a number of experiments on white Wistar rats carried in an aeroplane following parabolic flight paths, in order to produce by the classical method a state of weightlessness lasting some thirty or forty seconds. The animals' heart and breathing rate, and the electrical activity in their neck muscles, cerebral cortex and mesencephalic reticular formation were recorded. Zero gravity was obtained during four to six successive periods of from 33 to 45 seconds, for each animal; eight animals were tested in this way.

Taken as a whole, the results obtained show no change in the spontaneous electrical activity of the cerebral zones investigated during periods of zero gravity. However, in certain animals which spontaneously displayed very discrete electrical signs of cortical irritability, large bursts of synchronous activity or slow waves were observed.

The authors attempt to interpret these results and to arrive at theoretical and practical conclusions.

Электрические реакции мозга на короткие периоды невесомости. Авторы провели ряд опытов на белых крысах породы Вистар, помещенных в самолет, летающий по параболическим траекториям, чтобы создать по классическому методу невесомость в течение нескольких десятков секунд. У животных регистрировался сердечный и дыхательный ритмы и электрическая активность мышц затылка одновременно с электрической активностью коры головного мозга и мезенцефального сетчатого вещества. Невесомость достигалась в течение 4-6 последовательных периодов от 33 до 45 секунд для каждого животного. Опытам такого рода подвергалось восемь животных.

Полученные результаты в целом не показывают никаких изменений самопроизвольной электрической активности мозговых зон, проверявшихся в периоды невесомости. Но у некоторых животных, которые самопроизвольно проявляли малозаметные электрические симптомы корковой раздражительности, наблюдаются большие приливы пиков гиперсинхронных волн или медленных волн.

Авторы пытаются дать объяснение этим результатам и на их основе сделать теоретические и практические выводы.

Parmi les problèmes physiologiques qui restent aujourd'hui à résoudre, celui de l'orientation et de l'équilibration de l'homme dans l'espace est un des plus complexes. Les mécanismes en sont encore très imparfaitement connus. Il s'agit cependant là d'une fonction de relation avec le milieu extérieur particulièrement importante puisqu'elle conditionne le maintien d'une position, la coordination des mouvements et les possibilités de déplacement de l'individu.

Cette fonction qui repose sur l'ensemble des autres fonctions de relation: vision, sensations, activité musculaire, est aussi en rapport étroit avec les fonctions végétatives (circulation, respiration et digestion) qu'elle est susceptible de modifier. Elle met ainsi en jeu la totalité du système nerveux central.

Son étude qui a fait l'objet de nombreux travaux est restée difficile parce que le facteur pesanteur dans les expériences habituelles s'exerce de façon permanente sur le sujet sans qu'on puisse l'éliminer ou le modifier.

La possibilité de réaliser l'absence de pesanteur représente donc des conditions nouvelles et particulièrement utiles pour une meilleure connaissance de l'orientation et de l'équilibration.

Les expériences que nous avons effectuées ont donc pour but d'étudier le fonctionnement du système nerveux central en absence de pesanteur et de mieux connaître d'une façon générale celui des systèmes physiologiques d'orientation et d'équilibration. Le résultat est aussi particulièrement important à connaître pour les vols astronautiques. Les exploits de Titov et de Carpenter ont montré que certains troubles pouvaient apparaître après quelques heures de satellisation, mais les renseignements que pourra nous donner l'homme resteront toujours globaux et incomplets. L'analyse des mécanismes des troubles ne peut être envisagée que pour l'animal et nécessitera la poursuite des études entreprises.

Le choix de l'animal d'expérience a été dicté par les limites du volume qui nous était attribué dans nos fusées. Il a ainsi été nécessaire d'utiliser un animal de volume nettement inférieur à celui d'un chat. De plus le désir de placer des électrodes receptrives profondément situées et très exactement repérées, nous a obligé à utiliser un animal dont l'anatomie du cerveau ait déjà fait l'objet d'un repérage systématique. Parmi les petits mammifères seul le rat de race Wistar répond actuellement à cette condition. Nous avons utilisé l'atlas stéréotaxique de Albe-Fessard, Stutinski et Libouban.

Nous avons ainsi étudié les effets de divers états d'accélération sur l'activité électrique du cortex de rats blancs de race Wistar.

Les essais ont été effectués dans notre première expérience au cours d'un vol de fusée Véronique. Dans les autres séries d'expérience les essais ont eu lieu en avion au cours de paraboles successives exécutées à plusieurs minutes d'intervalle et produisant des périodes d'apesanteur de 33 à 44 secondes.

Nous recueillons l'activité d'une large région entre une électrode située au niveau de l'aire somesthésique et une électrode située au niveau de l'aire visuelle homolatérale. Par ailleurs, les rythmes cardiaque et respiratoire, les courants fournis par la substance réticulée mésencéphalique et les muscles de la nuque étaient simultanément enregistrés.

Après amplification, les paramètres biologiques étaient transmis au sol par télémesure dans la première expérience ou enregistrés dans l'avion même sur bande magnétique dans le second groupe d'essais, puis enregistrés sur papier selon les procédés classiques habituels.

Nous avons constaté, au cours du vol en fusée, une intense activation corticale pendant toute la durée du vol se manifestant sur le tracé par une augmentation de l'amplitude et une fréquence plus rapide des rythmes.

En avion, chez la plupart des animaux, nous n'avons constaté pendant les séquences de sous gravité, aucune modification de l'activité électrique spontanée (Fig. 2, 3). Mais chez quelques animaux qui présentaient sur leur tracé de repos des signés électriques mineurs d'irritabilité corticale, on observe pendant la sous gravité une réactivation très importante de ces manifestations électriques d'épilepsie (Fig. 4).

Toutes ces manifestations observées soit pendant la surcharge due aux accélérations, soit pendant la disparition des forces d'accélération, témoignent de modifications de l'état d'excitabilité corticale. Cependant ces modifications ne semblent pas relever d'un même mécanisme.

Dans le vol en fusée, les enregistrements de l'activité électrique de la substance réticulée mésencéphalique haute controlatérale effectués en même temps que les tracés corticaux montrent qu'il n'existe, dans

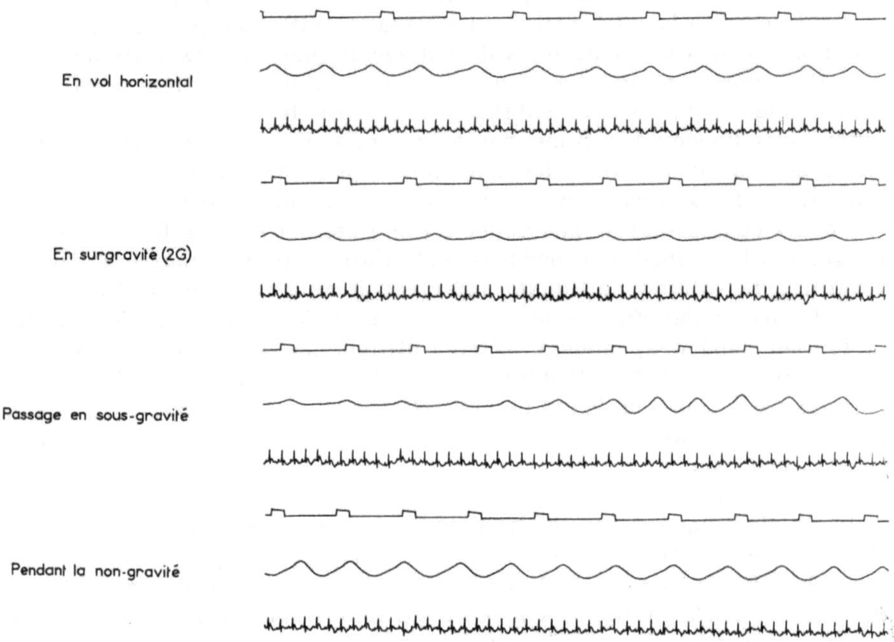

Fig. 1. Rythmes cardiaque et respiratoire (rat, expérience GO, avion, 1962, vol n° 4)

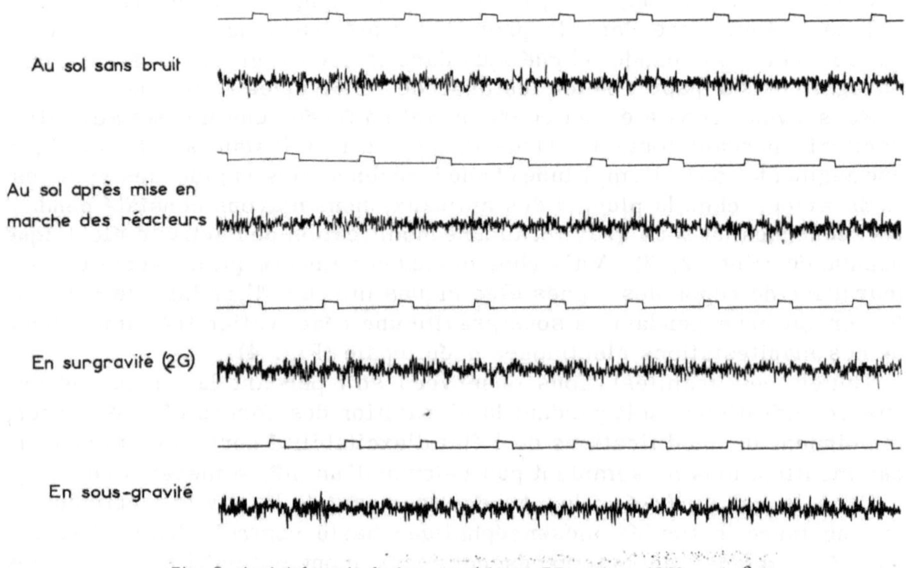

Fig. 2. Activité corticale (rat, expérience GO, avion, 1962, vol n° 1)

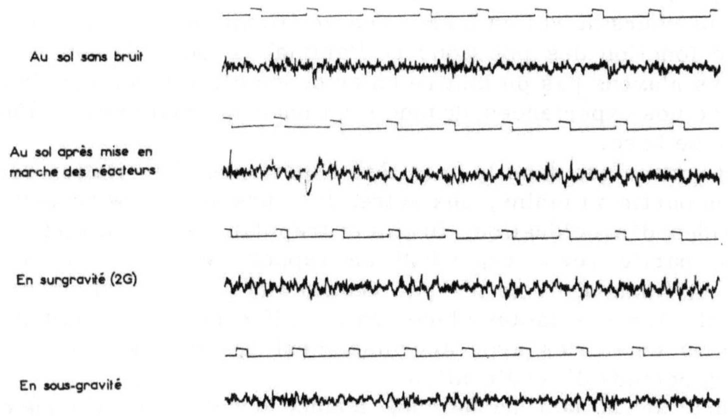

Fig. 3. Activité réticulaire (rat, expérience GO, avion, 1962, vol n° 1)

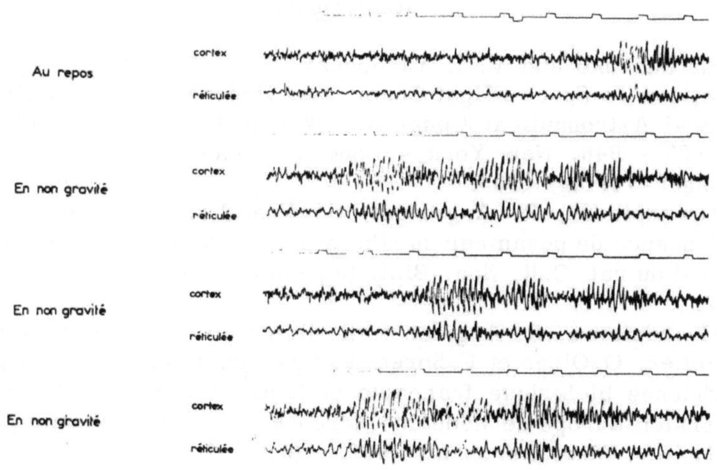

Fig. 4. Réactivation des signes électriques d'épilepsie en non-gravité (rat, expérience GO, avion, 1962, vol n° 3)

la première phase du vol, aucune modification des tracés; puis se manifeste un applatissement progressif avec diminution de la fréquence des rythmes. Au cours des périodes de non gravité en avion, au contraire, nous n'avons observé aucune modification de l'activité électrique de base.

L'enregistrement des potentiels électriques des muscles de la nuque montre, au cours du vol en fusée, des modifications variables qui semblent être fonction des positions de l'animal. Pendant la non gravité en avion, nous n'avons pas pu mettre en évidence d'une façon non équivoque au cours de nos expériences, de modifications systématiques de l'activité électrique de base.

On peut penser que dans la première expérience, l'excitation corticale est due, en partie au moins, aux autres facteurs agressifs du vol; variations rapides d'accélération, bruits et trépidations, émotivité de l'animal. Une partie reste cependant en rapport avec les accélération. Izosimov et Razumeyev (cités par Gazenko et Yazdovsky) ont constaté, récemment, sur des lapins placés en centrifugeuse, une diminution des ondes lentes corticales avec accroissement des fréquences rapides au début de la période d'accélération.

Au cours de la non pesanteur, aucune observation n'a encore été publiée sur l'activité corticale. La réactivation de signes mineurs d'épilepsie corticale témoigne d'une modification importante de la réactivité de l'écorce cérébrale.

On peut penser que ces modifications sont en relation avec des remaniements quantitatifs et qualitatifs des influx sensoriels proprioceptifs entraînés par la disparition de la pensanteur.

De nouvelles expériences nous permettront peut être, en apportant des informations complémentaires, une confirmation de ces hypothèses.

Références

1. O. G. Gazenko and V. I. Yazdovsky, Some Results of Physiological Reactions to Space Flight Conditions. Proceedings of the XIIth International Astronautical Congress, Washington, D.C., 1961, Vol. II, pp. 639 - 646. New York - London : Academic Press Inc., Wien : Springer-Verlag, 1963.
2. R. Grandpierre, R. Angiboust, G. Chatelier et L. Leitner, Effets de l'absence de pesanteur sur l'activité électrique du système nerveux central du rat. C.R. Soc. Biol. (à paraître), séance Nancy, 9 janvier 1962.
3. R. Grandpierre, R. Angiboust, R. Brice, B. Cailler, P. Cazard, G. Chatelier, O. Olsen et F. Soret, Exposé des résultats de la première expérience biologique française en fusée. Comm. X° Congrès Internationalen Europe de Médecine Aéronautique et Cosmonautique, Paris, 1961. Rev. Méd. Aéronaut. 1962, 1 (à paraître).

Discussion

Sissakian : What exactly do you mean when you say "sensory perception" ?

Angiboust : We are only referring to the sensory inflow from the receptors of the labyrint on one hand, and from the spindles, on the other.

Sissakian : Have you tried to analyze, by histopathological or other methods, the changes which arise in the vestibular organ ?

Angiboust : We have not studied the peripheral receptors of the labyrinth.

White : Were the animals selected at random ? Were the observed changes in cortical response a happenstance finding or was this something that you went into on purpose ?

Angiboust : The animals were selected at random. We ran into these changes by chance. The results have to be checked by further systematic experiments.

Von Beckh : Have you made any control experiments to exclude the possibility that the observed phenomena might have been caused by the acceleration preceding the ballistic part of the trajectory ?

Angiboust : Yes we have made studies on the centrifuge which have shown that acceleration per se does not cause the changes observed during flight.

Von Euler : Was there any indication of decreased activity from the reticular system on any occasion during weightlessness ?

Angiboust : There were no changes in the basal activity.

Reynolds : Did the synchronous activity observed during weightlessness in the two animals with cerebral irritation subside after recovery ?

Angiboust : Yes, these signs subsided after landing.

ПРОБЛЕМА ВЗАИМОДЕЙСТВИЯ АНАЛИЗАТОРОВ ПРИМЕНИТЕЛЬНО К УСЛОВИЯМ КОСМИЧЕСКОГО ПОЛЕТА

М.Д.Емельянов, А.Г.Кузнецов, Е.М.Юганов и А.А.Гюрджиан
Академия Наук СССР, Москва, СССР

Аннотации

1. Известные в авиационной практике нарушения у летчиков пространственной ориентировки и вегетативные расстройства, напоминающие симптомокомплекс укачивания, могут иметь место и у космонавтов на некоторых этапах космического полета. Обосновывается предположение, что указанные явления возникают в результате нарушения физиологического взаимодействия анализаторов, контролирующих восприятие пространства.

2. Точка зрения авторов нашла подтверждение в экспериментальных исследованиях по выявлению закономерностей взаимодействия зрительного, вестибулярного и двигательного анализаторов и воспроизведению пространственных иллюзий. Излагаются методические приемы исследований.

3. Выяснено, что пороги вестибулярных реакций варииpуют в широких пределах под влиянием определенных зрительных раздражений, статических и динамических мышечных напряжений. Заметное препятствие возникновению описываемых явлений оказывают статические мышечные напряжения и фиксирование взгляда на неподвижном зрительном объекте. Степень выраженности нарушений восприятия пространства зависит также от индивидуальных особенностей испытуемых.

4. Наиболее часто встречающиеся пространственные иллюзии и сопутствующие им вегетативные реакции появляются в результате раздражений вестибулярного аппарата в условиях, когда испытуемый находится в состоянии балансирования на неустойчивой опоре или когда прослеживает глазами за непрерывно движущимися объектами.

5. Наиболее эффективной мерой профилактики этих расстройств являются научно-обоснованные отбор и тренировка космонавта.

Problems Concerning the Interplay of Physiological Sensing Mechanisms (Analysers) during Space Flight. 1. Disturbances in the pilot's spatial orientation and vegetative disorders, common in aviation and reminiscent of the symptoms of seasickness, may also occur in cosmonauts during certain stages of space flight. Evidence is produced to support the assumption that these phenomena arise as a result of disturbances in the physiological interplay of the sensing mechanisms governing the perception of space.

2. The authors' opinion was confirmed by experimental investigations

of the physiological mechanisms governing the interplay of visual, vestibular and motor mechanisms, and of the appearance of spatial illusions. Methodical research procedures are suggested.

3. It is explained that vestibular reaction thresholds vary within wide limits under the influence of certain visual excitations or static and dynamic muscular tensions. Static muscular tension and visual concentration on a fixed object considerably inhibit the appearance of these phenomena. The degree to which disorders in the perception of space are expressed depends also on the individual peculiarities of the subject.

4. The most frequent spacial illusions and their accompanying vegetative reactions appear as a result of excitations of the vestibular apparatus when the subject is in a state of balance on an unstable support, or when his eyes follow continuously moving objects.

5. The scientific selection and training of cosmonauts are the most effective counter measures against these disorders.

Problèmes de l'action reciproque des analyseurs sensoriels pendant le vol spatial. 1. Des perturbations d'orientation et des troubles végétatifs, rappelant les symptomes du mal de mer, troubles bien connus dans la pratique aérienne peuvent également se produire chez les cosmonautes, lors de certaines étapes du vol spatial. On propose l'hypothèse que les phénomènes indiqués surviennent par suite de perturbations physiologiques de l'action réciproque des analyseurs sensoriels controlant la perception de l'espace.

2. Le point de vue des auteurs se trouva confirmé dans les recherches expérimentales par la découverte de la régularité de l'influence réciproque des analyseurs oculaires, vestibulaires et moteurs, et par la reproduction des illusions spatiales. On expose des procédés méthodiques de recherches.

3. On met en évidence le fait que les seuils de réactions vestibulaires varient dans des limites assez vastes sous l'influence d'excitations oculaires déterminées ou d'efforts musculaires statiques et dynamiques. Les efforts musculaires statiques ou le fait que le sujet fixe du regard un objet immobile constituent un obstacle considérable à l'apparition des phénomènes décrits. Le degré de l'expression des perturbations dans la perception de l'espace dépend également de facteurs individuels chez le sujet en cause.

4. Les illusions spatiales le plus fréquemment rencontrées, ainsi que les troubles végétatifs les accompagnant, surviennent à la suite d'excitations de l'appareil vestibulaire lorsque le sujet oscille sur un appui instable, ou lorsqu'il suit des yeux des objets en mouvement ininterrompu.

5. Le choix des cosmonautes sur des bases scientifiques et leur entrainement s'avère la mesure prophylactique la plus efficace contre ces troubles.

Деятельность человека при полетах на самолетах и космических кораблях связана с получением и переработкой большого количества различной информации. Исключительно важное значение приобретает та ее часть, на основе которой формируется представление о положении летательного аппарата в пространстве.

В настоящее время накоплен большой материал о возникновении у летчиков в полете нарушений восприятия пространства, протекающих в виде различного рода иллюзорных ощущений, таких как ложное ощущение крена, пикирования или перевернутого положения, нередко ведущих к полной дезориентации в пространстве.

По-видимому, все лица в той или иной степени подвержены этим явлениям и в различные периоды своей профессиональной деятельности переживают иллюзорные ощущения в полете, которые отрицательно сказываются на качестве пилотирования. Законно было ожидать появления неадекватных ощущений и представлений у человека также и в условиях космического полета, где причиной этого может явиться действие невесомости, отсутствие видимых и привычных земных ориентиров, а также вращательные движения космического корабля, обусловленные неполной его стабилизацией в полете. Основанием к этому являются многочисленные материалы наблюдений по изучению влияния на организм состояния невесомости на самолетах (1,5,6), и сообщения о своих ощущениях в космическом полете первых космонавтов.

Летчик-космонавт Ю.А.Гагарин дал довольно благоприятную оценку своего общего состояния и переживаний в полете (на космическом корабле "Восток"). По его словам, состояние невесомости и переходные фазы от состояния повышенной гравитации к невесомости и обратно он переносил хорошо. Ощущений головокружения, зрительных расстройств и нарушений координации у Ю.А.Гагарина не отмечалось. Все же он оценивает свои ощущения в невесомости как необычные, ранее не встречавшиеся в жизни, но так или иначе не препятствующие выполнению программы полета.

Более сложную картину представил Г.С.Титов, проделавший 17 витков вокруг земного шара и находившийся в условиях невесомости около 25 часов. В период выхода на орбиту при переходе от повышенной гравитации к невесомости Г.С.Титов на короткий момент почувствовал, что он находится в перевернутом положении. Первые несколько витков Г.С.Титов перенес хорошо.

Возникавшие необычные ощущения не мешали работе и для подавления изредка появляющихся неприятных ощущений ему не требовалось больших усилий. В дальнейшем, по мере продолжения полета периодически возникали ощущения дискомфорта, которые сопровождались симптомами вегетативных расстройств. Последние всякий раз усиливались, когда он производил резкие движения головой. Подавлять или тормозить эти ощущения удавалось путем принятия определенной позы, исключавшей быстрые движения головой, а также путем усилий, предпринимаемых для выполнения заданий, предусмотренных программой полета.

Результаты наблюдений на корабле "Восток - 2" давали основание ожидать, что в длительных полетах в космосе явления, обусловленные невесомостью, будут выражены у космонавтов в более резкой форме, чем это имело место у Г.С.Титова, и что они могут явиться сдерживающим фактором в развитии исследований по освоению космического пространства. Эти опасения и предположения не оправдались. У космонавтов А.Г.Николаева и П.Р.Поповича, находившихся первый – в четыре, а второй – в три раза более продолжительный срок в космосе, чем Г.С.Титов, нарушений восприятия пространства и неприятных ощущений, вызванных влиянием невесомости, не отмечалось. Космонавты на протяжении всего полета сохраняли способность выполнять координированные действия в невесомости и контролировать свое положение и положение корабля в пространстве. Способность оценки положения в пространстве утрачивалась только в том случае, когда космонавты закрывали глаза.

Достигнутые успехи, конечно, не решают полностью проблемы невесомости. Возможность проявления неблагоприятных реакций у человека в условиях длительного полета в космосе должна явиться стимулом к дальнейшему расширению программы исследований в направлении выяснения физиологических механизмов восприятия пространства в невесомости и изыскания мер профилактики возможных нарушений в космическом полете.

Имеются основания считать, что иллюзорные ощущения и другие формы нарушений восприятия пространства, наблюдаемые в полетах на самолете и космическом корабле, имеют много общего в своем происхождении и должны рассматриваться с общих теоретических позиций.

Организм не имеет отдельного анализатора, контролирующего восприятие пространства. Эту сложную функцию выполняет ряд анализаторов и в первую очередь зрительный, вестибулярный, проприоцептивный и слуховой, между которыми и устанавливается определенное взаимодействие.

В невесомости, при отсутствии адекватного раздражителя гравитации, в условиях, исключающих восприятие привычных земных ориентиров, функции многих афферентных систем видоизменяются, взаимодействие систем и осуществление нормальной деятельности центральной нервной системы по поддержанию позы и ориентировки в пространстве затрудняется.

Принцип взаимодействия анализаторов, по мнению советских физиологов, является универсальным в деятельности центральной нервной системы. Он находит широкое признание и применение в теоретической физиологии (3,4), тогда как в прикладной и, особенно в авиационной и космической физиологии, все еще доминируют взгляды, опирающиеся на факты изучения отдельных анализаторов. Вместе с тем именно в этих областях деятельности человека, где внешние воздействия на организм нередко принимают экстремальный характер, учение о взаимодействии органов чувств приобретает исключительно важное значение (2). Учитывая это и основываясь на учении о системности в работе анализаторов нами были проведены исследования по выяснению некоторых физиологических закономерностей взаимодействия зрительного, вестибулярного и двигательного анализаторов и разработаны методические приемы, позволяющие экспериментально вызывать у испытуемых те или иные иллюзорные ощущения в условиях лаборатории.

Работа проводилась на специальных установках. При этом регистрировались: отклонения тела, биопотенциалы скелетных мышц, пульс, дыхание, кровяное давление, биотоки мозга. Исследования проводились в двух вариантах: в одном – испытуемые помещались на прочно укрепленную опору, в другом – использовалась неустойчивая опора.

Результаты исследований, проведенных с испытуемыми, находившимися на фиксированной опоре, показали, что при отсутствии зрительного контроля за положением тела в пространстве статические мышечные напряжения в виде наклонов головы, туловища, а также усилия, производимые при ручной и особенно становой динамометрии, оказывают выраженное торможение вестибулярных рефлексов. Особенно отчетливо это выявляется при напряжении мышц на стороне, противоположной раздражаемому лабиринту. Если при этом применялись адекватные раздражения вестибулярного аппарата вращением, то кроме тормозных двигательных реакций наблюдалось уменьшение продолжительности ощущения противовращения.

Совершенно другая картина наблюдалась, если испытуемый находился в состоянии балансирования на неустоучивой опоре, когда мышечные сокращения по поддерживанию позы становились нестабильными и прерывистыми. В этом случае наблюдалось усиление вестибулярных реакций, которые становились тем выраженнее, чем меньше была площадь опоры или степень устойчивости у испытуемого. При площади опоры в 625 см^2 не отмечалось заметных изменений ощущений и двигательных реакций. Но когда площадь опоры уменьшалась почти вдвое (до 289 см^2) и отклонения от вертикали при балансировании резко увеличивались, влияние того же раздражителя приводило испытуемого к полной дезориентации в пространстве, сопровождаемой вегетативными реакциями в виде побледнения лица, тошноты, потоотделения и учащения пульса.

Далее выяснилось, что в условиях балансирования у человека снижаются пороги вестибулярной чувствительности в 2-3 раза и двигательный анализатор реагирует на меньшие отклонения центра тяжести. Вместе с тем оказалось, что по мере увеличения степени неустойчивости нарастают изменения биотоков мозга отводимых с височных областей головы – наблюдается угнетение α-ритма, появление β-ритма и пикоподобных колебаний, свидетельствующих о снижение активности тормозных процессов в коре головного мозга и облегчающих иррадиацию возбуждения с вестибулярных центров на двигательную зону коры и вегетативные центры. То обстоятельство, что хлоралгидрат заметно снижает вестибулярную активность в условиях неустойчивого равновесия и снимает изменение биоэлектрической активности мозга указывает на корковую принадлежность протекающих процессов в мозгу.

До сего времени рассматривались явления взаимодействия между вестибулярными и проприоцептивным анализаторами. Влияния, идущие с глаза на вестибулярный прибор, представляют особый интерес. Известно, что рефлексы с вестибулярного аппарата выражены в меньшей степени в том случае, если глаза открыты. Ранее предпологалось, что это результат действия светового потока. Но оказалось, что свет сам по себе не играет главенствующей роли в торможении вестибулярных реакций. Если световой поток мощностью до 160 люксов поступал в глаза из пространства, то его действие на функцию вестибулярного прибора не обнаруживалось. Как и при закрытых глазах, раздражение вестибулярного аппарата в сочетании с освещением глаз приводило к обычно наблюдаемым фактам потери равновесия и удлинению периода последействия раздражителя.

В тех же условиях совершенно другой эффект можно было наблюдать, когда в поле зрения испытуемого помещались те или иные объекты. Фиксирование взгляда на неподвижных зрительных объектах оказывало такое же влияние на вестибулярный аппарат, как и действие статических мышечных напряжений. Наоборот, наблюдение за движущимися зрительными объектами повышало вестибулярную чувствительность.

Далее оказалось, что не всякое фиксирование взгляда на неподвижном зрительном объекте затормаживает вестибулярные и двигательные реакции. Максимум торможения имеет место при нахождении зрительного объекта от испытуемого на расстоянии 40-100 см по средней линии на уровне глаз. Зрительные объекты, расположенные ближе или под углом зрения более 30°, совсем не оказывают тормозящего эффекта на вестибулярные реакции или торможение оказывается незначительным.

Таким образом, торможение вестибулярных реакций импульсами, идущими от зрительного анализатора, обусловлено не особенностями объекта, а его состоянием и положением относительно наблюдателя. Данное обстоятельство позволяет утверждать, что в механизмах торможения основную роль играют не световые раздражители, а установочные реакции глаза, связанные с деятельностью глазных мышц, фиксирующих объект в поле зрения.

Выявленные закономерности взаимодействия вестибулярного, зрительного и двигательного анализаторов явилась основой для разработки методических приемов по воспроизведению экспериментальных пространственных иллюзий (крена, наклонов вперед и назад и т.д.).

Указанные иллюзии являются следствием раздражения вестибулярного прибора и могут быть отнесены к корковым реакциям, возникающим при недостаточной или искаженной информации о положении тела в пространстве со стороны зрительного и двигательного анализаторов. Они могут возникнуть при раздражениях, близких к пороговым и даже к подпороговым. В последнем случае ложные ощущения возникают в результате суммации слабых раздражений в центрах вестибулярного анализатора в условиях, когда тормозные влияния по отношению вестибулярных реакций ослаблены или отсутствуют. Это типичный случай конфликтных ситуаций внутри первой сигнальной системы действительности.

Иллюзорные ощущения развиваются как в момент нанесения раздражения, так и в период последствия. Объективным их выражением является сложная двигательная реакция, появляющаяся в ответ на возникновение ложного ощущения. При сильных иллюзорных ощущениях наблюдаются вегетативные расстройства: головокружение, тошнота, учащение пульса и т.п.

В некоторых случаях отмечается фазовость в протекании иллюзорных ощущений: кажущийся крен в одну сторону сменяется ощущением крена в другую. Экспериментально вызванные иллюзии по существу оказались близкими к ложным ощущениям, появляющимся у летчика при полете по приборам в сложных метеоусловиях и почти аналогичны ощущениям, возникающим при влиянии кратковременной невесомости в полете по траектории Кеплера.

Иллюзорные ощущения у человека возникают не только под влиянием прямого воздействия внешних факторов на вестибулярный аппарат, но могут иметь и зрительное происхождение. Так, они появляются во время просмотров панорамных фильмов, демонстрирующих в движении самолеты или автомобили, выполняющие крутые эволюции и виражи, или морские катеры, подвергающиеся сильной качке на волне. Зрители переживают ощущения, аналогичные тем, которые возникают в реальных условиях такого полета или поездки. В выраженных случаях неадекватные ощущения сопровождаются неприятными симптомами головокружения, тошноты, рвоты. Наблюдаются двигательные реакции в сторону, противоположную виражу, а также соответствующие изменения в деятельности сердца и дыхания.

Это явление под названием "феномена участия" переживает сравнительно небольшое число зрителей. Положение меняется, когда зрители помещаются в кресла, находящиеся не неустойчивой опоре. Число лиц, переживающих неприятные ощущения, резко возрастает, а сами ощущения для части людей становятся непереносимыми, вынуждающими их покидать зал.

Эти наблюдения еще раз указывают, что иллюзорные ощущения есть результат нарушения взаимодействия анализаторов, контролирующих восприятие пространства. Они свидетельствуют о том, что огромную роль в явлениях пространственного анализа играет двигательный анализатор, оказывающий в норме выраженное тормозное действие на реакции вестибулярного аппарата.

Ориентировка в пространстве при полетах на современных самолетах и космических кораблях совершается только по показаниям приборов, сигналы от которых адресуются ко второй сигнальной системе действительности. Опыт показывает, что овладение этим способом пилотирования делает полет наиболее надежным и безопасным. Вместе с тем в центральную нервную систему наряду с сигналами от приборов поступают импульсы от органов чувств, возбуждаемых физическими факторами полета. В нормальных условиях полета органы чувств и приборы дают совпадающие по своему смысловому значению показания, и у летчика создается правильное представление о положении в пространстве. Но в полете нередко складывается обстановка, когда органы чувств неточно отражают действительность, что служит причиной возникновения иллюзорного ощущения.

Подобного рода явления, как мы теперь знаем, могут быть и в космическом полете. Важно иметь в виду, что возникновение у космонавтов необычных или неприятных ощущений и реакций в полете обусловлено физиологическими причинами, вытекающими из особенностей развития, построения и взаимодействия афферентных систем организма. Степень их выраженности будет зависить от ряда причин и в первую очередь от общего состояния организма, типовых особенностей его нервной системы, от уровня подготовки и тренировки космонавта и в особенности – от продолжительности полета в условиях невесомости.

Рассмотрение и разработка этой проблемы с позиции учения о взаимодействи органов чувств явится залогом новых успехов в деятельности человека по освоению космического пространства.

Литература

1. H. v. Beckh, Subgravity Experiments with Humans and Animals during the Dive and Parabolic Flight. J. Aviat. Med. 25, 335 (1954).
2. A. A. Gurjian, Synthetic Principle in Space Flight Physiology. Proceedings of the XXII International Congress of Physiological Sciences, Leiden, 1962, Vol. 2, p. 911.
3. Л.А.Орбели, Лекции по физиологии нервной системы, 2-ое издание, Москва-Ленинград, 1934.
4. Л.А.Орбели, Вопросы высшей нервной деятельности, Москва-Ленинград, 1949
5. Е.М.Юганов, И.И.Касьян, Н.Н.Гуровский, А.И.Коновалов, Б.А. Якубов и В.И.Яздовский, Сенсорные реакции и состояние произвольных движений человека в условиях невесомости, Известия А.Н.СССР, Биологическая серия, № 6, 1961.
6. E. M. Yuganov, J. J. Kasyan, and M. A. Cherepahin, Sensory Reactions and the State of Some Motor Indices of Man Under Weightlessness. Rev. méd. aéronaut., N 3 (1962).

PROBLEMS CONCERNING THE INTERPLAY OF PHYSIOLOGICAL SENSING MECHANISMS (ANALYSERS) DURING SPACE FLIGHT

M. D. Yemelyanov, A. G. Kuznetsov, E. M. Yuganov, and A. A. Gurjian
U. S. S. R. Academy of Sciences, Moscow, U. S. S. R.

When flying in airplanes and space vehicles a man must receive and analyse a vast amount of information. Especially important is that part of it which forms the basis of a man's impression of the flying vehicle's position in space.

To date a great deal of information has been accumulated pertaining to the development of distortions in pilot's space perception in the form of various illusory sensations such as a false sensation of climbing, diving, and inversion, which often lead to complete disorientation in space.

Apparently all people are more or less subjected to such sensations, and in different periods of their professional activities experience illusory flight sensations which negatively influence the quality of piloting. It was only natural to expect that illusory sensations and impressions would also form in the mind of a man in space flight conditions, where they could be caused by the influence of weightlessness, the absence of visible and customary terrestrial reference points, as well as by the turning of the space vehicle due to its incomplete stability in flight. This was based on numerous observations made during studies of the influence of weightlessness upon the human organsim in aircraft (1, 5, 6). It was also based on reports of the first astronauts concerning their sensations during their space flights.

Y. A. Gagarin gave a fairly positive evaluation of his condition and sensations during his flight (aboard the space ship "Vostok"). He said that he tolerated the state of weightlessness quite well and also the transitional stages from increased gravitation to weightlessness and vice versa. Y. A. Gagarin did not experience any sensations of giddiness, visual disturbances or failures in movement coordination. He regards his sensations in the state of weightlessness as unusual and unprecedented, but constituting no obstacle to the fulfillment of the flight program.

The picture presented by G. S. Titov, who circled the globe 17 times and was in a state of weightlessness for about 25 hours, is more complicated. When entering into orbit, in the transitional stage between increased gravitation and weightlessness, for a short period of time G. S. Titov felt that he was in an upside-down position. G. S. Titov tolerated the first several orbits well.

The unusual sensations that he experienced did not hamper his work and he did not need to exert himself in order to suppress occasional unpleasant sensations. Later on, when continuing his flight he periodically experienced feelings of discomfort, which were accompanied by symptoms of vegetative disorders. The latter grew stronger every time he made sharp movements with his head. He managed to suppress these sensations or make them less acute by assuming a certain position which precluded any quick movements of the head and also by efforts made in the course of fulfilling tasks envisaged in the flight program.

The results of observations made on the spaceship "Vostok 2" gave reason to expect that during long flights in space the phenomena caused by weightlessness would be more sharply pronounced than during the flight of G. S. Titov, and that these could be a retarding factor in further explorations aimed at mastering space. These apprehensions and suppositions were not confirmed. There were no noticeable instances of bad space perception or any unpleasant sensations due to the state of weightlessness during the flight of A. G. Nikolayev and P. R. Popovich, the former having flown four times and the latter three times as long as G. S. Titov. During the whole flight the astronauts were able to perform coordinated actions in a state of weightlessness and control their own position as well as the position of the spaceship in space. The astronauts were unable to determine their position in space only when they closed their eyes.

These achievements do not, of course, solve the problem of weightlessness. The possibility of a man developing unfavorable reactions during extended space flight conditions must become a stimulus for further expanding a study program to discover the physiological mechanisms of space perception in the state of weightlessness and to find measures of preventing possible disorders during space flights.

There are reasons to think that the illusory sensations and other forms of distorted space perception observed during flights aboard airplanes and space vehicles have much in common as regards their origin and should, therefore, be considered from a common theoretical viewpoint.

The human organism has no separate analyzer controlling the perception of space. This complicated function is carried out by a number of analysers and primarily by the visual, vestibular, proprioceptive and acoustic ones, among which a certain measure of coordination is established.

In the state of weightlessness, in the absence of an adequate stimulus i.e. gravitation, under conditions excluding the perception of customary terrestrial reference points, the functions of many afferent systems change; the coordination of systems and the normal functioning of the central nervous system in maintaining a position and orientation in space becomes difficult.

The principle of interaction of analysers, in the opinion of Soviet physiologists, is the universal one in the functioning of the central nervous system. This is widely acknowledged and employed in theoretical physiology (cf. 3, 4), but in applied and, particularly, in aviation and space physiology, there still prevail views based on facts gleaned from studying individual analyzers. At the same time, it is in these very spheres of human activities where external influences on the human organism frequently become extreme, that the theory of the coordinated functioning of sensory organs assumes exceptionally great importance. (2). Considering this and proceeding from the theory of the systematic functioning of analyzers, we have conducted studies to establish certain physiological regularities in the interaction of visual, vestibular and motor analyzers, and have worked out methods enabling us to provoke experimentally certain illusory sensations under laboratory conditions.

Special equipment was used. The side movements of the body, biopotentials of skeleton muscles, pulse, respiration, blood pressure, and brain electric impulses were recorded. There were two kinds of such studies: in the first kind the human subjects were placed on a steady support, while in the second an unsteady support was used.

The results of examining persons who were placed on a fixed support showed that in the absence of visual control over the body position in space, static muscular efforts such as bending the head and body, and also efforts made in manual and, especially, body dynamometry, cause a marked inhibition of vestibular reflexes. It is especially clearly seen in a muscular effort on the side opposite to the stimulated labyrinth. When adequate stimulations of the vestibular apparatus by means of rotation were employed, it was noted that in addition to inhibitory motor reactions the duration of the sensation of antirotation had decreased.

The picture was entirely different when the examinee was balancing on an unsteady support; then muscular contractions taking place to maintain the position became unsteady and interrupted. In this case the strengthening of vestibular reactions was recorded; they grew more marked as the examinee's support surface or his stability decreased. A support with an area of 625 sq. centimetres did not cause any marked changes of motor reactions and sensations. But when the support area was decreased almost by half (down to 289 sq. centimeters) and the deflections from the vertical position in balancing increased sharply, the influence of the same stimulus led the examinee to complete disorientation in space, accompanied by the following vegetative reactions : pallor, nausea, perspiration, and increased pulse rate.

It was also discovered that while balancing himself a man's vestibular sensitivity thresholds decrease two- or three-fold and the motor analyzer reacts to smaller deflections of the center of gravity. It also appeared that as the degree of instability grew, brain electric impulses picked up from the temples increased: a suppression of the α -rhythm was recorded along with the appearance of a β -rhythm and sharply peaked oscillations indicating that the activeness of inhibitory processes in the cortex is decreased, thus facilitating the irradiation of excitation from the vestibular centers to the motor zone of the cortex and vegetative centres. The fact that chloral hydrate noticeably decreases vestibular activities in conditions of unstable balance and does away with changes of the bioelectrical activity of the brain, testifies to the cortical nature of the processes taking place in the brain.

Until now we have considered the phenomena of the interaction of vestibular and proprioceptive analyzers. The influences proceeding from the eye to the vestibular apparatus constitute special objects of interest. It is known that the reflexes of the vestibular apparatus are less pronounced when the eyes are open. It was formerly assumed that this was the result of the influence of a flow of light. But it appeared that light itself does not play the principal role in inhibiting vestibular reactions. When a flow of light of the intensity of some 160 luxes entered the eye from a space devoid of reference-points, its influence on the function of the vestibular apparatus was not observed. As in the case of closed eyes, the stimulation of the vestibular apparatus in conjunction with beaming light at the eyes led to the usual loss of balance and to a lengthening of the after-effect of the stimulus.

Quite a different effect can be observed in the same conditions when certain objects are introduced into the field of vision of the examinee. Fixing one's eyes on motionless objects influenced the vestibular apparatus in the same way as static muscular efforts. Observation of moving objects, on the contrary, increased vestibular sensitivity.

It was later discovered that not every kind of fixation on a motionless object led to inhibition of vestibular and motor reactions. The maximum inhibition takes place when the object is situated at a distance of 40 to 100 centimeters from the examinee along a central line at eye level. Objects situated closer or at an angle of vision of over 30^{0} either do not produce any inhibitory effect on the vestibular reactions, or the inhibition is insignificant.

Thus, the inhibition of vestibular reactions by impulses proceeding from the visual analyzer is conditioned not by the peculiarities of the object, but by its state and position in relation to the examinee. This feature makes it possible to state that in inhibitory mechanisms the principal role is played not by light stimuli but by the orientation reactions of the eye connected with the activities of eye muscles in fixing the object in the field of vision.

The observed regularities of the interaction of vestibular, visual, and motor analyzers provided the basis for developing methods of reproducing experimental space illusions (bending forward or backwards etc.).

The above-mentioned illusions are the consequences of stimulation of the vestibular apparatus and can be listed among the cortical reactions, appearing in the case of inadequate or distorted information about the position of the body in space from visual or motor analyzers. They can appear in the case of near threshold or under-threshold stimulation. In the latter case the false sensations appear as a result of the sum of weak stimulations in the centers of the vestibular analyzer when the inhibitory influences on vestibular reactions are either weaker or absent. This is a typical case of conflict situations inside the first signal system.

Illusory sensations develop both at the very start of stimulation, and in the after-effect period. Their objective expression is the complex motor reaction appearing as a response to a false sensation. When strong illusory sensations take place, vegetative disorders such as giddiness, nausea, quickened pulse etc. are observed.

In certain cases it is noted that the illusory sensations develop in phases : a seeming list in one direction is replaced by a false sensation of a list in another direction. The illusions produced experimentally proved to be in fact similar to the false sensations that a pilot experiences during an instrument-flight under difficult weather conditions, and they are almost identical to the sensations experienced under the influence of short-time weightlessness when flying along the Kepler trajectory.

Illusory sensations are experienced by man not only due to the direct influence of external factors on the vestibular apparatus, but they can have a visual origin as well. They appear, for example, when watching a panoramic film which shows aircraft or automobiles performing steep turns and banks, or boats rocking violently on the waves. The spectators experience sensations similar to those experienced actually during such a flight or a trip. In these cases the false sensations are accompanied by unpleasant symptoms of giddiness, sickness and vomiting. One can observe motor reactions in the direction opposite to the abrupt turn and corresponding changes in the functioning of the heart and in respiration.

This phenomenon, bearing the name of "phenomenon of participation" is experienced by a comparatively small number of spectators. The situation changes when the spectators take seats with an unstable support. The number of persons experiencing the unpleasant sensations increases sharply, and for a number of them the experience become unbearable and forces them to leave the hall.

These observations show once again that illusory sensations take place as a result of the disruption of the coordination of the analyzers which control perception of space. They testify to the exceptionally important role in the phenomena of spatial analysis played by the motor analyzer exerting a normally pronounced inhibitory influence upon the reactions of the vestibular apparatus.

Orientation in space during flights aboard modern aircraft and space vehicles is achieved only on the basis of the readings of instruments which signals are addressed to the second signal system. Experience shows that the mastering of these methods of aircraft control ensures maximum safety in flight. At the same time the central nervous system receives, besides the signals from instruments, impulses from the organs of sense, excited by physical factors of the flight. In normal conditions of flight the sense organs and instruments supply the pilot with indications of a similar meaning, and he gets a correct idea of his position in space. But quite frequently during flight a situation develops where the organs of sense inaccurately reflect reality, causing the appearance of illusory sensations.

Such phenomena, as we know, can take place during a space flight as well. It is important to take into consideration the fact that astronauts experience unusual or unpleasant sensations and reactions due to physiological reasons connected with the peculiarities of the development, structure and interaction of the afferent system of the organism. The degree of their acuteness depends on a number of factors and above all on the general condition of the organism, typical peculiarities of its nervous system, on the level of training of the astronaut, and, in particular, on the duration of weightlessness.

Examining and solving this problem on the basis of the theory of interaction of sensory organs will be the guarantee of new success in the activities of man in mastering outer space.

References

1. H.v. Beckh, Subgravity Experiments with Humans and Animals during the Dive and Parabolic Flight. J. Aviat. Med. 25, 335 (1954).
2. A. A. Gurjian, Synthetic Principle in Space Flight Physiology. Proceedings of the XXII International Congress of Physiological Sciences, Leiden, 1962, Vol. 2, p. 911.
3. L. A. Orbeli, Lectures on the Physiology of the Nervous System, 2nd Ed. Moscow-Leningrad 1934.
4. L. A. Orbeli, Problems of Higher Nervous Activity. Moscow-Leningrad 1949.
5. E. M. Yuganow, J. J. Kasyan, N. N. Gurovski, A. J. Konovalov, B. A. Yakubov, and V. J. Yazdovski, Human Sensory Reactions and the State of Voluntary Movements in Conditions of Weightlessness. Izvestya Akademii Nauk SSSR, Biologicheskaya serya (Ann. U. S. S. R. Acad. Sci. Biol. Ser.), Nr. 6 (1961).
6. E. M. Yuganov, J. J. Kasyan, and M. A. Cherepahin, Sensory Reactions and the State of Some Motor Indices of Man under Weightlessness. Rev. méd. aéronaut., N 3 (1962).

Discussion

Graybiel : I should like to enquire if you are exploiting the new procedures you have just described in the selection and training of cosmonauts ?

Gurjian : The concept of the mutual interaction of afferent systems served as a fundament both for the work we have presented and for the training of the cosmonauts. As yet this work has not resulted in any direct practical applications.

Lovelace : First I would like to say that this was a most excellent paper that all of us from the United States enjoyed very much. My question is : What was the approximate rate of rotation of the Vostok capsule during weightlessness when attitude control was not used ?

Gurjian : A certain degree of rotation might of course have occurred during periods when the cosmonaut himself took over the control of the cabin - he could then at will change its attitude in space. Our presentation dealt with the theoretical case of an insufficiently stabilized cabin.

Lovelace : I understood that, but I was wondering when the attitude control was not used, when the cosmonaut was in free flight so to speak, what was the approximate rate of rotation ?

Gurjian : The manned Vostoks were stabilized, and no rotation was recorded that I know of. Minor defects may have existed but have not been reported. In practice the stabilization was complete.

Rose : In the repeated showings of films of Russian space flights, the space ship is shown in constant rotation around its own axis. Can you comment on that ?

Gurjian : I remember these complex rotations. However, these were unmanned satellites which underwent complex rotations around several axes. I repeat that the manned space ships were safely stabilized.

ПРОБЛЕМЫ ИНЖЕНЕРНОЙ ПСИХОЛОГИИ ПРИМЕНИТЕЛЬНО К УСЛОВИЯМ КОСМИЧЕСКОГО ПОЛЕТА

И.Т.Акулиничев и В.Г.Денисов
Академия Наук СССР, Москва, СССР

Аннотации

1. Основная задача инженерной психологии состоит в изучении и рациональном сочетании психофизиологических возможностей человека с инженерными решениями в кибернетической системе "человек-машина"

2. Первые и предварительные результаты исследования применительно к специфическим условиям космического полета позволяют установить предельные возможности космонавта по скорости, точности и по объему принимаемой и перерабатываемой им информации от различных систем управления корабля, а также временные и силовые характеристики деятельности космонавта при ручном управлении кораблем и его оборудованием. Данные, характеризующие точность и быстроту восприятия информации, а также показатели использования космонавтом этой информации, дают возможность определить эффективность принятой системы кодирования информации для конкретных условий полета. Результаты, полученные в лабораторных экспериментах и в первых полетах, потребуют дополнительного уточнения при осуществлении более широких исследований космоса.

3. Длительные полеты в космос и медленная реакция корабля на управляющие воздействия ставят космонавта в условия "избытка времени". В этих условиях для повышения эффективности управления целесообразно проведение дальнейших исследований в целях создания соответствующих систем кодирования информации. При построении систем кодирования и реализации команд управления при возникающем для космонавта "дефиците времени" (особенно при некоторых аварийных ситуациях) могут быть с успехом использованы принципы, проведенные многолетней авиационной практикой.

4. Для воспитания профессиональных навыков у космонавта, а также для отработки эффективных систем кодирования информации и выбора оптимальных параметров системы ручного управления создаются системы тренажеров-имитаторов. Функциональные и практические возможности тренажеров-имитаторов различного назначения определяются на основе методов инженерной психологии применительно к условиям использования.

Problems of Engineering Psychology as Applied to Conditions of Space Flight. 1. The basic psychological engineering problem consists in studying ways of rationally harmonizing man's psycho-physiological capacities with the engineering solutions adopted for the cybernetic aspect, i.e. the man-machine relationship.

2. The first tentative results from investigations into the specific conditions of space flight enable us to establish the limits of the cosmonaut's potentialities with regard to speed, accuracy and the range of information from the vessel's control systems that he can take in and process, and also to collect time-and-motion data on the cosmonaut's manual control of the space ship and its apparatus. Information on the accuracy and speed with which information is received, and data on the use made by the cosmonaut of this information, make it possible to determine the efficiency of the information coding system under actual flight conditions. The results obtained from laboratory experiments and during the first space flights must be defined in greater detail in the course of more extensive space research.

3. Prolonged flights in space and the vessel's slow response to control signals place the cosmonaut in "surplus time" conditions. Thus, in order to increase the efficiency of the control system, it would be useful to conduct further research with a view to producing a suitable information coding system. In building systems for coding information and carrying out control commands when the cosmonaut is confronted with "deficit time" conditions (particularly in certain emergency situations), the well tried principles used in aviation can be successfully imployed.

4. To develop the professional skill of the cosmonaut and to evolve efficient systems for coding information and selecting the optimum parameters for manual control systems, simulation training equipment is set up. The operational characteristics and practical possibilities of the various types of simulation trainers are based on psychological engineering methods as applied to actual operating conditions.

Les problèmes psychologiques de l'ingénieur appliqués aux conditions de vol spatial. 1. Le problème fondamental psychologique de l'ingenieur consiste à étudier et à coordonner de façon rationnelle, les possibilités psycho-physiologiques de l'homme et les solutions techniques de l'ingénieur dans le système cybernétique "homme-machine".

2. Les premiers résultats des recherches appliquées aux conditions du vol spatial permettent de fixer les limites des possibilités du cosmonaute en ce qui concerne la vitesse, la précision et l'étendue des informations qu'il est capable de saisir et d'analyser. Ces recherches permettent également de recueillir des données sur la rapidité et l'efficacité des gestes du cosmonaute lors du guidage manuel du vaisseau et des appareils de bord. D'après les données concernant la précision et la rapidité de réception des informations et les coefficients de leur utilisation par le cosmonaute, il est possible de détérminer l'efficacité du système de codification dans des conditions concrètes de vol. Les resultats obtenus au cours des expériences de laboratoire et des premiers vols exigeront des précisions complémentaires lors de la réalisation de plus vastes explorations du cosmos.

3. Les vols prolongés dans le cosmos, et la lenteur des réactions du vaisseau aux ordres du guidage mettent le cosmonaute dans des conditions "d'excédent de temps". Par conséquent, pour augmenter l'efficacité du système de guidage, on devrait poursuivre la recherche d'un système de codification d'informations qui réponde à ce besoin. Pour la formation pratique professionnelle du cosmonaute ainsi que pour la création de systèmes efficaces de codification d'informations et de choix de paramètres optima dans le système de guidage manuel, on installe des systèmes simulateurs de vol, dont les propriétés fonctionnelles et les possibilités pratiques d'assignations sont définies par des méthodes psychologiques d'ingénieur appliquées aux conditions d'utilisations concrètes.

Инженерная психология это наука о взаимодействии человека с машиной. Хотя использование человеком машин началось давно, вопрос взаимодействия решался инженерами без труда и потому не привлекал к себе внимания. Однако, небывало бурный рост совершенствования и расширения масштабов использования средств автоматики, предъявил к оператору требования, которые по целому ряду показателей стояли выше "наличных человеческих возможностей". Тем самым успешное решение вопросов взаимодействия человека с машиной оказалось в определенной зависимости от таких природой ограниченных возможностей человека, которые он может обеспечить по скорости реакции на световые, звуковые и иные сигналы-раздражители, а также по количеству одновременно воспринимаемых информаций.

Стремление к замене человека машиной, возникшее в результате известного перегиба в пропаганде нового и отражавшее кажущуюся безграничность инженерных возможностей, теперь разделяется немногими. В реальных условиях, над инженером все более и более давлеют вопросы надежности непрерывного действия машины, а также показатели энерго-потребления, весовые и габаритные характеристики, подчас неприемлемые в определенных областях использования.

Человек, создающий изумительные по мощности и производительности машины вместе с тем, оказавшись включенным в систему управления машиной, обладает ничем не заменимыми качествами и своими чисто человеческими возможностями. Высокая надежность, свойственная человеку в рассматриваемом плане, обеспечивается, (по Нейману), самим принципом параллельного построения биологических систем управления, в то время, как инженерные системы отличаются последовательным действием. Если добавить к изложенному то, что человеку свойственна психическая деятельность, механизм и принципы которой еще до конца не известны науке, то первейшая задача инженерной психологии предельно ясна.

В настоящее время сам человек и его психомоторные возможности во взаимодействии с машиной стали предметом углубленного и целенаправленного изучения инженерами совместно с врачами психофизилогами. На этом пути раскрылись заманчивые перспективы, т.к. научное решение вопросов взаимодействия позволяет не только более рационально использовать "наличные человеческие возможности", но и мобилизовать резервные, а в некоторых случаях воспитать новые или перестроить известные в требуемом направлении.

Собрано большое количество фактов, указывающих на важную роль типа высшей нервной деятельности человека - оператора. Например, Е.А.Климова (АПН РСФСР) установила, что подвижные и инертные типы нервной деятельности многостаночниц характеризуются большой индивидуальностью по мере увеличения производственной нагрузки, что потребовало определенных коррекций как в методиках воспитания (подготовки), так и в системе организации трудового процесса.

Установлено, что наш мозг своеобразно учитывает напряженность ситуации и во избежание функциональной перегрузки всю поступающую информацию очищает от второстепенной и как-бы сжимает ее. Поэтому инженерное решение вопросов отсева избыточной иноформации, выбор очередности поступления ее к оператору по мере значимости, рациональное распределение информации между органами и системами анализаторов, а также использование наиболее эффективных индикаторов, табло, шкал, позволяют во много раз повысить производительность труда оператора по переработке информации.

Однако есть факты, которые настораживают врачей и физиологов. У человека психомоторная деятельность, имеющая определенную разрешающую способность к тому же в значительной степени ограничивается вегетативными и нервно-гуморальными регуляциями. Так в институте гигиены труда и профзаболеваний АМН СССР установлено, что режиссер Московского телецентра во время работы давал повышение уровня сахара в крови в 1,6 раза, диспечер Внуковского аэропорта – 1,5 раза, диспечер метро – 1,4 раза, а в часы пик даже в два раза. У машинистов метро наблюдается такое же значительное повышение уровня сахара, кроме того в сложных и предаварийных ситуациях регистрировались серьезные хотя и обратимые нарушения сердечной деятельности.

Таким образом в Советском Союзе инженерная психология не ограничивает свою область деятельности лишь достижением высокой производительности труда при взаимодействии человека с машиной, но и глубоко озабочена вопросами гигиены труда, техникой безопасности и профилактикой поражений. Это особенно важно в научных исследованиях, связанных с использованием в мирных целях новых видов энергии и космического пространства.

Как известно освоение космического пространства потребовало колоссальной мобилизации различных областей науки и производства. Вся работа на этом важном участке человеческого прогресса характеризуется новыми принципами организации и управления, основанными на применении быстродействующих математических машин и, поскольку выдающиеся результаты достигнуты главным образом за счет применения электроники и автоматики, приложений методов инженерной психологии так много, что в данном сообщении мы осветим лишь непостредственно относящиеся к космическому кораблю и космонавту.

Несмотря на то, что в исследовании космического пространства большая роль принадлежит всевозможным приборам автоматически-действующей инструментальной техники, все-же и в этих условиях человек незаменим, хотя, для его защиты и обеспечения жизнедеятельности требуется большое количество инженерно-технических средств. Общеизвестно, что человек — завоеватель. И как бы ни познали космос с помощью приборов-автоматов, этапы больших научных завоеваний утверждает только человек своим вступлением в исследуемую область. Человек — незаменимый исследователь форм жизни, и без него немыслимо научное завоевание других планет.

Поэтому при подготовке и осуществлении первого отрыва человека от Земли и полета его в околоземном пространстве на корабле-спутнике были решены по существу три инженерно-психологические задачи.

Первая задача состояла в разработке автоматической системы управления космическим кораблем, способным поднять человека в космос, обеспечить ему жизнь и деятельность в течение нескольких дней, а также приземлить его без какого-либо вмешательства с его стороны. Таким кораблем был "Восток", воплотивший в себе идею максимального освобождния человека от однообразных и утомительных трудовых процессов, оставив ему лишь контрольную функцию над различными системами корабля. Тем самым космонавту была предоставлена возможность посвятить все внимание выполнению научных исследований в космосе.

Вторая задача заключалась в воспитании у космонавта определенного доверия к системе управления кораблем, с которой ему предстояло функционально взаимодействовать в выполнении роли столь ответственной перед наукой и перед самим собой. Иначе говоря, космонавт должен был отбросить все заботы за свою жизнь и уделить максимум своей воли и энергии выполнению почетного задания и плана научных исследований.

Глубокий смысл задачи, исходившей не из достижения какого-то кратковременного эффекта, а из поиска эффективных решений, способных обеспечить дальнейшее повторение полетов, не позволило заниматься подавлением страха, как естественного чувства человека перед неизведанным. О страхе, между прочим, хорошо написано в отчете Дж.Глена.

Избрав путь преодоления естественных трудностей через воспитание доверия, нужно было прежде всего наделить корабль такими свойствами и возможностями, которые бы сами по себе заслуживали доверия. Такой основой для доверия могла быть только высокая надежность корабля как машины, с которой предопределялось его фнкциональное взаимодействие, корабля как носителя единственной обитаемой среды в космическом вакууме, корабля как средства транспорта, способного обеспечить ему полет и благополучный возврат на Землю.

Именно с этих позиций понятно то огромное насыщение космического корабля автоматическими системами управления с двойным и тройным резервированием надежности. Даже те немногочисленные системы ручного управления, имевшиеся на корабле, отвечали не только научно-исследовательским целям, но и носили гуманный характер, хотя-бы с тем, чтобы не чувствовал он себя пленником всемогущественной техники.

Космический корабль "Восток", по образному выражению космонавтов, является "умной машиной". Кавычки к такому определению сохраним лишь потому, что космический корабль как машина, действующая автоматически по весьма сложной и долговременной программе, все-же не имеет системы предпрограммирования и потому в кибернетическом плане (по Эшби) не может быть умной машиной в дословном смысле. Однако, таким определением корабля "Восток" наши космонавты показали свое отношение к нему: неподдельное чувство доверия и дань глубокого уважения к его создателям.

Чувство доверия не могло возникнуть сразу, оно вырабатывалось упорным трудом на тренажерах и макетах корабля, закреплялось временем, а также проверялось в приближенных условиях. Проверкой служила серия пусков корабля "Восток" с животными на борту и с манекенами в кресле пилота.

Будущие покорители космоса неизменно присутствовали на космодромах и в местах приземления опытных кораблей, а позднее, вслед за первым отважным человеком, набираясь знаний, с нарастающим чувством доверия и уверенности устремлялись в космос и другие.

Третья инженерно-психологическая задача — общая для многих научных направлений питающихся космонавтикой состояла в том, чтобы из каждого космического эксперимента с участием человека извлекать возможно больше фактов, столь необходимых в решении дальнейших научно-исследовательских и прикладных задач. И в этой связи важно было получить не только субъективное описание самим космонавтом всех этапов его работы по управлению кораблем, но и оценить точность и эффективность всего объема работы на основании анализа огромной документации, полученной с помощью бортовых регистрирующих систем и телеметрических каналов.

Важное значение в изучении функциональной нагрузки и резервов имеет анализ физиологической информации на фоне синхронно записанных этапов психомоторной деятельности космонавта. Анализ работы на аппаратуре связи под контролем показателей ЭКГ, КГР и ЭЭГ, анализ ручной ориентации корабля под контролем ЭКГ, КГР и ЭОГ, а также записи тестов пространственной ориентации и двигательной координации, дает в распоряжение исследователя ценнейший материал. В космосе все ново и, казалось бы обычное для земных условий явление, в космосе приобретает что-то новое и в большинстве своем неповторимое на Земле.

Задачи исследования космического пространства непрерывно расширяются и усложняются. Быстро растет научно-техническое оснащение космических кораблей. К космонавту предъявляются все новые и новые требования, связанные с увеличением продолжительности и дальности полета, а также с условиями работы не только в кабине корабля, но и вне его и на поверхности других планет. Поэтому инженерная психология строит свои планы с учетом следующих специфических условий, в которых будет находится космонавт:

1. Большая длительность полета, исчислимая многими днями, месяцами и годами, что ведет к притуплению бдительности космонавта в отношении систем управления кораблем. Космонавт, наряду с выполнением программы исследований, управлением кораблем и его системами, должен проводить регламентные работы и ремонт отдельных узлов и частей системы корабля.

2. Необычно медленные реакции космического корабля на управляющее воздействие космонавта при стабилизации корабля на орбите или при коррекции траектории, при которых угловые скорости могут составлять десятые и сотые доли градусов в секунду, что нарушает сосредоточенность космонавта на выполнение исследовательских задач и снижает точность выполняемых работ по управлению кораблем и его системами. Тем самым создаются условия "избытка времени".

3. Необычность в ряде случаев выполняемых работ, таких как сборка частей космического корабля на орбите, что предопределяет наличие при сборке по крайней мере двух частей системы, каждая из которых имеет шесть степеней свободы, и необходимость применения опосредованной через специяльные дистанционные манипуляторы связи космонавта с объектом сборки.

4. Изменения в широких пределах гравитационного поля (перегрузки, невесомость, частичная невесомость) и изменения в связи с этим функционирования отдельных частей тела, а также функции анализаторов, являющиеся элементами в контурах восприятия информации о режимах работы системы корабля.

5. Стесненность космонавта в кабине корабля, адинамия, работа космонавта в системе замкнутого и необычного микроклимата кабины, эмоциональная напряженность, оторванность от привычной социальной среды на Земле.

6. "Дефицит" времени в условиях аварийной ситуации в полете.

Применительно к перечисленным условиям космического полета, инженерная психология ставит и решает своими методами следующие задачи:

Первая задача: Изучение психофизиологических возможностей человека как основного звена во взаимодействии с системой управления кораблем и его оборудованием, что достигается путем изучения возможностей космонавта по приему и переработке информации, поступающей к нему через различные анализаторы. Определение объема скорости, эффективности восприятия и решения оперативных задач, объема непосредственной и долговременной памяти, а также надежность и эффективность действия по управлению различными системами. Изучение возможности оптимизации деятельности космонавта при управлении за счет передачи отдельных функций автоматическим устройством, изыскание наилучших методов кодирования информации, поступающей к космонавту о работе систем корабля, рационализация порядка распределения органов управления для рук, ног или управления голосом и выработка его моторного акта.

Проектирование систем регулирования и управления (анализ и синтез систем) в которых в качестве одного из звеньев участвует человек, требует изучения динамических свойств человека-оператора и - описание элемента участия человека в управлении, в терминах и символах теории автоматического регулирования.

Задача эта большой сложности и в силу некоторых специфических особенностей человека. Невозможно определить динамические параметры человека, исходя из анализов внутренних процессов, имеющих место при выполнении им операций управления, так как в настоящее время относительно этих процессов известно очень мало, или вернее, почти ничего неизвестно.

Не представляется также возможности исследовать поведение отдельных элементов, составляющих ту внутреннюю "схему" оператора, которая вовлечена в действие, когда оператор выполняет определенные задачи по управлению и регулированию.

Человек представляет собой яркий пример самонастраивающейся системы. Характер его действия изменяется при изменении структуры или параметров той системы, в которую он включен. Будучи поставленным в новые условия работы, он приспосабливается к этим условиям, изменяя в известных пределах свои динамические свойства в сторону, отвечающую наилучшему выполненю задания.

Эти соображения позволяют считать, что любое изменение параметров схемы требуют нового исследования ее действия совместно с оператором, нового определения динамических характеристик оператора для создания оптимальных систем ручного управления.

Анализ деятельности космонавта по управлению различными системами корабля в оптимальном варианте распределения функций управления между космонавтом и автоматическими устройствами, позволяет обосновать психофизиологические и технические требования на различные элементы и на систему управления в целом. Сюда-же входит формулирование требований к устройствам получения, переработки и отображения информации о функционировании систем корабля, сигнальных устройств и органов и ручного управления, а также по вспомогательному оборудованию, включая места работы и отдыха космонавта. В этой связи представляют интерес устройства, предназначенные для автоматического приема внешней информации с использованием бортовых электронных вычислительных машин, а также устройства логической обработки звуковых и визуальных сигналов, речевых команд и опознавание зрительных образов и др. Изучение степени машинной обработки и целесообразности введения командно-директорного управления. Изыскание возможности, методов и схем отображения информации с возможностями автоматизации процесса контроля на основе использования централизованных систем.

Для разработки аналитических методов расчета устройств индикации на космических кораблях с использованием принципов теории информации, необходимо проведение исследований по выяснению предельного объема информации доступной для восприятия в единицу времени, а также по разработке методов количественного определения информации, поступающей к космонавту в процессе совершения акта управления.

Вторая задача. Непосредственно вытекает из первой и состоит в разработке требований к системам информации, позволяющим повысить скорость восприятия и переработки космонавтом всего потока поступающей к нему информации. Изыскание способов индикации, требующих минимальной частоты обращения к ней космонавта в процессе управления без существенной потери информации, что может быть достигнуто за счет рационального выполнения лицевых частей индикаторов, выбора размеров и форм шкал, табло и т.п.

При всем этом особого внимания заслуживает разработка критериев оценки индикаторных устройств не только с точки зрения выдачи ими информации в двоичных единицах (количественной информации), но и с точки зрения выдачи ими информации в ценностном для оператора выражении (качественной информации). Отсюда вытекает также и необходимость в изыскании путей создания комплексных систем сигнализации с использованием различных видов сигнальных раздражителей – зрительных, слуховых, тактильных, а также выбор оптимальных сочетаний сигнальных раздражителей и исследования возможности восприятия их рецепторами анализаторных систем человека.Заслуживают внимния исследования временных и пространственных характеристик сигнализаторов: продолжительность, дискретность, непрерывность, удаленность и направленность. Целесообразно рассмотреть и выбрать интенсивность, форму, величину, цвета зрительных сигнализаторов; а также высоту, громкость и тембр слуховых сигнализаторов. Высказываются идеи использования своеобразного звукового суфлера взамен индикаторных приборов, или в сочетании с ними.

Третья задача. Рационализация органов ручного управления системами космического корабля включает в себя изыскания наилучших форм и размеров ручек, определение усилий, направления и объема движений, а также выбор взаимного расположения рычагов и ручек в зависимости от их функционального значения. Заслуживает внимания предложение о применении клавишного управления с помощью биоэлектрических импульсов, а также управления с помощью речевых сигналов, целесообразность применения которых, однако, требует детального рассмотрения.

Четвертая задача. Выбор и оборудование рабочего места космонавта. Важное место в исследовании принадлежит работе по определению геометрических параметров рабочего места космонавта в кабинах космических кораблей различного назначения, изыскание путей рациональной компановки, цветного оформления кабин, изыскания оптимальных систем внутреннего и внешнего освещения, а также неиболее целесообразного расположения приборных щитов и пультов управления. Заманчиво предложение по применению мерцающего света, особенно в условиях длительных космических полетов. Речь должна далее идти о рациональном определении основных принципов типизации кабинного оборудования космических кораблей различного назначения на основе разделения приборов и рычагов управления по функциональным группам; о рассмотрении способов дискретного "предъявления" приборов и рычагов космонавту путем использования специальных шторок, закрывающих группу приборов и рычагов в течении времени, когда они не используются космонавтом в длительном полете.

Заслуживают внимания вопросы изучения эффективности управления космическим кораблем со стороны космонавта и автоматических устроиств. Много нового и неизвестного таит в себе процесс сборки и стыковки частей ракетных систем на орбите и проведение ремонтных и регламентных работ в системах корабля. Разумно заранее отрабатывать методы выполнения этих работ на специальных моделирующих устройствах и наземных стендах, а также проведение элементарно необходимых экспериментов в предварительных космических полетах.

Пятая задача. Разработка средств тренировки членов экипажа к профессиональной деятельности в экспериментальных условиях космического полета. Эта задача включает в себя разработку технических заданий на изготовление макетов космических кораблей оборудования рабочих мест и отдельных систем связи и управления. Разработку принципов построения системы тренажеров и выдачу технических заданий на изготовление тренажеров, манипуляторов и электронных моделирующих устройств. Выполнение этой задачи обязывает идти на совместную работу со специалистами космической психологии, изучающими вопросы отбора и тренировки членов экипажей космических кораблей.

Широкие задачи стоят в направленной тренировке с целью формирования функциональных систем высшей нервной деятельности космонавта, отвечающей специфическим условиям космического полета, т.е. способности непостредственного восприятия поворотов частей ракетной системы вокруг центра масс и независимых перемещений центра масс при сближении с объектом сборки и стыковки. Есть необходимость в разработке приборов и методов моделирования условий, при которых у космонавта возникают иллюзии ощущения веса при невесомости и ощущения невесомости и перегрузки при нормальном гравитационном поле.

В заключение необходимо отметить важную роль инженерной психологии в деле освоения космического пространства. Эта молодая научная дисциплина выдержала свой экзамен и внесла существенный вклад в осуществление первых и последовавших затем регулярных космических полетов человека на кораблях - спутниках "Восток", "Восток" - 2,3 и 4. Гораздо большая роль инженерной психологии уготовлена в подготовке предстоящих полетов к другим планетам и в организации долговременных космических станций в околоземном пространстве.

Использованная литература

1. Кибернетика на службу коммунизму. Сборник под рук.акад. А.И.Берга. Москва: Госэнергоиздат, 1961 г.
2. О.А.Соловьева и др., Гигиена труда и профзаболеваний No 7 и No 8 (1962 г.)

3. Росс Эшби, Что такое интеллектуальная машина? Техн.Молод. No6 (1962 г.)
4. В.Г.Денисов и Р.Н.Лопатин, Пилотажно-навигационные приборы (пилотирование самолета по приборам). Москва: Воениздат, 1962 г.
5. В.Г.Денисов и Р.Н.Лопатин, Летчик и самолет. Москва: Оборонгиз, 1962 г.
6. В.Г.Денисов, Некоторые аспекты проблемы сочетания человека и машины в сложных системах управления. Проблемы космической биологии, том 2, Издательство АН СССР 1962 г.

Discussion

Konecci : Following your excellent review of what we call Human Factors Research or Human Engineering, I have two questions. In your area of engineering psychology, do you train psychologists in engineering or do you use engineers ? You also said that you lay down requirements for equipment for the engineers, but do you follow through the development stages to insure that your requirements are in fact carried out ?

Akulinichev : Engineers with different specialities take part in the research activities in space biology medicine. Education in biology is certainly necessary and is acquired in cooperation with biologists and physicians. There is a mutual and continuous exchange of knowledge between the medical and engineering people. Besides laying down requirements for equipment, biologists and physicians are also involved in the testing of the equipment together with the engineers, in the laboratory as well as in flight experiments.

Kellogg : Was there any scientific discovery by the men in the Vostoks which could not have been made by orbiting instruments reporting to men on the Earth ? That is to say, was not most of the scientific work performed on orbit based upon portions of the electromagentic spectrum which could not be sensed directly by a human; i.e. outside of the 4 to 7 1/4 micron wavelength region ?

Akulinichev : The Vostok flights showed that man can not only exist in the space ship but also participate in the control of the ship and perform scientific work. Our cosmonauts also described their experiences during the flight and their emotional condition. These questions could not have been solved by instruments. Men and instruments in a space ship must supplement each other in an optimal way.

Stewart : The problem of vigilance was mentioned in relation to flights of days and weeks. Is this thought of as a problem of its measurement by telemetry, for example, or as a problem of maintenance by psychological methods ?

Akulinichev : Vigilance is furthered by planned activity, a rational but also through the cosmonaut's contact with the Earth (with the collective, friends and relatives) which is important for the maintenance of his emotional conditions.

Kaehler : You referred primarily to the work done with regard to the cosmonauts - do you also utilize the same techniques and services of engineering psychology for the ground support personnel ? Does your statement regarding the human operator in the control system refer to what is called "transfer functions" ?

Akulinichev : What was said in my presentation referred only to the space ship and the cosmonaut. With regard to your second question, I should perhaps point out that I did not refer to the term "operator" in its mathematical sense as used in the description of man-machine systems.

ACCURACY OF ORIENTATION IN SPACE UNDER INCREASED ACCELERATION IN THE ABSENCE OF VISUAL REFERENCE FRAME

H. Kolder * and G. Schubert
Vienna, Austria

(With 8 Figures)

Abstract

The perception of the apparent vertical without visual cues depends on the position of the longitudinal axes of body and head to the direction of the resultant acceleration above 1 G. With dissociation of the direction of the longitudinal axes of body and head, and exposing them separately in varying angles to the direction of the resultant acceleration, information is obtained on the contribution of systems involved in the perception of the vertical. Conclusions are derived from results of experiments on 15 volunteers subjected to a total of 397 different combinations of body and head positions with resultant accelerations between 1.0 and 3.0 G. The position of the longitudinal axis of body or head influences the direction of the apparent vertical. The effect of the position of body and head is additive. The accurarcy of estimation of the direction of the resultant acceleration is optimal up to 1.5 G, when body and head are held in the direction of the resultant acceleration. Above 1.5 G the direction of the resultant acceleration is underestimated when the vector of forces moved transiently through a frontal plane to its final position. The direction of the resultant acceleration is increasingly overestimated when the vector of forces moved transiently through a sagittal plane to its final position. The precision of estimation of the apparent vertical is higher during lateral acceleration than during backward acceleration. The precision decreases slightly with tilt of body and head away from the direction of gravity.

Précision de l'orientation dans l'espace au cours d'accélérations supérieures à la gravitation terrestre et en l'absence de repères visuels. La perception de la verticale apparente dépend de la position des axes longitudinaux du corps et de la tête par rapport à l'accélération résultante quand celle-ci est supérieure à la gravitation terrestre. En dissociant la direction des axes longitudinaux du corps et de la tête, et en les exposant séparément sous des angles variés avec la direction de l'accélération,

---

* Presently at Department of Physiology, School of Medicine, Emory University, Atlanta, Georgia, U.S.A.

on peut obtenir des renseignements sur la contribution des systèmes impliqués dans la perception de la verticale. Les conclusions rapportées dans ce travail dérivent de résultats obtenus chez 15 volontaires soumis à 397 différentes combinaisons de positions du corps et de la tête, sous une accélération résultante entre 1.0 et 3.0 G. La position de l'axe longitudinal du corps ou de la tête influencent la direction de la verticale apparente. Les effets de la position du corps et de la tête sont additifs. La précision dans l'estimation de la direction de l'accélération résultante est optimale jusqu'à 1.5 G quand le corps et la tête sont maintenus dans la direction de l'accélération résultante. Au-delà de 1.5 G, la direction de l'accélération résultante est sous-estimée quand le vecteur force arrive à sa position finale après un passage intermédiaire par le plan frontal. La direction de l'accélération résultante est de plus en plus surestimée quand le vecteur force arrive à sa position finale après un passage intermédiaire par le plan sagittal. La dispersion des valeurs estimées pour la verticale apparente est moindre quand le sujet regarde dans la direction de rotation que quand il tourne le dos à l'axe de la centrifugeuse. L'erreur dans l'estimation de la verticale apparente augmente quelque peu quand le corps et la tête sont inclinés par rapport à la direction de la gravitation terrestre.

Точность ориентации в космосе при повышенном ускорении и при отсутствии визуальной системы координат. Ощущение кажущейся вертикальной линии при отсутствии визуального отвеса зависит от положения продольных осей тела и головы относительно равнодействующей ускорения, когда последнее превышает гравитационное ускорение земли. Получена информация о вкладе систем, связанных с ощущением вертикальной линии, когда направления продольных осей тела и головы разъединены и каждая из них в отдельности направлена под иным углом к направлению равнодействующей ускорения. Из результатов опытов с 15-ю лицами, добровольно подвергнушимися в сумме 397 различным комбинациям положения тела и головы при равнодействующей ускорения от 1.0 до 3.0G, сделаны следующие выводы: Положение продольных осей тела и головы оказывает влияние на направление кажущейся вертикальной линии. Влияние положения тела и головы аддитивно. Направление равнодействующей ускорения оценивается с оптимальной точностью до значения 1.5G, если держать тело и голову в направлении этой равнодействующей. При значениях свыше 1.5 G направление равнодействующей ускорения оказывается заниженным, если вектор сил движется к своему конечному положению, проходя через фронтальную плоскость. Направление равнодействующей ускорения оказывается все более завышенным, когда указанный вектор движется к своему конечному положению, проходя через сагиттальную плоскость. Точность оценки кажущейся вертикальной линии выше при боковом ускорении, чем в случае, когда испытуемое лицо обращено к ускорению спиной. Точность эта уменьшается немного при наклоне тела и головы в сторону от направления земного тяготения.

Orientation in space depends on information from visual, otolithic and kinesthetic sense organs. In man, visual cues are considered to be the most important. When visual cues are lacking, spatial orientation depends on otolith receptors and the system of somesthetic receptors in the skin, muscles and internal organs. Orientation in space in the absence of the visual reference frame is considered to be inaccurate and optical illusions may be a consequence. Interest in this subject has been shown by physiologists, physicists, and psychologists for more than one hundred years (5 - 10, 12 - 25). During the last decade, however, a series of contributions have been published in which the importance of optical illusions and their effect on orientation in space have been stressed (4, 11, 12, 15, 18, 19). The purpose of the present study was to determine 1) accuracy and precision of orientation in space without visual cues at accelerations up to 3 G, 2) to quantify the contribution of otolith and somesthetic receptors, and 3) to investigate a mutual influence of the two systems.

The first series of experiments was performed at the Research Institute for Aviation Medicine in Rome, Italy (21). The results were the basis for more elaborate investigations (second and third series of experiments).

In Fig. 1 the various body and head positions used are shown. For group A experiments, the body and head were moved simultaneously in four steps from vertical to the direction of the resultant acceleration in an unrestricted and restricted visual field. For group B experiments, the body remained vertical and the head was moved in steps toward the direction of acceleration. For group C experiments, the body remained in the direction of acceleration, while the head was moved in steps toward this direction.

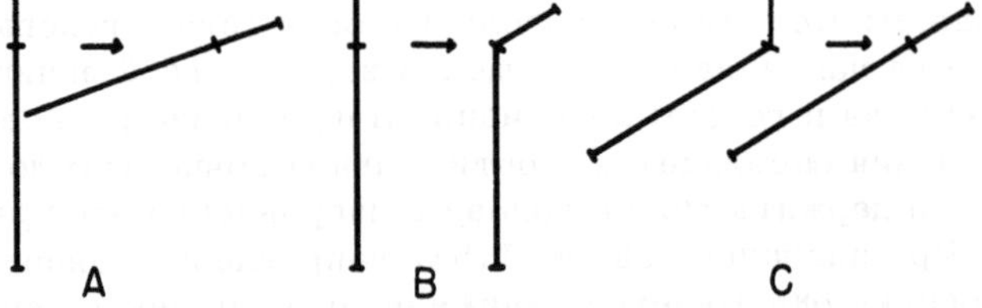

Fig. 1. The three groups of trials used in the first series of experiments. The changes of position of body and head are symbolized. The transition from the initial to the final position was accomplished in four steps. Sideways acceleration. Direction of force right to left. 1.0 - 2.0 (3.0) G resultant acceleration

The results of group A experiments are depicted in Fig. 2 A. The vertical bars represent ± 1 S.D. (standard deviation) from at least 12 observations in four test subjects. The dotted line along the abscissa is drawn from results of experiments in which the longitudinal axes of body and head remained in the direction of gravity. The canopy of the gondola was open, and the test subject could orient himself in relation to structural features in the centrifuge room. The resultant acceleration acted laterally from right to left. The centrifuge had a radius of 4.3 m. The test subject was restrained by shoulder and thigh harnesses; an adjustable bite-board confined the position of the head. A ruler (30 x 300 mm) was placed 30 cm in front of the subject's right eye; the ruler was movable about an axis perpendicular to the frontal plane of the test subject. The acceleration pattern was standardized and known to the test subject. Ten seconds after reaching the desired resultant acceleration, the test subject was told to position the ruler in the direction of what seemed to be vertical, to the so-called apparent vertical. The ruler was set three times for each acceleration used. The speed of the centrifuge was increased stepwise without an intervening break.

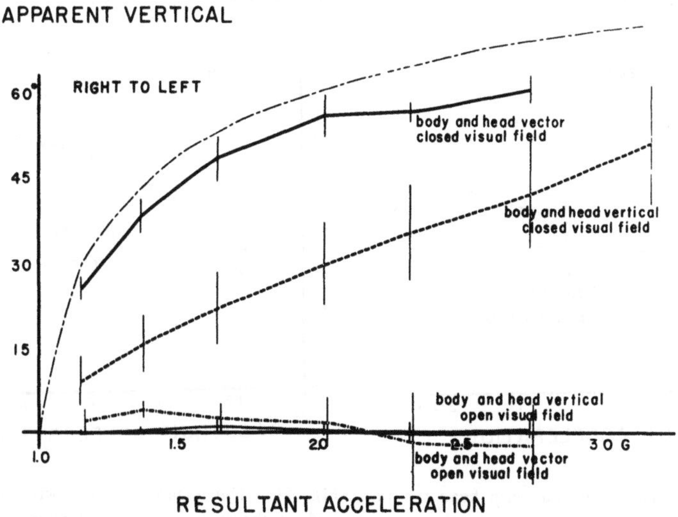

Fig. 2A. Dependence of the apparent vertical on resultant acceleration for different positions of body and head in unrestricted and restricted visual fields. The vertical bars indicate ± 1 standard deviation. The thin dash-dotted line represents the direction of the resultant acceleration. "Vector" means the direction of the resultant acceleration

With the visual field unrestricted, the apparent vertical is set close to the direction of gravity, with little variation of the individual values, up to 2.7 G. Tilting the body and head in the direction of the resultant acceleration when the visual field is unrestricted does not change markedly the position of the apparent vertical, as seen from the dash-dotted line. The length of the vertical bars increases and represents a greater variance of the individual settings than under conditions of unrestricted visual field. When the visual field is restricted and body and head are placed in the direction of gravity, the apparent vertical is set to a position between the direction of gravity and that of the resultant acceleration, as indicated by the dashed line. It can be seen from the solid line that with body and head in the direction of acceleration, i.e. in the direction of the vector of forces, the setting of the apparent vertical follows the thin dash-dotted line relatively closely. This thin line represents the direction of the resultant acceleration. A difference remains between the two lines for the whole range investigated. The improvement of the setting of the apparent vertical when body and head are tilted in the direction of acceleration was thought to be due to otolith and somesthetic receptors acted upon in "normal direction". By tilting body and head independently, the direction of acceleration acting upon them can be varied from oblique to "normal". "Normal" means the direction of gravity in upright position.

Fig. 2 B shows results from group B experiments in which the body remained vertical and the head was tilted. The apparent vertical is set closer to the direction of acceleration with every tilt of the head toward this direction.

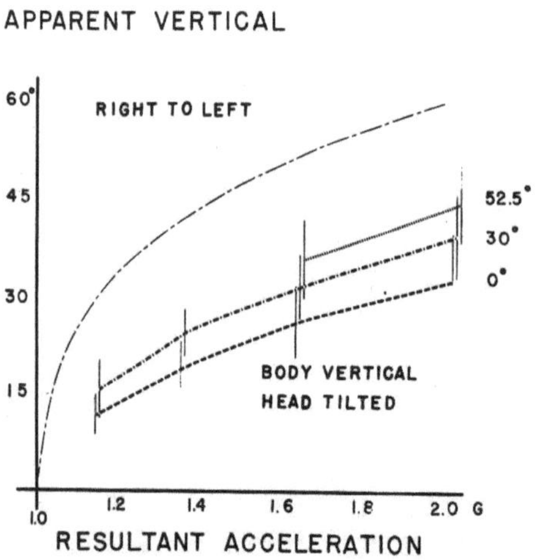

Fig. 2B. The apparent vertical with head tilt in the direction of acceleration, while the body remains vertical. Acceleration acting sideways

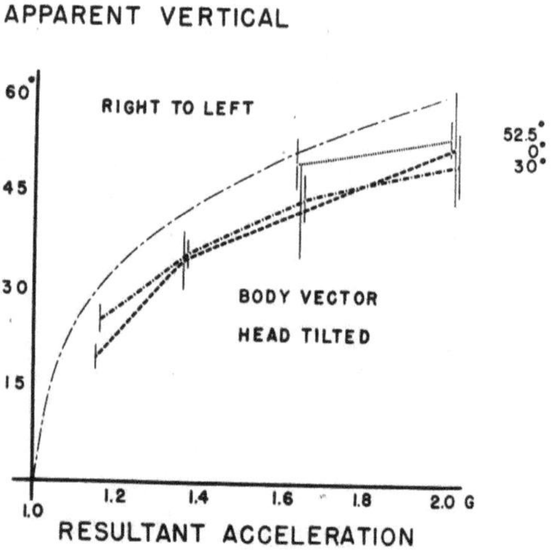

Fig. 2C. The apparent vertical with head tilt and body in the direction of acceleration. Acceleration acting sideways

Fig. 2 C comprises results from group C experiments in which the body remained in the direction of acceleration, while the head was moved from vertical to this direction. At 1.15 G tilting the head in the direction of the acceleration improved the setting of the apparent vertical. The dash-dotted line originates at this point. The same head tilt, viz. 30°, did not improve the setting of the apparent vertical at higher accelerations. The dash-dotted line follows the dashed line. At 1.6 G and with the head at 52.5°, the direction of the resultant acceleration at this particular acceleration, an improvement can be seen from the position of the dotted line. The improvement is not evident at 2 G, but the head tilt to 52.5° is less than the direction of acceleration at 2 G.

Conclusions from these experiments were : 1) any tilt of the longitudinal axis of the head in the direction of acceleration improves the setting of the apparent vertical when the longitudinal axis of the body remains vertical; 2) when the body is held in the direction of acceleration, a head tilt away from the vertical improves the setting of the apparent vertical only when the longitudinal axis of the head practically coincides with the direction of acceleration; 3) any tilt of the body in the direction of acceleration improves the setting of the apparent vertical, at least when the head has the same position; 4) the somesthetic recepetors seem to provide the coarse and the otolith receptors the fine setting of the apparent vertical.

The method used had some important disadvantages : only ten seconds were permitted at each acceleration for adaptation; the accelerations followed each other in a pattern known to the test subject; the test subject could see the mark of the first setting of the apparent vertical and adjust the second and third setting accordingly;and a sideward tilting of the head could be accomplished only to about 45° without concomitant flexion of the spine in the thoracic region. Therefore, a second series of experiments was devised. For this series and a third one, the facilities at the Department of Aviation Medicine at the Karolinska Institute, Stockholm, Sweden, were used.

Fig. 3 shows the scheme according to which the experiments were planned. In group A experiments body and head were tilted simultaneously; in group B experiments the body was tilted while the head remained upright, and in group C experiments the position of the head was altered alone. The accelerations acted in transverse direction. The test subject

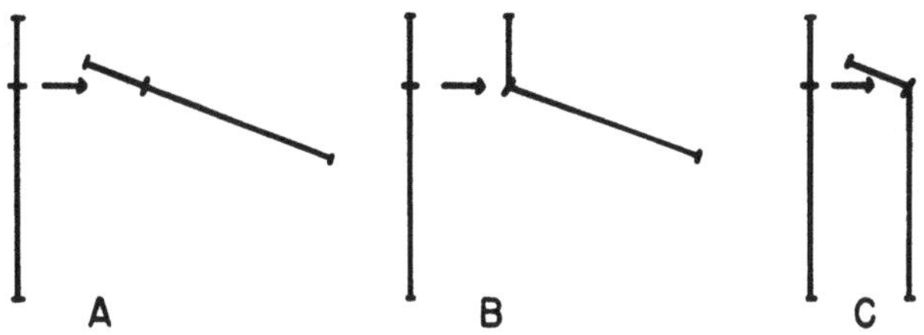

Fig. 3. Three groups of trials used in the second series of experiments. The changes of position of body and head are symbolized. The transition from the initial to the final position was accomplished in 9 steps. Backward acceleration. Direction of force back to chest. 1.0 - 3.0 G resultant acceleration

was seated 7.3 m away from the center of rotation on a movable chair mounted on a platfrom; he faced away from the center of rotation and assumed the required position of body and head before the centrifuge was started. A cubicle surrounding the test subject served to isolate the visual field; its inside was blackened, but a 60-watt bulb provided enough light to prevent a possible effect of head tilt on the apparent vertical in darkness, known as Aubert's Phenomenon (1). The chair could be tilted backward to 71°. The position of the head was controlled by a bite-board while the body was held in place by shoulder, thigh and crotch harnesses. On the right side of the test subject a ruler was mounted, parallel to his sagittal plane. Its center was about 45° away from the medial plane at eye level. Tilting of the longitudinal axes of the body and head, simultaneously or independently, was possible up to 71°, corresponding to the direction of acceleration at 3 G. Nine steps of tilt between 0° and 71° and eight steps of acceleration from 1.02 to 3.0 G were employed. The sequence of tilts and accelerations was randomized within the three groups of experiments. Five male test subjects were used for a total of 216 different conditions with 3240 individual observations, compared to 23 conditions and 236 observations in the first series of experiments with sideward acceleration.

The results are summarized in the next three figures. As Fig. 4 A shows, when body and head are vertical at 0° (dashed line), the apparent vertical is consistently set to a direction exceeding the direction of acceleration, i.e., is overestimated. The direction of acceleration is, under this condition, oblique to the longitudinal axes of body and head.

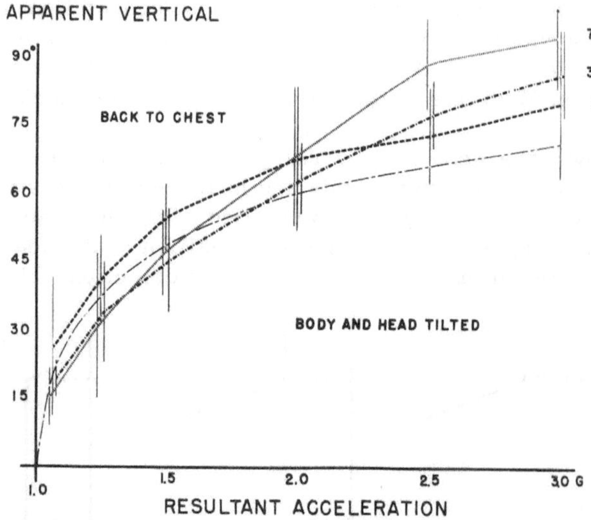

Fig. 4A. The apparent vertical with simultaneous tilt of body and head. Acceleration acting backwards

With body and head tilted gradually in the direction of acceleration or beyond it, (dash-dotted and dotted lines respectively), the apparent vertical is underestimated at low accelerations and overestimated at higher accelerations. In the second series of experiments, with zero tilt of body and head as shown by the dotted line of Fig. 4 B, the apparent vertical is set close to the direction of acceleration, with some underestimation between 1.5 and 2.5 G. The discrepancy between this result and the one of the first and third group of experiments, as shown in Fig. 4 A and C, cannot be explained. The greater variance of the individual settings may account for it and also for the significant difference between test subjects, as found by the analysis of variance. Body tilt, with the head remaining vertical, leads to an underestimation up to about 2 G and an overestimation beyond it. The results of group C experiments are plotted in Fig. 4 C. The body remained upright and the head was tilted backward to and beyond the direction of acceleration. As seen from the dashed line, the direction of acceleration is overestimated when body and

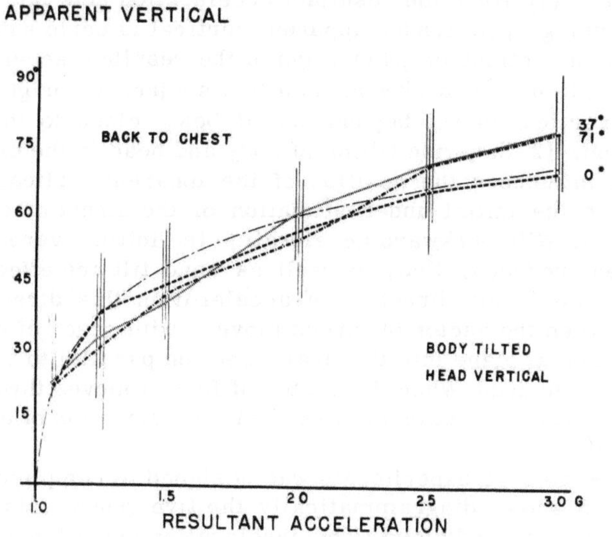

Fig. 4B. The apparent vertical with body tilt, the head remaining vertical. Acceleration acting backwards

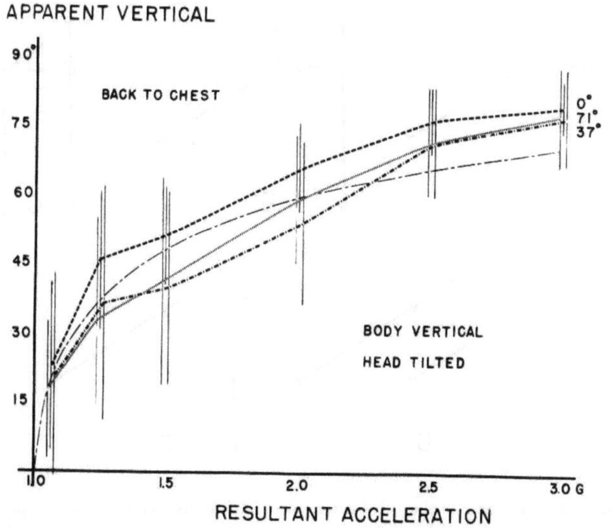

Fig. 4C. The apparent vertical with head tilt while the body remains vertical. Acceleration acting backwards

head are vertical, as in group A experiments. With tilt of the head the direction of acceleration is underestimated at low accelerations and overestimated at higher accelerations. The results are similar to the ones with body tilt and head in vertical position.

This information permitted a comparison between the effects of lateral and backward acceleration on orientation in space and indicated distinct differences : (1) When the resultant acceleration acts laterally on a test subject in upright position the apparent vertical is set to a middle position between the directions of gravity and of the resultant acceleration. When the acceleration acts backward on a test subject in upright position, the apparent vertical is set beyond or, at best, close to the direction of acceleration. (2) Stepwise tilting of body and head in the direction of acceleration influences the position of the apparent vertical. With lateral acceleration the initial underestimation of the direction of acceleration is improved. With backward acceleration the initial overestimation is to some extent reduced. Body as well as head tilt are effective. (3) With body and head in the direction of acceleration this direction is underestimated when the vector of forces moves, with onset of centrifugation, through a frontal plane into the final direction parallel to the longitudinal axes of body and head. When the vector of forces moves through a sagittal plane to the final direction head-to-feet, the direction of acceleration is overestimated.

A third series of experiments was designed to complete the information. Fig. 5 shows diagrammatically the five groups into which the experiments can be subdivided. The acceleration acted laterally. Body and head were tilted simultaneously for group A experiments; the body was tilted in steps from vertical to 60°, with the head remaining vertical, for

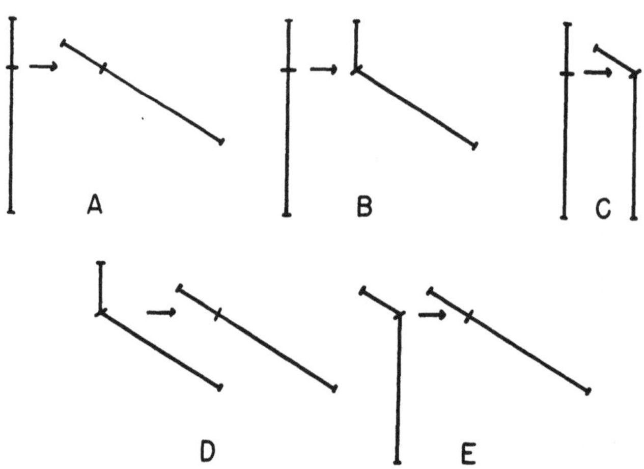

Fig. 5. Five groups of trials used in the third series of experiments. The changes of position of body and head are symbolized. The transition from the initial to the final position was accomplished in five steps. Sideways acceleration. Direction of force left to right. 1.0 - 2.0 G resultant acceleration

group B experiments; the head was tilted alone for group C experiments; the body was tilted and the head was moved gradually to the same direction for group D experiments; and finally, for group E experiments, the head was tilted and the body moved gradually to the same direction. The visually isolated test subject faced the direction of motion and looked at a movably ruler set on white background. The test subject was strapped into the seat by shoulder and thigh harnesses and had no special support at his sides. The position of the head was controlled by a bite-board. Several parameters were continuously recorded : the position of the apparent vertical, the position of the gondola (by means of an angle indicator), the acceleration acting on the test subject and the heart rate. A completely randomized factorial design was used on five male test subjects with three factors at five different levels. Five positions of body and head together with five accelerations afforded a total of 125 different conditions. The test subject set the apparent vertical three times for each condition. A total of 1875 sets of data was thus available for evaluation. A rigid time schedule was followed throughout the experiment. First the head was brought into proper position; next the gondola was moved to the desired angle for the body position; the gondola was then accelerated to the necessary velocity in times as indicated in Fig. 6 A along the dash-dotted line. Twenty seconds after reaching the proper velocity the test subject was informed by signal to start positioning the ruler to the apparent vertical. The position of the apparent vertical was recorded three times. The centrifuge was stopped after each level of acceleration in times indicated by the dotted line. The positions of head and body were altered after each run within about three minutes. As shown by the dashed line, the time required to set the ruler three times to the apparent vertical did not vary with the acceleration. In these experiments any effect of systematic changes of acceleration and position were avoided.

Head tilting with the body remaining vertical (Fig. 6 B) improved the position of the apparent vertical as it did in the first series of experiments, in which the sequence of conditions was not randomized. When the head remained vertical, as shown in Fig. 6 C, tilting of the body steadily improved the setting of the apparent vertical. With accelerations below 1.2 G the apparent vertical is set closest to the direction of acceleration when the body is tilted to 60°. For accelerations below 1.2 G this corresponds to a tilt beyond the direction of acceleration. The vector of forces then still acts laterally but from the opposite direction. The effect of tilting the head with the body in the direction of acceleration is depicted in Fig. 6 D. Even with the head vertical, at 0°, the apparent vertical is set relatively close to the direction of acceleration. Head tilting to the direction of acceleration improves the setting of the apparent vertical, as is seen from the dash-dotted line at 1.2 G. Head tilt beyond the direction of acceleration is followed by an overestimation, as seen from the dotted line up to 1.4 G. A similar pattern can be seen from Fig. 6 E. Here the head remained in the direction of acceleration and the body moved into or beyond this direction. With body tilt of 60° an overestimation at low accelerations is followed by an underestimation at 2 G.

The test subjects experienced little or no discomfort during these experiments despite the unusual position of body and head. This finding is supported by the changes in heart rate (Fig. 7). Each pair of lines in Fig. 7 represents the control value immediately preceding centrifugation and the value during centrifugation with their respective standard deviations. Only at 2 G the heart rate increased significantly.

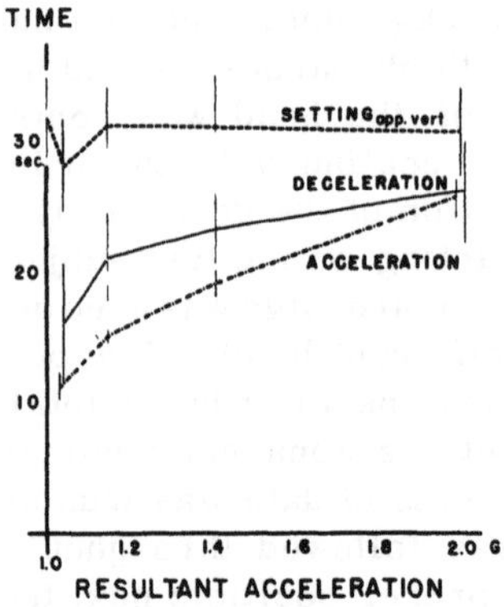

Fig. 6A. Times required for acceleration and deceleration of the centrifuge during the third series of experiments and time required by the test subjects to set the apparent vertical three times

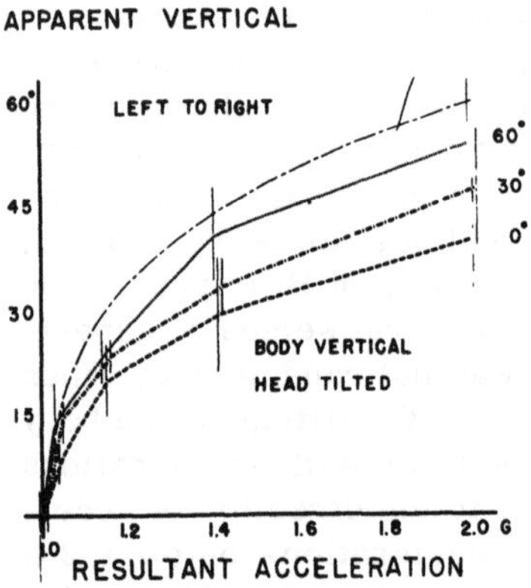

Fig. 6B. The apparent vertical with head tilt, while the body remains vertical. Acceleration acting sideways

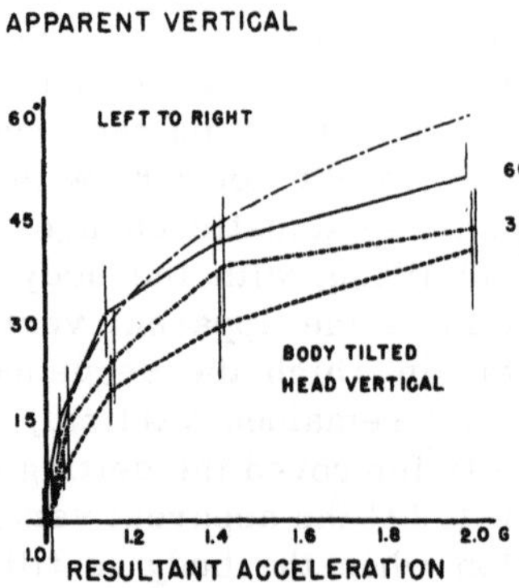

Fig. 6C. The apparent vertical with body tilt, while the head remains vertical. Acceleration acting sideways

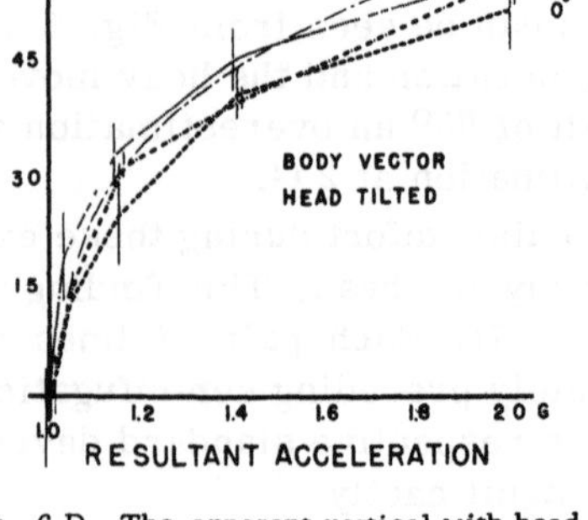

Fig. 6 D. The apparent vertical with head tilt, while the body remains in the direction of acceleration. Acceleration acting sideways

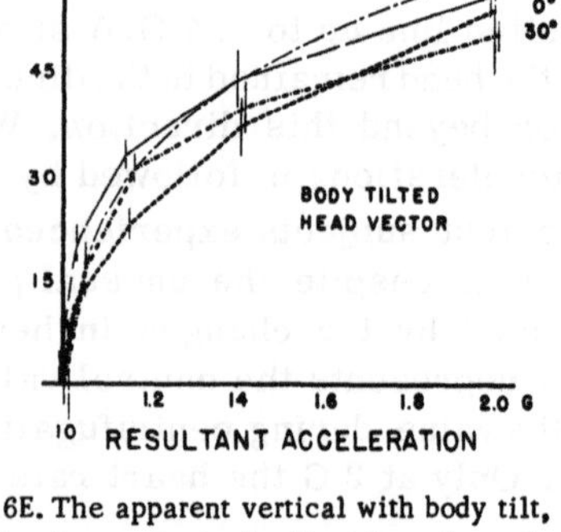

Fig. 6E. The apparent vertical with body tilt, while the head remains in the direction of acceleration. Acceleration acting sideways

The accuracy of the setting of the apparent vertical depends on the direction of acceleration between 1 and 3 G (Fig. 8 A). When the acceleration acts in the direction back-to-chest the variance, plotted as standard deviation, exceeds by a factor of 2 the variance of the setting with lateral

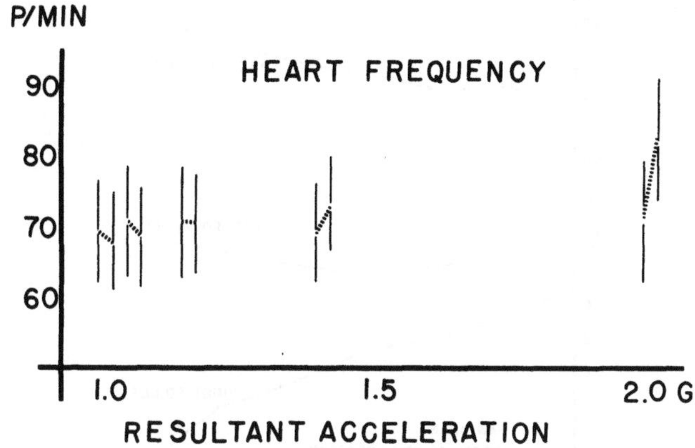

Fig. 7. Heart rate preceding and during acceleration, $\pm$ 1 standard deviation indicated. 100 observations for each acceleration. Acceleration acting sideways. Data presented without respect to body and head position

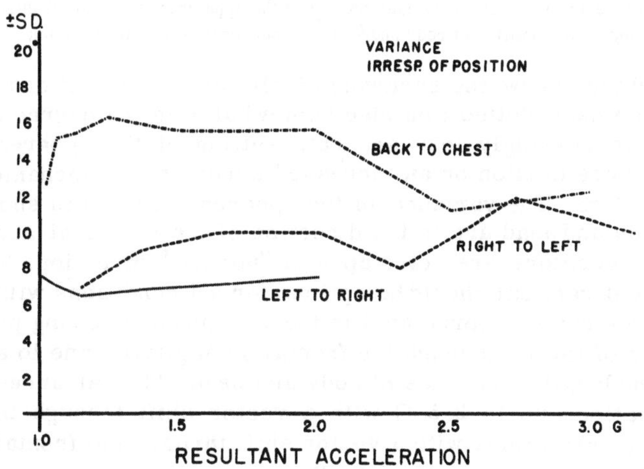

Fig. 8A. Standard deviation of all individual settings of the apparent vertical in all three series of experiments depending on acceleration, but without regard to the position of body and head

acceleration. This graph includes all data obtained at different accelerations, irrespective of the position of body and head. The completely randomized third series of experiments is represented by the dotted line. The variance of the apparent vertical is least for this series. A marked difference is again obvious between the variances of results from experiments with the vector of forces acting in two different planes. In Fig. 8 B the standard deviation is plotted against body and/or head position. The steady decline of the dashed line may be accounted for by the systematic error inherent in the design of the first series of experiments.

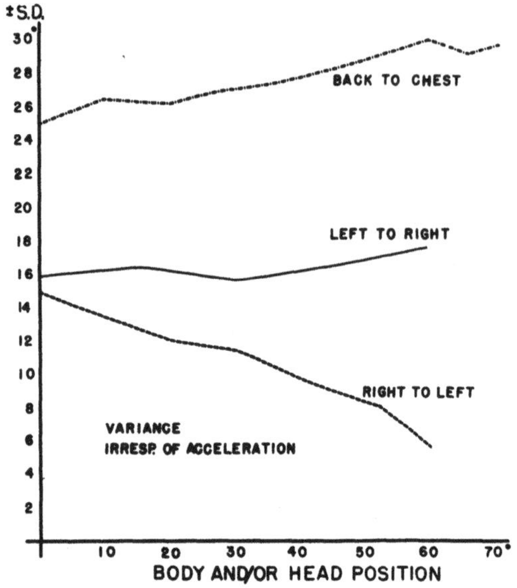

Fig. 8B. Standard deviation of all individual settings of the apparent vertical in all three series of experiments depending on the position of body and/or head, but regardless of acceleration

The test subject knew the sequence of tilts and accelerations used. The dotted and the dash-dotted line rise somewhat with the degree of tilt, indicating an increasingly less accurate setting of the apparent vertical with higher acceleration or an increased error of the mechanical setting of the centrifuge. The variance of the apparent vertical is shown in Fig. 8 C, when body and head are in the direction of the resultant acceleration. All gravity receptors are acted upon in "normal" direction. The setting of the apparent vertical should be optimal for all conditions without visual cues. Changes can be appreciated in the variances following progression of the vector of forces through the frontal or sagittal plane to a direction parallel to the longitudinal axes of body and head. The variances decrease for accelerations up to 2.5 G with a vector shift through the sagittal plane. For accelerations with a vector shift through the frontal plane the variances do not change systematically.

The settings of the apparent vertical and their variance with body and head in the direction of acceleration are finally shown in Fig. 8 D. The apparent vertical is set very close to the direction of the resultant acceleration up to approximately 1.2 G regardless of the plane through which the vector of forces moved transiently. Above 1.2 G there is an increasing underestimation in experiments where the vector of forces moved transiently through a frontal plane (left-to-right or right-to-left). In the randomized experiment, designated as "left-to-right", the apparent vertical is set closer to the direction of acceleration, but the difference is small when compared with the less well controlled experiment "right-to-left". Transition of the vector of forces through a sagittal plane (back-to-chest) leads to an overestimation of the direction of the resultant acceleration.

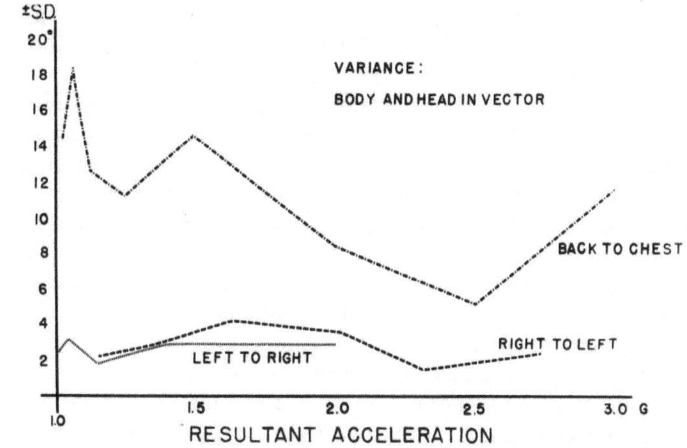

Fig. 8C. Standard deviation of all individual settings of the apparent vertical in all three series of experiments depending on acceleration, but with body and head in the direction of acceleration. The apparent vertical was monitored after exposure to the resultant acceleration for at least 20 seconds. The exposure did not exceed 60 seconds

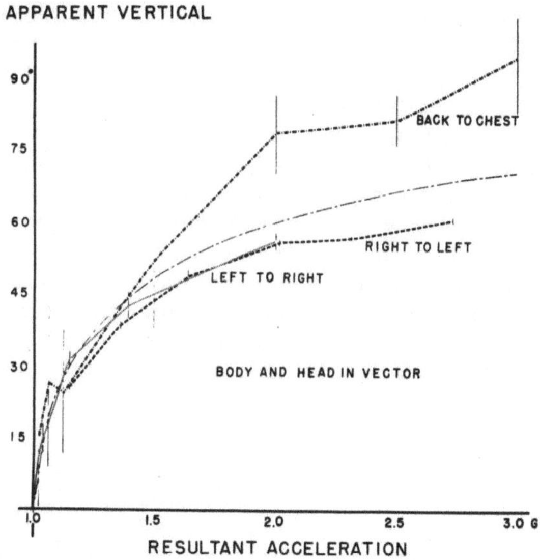

Fig. 8D. The apparent vertical depending on acceleration, with body and head in the direction of the resultant acceleration. For the experiments "back-to-chest" the vector of forces moved through a sagittal plane to its final position during the starting phase of centrifugation. For experiments "right-to-left" and "left-to-right" the vector of forces moved through a frontal plane to its final position

The results of the second and third series of experiments with backward and with lateral acceleration were subjected to an analysis of variance for three factors. The results of the initial condition and the final condition were compared. The main effects of acceleration, position of body and of head and their combined affects, are significant for both directions of acceleration. The mutual influence of otolithic and somesthetic information is significant. In the experiments reported, the limits for dissociation of the longitudinal axes of body and head were displacements laterally to 60° and backwards to 71°. More information is to be expected from extended exposure under defined conditions.

The present experiments bear some physiological significance beyond the factual contribution to knowledge of the accuracy of orientation in space without visual cues. The angle between the direction of gravity and resultant acceleration is underestimated when body and head are moved to the direction of acceleration through a frontal plane. The same angle is overestimated when moved through a sagittal plane. No systematic difference was observed between the settings of the apparent vertical 20 or 40 seconds after exposure to accelerations up to 3 G. As the final position of body and head were identical, whether moved to this position through a frontal or a sagittal plane, it is conceivable that lengthening the time of exposure will result in a setting of the apparent vertical closer to the direction of acceleration. With lateral acceleration and body and head upright the apparent vertical is set to a position about halfway between the directions of gravity and of the resultant acceleration. With backward acceleration and body and head upright, on the other hand, the apparent vertical is set close to the direction of acceleration or, at higher accelerations, beyond it. This difference could arise from (1) a system for monitoring the direction of acceleration with a preferential spatial orientation, or (2) integration with different time constants which depend on the direction the receptors are acted upon, or (3) a long-lasting spatial summation, depending on the area used to support the body, preceding the change of direction of acceleration. The concept of spatial summation would imply a predominance of skin receptors for orientation in space, for which no evidence can be derived from other reports. A time constant for a receptor-effector system exceeding 40 seconds is unusual, and there was no evidence for a gradual change of orientation during this time. There remains the concept of receptors with preferential orientation. This arrangement becomes meaningful for an organism with erect posture and superior stabilization against lateral deviation.

References

1. H. Aubert, Eine scheinbare bedeutende Drehung von Objekten bei Neigung des Kopfes nach rechts oder links. Arch. path. Anat. Physiol. klin. Med. 20, 381 - 393 (1861).
2. B. Bourdon, Influence de la force centrifuge sur la perception de la verticale. Année Psychol. 12, 84 - 94 (1906).
3. J. Breuer and A. Kreidl, Über die scheinbare Drehung des Gesichtsfeldes während der Einwirkung einer Centrifugalkraft. Arch. ges. Physiol. 70, 494 - 510 (1898).

4. B. Clark and A. Graybiel, Visual Perception of the Horizontal Following Exposure to Radial Acceleration on a Centrifuge. J. Comp. Physiol. Psychol. 44, 525 - 534 (1951).
5. W. C. Clegg and N. M. Dunfield, Non-visual Perception of the Postural Vertical : I. Sagittal Plane. Canad. J. Psychol. 8, 1 - 9 (1954).
6. W. C. Clegg and N. M. Dunfield, Non-visual Perception of the Postural Vertical : II. Lateral Plane. Canad. J. Psychol. 8, 80 - 86 (1954).
7. Y. Delage, VII. Siège des sensations et cause des illusions dynamiques de rotation. Arch. Zool. expér., 2e ser., 4, 576 - 587 (1886).
8. E. A. Fleishman, Perception of Body Position in the Absence of Visual Cues. J. Exper. Psychol. 46, 261 - 270 (1953).
9. S. Garten, Über die Grundlagen unserer Orientierung im Raume. Abh. sächs. Akad. Wiss. 36, 431 - 510 (1920).
10. J. J. Gibson, The Relation between Visual and Postural Determinants of the Phenomenal Vertical. Psychol. Rev. 59, 370 - 375 (1952).
11. A. Graybiel, Oculographic Illusion. Amer. Med. Ass. Arch. Ophthalm. 48, 605 - 615 (1952).
12. A. Graybiel and R. H. Brown, The Delay in Visual Reorientation Following Exposure to a Change in Direction of Resultant Force on a Human Centrifuge. J. Gen. Psychol. 45, 143 - 150 (1951).
13. F. B. Hofmann and A. Bielschowsky, Über die Einstellung der scheinbaren Horizontalen und Vertikalen bei Betrachtung eines von schrägen Konturen erfüllten Gesichtsfeldes. Arch. ges. Physiol. 126, 453 - 475 (1909).
14. F. Kleinknecht und W. Lueg, Weitere Untersuchungen über Lage-Gedächtnis und Empfindung am Neigungsstuhl. Z. Biol. 81, 22 - 36 (1924).
15. K. MacCorquodale, Effects of Angular Acceleration and Centrifugal Force on Nonvisual Space Orientation during Flight. J. Aviat. Med. 19, 146 - 157 (1948).
16. E. Mach, Physikalische Versuche über den Gleichgewichtssinn des Menschen. Sitz.ber. Math. Nat. Cl. Akad. Wiss., Wien, III. Abt. 68, 124 - 140 (1874).
17. C. W. Mann and G. E. Passey, The Perception of the Vertical : V. Adjustment to the Postural Vertical as a Function of the Magnitude of Postural Tilt and Duration of Exposure. J. Exper. Psychol. 41, 108 - 113 (1951).
18. C. E. Noble, The Perception of the Vertical : III. The Visual Vertical as a Function of Centrifugal and Gravitational Forces. J. Exper. Psychol. 39, 839 - 850 (1949).
19. R. G. Pearson and G. T. Hauty, Adaptive Processes Determining Proprioceptive Perception of Verticality. J. Exper. Psychol. 57, 367 - 371 (1959).
20. J. Purkinje, Beiträge zur näheren Kenntniss des Schwindels aus heautognostischen Daten. Med. Jb. österr. Staat 6, 79 - 125 (1820).
21. G. Schubert and H. Kolder, Factor Analysis of Space Orientation. Riv. Med. Aeron. Space 25, 64 - 77 (1962).
22. R. Stigler, Versuche über die Beteiligung der Schwereempfindung an der Orientierung des Menschen im Raume. Arch. ges. Physiol.

148, 573 - 584 (1912).
23. A. Tschermak und G. Schubert, Über Vertikalorientierung im Rotatorium und im Flugzeuge. Arch. ges. Physiol. 228, 234 - 257 (1931).
24. H. Werner, S. Wapner and K. A. Chandler, Experiments on Sensory-tonic Field Theory of Perception : II. Effect of Supported and Unsupported Tilt of the Body on the Visual Perception of Verticality. J. Exper. Psychol. 42, 346 - 350 (1951).
25. H. A. Witkin, Perception of the Upright When the Direction of the Force Acting on the Body is Changed. J. Exper. Psychol. 40, 93 - 106 (1950).

Discussion

Rose : In your diagrams you indicate a variation in vertical bars. Are they single standard deviations or 3 times standard deviation ?

Kolder : The total length of a vertical bar is equal to 2 standard deviations or, expressed differently, ± 1 S.D. from the midpoint.

Kaehler : Did you control for variances in force field which are produced at the head rather than at a given point (precalculated) by the centrifuge ? Does this help explain the variances ?

Kolder : The velocity of the centrifuge necessary for a certain resultant acceleration was calculated for a point 30 cm upward from the seat level and 15 cm in front of the back of the seat. The distance along the vector of forces between the mass-point and the auditory meatus could therefore vary from 0.0 to 0.15 meters with tilt of body and head in the direction of the resultant acceleration. The radius of the centrifuge was 7.3 meters. The maximal error to be expected is about 5 per cent. The same error applies to experiments with lateral and with backward acceleration. The difference in the results can therefore not be explained by this error of method.

METHODS FOR SOMATIC CLASSIFICATION OF PILOTS ACCORDING TO STATUS OF FUNCTIONAL MUSCULAR, CIRCULATORY AND RESPIRATORY CAPACITIES, AND POSSIBILITIES OF FURTHER DEVELOPMENT DURING TRAINING

Gunnar Ström, M.D.
Department of Clinical Physiology, University Hospital Uppsala, Sweden
Scientific Advisor to the Swedish Defense Medical Board

Abstract

In the Swedish Defence Forces, especially the Air Force, testing of the physical capability of personnel at different ages has been carried out systematically for a number of years. A full series of measurements would appraise (a) certain body dimensions, such as height, weight, adipose tissue and lean body mass, skeletal length and breadth, total heart volume in the horizontal body position, and total blood volume; (b) functional muscular capacity, judged from the maximal isometric force of contraction in representative muscle groups; (c) functional circulatory and respiratory capacities, judged from the ventilation, oxygen uptake, heart rate, respiratory rate, blood lactate concentration and Ecg reaction etc., under steady-state conditions during stepwise increasing work loads of submaximal intensity and under non-steady-state conditions during maximum work load; from the circulatory responses to orthostatic testing; and from vital capacity and maximal ventilatory volume; (d) some index of endurance for work of very long duration.

The results of the dynamic tests are evaluated as indices of maximal functional output and of maximal steady-state level. These indices of physical capability depend on the dimensional prerequisites as well as on the efficacy of the homeostatic regulative functions. The different indices are mutually interrelated, to a greater or lesser degree, in the normal individual. Appraisal of these interrelationships is an important part of the testing procedure.

Results from testing large personnel groups with some of the above-mentioned methods will be mentioned.

Physical training of the circulatory system results in e.g. increased circulatory dimensions and increased maximal functional output, and apparently also in a higher efficacy of the homeostatic regulation - the orthostatic circulatory changes are less pronounced, and a higher proportion of the maximal output can be used under conditions of steady state.

Results from longitudinal studies of physical capability in large personnel groups during periods of physical training will be mentioned.

Méthodes de classification somatique des pilotes selon l'état actuel de la capacité fonctionnelle musculaire, circulatoire et respiratoire et selon les possibilités de développement acquis au cours de l'entraînement. Dans les forces armées suédoises, spécialement dans l'armée de l'air, la verification des capacités physiques du personnel à des ages divers a été faite systématiquement depuis un certain nombre d'années. Une série complète de mesures évaluerait : a) certaines dimensions du corps, telles que taille, poids, tissus adipeux, poids de chair, longueur et largeur du squelette, volume total du coeur pour une position horizontale du corps, et volume de sang; b) la capacité fonctionnelle des muscles, jugée d'après la force de contraction isométrique maximum des graines de muscles considérés; c) les possibilités fonctionnelles circulatoires et respiratores jugées d'après : la ventilation, la consommation d'oxygène, le pouls, le rythme respiratoire, la concentration de lactate du sang, les réactions aux E. C. G., etc ... dans des conditions de calme pendant des périodes de travail graduées n'ayant pas une intensité maximum, et dans des conditions d'agitation avec un effort maximum; d'après les réponses circulatoires aux tests orthostatiques et d'après la capacité vitale et le volume ventilatoire maximum; d) un repère d'endurance pour un travail de très longue durée.

Les résultats des essais dynamiques sont évalués comme des indices de rendement fonctionnel maximum, et de niveau maximum au steady-state. Ces indices de capacité physique dépendent des facteurs dimensionnels aussi bien que de l'efficacité des fonctions homéostatique. Les divers indices sont tous en relation, plus ou moins, chez l'individu normal. L'évaluation de ces relations est une partie importante de la procédure expérimentale.

Les résultats d'expériences sur des groupes importants de personnel, avec quelques-unes des méthodes énumérées ci-dessus, seront donnés.

L'exercice physique du système circulatoire apporte des dimensions circulatoires et un rendement fonctionnel maximum accrus, et apparemment aussi une plus grande efficacité de la régulation homéostatique. Les changements de circulation orthostatique sont moins prononcés, et une plus grande partie du rendement maximum peut être utilisée dans des conditions de steady state.

Les résultats d'études longitudinales des capacités physiques dans d'importants groupes de personnel, durant des périodes d'éducation physique, seront mentionnés.

Методы соматической классификации пилотов в соответствии с данным состоянием мышечной, кровеносной и дыхательной функциональной способности и возможностями дальнейшего развития в ходе тренировки. Шведские силы обороны, особенно военно-воздушные, проводят испытание физической способности личного состава различных возрастов систематически в течение ряда лет. Полная серия измерений могла бы установить: I/ Некоторые показатели тела, как рост, вес, жировые ткани и масса тела без жира, длина и ширина скелета, общий объем сердца при горизонтальном положении тела и общее количество крови; II/ функциональную мышечную способность, судя по максимальной изометрической силе сокращения характерных групп мышц; III/ функциональную кровеносную и дыхательную способность, судя по аэрации, поглощению кислорода, частоте пульса, частоте дыхания, содержанию молочно-кислой соли в крови, реакции электрокардиограммы и т.д. при условиях постоянного состояния во время постепенного увеличения рабочих нагрузок почти максимальной интенсивности и при условиях непостоянного состояния во время максимальной рабочей нагрузки; по жизнеспособности и максимальному аэрационному объему; IV/ некоторый показатель выносливости по отношению к работе в течение длительного срока.

Результаты динамических испытаний оцениваются как показатели максимальной функциональной производительности и максимального постоянного уровня. Эти показатели физической способности зависят от предпосылок измерений, а также от действенности гомеостатических регулирующих функций. Различные показатели у нормального человека в большей или меньшей степени взаимосвязаны. Оценка этих взаимосвязей является важной частью этой процедуры испытаний.

Приведены результаты испытаний больших групп личного состава с применением некоторых вышеуказанных методов.

Физическая тренировка системы кровообращения ведет, например, к увеличению размеров кровообращения и к увеличению максимальной функциональной производительности, и, очевидно, также к повышению эффективности гомеостатического регулирования; ортостатические изменения кровообращения менее определенны и большую часть максимальной производительности можно использовать при условиях постоянного состояния.

Приведены результаты продолжительных исследований физической способности больших групп личного состава в периоды физической подготовки.

The practical capability of an individual in a man-machine system depends on many different factors, which can be schematized in several ways. One possible way is to consider separately such factors as physical and mental capabilities. 'Physical capability' is a general term which is used here instead of the similar and equally unspecific terms 'working capacity' or 'physical fitness'.

Physical capability depends both on the dimensions of different body organs and systems and on their dynamic function. Dimensions as well as dynamic function may be modulated by several factors such as growth and ageing, physical training, dysfunction and disease, and state of nutrition. Different aspects of physical capability can be defined, though with somewhat arbitrary borderlines, such as muscular capacity, circulatory and respiratory capacities, and metabolic regulatory capacity.

Systematic studies of the different aspects of physical capability have been carried out during recent years by several research groups, notably in U.S.A., Denmark and Germany, and also in Sweden. In the following, some results obtained by the Stockholm groups [1] with be mentioned together with a presentation of some general concepts according to the present state of knowledge.

Functional muscular capacity limits physical capability in work of short during - up to a few minutes - which engages small or large muscle groups. Muscular mass, and neuromuscular and central nervous function are primary determining factors for maximal force of contraction, speed and coordination. There is usually a secondary correlation with skeletal length and breadth, body weight (really lean body mass), age and sex, etc.

Muscular capacity is usually measured as the maximal isometric contractile strength in muscle groups which are well representative of whole-body muscularity (1, 2, 3, 4, 5). Some measure of muscular function during shortening or sustained contraction may be included. The correlated dimensions of the body may also be measured in order to permit an evaluation of the degree of normality of the different interrelationships between them and the dynamic parameters.

In the presently completed research program of the Swedish Army and Navy Medical group (4, 5), the maximal isometric force of contraction has been measured in twenty-two different muscle groups using a slight modification of Asmussen's method (1). The value during a peak contraction of 2 - 3 seconds duration was used and at least three consecutive efforts were made. The initial length of the tested muscle (the angle of the lever) had to be standardized to the value which gives the best reproducibility and the highest contraction force. Different groups of military personnel were examined, mainly consisting of a large number of 20 year old conscripts of the Army. The reproducibility varied between different muscle groups, and corresponded to a random error of measurement of from 3.2 per cent (elbow flexion) to 11.4 per cent (trunk backward flexion). No significant twenty-four-hour variation was observed. The value of different muscle groups as a general index of 'whole-body muscularity' varied considerably, in part due to the error of measurement, and the best prediction of a measured total index (being either a 'summed' or a 'standardized' muscle factor) was obtained from the force of flexion or extension in elbow, hip or knee. An average pattern of correlation between the different muscle groups can thus be stated (5, Fig. 4) but specific muscular training may produce considerable deviation from the average, as e.g. seen in one materal of weight-lifters and another of middle-distance runners (5, Fig. 5). The physical training programme of the first-year military service was found to produce only a small increase of isometric muscular force, for most muscle groups being within

---

[1] These groups are : The clinico-physiological group at Karolinska sjukhuset (T. Sjöstrand, A. Holmgren, K. Linroth, G. Ström, H. Wahlund and others), the physiological group at Gymnastiska Centralinstitutet (E. H. Christensen, W. von Döbeln, I. Astrand, P.O. Astrand and others), the Air Force medical group (G. Severin, W. von Döbeln, G. Ström, L. Werkö and others), and the Army and Navy medical group (G. Hesselblad, L. Troell, R. Hellström, K. Linroth, T. Sjöstrand, G. Ström, G. Tornvall and others), Stockholm.

5 per cent. In the present material of subjects, the measured total index was correlated relatively closely to body weight but not to skeletal length or breadth.

The change of muscular capacity with age has been described earlier (3, 6, and others). A decrease usually starts at about 30 years age.

Functional circulatory and respiratory capacities limit physical capability in work of moderate duration - of some minutes up to an hour or more - which engages large muscle groups and therefore demands a high oxygen uptake.

The circulatory capacity to transport oxygen is primarily determined by the dimensional factor of cardiac stroke volume at rest in recumbency (7, 8). The stroke volume is kept constant at high or maximal heart rate levels during muscular work by regulation of cardiac inflow and outflow of blood and of myocardial force of contraction (9). Cardiac output is put to adequate metabolic use by control mechanisms which distribute the peripheral blood flow mainly to the working tissues. These control mechanisms are local as well as central nervous. Secondary correlation is found with total heart volume, blood volume and total amount of hemoglobin, body weight (really lean body mass), height, etc. (10, 11, 12). Body position affects the circulatory regulation and must also be considered (13, 14).

Circulatory capacity may be directly measured by blood flow determinations at maximal steady state work. However, usually more or less indirect methods have to be used. The heart rate reaction to submaximal work loads - preferably under steady state conditions - is a useful index of circulatory capacity (15, 16), and may be expressed as work load at a given heart rate, e.g. at 170 beats/min in young people, or as heart rate at a given work load, e.g. at 900 kpm/min in male subjects (17). The metabolic load of muscular work may be assessed as oxygen uptake or simply as work load - on condition that the type of work is performed with a relatively constant efficiency (18, 19). If possible, both the maximal heart rate and the maximal steady state level of heart rate should also be determined or estimated. The blood lactate concentration gives some objective information about the degree of anaerobic metabolism and has therefore been used as an index of the degree of somatic stress of the tested individual (20). In the earlier or present research programs of the Swedish groups, circulatory capacity is either measured as the maximal oxygen uptake (21), maximal heart rate, blood lactate concentration and maximal work performance during 5 - 10 minutes testing on a bicycle ergometer or a treadmill; or as the submaximal heart-rate reaction during steady state at stepwise increased loads of 6 minutes duration (15, 16). Sometimes a combination of these two procedures is used. It has earlier been shown that cycling and walking or running on the treadmill are performed with a relatively constant mechanical efficiency of 0.23-0.25 (21, 22, and others) with an interindividual dispersion of 5 - 6 per cent (coefficient of variation). It has also been shown that, at least in healthy young individuals, these movements activate so large a muscle mass that muscular fatigue does not limit the capability. The testing is performed under standardized conditions, and the influence of body position is considered.

The maximal heart rate, which under these circumstances is defined arbitrarily as that observed when the blood lactate concentration has reached a level of at least 11 - 12 mE/1, is found to decrease with age by an average of about one beat per minute and per year from about 205 beats per minute at age 20 (23, 24, and others). On the other hand, the average submaximal heart rate response to a given work load seems to be practically identical in adults of all age groups (25, 26, 27, 28, 29, 30). If this result is expressed in terms of work load at heart rate 170, the average male value is 1000 - 1100 kpm/min with a coefficient of variation of some 17 per cent, and the average female value 650 - 750 kpm/min; these value were found e.g. in inhabitants 40 - 50 years of age in the Stockholm health survey of 1954 (25) and in inhabitants of the same age in the Uppsala health surveys of 1961 - 1962 (30). If instead the result is expressed as heart rate at work load 900 kpm/min (males) or 600 kpm/min (females), the average value is 150 - 160 beats/min. In a large group of staff officers of the Air Force the average value was 1000 kpm/min at heart rate 170 (26), while for staff officers of the Navy the value was about 1080 (4). For several years the value in 19 years old conscripts at the induction to military service has been about 1000 - 1100 (5).

The circulatory capacity in a given age group of male individuals appears to be lower today than e.g. fifteen years ago, although the exact difference in difficult to assess. This might be due to the changing habits of living in Swedish society, as the degree of physical training is one important factor for circulatory capacity (31).

During the first few months of military service the average value in conscripts increases from e.g. 1030 kpm/min at heart rate 170 to about 1160 (4, 5, 27), reflecting the effect of the physical exercise which is performed systematically, then remains constant or even decreases during the rest of the year of service. Air Force officers on active pilot duties - which include systematic physical training - show an average value of about 1230 kpm/min, corresponding to a heart rate of 145 at load 900 kpm/min (26). Similar values are found for the active officers of the Army and Navy and were recently observed in a group of transport workers in Stockholm of age 50 - 64 years (28, 29).

Several longitudinal investigations on the effect of systematic physical training have been performed. At the School of Physical Education (Swedish Defense Forces), the average initial value in officers partaking in a four-month course was 1270 kpm/min. After a month it had risen to 1380, after four months to 1500 (4, 5, 32). During such intensive training a small decrease of the maximal heart rate seems to occur (24) but the submaximal heart-rate response nevertheless reflects with good validity the change of maximal work performance and maximal oxygen uptake. For a male group of physicians and a female group of nurses the initial values were 1050 and 650 kpm/min, respectively. After four months of physical training which consisted of one or two half-hours of gymnastics per week the values had increased to 1160 and 720, respectively; an increase of 10 - 11 per cent (31). After a period of 8 days of very intensive training (skiing in the mountains cross-country) there was a further increase of 16 per cent. This extra increase disappeared rapidly after the return to ordinary hospital duty.

Physical training also produces a decrease of the resting heart rate and the heart rate during an orthostatic test, an increase of heart volume and blood volume (31) and usually a decrease of skinfold thickness and body weight (4, 5). When the increase in training intensity is large and sudden the heart volume and plasma volume seem to expand rapidly, the total amount of hemoglobin more slowly. Another important effect of physical training is that the maximal steady-state level of heart rate increases, implying an extra rise of capability in long-term physical activity.

In spite of the large amount of data within this field several important problems remain unsolved, e. g. concerning more accurate methods to determine maximal steady-state level, the effect of age on control of the peripheral distribution of blood flow, the accuracy and precision of estimating maximal values from submaximal measurements and other methodological or principal problems (33, 34, 35, 36). The immediate programme of the Army and Navy medical group concerns a comparison of the physiological measurements to estimates of practical capability in military service, and also further research on metabolic regulatory capacity. The effect of immobilization (37) and training (31, 38, and others), and the associated change of body composition (39, 40, and others) also deserve further studies.

Respiratory capacity is primarily determined by the dimensional factors of vital capacity (and total lung capacity) and pulmonary diffusion capacity. The capacity to ventilate the alveolar space uniformly at high respiratory rates is a dynamic factor which is influenced by respiratory muscular function, airway resistance, lung compliance etc. Respiratory capacity can be assessed in several ways. The ventilatory capacity at least should be estimated by direct methods when a measure of physical capability is needed.

Metabolic regulatory capacity, i. e. the capacity to balance energy transport, water, electrolytes, body temperature etc. adequately is a limiting factor for physical capability in work of very long duration which engages relatively large muscle groups. The load on the regulatory capacity depends both on metabolic rate and on environmental conditions, and also on efficiency of restituting measures, etc. During work of long duration, the regulatory capacity can be estimated by measurements of e. g. body weight, body temperature, rate of sweating, plasma volume, etc.

Dysfunction and disease may set abnormal limits to physical capability. Different types of disease affect different aspects of the capability. Circulatory capacity may be diminished both by cardiac disease - which generally causes a decrease of stroke volume - and by regulative dysfunction, e.g. that which produces a hyperkinetic circulation at rest and during work and therefore a low 'circulatory efficiency', e.g. a low a-v oxygen difference in relation to heart rate and oxygen uptake (41, 42, 43).

Lack of cooperation of the tested subject may affect the validity of several of the measurements, such as maximal muscular force or maximal ventilatory volume, but does not influence others, such as heart-rate response to work or blood lactate increase.

Also the nutrititional status may affect physical capability. Acute dehydration diminishes circulatory capacity, at least to judge from results of submaximal tests, but more information is needed both on this problem and on the effect of chronic under- or overnutrition on physical capability.

References

1. E. Asmussen, K. Heeböll-Nielsen and Sv. Molbech, Methods for Evaluation of Muscle Strength. Comm. Testing Observ. Inst. Danish Nat. Ass. Infantile Paralysis, Copenhagen, 5, 3 - 13 (1959).
2. E. Asmussen, K. Heeböll-Nielsen and Sv. Molbech, Description of Muscle Tests and Standard Values of Muscle Strength in Children. Comm. Testing Observ. Inst. Danish Nat. Ass. Infantile Paralysis, Copenhagen, 5, Suppl., 3-59 (1959).
3. E. Asmussen and K. Heeböll-Nielsen, Isometric Muscle Strength of Adult Men and Women. Comm. Testing Observ. Inst. Danish Nat. Ass. Infantile Paralysis, Copenhagen, 11, 3-43 (1961).
4. R. Hellström, Body Build, Muscular Strength, and Certain Circulatory Factors in Military Personnel. Acta Med. Scand., Suppl. 371, 1-84 (1961).
5. G. Tornvall, Assessment of Physical Capabilities, with Special Reference to the Evaluation of Maximal Voluntary Isometric Muscle Strength and Maximal Working Capacity. Acta Physiol. Scand. 58, Suppl. 201, 1-102 (1963).
6. S. Robinson, Experimental Studies of Physical Fitness in Relation to Age. Arbeitsphysiol. 10, 251 (1938).
7. T. Sjöstrand, Die pathologische Physiologie der Korrelationen zwischen Herz und Gefäßsystem. Verh. Dtsch. Ges. Kreislaufforsch. 22, 143-157 (1956).
8. T. Sjöstrand, Relationen zwischen Bau und Funktion des Kreislaufsystems und ihre Veränderungen under pathologischen Bedingungen. Forum Cardiologicum (Mannheim-Waldhof : Boehringer & Söhne) 3, No. 3, 1 - 95 (1961).
9. E. Asmussen and M. Nielsen, Cardiac Output during Muscular Work and Its Regulation. Physiol. Rev. 35, 778-800 (1955).
10. W. von Döbeln, Human Standard and Maximal Metabolic Rate in Relation to Fatfree Body Mass. Acta Physiol. Scand. 37, Suppl. 126, 1-79 (1956).
11. A. Holmgren and T. Strandell, The Relationship between Heart Volume, Total Hemoglobin and Physical Working Capacity in Former Athletes. Acta Med. Scand. 163, 149-160 (1959).
12. C.G. Engström and G. Ström, Relationship between Physical Working Capacity and Heart Volume in Standing Position in Pilots and Applicants in the Swedish Air Force. Medd. Flyg- och Navalmed. Nämnd., Stockholm, 7, 36-38 (1958).
13. A. Holmgren and C. O. Ovenfors, Heart Volume at Rest and during Muscular Work in the Supine and in the Sitting Position. Acta Med.

Scand. 167, 267-277 (1960).
14. S. Bevegard, A. Holmgren and B. Jonsson, The Effect of Body Position on the Circulation at Rest and during Exercise, with Special Reference to the Influence on the Stroke Volume. Acta Physiol. Scand. 49, 279-298 (1960).
15. T. Sjöstrand, Changes in the Respiratory Organs of Workmen at an Ore Smelting Works. Acta Med. Scand., Suppl. 196, 687-699 (1947).
16. H. Wahlund, Determination of Physical Working Capacity. Acta Med. Scand., Suppl. 215 (1948).
17. W. von Döbeln, C. G. Engström and G. Ström, Physical Working Capacity of Swedish Air Force Pilots. J. Aviat. Med. 30, 162-166 (1959).
18. P. O. Astrand and I. Ryhming, A Nomogram for Calculation of Aerobic Capacity (Physical Fitness) from Pulse Rate during Submaximal Work. J. Appl. Physiol. 7, 218-221 (1954).
19. I. Astrand, Aerobic Work Capacity in Men and Women with Special Reference to Age. Acta Physiol. Scand. 49, Suppl. 169, 1-92 (1960).
20. A. Holmgren and G. Ström, Blood Lactate Concentration in Relation to Absolute and Relative Work Load in Normal Men, and in Mitral Stenosis, Atrial Septal Defect and Vasoregulatory Asthenia. Acta Med. Scand. 163, 185-193 (1959).
21. P. O. Astrand, Experimental Studies of Physical Working Capacity in Relation to Sex and Age, p. 1-171. Copenhagen : E. Munksgaard, 1952.
22. P. O. Astrand, Human Physical Fitness with Special Reference to Sex and Age. Physiol. Rev. 36, 307-335 (1956).
23. E. Asmussen, K. Klausen, Sv. Molbech and E. Poulsen, Evaluation of Fitness for Work from Pulse Increase and Speed. Comm. Testing Observ. Inst. Danish Nat. Ass. Infantile Paralysis, Copenhagen, 9, 3-10 (1961).
24. W. von Döbeln, C. G. Engström, G. Malmstrom and G. Ström, Maximal Heart Rate and Maximal Working Capacity in Military Personnel Groups of Different Age. Manuscript in preparation (1963).
25. A. R. Frisk, L. Werkö, A. Holmgren and G. Ström, Stockholm's City Health Survey. Acta Med. Scand. 163, 1-14 (1959).
26. W. von Döbeln, C. G. Engström and G. Ström, Physical Training and Physical Working Capacity in Swedish Air Force Staff Personnel. Medd. Flyg- och Navalmed. Nämnd., Stockholm, 7, 34-35 (1958).
27. K. Linroth, Physical Working Capacity in Conscripts during Military Service. Acta Med. Scand., Suppl. 324, 1-127 (1957).
28. I. Astrand, The Physical Work Capacitiy of Workers 50-64 Years Old. Acta Physiol. Scand. 42, 73-86 (1958).
29. I. Astrand, Clinical and Physiological Studies of Manual Workers 50-64 Years Old at Rest and during Work. Acta Med. Scand. 162, 155-164 (1958).
30. L. Linder, N. B. Nordlander, G. Ström and I. Werner, The Uppsala City and County Health Surveys 1961-1962. Manuscript in preparation (1963).
31. A. Holmgren, F. Mossfeldt, T. Sjöstrand and G. Ström, Effect of

Training on Work Capacity, Total Hemoglobin, Blood Volume, Heart Volume and Pulse Rate in Recumbent and Upright Positions. Acta Physiol. Scand. 50, 72-83 (1960).
32. K. Linroth and G. Ström, Physical Profile in Military Personnel. Manuscript in preparation (1963).
33. I. Ryhming, A Modified Harvard Step Test for the Evaluation of Physical Fitness. Arbeitsphysiol. 15, 235-250 (1954).
34. J.H. Mitchell, B. J. Sproule and S. B. Chapman, The Physiological Meaning of the Maximal Oxygen Intake Test. J. Clin. Invest. 37, 538-546 (1958).
35. P.O. Astrand and B. Saltin, Oxygen Uptake during the First Minutes of Heavy Muscular Exercise. J. Appl. Physiol. 16, 971-976 (1961).
36. P.O. Astrand and B. Saltin, Maximal Oxygen Uptake and Heart Rate in Various Types of Muscular Activity. J. Appl. Physiol. 16, 977-981 (1961).
37. J.E. Deitrick, G. D. Whedon and E. Shorr, Effect of Immobilization upon Various Metabolic and Physiologic Functions of Normal Men. Amer. J. Med. 4, 3-36 (1948).
38. F.B. Petersen, The Effect of Training with Varying Work Intensities on Muscle Strength and on Circulatory Adaptation to Work. Comm. Testing Observ. Inst. Danish Nat. Ass. Infantile Paralysis, Copenhagen, 12, 3-11 (1962).
39. B. Lindegard, Body-build, Body-function, and Personality. Kungl. Fysiogr. Sällsk. Handl., Lund, 67, No. 4-10 (1956).
40. H. Ljunggren, Studies on Body Composition. Acta Endocrinol., Copenhagen, Suppl. 33, 1-58 (1957).
41. A. Holmgren, B. Jonsson, M. Levander, H. Linderholm, T. Sjöstrand and G. Ström, Low Physical Working Capacity in Suspected Heart Cases Due to Inadequate Adjustment of Peripheral Blood Flow feldt, T. Sjöstrand and G. Ström, Physical Training of Patients with Vasoregulatory Asthenia. Acta Med. Scand. 158, 437 - 446 (1957).
42. A. Holmgren, B. Jonsson, M. Levander, H. Linderholm, F. Moss-Vasoregulatory Asthemia. Acta Med. Scand. 158, 437 - 446 (1957).
43. A. Holmgren, B. Jonsson, M. Levander, H. Linderholm, F. Mossfeldt, T. Sjöstrand and G. Ström, Effect of Physical Training in Vasoregulatory Asthenia, in Da Costa's Syndrome, and in Neurosis without Heart Symptoms. Acta Med. Scand. 165, 89 - 103 (1959).

Discussion

Graybiel : I should like to enquire if you have made any observations on the relation between physical capacity and the quantitative aspects of mental capacity ?

Ström : In our material of conscripts, measurements of mental (intellectual) capacity were routinely performed. The result of this test as well as of performance during military service will later be compared to the results of the physical testing. No such results are ready now. We think one should wait for some time and find out about the possible relationships in retrograde.

Luft : I wish to congratulate Dr. Ström for presenting this extremely valuable mass of data in so concise and lucid form. My first question is : If you lead to trust yourself to one exercise test in the evaluation of a candidate would you prefer a measurement in the steady state at a submaximal work level or a test proceeding to the maximal work capacity ? My second question is : What are your views on the physiological reasons for the reduction of maximal heart rate with age ?

Ström : As to your first question, priority to methods must be given according to what is wanted in relation to the characteristics of the methods (validity, reproducibility, rate of distinct "failures" or "successes", cost etc). For large scale examinations on young and healthy men, the following list of priority is suggested : body height and weight; skeletal breadth; heart volume in recumbent position; a submaximal work test on bicycle ergometer using 6-8 minutes on 900 kpm/min (steady-state conditions); a maximal work test superimposed upon the submaximal one (increase of 75 - 90 kpm/min per minute of test); oxygen uptake during work; blood volume; muscular strength; orthostatic testing etc.

I think that the answer to your second question is not known today. It is not caused by arterial hypoxemia (cf. Astrand and Astrand) and therefore differs from the decrease in maximal heart rate observed under hypoxic hypoxia. A possibility is that the neurohumoral control of the sinus node changes with age. Both vagal and sympathetic control may be involved. It probably does not depend on advancing ischemic heart disease. In middle-aged men, there does not seem to be any correlation between individual level of maximal heart rate and individual degree of coronary heart disease.

MONITORING AND PREDICTION OF NERVOUS FUNCTIONS IN SPACE

W. Ross Adey
Space Biology Laboratory, Brain Research Institute
University of California, Los Angeles, U.S.A.
and
Don D. Flickinger
Research Consultant/Life Sciences, Washington, D.C., U.S.A.

(With 8 Figures)

Abstract

Initial results obtained from monitoring human performance, during manned orbital flight of 9 hours duration (U. S.) and 96 hours duration (USSR) indicate little, if any, demonstrable degradation from these levels achieved during ground-based simulator runs. With available biomedical instrumentation in current use, however, no critical assessment of central nervous system function has been possible during the U.S. missions. Recognizing the extreme importance of monitoring and evaluating alertness, judgment, purposeful motor responsiveness during critical stages of future space missions, we have developed prototype EEG recording equipment which meets the unique and rigid requirements imposed during space flight.

Concomitantly with the required equipment and test and development there have been conducted a series of studies in animals exposed to simulated stresses of space flight up to 14 days duration. These studies have included the effects of acceleration, vibration, sensory deprivation, hallucinogenic drugs on discriminative performance, alertness and sleep-wakefulness cycles; with concomitant assays being made of steroid and catechol amine metabolism.

As a basic keystone around which our final objective could be realized, the UCLA Space Biology Laboratory has pioneered in the application of 3 complex computer techniques to the analysis of the EEG data recorded. Differences in these various quantitative and qualitative functions analyzed have been seen in many of the responses studied and the results thus far encourage the view that these techniques are more revealing of early significant changes than most others in current use.

Contrôle Biomédical des fonctions du système nerveux central dans l'espace. Les résultats initiaux obtenus en controlant par enregistrement les performances des hommes durant leur vol orbital de 9 heures (U.S.) et 96 heures (U.R.S.S.) nous révèlent peu, sinon pas du tout, de déterioration apparente par rapport aux niveaux enregistrés au cours des expériences en simulateur au sol. Avec l'instrumentation biomédicale d'usage courant, cependant, aucune évaluation critique de la fonction du système nerveux n'a été possible durant les missions U.S. Reconnaissant l'extrême importance de l'enregistrement et de l'évaluation de l'état d'alerte, du jugement, de la sensibilité motrice réfléchie durant les stages critiques des futures missions spatiales, nous avons développé un prototype d'équipement d'enregistrment E. E. G., qui s'accorde avec les nécessités uniques et rigides qu'impose un vol spatial.

Allant de pair avec l'équipement adéquat, les tests et le développement, une série d'études a été faite sur des animaux exposés à des "stress" simulés de vols spatiaux durant jusqu'à 14 jours. Ces études comprenaient les effets de l'accélération, des vibrations, de la perte des sens et des produits hallucinogènes, sur les performances distinctives, l'état d'alerte et les cycles sommeil - état de veille; on a parallèlement fait des évaluations sur le métabolisme des stéroides et des catécholamines.

Comme clef de voute pour réaliser notre objectif final, le Laboratoire de Biologie Spatiale de l'UCLA a fait des recherches sur l'utilisation de trois techniques complexes de computers pour l'analyse des renseignements d'E.E.G. enregistrés. Les différences entre les diverses fonctions quantitatives et qualitatives analysées ont été retrouvées dans beaucoup des réponses étudiées, et ainsi encouragent le point de vue qui veut que ces techniques soient plus révélatrices des premiers changements indicatifs que la plupart des autres couramment utilisées.

Биомедицинский контроль функций центральной нервной системы в космосе. Первоначальные результаты оперативной телеметрической проверки функционирования человеческого организма в орбитальных полетах астронавтов в течение 9 часов (США) и 96 часов (СССР) показывают, что было мало, или почти никаких явных сдвигов в худшую сторону по сравнению с наблюдениями в симулированных полетах при тренаже на земле. Все же, при наличии существующей в данное время биомедицинской аппаратуры, не было возможности произвести критическую оценку функционирования центральной нервной системы во время полетов астронавтов США. Признавая чрезвычайную важность оперативной проверки и оценки бдительности и способности суждения и принятия решений в создавшемся положении, и целеустремленной двигательной реакции во время критических стадий будущих космических полетов, мы разработали прототип оборудования, регистрирующего показатели ЭЭТ, причем этот аппарат вполне отвечает уникальным и суровым требованиям, налагаемым космическими полетами.

В связи с разработкой и испытанием требуемого оборудования, производились опыты над животными, которые подвергались напряжениям симулированного космического полета длительностью до 14 суток. В этих опытах изучалось влияние ускорения, вибрации, потери сознания, влияние наркотиков, вызывающих галлюцинации, на способность сознательного выполнения обязанностей, на бдительность и на цикл сна и бодрствования; в связи с этим были произведены исследования стероидного и катеколаминного обмена веществ.

В целях теоретического обоснования разработки нашего нового оборудования, Лаборатория космической биологии Калифорнийского университета в Лос-Анжелос применила впервые три комплексных метода обработки данных вычислительными машинами для анализа зарегистрированных показаний ЭЭТ. Расхождения между этими различными анализированными количественными и качественными функциями были обнаружены во многих из обследованных реакций, и в данное время полученные результаты поддерживают наше мнение, что эти технические методы обнаруживают ранние показательные изменения лучше, чем большинство других, применяемых в данное время, методов.

It is a matter of some concern that judgment and performance capability in manned space flight may be significantly modified by factors such as acceleration, vibration and weightlessness. Some of these factors will have only limited significance by reason of their relationship to very restricted phases of the flight, and their occurrence at times when, by prior intention, man may be relieved of essential aspects of critical decision-making processes. Other factors, such as weightlessness and radiation, may be responsible for effects which will only manifest themselves after prolonged exposure to the space environment, and may be both insidious in onset and subtle in manifestation.

In addition to a direct assessment of states of alertness and directed attention, emotional arousal, onset of fatigue and incipient sleep, considerable importance may attach to the quantification of sleep-wakefulness cycles, and, in particular, to the depth of sleep and the possible occurrence of restlessness in sleep (18). As a critical measure of the effects of vestibular disturbances, the monitoring of the brain's electrical patterns through scalp recordings may prove vitally important (17).

Obviously, an exacting and rigidly scheduled series of ground-based experiments must preface the utilization of electroencephalography and similar techniques in the space environment. A lack of appreciation of the vital importance of appropriate design and necessary reliability of biomedical instrumentation can invalidate even the well-conceived experiment. For these reasons, we have undertaken the development of special flight instrumentation, suited initially to EEG recording in animals and more recently in man. This instrumentation has been tested in physically stressful environments, including acceleration and vibration profiles similar to those encountered in attainment of orbital flight and reentry. Simultaneous neuroendocrine studies have been made in simulation of 14 day orbital flights. We have made airborne tests of this equipment on pilots flying jet aircraft. Much attention has been directed to the development of sophisticated computing techniques capable of revealing subtle changes in the patterns of brain wave activity in their intimate correlations with discriminative performances.

1. Development of Electroencephalographic Amplifying Equipment for Space Flight

Our initial amplifier was designed for use in animal experiments. It involved a modular construction, with all thermally sensitive components, including transistors and electrolytic capacitors, enclosed in a block of mangesium alloy. The completed amplifier was embedded in epoxy resin. Despite its size (approximately 13 cm. long) and weight (180 gm)., it possesses enormous physical strength, and has been successfully operated at full gain while being vibrated at 25 G peak acceleration from 5 to 2000 cycles per second. It has a maximum gain of 40,000, and a differential of 60 db or more at 100 cycles per second at 37° C (13).

Subsequent design changes, utilizing newer devices in the transistor art, have effected great savings in weight and better rejection characteristics for interfering signals. A basic design philosophy in these later devices has been the elimination of an input connecting lead to the preamplifier, so that the preamplifier may be attached directly to the scalp, or through a very short connecting lead (7).

Two configurations of such preamplifiers are in current use (Fig. 1). One, in the form of a stainless steel cylinder approximately 1 cm. in diameter and 1 cm. high, and resembling a "top-hat", is designed for direct attachment to the scalp through an adhesive flange. The metal cylinder shields the preamplifier within, and electrical connection with the scalp is via an internal sponge pad, capable of good contact for periods in excess of 24 hours. The preamplifier has three stages, and a gain of 100. The signal is thus raised well above the level of most interfering signals by amplification directly at the scalp. Differential characteristics are achieved by connection of two such preamplifiers to a small main amplifier with a high common-mode rejection, in excess of 30,000 to 1, using the technique of pairing PNP-NPN transistors in the input stage (15). In view of the potential dangers of injury from impaction of the preamplifier against the scalp during a blow on the head, a modification of this technique has been developed for use in conjunction with the helmet worn by pilots in spacecraft and high performance aircraft.

Particular attention has therefore been directed to the development of a recording technique which would represent an essentially "non-interference" approach to the problem. In other words, the transducing of brain electrical activity from the scalp should, if possible, avoid any direct attachment to the scalp by adhesive electrodes, and, in particular, should avoid the penetration of the scalp by any form of needle electrode. It should also be compatible with any normal haircut, and epilation should be unnecessary. It was considered equally important to incorporate the preamplifier and electrode assembly as far as possible as integral features of the flight helmet. While our system will require extensive further evaluation, it appears to satisfactorily meet these major requirements.

Small shielded preamplifiers, weighing approximately 18 gm, and electrically identical with those in the "top-hats," were constructed in a cylindrical configuration 25 mm. long and 7 mm in diameter and inserted into the crushable liner of the astronaut helmet. A series of flanged inserts of silicon rubber were also made in the helmet liner at points overlying

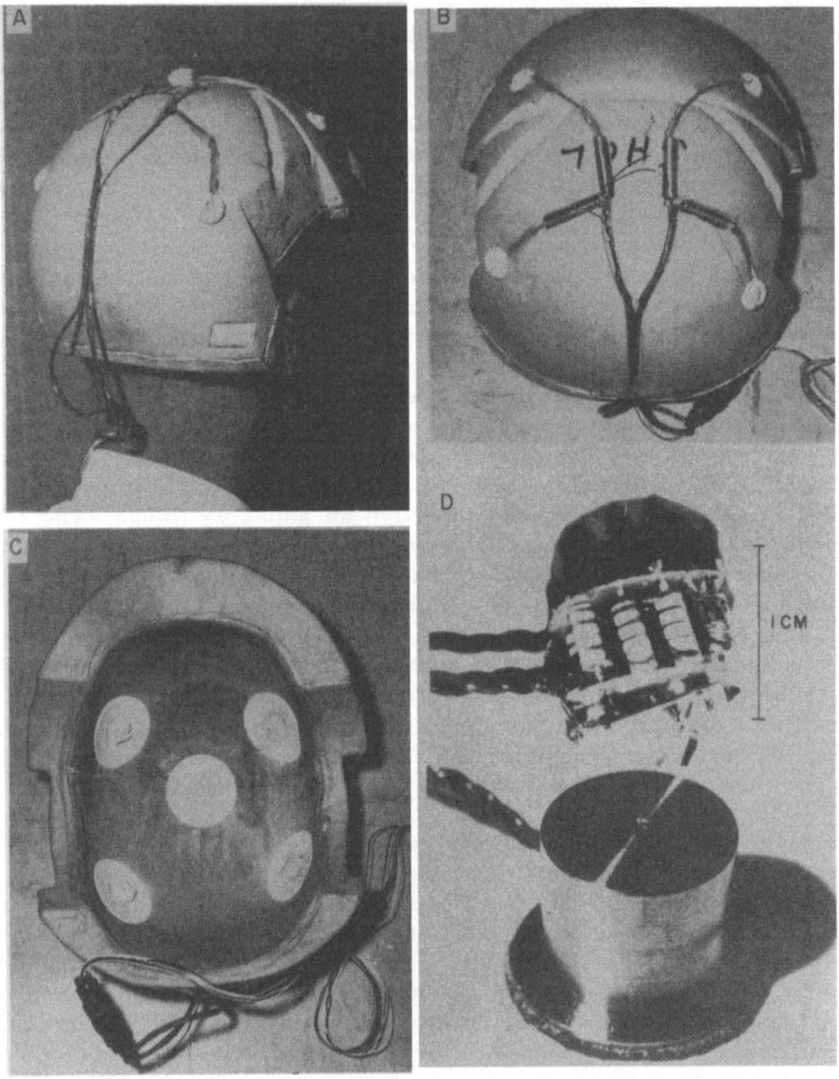

Fig. 1. Development of microminiature amplifiers for EEG recording in manned flight. Astronaut helmet liner (A) is perforated with a series of silicon rubber flanges, which support a system of sponge electrodes (C). The preamplifiers are constructed as small cylinders grooved into the helmet liner and connected to sponge electrode by a short length of anti-static cable (B). In a different configuration, the preamplifier is constructed inside a stainless steel "top-hat", suitable for direct attachment to the scalp through an adhesive flange (D). (From Adey, Winters, Kado and DeLucchi (7))

the scalp regions from which recordings were desired. A sponge electrode soaked in 3-M potassium chloride electrode was passed through the rubber flange, and was maintained in a moistened condition from a reservoir of thin rubber on the upper surface of the liner. It was found that a satisfactory contact with the scalp developed in a few minutes, and was established more rapidly by the prior application of electrode paste, but that this was not essential. Satisfactory contacts were regularly maintained for many hours. By appropriate design of the overall frequency response of the amplifying system, with a rapid reduction in frequency response below 2 cycles per second, it was possible to minimize artifacts from sliding movements of the scalp against the helmet liner, so that they produced only a momentary transient in the record, without any aspect of prolonged blocking.

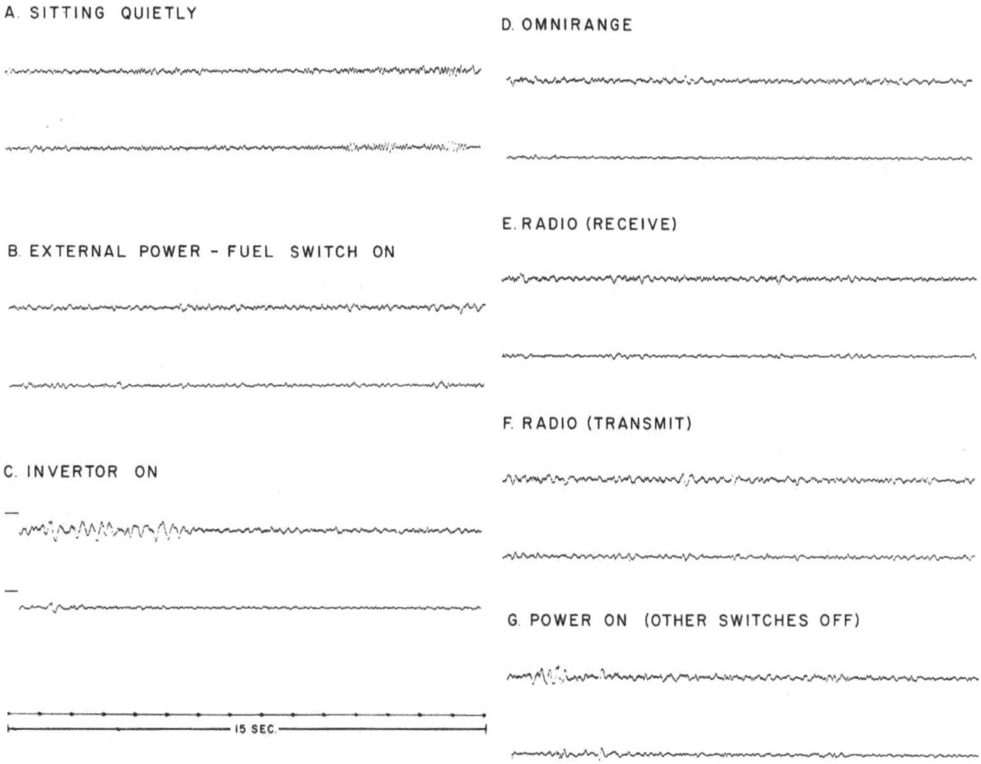

Fig. 2. Sample records of EEG from parieto-occipital leads with helmet system shown in Fig. 1, immediately prior to flight in cockpit of jet training aircraft

In current studies, our colleague Dr. M. R. DeLucchi has tested this system on pilots of jet aircraft, with excellent records free from disturbing artifacts during take-off, in weightlessness and in the course of many complex instrumental performances (Fig. 2). While this system must be regarded as developmental at this time, it is apparently able to meet the requirements of a system completely detachable upon removal of the helmet, and with easy reapplication on once more donning the helmet.

2. Feasibility Studies of EEG Recording during Environmental Stresses in Simulated Space Flight

Attention has been directed to EEG changes in situations simulating the conditions in a 14 day orbital flight, including the acceleration and vibration forces of booster and reentry phases. These tests have been carried out in cats, monkeys and chimpanzees with both surface and deep brain electrodes. In this way, it is hoped to extend the value of scalp EEG recording in man to include certain extrapolations on the events in deep structures from scalp recordings (see below).

a) Effects of Acceleration

These studies over the past three years have revealed important and consistent changes in patterns of EEG waves in centrifuge tests, particularly with accelerations in planes depleting the cerebral circulation. It was found in both cats and monkeys that accelerations in the range 6 to 8 G produced a blackout if sustained for 30 to 60 seconds as indicated in movie records. Where the approach to this level of acceleration was gradual, seizure-like discharges frequently appeared in the EEG records, and were initiated in the deep structures of the temporal lobe, particularly in the hippocampal system. At this stage, no motor abnormalities were detected, but the seizure waves propagated rapidly to subcortical regions and thence to various cortical regions, including visual cortical areas. They were then frequently associated with myoclonic jerkings. It may be emphasized that these seizures arising in deep temporal structures strongly resemble those in psychomotor epilepsy, and may be associated with similar disruptions of judgment and correct orientation to environmental stimuli, even in the absence of overt manifestations of an epileptic attack (Fig. 3). In some instances, reestablishment of cerebral circulation at the end of acceleration was associated with seizure discharges.

The sensitiveness of the EEG record to changing cerebral circulation makes it a highly valuable monitor, since changes in it during these longitudinal accelerations clearly preceded critical changes in EKG (4).

b) Effects of Vibration on EEG and Discriminative Performance

For more than two years, extensive tests have been carried out in monkeys on the effects of vibration of the whole body in three mutually rectangular planes over a spectrum from 5 to 40 cycles per second, at peak accelerations from 2 to 4.5 G (Fig. 4). Initial studies indicated that a "driving" of cerebral rhythms occurred particularly at frequencies from 11 to 15 cycles per second. This driving was often asymmetric, and dissociated in different cortical and subcortical structures separated

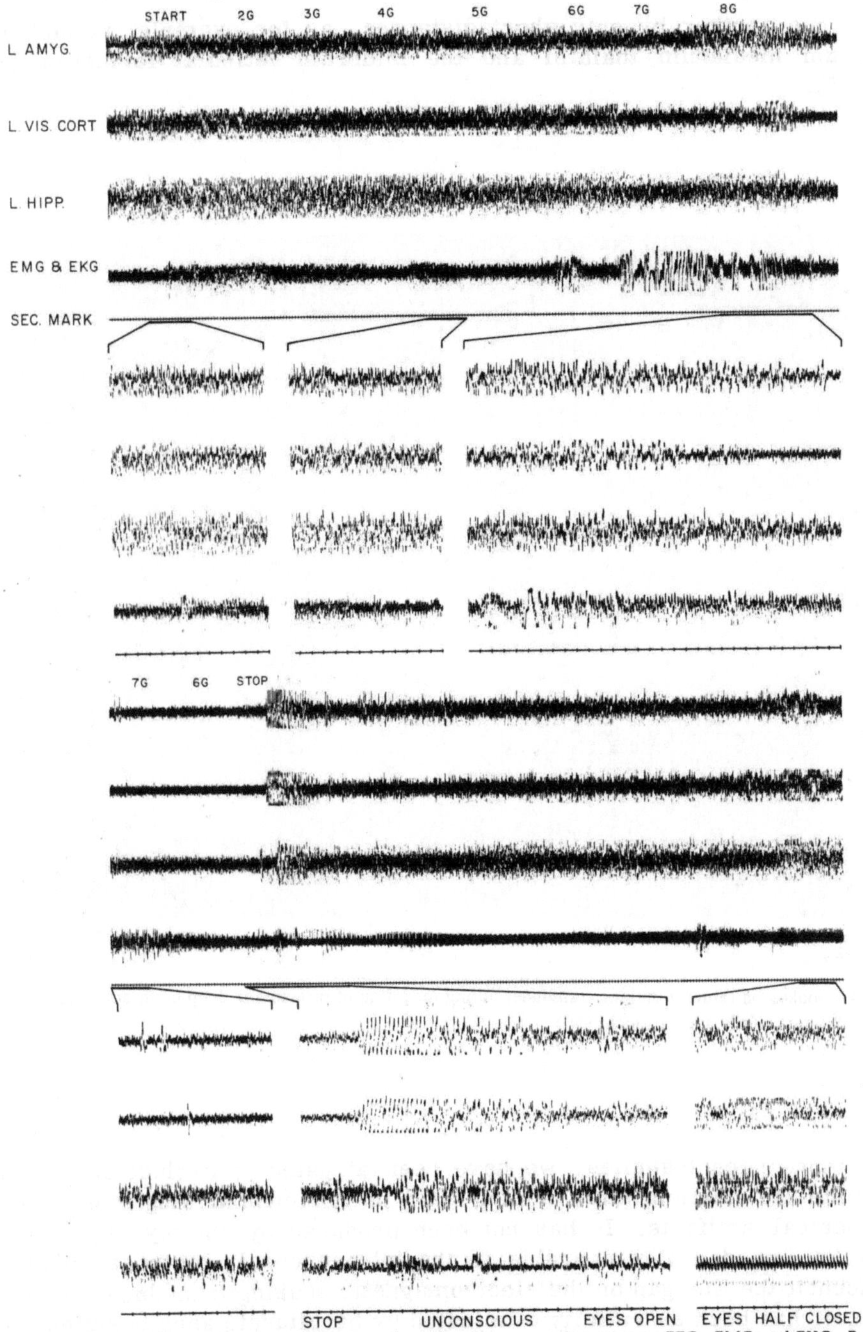

Fig. 3. Effects of longitudinal acceleration of monkey to unconsciousness on EEG, EMG and EKG. Panels 1 and 3 show a continuous low recording to these data, with unconsciousness appearing after reaching 8 G (right end of panel 1), and flattening of EEG records (panel 3). Return of cerebral circulation was associated with seizure-like discharges in many brain regions. Panels 2 and 4 show expanded portions of panels 1 and 3. Abbreviations : L. AMYG., left amygdala; L. VIS. CORT., left visual cortex; L. HIPP., left hippocampus; EMG & EKG, electromyogram and electrocardiogram. (From Winters, Kado and Adey (21))

from one another by only short distances, as for example, in nucleus centrum medianum thalami and the midbrain reticular formation (4, Fig. 5).

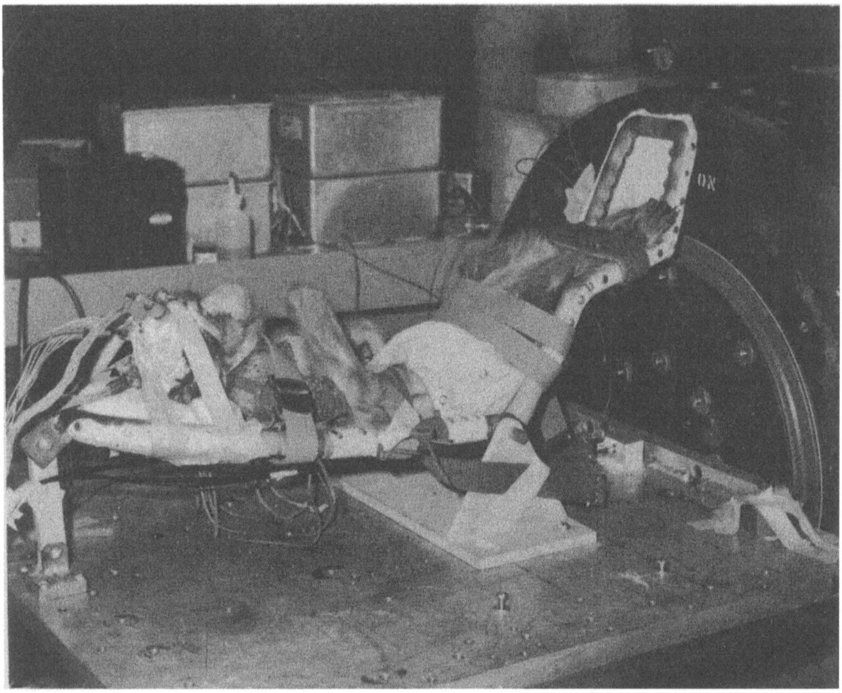

Fig. 4. Monkey on table of shaking transducer during recording of surface and deep brain activity. (From Adey, Winters, Kado and DeLucchi (7))

In more recent studies, we have been at pains to exclude as far as possible the origin of this "driving" as a phenomenon arising in electro-mechanical artifacts. It has not been produced by dummy electrodes with an impedance comparable to the intracerebral electrodes placed adjacent to the flux gap on the electromagnetic shaking transducer. Moreover, it has been essentially eliminated by barbiturate anesthesia and is not present after death (Fig. 6). It persists in blindfolded animals and, in its distribution, does not resemble the pattern produced by photic stimulation at flash rates covering the same frequency spectrum (7).

Effects of the vibration were also noted on these monkeys' ability to perform an oddity discrimination task, with an increase in response latency and increased numbers of errors in two out of three animals.

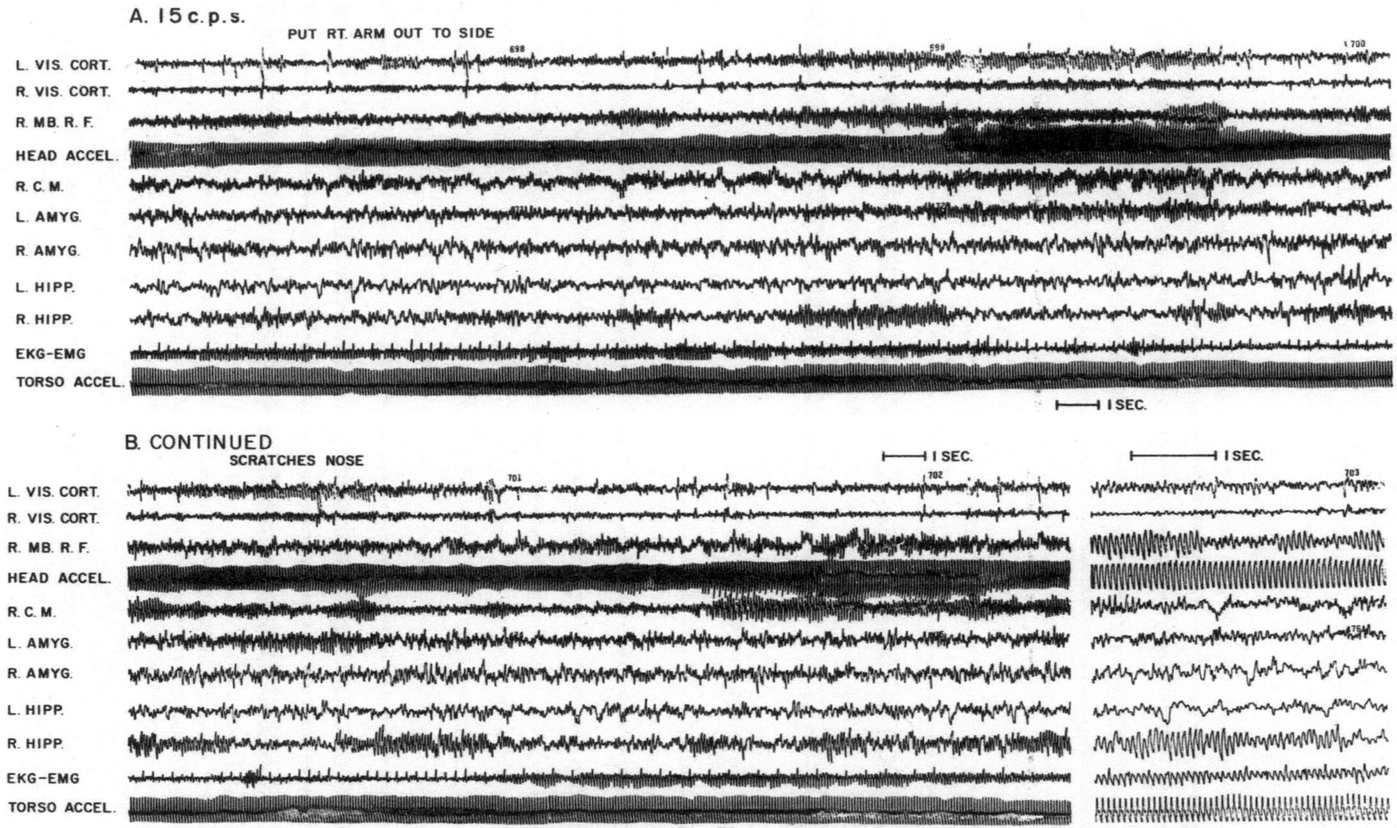

Fig. 5. Effects of sustained shaking at 15 c/sec. There is widespread intermittent driving in cortical and subcortical structures. Abbreviations indicate following channels from above down : left and right visual cortex, right midbrain reticular formation, head accelerometer, right nucleus centrum medianum, left amygdala, right amygdala, left and right hippocampi, electrocardiographitrunk electromyograph lead, and torso accelerometer. (From Adey, Winters, Kado and DeLucchi (7))

Performance capability appeared most affected at periods of maximum driving in the EEG records at frequencies from 11 to 15 cycles per second, whereas quite violent shaking at other frequencies, particularly from 5 to 9 cycles per second was not associated with significant "driving," and performance was little affected.

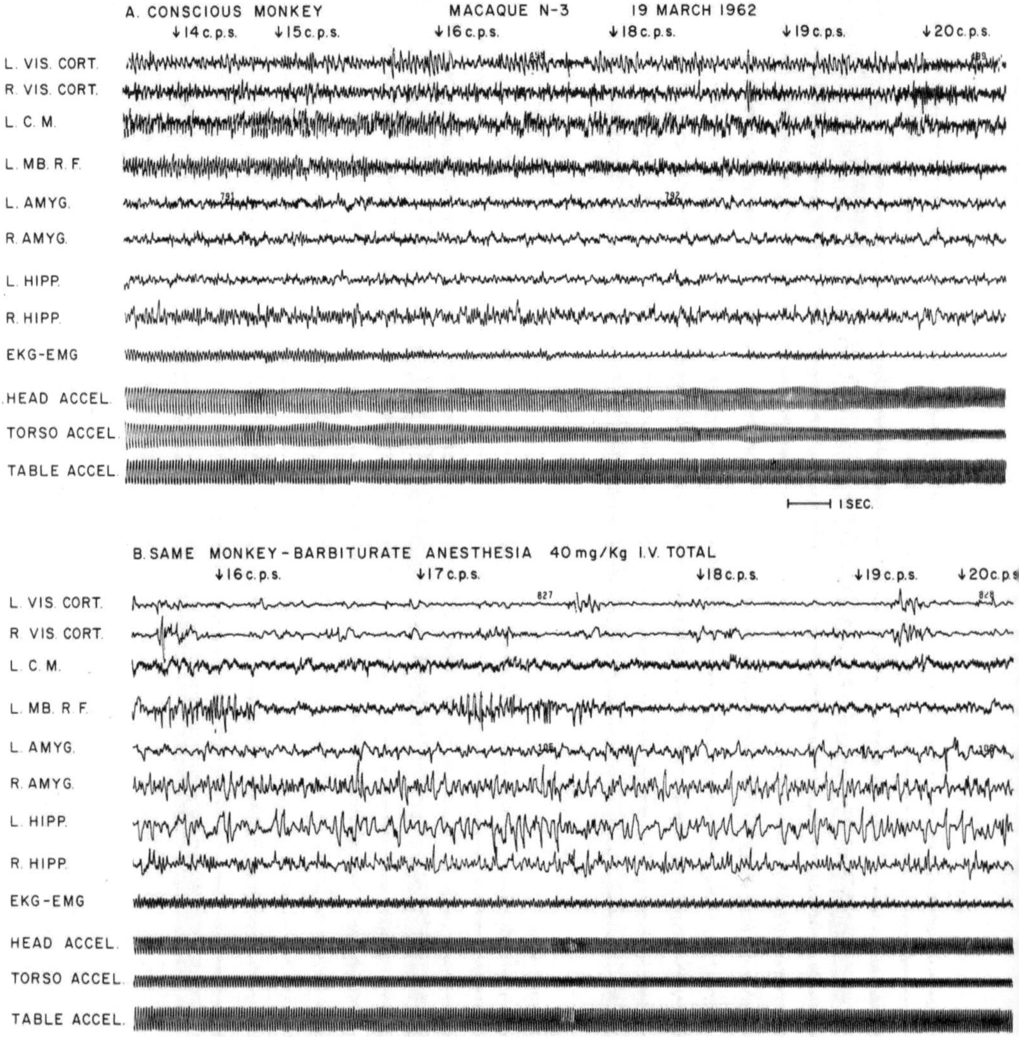

Fig. 6. Spectral sweep from 14 to 20 c/sec. Driving of EEG rhythms fell progressively at shaking frequencies higher in conscious animal (A). With 16 c/sec shaking, rhythmic activity in left visual cortex occurred at half the shaking frequency. In the same animal (B) under pentobarbital anesthesia, no appreciable driving was present in cortical or subcortical leads. Lead abbreviations as in Fig. 5. (From Adey, Winters, Kado and DeLucchi (7))

No immediate or long-term neurological or behavioral effects of repeated episodes of vibratory stimulation have been noted, including animals maintained for more than 2 years after shaking from 5 to 40 cycles per second at levels as high as 5 G.

c) Studies of EEG Correlates of Vestibular Stimulation

Not the least of the problems to be faced by the astronaut in weightlessness, as well as during the booster and reentry phases of his flight, may well be the untoward effects of vestibular stimulation on his performance capability. In the foregoing studies of the effects of vibration, the possible mediation of the EEG changes through vestibular receptors must be considered, together with evidence that thoraco-abdominal mechanoreceptors may also be involved (7).

Profound changes in scalp EEG patterns in man, including seizure-like discharges, have been described following rotatory stimulation by Molnar (16). This author has indicated its potential usefulness as a technique in the diagnostic activation of epileptic patients. The wide variations in individual susceptibility to vestibular stimulation (11), as well as its debilitating effects in the highly susceptible, would appear to make future application of EEG evaluation of the highest importance, particularly in astronaut selection.

d) Studies of EEG Correlates of Sleep States and Sleep-Wakefulness Cycles

It is in this area that EEG recording in longer manned space flights may be expected to contribute vital information. The evidence from the cetacean mammals normally living in a buoyant condition, as well as buoyancy studies in man, suggests a significant reduction in the daily sleep requirements. More fundamentally, there is the question as to whether circadian rhythms will maintain themselves indefinitely in the space environment. The possible effects of prolonged weightlessness, with modified sensory influxes from proprioceptive receptors, on sleep mechanisms would appear to require early and accurate evaluation.

We have examined sleep-wakefulness cycles in the monkey and chimpanzee implanted with deep electrodes in the hippocampal system, amygdala, thalamus and midbrain reticular formation, and compared these records with surface leads. These studies have included computer analysis of these records at various depths of sleep including the "paradoxical" phase, allegedly related to very deep sleep, and with dreaming (12). We have been able to compare these records with those from human patients with electrodes implanted in comparable situations for diagnostic purposes (19).

The existence of a "paradoxical" phase of sleep as described initially by Jouvet in the cat has been confirmed with an "alerted" record from many areas. In the chimpanzee, it was noted that this phase was accompanied by characteristic rhythmic discharges at 8 to 10 cycles per second, not seen at other levels of sleep. It was noted that this phase was accompanied by considerable restlessness, with head-turning, eyelid fluttering and jaw movements. The findings suggested an internalization of attention, as in dreaming, and the arousal threshold to tone and light flash was considerably elevated in both monkey and man. Computer analysis has indicated a major reduction in the evoked potentials to flash stimulation in cortical and subcortical structures in the "paradoxical" phase. It is difficult, however, to interpret this phase as indicative of a deep sleep, since return of consciousness could be rapidly induced at appropriate levels of stimulation, without evidence of an intervening "spindle" phase in the EEG record.

These studies have also suggested the value of the EEG in elegantly revealing the onset of drowsiness and fatigue, leading to light sleep. The phase of drooping eyelids and brief napping is manifested by a widespread slowing and regularization of the EEG in both surface and deep structures. Such episodes, even if lasting only a few seconds, are clearly correlated with EEG spindle trains.

3. Effects of Prolonged Reduction in Sensory Input and Studies of Hallucinogenic Drugs

It is obvious that, despite the major reduction in sensory influx to be expected from muscle and joint receptor mechanisms in prolonged weightlessness, approximately normal activation will occur in auditory, visual and cutaneous receptor mechanisms. Psychic effects related to reduction of sensory influx may therefore be expected to occur in space only under exceptional circumstances. Two series of experiments relating to this problem may be cited.

We have raised a series of six rhesus and cynomolgus macaque monkeys from shortly after birth, for periods exceeding three years in some instances, in an environment of total darkness and white noise, relieved only by one hour of unpatterned white light each day. We have developed a technique of infrared television for observation of these animals in complete darkness to the human and monkey eye.

These animals appear to sleep very little, and display in most cases a ceaseless activity, with constant pulling and pushing at objects in the environment. They exhibit bizarre and distorted behavior patterns, with smacking of their own heads, chewing of their own limbs, and ritualistic movements of limbs not actively employed in concurrent activities, such as feeding. Eating food such as a banana may be accompanied by violent head shaking from side to side, with growling noises resembling a dog. It has been found that these animals exhibit maxima of bodily activity in relation to the daily period at which light is presented, but not related to the time of feeding. Altering the time of light presentation results in the gradual appearance of a new activity peak in relation to the new schedule over a period of three weeks (14). Incessant bar-pressing for light as a reward has been noted in these animals in a fashion not seen in controls.

It is intended to implant surface and deep brain structures in these animals in the near future with EEG electrodes. Meanwhile, certain related EEG studies have been performed in cats with implanted electrodes (2). These studies have indicated that small doses of hallucinogenic drugs, including LSD, and LSD analogs, such as psilocybin and psilocin, regularly produce seizure-like discharges in the deep structures of the temporal lobe (dose 25 ug/kg LSD), particularly in the hippocampal system, but only under conditions of reduced sensory input, such as a darkened, quiet box, When these animals were exposed to a normally lit environment, the seizure discharges disappeared, and there was no disruption of learned performances (Fig. 7). At higher dose levels (50-

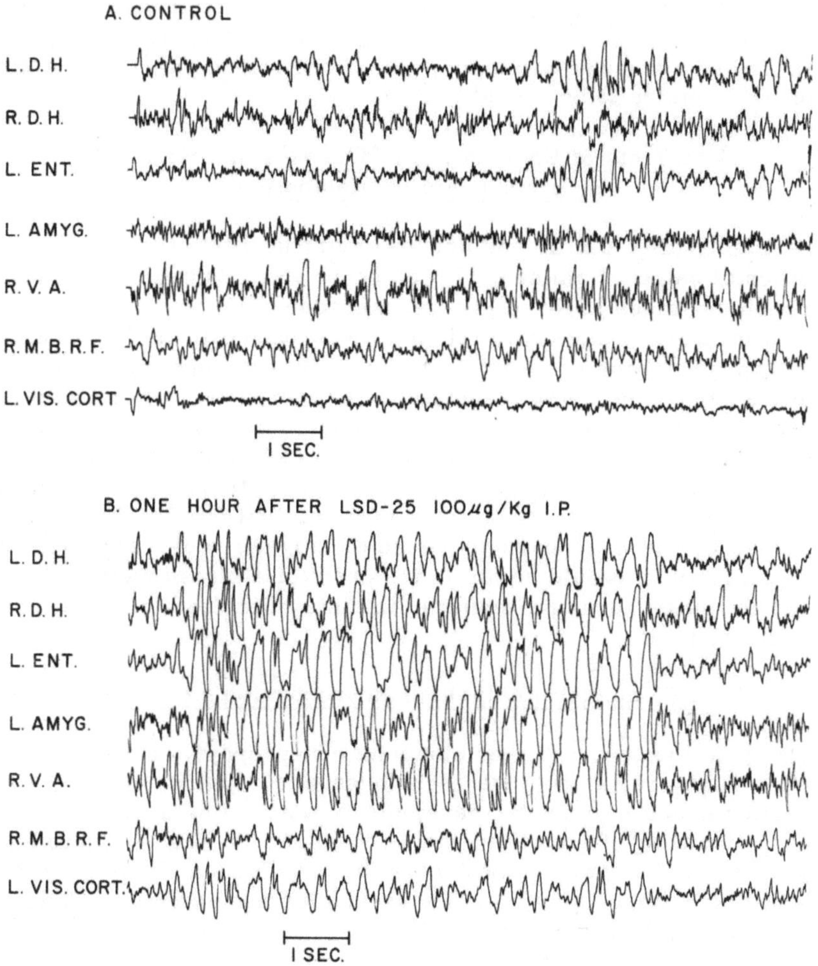

Fig. 7. Paroxysmal bursts of high amplitude slow waves induced by LSD-25 (100 hg/Kg) under conditions of reduced auditory and visual stimulation. Channels from above down are left and right dorsal hippocampus, left entorhinal cortex, left amygdala, right nucleus ventralis anterior, right midbrain reticular formation, left visual cortex. (From Adey, Bell and Dennis (2))

100 ug/kg LSD), these electrical seizure discharges persisted in well lit environments, and occurrence of these episodic discharges during attempted discrimination resulted in a failure of performance. Behavior during these episodes clearly indicated hallucinations, with pawing and clawing at unseen objects.

By extrapolation, it may be suggested that these results indicate a possible relationship between reduction of normal environmental and proprioceptive inputs to the central nervous system, and the onset of aberrant electrical activity in deep structures of the temporal lobe associated with hallucinated behavior. Baldwin (8) has pointed out the relationship between integrity of the temporal lobes and the induction of hallucinations by LSD in the chimpanzee. Whether the degree of sensory reduction in the space environment, even if prolonged, may reach a threshold level, remains to be tested.

4. Effects of Environmental Stresses on Steroid and Catechol Amine Metabolism

The effects of both mild and severe environmental stresses on urinary excretion of catechol amines, 17-Ketogenic steroids and 17-Ketosteroids have been examined in three pig-tail macaques (20).

In a simulated 14 day orbital flight, it was found that the initial acceleration through a booster profile, followed by confinement in a simulated capsule environment, was associated with decreased urinary volume and decreased steroid excretion, but that catechol amine excretion was increased throughout the test. These animals exhibited a similar series of changes, though milder in degree, on removal to new housing quarters. Individual variations are given in a more detailed account elsewhere (20). At this stage there appears to be no clearly definable parameter in the EEG record which would relate to the onset of a stress response, as indicated by these hormonal assays, in distinction from the EEG records of simple alerting.

5. Computer Analysis of Neurophysiological Data

As a pivotal aspect of the development of neurophysiological monitoring in space flight, data analysis techniques are required to give a rapid, automatic readout of essential parameters relating to states of consciousness, the focusing of attention, and perhaps, to the discriminative capability of the individual, as well as to the broader states of sleep, wakefullness and general alerting. These studies are aimed at evaluation of the processes of storage and transfer of information in the brain, and the mathematical modeling of the cerebral system.

Our attention has been directed both to the analysis of general behavioral states, as well as to the fine-grained detail of the brain wave correlates of focused attention and discriminative behavior. These studies have been performed in cats, monkeys and chimpanzees and appear to provide an extensive baseline for extrapolation of these techniques to comparable tests in man (17, 3, 6, 5).

The Space Biology Laboratory has pioneered the application of three complex computing techniques to analysis of EEG data. In their scope and sensitivity, they may be regarded as second generation techniques by comparison with older, simpler methods, such as frequency analysis, averaging techniques and simple correlation analysis. The methods utilized in our studies include cross-spectral analyses, with measurements of shared amplitudes, phase relations and coherence functions

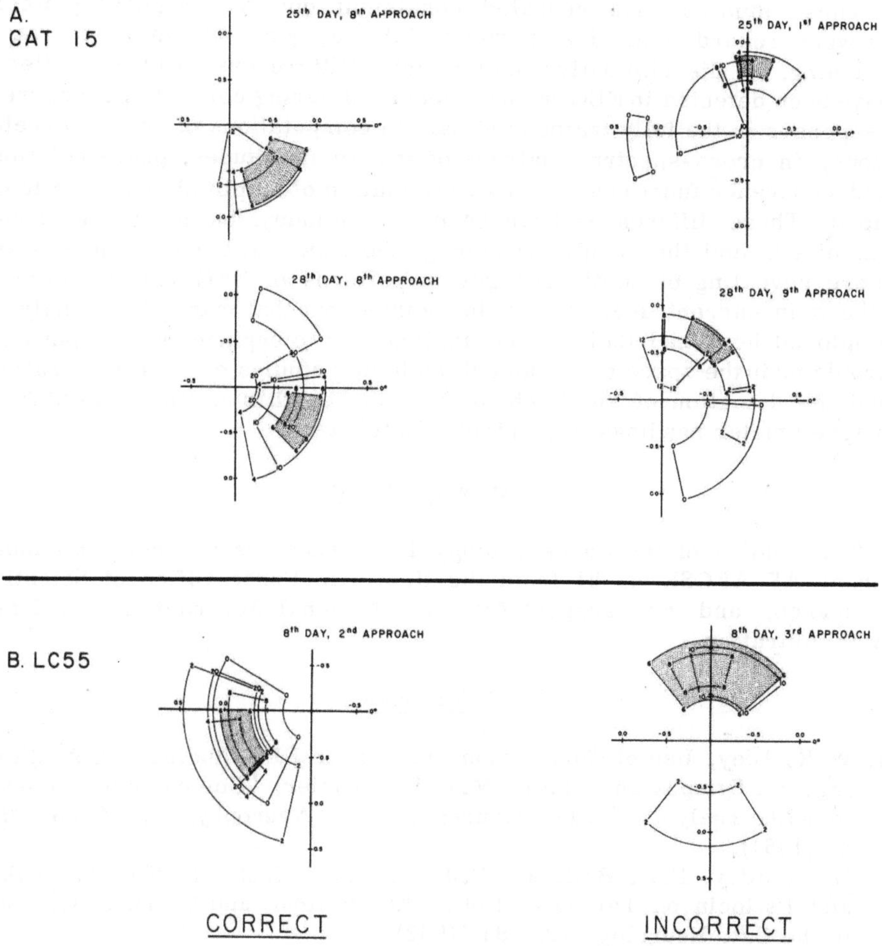

Fig. 8. Examples of computed analyses of patterns of phase angles between EEG wave trains recorded in different temporal lobe regions during discriminative performances, both correct (left) and incorrect (right). These are polar coordinate plots of probability bounds on complex amplitude transfer functions, dorsal hippocampus to entorhinal cortex. Phase angles are depicted on angular coordinates, and transfer functions are shown on radii. Shaded fans enclose 6 cycles per second portions of spectrum, and are maximum energy zones. Note consistency between correct responses and differences from incorrect responses in one animal (A), and similar wide differences between correct and incorrect responses in another animal (B). (From Adey and Walter (5))

between traces, according to the techniques of Blackman and Tukey (9); measurements of phase and amplitude on a continuous basis in single trains of waves, using the technique of Goodman (10); and the measurement of complex amplitude transfer functions, and the establishment of probability bounds on these functions between pairs of EEG records, in a technique developed by our colleague, D.O. Walter (Fig. 8).

These studies have revealed consistent changes in phase patterns between records from deep regions of the temporal lobe in the course of learning, a discriminative motor act. Differences in phase patterns have been detected in EEG records recorded during correct and incorrect responses in the fully trained animal, in computations of cross-correlations, in cross-spectral analyses of shared amplitudes, phase relations and coherence functions, and by examination of amplitude transfer functions. These differences have been seen in many, but not all responses examined, and the results encourage the view that these techniques are more revealing of subtle changes in patterns of EEG waves than most others in current use. It may be pointed out that many of the analyses employed here had their initial applications to engineering and physical problems in the space environment, including studies of missile vibration, and the detection of small changes in the earth's magnetic field from magnetometer readings in a spinning satellite.

Acknowledgments

The studies of the Space Biology Laboratory were undertaken under Grant AF-AFOSR 61-81 from the U.S. Air Force Office of Scientific Research, and with support from the National Aeronautics and Space Administration.

References

1. W.R. Adey, Use of Correlation Analysis in EEG Studies of Conditioning. In : Symposium, Editor M.A.B. Brazier, "Computer Techniques in EEG Analysis." Electroenceph. Clin. Neurophysiol., Suppl. 20, 41 (1961).
2. W.R. Adey, F.R. Bell, and B.J. Dennis, Effects of LSD, Psilocybin and Psilocin on Temporal Lobe EEG Patterns and Learned Behavior in the Cat. Neurology 12, 591 (1962).
3. W. R. Adey, C. W. Dunlop, and C. E. Hendrix, Hippocampal Slow Waves; Distribution and Phase Relations in the Course of Approach Learning. Amer. Med. Ass. Arch. Neurol. 3, 74 (1960).
4. W.R. Adey, J.D. French, R.T. Kado, D.F. Lindslay, D.O. Walter, R. Wendt, and W.D. Winters, EEG Records from Cortical and Deep Brain Structures During Centrifugal and Vibrational Accelerations in Cats and Monkeys. Inst. Radio Eng. Trans. Biomed. Electronics, BME-8, 182 (1961).
5. W. R. Adey and D. O. Walter, Application of Phase Detection and Averaging Techniques in Computer Analysis of EEG Records in the Cat. In press.
6. W. R. Adey, D.O. Walter, and C.E. Hendrix, Computer Techniques in Correlation and Spectral Analysis of Cerebral Slow Waves During

Discriminative Behavior. Exper. Neurol. 3, 501 (1961).
7. W. R. Adey, W. D. Winters, R. T. Kado, and M.R. DeLucchi, EEG in Simulated Stresses of Space Flight with Special Reference to Problems of Vibration. Electroenceph. Clin. Neurophysiol., in press.
8. M. Baldwin, S. A. Lewis, and S. A. Bach, The Effects of Lysergic Acid After Cerebral Ablation. Neurology 9, 469 (1959).
9. R. B. Blackman and J. W. Tukey, The Measurement of Power Spectra. New York : Dover Publications, 1959.
10. N. R. Goodman, Measuring Amplitude and Phase. J. Franklin Inst. 270, 437 (1960).
11. A. Graybiel, F.E. Guedry, W.H. Johnson, and R.S. Kennedy, Adaptation to Bizarre Stimulation of the Semicircular Canals as Indicated by the Oculogyral Illusion. Aerospace Med. 32, 321 (1961).
12. M. Jouvet, Research on the Neurophysiological Mechanisms of Sleep and Attention. Technical Final Report, U.S. Air Force of Scientific Research, ARDC, 48 pp., 1961.
13. R.T. Kado and W.R. Adey, A Transistorized Preamplifier for Field Study of EEG, Proc. 4th Internat. Conference on Med. Electronics, 1961, p. 172.
14. D. F. Lindsley, R.H. Wendt, R. Fugett, D.B. Lindsley, and W.R. Adey, Diurnal Activity Cycles in Monkeys under Prolonged Visual-pattern Deprivation. J. Compl. Physiol. Psychol. 55, 633 (1962).
15. R. D. Middlebrook and A. T. Taylor, Differential Amplifier with Regulator Achieves High Stability, Low Drift. Electronics 34, 56 (1961).
16. L. Molnar, Effet de la stimulation du labyrinthe sur l'activité électrique normale et pathologique de l'écorce cérébrale du chat et de l'homme. Actualités Neurophysiol. 3, 61 (1961).
17. C. W. Sem Jacobsen, Electroencephalographic Studies of Pilot Stresses in Flight. Aerospace Med. 30, 797 (1959).
18. D. G. Simons and N. R. Burch, EEG Telemetry and Automatic Analysis under Simulated Flight Conditions : a Comparative Study of Analytic Techniques. Amer. Electroencephalographic Society, Proc. 16th Annual Meeting, Atlantic City, 1962.
19. D. O. Walter, P. H. Crandall, R. W. Rand, C.H. Markham, W.R. Adey, L. F. Chapman, and M. A. B. Brazier, The Use of Depth Electrode Studies as an Aid for the Surgical Selection of Patients with Bilateral Temporal Foci. Proc. American Electroencephalographic Society, 16th Annual Meeting, 1962, pp. 21 - 22.
20. W.D. Winters, The Effects of Confinement, Centrifugation and Vibration on the Urinary Excretion of 17-ketosteroids, 17-ketogenic Steroids, Catechol Amines and Urinary Output in the Monkey. In press.
21. W.D. Winters, R.T. Kado and W.R. Adey, Neurophysiological Aspects of Space Flight. Proceedings of Symposium, "Manned Lunar Flight", American Astronautical Society, Denver, December, 1961. Vol. 10, pp. 181 - 209, 1963.

Discussion

Akulinichev : I have one or two questions of a primarily technical nature. I would like to know a little about the recordings that you demonstrated and that you said had been obtained in aircraft during flight. How was the telemetry channel arranged ? Did you use standard equipment ?

Flickinger : I cannot give you all the characteristics of the telemetering equipment but I will see that you get them. It is not standard equipment. The equipment was developed with practically all of the solid state capabilities to give a high signal/noise ratio. The equipment was designed by the Space Biology Staff and was built by one of the electronics firms on the West Coast.

Akulinichev : I have another question; it does not require a detailed reply. Last year some of your specialists reported that, according to their opinion, the possibility of microminiaturization of medical equipment had not been duly utilized. What is the current opinion in your group in this respect ?

Flickinger: I cannot speak for the community, but I would say from my knowledge of the situation that first of all we are aiming for reliability of the equipment and for a complete non-interference type of sensors. We would use miniaturization only to the degree that it supported all the requirements in these two areas. The power requirement is a problem in terms of our current payloads in orbit. Again, this would not outweigh the basic requirements of reliability and non-interference.

Broida : You mentioned the use of computers to process the results obtained and probably also to simulate further actions. Did you go further and introduce the obtained statistical information in computers in order to build a mathematical model, which could then be submitted to simulate the tests without involving the actual human operator ?

Flickinger : We have not done this. As a matter of fact, we have just recently obtained the full computer complement and the necessary programmers to do the various analyses on a real-time basis. The next step is the mathematical modelling as you suggest. This is scheduled for the next two-year period.

МЕТОДЫ И СРЕДСТВА МЕДИЦИНСКИХ И БИОЛОГИЧЕСКИХ ИССЛЕДОВАНИЙ В УСЛОВИЯХ КОСМИЧЕСКОГО ПОЛЕТА

И.Т.Акулиничев, Р.М.Баевский и О.Г.Газенко
Академия Наук СССР, Москва, СССР

(6 рис.)

Аннотации

1. Исследования в области космической биологии и медицины могут быть сгруппированы следующим образом: теоретический анализ факторов космического полета; лабораторные опыты с имитацией действия этих факторов на организм; летные эксперименты.

2. Одной из важнейших задач космической биологии и медицины является сбор научной информации в условиях летного эксперимента. Решение этой задачи связано с разработкой биотелеметрических систем, включающих в себя датчики, медицинскую радиоэлектронную аппаратуру и средства автоматической обработки, запоминания и передачи медико-биологических данных.

3. Различают три категории биологических измерений в условиях космического полета: врачебный контроль; медицинские исследования; биологическую индикацию. В первых космических полетах человека и врачебный контроль и медицинские исследования обеспечивались одними и теми же методами. Первый опыт биологической индикации был получен при запусках второго, третьего, четвертого и пятого советских космических кораблей-спутников.

4. Для обеспечения врачебного контроля используются средства радиосвязи, телевидения и радиотелеметрии. Увеличение продолжительности и дальности космических полетов требует внедрения систем внутрикабинной (малой) телеметрии, бортовых вычислительных устройств с разработкой соответствующих программ для автоматической "диагностики".

5. Важное значение имеет разработка методов медико-биологических исследований в условиях космического полета. Требуется создание методических комплексов для целенаправленного изучения различных функций организма. При этом необходимо обеспечить получение максимальной информации с ограниченным количеством датчиков.

6. Развитие методов и средств биологической телеметрии играет важную роль в дальнейшем мирном освоении космического пространства человеком.

Means and Methods of Bio-Medical Experiments in Space Flight. 1. Research work in space biology and medicine includes the theoretical analysis of factors effecting the living organisms, laboratory investigations with models of particular factors or a complex of factors, and finally experiments under flight conditions. Flight experiments of more vital significance are those performed with artificial earth satellites and space ships.

2. The purpose and programme of the research work determine the choice of biological subjects, some of which are more sensitive than others to the influence of particular flight factors. Soviet bio-medical research in space will cover a wide variety of representatives of organic life on earth, ranging from bio-chemical structures and the most rudimentary organisms to the highest vertebrates.

3. Biological telemetry has been widely used to obtain the necessary scientific information. Biological measurements during flight can be roughly divided into three categories : medical monitoring, medical research and the collection of biological data. The latest achievements in biology, electronics and computing techniques must be applied in order to ensure the high quality and necessary range or results. Pre-and-post flight examinations are also extremely important; they should cover a very wide range, designed to extract the maximum biological and medical information from every flight experiment. Lengthy observation of cosmonauts and biological subjects during the post-flight period is of considerable importance in this respect.

4. The prospect of increasing the duration and range of space flights poses extremely serious problems as regards the devising of new ways and means of conducting biomedical research and dynamic medical monitoring.

5. These principles are illustrated by concrete examples drawn from bio-telemetric measurements made in the course of bio-medical research on the 2nd, 3rd, 4th and 5th sputnik and the "Vostok" space ships.

Méthodes et techniques d'investigations biomédicales dans les conditions de vol spatial. 1. Les recherches dans le domaine de la biologie et de la médecine spatiale comprennent une analyse théorique des facteurs influant sur l'organisme vivant, des recherches de laboratoire avec l'imitation de ces facteurs ou de leur complexe, et enfin les expériences dans les conditions du vol. Les vols se pratiquent en utilisant des avions, des aerostats et des fusées. Cependant, les expériences sur les satellites artificiels et les vaisseaux cosmiques ont une importance primordiale.

2. Les buts et le programme de l'expérience déterminent le choix de sujets biologiques les plus sensibles à l'action de tel ou tel facteur du vol. Les recherches médico-biologiques soviétiques dans le cosmos prévoient l'utilisation des représentants les plus variés du monde organique depuis les structures biochimiques et les organismes les plus rudimentaires jusqu'aux vertébrés les plus évolués.

3. La télémétrie biologique a trouvé un vaste champ d'application pour l'obtention des informations scientifiques nécessaires. Les sondages biologiques du vol peuvent être conventionnellement divisés en trois catégo-

ries : le contrôle du médecin, les recherches médicales et l'indication biologique. L'application des dernières réalisations en matière de biologie, d'électronique et de technique calculatoire est indispensable pour assurer aux recherches le maximum de garantie qualitative. Les examens comparés effectués avant et après le vol ont également une grande importance. Leur programme doit toujours être assez vaste, garantissant ainsi au maximum les résultats biologiques et médicaux découlant de chaque vol expérimental. En outre, après le vol, l'observation prolongée du cosmonaute et des sujets biologiques a une importance essentielle.

4. La perspective d'augmenter la durée et la distance des vols spatiaux fait surgir des problèmes importants liés à l'étude de nouvelles méthodes et de nouveaux moyens pour réaliser les recherches médico-biologiques et pour le controle médical dynamique.

5. On illustre les thèses indiquées avec des exemples concrets tirés de la pratique de la mensuration biotélémétrique, et des recherches médico-biologiques réalisées sur les vaisseaux "Spoutnik" 2 à 5 et sur des vaisseaux cosmiques "Vostok"

Стремительное развитие астронавтики свидетельствует о реальности полетов к другим планетам уже в недалеком будущем. Со временем ближние к Земле области космоса, а затем и все околосолнечное пространство станут для человека обитаемыми.

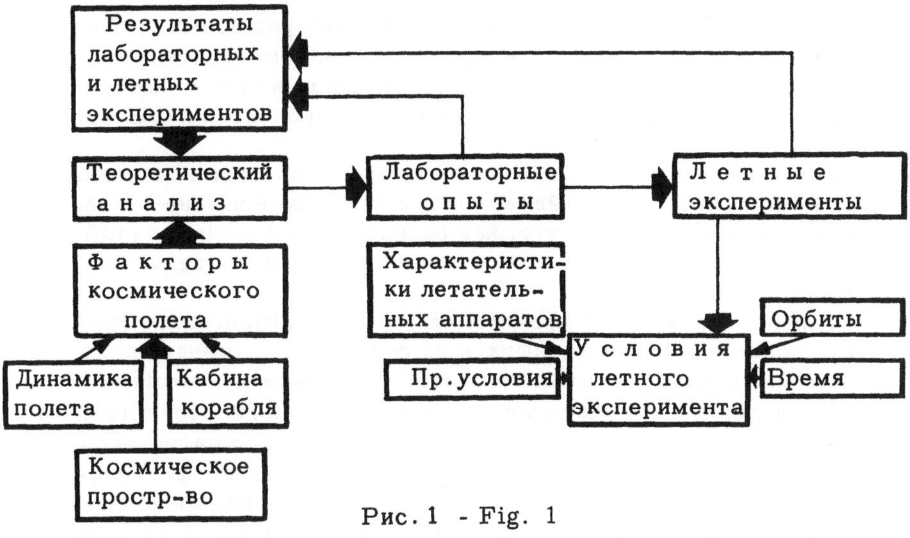

Рис. 1 - Fig. 1

Всестороннее медицинское и биологическое изучение новых условий существования человека представляет исключительно важную в научном и практическом отношении проблему. Исследования в этом направлении могут быть сгруппированы следующим образом: теоретический анализ факторов космического полета, лабораторные опыты с иммитацией действия этих факторов на организм и, наконец, летные эксперименты. Следует указать на тесную взаимосвязь указанных видов исследований (рис.1).

Летные эксперименты являются основным исследовательским направлением в космической биологии и медицине. Каждый экспериментальный полет в космос приносит новые научные материалы, позволяет строить теоретические предпосылки, проверка которых в свою очередь требует постановки следующих лабораторных и летных экспериментов. В силу этого возникает необходимость, во-первых, в строгой преемственности всех исследований, направленных на изучение биологических проблем, в лабораторных и летных условиях; во-вторых, должны быть разработаны единые принципы научного анализа экспериментальных материалов с широким применением математики и вычислительной техники; в-третьих, требуется всемерное расширение обмена иноформацией и координация исследований в государственных и междугосударственных масштабах:

Медицинские и биологические исследования в космических полетах связаны со сбором разнообразных и обширных данных о поведении, функциональном состоянии и даже структурных сдвигах у живых организмов. Поэтому проблема рационального сбора биологической информации во время проведения лабораторных и летных экспериментов является одной из важных задач космической медицины.

Понятно, что основные трудности возникают при осуществлении летных экспериментов, поскольку имеются серьезные ограничения веса, габаритов и энергопотребления бортовой аппаратуры, а главное — необходимо передать собранную информацию на Землю, что ставит перед врачами, биологами и инженерами ряд новых проблем.

Не случайно в последние годы оформилась в самостоятельное научное направление биологическая телеметрия, в задачу которой входит обеспечение дистанционной регистрации биологических процессов.

В связи с положением о преемственности лабораторных и летных экспериментов мы в дальнейшем уделим основное внимание биологическим измерениям в полете, как определяющим минимальный обязательный методический объем исследований, проводимых в лабораторных условиях.

В таблицах No No 1,2,3 представлен обзор медицинских и биологических исследований, проводящихся на советских космических кораблях и спутниках. Физиологические, гигиенические и частично микробиологические исследования осуществлялись непосредственно в ходе полета, с передачей научной информации по радиотелеметрии. Получен опыт использования 13 разнообразных физиологических методов, направленных на изучение дыхания, кровообращения, нервно-мышечного аппарата, центральной нервной системы, вестибулярного аппарата.

Гигиенические исследования обеспечили контроль за атмосферой кабины космического корабля и позволили накопить материалы для анализа взаимодействия человека и окружающей среды в условиях космического полета.

Микробиологические исследования были направлены на изучение условий жизни в космическом пространстве путем автоматической регистрации процесса газообразования, связанных с жизнедеятельностью культуры маслянокислой бактерии (1).

Большой объем научных исследований был проведен без применения радиотелеметрии. Различные биологические объекты, экспонированные в космическом пространстве, были подвергнуты тщательному послеполетному исследованию. Сравнение данных, полученных с объектов, совершивших полет, и контрольных объектов, оставленных на Земле, обеспечило объективность и высокую достоверность научных исследований.

Биологические измерения в космическом полете условно могут быть разделены на три категории: врачебный контроль, медицинские исследования и биологическая индикация (2).

Главной целью врачнбного контроля является обеспечение безопасности полета, для чего на Землю должна поступать информация о состоянии основных жизненных функций космонавта. Медицинские исследования должны обеспечить более детальное изучение реакции космонавта во время полета с тем, чтобы заранее предусмотреть ухудшение состояния здоровия его или появление опасных отклонений, и своевременно принять решение об изменении маршрута или прекращении полета.

Вторая цель медицинских исследований состоит в накоплении разнообразной научной информации о влиянии факторов полета на организм.

Наконец, биологическая индикация, т.е. использование животных, растений и различных микроорганизмов для выявления опасных для человека воздействий, означает ни что иное как биологическую разведку космического пространства.

Рис. 2 - Fig. 2

Исследования на животных и в дальнейшем останутся важнейшим средством биологического изучения космических маршрутов. При освоении космического пространства биологическая разведка постоянно будет предшествовать полету человека. Поэтому разработка методов биологической индикации космоса представляет громадный научный интерес и имеет большое практическое значение. Биологические индикаторы, возможно, будут использоваться и для сигнализации о приближении опасных для человека ситуаций в продолжительных космических полетах с экипажем на борту. При этом будут применены системы автоматической обработки данных, которые смогут вести непрерывную оценку информации, поступающей от большого числа биологических объектов. На рис. 2 схематически представлена взаимосвязь указанных методов биологических измерений в космическом полете.

Как известно для дистанционной регистрации того или иного процесса необходимо преобразовать его с помощью датчиков и электрических сигналов, усилить эти сигналы и затем осуществить их передачу по радиолокатору.

В зависимости от технических характеристик системы передачи информации разделяют на три группы: 1) системы постоянного действия; 2) системы периодического действия; 3) системы с запоминанием информации, которые осуществляют запоминание (накопление) необходимой информации в течение большого промежутка времени и затем производят быструю передачу всей накопленной информации при пролете над определенным наземным пунктом. Существуют также запоминающие устройства, накопленная в которых информация воспроизводится лишь после возвращения корабля на Землю.

С помощью каждой из описанных радиосистем может регистрироваться строго определенное количество медико-биологических данных.

Так называемая емкость радиоканала зависит от мощности передатчика, полосы передаваемых частот и величины помех. В связи с увеличением продолжительности и дальности космических полетов ожидается значительное уменьшение емкости радиоканалов, т.е. возможности передачи информации станут еще более ограничеными. Поэтому вопросы рационального выбора программы телеизмерений и поиски способов сжатия информации для передачи по одному каналу максимально возможного количества данных уже сейчас приобрели актуальное значение.

Рис. 3 - Fig. 3

Специфичной областью космической биологии является разработка бортовой радиоэлектронной аппаратуры, которая является промежуточным звеном между объектом исследования и системами передачи и регистрации данных (3). Датчики этой аппаратуры должны соответствовать целому ряду специальных требований. На рис.3 схематически представлен перечень условий, которым должны удовлетворять биотелеметрические системы в целом и их отдельные элементы.

Рассматривая методы медицинских и биологических исследований в условиях космического полета, следует отметить, что существующие клинические и лабораторные методы могут при этом использоваться лишь частично. Специфические условия полета делают выбор исследовательских приемов трудной задачей.

Помимо уже названных ограничений в отношении бортовой аппаратуры и возможностей передачи информации, существенно также обеспечить надежность и высокое качество исследований при действии различных факторов полета, в том числе и экспериментальных условиях. Поэтому требуется значительная модификация существующих методов и нередко разработка новых.

Важное значение имеет создание определенных комплексов методов, направленных на изучение различных физиологических функций. Задача состоит в получении максимальной информации при ограниченном числе методов. Должна также быть использована возможность использования одних и тех же датчиков для регистрации различных показателей. При этом необходимо учитывать особые требования, обусловленные той или иной категорией биологических измерений.

Биологические изменения с целью обеспечения врачебного контроля должны быть по возможности непрерывными, т.е. информация о состоянии космонавта должна поступать в любой момент полета. Должна быть предусмотрена возможность оперативной оценки получаемых данных с тем, чтобы своевременно принять необходимые решения в случае появления условий, опасных для здоровия и жизни космонавта.

Для осуществления врачебного контроля в полете используются средства радиосвязи, телевидения и радиотелеметрии (см. рис.4). Двусторонняя радиосвязь позволяет оценить нервно-психическое состояние космонавта, получить его словесный отчет о самочувствии и данные о состоянии различных систем космического корабля Телевидение позволяет в ограниченной степени судить о поведении космонавта, его двигательной активности и рабочей деятельности. Но ни радиосвязь, ни телевидение не могут заменить наиболее точного и объективного метода — радиотелеметрии (4).

Радиотелеметрический контроль за основными жизненными функциями организма включают передачу данных о состоянии кровообращения, дыхания, терморегуляции и нервно-мышечной системы. Минимально-необходимый комплекс измерений должен обеспечивать контроль за частотой пульса, частотой дыхания, тепмературой кожи, уровнем двигательной активности и состоянием сознания космонавта. Так как датчики системы врачебного контроля должны находиться на пилоте постоянно, не вызывая раздражения кожи или дискомфорта, а также надежно регистрировать необходимые параметры при движениях космонавта и во время выполнения им рабочих операций, то выбор исследовательских приемов весьма ограничен. Переход к более продолжительным полетам и увеличению размеров кабин космических кораблей приведет к необходимости широкого внедрения внутрикабинной (малой) телеметрии, сущность которой состоит в том, что информация от датчиков, расположенных на космонавте, передается к бортовой аппаратуре не по проводам, а с помощью миниатюрного передатчика, находящегося на космонавте.

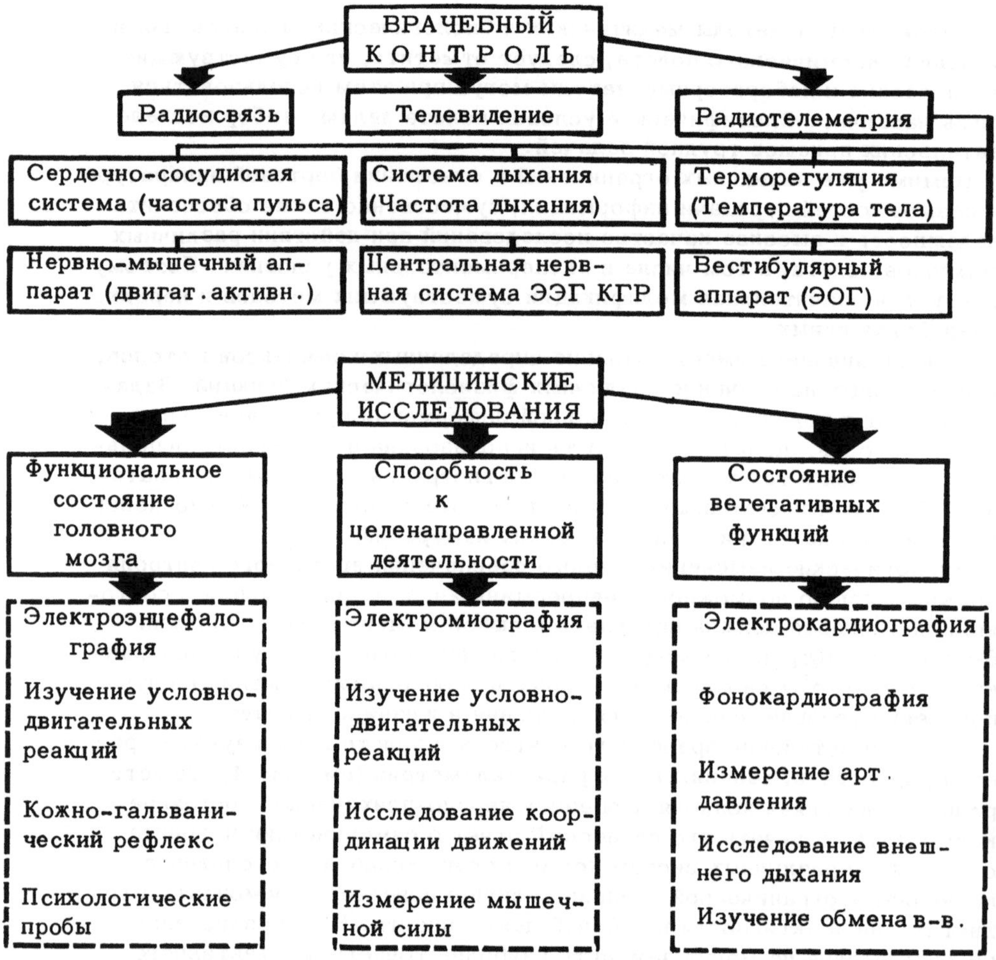

Рис.4 - Fig. 4

Широкое применение получат системы автоматического врачебного контроля, представляющие собой бортовые вычислительные устройства, которые будут осуществлять оценку поступающих на их вход данных в соответствии с заданным алгоритмом, выделять патологические отклонения и при появлении опасного сочетания таких отклонений выдавать соответствующий сигнал – код. Такие сигналы будут являться своеобразными "диагнозами", указывающими на характер отклонений, и передача их на Землю, во-первых, позволит медицинскому персоналу на Земле быстро принять необходимое решение; во-вторых, позволит значительно уменьшить емкость телеметрических каналов, так как вместо нескольких параметров будет передаваться лишь один сигнал – код. Можно предположить, что в дальнейшем такие автоматические системы смогут осуществлять управление различными средствами помощи экипажу, например, включением дополнительной подачи кислорода. В этом случае на Землю будут подаваться в закодированном виде как "диагноз" нарушения, так и сигнал о применении соответствующих средств. На рис. 5 представлена блок-схема системы медицинского контроля для космических кораблей, предназначенных для полетов большой продолжительности.

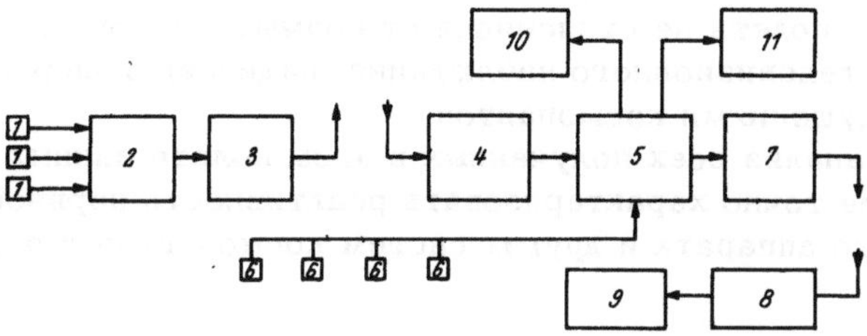

Рис. 5 - Fig. 5

Однако методы врачебного контроля расчитаны лишь на оперативное выявление внезапно наступающих опасных отклонений в состоянии здоровия экипажа. При этом "диагноз может быть поставлен лишь в самом общем виде. Ясно, что для детальной оценки состояния космонавта, его работоспособности и функциональных возможностей должен быть применен достаточно большой комплекс различных методов (см. рис. 4). Важно также исследовать и ряд таких показателей, которые, казалось бы, не имеют сущесвенного значения для диагностики, но могут сыграть роль при последующем научном анализе биологического действия факторов космического полета на организм.

Конкретная программа медицинских исследований зависит от задачи полета и технических возможностей. Так как исследования будут проводиться периодически, то должны быть созданы съемные датчики и системы для автоматического контроля качества записей. Информация, полученная при периодических медицинских исследованиях, будет накапливаться в запоминающих устройствах для последующей передачи на Землю во время очередного сеанса связи.

С целью разгрузки телеметрических каналов от избыточной медицинской информации, по-видимому, будут использованы устройства автоматической обработки, обеспечивающие сжатие информации. Например, вместо полной электрокардиографической кривой можно передавать только цифры, характеризующие основные показатели электрокардиограммы (продолжительность интервалов, амплитуду зубцов).

В первых космических полетах человека и врачебный контроль, и медицинские исследования обеспечивались одними и теми же методами. Так, электрокардиография использовалась для контроля за частотой пульса космонавтов непосредственно в ходе космического полета. Детальный анализ электрокардиограммы с целью получения данных о влиянии факторов полета на биоэлектрическую активность миокарда производился после полета.

Программа медико-биологических измерений в каждом случае разрабатывается применительно к задачам летного эксперимента. В многодневном групповом космическом полете А.Г.Николаева и П.Р.Поповича специальное внимание было обращено на контроль за состоянием центральной нервной системы и вестибулярного аппарата. Это было вызвано тем, что в предыдущем суточном полете Г.С.Титова наблюдались некоторые симптомы укачивания. С этой целью использовались методы электроэнцефалографии, электроокулографии и записи кожно-гальванических реакций. Как известно, ни один из показателей в ходе полета не отклонился от нормы, что хорошо согласуется с данными телевизионного наблюдения, радиопереговоров и с субъективными ощущениями космонавтов.

Подробный анализ всех полученных в этом полете данных, вероятно, позволит более точно характеризовать реактивность нервной системы, вестибулярного аппарата и других систем космонавтов в различные периоды полета.

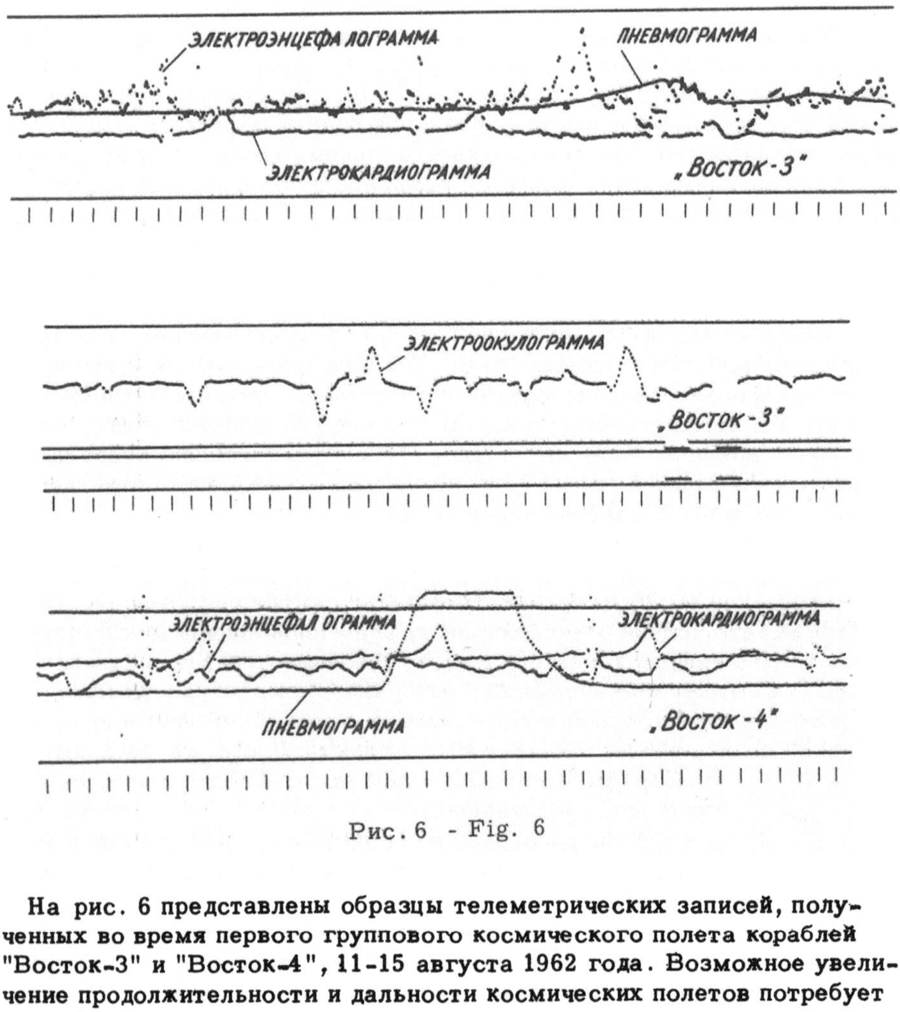

Рис. 6 - Fig. 6

На рис. 6 представлены образцы телеметрических записей, полученных во время первого группового космического полета кораблей "Восток-3" и "Восток-4", 11-15 августа 1962 года. Возможное увеличение продолжительности и дальности космических полетов потребует разработки новых специальных средств для осуществления медицин-

Таблица I Медицинские и биологические исследования на советских космических кораблях и искусственных спутниках (в полете)

п/п:	Виды исследований	Основные цели	Методы	Средства
I	Физиологические	Исследование физиологических реакций живого организма на действие фактров космического полета	Электрокардиография, пневмография, сфигмография, фонокардиография, сейсмокардиография, кинетокардиграфия, артериальная осциллография, актография, термометрия, электроэнцефалография, электроокулография, запись кожно-гальванических реакций	Бортовая медицинская радиоэлектронная аппаратура
2	Гигиеническая	Исследования работы системы жизненного обеспечения	Температура воздуха, влажность воздуха, давление воздуха, содержание CO_2	Специальные датчики
3	Микробиологические	Исследование жизнедеятельности микробов в условиях полета	Регистрация газообразования в процессе роста микробов	Биоэлементы

Таблица 2 Методы физиологических исследований на советских искусственных спутниках Земли и космических кораблях

п/п:	Методы	Что регистрируется	Что исследуется	Спутники и космические корабли
1	2	3	4	5
1	Электрокардиография	Биотоки сердца	Автоматизм, возбудимость, проводимость миокарда	П ИСЗ, 2,3,4,5 совет. косм.корабли-спутники "Восток" 1-4
2	Пневмография	Измерение периметра грудной клетки		
3	Фонокардиография	Звуковые явления при работе сердца	Частота дыхания	"
4	Сейсмокардиография	Вибрации тела связанные с деятельностью сердца	Состояние клапанного аппарата сердца	2,3 совет. косм. кораб.
5	Сфигмография	Колебания сосудистой стенки	Механический эффект сердечного сокращ.	3 совет. косм. корабли
6	Артерияльная осциллография	Величина сосудистых осцилляций при компресии	Сосудистый тонус	4,5 совет. косм. кораб.
7	Актография	Перемещение тела в пространстве	Артериальное давление	П ИСЗ, 2 совет. косм. корабли
8	Кинатокардиография	Локальные вибрации грудной стенки	Двигательная активность	П ИСЗ, 2,3 совет. косм. кораблей
			Механический эффект сердечных сокращений	"Восток-2"

1:	2	3	4	5
9	Электромиография	Биотоки мышц	Двигательная активность	3 совет.косм.кор.
10	Термометрия кожи	Температура кожи	Терморегуляция	2,3 совет.косм. корабли
11	Электоэнцефалография	Биотоки мозга	Функциональное состояние головного мозга	"Восток-3,4
12	Электоокулография	Биопотенциалы глазного яблока	Движение глазного яблока	"
13	Регистрация кожно-гальванических реакций	Электрическое сопротивление кожи на постоянном токе	Тонус симпатической нервной системы	

Таблица 3 Медицинские и биологические исследования на советских космических кораблях и искусственных спутниках (после полета)

No No п/п	Виды исследований:	Основные цели	Методы	Объекты исследования
1	2	3	4	5
1	Физиологические	Исследование состояния мышечного тонуса и высшей нервной деятельности после полета	Электромиография двигательно-пищевая условно-рефлекторная методика	Морские свинки лабораторные крысы
2	Биохимические	Исследование биологического действия радиации и стресс-факторов	Белковой состав крови неспецифическая холинэстеразия активность крови содержание в моче	Собаки, крысы, мыши
3	Иммунологические	Исследования влияния космического полета на иммунобиологическую реактивность	Изучение микрофлоры кожи Изучение фагоцитарной функции нейтрофилов Изуч. строения хромосом клеток костного мозга	собаки
4	Цитологические и гистологические	Влияние космического полета на морфологию клеток костного мозга и кровотворных органов напоживляемость кожных трансплантатов, а также нежизнаспособность микроорганизмов	Изуч. функции кровотворения по данным гистологического строения селезенки Кожных трансплантантов донорами и изучением степени приживления. Исслед. жизнеспособн. культур кишечной палочки, аэрогенес и других микробов экспонированых на косм. кораблях	кожи людей и кроликов Культура различных микробов

1 :	2	3	4	5
5	Генетические	Исследование влияния космического полета на наследственные признаки	Изучение пророста семян и развитие грибков экспонированных на космических кораблях	Семена
			Исследование: а/частоты возникновения рецессивных летательных мутаций в -хромосома б/частота доминантных мутаций	Плодовые мушки

ских и биологических исследований. Необходимы новые методы для непрерывной регистрации основных жизненных функций и для всестороннего медицинского обследования. Аппаратура для биологических измерений в условиях космического полета должна включать, помимо датчиков и усилителей системы автоматической обработки, запоминающие устройства, сигнализационные пульты для оповещания экипажа.

Постоянное совершенствование методов и средств сбора и передачи медицинской и биологической информации имеет важное значение практическое и теоретическое для дальнейшего развития космонавтики.

Мирное освоение космического пространства, полеты к другим планетам немыслимы без создания условий, обеспечивающих безопасность длительного пребывания человека в космосе и средств для надежного контроля за его состоянием. К числу таких средств следует прежде всего отнести системы биологической телеметрии.

Литература

1. Н.Н.Жуков-Варежников, И.Н.Майский и др., Искусственные спутники Земли 1, 43-67 (1961).
2. О.Г.Газенко и Р.М.Баевский, Искусственные спутники Земли 2, 68-77 (1961).
3. И.Т.Акулиничев и Р.М.Баевский, II Всесоюзная конференция по применению радиоэлектроники в биологии и медицине. Тезисы докладов стр. 61-62.
4. В.И.Яздовский и Р.М.Баевский, Вестник АН СССР 9, 9-15 (1962).
5. В.В.Парин, Р.М.Баевский и О.Г.Газенко, Проблемы космической биологии, т.I, стр.117-128 (1962).
6. Р.М.Баевский, Проблемы космической биологии, т.II, стр. 27-35 (1962).

MEANS AND METHODS OF BIO-MEDICAL EXPERIMENTS IN SPACE FLIGHT

I. T. Akulinichev, R. M. Bayevski, and O. G. Gazenko
U. S. S. R. Academy of Sciences, Moscow, U. S. S. R.

(With 6 Figures)

The rapid development of astronautics makes it possible to foresee flights to other planets in the immediate future. In time the areas of space nearest to Earth and then the entire solar system will be explored by man.

A thorough-going medical and biological study of man's new environment is an exceptionally important scientific and practial problem. Research efforts in this direction may be classified as follows : theoretical analysis of conditions of space flight, laboratory experiments involving simulation of the effects of these conditions on the human body and, finally, flight experiments. All of these research efforts are closely interconnected (Fig. 1 [1]).

Flight experiments are the main line of research in space medicine and biology. Each experimental space flight brings in new scientific data and makes it possible to formulate new theoretical premises, which require further laboratory experiments and flight tests. All this makes it necessary first to provide for strict continuity of all biological research work designed to solve the problems both under laboratory and flight conditions. Secondly, general principles of scientific analysis of experimental data involving wide use of mathematics and computers must be developed. Thirdly, it is necessary to widen the exchange of scientific information and coordination of research between states and by an international scale.

Bio-medical research in space flights involves the collection of many different facts concerning the behaviour, functional state, and even structural shifts of living organisms. This is why a rational collection of biological data in the course of laboratory and flight experiments is considered one of the most important missions of space medicine.

It is quite evident that major difficulties arise in flight experiments to the extent that serious limitations exist in respect to the weight, size, and energy consumption of systems and devices carried on board. The main difficulty, however, is the transmission of collected data to the ground, which raises a number of new problems to be solved by medical personnel, biologists and engineers.

It is not by chance that within the last years the independent scientific field of biotelemetry, dealing with long-range recording of biological processes, has appeared.

Bearing in mind the necessity of continuity in laboratory and flight experiments, this report deals mainly with biological measurements in flight, since they determine the minimum obligatory volume of laboratory research.

Tables 1, 2 and 3 contain a resumé of bio-medical research carried out on board Soviet space ships and satellites. Physiological, hygienic and in part microbiological research was performed during the flight, and scientific information was transmitted by radio-telemetric equipment. Experience has been gained in the use of 13 different physiological methods designed to study respiration, blood circulation, nerve and muscle systems, the vestibular apparatus, and the central nervous system.

Hygienic research ensured control of atmospheric conditions inside the space ship and made possible the collection of information for analyzing the mutual effects of man and his environment on each other in space flight conditions.

Microbiological investigations were designed to study conditions of life

[1] The respective figures are contained in the fore-going Russian text.

in space by means of an automatic record of gas production in living oil-acid bacteria (1).

A large volume of scientific research was performed without the use of radio-telemetric equipment. Various biological objects, exposed in space, were subjected to careful post flight analysis. Comparison of the information received from objects which had made the flight with that of control objects left on the ground ensured objectivity and reliability in the research effort.

Biological measurements in space flight may be divided into three categories: medical monitoring, medical research and biological indication (2).

Medical monitoring is designed mainly to insure flight safety, for which information about the astronaut's main body functions must be constantly transmitted to the ground. Medical research must provide for a more detailed study of the astronaut's responses in flight in order to forecast in advance any deterioration of his health or dangerous changes, and to make a timely decision concerning alterations of the flight or termination of the flight.

The second goal of medical research consists of accumulating scientific information on the effect of flight factors on the human body.

And finally, there is biological indication, i.e. the use of animals, plants and different micro-organisms to discover effects dangerous to man. It is nothing less than biological reconnaissance in space.

Even in the future, research with animals will continue to be a very important means of studying space routes biologically. In the exploration of space biological reconnaissance will always be undertaken prior to manned flight. That is why the development of methods of biological indication in space is of great scientific and practical importance. It is possible that biological indicators will soon be employed for warning astronauts of impending dangerous situations in the course of prolonged space flights. In this case automatic data-processing systems will be employed for a continous evaluation of information received from a great number of biological objects. Fig. 2 shows a diagram of the mutal connection of the abovementioned methods of biological measurements in space flight.

As is known in order to be able to record remotely a process at long range, the original quantities must be converted by means of sensors into electric signals, and the signals must be amplified and transmitted through a radio link.

Depending on their technical characteristics, data-transmitting systems may be divided into three groups : 1) continuously operating systems; 2) periodically operating systems; 3) memory systems, which record (store) the necessary information for a prolonged period of time and then rapidly transmit the information stored in flight to a ground receiving point. There are also information-storage systems which produce the information only after the space ship lands. Each of the above-mentioned systems may record a very specific amount of bio-medical information.

The so-called capacity of a radio link depends on transmitter power, frequency band, and interference. Because of the growing duration and distance of space flights, the capacity of radio-links will considerably decrease, and thus the possibilities for transmitting information will be ever more limited. This explains the current vital importance of selecting rational telemetric programs and of seeking methods for transmitting the maximum possible amount of information through a single link.

A specific branch of space biology is the development of radio-electronic equipment for space ships, which is an intermediate link between data-transmitting and data-recording systems (3). Sensors of this equipment must meet a number of specifications. Fig. 3 shows a diagram of specifications for a biotelemetric system and its separate components.

In analysing methods of bio-medical research in space flight, it is necessary to note that existing clinical and laboratory methods may be used only in part. The specific conditions of space flight make the selection of experimental methods an extremely difficult task.

Apart from the abovementioned limitations on shipboard equipment and on the capabilities for transmitting information, it is also necessary to provide for reliability and high quality research results under the effects of various space flight factors, including extreme conditions. This is why it is necessary to improve the existing methods and frequently to develop new ones.

Especially important is the creation of certain complex methods designed to study different physiological functions. The goal is to get the maximum amount of information with a limited number of means. The possibility of using the same sensors for recording different data should also be investigated. In this connection it is necessary to take into account special requirements, necessary for various categories of biological measurements.

Biological measurements for medical monitoring must be, if possible, continuous, so that information about the state of the astronaut is transmitted at any instant of flight. This is necessary for making an operational evaluation of the data received so as to permit timely decisions should conditions harmful for the astronaut's life and health develop.

To carry out medical monitoring in flight, radio communication, television, and radio-telemetric equipment are employed (see Fig. 4). Two-way radio communication makes it possible to evaluate the psychological condition of the astronaut, to get his verbal report about his own condition and also to get information about the work of the various systems of the space ship. TV equipment makes it possible to estimate to a certain extent the actions of the astronaut, such as his movements and working activity. But neither radio communication nor television will replace the most accurate and objective method - radiotelemetry (4).

Radiotelemetric monitoring of the major functions of the organism includes the transmission of information concerning blood circulation, respiration, thermoregulation and the nerve-muscle system. The minimum required number of measurements must provide for testing the pulse rate, respiration rate, skin temperature, movement activity and mental state of the astronaut. Because of the fact that the sensors of a medical control system must be constantly fixed on the astronaut's skin without causing irritation or discomfort, and at the same time must reliably record necessary information during the astronaut's movements and while he is performing his duties, the number of possible experimental methods is considerably limited. A transition to more prolonged flights and an increase in the size of cabins in space ships will bring about the need for wide-spread use of internal (small scale) telemetry, which implies the transmission of information from sensors on the astronaut to ship-board equipment by miniature radio-transmitters rather than by wired systems.

Systems of automatic medical control consisting of computers carried on board which evaluate the input data in accordance with the programmed norm, will determine pathological changes, and in case of a dangerous combination of such changes they will put out the appropriate coded signal. Such signals will be "diagnoses" indicating the nature of changes, and their transmission to Earth will enable medical personnel to make necessary decisions rapidly. It will also reduce considerably the required capacity of the telemetry channels, for instead of several values only one coded signal will have to be transmitted. It may be assumed that in the future such automatic systems will control various devices for assisting the crew, such as turning on additional oxygen supply. In such a case both a "diagnosis" coded signal of violation and a signal indicating corresponding corrective action will be transmitted to the ground. Fig. 5 shows the diagram of a medical control system for space ships designed for prolonged flights.

Methods of medical monitoring, however, are designed only for the operational discovery of unexpected dangerous changes in the health of the members of the crew. It is quite evident that a "diagnosis" may be outlined only in general terms. A detailed evaluation of an astronaut's condition, his ability to work, and his functional capabilities can only be made by a rather extensive complex of different methods (Fig. 4).

It is also important to investigate such indices, which at first glance may not seem important for diagnostics, but which will play an important role in future scientific analysis of the biological effects of space flight on the human body.

A specific medical research program depends on the flight mission and on technical capabilities. Because of the fact that measurements will be taken intermittently, it is necessary to develop removable sensors and systems of automatic control over the quality of recordings. The information obtained in intermittent medical measurements will be kept in storage units for further transmission to the ground in the course of the next period of communication with the ground.

In order not to overload telemetry channels with excessive medical information automatic processing devices will evidently be used. For example, instead of transmitting electrocardiographic curves it is possible to transmit only the figures characterizing the main indices of an electrocardiogram (interval duration, amplitude).

During the first space flights the same methods of medical monitoring and research were used. For example, electrocardiography was employed for monitoring pulse rate in the actual course of the space flight. Detailed analysis of electrocardiograms to obtain data concerning the effects of space flight factors on bioelectric myocardium activity was made after flight.

The program of medico-biological meausrements in each separate case is developed in accordance with the goals of the flight experiment. In the course of the multiday space flight of A. G. Nikolayev and P. R. Popovich special attention was paid to monitoring the state of the central nervous system and the vestibular apparatus. This is explained by the fact that in the course of a previous 25-hours space flight G. S. Titov showed some symptoms of space -sickness (giddiness). For this purpose methods of electroencephalography, oculography and measurements of skin galvanic reactions were employed. As is known no indications of space sickness were disclosed in the course of the multiday flight, which is in agreement with the data of TV observation, radiocommunication and personal sensations of the astronauts.

A detailed analysis of all the information obtained in the course of the flight will probably make it possible to get more precise characteristics of reactions of the nervous system, vestibular apparatus, and other systems at different periods of flight.

Fig. 6 shows samples of telemetry records made during the first group space flight of space ships Vostok 3 and Vostok 4 on 11-15 August, 1962.

The increased duration and time of space flights will require development of new special means of medico-biological investigations. New methods for constant measurement of the main body functions and for detailed medical examination are necessary. Apart from the sensors and amplifiers of automatic data-processing systems, the equipment for biological measurements in space flight must include memory devices and signal panels for warning the crew.

Constant improvement of the methods and means of collection and transmission of medico-biological information is of considerable practical and theoretical importance for the further development of space flight.

The peaceful exploration of space, and flights to the Moon and to other planets are impossible without the creation of conditions insuring the safety of man during prolonged stays in space, and without reliable means of testing his condition. Such means first of all include biotelemetry systems.

References

1. N. N. Zhukov-Varezhnicov, I. N. Maisky, et al., Artificial Earth Satellites 1, 43 - 67 (1961).
2. O. G. Gazenko and R. M. Bayevsky, Artificial Earth Satellites 2, 68 - 77 (1961).
3. N. T. Akulinichev and R. M. Bayevsky, Proceedings of the IInd Conference on Employment of Radioelectronics in Medicine and Biology, Abstracts, pp. 61 - 62.
4. V. I. Yazdovsky and R. M. Bayevsky, Proceedings of the Academy of Science of the USSR 9, 9 - 15 (1962).
5. V. V. Parin, R. M. Bayevsky, and O. G. Gazenko, Problems of Space Biology, Vol. I, pp. 117 - 128 (1962).
6. R. M. Bayevsky, Problems of Space Biology, Vol. II, pp. 27 - 35 (1962).

Table 1. Bio-Medical Research Abord Soviet Space Ships and Satellites (in Flight)

Nos	Investigation	Main missions	Methods	Means
1.	Physiological	Investigation of physiological responses of living organism to effects of factors of space flight	Electrocardiography, pneumography, sphygmography, phonocardiography, kinetocardiography, arterial oscillography, actography, electromyography, thermometry, electroencephalography, electrooculography, skin galvanic reactions	Shipborne medical radioelectronic equipment
2.	Hygienic	Investigation of environment system operation	Air temperature Air humidity Air pressure CO_2 content O_2 content	Special sensors
3.	Microbiological	Investigations of bacteria activity in space flight	Registration of gas production in process of bacteria development	Bioelements

Table 2. Methods of Physiological Investigations Aboard Soviet Satellites and Space Ships

Nos	Methods	Object of record	Object of investigation	Satellites and space ships
1.	2	3	4	5
1.	Electrocardiography	Heart biocurrents	Myocardial automation, excitability and conductivity	Satellite II, Space ship-satellites 2, 3, 4, 5. "Vostok 1 - 4"
2.	Pneumography	Measurement of thorax perimeter	Respiration rate	Same
3.	Phonocardiography	Sound phenomena during heart activity	State of heart valvular apparatus	Space ships 2, 3
4.	Seismocardiography	Body vibrations caused by heart activity	Mechanical effect of heart contraction	Space ship 3
5.	Sphygmography	Vibrations of vessel wall	Vessel tone	Space ships 4, 5
6.	Arterial oscillography	Vessel oscillations under compression	Arterial pressure	Satellite II, Space ship 2
7.	Kinetocardiography	Local vibrations of thoracic wall	Mechanical effect of heart contraction	"Vostok 2"
8.	Actography	Body movement	Motor activity	Satellite II, Space ships 2, 3
9.	Electromyography	Muscle biocurrents	Motor activity	Space ship 3
10.	Skin thermometry	Skin temperature	Thermoregulation	Space ships 2, 3
11.	Electroencephalography	Brain biocurrents	Brain functional state	"Vostok 3, 4"
12.	Electrooculography	Eyeball biopotentials	Eyeball movements	Same
13.	Skin galvanic reactions record	Electric resistance of skin at direct current	Sympathetic nervous system tone	Same Same

Table 3. Bio-Medical Investigations Aboard Soviet Space Ships and Satellites (After Flight)

Nos	Investigation	Main missions	Methods	Objects
1.	Physiological	Investigation of muscle tone and nervous system activity after flight	Electromyography, movement and food reflexes methods	Guinea pigs laboratory rats
2.	Biochemical	Investigation of biological effects of space radiation and stresses	Albumin composition of blood, non-specific cholinesterase activity, urine content	Dogs, rats, mice
3.	Immunologic	Investigation of space flight effects on immunologic and biological reactivity	Study of the number of microbes in skin. Study of phagocytic function of neutrophils	Dogs
4.	Cytological and histological	Influence of space flight on morphology of marrow cells and blood-forming organs, on reimplantation of cutaneous transplants and on vitality of microbes	Study of marrow cells chromosome structure. Study of Blood - forming functions by the data of histological structure of spleen	Mice
			Reimplantation of cutaneous transplants to donors and study of the degree of vitality	Human and rabbit skin cultures
			Investigation of vitality of Borrel bacillus, aerogenes and other microbes exposed aboard space ships	Bacterial cultures

Nos	Investigation	Main missions	Methods	Objects
5.	Genetic	Investigation of effects of space flight on heredity	Study of growing of seeds and study of development of fungi exposed aboard the space ships	Seeds
			Investigation of a) frequency of recessive lethal mutations in x-chromosome b) frequency of dominant mutations	Fruit flies

Discussion

Mayo: If I understood you correctly, you indicated that miniature sensors might be implanted surgically in future cosmonauts. Do you believe the cosmonauts will approve of the surgically implanted sensors ?

Akulinichev : As was emphasized on our paper the most essential requirement for any sensors is that they do not cause any inconvenience. Surgical implantation of sensors is not conceivable without inflicting pain on the cosmonaut - this is the reason why we have avoided such methods.

Mayo : Do you visualize extensive medical monitoring of cosmonauts in flights beyond the pioneering period ?

Akulinichev : Yes, most certainly. An approximate program for such monitoring was given in our paper.

Gauer : In the discussion of my paper, Dr. Howard asked whether there are indications of increased water excretion during periods of weightlessness. I now want to pass the question to the speaker. The question whether there is a relative increase in the rate of water exchange is interesting from the point of view of blood volume control.

Akulinichev : The intake of water and the amount of excreted urine during the flights were estimated, and the urine was subsequently examined in the laboratory. No deviations from the normal were observed. We agree that the problem of water exchange during space flights needs thorough study.

Grandpierre: Were the measurements of vestibular activity during the flight made solely by observation of the electro-oculogram ? Did you make a thorough investigation of the vestibular function prior to and after the flight and, if so, what did you find ?

Akulinichev : The methods used for studying the vestibular apparatus were developed within an enlarged research program that was undertaken after Titov's flight. A number of methods became available for the eventuality that symptoms of desorientation might again occur. The oculographic method was specifically developed for the recording of possible nystagmus. However, this method also made it possible to acquire important information for post-flight analysis. We were able to study the symmetry of periodic ocular movements, the galvanic skin response, and the electroencephalogram. We consider these three methods sufficiently sensitive for measurements of certain vestibular disturbances in space.

Stewart: With regard to the use to electro-oculography, did you notice any eye movements when the cosmonauts were asleep ?

Akulinichev : We did not make any such measurements during sleep. Except for the monitoring of his general condition, we made a point of saving the cosmonauts from investigations during their periods of sleep.

Broida: The information - when measured and when recorded - is generally in a continuous analogue form, but transmission requires a digital form for stability-to-noise reasons. Since there are two transmissions : 1) from the sensors to the on-board devices, and 2) from the latter to Earth, where are the A/D converters located and, if they are located after the first transmission, how is the latter actually effected ? My second question would be : How is the presence of memory and data-reduction equipment on-board reconciled with weight and space limitations ?

Akulinichev: The instruments carried by the cosmonaut are very small-sized and do not include devices for signal processing or coding. Consequently, special instrumentation for this purpose was located on board and connected to the receiver assembly for signals telemetered within the cabin. Only processed information was transmitted to Earth, only processed information was fed into the on-board information storage system, and only processed information was fed into the on-board automatic feed-back system for control of, for instance, the environmental conditions in the cabin. Thus, the on-board instrumentation for reduction and procession of information into binary code is located on board. There are, of course, weight and space limitations, but these problems were satisfactorily solved on the Vostoks.

Pace: Was the electrocardiogram the only channel for estimating cardiovascular function, or did you also use other channels for measurements of cardiovascular dynamics ?

Akulinichev : Electrospygmography and kinetocardiography were also carried out.

Kaehler : Some of your recent literature (Gazenko) indicates that you have developed an on-board medical surveillance cumputer with a scale from 1 to 6 to determine the ability of the cosmonaut to continue the mission. Would you elaborate on this device ?

Akulinichev: No instruments of this kind have been developed or used.

Tobias : Did you record the electroencephalogram during the cosmonaut's sleep? If not, what information did you otherwise expect from the electroencephalogram ?

Akulinichev : The electroencephalogram was not recorded during sleep - only the electrocardiogram. The electroencephalogram was used in combination with the galvanic skin reactions, the electrocardiogram and the electro-oculogram for indication of vegetative disturbances and stresses.

BIOMEDICAL DATA COLLECTION FOR SPACE PROGRAMS

Stanley C. White, M. D., Lt. Col., USAF (MC)
NASA Manned Spacecraft Center, Houston, Texas, U. S. A.

Abstract

Man has demonstrated his ability to survive in the space environment. The tasks now underway in the manned space flight programs of the United States are directed toward the proper integration of the crewman into the vehicle and the flight operations in such a manner that the advantages which man offers can be used. This paper will devote itself to a discussion of the biomedical data system first used in manned space flight and the approaches now being developed for future flights. The discussion will review the philosophy and events which led to the early program of data collection and how present events have changed the approach.

The biomedical data gathering system first used in the United States was directed toward the question of answering whether man could survive in space flight. Flight safety was of prime importance. This objective dictated the requirement for animals to precede man in flight. Additional information which could be gleaned from the mission directed data system was gratefully accepted but did not dictate the choice of instruments or the methods of data handling. Gross screening studies were carried out in an attempt to identify body system problems.

The goals of the biomedical data gathering systems have shifted to the objective of gathering information which will permit better integration of man into a useful position in the spacecraft operation. The system still must meet the flight safety requirements, however, the instruments must search for the mechanisms by which the body systems meet space flight.

The large payloads and the shifting to the new spacecraft permit the use of the full spectrum of data sources. Not only can biosensors placed on the man be used, but now the use of small inflight experiments, the obtaining of special samples and the more elaborate inflight data available through direct study become possible.

Rassemblement de données biomédicales pour les programmes futurs relatifs à l'espace. L'homme a prouvé qu'il peut vivre dans l'espace. La tâche maintenant entreprise pour le vol humain dans l'espace, aux U.S.A., est orientée vers l'intégration même du cosmonaute dans le véhicule, et vers les opérations de vol, de telle sorte que les avantages qu' offre l'homme puissent être utilisés. Cet exposé sera consacré à une discussion du système de données biologiques d'abord utilisé pour le vol humain dans l'espace, et les approximations considérées pour les vols à venir. On passera en revue, dans cette discussion, la philosophie et les évènements ayant conduit au premier programme d'assemblage de données, et comment les évènements actuels en ont modifié l'approche.

Le premier système utilisé aux U.S.A. pour réunir des données biomédicales était dirigé vers le problème : L'homme peut-il survivre dans un vol spatial ? La sécurité en vol était d'importance primordiale. Cet objectif imposait la nécessité de faire précéder les hommes dans l'espace par des animaux. Les renseignements supplémentaires pouvant être recueillis grâce aux données du système de l'expérience furent favorablement accueillis, mais n'imposèrent pas le choix des instruments ni les méthodes d'utilisation des données. Des études préliminaires furent réalisées en vue de déceler les problèmes que pose le fonctionnement du corps.

Les buts des systèmes pour assembler les données biomédicales ont changé et se sont orientés vers la réunion de renseignements permettant une meilleure intégration de l'homme dans une position utile durant l'opération du vaisseau spatial. Le système doit toujours être conforme aux nécessités de sécurité en vol, mais cependant les instruments doivent découvrir les mécanismes adaptant l'homme aux vols spatiaux.

Les capsules plus grandes et l'évolution vers les nouveaux véhicules spatiaux permettent d'utiliser toute l'échelle des sources de données. Non seulement peut-on utiliser les biocenseurs placés sur l'homme, mais désormais l'utilisation de petites expériences en vol, l'obtention de spécimens spéciaux, et de plus sérieuses données en vol accessibles par étude directe deviennent possibles,

Сбор биомедицинских данных для будущих программ по изучению космоса. Показано, что человек в состоянии оставаться при жизни в космосе. Современные программы Соединенных Штатов по полетам в космос с человеком на борту корабля имеют необходимую интеграцию космонавта с кораблем и такую организацию полетов, которая позволяет использовать преимущества, представляемые человеком. В докладе рассматривается система биомедицинских данных, использованная впервые при полете человека в космос, а также ныне разрабатываемых подходов к будущим полетам. Дается обзор философской стороны вопроса, а также событий, на которых основывалась прежняя программа сбора данных и, наконец, событий последнего времени, ответственных за изменение прежнего подхода.

Система сбора биомедицинских данных, использованная в Соединенных Щтатах впервые, задавалась целью выяснить, может ли человек пережить полет в космос. Первостепенное значение придавалось вопросу безопасности полета. Поэтому в космос были сначала направлены животные, а не человек. Хотя дополнительные информации, полученные при помощи системы сбора в космических полетах и были приняты с признательностью, но они не дали указаний ни по линии выбора приборов, ни обработки полученных данных. Проведены исследования по экранированию крупного масштаба для выяснения вопроса, касающегося системы корабля.

Задачи систем сбора биомедицинских данных сосредоточились на сборе данных, позволяющих лучше интегрировать человека в благоприятном положении при полете в космос. Системы эти должны неизменно обеспечивать безопасность полета, а инструменты бесперебойно контролировать механизмы, ответственные в системах кораблей за эту безопасность.

Повышение веса полезных грузов и переход к новому типу космического корабля позволяют использовать полный спектр источников данных. Можно применять не только установленные на человеке биосенсоры; в настоящее время стали возможными небольшие опыты во время полета, получение специальных проб и более подробно разработанных данных путем непосредственного исследования.

The first phase of manned space flight has been accomplished, and a review of the original objectives, the design concepts, and the flight accomplishments is appropirate at this time. The oncoming program of manned space flight which is attacking this new frontier is pressing hard for the results of the review in order that the new programs can reflect the most recent and realistic composite approach to their tasks. The strides taken by all of the disciplines supporting the manned flights during the past six years have been gigantic. The strides taken in the field of bioastronautics have been comparable to those in the other scientific fields. A summary of the progress in this field is essential if the data system proposed for future programs is to be understood.

A universal debate concerning whether man could survive in the hostile environment of space was carried on by all of the scientific disciplines as late as 1958. Through analysis, numerous problems were identified which might jeopardize man and thereby make his chance for survival tenuous if at all possible. The fact that the problems concerning survivability originated from the varied scientific disciplines gave emphasis to their plausibility. It was within this atmosphere that the early studies were undertaken to extend man's tolerance to the biomedical rigors calculated to be inherent in the early flights. The results of all of the studies which could be simulated were encouraging because no limitation of designs were found. Early experiments and developments of equipment to support man while in the space environment showed conclusively that the technical capability for life support was available. Even though considerable progress was made, there still remained serious questions concerning man's ability to meet the individual stresses which could not be reproduced on the ground (weightlessness and radiation) and the effect of the studied stresses on the body systems was complicated further by the lack of knowledge of the impact of increasing time exposure. For example, proposed as a serious area for study was the composite effect of: the psychological effects of flight; the accelerations and vibrations of powered flight; the abrupt shift to the weightless environment with its inherent requirement for the adjustment of the physiological systems of the new baseline; later, a reversal of these orbital patterns back to an entry program of acceleration, vibration, oscillation, and heating; and the landing impacts. This composite effect was a highly suspect one which would callenge man's survivability in space flight.

Project Mercury, undertaken as the first United States manned space flight program, began while these questions remained unanswered. Since no obvious answer to the questions could be obtained quickly, a program philosophy was established which set out on a conservative approach to the entrance of man into this new environment. The philosophy encompassed the following factors :

a) The astronauts would be selected from the pool of people with best experience in near spacelike undertakings and risks.

b) The design of the spacecraft systems provided for completely automatic flight but also reflected an assumption that man would not only survive but be able to participate actively in the flight similar to present day aircrewman. Duplicate manual systems and pilot flight displays were provided to permit this participation.

c) The flight program was planned to permit a progressive buildup in confidence in the vehicle systems and operational procedures before man was placed into the system. The buildup program started with automated unmanned flights to prove the vehicle control systems. These were followed by an automated flight carrying a biological experiment (a chimpanzee) which permitted dynamic testing of the man support systems. This program gave an advance indication of the survivability of a biological system while exposed to those portions of space flight stress which are not reproducible on earth. It also gave a flight qualification to the life support equipment and to the bioscience operational procedures.

d) The data system was designed to gather a spectrum of biological information which gave a gross summary of how the animal, and later, man had met the rigors of space travel. The prime objective of the data system was to provide the information needed for judging the safety of the flight while it was underway.

The global telemetry station placement and the information delivered to the medical console at each station permitted both "real time", or immediate interpretation of the astronaut's status, and the establishment of any trend of change in the basic physiological systems. From this information, the decision could be made to continue the flights or modify the mission goals. Every reasonable means was made to continue the flight to its full mission objective. After the requirements for flight safety were met, attention could be directed toward gaining better understanding of the mechanisms by which the body mobilized itself to meet the space environment. During the initial flight programs of Project Mercury, the limitations of volume, weight, telemetry channels, and power restricted the possible studies which could be carried out. The operational concept of causing a minimum encumbrance of the astronaut was established voluntarily by the project bioscience personnel in order that the program of biological data would not jeopardize the flight. The performance of flight control tasks followed by accurate verbal reporting of the results during the early flights was considered of higher priority and better indices of the astronaut's status than would be gained by an elaborate research program of body system testing and biochemical analysis. This biomedical limitation directed our program toward in-flight sensory surveys and minimum in-flight orientation testing. The more elaborate body system analysis was confined to before-and-after flight examination and studies. For example, no attempts to gather blood and fractional urine samples have been made in flights to date.

The objective of meeting the requirements of flight safety raised an unexpected question concerning the selection of the parameters to be measured. This was further complicated by the fact that normal responses of man to stress loads were not well documented. Clinical limits which were established upon persons with illness did not help in giving realistic boundaries for the physiological responses on normal personnel. Furthermore, it soon became apparent while studying the astronauts which had been chosen that they varied widely in their response to a given stress. The only characteristic which seemed consistent was that of repeatability of a given astronaut with himself. The magnitude of variation shown on a given stress would vary from day to day but his response pattern was reproducible. With the growth in experience of the astronaut to any given stress and with the increase in physical conditioning of each man, his variations from day to day became less scattered. However, he maintained the same consistency in the mechanisms of response.

There was not time within the program to set out upon an elaborate program of gaining the standards for "normal" in all of the biological systems. Further, the establishment of standards did not mean that the parameters could be measured and transmitted to the earth reliably. Therefore, it was decided that only those parameters best understood and also considered best available for measurement and transmission would be considered. Thus, the data sources selected for in-flight study were those of the primary physiological signs (heart rate, respiration rate, body temperature, and blood pressure). In addition, two leads of electrocardiograms were obtained while collecting the heart rate. The electrocardiogram was of such quality that rhythm, rate, and gross conduction deficiencies could be obtained. Astronaut voice was used as a biosensor through evaluation of quality and completeness of reports. Astronaut flight performance tasks provided excellent adjuncts to the primary biosensor system.

The acquisition of blood-pressure measurements presented an awkward problem during the first two years of the program. The need for this information was identified early and a study was made for the incorporation of one of the available apparatus into the spacecraft data system. It was found that the equipment available was either not compatible with the other data links or the blood-pressure apparatus could not pass the qualification testing for flight. Therefore, the desire for blood-pressure information was tabled temporarily. Review of new progress in the equipment to measure this area was made every six months. Finally in 1961 a unit was seen which appeared to meet the requirements of reliability and compatibility. An accelerated program was undertaken to meet the first orbital flight.

The environment provided for the man within the cabin and pressure suit was demonstrated through test to provide a ground level performing man. This approach provided additional data sources which could be used to reflect upon the astronaut's status. This assumption was considered reasonable on the basis that a satisfactory environment should provide equally satisfactory working provisions for the astronaut. Any changes occurring in the man in light of a stable and adequate environment would be an indication of change due to the new conditions associated with space flight.

The data obtained from all manned flights to data (1 to 5) within the United States program have shown no significant limitation of man as he operates within the space environment. The astronaut learns and adjusts quickly to his new environment. His body senses of vision, hearing, smell, and touch appear to be unchanged. His kinesthetic sense is present but is easily misled through mechanical substitutes which produce the sensations of gravity. Being inverted or flying backward has been described as being surprising but of no consequence to the astronaut. Motor sensations appear unchanged for the duration of flights performed to data. Eating, drinking, and urination appear normal. The performance of flight tasks by the astronauts has been highly successful on each flight. A single flight test of the gastrointestinal absorption and renal excretion has shown results comparable to the preflight controls. In addition, no positive physical or significant biochemical change has been measured in the preflight-postflight studies. A series of weight losses and the associated electrolyte losses have been found. However, further studies indicate that these problems are associated with inadequate control of the suit environment within the air-conditioning system. This deficiency is being progressively corrected with each flight.

The present consensus of the project biomedical personnel is that man's survivability is not in jeopardy. Therefore, the future data programs can be broadened safely to incorporate the broader research studies.

The new flight programs bring increased responsibility to the astronaut. Since man has demonstrated his ability to reason and to respond, the in-flight decision making is being shifted to him. In many of the flight systems he is in the prime loop and other automatic and manual systems are considered for his backup equipment. The flight safety requirements still are maintained. However, the emphasis is toward helping the astronaut in the flight task while he remains alert to any subtle changes which may lead to future problems for him or may affect ultimately the mission duration.

The rigid requirements on flight safety instrumentation previously used during Project Mercury still prevail. The incorporation of new data into the system must add materially to the evaluation of the status of the astronaut before it can be included for flight safety monitoring. The same requirement for the establishment of the standards of normal must be maintained for the new data. The significance of variation from the normal values must be identified and the equipment to obtain the information must be reliable and compatible with the vehicle systems.

The collection of the basic data will continue in order that the effect of time while in weightless flight may be studied. Progressively longer flight durations are proposed and will permit a buildup of information that should take speculation out of the suspected problems of man meeting the environment.

Presently, the manned flight program is designed to incorporate man only as the test subject. Animal flights will be used only as adjuncts or for solving problems requiring extensive instrumentation which would inhibit the crewman. It is believed that the ability to terminate a flight at regular intervals permits the safe use of man in the system during the program of progressively extending the mission durations. The major modification in medical monitoring will be toward a system of storage with periodic transmission to the ground or postflight analysis. This is due to the problems in logistics of providing stations and personnel for continuous surveillance. For example, the three-orbit flights of astronauts John Glenn and Scott Carpenter were calculated to have contact approximately 65.4 percent of the time. This drops to 49.8 percent during a six-orbit mission and 38.0 percent for an 18-orbit mission. Further reduction in contact time will occur with more extended flights. This change in operations is considered safe in view of the successful high level of astronaut performance to date and the demonstrated reliability of the voice as a biosensor. The voice contact time will be maintained at a high level during the longer flights.

The flight safety instrumentation also takes a new task. Heretofore, the problem was that of measuring status of man while in a well controlled environment. The data was transmitted to the experts on the ground. With the advent of extravehicular suited manned operation, the data and voice links will be used by one crewman to monitor another. The data obtained will be used to decide whether the man outside is operating normally or is getting into difficulty. Upon this basis the monitor on the ship will decide whether or not to go out to retrieve the man. Again the establishing of standards and methods of simple interpretation will control the reliability of this system.

The longer flights, the larger payloads, and the multiple manned vehicles permit a broadening of the research objectives in the bioscience fields. Small self-contained packages can now be considered for flight. Many of the suspected long term effects due to continuous exposure to the weightless environment can be studied by the use of basic biological specimens. At the same time, a shift to onboard study of one crewman by another can now be undertaken. Such a move will permit more simple, reliable, and flexible data gathering of the observations on man. Such problems as the provision for long wear sensors can thereby be simplified. Systems permitting replacement of sensors and the testing and refreshing of the sensor contacts offer a great aid in meeting the desire to have more sensitive and detailed data. This change should open an unlimited capability of data acquisition. The ability to obtain samples of body fluids during flight will now be available. Since the astronauts must collect the samples while maintaining the flight operation, simple systems of collection and storage must be developed. The limited number of flights make it essential that complete ground testing of the experiments be accomplished prior to those proposed for flight. The data obtained during flight should be used to verify the ground study program rather than establish the research objectives.

Television is often mentioned as a new data source. However, television must be studied comprehensively to identify what can be obtained by this media before its incorporation. The biomedical uses of television should be identified in such a manner that the urgency for such new data can be matched against the cost of the vehicle in weight, power, complexity, and reliability. For example, a high priority need for television for the crew safety and the biomedical research objectives would receive favorable consideration. If, however, the information to be gained is little better than that already being obtained, the medical need for television must be weighed with the other flight needs for such a system (i.e. vehicular operation monitoring, lunar excursion monitoring, monitoring of a crewman performing extravehicular repair). In this case, the total needs for the television system will dictate its incorporation or deletion. It is conceivable that the other needs for television will predominate in the decision for its incorporation. There the biomedical group must be prepared to use a flexible jointly shared system. Questions such as the quality and resolution of the picture and the frequency of need for visual study of the man must be answered in order that the biomedical input to system design can be reflected.

The increased flight times also bring a severe problem in data handling. Even through the present flights have been short and data obtained Spartan in amount, the review and analysis of the information consumes several weeks. The ability to handle data may place the ceiling upon the data acquisition program. Vigorous programs are needed to develop techniques for automatic data analysis. Such new data sources as electroencephalography cannot be considered for use in flight safety monitoring unless automatic data analysis is developed. The interrelationship of the body systems and their reflection in the data obtained must be established in order that rapid analysis of changes can be made if they are to be used for flight monitoring.

Man's ability to survive and work in the space environment is now established. Man's position in future space systems is becoming clearer with increasing flight experience. He is assuming more responsibility for flight control. The requirement for bioinstrumentation for monitoring the medical aspects of flight safety is still needed. The longer flights will require more reliance upon recording on board with later data readout. Associated with this will be increased use of the voice reporting and the use of studies performed by one astronaut on another. This will bridge the problem of reduced telemetry contact time associated with longer flights. Man's ability to operate in space and the development of multiple manned vehicles open up the ability to perform research studies on the body mechanisms used in meeting space flight and the long term effects suspected to be possible due to the prolonged weightless exposure. All data handling will be limited by the ability to perform automatic data analysis. Progress in this area is of prime importance if the momentum of bioscience progress is to be maintained.

References

1. Staff of Manned Spacecraft Center : Proceedings of Conference on Results of the First United States Manned Suborbital Space Flight. NASA, Nat. Inst. Health, and Nat. Acad. Sci., June 6, 1961.
2. Staff of Manned Spacecraft Center : Results of the Second United States Manned Suborbital Space Flight, July 21, 1961. NASA Manned Spacecraft Center.
3. Staff of Manned Spacecraft Center : Results of the First United States Manned Orbital Space Flight, February 20, 1962. NASA Manned Spacecraft Center.
4. Staff of Manned Spacecraft Center : Results of the Second United States Manned Orbital Space Flight, May 24, 1962. NASA Manned Spacecraft Center.
5. The results of the third United States orbital flight on October 3, 1962 are to be published soon.

Discussion

Akulinichev : If I have understood you correctly, you agree that our research programs are quite similar, at least with respect to techniques and instrumentation for biomedical investigations during space flights. This leads me to ask you, if you have attempted to take advantage of those experimental data from our flights that have been available. It seems to me, that comparisons should be important, since the experiments are so relatively few and since there is a great need for experimental data.

White : We do have many similarities in the programs of the USSR and USA. We also agree in the main with the data you have presented on cosmonauts Gagarin and Titov. We use the information published by the Soviet space program. We certainly, for example, used and directed effort toward understanding of the space sickness of cosmonaut Titov on astronauts Carpenter's and Schirra's flights. I agree that complete exchange of information is necessary because of the number of cosmonauts and astronauts will be small and will not give statistical validity for some time. Therefore the total experience will be the only way we can offset this limit from the normal bioscience research approach.

Flickinger : Would you comment on the validity of voice communication as a primary biomedical means of determining the status of the astronaut. This may be a debatable point in the light of certain brain study work which indicates that as you approach a period of degradation in higher mental functions, you can still talk very lucidly.

White : Voice alone has definite drawbacks but when coupled with a reporting task is considerably more reliable. The voice also offers a medium for reporting exact results on an action which directly may be used to back up tone, voice quality, mood completeness and manner of reporting as compared to his performance.

Von Euler : As regards collection of data it is hard to say beforehand which data will be considered significant. This may beoome evident when more information is available. I agree with the speaker that it appears of value to measure catecholamine release rate in connection with space flight. This seems to be done best by urine analysis since urine can be stored for such purpose over considerable lengths of time and can give an integrated measure of catecholamine production over fixed time periods.

White : The anticipation of what is important should be carried through definition and ground experimentation. Naturally new problems will be found in flight. The system of bioscience measuring should be directed toward measurement of known problems and a detection capabability to identify new problems found during the flight. Once a problem is identified, vigorous ground testing should be done to solve the problem or to develop new instrumentation for more detailed measurement on the next flight in order that the solution of the problem can be obtained.

I concur with the recommendation that urine examination be done. Such preflight - postflight blood and in-flight urine studies have been carried out and will be reported very soon. New space vehicles will permit such fractionated in-flight urine collection.

In project Gemini we are making provision for partially undressing from the suit during parts of the flight. This will make available blood samples taken from one astronaut by another. This especially becomes available in the proposed project Apollo where we have three men and larger space, and facilities to do this type of work in the early flights.

Akulinichev : You mentioned the total time of contact with the astronaut over the biotelemetry network. What limited the time for monitoring of physiological events ? Were the limits set by technical reasons or by a purposeful selection of programs on the part of the physiologists or physicians ?

White : The positioning of our stations limited the contact time. Voice contact was maintained over much wider expanse by both high frequency and ultra high frequency radio. Only ultra high frequency signals were used for telemetry, which therefore was limited by a horizon-to-horizon type of contact. By placing the stations as we did, we emphasized the first two orbits. This was done because our reliability analysis told us that if the machine was operating well through the first and second orbits, there was a very good chance that it would operate well through the third; thus our stations could be placed so that we would subsequently have one contact per orbit. I think your question really gets down to whether we feel we must monitor with such rigidity and completeness on future flights so that we would have to insist upon additional stations. If we have findings which indicate that the astronauts are in jeopardy and that he needs - and we need - more information, then the additional station or stations would be added.

Kellogg : In view of the apparent agreement between you and Dr. Flickinger on the inadequacy of voice alone as a monitoring device and the statement of the use of on-board data storage for task monitoring, is there not still a requirement for some telemetry transmission along with the voice communication ? Can the astronaut really be expected to grade himself ?

White : The astronaut has been highly accurate in both performance of the task and in his estimate of how well he did. However, if further study shows that this close correlation is not maintained, then more combined voice and data from both the man directly and from his performance resultant are required. This will permit both subjective and objective estimation of astronaut status to be made. Naturally if voice alone or along with occasional telemetry is possible, it will simplify the biodata system considerably.

SOME PROBLEMS OF PHYSIOLOGICAL MONITORING

Squadron Leader P. Howard
R.A.F. Institute of Aviation Medicine, Farnborough, Hants., Great Britain

Abstract

Measurement of the physiological responses of an astronaut to the conditions of space flight may be employed for clinical or for experimental purposes, although no clear distinction between the two is usually attempted. The primary object of the former is the detection and diagnosis of disease or frank illness; the ultimate purpose is to ascertain the cause of death of the astronaut. Experimental observations, on the other hand, are concerned with the effects of the special conditions existing in space on the normal mechanisms of the body, and with the altered responses evoked by known stimuli applied in a strange and ill-defined environment.

These two types of monitoring require different methods, but certain basic problems are common to both. In the first place, it is often difficult to decide on the physiological variables which will give the desired information. Secondly, both the physician and the physiologist may be severely handicapped by the absence of techniques of measurement which can safely be used. Thirdly, it may be impossible to relay the information obtained to the ground-based laboratory. Another problem is that of ensuring a uniform interpretation of any abnormal responses observed at widely scattered monitoring stations, to which is allied the question of deciding upon the action to be taken should such an abnormality occur. Finally the collection, storage, and analysis of large quantities of recorded data presents difficulties which will become more acute as longer flights are made.

It is probable that recent developments in electronics and in computer techniques will help to solve some of these problems, and some promising approaches will be discussed in this paper. For the most part, however, progress in the field of physiological monitoring must depend upon new ideas from the research worker and the clinician.

Quelques problèmes du contrôle physiologique. Les mesures des réactions physiologiques d'un astronaute aux conditions de vol spatial peuvent être utilisées dans des buts cliniques ou expérimentaux, bien qu'on n'essaie généralement pas de faire une distinction nette entre les deux. Le but initial du premier est la détection et le diagnostic du malaise ou de la vraie maladie; le but ultime est de déterminer la cause de la mort de l'astronaute. Les observations expérimentales, d'autre part, ont un rapport avec les effets produits par les conditions spéciales existant dans l'espace, sur les mécanismes normaux du corps, et avec les réponses faussées provoquées par des stimuli connus en un milieu étrange et mal défini.

Ces deux types d'enregistrement nécessitent des méthodes différentes, mais certains problèmes de base sont communs à tous deux. D'abord, il est souvent difficile de se décider sur les variantes physiologiques qui donneront l'information souhaitée. Deuxièmement, à la fois le physicien et le physiologiste peuvent être gravement handicapés par l'absence de techniques de mesure pouvant être utilisées en toute sécurité. Troisièmement, il peut être impossible de transmettre les renseignements obtenus au laboratoire se trouvant au sol. Un autre problème consiste à s'assurer d'une interprétation uniforme de toute réaction anormale observée par des stations d'enregistrement très éloignées les unes des autres, et s'ajoutant à cette question: quelle action faut-il entreprendre si une telle réaction anormale se produit. Finalement, le groupement, la conservation et l'analyse de grandes quantités de résultats enregistrés présentent des difficultés qui deviendront de plus en plus critiques avec la prolongation des vols.

Il est probable que les découvertes récentes en electronique, ainsi que dans la technique des computers, aidera à résoudre certains de ces problèmes, et quelques solutions prometteuses seront ici discutées. Pour la plus grande part, cependant, les progrès dans le champ de l'enregistrement physiologique doit dépendre d'idées nouvelles avancées par les chercheurs et les cliniciens.

Некоторые проблемы физиологического контроля. Физиологические реакции космонавта на условия космического полета измеряются в клинических или экспериментальных целях, хотя попыток их разграничения обычно и не делается. В первом случае целью является обнаружение и диагноз болезни или явного нездоровия; конечная же цель – это установление причины смерти астронавта. Во втором случае экспериментальным наблюдениям подвергаются воздействия особых условий в космосе на нормальные механизмы тела, а также реакции, измененные известными нам стимулами, не действующими в чуждой и недостаточно охарактеризованной среде.

Указанные виды контроля требуют различных методов, но некоторые основные их проблемы общи. Прежде всего часто бывает трудно принять решение по физиологическим переменным, от которых желательно получить информацию. Во-вторых и для врача и для физиолога большим препятсвием является отсутствие абсолютно надежной техники измерения. В третьих – передача полученной информации в наземную лабораторию может оказаться невозможной. Следующая проблема возникает при необходимости единообразного толкования любых анормальных реакций, наблюдаемых с широко разбросанных наземных станций; с этим связан вопрос принятия решений о необходимых мерах в случае появления таких анормальностей. Наконец, сбор, хранение и обработка больших количеств полученных данных порождает трудности, которые еще более обострятся при продлении сроков полетов.

Весьма вероятно, что последние достижения в области электроники и вычислительной техники помогут при решении некоторых из указанных проблем; некоторые перспективные подходы к ним рассматриваются в настоящем докладе. Тем не менее можно ожидать крупных успехов в области физиологического контроля прежде всего от новых идей научно-исследовательских и клинических работников.

In the past few years there has been an increasing demand for information about the physiological state of men exposed to unusual or hazardous situations, in which conventional laboratory methods cannot be employed. Spaceflight represents an extreme example of such a situation, for the understandable desire to monitor the safety and well-being of the astronaut is complicated by the inaccessibility of the man and by the inadequacy of classical techniques of physiological recording. The latter difficulty has been overcome, to some extent, by the utilisation of sensors and telemetry systems developed for use in guided missiles and satellites. Indeed, it was the fact that these methods were available which stimulated much of the current interest in physiological monitoring. Many fundamental problems of a purely biological nature remain, however, and it is the purpose of this paper to discuss some of these.

An important distinction may be drawn at the outset between two main types of physiological recording, which may be classified as experimental and clinical. The former seeks to measure the response to a specified stimulus or task in the presence of a strange environment, while the latter is used to study the effects of the environment per se. Into the experimental category would come, for example, an investigation of the effects of weightlessness upon hand-eye co-ordination, or upon the performance of a tracking task. Clinical monitoring, on the other hand, is concerned with the detection of deterioration in the health of the astronaut, and has, as its ultimate purpose, the diagnosis of the cause of his death. Although there must be some overlapping of these two types of recording, the distinction between them largely determines the choice of the events which are to be monitored. Selection is usually easy in the experimental situation, where the chosen parameters are dictated by the aims of the investigation, but it is more difficult to decide on the type of information required for clinical assessment. It would appear to be reasonable to monitor the function of the cardiovascular, respiratory and central nervous systems, if suitable methods and criteria can be found. From the data published so far, it seems that work along these lines has been limited to electrocardiograms, electroencephalograms, and measurements of the respiratory rate, with the occasional addition of blood pressure determinations and ballistocardiograms. Even these comparatively simple variables are not always recorded satisfactorily, for reasons which will be discussed later. Indeed, there is some doubt whether the EEG has ever been telemetered from a space capsule. The amount of diagnostic information which these parameters can be made to provide is sparse.

The ECG gives a measure of the heart rate, is an indicator of abnormal cardiac rhythms, and will nearly always reveal the presence of myocardial ischaemia. The respiratory rate, as it is commonly recorded, tells the observer that the astronaut is still breathing but little more. Neither the circulatory nor the respiratory system can adequately be studied without the use of more advanced techniques, but there is still no unanimity about the selection of better indices of function.

It should be possible to calculate, for each of the three major bodily systems, the probability that any particular physiological characteristic will give useful and meaningful information during a spaceflight. For example, the probability that the ECG will reveal a coronary occlusion is high, but the possibility of such an occurrence during flight might be considered so low as to be negligible. Hyperventilation and acapnia, on the other hand, might well be both likely and important, and the measurement of alveolar or arterial carbon dioxide tension would accordingly come high on the list. It is important that nonspecific changes should not be over-rated, especially when their measurement is easy; alterations in the rate of breathing are extremely probable, but their interpretation must depend upon other, more specific information. Using this type of approach, a very wide field of possibilities can be narrowed greatly, leaving a few highly desirable condidates for consideration.

For the cardiovascular system, analysis on these lines suggests the continuous measurement of the cardiac output as the most rewarding form of monitoring, preferably in conjunction with arterial pressure recording. These two variables, with such derivatives of them as stroke volume and total peripheral vascular resistance, would probably give the best overall index of circulatory function. With a more comprehensive monitoring programme, the same basic measurements could be extended to regional vascular beds, particularly in the cerebral and pulmonary circulations.

A similar analysis of respiratory function indicates that the most useful index would be provided by the measurement of alveolar gas exchange, but this is a complex quantity obtainable only from several different sources of information. Of the simpler respiratory variables, the carbon dioxide tension of the expired gas has much to commend it, especially if it is supplemented by measurements on alveolar gas samples. The value of such determinations would be further increased, of course, by the simultaneous measurement of pulmonary capillary blood flow.

The central nervous system presents special problems of monitoring, for although a multitude of methods is available for the investigation of its various specialised functions, only the EEG provides an overall picture. The choice lies, therefore, between recording a large number of highly specific responses, each characteristic of a particular attribute of the brain, and observing the complicated pattern of the EEG. There are many difficulties associated with the latter, but the main objection to its use as a monitor is that it contains very little usable information. In this, it resembles an electronic signal which is heavily masked by noise, with the difference that the "noise" in the EEG has some meaning, if it could but be interpreted. It is fortunate that the sketchy information provided by the encephalogram is always likely to be augmented by the voice of the astronaut. His reports, his answers to questions, and his assessment of his own physiological state, will normally be the most reliable indication of useful consciousness, and serious alterations of central nervous function will be more accurately reflected, and more easily recognised, in them than in the EEG.

The foregoing discussion takes no account of whether suitable methods for the collection and transmission of the required information are available. Most of the direct techniques for measuring ciruclatory and respiratory variables can be ruled out at once, for anything which interferes with the astronaut's performance of his task is unacceptable. Ideally, the man should be completely unaware of the instruments being used for monitoring, although a rectal temperature probe may not be considered to be too much of a burden. The need to use indirect methods has severely limited the scope of physiological recording. It has focussed interest almost exclusively on the generation of electrical signals within the body, and upon their amplification and display, rather than on the problem of developing new techniques. The ECG and EEG are clear examples of this approach, and so is the proposed use of the galvanic skin response as a measure of arousal and alertness. There are, however, indications that this attitude is changing. It is reported that efforts are being made to measure regional blood flow by a method involving magnetic nuclear resonance, and that a technique for the continuous derivation of blood pressure from measurements of pulse wave velocity is being studied.

Attempts are also being made, both in the United States and in Great Britain, to improve on the simple method in current use for the measurement of respiratory rate, which depends upon the change in the circumference of the chest with breathing. Except under well-controlled conditions, the correlation between such changes and the quantity of gas entering and leaving the lungs is poor, and any alteration in the pattern of breathing will further decrease the reliability. By recording changes in the electrical impedance or capacitance of the chest, it is possible to obtain a better measure of the total ventilation for only a modest increase in the complexity of the apparatus. If the impedance determinations are made at a sufficiently high carrier frequency, the ECG electrodes can be made to serve a double purpose, the normal cardiogram being unaffected by the superimposed respiratory data. By using several pairs of electrodes, placed at strategic sites on the chest wall, it is easy to detect alterations in the pattern of respiration. Furthermore, two electrodes applied at about the level of the diaphragm on the right side will be affected by the position of the liver, and can be used to estimate the movement of the diaphragm and the contribution of abdominal respiration.

The partial success of the American plan to monitor the blood pressure during orbital flight suggests that it is not necessary to employ entirely automatic devices for all recordings. The astronauts did not appear to be unduly inconvenienced by the inflation of the pressure cuff around their arms, and were even able to operate the source of the pressure without difficulty. Some co-operation may thus reasonably be expected from the man if the information to be obtained with his help is sufficiently important, and the interference with his liberty is small and infrequent. It would not seem unfair, for example, to ask an astronaut to keep still, or to turn a stopcock, or to breathe out slowly and deeply at intervals, on command from the ground. Such collaboration would permit many of the recently-developed "single breath" techniques to be used for the assessment of circulatory and pulmonary function. It is on the modification of existing methods, and the evolution of new ones, that the future of physiological monitoring depends, however, and indices of function which can only be obtained with the assistance of the astronaut must eventually be replaced, lest he should become a full-time experimental subject. The question which must be asked is, by what method can the function of a particular system be measured, rather than what information can be obtained from the use of an easy and readily available technique.

Assuming that all the required data can be obtained in the form of electrical signals, the next problem is that of transferring them from the man to the ground-based monitor. It is best to do this in two stages, by transmitting the amplified signals first to the main telemetry system of the aircraft or space capsule, and thence back to the recorder on earth. At first sight, both of these stages are the concern of the electronics engineer rather than of the biologist, but the latter must be able to state his aims and requirements in terms which the engineer can understand. At the same time, the physiologist must have enough insight into the technical limitations of telemetry to stop him asking for the impossible. It is not unknown for an electronics workshop to spend a great deal of time in the development of an amplifier having a linear response from zero to many kilocycles, only to have it used exclusively for amplifying the ECG. Because the primary amplifiers and transmitter of a biological telemetry system must be mounted on the astronaut, they must be small, light, and compact, and have a very low power consumption. With the use of transistors and sub-miniature or printed components, it is possible to produce a set of amplifiers and a transmitter capable of handling twelve or more channels of information, yet small enough to fit into a pocket. By using thin-film and cryogenic devices, an even greater reduction in bulk can be achieved, and it is theoretically possible to make an amplifier for the ECG which can be mounted directly in the recording electrode, and which derives its power from the potentials generated by the body.

Such "micro-miniaturisation" of electronic equipment is satisfactory when the signals to be amplifier are available in a convenient form at the surface of the body. When the physiological data which it is desired to record become more complex, however, a new limitation appears. There has, so far, been little or no development of small detectors or transducers for any parameter except temperature. The attractions of monitoring the composition of the expired gas have been mentioned above, but the principal handicap to this procedure is not the lack of a suitable technique or of electronic apparatus, but the absence of a small reliable sensor. The measurement of pressures, and of the flow of gas or of blood, suffers from the same limitation. It is probable that the requirements of the missile engineer will once more help to solve the physiologist's problem in this direction. Semiconductor strain gauge elements a few millimetres in diameter, and weighing less than a gramme, are already in everyday use, and small elements for leak detection and simple gas analysis are also in production. It would seem profitable to incorporate devices of this sort into transducers for physiological use, and so to extend the scope of cardiovascular and respiratory assessment.

The quantity and type of information which can be relayed to the ground-based monitor depends upon the characteristics and capacity of the main telemetry system aboard the space capsule. Both the number of channels and the available bandwidth are limited, although it is possible to increase the former at the expense of the latter by the sub-commutation of some slowly-changing variables, such as temperature. Most of the capacity of the system is required by the engineer, who needs to transmit a great variety of data about the condition of the capsule, and about the functioning of its many sub-units. The physiologist, who needs to do much the same thing for the astronaut, must accordingly suffer some restriction, and he must justify his every claim for channel allocation and for bandwidth. The present vogue for pulse modulation techniques, which have the advantage that frequency stability is less critical than with frequency modulation, tends to aggravate this situation by reducing the available bandwidth still further. For most of the physiological measurements which have so far been attempted, such limitations are not serious; the ECG has an upper frequency limit of about 3 cycles per second when it is used as a monitor of the heart rate, and few of the finer details of its waveform would be seriously distorted by a system having an overall frequency response of 20 cycles per second. The EEG is a different matter, for it may have components at 20 cycles or more, and the accurate registration of these by a pulse technique would involve the use of a channel with a sampling rate of at least 50 per second. Considerably greater sampling rates would be needed for the transmission of some physiological variables, such as the electroretinogram, or muscle action potentials, and this could only be accomplished, at best, by annexing channels from the engineer, and at worst, by a reduction in the total number of recording channels carried by the telemetry transmitter. There is only one answer to this problem. If physiological monitoring is to become anything more than a few channels of low-quality information obtained by the courtesy of the telemetry engineer, a system reserved entirely for this purpose must be installed in the space capsule. It would not necessarily be identical with that used for other purposes, for there is much to be said for matching it to the biological amplifiers and sensors, whereas current methods call for the reverse approach.

The problems encountered when the information reaches the ground monitoring station are no less acute. The first of these is the form in which the data should be displayed to the observer. In the American "Mercury" programme, the flight surgeon monitors the ECG, respiration and blood pressure from a pen recorder, while body temperature and certain environmental parameters are presented to him on meters or dials, together with a smoothed indication of the heart rate. Whether or not this is the best form of display depends upon the use to which the information is to be put. It is necessary here to distinguish between monitoring, which involves assessing the immediate state of the astronaut and watching for short-term changes, and recording data for later study and analysis. It is almost certain that every signal, including the voice of the man in the capsule, will be stored on magnetic tape, so the latter task can be ignored for the moment. In the case of monitoring, the question of what changes may occur, and their significance, again arises. There are obvious advantages in presenting the ECG in its classical form, to be scanned with the eye of clinical experience, if alterations of waveform or of time relationships within the complexes are expected. As a measure of the heart rate, and particularly as an indicator of slow changes, however, it could hardly be in a less convenient form. On the other hand, a fall in blood pressure, which may have the most serious significance, can only be demonstrated in the "Mercury" recordings with the aid of a calibrated scale and a calculation. There are two opposite problems here; some of the recorded signals are redundant, while others are not presented in an immediately intelligible manner.

The question of redundancy is an interesting one, which has apparently not received much attention in its biological context. The majority of the data received by the monitor are superfluous, and cannot be called information, because they do not, in fact, inform. The information content of the rest may also be surprisingly low; unless there is a significant change in waveform, the pattern of the ECG only provides one "bit" of information, and the rest is redundant. This implies that, once the monitor is assured that a given parameter is normal,, he needs only to be notified of changes. A similar philosophy is adopted for the monitoring of many industrial processes, where the observer sees a green light if conditions are normal, and a red warning signal if prescribed limits are exceeded. It is not suggested, of course, that the medical monitor should only be given information in this way, and the setting of acceptable limits of the normal would, in any case, be a matter of great difficulty. It is suggested, however, that some thought be given to the most economical presentation of information in the form in which it can be most easily understood. For some variables, such as heart rate, blood pressure, and frequency of breathing, a direct digital display is probably the best solution, but more complex signals, such as the EEG, cannot be expressed in a simple numerical form. There is no substitute for clinical judgement here, but an observer who efficiently scans the encephalogram as it is being recorded has no time to assimilate the information present in other channels. This, together with the fact that most of the raw data have no obvious meaning and are therefore redundant, has led several groups to study methods of analysing the EEG. Auto-correlation and power spectrum analysis have been used, and presentation of the dominant frequencies in the form of musical tones has met with some success. One technique which has great possibilities is that of pattern recognition. The incoming signal is treated mathematically so that it appears in a series of pulses of different durations. The groups of pulses are then compared with standard patterns stored in a computer, which gives a signal whenever it "recognizes" an event in the biological data. If the "memory" of the computer is stocked only with pulse trains whose appearance in the derivative of the EEG will require some action to be taken, the task of the medical monitor becomes much easier. There is no apparent reason why a similar form of analysis should not be applied to other physiological variables.

A computer may also be used to predict the probable time-course of an observed change. In response to a fall in blood pressure, for example, the machine can compute the rate of decline from moment to moment, and decide whether the abnormality is progressive or self-limiting, and the probable final value. Similarly, a computer can indicate whether the arrival of an extrasystole is a chance event, or whether it is likely to betoken the onset of a gross arrhythmia. The interpretation of these, or any other changes in the physiological state of the astronaut, and the action which such changes demand, must, however, rest with the medical monitor.

The problem of interpretation is most severe when the monitoring is carried out by a large number of widely-scattered people. It is obviously impossible to train a group of men to react in the same way to all the contingencies which they may meet, or to place equal emphasis on an observed abnormality. Rules can easily be laid down for action to be taken in the gravest emergencies, but small departures from the normal are less easy to deal with. Because of individual differences in interpretation, the Americans have found it necessary to divide the state of their astronauts into grades, ranging from complete normality to death, and to formulate a course of action for each grade. The physiological state itself is assessed by the monitor on the basis of certain arbitrary criteria of pulse rate, cardiac rhythm, respiration and body temperature. One disadvantage of this approach is that it is inflexible. During the flight of Scott Carpenter in May 1962, one monitoring station reported that the body temperature reading was above 102°F. A similar report was received from the next station; an indication for the flight to be terminated prematurely at the end of the orbit. The cause of the high readings was a fault in the temperature sensor; but this explanation was at first rejected. It was not until a quiet voice elsewhere in the network pointed out that the deep body temperature was unlikely to have risen from 98° to 102° in the few minutes between observations, and that it was even more unlikely that the pulse rate would remain at a steady 60 beats per minute, that it was decided to ask the astronaut if he felt unduly hot. This incident illustrates the need for care in the interpretation of data, and for the exercise of clinical judgement, without which the medical monitor would be as redundant as most of the data he receives. It also demonstrates that the most useful and accurate channel of information about the physiological state of an astronaut is, and is likely to remain, the human voice.

Discussion

Broida : If I understand you correctly, the logical conclusion of what you have just said would be that the processing of data should take place on Earth rather than in the ship itself. The monitor on the Earth would in the first place be interested by the answer yes or no to the question whether the data are over or under given criteria. This is essentially what is done in process control; it means quite a lot of processing equipment which could not be compatible with the possibility of carrying it on a ship.

Howard : Yes, I think to some extent that is my meaning. This method of treating information, presenting information to the medical monitor, will obviously require a great deal of processing equipment, and these complex pieces of equipment would best the placed on the ground rather than in the capsule.

Akulinichev : Just one question about the use of computers for the processing of the electrocardiogram. If I understood you correctly, you consider it impossible to process the electrocardiogram by means of electronic computers ? Or do you only refer to the difficulties involved in such processing ?

Howard : I am not sure whether you misheard me. I think that the difficulty of processing accurately and meaningfully does not apply to the electrocardiogram but the electroencephalogram. There is no reason at all why the electrocardiogram should not be processed to derive from it any factors you like, such as the time relationship within the complexes, the heart rate and so on. This is a simple enough matter, but many groups have found very great difficulty in getting meaningful information out of the encephalogram and presenting these to the monitor.

Chernigovsky : It seems to me that Dr. Howard is quite right in emphasizing that we must not restrict ourselves to already existing methods for physiological investigations, but that we have to work hard to develop new methods that can be useful under the special conditions of manned space flight.

MAN OR AUTOMATON IN SPACE ?

K. Steinbuch
Institute of Technology, Karlsruhe (Baden)
Federal Republic of Germany

(With 9 Figures)

Abstract

Pushing forward into space can be accomplished either by manned or by unmanned space vehicles (automata). Space flight in manned vehicles is difficult because of the fact that the human organism can only bear small amounts of acceleration, irradiation and changes of temperature. For automata the corresponding ranges are larger. Further, it is difficult to secure respiration and nutrition for a man aboard a space vehicle, to eliminate his excrements, to control the physiological results of weightlessness on muscles and circulation, and to secure that he does not break down psychically. On the other hand, men are less sensitive than automata with respect to the perception of mechanical or electromagnetical vibrations. Only in the relatively small ranges of frequency which are adequate to the human ear and eye a comparable sensitivity of man exists.

In spite of these numerous disadvantages of human constitution it is planned to send manned vehicles into space. This is due to the fact that a large part of "functions of intelligence" cannot yet be realised by automatic systems. The basic problem is less the question of "higher" intellectual functions than to perform relatively simple functions reliably at the right moment.

Connected herewith is the important problem of recognizing "patterns" independent of their relative position in which they are presented, of their size, of whether they are upright or twisted, etc ...

I suppose that most of the "functions of intelligence" essential for space flight will be realized by technical systems within some decades. To reach this aim two problems are especially important : 1) The development of a "technical perceptor" (solving the problem of automatic pattern recognition) and 2) the development of electronic systems with a considerably higher package density and the ability of self-correction.

These problems being "solved" there will no longer be technical reasons to equip space vehicles with human pilots.

Homme ou automate dans l'espace. L' exploration spatiale peut être faite grâce à des engins spatiaux pilotés par des hommes ou non. Le vol spatial dans les engins pilotés est difficile parce que l'organisme humain ne peut supporter que de petites accélérations, et de faibles irradiations et changements de température. Pour des automates, les échelles correspondantes sont plus vastes. De plus, il est difficile d'assurer la respiration et la nutrition d'un homme à bord d'un véhicule spatial, d'éliminer ses excréments, de contrôler les effets physiologiques de l'apesanteur sur ses muscles et sa circulation, et de s'assurer qu'il ne subit pas d'éffondrement psychique. D'autre part l'homme est moins sensible que l'automate pour ce qui concerne la perception des vibrations mécaniques ou électroniques, Ce n'est que dans la relativement petite échelle de fréquences perceptibles par l'oeil et l'oreille humaine qu'une sensibilité semblable existe.

Malgré ces nombreux désavantages de la constitution humaine, on prévoit l'envoi d'engins pilotés par l'homme dans l'espace. Ceci est dû au fait qu'une grande partie des "fonctions de l'intelligence" ne peuvent encore être réalisées par des systèmes automatiques. Le problème de base est moins une question de capacité intellectuelle plus grande, que la réalisation certaine au moment voulu de fonctions relativement simples.

Relié à cela, l'important problème de l'identification de formes, quelque soit la position relative dans laquelle elles se présentent, leur taille, et qu'elles soient droites ou déformées.

Je suppose que la plupart des "capacités d'intelligence" essentielles pour le vol spatial sera réalisée par des systèmes techniques d'ici quelques dizaines d'années. Pour atteindre ce but, 2 problèmes sont particulièrement importants : 1) Le développement d'un "appareil de perception technique", (qui résoud le problème de l'identification automatique des formes), et 2) le développement des systèmes électroniques, avec une isolation beaucoup plus grande et une possibilité d'auto-correction.

Ces problèmes étant résolus, il n'y aura plus de raisons techniques pour que les vaisseaux spatiaux soient pilotés par des hommes.

Человек или автомат в космосе? Полет в космос можно осуществить на космических кораблях с человеком на борту или без него (автомат). Полеты в космос на кораблях с человеком на борту трудны, поскольку организм человека может выдержать лишь небольшое ускорение, облучение и изменение температуры. Для автомата соответствующие пределы шире. Далее, трудно обеспечить дыхание и питание человека на борту космического корабля, удалять его эксперименты, котролировать физиологическое влияние невесомости на мышцы и кровообращение и оградить его от полного упадка психических сил. С другой стороны, человек менее чувствителен, чем автомат к восприятию механических или электромагнетических вибраций. Лишь в сравнительно небольших пределах частот, доступных человеческому уху и глазу, человек обладает такого рода чувствительностью.

Несмотря на эти многочисленные недостатки человека, имеются планы направлять в космос корабли с человеком на борту. Это объясняется тем, что бо́льшую часть "умственных функций" еще нельзя выполнять при помощи автоматических систем. Основная проблема менее касается "высших" умственных функций, чем надежного выполнения сравнительно простых функций в надлежащий момент.

С этим связана важная проблема идентификации "моделей", независимо от их относительного положения, в котором они представляются, их размера, от того вертикальны ли они или изогнуты, и.т.п.

Я полагаю, что большая часть "умственных функций" существенных для космического полета, будет реализована техническими системами в течении нескольких десятилетий. Особо важны для достижения этой цели две проблемы: 1/ создание "технического воспринимателя" (решение проблемы идентификации автоматических моделей) и 2/ создание электронных систем со значительно более высокой плотностью упаковки и способностью к самокорректированию.

С "решением" этих проблем будут устранены технические причины, мешающие запускать космические корабли с пилотами-людьми на борту.

Introduction

Space crafts may be either manned or unmanned. It is difficult to decide whether it is more useful to send ships with or without human pilots into space. This decision is influenced by contradictory aspects which must be evaluated carefully. For example, aspects of political prestige, of law, military aspects and finally those of technical and physiological possibilities.

The following examinations are restricted to technical aspects, mainly to the question of how far intellectual functions of men can be realized by automata.

Apparently neither now nor in the near future the question, "Man or automaton in space ?" will be answered decisively. The correct answer depends on different factors, primarily on the state of technical development, aim, purpose and duration of space flight.

Disadvantages of Human Constitution

During biological evolution the physiological and psychological constitution of man has adapted to the conditions on the surface of the earth. Temperature, atmospheric pressure and consistence, gravity of earth, irradiation etc. on the surface of the earth define the milieu where men normally live. Travelling into space places a human being into a quite different environment. Existence in this different milieu can lead to temporary or permanent damage.

Fig. 1 roughly shows the limiting ranges of acceleration, temperature, and irradiation which should be observed to secure that neither man nor equipment suffer any damage.

Man can bear accelerations perpendicular to his longitudinal axis to about 15 g (g = acceleration due to gravity) for several minutes, whereas in direction to his longitudinal axis even 5 g can lead to unconsciousness

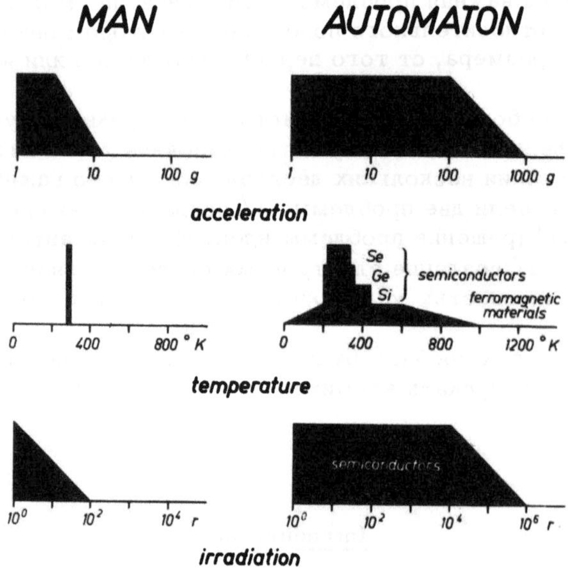

Fig. 1. Man and automaton under various conditions

(2). On the other hand, electronic systems suitably designed can stand accelerations from hundreds to even thousands of g.

The immediate environment of man must have a temperature in the narrow range of about 280° K and about 310° K (corresponding 7°C and 37° C). The corresponding range of temperature of automatic systems depends on many parameters, it is, however, much wider than the range of temperature that can be tolerated by man.

Man is also inferior with respect to the amount of permissible irradiation. Electronic systems can be exposed to amounts of irradiation which are by many orders of magnitude higher than the irrediation permissible for man.

The human frailty, however, is not the only reason why it is difficult to design a space craft for human pilots. For example, problems of supplying respiration and nutrition and removing waste must be also solved. Furthermore, the craft must be designed not only to control the physiological consequences of weightlessness on muscles and circulation but also to insure that the occupants do not suffer from mental breakdown. Man can only work efficiently when he is not tired whereas automata can function continuously.

On the other hand, man is less sensitive to mechanical or electromagnetic vibrations. This is shown in Fig. 2. By suitable mechanical transducers, very small signals can be detected. This same sensitivity exists only for a relatively narrow range of frequencies adequate to the human eye or ear. Stimuli following each other in less than about 1/10 sec. cannot be separated by the human sense organs.

When using a human pilot, the craft must carry equipment in which allows the pilot to return to earth safely, whereas an automatic space craft, may be destroyed upon completion of the mission. The re-entry apparatus

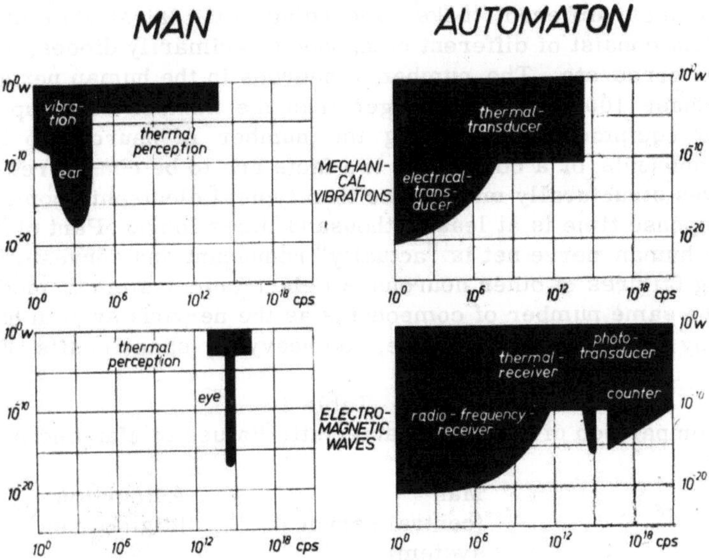

Fig. 2. Detection of signals by man and automaton

may represent a large part of the total weight of the craft and thus make it more difficult to launch.

These considerations show that the human constitution is rather unsuitable for the purpose of space flight. If in spite of those numerous disadvantages manned crafts are sent into space there must be functions of man that cannot yet be executed by machines. These may be called "functions of intelligence".

Comparison of Manned and Automatic Systems

People generally believe that the characteristic "intelligence" is a monopoly of man or at least of mammals. This assumption, however, was occasionally doubted by far-sighted scientists.

The problem of mechanical intelligence became a crucial topic in the middle of our century, inspired by the rapid development of digital computers. This problem has been mainly examined by the English mathematician A. M. Turing. The essential result of his investigations can be approximately formulated as follows (6, 7) :

Every logically well defined problem which can be solved by man can also be solved by automata.

In other words : There does not exist any objectively describable function of which man would be capable, but not automaton.

It is necessary first to refer to the large quantitative differences between man and automaton.

In Table 1 some characteristics of man and automaton are compared. While in the nervous system the same components i.e. neurons, are used for the most different tasks, according to the latest state of techniques automata consist of different components, primarily diodes, transistors, ferrite cores etc. The number of neurons in the human nervous system is at least 100 000 times larger than the number of components in a typical equipment. Comparing the number of neurons to the number of components of a computer, two facts are to be considered : A neuron achieves structurally much more than typical electronic components, but its response time is at least a thousand times longer. Part of the neurons in the human nerve net is "actually" redundant and serves only for correcting failures of other neurons. An electronic system of modern design with the same number of components as the nervous system has a weight of many tons and is, therefore, too heavy for space crafts (Fig. 3; 29).

Table 1
A Comparison of Some Characteristic Values of Man and Automaton

	Man (central nervous system)	Automaton (digital computer)
Circuit elements		
type	neurons	diodes, transistors, ferrite cores etc.
number	$1,5 \cdot 10^{10}$	some 10^4
volume	$10^{-8} \ldots 10^{-5}$ cm^3	$10^{-2} \ldots 10^{+1}$ cm^3
Storage		
principle	changes in synaptic connections	hysteresis of magnetic materials
capacity	(?) $10^9 \ldots 10^{13}$ bit	$10^5 \ldots 10^8$ bit
access time	$10^{-2} \ldots 10^{+1}$ sec	$10^{-8} \ldots 10^{+2}$ sec
Input and output		
type	approx. 10^8 receptors, muscles, glands	teletyping equipment, punched cards equipment etc.
rate	unconscious : approx. 10^9 bit/sec. conscious : maximal 10^2 bit / sec	$10^2 \ldots 10^6$ bit / sec

An essential feature of all "functions of intelligence" is the storage of information. In man we have to distinguish two different principles of storage : short-term storage, e. g. applied in mental arithmetic for storing provisional results, and long-term storage, e. g. for learning languages, writing, or manual skills etc. The storage of information in the nervous system is a result of changes at the synapses. On the other hand, the storage of information used in automata depends on the hysteresis of ferromagnetic materials, e. g. of iron, nickel etc. The storage capacity of the human nervous system is larger than the capacity of all existing automata. The access time of this human storage of information is normally shorter than the access time of comparable mechanical storage devices.

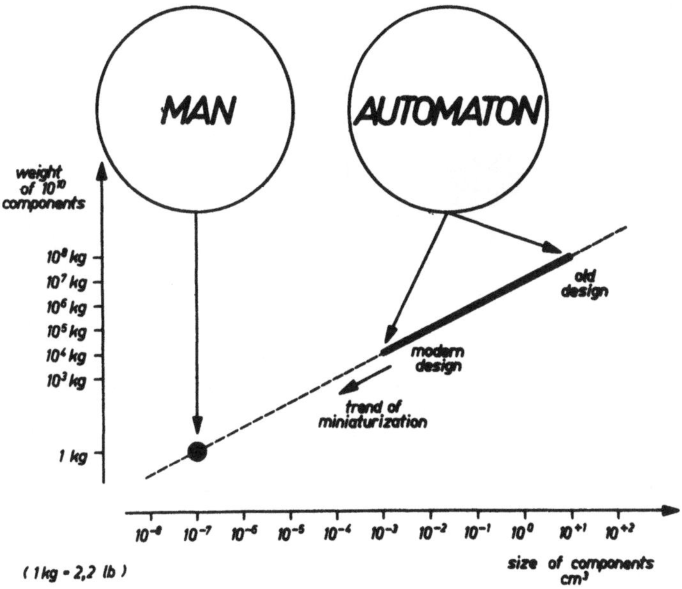

Fig. 3. Size of components and weight of 10^{10} components

Man receives information from the environment by means of receptors. These receptors lie mainly in the retina of the human eye (about 100 millions) and on the basilar membrane of the cochlea of the ear (some ten thousands). The whole surface of the human body is covered by many receptors for pressure, temperature, smell, taste, etc.

Man communicates information to the environment mainly be using his "effectors", i. e. his muscles, or his glands. Speaking, writing, moving etc. is due to muscular activities. Contrary to this fact, the present automata receive information from the environment in a specially prepared way, for example by teletype, punched cards, by special transducers etc. Machine recognition of written or printed characters or spoken language was seriously considered only a few years ago. The investigations showed how primitive all known electronic circuit principles are, compared to the circuit principles of the nervous system.

Man and automaton use a different way to exchange information. The man uses audible speech, visible writing, gestures, mimicry etc. Automata use electric impulses whose period is much shorter than those signals of a man and which correspond to a lower level of energy. Since the speed of operation, and the type of input and output signals between man and machine are so different, tasks requiring smooth integration of machine and man cannot be efficiently performed. For this reason it is often preferable to use only machines for tasks that could be better performed by men.

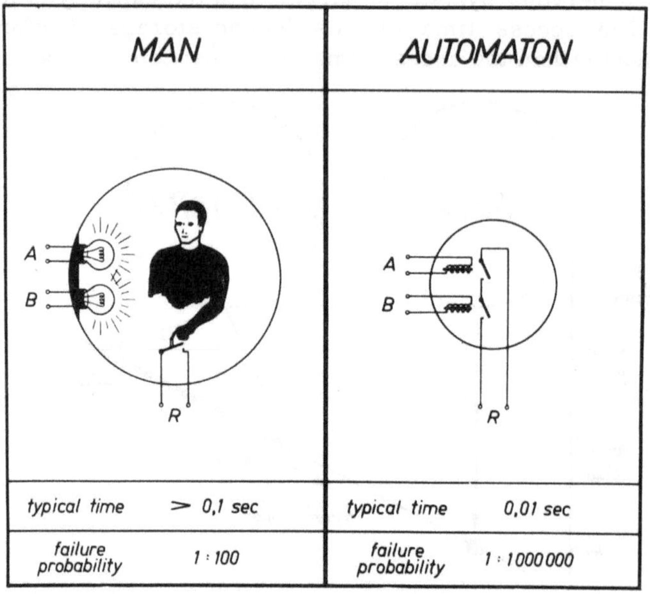

Fig. 4. Response R depending on two signals A and B

Fig. 4 shows how improper integration of men and machines can lead to loss of time and reliability.

The left side of Fig. 4 shows a situation where a human operator is supposed to turn a switch R when he recognizes the coincidence of signals A and B. This task can be more easily and reliably performed by electromechanical relays. The reliability can be further increased by using electronic switches (e.g. transistors).

On the surface of the human body there are about 100 million receptors. These receptors can receive about 1000 million bits every second. A moving television picture corresponds (at the level of the receptors) to an information flow of about 100 million bits each second. Out of this immense flow of information only a small fraction enters into consciousness, i. e. less than 100 bits each second. It is not known how this reduction is accomplished. However, it is assumed that it does not really represent an information loss but rather that different information are coded into groups of the same meaning. The problem of identification criteria invariance is shown in Fig. 5.

A substantial difference between the human nervous system and automata is the following : If through damage or illness one part of the nervous system fails, correct functioning of the whole system will be restored by making use of other parts of the nervous system. Electronic systems at the present state of knowledge will malfunction even if only a single circuit element fails. In more sophisticated systems duplication of important parts of circuitry allows internal failures to be indicated, sometimes even corrected. It is interesting that recently electronic systems have been designed in which the principle of self-correction is used, perhaps similar to that of the nervous system. This would be useful for space flights where regular checking and maintenance by service personnel is impossible (8).

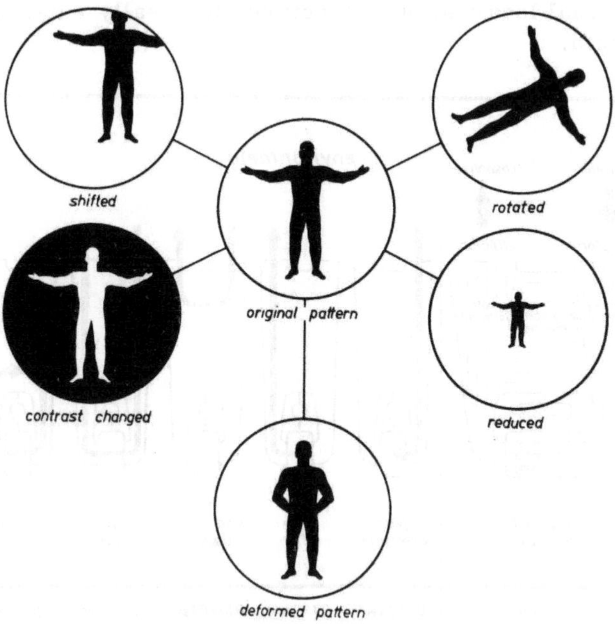

Fig. 5. The problem of identification-criteria invariance

In connection with the functional reliability, the problem is whether information even partly perturbed by noise can still be correctly identified. The solution of this problem is mainly due to R. W. Hamming (9, 10).

The fundamental theory for the design of self-checking and self-correcting codes is the following : For the transmission of messages from transmitter to receiver, signals must be used. If the messages are not encoded with the minimum number of elements, but some additional elements, the so-called "redundant elements", are added, then the human or mechanical receiver can recognize or even correct the messages perturbed by noise. The margin for noise can be made as large as necessary by adding more redundant elements.

Performance in punching cards seems to be a good measure for the relative reliability of man and automata. A man in the long-term average makes about one per cent of the errors in punching cards (to reduce these, checking by another person is provided). In automata, the error rate in punching cards is less by several powers of ten. Apparently the reliability of man at simple manual tasks is decreased when the outside environment proves to be destracting.

Information Processing Functions of Man

A scheme for the flow of information in man is shown on the left side of Fig. 6. Details that are not essential for the basic understanding of the system are omitted. No attempt has been made in the scheme to follow the spatial localization of functions that really exist in the human nervous system.

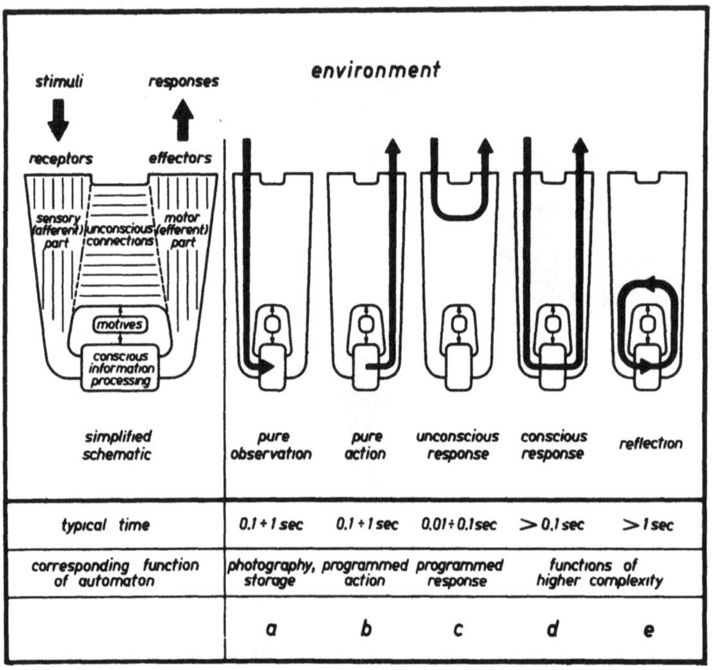

typical time	0.1÷1 sec	0.1÷1 sec	0.01÷0.1sec	> 0.1 sec	> 1 sec
corresponding function of automaton	photography, storage	programmed action	programmed response	functions of higher complexity	
	a	b	c	d	e

Fig. 6. Information processing function of man

The combination of signals received from the external world by the receptors is processed in the sensory field of the nerve nets. The flow of information is greatly reduced as it approaches consciousness (from about 10^9 bits per sec. to less than 100 bits per sec.). The reduction is obtained by encoding the signals : received in some logical fashion, as shown in Fig. 5.

The information coming from the environment, after having been reduced, is combined with the stored motives. From this combination the motor areas obtain the command, i.e. "go" etc. Eventually a very complicated set of signals reaches the muscles and man can act by a sequence of motion.

Besides the connections between sensory and motor areas through the control centre of consciousness there will exist other pathways (unconscious pathways).

In Fig. 6 it had been shown that five essentially different functions are possible. These are as follows :

a) "Pure observation". The flow of information comes from the external world, is reduced in the sensory areas and then stored in consciousness.

b) "Pure action". The flow of information comes from the stored information and causes actions in the external world.

c) "Unconscious response". The flow of information comes from the external world, returns via the unconscious pathways and causes actions in the external world.

d) "Conscious response". The flow of information comes from the external world, enters into consciousness, passes through it, and returns to the external world as actions.

e) "Reflection". The flow of information runs a cycle in the following way : sensory area, consciousness, motor area, unconscious pathways, sensory area, etc.

All the functions which require consciousness take typically more than 0.1 sec. Unconscious reactions (e.g. the closing of the eyelid in case of danger) will take less time. For reflective thinking the time typically required would be more than one second.

The question is whether these information processing functions can also be realized by automata.

Pure observation (a) corresponds to storing information in a mechanical system (e.g. by photography). The mechanical system needs a much larger capacity to get the essential details of the external world as machines have not yet developed the ability of "pattern recognition". When a man is given the order to photograph a bridge he can easily do so because he is able to recognize a bridge. An automaton must photograph the whole sector because it is not able to distinguish the bridge from other objects. Therefore, an automaton would need relatively longer time and more photographic material. However, it must be noted that the human observer is not able to sense ultra-violet light, electro-magnetic waves or X-rays. An airphoto supplies many times the information that can be processed by the human visual system. According to (12), an airphoto of 23 x 23 cm may contain 50 million raster points of the picture. Together with the contrast gradient of at least 1 :4 ($\log_2 4 = 2$) the amount of information is about 100 million bits. The human eyes have only 400 000 sensory points, with a contrast gradient of max. 1 : 256 ($\log_2 256 = 8$). The total information that can be extracted is only about 3.2 million bits = just 30 times less than a typical airphoto.

Pure action (b). The equivalent of this function is the programmed or delayed action in the automata. In all functions that require complicated motion (b, c, and d), the man, with his right hand, will have a distinct advantage provided he is not encumbered by a space suit (14).

Unconscious action (c) is an action in which human intelligence takes no part. These modes were formed after long usage in the terrestrial environment. Unconscious action could lead to danger as it will elicit the same behaviour in a completely different environment - that of space.

Conscious reaction (d) exhibits the same drawback as unconscious reaction. Just as the sensory area, the motor area has been conditioned by the terrestrial environment. They certainly would work much worse during space flight. This applies not only for the sensory area where pattern recognition takes place, but for the motor area as well. The following should serve as an example (15) : The dynamics of space flight is described by differential equations of high order. Therefore, it would take a long time for a pilot to learn how to control his craft in space. Circumstances are quite different from driving a car whose motion can be described by differential equations of lower order. The complicated control process can be learned by a pilot only after a long training period with a simulator. This problem may be completely avoided by using an "auto pilot" to control the space craft.

Reflection (e) is the typical human information processing function. It is usually a slow process (order of magnitude of seconds).

Direct and Controlled Response

The reaction of a man to an external world situation can either be conscious or unconscious (Fig. 6). Unconscious reactions are rapid; however, they could be dangerous because they may be "wrong" for space environment.

Conscious reaction and the reations after reflection are usually slow. The time required may be seconds. Longer times may be required if the pilot must follow instructions, for example, written in a book. It is also possible for the pilot to consult with a control station. This is shown in Fig. 7. A special situation in the external world may be given by perception of any object. In case of direct response man or automaton act without consulting the control station. However, if controlled response is used, the situation is first reported to the control station (e. g. on the earth or on a space station). The decision of which action to take is left to the control station.

Thus by using controlled response the higher functions of intelligence are removed to the control station. It is only necessary to provide a channel for communication. For this purpose, two requirements must be ful-filled :

There must be adequate time for inquiry and reply. There also must be communication channels available for transfer of information.

The time required to consult the control station consists of the following intervals :

Time for preparation of the received signals (oral explanation, or sensing of the image tube),

time required for the electromagnetic wave to travel to the control station and back,

time to make the decision in the control station, and

time for receiving and decoding the signal.

The time required for travelling the distance to the control station and back by electromagnetic waves with a velocity of 300 000 km / sec. is listed below :

Moon	about	2.3 sec.
Venus	at least	274 "
Mars	at least	526 "
Mercury	at least	606 "

The controlled response will be difficult to get to the more distant points of space as the communication channels will be more difficult to establish, as well as less reliable with increasing distance.

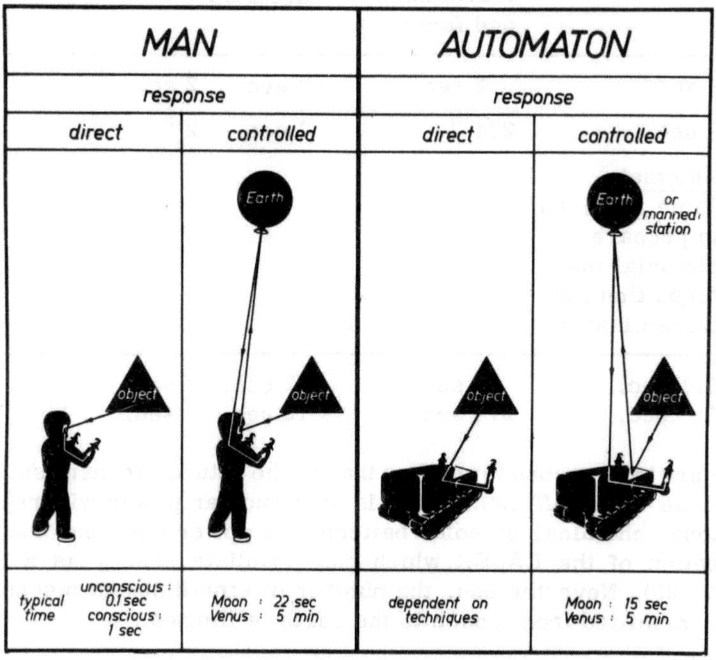

Fig. 7. Direct and controlled response

At the present stage of development (using parametric amplifiers) a radio system with a bandwidth of 10 cycles per sec. (16) will be sufficient for communication with all the planets (6 billion km !).

For communication of a single fixed television picture with a raster of 400 000 points using the above mentioned channel about six hours would be required. Using radio communications the possible bandwidth will vary inversely, as a square of the distance. For example, if a single fixed television picture is to be transmitted from Venus to the earth, time required for modulation would be one second while time required for transmission would be about 137 seconds.

The following explanation must be given for the numerical values shown in Fig. 7. The controlled response of man will be slower than that of automaton. A man needs several seconds to give a verbal description of the situation while an automaton can give a picture or its equivalent signal in a shorter time. On the other hand, the man, because of his ability to pick out the essentials, can save time in decision making in the control station by leaving aside all the nonessentials.

Now the time for controlled responses can be recalculated to the following :

	Man Time required for explanation of the situation	Time required for electromagnetic waves to travel back and forth	Time needed to make decision	Time required for decoding	Total
Moon	9 sec.	2 sec.	9 sec.	2 sec.	22 sec.
Venus	9 sec.	274 "	9 sec.	2 "	5 min

	Automata Time required to prepare the pictorial information for transmission				
Moon	0.1 sec.	2 sec.	12 sec.	1 sec.	15 sec.
Venus	1 sec.	274 sec.	12 sec.	1 sec.	5 min.

There are two reasons to suppose that in the future, transmission channels will be more efficient. One is that nuclear power will replace the conventional chemical or solar batteries as power sources, the other is the invention of the LASER which can irradiate energy as a coherent wave (17, 25). Nevertheless, the number of simultaneous messages that can be transmitted from space to the earth is limited.

Goal of Research : "The Perceptor"

As to functions of intelligence, man is superior to the automaton. At the present stage of development of space flight higher forms of intellect are not yet necessary, for example, "creative thinking". Most of the actions have already been predetermined, the pilot only needs to execute the instructions at the right moment.

The important function which cannot yet be performed by automata is "pattern recognition" as illustrated by Fig. 5. Men have developed this capability during their evolution. Up to now this problem has not been solved by automata. It has been delt with by researchers interested in character recognition (1, 23). Some more general approaches were made by F. Rosenblatt (Perceptron, 19), L. D. Harmon (18) and K. Steinbuch and H. Frank (Learning Matrix, 24).

If a mechanical pattern recognition system is to work as well as the human visual system, then the mechanical system must probably have about the same complexity as the human system (for example, an electron optical system). As usual, considerable amount of saving is possible if the operations are done in a serial fashion instead of a parallel one. Thus speed is sacrificed for reduction of equipment. A brief description of the way the human visual system processes information is necessary by way of an introduction to a mechanical pattern recognition system. An image of the external world is projected on the retina which contains receptors sensitive to light. In the centre of the retina (fovea centralis) the density of the receptors is very high; thus the optical resolution is correspondingly higher than at the outer parts of the retina. The total number of receptors in the eye is estimated at about 100 million. The retina is connected with the higher nervous centres by the optical nerve consisting of about 2 million nerve-fibres. From this number it is seen that an essential part of reduction of information is performed in the retina (26, 27, 28).

With the above description in mind, and some other considerations, a mechanical "perceptor" can be built with approximately the same structure. The patterns to be recognized are projected on a surface constructed of light-sensitive transducers. If a recognition system is to be build in the same form as the system illustrated, several considerations must be taken into account. First of all, it is necessary to determine the frequencies of light that shall be detected. (Perhaps infra-red or ultra-violet light is more useful than the usual visible light). Probably it is useful to incorporate a small movement (tremor) into the mechanical retina similar to that of the human eye (23). For economic reasons probably the mechanical retina will consist of a central part with high density of transducers and outer parts with low density.

The mechanical retina may consist of a mosaic of light-sensitive transducers followed by a network that can be used to reduce the information received from the retina. The information coming out of the network is based on "form criteria", so that the information from the retina in the form of spots of light is compressed into information of shape, for example, concave lines changing into straight lines, etc. The pattern to be recognized can be rotated or translated without affecting recognition as the "form criteria" are independent of the orientation and position of the pattern. Proposals have been made as to how all this can be accomplished, but the results of experiments based upon these proposals have so far not been very encouraging.

From this still-to-be-invented network a group of connections leads to a matrix arrangement. By use of a maximum value detector, it is possible to determine to which of the known patterns the pattern to be recognized is most similar. This essentially completes the recognition process.

The forementioned matrix may consist of either the "learning matrix" (1, 24), which would allow the perceptor to learn new patterns during space flight, or it may consist of a matrix with fixed components which would only allow the perceptor to recognize patterns already learned.

The scheme in Fig. 8 naturally does not represent a completed design of the "perceptor" but may serve as a rough idea of how a useful model can be made, and point out where difficulties may be encountered.

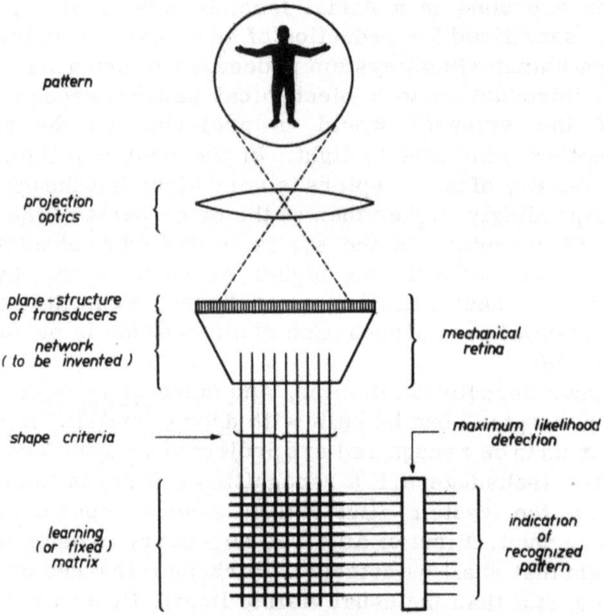

Fig. 8. Scheme of a perceptor

Man or Automaton in Space ?

The result of these considerations may be summarized by Fig. 9 : For space flight completely mechanical systems (automata) are superior to manned systems with regard to stability to acceleration, change of temperature, irradiation etc. Automata generally are also more sensitive to the detection of mechanical or electromagnetic signals. Automata can be more reliable than men and generally they are also faster. The integration of mechanical control systems into a space craft is more practical than that of a human being with such a different system of communication.

On the other hand, man is essentially superior to presently existing automata at all operations belonging to the complex of functions that require "intelligence". This is basically due to the large number of neurons of light weight occupying small volume that are packed into the human nervous system. The "gestalt recognition" will be important for the purpose of space flight. The realization of a "mechanical perceptor", i.e. of a mechanical system with a similar capacity as the human visual system will prove to be a problem of importance.

After these considerations the question "Man or automaton in Space?" could be answered as follows :

At present unmanned space crafts can only be used for tasks requiring an inferior "degree of intelligence", e.g. for the investigation of physical parameters like irradiation density or for photographing defined regions. For tasks of higher "degree of intelligence" unmanned space crafts are temporarily out of question, e. g. for the assembly of a space station or for repairing space crafts.

Some decades from now it might be possible to realize by mechanical systems every important function of intelligence for space flight. To accomplish this goal three problems are especially important : One is the invention of the mechanical perceptors, the second the miniaturization of electronic circuitries, the third is to develop in the mechanical system

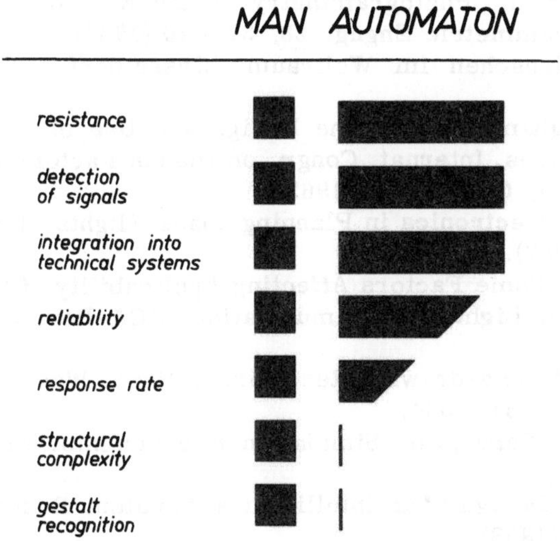

Fig. 9. Comparison of some characteristics of man and automaton with respect to space flight

a capacity of self-correction. These problems solved, there will be no more technical reasons to equip space crafts with human pilots.

References

1. K. Steinbuch, Automat und Mensch, 2. Aufl. Berlin-Göttingen-Heidelberg : Springer-Verlag, 1963.
2. H. Bolewski und H. Gröttrup (eds.), Der Weltenraum in Menschenhand. Stuttgart : Kreuz-Verlag, 1959.
3. H. Gröttrup, Über Raketen. Berlin-Frankfurt-Wien : Ullstein, 1959.
4. E. Sänger, Warum Raumfahrt ? Raketentechn. u. Raumfahrtforsch. H. 3, 73 - 80 (1960).
5. S. von Hoerner und K. Schaifers (eds.), Meyers Handbuch über das Weltall. Mannheim : Bibliographisches Institut, 1960.
6. A. M. Turing, Computing Machinery and Intelligence. Mind 59, 433 - 460 (1950).

7. A. M. Turing, Can a Machine Think? The World of Mathematics 4, 2099 - 2123 (1956).
8. K. Steinbuch und F. Zendeh, Self-correcting Translator Circuits. IFIP - Kongreß München 1963.
9. R. W. Hamming, Error Detecting and Error Correcting Codes. Bell Syst. Techn. J. 29, 147 - 160 (1950).
10. K. Steinbuch, Codierung für gestörte Kanäle. Nachrichtentechn. Fachber. 19, 47 - 55 (1960).
11. K. Steinbuch, Bewußtsein und Kybernetik. Grundlagenstudien aus Kybernetik und Geisteswissenschaft 3, 1 - 12 (1962).
12. K. Schwidefsky, Der Informationsinhalt von Luftbildern und die optische Beobachtung aus Raketen und Satelliten. Naturwiss. Rdsch. H. 4, 132 - 138 (1958).
13. S. M. Fairschild, Photogrammetry is the Key to Exploration of Space. Photogrammetric Engng. 28, 37 - 40 (1962).
14. H. Oberth, Menschen im Weltraum. Düsseldorf : Econ-Verlag, 1957.
15. H. P. Birmingham et al., The Design and Use of "Equalization" Teaching Machines. Internat. Congr. on Human Factors in Electronics, Long Beach, Calif., May 1962.
16. E. Stuhlinger, Electronics in Planning Space Flights. Proc. IRE 50, 1344 - 1351 (1962).
17. D. G. C. Luck, Some Factors Affecting Applicability of Optical-band Radio (Coherent Light) to Communication. RCA-Rev. 22, 359 - 409 (1961).
18. L. D. Harmon, A Line-drawing Recognizer. Proc. West. Joint Comp. Conf. 1960, pp. 351 - 364.
19. F. Rosenblatt, Perception Simulation Experiments. Proc. IRE 48, 301 - 309 (1960).
20. (Anonym), The Design of an Intelligent Automaton. Research Trends 6, H. 2, 1 - 7 (1958).
21. (Anonym), The Search for Pattern and Recognition. Automatic Data Processing 1, 31 - 34 (1959).
22. P. Baran and G. Estrin, An Adaptive Character Reader. IBE Wescon Convention Rec. pt. 4, pp. 29 - 41 (1960).
23. K. Steinbuch, Automatische Zeichenerkennung. Nachrichtentechn. Z. 11, 210 - 219 (1958).
24. K. Steinbuch und H. Frank, Nichtdigitale Lernmatrizen als Perzeptoren. Kybernetik 1, 117 - 124 (1961).
25. B. M. Oliver, Some Potentialities of Optical Masers. Proc. IRE 50, 135 - 141 (1962).
26. J. Y. Lettvin et al., What the Frog's Eye Tells the Frog's Brain, Proc. IRE 47, 1940 - 1951 (1959).
27. W. Reichardt, Über das optische Auflösungsvermögen der Facettenaugen von Limulus. Kybernetik 1, 57 - 69 (1961).
28. W. Reichardt und G. MacGintie, Zur Theorie der lateralen Inhibition. Kybernetik 1, 155 - 165 (1962).
29. J. T. Wallmark and S. M. Marsus, Minimum Size and Maximum Packing Density of Nonredundant Semiconductor Devices. Proc. IRE

50, 286 - 298 (1962).
30. M.I. Ross, Reliability of Components for Communication Satellites. Bell Syst. Techn. J. 41, 635 - 662 (1962).

Discussion

Akulinichev : Both the USSR and the USA have used automatic instruments, animals and men in the exploration of space, and at this very moment very complex instruments perform their work in space. How are we to understand your notion of man versus automaton ? Since both are necessary for the exploration of space, why is it necessary to create a contrasting relationship ?

Steinbuch : The purpose of my presentation was to compare the possibilities of manned and unmanned space flight. From the practical point of view such comparisons would seem to be of interest. Apparently neither now nor in the near future the question "Man or automaton in space ?" will be answered decisively. The correct answer depends on different factors, primarily on the state of the technical development and on the aim, purpose and duration of space flight.

Mayo : There is little question that it is theoretically possible for a machine to organize as many bits of information as a man. Does it appear likely on the other hand that a self-organizing machine, without human guidance, would of its own accord organize information in a direction that would be of use to or even capable of being understood by the human intellect ?

Steinbuch: This question is difficult. A mechanical system cannot invent a human language or a human mode of communication : according to the information theory of Shannon the two are always the results of agreements between transmitter and receiver.

Rose : In general I agree with your point of view, but I would like to make two points. First, concerning your statement that intelligence does not take part in unconscious response, I think we would have to consider not only the direct reflexes, but also those complex, unconscious or subconscious responses which certainly involve intelligence.

Second, since some of the most essential problems, like detecting the origin of life or proving the existence of extra-terrestrial life, can be solved by using relatively simple devices, the age of the automaton in space will not begin the year 2000 - it is here now. We should consider that in the chain of research performance human intelligence is available on Earth and must not necessarily be transported into space to be able to participate.

Steinbuch : I think it is a matter of definition whether a given response is part of intelligence or not. I would not argue on this point, but I am happy that you agree with my basic arguement.

Lachin : I believe the real problem is whether it will be possible to do the necessary programming for electronic equipment to perform all the work that man could do in space or on other planets. With the current state of the art, that is in terms of machine logics or available logical circuits, the answer is negative.

Steinbuch : If we are talking about the present state of the art I fully agree. Current automata are not able to execute all the functions necessary for space exploration. I mentioned in my lecture three requirements in this connection; (1) the invention of mechanical perceptors, (2) the miniaturization of electronic circuitries, and (3) the development of self-correcting mechanical systems. When these problems, and others of smaller importance, have been "solved", I think there is no technical reason to have men in space craft for collecting material, energy or information from space of from planets.

Von Diringshofen : In technology one often speaks of "critical complexity" from the safety point of view. What is your opinion as to the possibilities and drawbacks of complex electronic systems in this respect?

Steinbuch : I feel that the argument of a critical complexity is not a reasonable one. Some people say : When the number of components is greater than up to a certain limit, the probability that the system fails is so great that there is no sense in constructing such a system. This argument presupposes, however, that there is no capacity for self-correction. We have developed electronic circuits in which you may destroy a number of components as you like without disturbing the correct over-all performance of the system.

Broida : I would like to make a remark in connection with the last statement you have made. And this remark is on the possibility for an automatic system to have the same features as a human being. I am speaking about the adaptive principle, which is just the same as the selflearning. This principle is the following. If a control system is influenced by a given, very large number of parameters, it can be characterized, mathematically speaking, by a single vector in the space of all these parameters. This is to say that now there exists a concept, and not only a concept, but devices which have been built on this concept, which measure continuously the standard deviation of each parameter from its normal mean value. And if one of these parameters fails, another parameter is adjusted in order to maintain an over-all normal value of the general parameter. This system has been called by some authors the homeostatic system because it acts exactly in the same way as a homeostatic non-physical system, physiological system when one failure is replaced by a corresponding action of another parameter. And I think this concept, which is not only a concept, but which is already a technological realization - we have heard some papers on it in April in Moscow at a symposium on self-adaptive systems - this principle and these realizations are very promising for the building of those systems with a very high reliability about which you spoke.

Steinbuch : Thank you very much for this valuable information.

DATA SENSORS AND INFORMATION ACQUISITION

A. M. Mayo, C. L. Buddecke, and G. R. Tenery
Advanced Systems Department, Astronautics Division
Chance Vought Corp., Ling-Temco-Vought, Inc., Dallas, Texas, U.S.A.

(With 10 Figures)

Abstract

Much of the knowledge potential from space exists as energy patterns not directly accessible through the human sense organs to the intellect. Accelerated effort toward the acquisition of information in a form directly comparable to existing knowledge shows promise of improved effectiveness of space exploration. Transformations used in improving the intelligibility of information include :

1. Energy-frequency transforms exemplified by the shift of frequency occurring when certain minerals, exposed to ultraviolet energy, radiate various colors of visible light.
2. The amplification of energy patterns as exemplified by radio and television reception.
3. Temporal transforms as exemplified by ultra-highspeed and time lapse photography.
4. Sensor modality transforms exemplified by the increased use of hearing and touch senses of the blind.
5. Classification transforms exemplified by the "self-programming" computer techniques of organizing geometric and temporal sensed energy patterns.

The transformation processes are explored as a means to stimulate ingenuity in instrumenting scientific payloads for improved effectiveness. Improved understanding of human and other biosensory and cognitive functions is fundamental to effective progress.

Enregistreurs de données et acquisition d'informations. La plupart de nos connaissances potentielles de l'espace n'existe que sous forme de types d'énergie qui ne sont pas directement accessibles à l'esprit par les organes sensoriels de l'homme. L'effort accru en vue d'acquérir des informations sous une forme directement comparable aux connaissances existantes promet une amélioration dans l'efficacité de l'exploration spatiale. Les transformations utilisées en vue d'améliorer la compréhension des renseignements comprennent :

1. Les changements de fréquence d'énergie expliqués par les variations de fréquence qui se produisent lorsque certains minéraux exposés aux

lumières ultraviolettes émettent différentes lumières colorées.

2. L' amplification de différents types d' énergie illustrées par les réceptions de radio et de télévision.

3. Les transmissions temporelles illustrées par des vitesses ultra-rapides et temps de mise au point photographique.

4. Les transformations des modalités sensorielles illustrées par l'utilisation augmentée des sens de l' ouie et du toucher chez l' aveugle.

5. Les transformations de classification illustrées par la technique des self-programming par les computers, et la création de types d' énergie ayant le sens de la géométrie et du temps.

Les processus de transformation sont considérés comme des moyens pour stimuler l'ingéniosité dans l'instrumentation scientifique afin d'augmenter son efficacité. La compréhension améliorée des fonctions de connaissances de l'homme, ainsi que d'autres connaissances biosensorielles, est fondamentalement nécessaire pour un progrès réel.

Сенсоры для сбора данных и получение информации. Многие познания, которые можно получить из космоса, существуют как виды энергии, непосредственно недоступные для восприятия умом через органы чувств человека. Ускоренные меры по получению информации в форме, непосредственно сравнимой с имеющимися знаниями, подают надежду на повышение эффективности исследования космоса. К превращениям, применяемым для улучшения понятности информации, относятся:

1. превращения частоты энергии на примере изменения частоты, когда некоторые минералы, под воздействием ультрафиолетовых лучей, излучают видимый свет различных цветов;

2. усиление видов энергии на примере радио и телевизионного приема;

3. временные превращения на примере фотографирования со сверхвысокой скоростью и промежутками;

4. превращения сенсорной модальности на примере усиления использования слуха и осязания слепыми;

5. классификационные превращения на примере вычислительной техники с "самопрограммированием"по созданию картин энергии, имеющих смысл в области времени и геометрии.

Процессы превращения изучаются как средства стимулирования изобретательности при практическом использовании научных полезных грузов для лучшего понимания человеческих и других биосенсорных и познавательных функций, что имеет основное значение для эффективного прогресса.

Phenomena defined by energy-frequency parameters are the major sources of information to the human senses and thence the intellect. However, the human senses are uniquely limited in responsiveness to the spectrum of energy-frequency stimuli. The vision sense, responding over a wavelength bandwidth of 0.4 to 0.7 microns, is almost insignificantly small in comparison to the broad range of the total natural spectrum. At the opposite end of the scale, the auditory sense extends human responses typically from a frequency of 15,000 cps down to perhaps 20 cps, where the tactile-visual sense will perceive useful information to some lower limit set my man's memory system. Obviously, it is necessary to transform much primary phenomena energy into an energy-time domain which will stimulate the limited human senses. Typical examples are almost too commonplace : our fluorescent lamps, our telephones, and the laundress's tactile test of a hot iron. One more sophisticated, yet natural, frequency transformation is shown on the figures as the use of ultraviolet energy to excite a visual reradiation by certain minerals to facilitate detection and identification. The mineral sample was first photographed in visible light, as shown on Fig. 1A, and again in

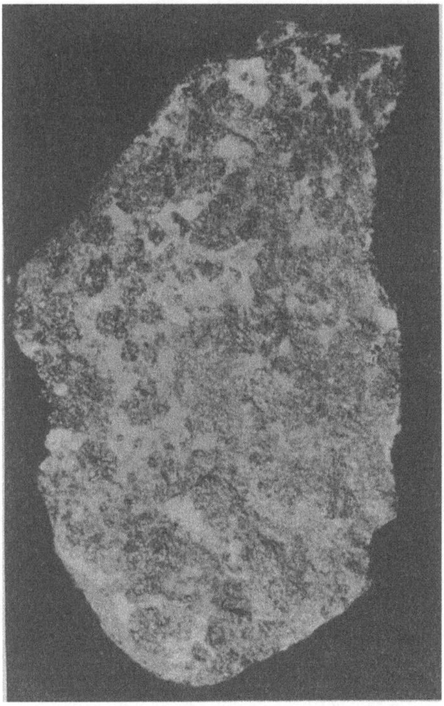

Fig. 1 A

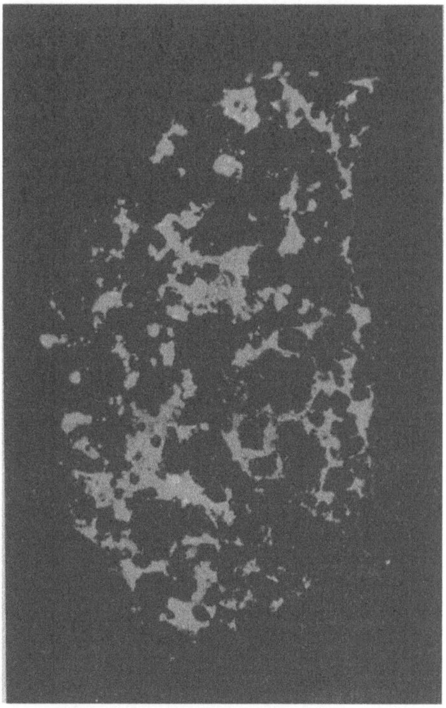

Fig. 1 B

ultraviolet light, Fig. 1B (7). The red fluorescence (light patches) is from calcite activated by manganese. Such transformations are necessary to man's understanding of the natural phenomena within our physical environment and equally so in our grasp of the unexplored phenomenon of our new environment of extraterrestrial space. What is the energy distribution of the radiation belts surrounding the planet Earth? Instruments have recorded discrete values at discrete times, but the plot of this limited information has evolved an everchanging theory of their structure and their characteristics.

Fig. 2A shows an early concept of the trapped radiation in the inner and outer radiation belts as postulated by Dr. Van Allen from data gathered by the early earth satellites. However, with the accumulation of data by

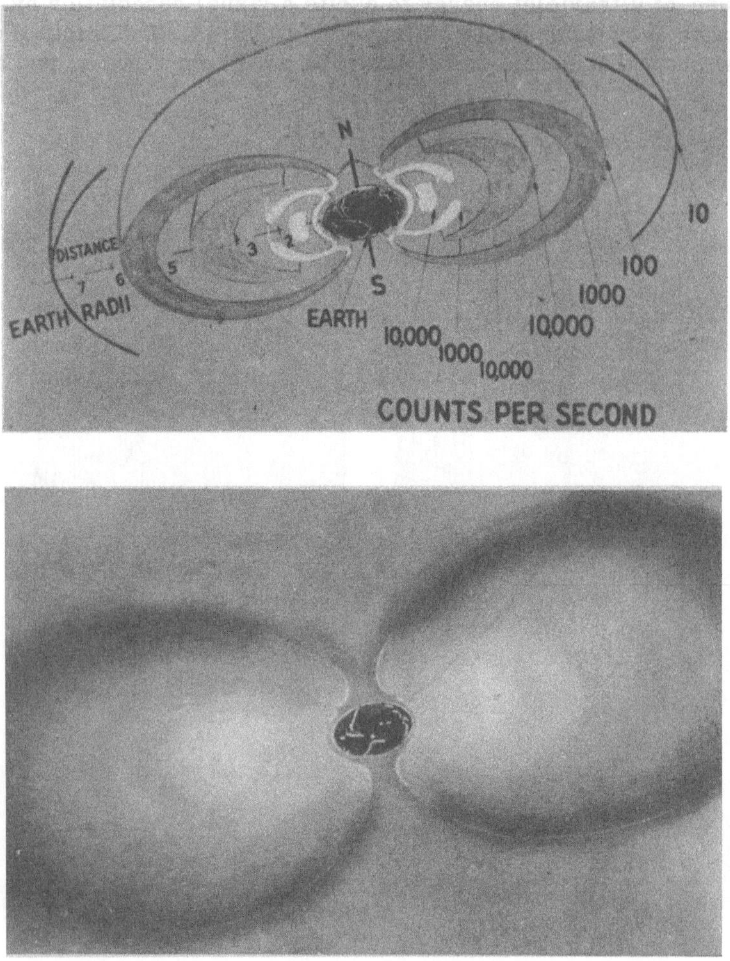

Fig. 2 A (upper) and B (lower). Radiation belts

the instrumentation on the Explorer and Injun series of satellites and probes, the magnetosphere is now though to be a single radiation zone extending from 400 to 40,000 miles into space above the equator, as shown on Fig. 2B. The turbulent outer boundary of the magnetosphere is believed to be defined by the dynamic interaction of the earth's magnetic field and the charged particles emitted from the sun.

How can we assimilate an energy-frequency-time-dimensional phenomenon in such a way as to understand the complete event? The same requirement exists for other known phenomena, such as solar flares or trapped radiation belts surrounding other planetary systems. And do we know what other energy phenomena exist beyond this limited glimpse of our immediate environment? Ultraviolet and infrared photographs of the sun and planets have already extended our knowledge of these bodies. The data thus recorded maintain a consistent geometric temporal relationship while revealing new data. Radioastronomy has provided new data, but techniques for direct visual presentation of these data are still primitive.

An example of the radio and optical emission from the supernova remnants of the Cygnus Loop is shown on Fig. 3. The work was done by D. E. Harris at the California Institute of Technology in 1961. The optical image is readily recognized, as our direct visual sense has organized this information. The superposition of the antenna temperature in an arbitrary scale and integrated from several radio frequencies from 178 Mc to 960 Mc shows both correspondence and deviations to the optical emission. It is apparent, then, that there is information that is not available in our present techniques to properly define the Cygnus Loop. If the radio emission could be defined to the same resolution as the optical spectrum, the information content of this broad spectra image would be increased to a meaningful measure. Further extension of the frequency-energy spectrum has been proposed and tentatively investigated, ranging from the extremes of neutrino astronomy to observing "whistlers" in our terrestrial system.

Transformation of energy patterns from levels below the detection threshold of the human senses into stimuli useful to man's information acquisition process is a common technique. The amplification of the energy pattern may be direct by collection and redirection, as in an optical telescope, or indirect by conversion into an interim physical system, as in a public address system. Amplification can be performed in parallel by integration and storage, as in chemical photography, or by serial progresses, as in television.

Amplification and integration of imagery is illustrated on Fig. 4 showing an image as viewed through a fiber optics bundle. The resolution is determined by the density of the glass fibers in the bundle and the intensity by the transmission efficiency. Both parameters can be improved considerably by integrating in time, using chemical photography, and space, by dynamically displacing the bundle in an amount equivalent to the fiber separation distances.

The amplification process requires that energy be added to the system in an orderly and consistent manner to transform the original energy pattern into a replica at a new and useful level. This technique has been essential to allow man to use his senses for improved understanding of his micro-macro environment. The criteria for the degree of amplification is determined by the response and the choice of presentation techniques. The optimum presentation is that in which the energy pattern has a point-by-point correspondence with a model in the human brain, the lat-

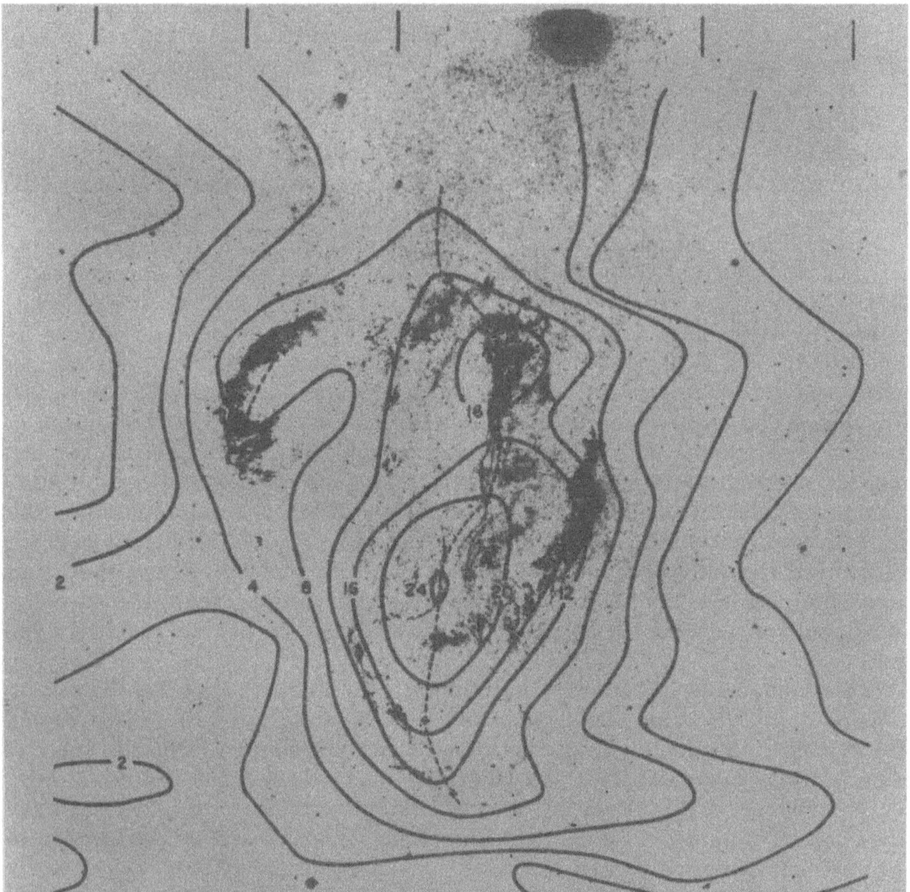

Fig. 3. From D. E. Harris, "The Radio Spectrum and Supernova Remnants", Astrophysical Journal, May 1962, published by University of Chicago Press

ter model being knowledge (6). However, the replica is not always available, and so a presentation in the form of a code is a familiar situation. The code is not a direct representation of the energy pattern containing information and does not generate a one-to-one correspondence with the human intellect. Nevertheless, there is an understanding by the intellect as to the meaning of the code and, thereby, a communication of information. An example is shown on Fig. 5A. Many of you will recognize this terse

Fig. 4. Statistical image transformation techniques : sampling, input image, and integration

mathematical statement as defining the form of a familiar egg; but to others, this code is meaningless. The selection of the code is then dependent upon the understanding of the intellect and the sense which will process the code efficiently and reliably. Proceeding toward a replica of this egg form to affect a recognizable correspondence with the model of an egg in the human brain, consider the next series of figures. The replica is described by a two-dimensional matrix and a restriction of a black or white state defining each matrix cell. The four-by-four cell description, Fig. 5B, is so limited in information that it does not suggest any useful information. An eight-by-eight matrix, Fig. 5C, contains more information, but fails to effect any correspondence unless accompanied by additional information. The 16-by-16 matrix, Fig. 5D, and the 32-by-32 matrix, Fig. 5E may effect the correspondence of a form with a model form of an egg-shaped object in the brain. This information does not positively identify the object as an egg, but only a shape resembling an egg. An increase in resolution, as in this photograph of the boject, Fig. 5F, begins the true recognition process, and there is reasonable correspondence to the concept of an egg. The one-to-one correspondence of this photograph of a typical brown egg is matched to the human conceptual model to complete the identification and recognition process.

Man's information-handling rate may vary considerably, depending on how the information is coded. The capacity is generally poor for binary coded information and relatively improved for more complex codes, such as alpha-numeric. This code-dependent ability to handle information is uniquely advantageous to man as compared to a computer and is an important consideration in the choice of a technique for presentation of information. Further, man's perception by unique organizing and selecting processes is well suited to accepting coded information presented through the visual sense. (Consequently, quantitative discrete information may be better suited for processing in a coded form than in a replica

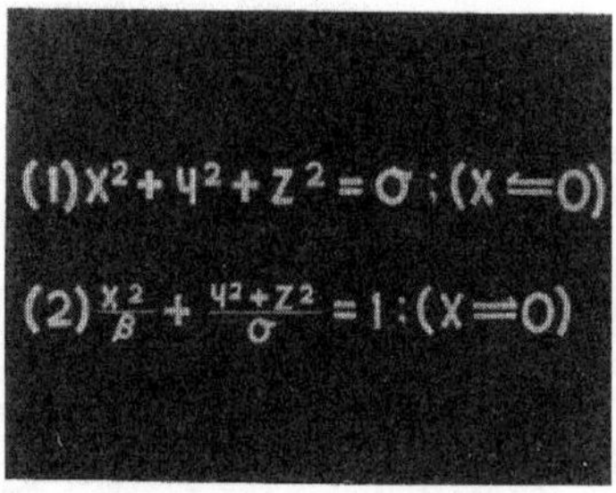

Fig. 5 A

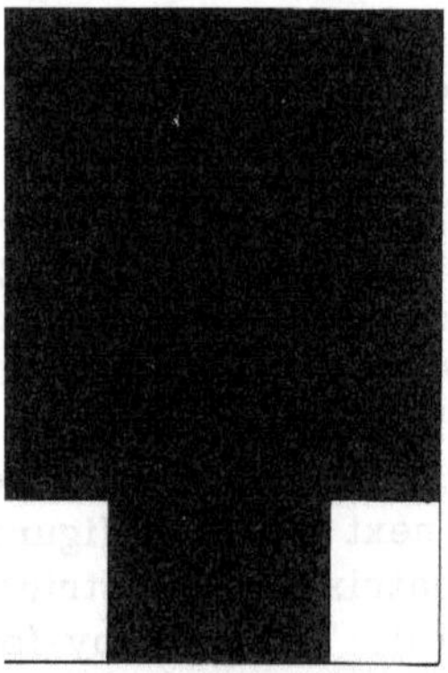

Fig. 5 B

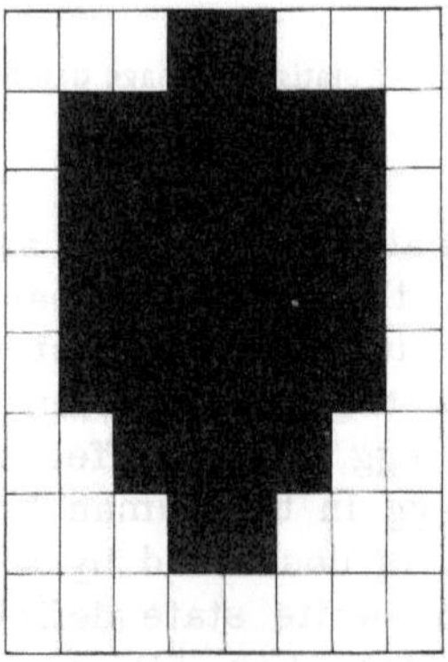

Fig. 5 C

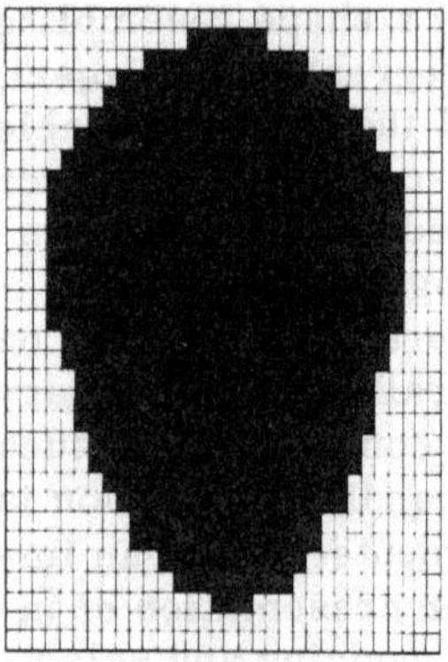

Fig. 5 D

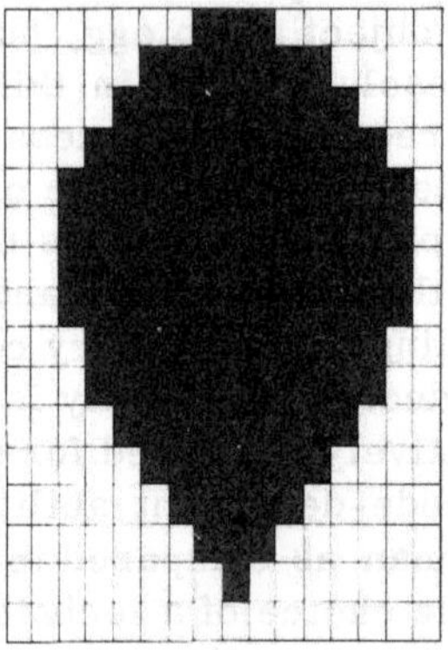

Fig. 5 E

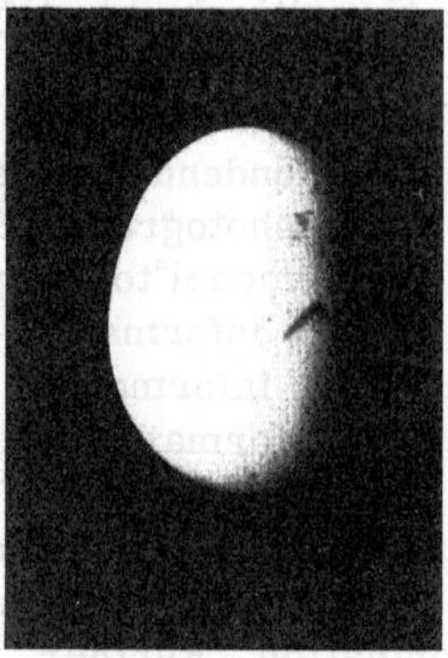

Fig. 5 F

or direct model of the energy pattern.)

Man's ability to process information is quite dependent upon time. The general time sense is usually identified with audition; however, the visual sense is believed to be approximately equivalent to the audition sense in approaching a maximum perceptual rate of ten discrete stimuli per second [3]. It is apparent, then, that temporal events in excess of the resolvable rate should be transformed to a rate that can be detected and recognized to be useful to man's intellect. Transformations of events, in the time domain, from rates too rapid for man's responses, are accomplished by recording the events at a rate which compromises the resolution of the discrete events with the mechanisms of recording and retrieving of information useful to man. Recording of discrete events suitable for auditory processing is perhaps limited in usefulness, being primarily effective for communication among intellects; but there is almost no practical limit in the recording of discrete events in a serial format that is suitable for reproduction at rates compatible with the human auditory senses. Visual information is also time-dependent and must be recorded for reproduction at rates suitable for human interpretation. Current framing cameras are capable of producing 10 million high-resolution, two-dimensional photographic frames per second. Ultrafast-streak cameras are capable of recording events of as little as a five-billionths of a second lifetime.

Fig. 6 shows the results of the impact of simulated micro-meteorites on a typical spacecraft structure. This work was done recently at Chance Vought by Dr. C. F. Gell and associates in preparation for physiological studies of micrometeorite hazards and represents an example of high speed photography of events having approximately a one-thousandths of a second lifetime. Fig. 7 is the high speed photograph of the flash associated with the impact.

Conversely, the ability of the human intellect to assimilate information at exceedingly low rates, either auditory or visual, is dependent upon performance in storage and recall of information. Man does have remarkable long-term storage capability, but a very limited buffer storage (or immediate memory) capacity. Hence, man's ability to compare a series of events occurring at a rate of less than a few bits per second is hampered by this inadequate buffer storage and recall ability. An example may be the difficulty for the average person to remember a telephone number long enough to perform the dialing operation. As a result, it is often necessary to increase the data rate of events to present an intelligible set of information to the human intellect. Again, storage of real time events is desirable for reproduction at a comprehensible rate, typically by time lapse photography.

The processing if imagery by machine is the next major technology to be developed. Human perception of pattern and shape is a psychophysical phenomenon not well understood by our scientific community; but transformation of imagery into a language suitable for automatic computer processing is, at least, being defined.

Transformations for pattern recognition serve two purposes :

1) relieve human operator of routine duties of surveillance,

2) automation of the surveillance function.

Pattern recognition requires a receptor which models a space-time distributed event and a categorizer which recognized the pattern modeled as a particular member of a class of possible patterns as shown on Fig. 8. (Terminology is that of Ball (1)).

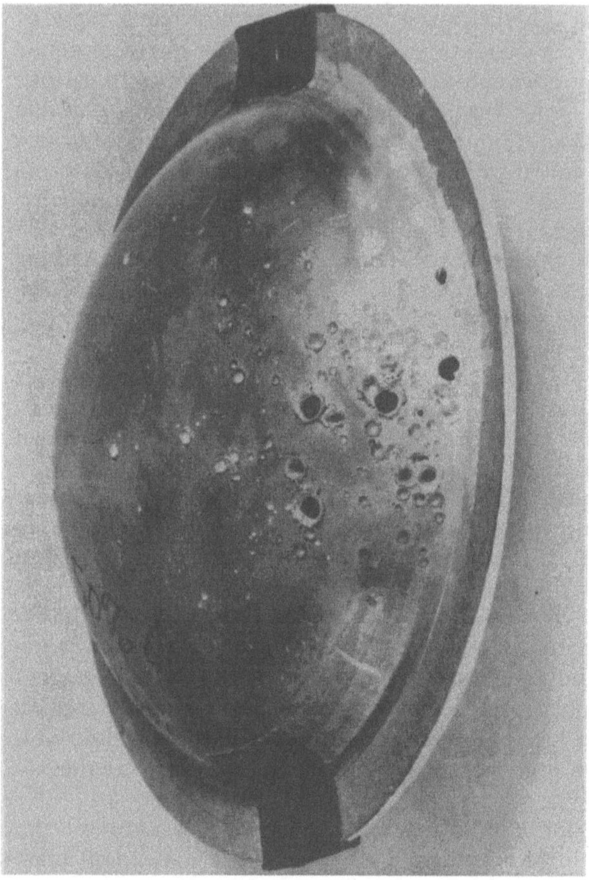

Fig. 6

The big trouble is the model, which may often assume an astronomical number of states, most of which contain information not critical to the recognition of the pattern as a member of a given class (cf. 6). This imposes what Bellman calls a "curse of dimensionality" upon the categorization computer; the amount of formal information to be handled to effect recognition is beyond the capacity of a reasonable state-of-the-art machine.

One method for exorcising the curse is through the use of normalizing transformations. The process of normalization discards information not necessary to a classification logic of a particular universe of patterns. Normalization results from an organization consciously built into the system by the designer, or as a result of the self-organization of an adaptive mechanism.

At Chance Vought, image recognition studies have led to a concept of statistical image transformations. The concept had its origin in the realization of the need for a coding or transformation of optical imagery which would accomplish a reduction of the purely formal information present in optical images falling on a viewing matrix or retina. By discarding formal information as to size, location, and orientation of an image falling on a retina and retaining only that information pertaining to the shape of the figure - a process referred to as normalization - a significant reduction in the information capacity of channels leading to the recognition function of an imagery data handling system could be achieved.

During studies of methods of accomplishing the normalization of optical imagery, and as the result of experimentation with a particular image transformation, a rather interesting question was raised: what modification of the statistics of distance relationships in a random distribution of points in an infinite plane would take place when only those points falling within a given shape or figure where considered? It was realized that such a modification or transformation of the statistics of the point distribution would be shape-dependent. By proper choice of point distributions and point density, the modification of statistics of the point distribution could be made independent of the given shape's size, orientation, and location. Normalization would thus be realized, and a coding of the shape of the image accomplished. Such a coding is referred to as a statistical image transformation. Similarly, the class of statistical image transformations produced by the modification of the statistics of points on randomly distributed line segments may be considered.

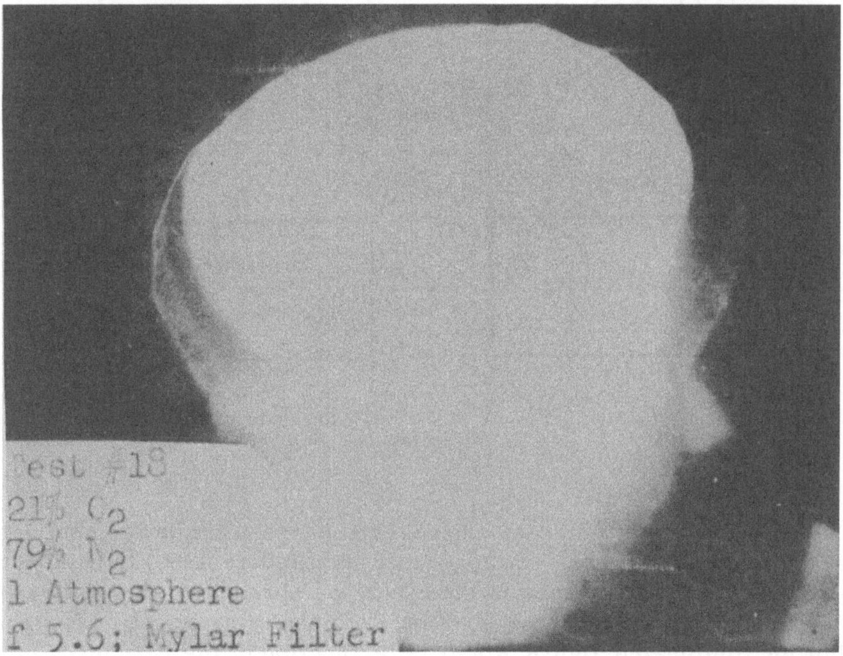

Fig. 7

The concept of statistical image transformation is closely allied to the integral geometry transformations discussed by Novikoff (9) and Ball (1).

A classical example of what may be termed a statistical image transformation is found in the "Buffon needle problem" of 1760. As an image recognition technique, it has recently been discussed by Novikoff (9). A needle of length d is imagined to be randomly tossed into a grid of parallel lines separated by a grid distance d. It can be shown that the probability that the needle intersects a line of the grid is given by $(2/d\pi)\ (1/d)$. By actually performing an experiment with a needle of length d on a grid of parallel lines, one can obtain a statistical measure of an unknown grid distance.

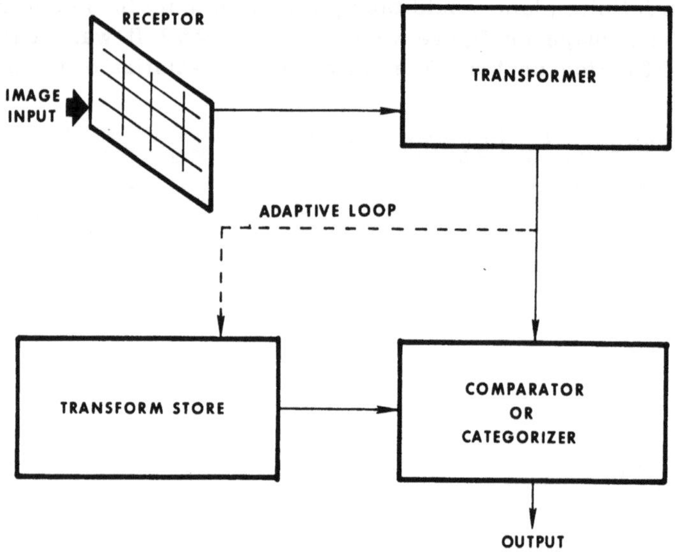

Fig. 8. Image recognition system

One of the early studies at Chance Vought resulted in the numerical integration of an integral equation used by Nieder (1960) to describe a possible coding taking place in the eye of the horseshoe crab (Limulus). Nieder described an integral function such that a response at any point within an illuminated figure would be a function of the responses of all other points falling within the figure. The transformation, or coding, is then described as the distribution function of the responses as a statistical sampling of point responses is made over the figure. The resulting transformations for a rectangle and an L-shaped figure are shown on Fig. 9. Note the transformation results in numerical information, which could be used as an input to computing machinery and the transformations categorized.

A group of studies by G. R. Tenery and C. L. Buddecke at Chance Vought have led to a definition of a statistical image transformation for which a simple analog computer is contemplated. The instrumentation is especially desirable in that normalizing transformations for all of the points within the figure are accomplished in parallel. The integral probability transformation has been termed a P_F (d) transformation, d being a distance measure selected to describe the shape rather than the area of the image under consideration. This P_F (d) function is the conditional probability that the terminal point of a random line segment of length d will fall within an image, given that the initial point falls within the image.

Fig. 10 shows the result of the use of P_F (d) transformation on a set of ten figures. This work was performed under an Office of Naval Research

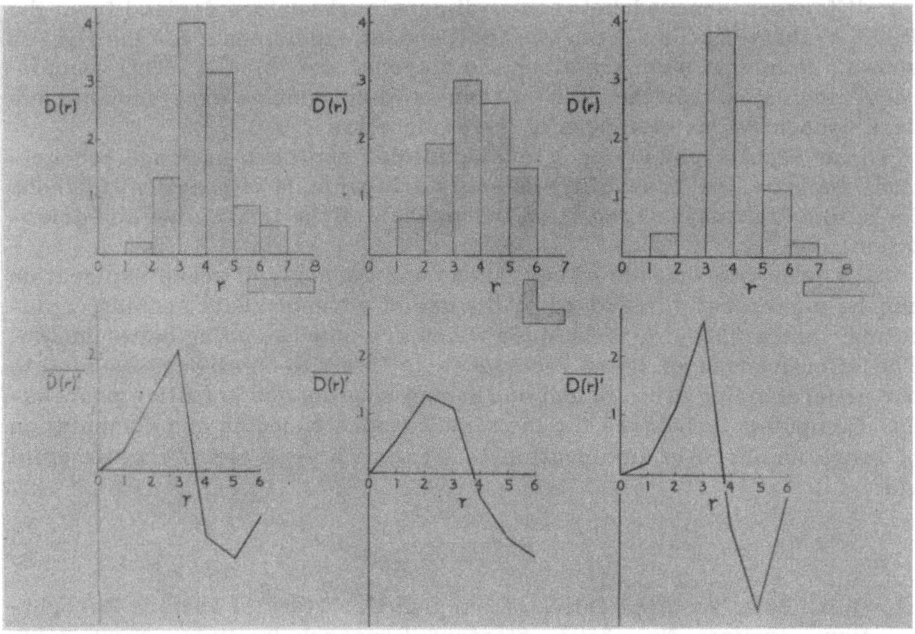

Fig. 9. Image transforms

	0218	0346	0532	0554	6526	5909	3253	3147	5464	5835
		0493	0426	0447	6032	5472	2983	2864	5214	5884
			0450	0396	5397	4855	3411	3252	5924	6776
				0178	3904	3417	4439	3985	7256	8168
					0090	0137	14992	14729	19998	22148
						0144	15008	14800	19985	21734
							0236	0259	0747	0979
								0312	0708	0900
									0323	0139
										0066

Fig. 10. Matrix of calibrated figures

Fig. 10. Matrix of calibrated figures

contract. The numbers which are entered on the table represent the vector difference squared between n-dimensional vectors derived from the P_F(d) transformations from two independent experiments for the figures shown. Note that numbers along the diagonal are "small." This "smallness" indicates that the pair of figures in successive experiments have been recognized as members of the same class.

These results, in giving a mathematical approach to image recognition, indicate the probability of early achievement of practical methods for automatic image recognition independent of the image size and orientation.

It is probable that the effectiveness and economy of space exploration can be significantly improved by the use of advanced data sensing, computing, and amplifying techniques which are now becoming better known. The effectiveness of these techniques is likely to be strongly related to our understanding of biological and human sensing and cognitive processes. Computer techniques for the simultaneous encoding and computation of large numbers of information bits can be a very useful experimental aid.

References

1. G.H. Ball, An Application of Integral Geometry to Pattern Recognition, Project No. 3603, Stanford Research Institute, Nonr 3438, February 1962.
2. R. Bellman, Adaptive Control Processes : A Guided Tour. Princeton, N.J.: Princeton University Press, 1961.
3. P. G. Cheatham and C. T. White, Temporal Numerosity : Auditory Perception of Numbers. J. Exper. Psychol. 47, (1954).
4. C. F. Gell, Chance Vought Internal Reports, 1961.
5. D. E. Harris, The Radio Spectrum of Supernova Remnants. Astrophysic. J., May 1962.
6. D. Mc. Lachlan, Jr., Descriptive Mechanics. Information and Control 1, 240 - 266 (1958).
7. O. H. Mills, Private Communication, 1962.
8. P. Nieder, Statistical Codes for Geometrical Figures. Science, 25 March 1961.
9. A. B. J. Novikoff, Integral Geometry as a Tool in Pattern Recognition, Principles of Self-Organization. London : Pergamon Press, 1961.
10. G. R. Tenery and C. L. Buddecke, Chance Vought Internal Reports 1960-1962, ONR Contract Nonr 3831-(00).

Satz: Schreib- und Karteibüro E. Werner, Wien VIII, Lederergasse 14

MIX
Papier aus verantwortungsvollen Quellen
Paper from responsible sources
FSC® C105338

If you have any concerns about our products,
you can contact us on
ProductSafety@springernature.com

In case Publisher is established outside the EU,
the EU authorized representative is:
Springer Nature Customer Service Center GmbH
Europaplatz 3, 69115 Heidelberg, Germany

Printed by Libri Plureos GmbH
in Hamburg, Germany